焊接先进技术

上海市焊接协会
上海市焊接学会　编著

上海科学技术文献出版社

图书在版编目(CIP)数据

焊接先进技术/上海市焊接协会等编著. －上海:上海科学技术文献出版社,2010.8

ISBN 978－7－5439－4386－5

Ⅰ.①焊… Ⅱ.①吴… Ⅲ.①焊接－技术 Ⅳ.①TG4

中国版本图书馆 CIP 数据核字(2010)第 120073 号

责任编辑:胡德仁

焊接先进技术

上海市焊接协会
上海市焊接学会 编著

*

上海科学技术文献出版社出版发行
(上海市长乐路 746 号 邮政编码 200040)
全 国 新 华 书 店 经 销
江苏省常熟市人民印刷厂印刷

*

开本 889×1194 1/16 印张 27 字数 762 000
2010 年 8 月第 1 版 2010 年 8 月第 1 次印刷
印数:1－4 000
ISBN 978－7－5439－4386－5
定价:120.00 元
http://www.sstlp.com

《焊接先进技术》

编委会名单

序

焊接从技艺走向科学，以科学支撑技术是焊接技术发展的必然路径。综观全球焊接技术的发展历程，无论是从旋转摩擦焊到线性摩擦焊再到搅拌摩擦焊，还是从单丝气体保护焊到双丝气体保护焊再到多丝气体保护焊；也无论是从单激光焊到激光组合焊再到激光复合焊，还是从交流工频电阻焊到直流工频电阻焊再到变频伺服电阻焊，都无不印证了这样一个规律：技术——科学——技术的螺旋上升的发展轨迹。

中国近几十年的强劲崛起，奠定了目前世界制造大国的地位，其正面效应是世界离不开中国，中国已成为世界政治与经济多元中不可或缺的一元；但不容忽视的是，中国扮演着世界加工厂的角色，主要活跃在低端的经济活动中，特别在制造工艺方面缺乏足够的革新活力和能量。随着我国工业基础和技术基础的提高、国家战略需求的增长，以及各行业振兴计划的出台，作为主要制造工艺之一的焊接技术，由于承担着保障国家国防安全、经济安全和民生安全的时代使命，因而有着极大的发展和应用空间。

《焊接先进技术》一书围绕近几年在工业生产方面得到广泛应用的先进焊接技术进行了较详细的介绍，希望能对广大焊接工作者带来有益的借鉴和帮助。

本书是上海焊接学会和上海焊接协会通力协作的智慧结晶，是上海全体焊接工作者长期从事焊接研究和焊接生产的知识积累。直接参与编写的人员为此耗费了大量心血，在此表示由衷的敬意和真诚的谢忱！

此外，还要向为本书顺利出版作出重要贡献的上海焊接协会的程美琳老师、上海焊接学会的邵宪钧老师，在此也表示衷心感谢！

本书的出版得到了上海科学技术文献出版社的大力支持和帮助，在此请允许我代表上海焊接学会和上海焊接协会表示最诚挚的谢意！

《焊接先进技术》编委会主任

吴毅雄

前　　言

随着国民经济的高速发展，焊接新工艺、新技术不断涌现。近年来，各种焊接先进技术，如激光复合焊、搅拌摩擦焊、热丝 TIG 焊、数字化焊接电源、高效电弧焊接、先进钎焊技术、先进切割技术、焊接数值模拟技术等在工业生产的各个领域都得到广泛的应用。显而易见，与以往相比，焊接技术确实上了一个新的台阶。

为了进一步推广焊接先进技术的应用，上海市焊接协会和上海市焊接学会受上海科学技术文献出版社委托，组织了本市一批造诣较深的焊接专家共同编写了这本《焊接先进技术》，以供广大读者在选用焊接方法和制订焊接工艺时参考。

本书共分十章：第一章为《激光焊接技术》，由唐新华教授编写；第二章为《数字化焊接电源技术》及第八章《高效电弧焊接技术》，由华学明副教授编写；第三章为《搅拌摩擦焊和线性摩擦焊技术》，由姚君山博士和刘金合教授编写；第四章为《焊接机器人应用技术》，由林涛副教授编写；第五章为《焊接数值模拟技术》，由陆皓教授编写；第六章为《材料切割技术》，由姚舜教授编写；第七章为《钎焊先进技术》，由邓健教授级高级工程师和姚舜教授编写；第九章为《表面堆焊技术》，由徐国祥教授编写；第十章为《焊接先进技术在生产中的应用》，由亓安芳教授级高级工程师组织编写，本章涉及锅炉、压力容器、汽轮机、造船、汽车、航天、钢结构和振动消应等领域，参加编写的有杨智问、卢征然、傅育文、杨惠勤、姜健锋、刘霞、杨学勤、邬美华、陈家本、朱光照、陈立功和汪建华等专家。全书由吴毅雄教授和吴祖乾教授级高级工程师审校定稿。

本书在编写过程中得到上海市焊接协会和上海市焊接学会秘书处的大力支持，同时也得到上海施威焊接产业有限公司的鼎力资助，在此深表谢意。

书中不足之处在所难免，万望读者不吝赐教。

主　编　吴祖乾

目 录

第一章　激光焊接技术

第一节　概　　述

自从20世纪60年代第一台激光器问世以来，激光对于人类的社会生活产生了广泛而深刻的影响，不仅被广泛应用于科学技术研究的各个前沿领域，而且在现代工业、农业、医学、商业、通讯、测量、军事乃至人们的日常生活等各个方面都得到了广泛的应用。激光加工技术是利用激光束与物质相互作用的特性对材料进行切割、焊接、表面处理、打孔、雕刻和微加工等的一种加工新技术，涉及到光、机、电、材料及检验等多门学科，目前已经从特殊用途的加工技术变为通用的、具有多种加工能力的精加工技术。激光因此也被誉为“万能加工工具”和“未来制造系统的共同加工手段”，成为21世纪最具发展潜力的加工技术之一。激光焊接是一种用高能密度的激光束作焊接热源，通过激光与材料（包括金属和非金属）的相互作用，对材料连接部位进行局部加热熔化，经冷却凝固后形成牢固的永久性连接接头的技术。激光焊接技术是目前诸多激光加工技术中应用最多的一种技术手段，在航空航天、汽车、船舶等制造领域已获得大量应用。与传统的焊接技术相比，激光焊接具有显著的优质、高效的特点，并在焊接某些高强、高性能特殊材料方面表现出极大的优越性，这为其在工业制造领域中的获得更为广泛的应用提供了技术基础。

本章在简要介绍激光产生原理、模式和相关特征参数的基础上，将主要阐述激光焊接的原理、特点以及影响激光焊接的各种因素，并在此基础上介绍各种激光焊接技术的工艺特点和应用场合、各种典型金属材料的激光焊接工艺、激光焊接过程中的控制技术，然后简单介绍几类目前用于激光焊接的系统及其相关设备，最后介绍激光焊接的有关安全知识和防护措施。

一、激光物理基础

（一）激光产生的原理

激光（Laser）意为“受激发射辐射的光放大”（light amplification of stimulate emission radiation），是利用原子或分子受激辐射的原理，使工作物质受激而产生的一种单色性高、方向性强、亮度高的光束。受激辐射概念是爱因斯坦于1917年首先提出的。普朗克在1900年用辐射量子化假设成功解释了黑体辐射分布规律，波尔在1913年提出原子中电子运动状态量子化假设。在此基础上，爱因斯坦从光量子概念出发，重新推导了黑体辐射的普朗克公式，并在推导中提出了两个极为重要的概念：自发辐射和受激辐射。40年后，受激辐射概念在激光技术中得到了应用。

1. 原子的能级

各种发光现象都与光源内部原子的运动状态有关。每个原子由一个带正电荷的原子核和若干个带负电荷的电子组成，这些电子在有限个可能的轨道上围绕原子核旋转。电子绕原子核旋转有一定的动能，电子被原子核吸引有一定的位能，两者之和就是电子的内能。若由于外界的作用使电子与原子核的距离增大，则内能增大；距离缩小，则内能减少。而物质的发光与内能直接有关。

波尔的原子中电子运动状态量子化假说指出，原子存在某些定态，在这些定态中不发出也不吸收电磁辐射，原子定态能量只能采取某些分立值 E_1，E_2……，这些定态能量的值称为能级。只有当原子从一个定态跃迁到另一个定态时，才发出或吸收电磁辐射。按照光子假设，电磁辐射的最小单元是光子，其能量为 $h\nu$。

电子通过能级跃迁可以改变其轨道，当它从离核较远的轨道（高能级）跃迁到离核较近的轨道（低能级）上时就发射光子，而从离核较近的轨道跃迁到离核较远的轨道上时则需要吸收光子。每个跃迁

对应一个特定的能量和波长。与跃迁对应的高能级能量 E_2 和低能级能量 E_1 满足关系式

$$E_2 - E_1 = h\nu = \frac{hc}{\lambda} \tag{1-1}$$

式中：h 为普朗克常数($h = 6.62 \times 10^{-34}$ J·s)；c 为真空中的光速($c = 3 \times 10^8$ m/s)；ν 为频率；λ 为波长。

2. 能级的分布

物质结构在热平衡状态下，各能级上原子的数目服从一定的规律。设原子体系的热平衡温度为 T，在能级 E_n 上的原子数为 N_n，则有

$$N_n \propto e^{-\frac{E_n}{kT}} \tag{1-2}$$

式中：k 为玻尔兹曼常数($k = 1.38 \times 10^{-23}$ J·K^{-1})。该统计规律称为玻尔兹曼正则分布律。

上式表明，随着能量 E_n 的增高，粒子数 N_n 按指数规律递减(图 1-1)。若设 E_1 和 E_2 分别为任意两个高低能级，且 $E_2 > E_1$，则由玻尔兹曼正则分布律，两能级上的原子数之比为

$$\frac{N_2}{N_1} = e^{-\frac{E_2 - E_1}{kT}} < 1 \tag{1-3}$$

上式表明，在热平衡状态下，低能级上的粒子数 N_1 总是大于高能级上的粒子数 N_2。原子能级中能量最低的能级称为基态，其他的能级称为激发态。基态是粒子能量最平衡最稳定的状态，粒子总是力图使自己的能量状态处于基态上；被激发到高能级上的粒子，也总是力图回到基态上去，与此同时释放出激发时所吸收的能量。从高能级回到低能级的过程称为跃迁，跃迁时释放的能量即为辐射。

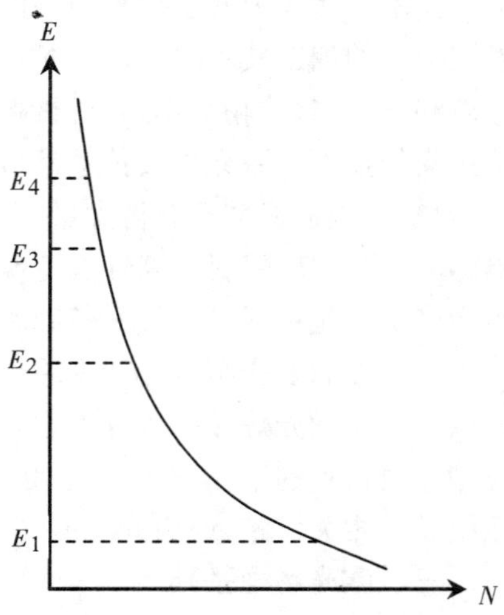

图 1-1　玻尔兹曼分布率

3. 自发辐射、受激辐射和受激吸收

物质的原子、分子和离子辐射光和吸收光的过程与原子的能级之间的跃迁相关。对于由大量同类原子组成的系统，原子能级数目很多。为简单说明问题，我们以原子的两个能级之间的跃迁过程为例来分析它们之间的跃迁规律。光与物质的相互作用有 3 种不同的基本过程，即：自发辐射、受激辐射和受激吸收。

这里用 E_1 和 E_2 分别表示两个能级，E_1 为低能级，E_2 为高能级(即 $E_2 > E_1$，且它们满足辐射跃迁选择定则)。由于粒子所含的能量不同，由式(1-3)可知，在热平衡状态下，低能级(E_1)上的粒子数目大于高能级(E_2)上的粒子数。

自发辐射、受激辐射和受激吸收的跃迁过程如图 1-2 所示。

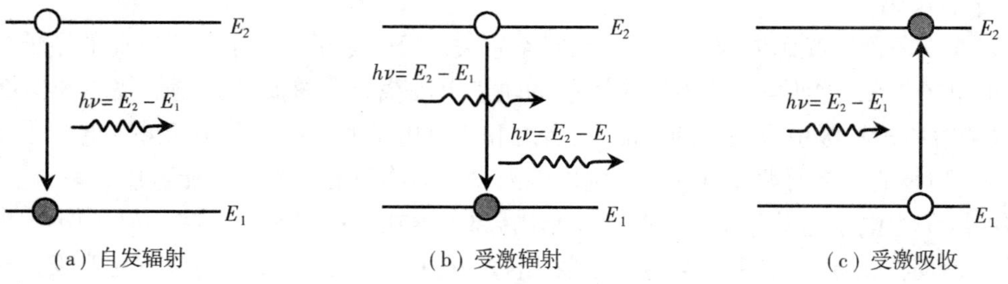

图 1-2　三种跃迁过程

(1) 自发辐射　通常处于低能级 E_1 的粒子是比较稳定的，而处于高能级 E_2 的粒子是不稳定的，在没有外界影响时，它们会自发从高能级 E_2 向低能级 E_1 跃迁，同时向外发射出一个能量为 $h\nu$($h\nu$ =

E_2-E_1)的光子,这种过程称为自发跃迁。由原子自发跃迁发出的光波称为自发辐射。自发跃迁过程用自发跃迁概率 A_{21} 描述。A_{21} 定义为单位时间内 N_2 个高能级原子中发生自发跃迁的原子数与 N_2 之比,即

$$A_{21}=\left(\frac{dN_{21}}{dt}\right)_{sp}\frac{1}{N_2} \tag{1-4}$$

式中:$(dN_{21})_{sp}$ 为由 E_2 向 E_1 自发跃迁的原子数。A_{21} 也称为自发跃迁爱因斯坦系数。自发跃迁是一种只与原子本身性质有关而与辐射场无关的自发过程。自发跃迁概率 A_{21} 就是原子在能级 E_2 的平均寿命 τ_s 的倒数,即

$$A_{21}=\frac{1}{\tau_s} \tag{1-5}$$

自发辐射是个随机过程,大量原子的自发辐射场的相位是不相干的,辐射场的传播方向和偏振态也呈无规则分布。

(2) 受激辐射　另一种发射过程是处于高能级 E_2 上的原子,在频率为 ν 的辐射场作用下,跃迁至低能级 E_1 并辐射一个能量为 $h\nu$ 的光子,这种过程称为受激辐射跃迁。受激辐射跃迁发出的光波称为受激辐射。受激辐射跃迁概率为

$$W_{21}=\left(\frac{dN_{21}}{dt}\right)_{st}\frac{1}{N_2}=B_{21}\rho_\nu \tag{1-6}$$

式中:B_{21} 为受激辐射跃迁爱因斯坦系数;ρ_ν 为辐射场单色能量密度,定义为单位体积内,频率处于 ν 附近的单位频率间隔中的电磁辐射能量。受激辐射跃迁概率 W_{21} 不仅与原子性质有关,还与辐射场的 ρ_ν 有关。

(3) 受激吸收　处于低能级 E_1 的一个原子,在频率为 ν 的辐射场作用下,吸收一个能量为 $h\nu$ 的光子,跃迁至高能级 E_2,这种过程称为受激吸收跃迁。受激吸收跃迁概率为

$$W_{12}=\left(\frac{dN_{12}}{dt}\right)_{st}\frac{1}{N_1}=B_{12}\rho_\nu \tag{1-7}$$

式中:$(dN_{12})_{st}$ 为由 E_1 向 E_2 受激跃迁的原子数;B_{12} 为受激吸收跃迁爱因斯坦系数。受激吸收跃迁几率不仅与原子性质有关,还与辐射场的 ρ_ν 有关。

在热平衡状态下,腔内原子数按能级分布应服从热平衡状态下的玻尔兹曼分布,并且单位时间内由能级 E_1 向 E_2 跃迁的原子数与由能级 E_2 向 E_1 跃迁的原子数应当相等,即

$$\left(\frac{dN_{21}}{dt}\right)_{sp}+\left(\frac{dN_{21}}{dt}\right)_{st}=\left(\frac{dN_{12}}{dt}\right)_{st} \tag{1-8}$$

受激辐射与自发辐射最重要的区别在于相干性。自发辐射是原子在不受外界辐射场控制情况下的自发过程。大量原子的自发辐射场的相位是不相干的,辐射场的传播方向和偏振态也是无规则分布,而受激辐射是在外界辐射场控制下的发光过程,因此受激辐射场的频率、相位、传播方向和偏振态与外界辐射场完全相同。激光就是一种受激辐射的相干光。

以上 3 种过程在一个包含大量原子的系统中总是同时存在并紧密联系的。在不同情况下,每个过程所占的比例不同,普通光源中自发辐射起主要作用,激光器工作过程中受激辐射起主要作用。

4. 粒子数反转

光通过介质时,受激辐射和受激吸收同时存在。若受激辐射的光子数多于受激吸收的光子数,即在 dt 时间内受激辐射和受激吸收的光子数之差 $dN_{21}-dN_{12}>0$,则对外表现为光的放大;反之,若 $dN_{21}-dN_{12}<0$,则对外表现为光的吸收。要实现 $dN_{21}-dN_{12}>0$,必须使高能级上的粒子数 N_2 大于低能级上的粒子数 N_1,即 $N_2>N_1$,这种状态称为粒子数反转。

但是根据玻尔兹曼分布率,在热平衡状态下,低能级上的粒子数 N_1 总是大于高能级上的粒子数 N_2,所以当光通过介质时,受激吸收占优势,对外表现的总是光的吸收。因此,热平衡状态下实现粒

子数反转是不可能的。只有当外界向介质提供能量时，使介质处于非平衡状态下，才可能实现粒子数反转。在这种状态下，若有一束光通过介质，而光子的能量恰好等于高低能级的能量差，就可以产生受激辐射，使输出的光能量超过入射的光能量，此时介质对光有增益作用。

产生粒子数反转分布的介质称为激活介质，通常称为激光器的工作物质。形成粒子数反转分布是产生激光的必要条件。

5. 实现粒子数反转的条件

要实现粒子数反转，介质本身的能级结构应当存在亚稳态，即寿命 τ_s 相对较长的高能级，以利于高能级上粒子数的积存；同时必须采用外界激励方式向介质提供能量，外界激励的过程又称为泵浦。对于不同类型的介质，泵浦的具体方式也不同。通常采用光激励、电激励、化学分解或化合等方式给介质输入一定的能量。从能量的角度看，泵浦过程就是由外界提供能量给粒子体系的过程。激光器中的激光能量，是由激励装置把其他形式的能量（如光、电、热、化学能等）转换而来的。

6. 介质的增益作用

激活介质经外界泵浦实现粒子数反转后，对一定频率的光就具有放大作用，此时的激活介质称为增益介质。介质对光的放大能力用增益系数 G 来描述。如图 1-3 所示，一束光通过增益介质，设它在 $x=0$ 处的光强为 I_0，在 x 处的光强为 I，在 $x+\mathrm{d}x$ 处的光强为 $I+\mathrm{d}I$，则光的放大作用可表示为

$$\mathrm{d}I = GI\mathrm{d}x \quad 或 \quad G=\frac{\mathrm{d}I}{I\mathrm{d}x} \tag{1-9}$$

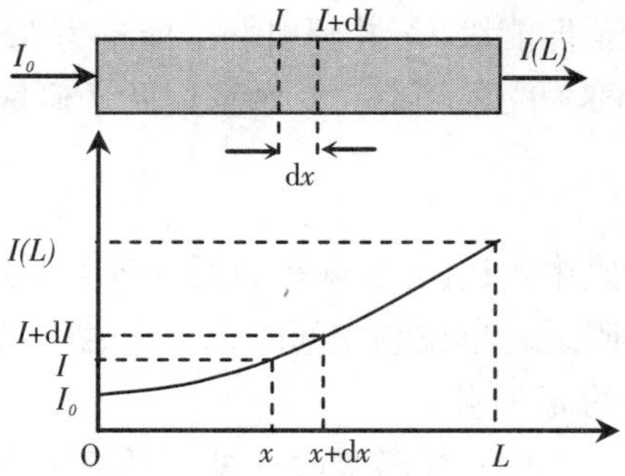

图 1-3　增益介质的光放大

当光在增益介质中由 $x=0$ 处传播到 x 处时，出射光强与入射光强的关系由式(1-9)积分可得

$$I = I_0 \mathrm{e}^{Gx} \tag{1-10}$$

上式表明，光强在增益介质中随着距离增大按指数增长。增益系数 G 通常随着粒子数反转程度的增加而上升，G 的大小也与光强 I 和频率 ν 相关。在同样的泵浦条件下，光强越强，单位时间内由亚稳态向下跃迁的粒子数就越多，导致粒子数反转程度减弱，增益 G 下降；对不同频率的入射光，介质的增益系数 G 不同。

7. 光学谐振腔

(1) 谐振腔的作用　激活介质在外界的泵浦下实现了粒子数反转分布后，为光的放大提供了介质增益条件；但介质内的初始光信号来源于自发辐射，无确定的频率和传播方向，通过介质时虽可获得增益得到放大的受激辐射，但其方向是随机的。另外，介质的增益系数和长度也是有限的，光子单次通过激活介质获得的增益较弱，难以形成激光振荡。为此，在激活介质两侧加上一对平行的反射镜，其中一侧为全反射镜，另一侧为部分反射镜。这样使垂直于反射镜的初始光子来回通过激活介质，进一步引发其他亚稳态粒子的受激辐射，产生连锁反应，使光子数目越来越多，引起雪崩式光放大作用，在极短时间内由部分反射镜输出频率和方向性单一的激光（见图 1-4）。这一对反射镜就构成了激光谐振腔。光学谐振腔是激光器的重要组成部分，对激光的形成和激光束的性质有重要影响。光在激活介质内传播实质是光的放大，谐振腔起正反馈的作用，维持光的振荡。在激光谐振腔内，只有传播方向与轴线接近平行的光才能被来回反射形成激光，而其他传播方向的光最终被逸出腔外；因此，激光具有很好的方向性。

(2) 谐振腔的形式　光学谐振腔按不同的分类可以有多种形式，如球面腔和非球面腔、两镜腔和多镜腔、高损耗腔和低损耗腔、端面反馈腔和分布反馈腔、折叠腔和环形腔等。但各种复杂腔都可简化为等效的两镜腔，所以这里只讨论由两个反射镜构成的两镜腔。常用的激光两镜腔的主要形式有

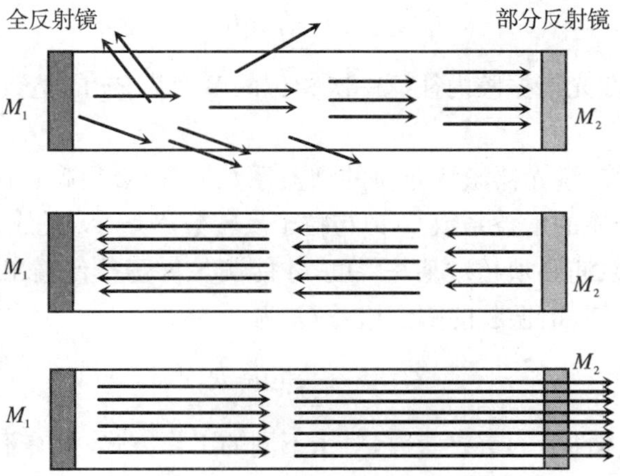

图 1-4 谐振腔的作用

平行平面腔、双凹腔和平凹腔(见图 1-5)。

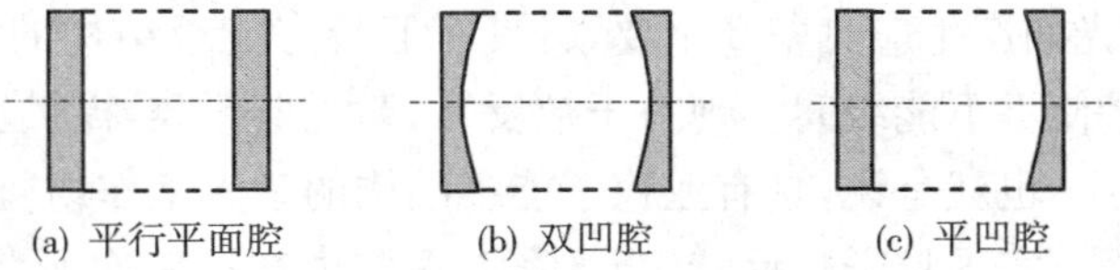

图 1-5 常用激光两镜腔的主要形式

平行平面腔多用于固体激光器;双凹腔由两个凹面反射镜组成,其中一种特殊而常用的形式是共焦腔,即两凹面反射镜曲率半径相同,且两镜间距离等于曲率半径,两镜面与焦点重合,共焦腔衍射损耗小,易调整;平凹腔由一个平面反射镜和一个凹面反射镜组成,其中一种特殊而常用的形式是半共焦腔,相当于共焦腔的一半,它在光学上与共焦腔是等价的。无论哪种形式的谐振腔,两个反射镜中至少有一个是部分透射,或者有某种耦合的机构,以便腔内激光输出。

(3) 谐振腔的稳定性条件 要获得激光器的稳定输出,使傍轴光线能在腔内往返任意多次而不横向逸出腔外,必须使谐振腔达到稳定性条件。利用几何光学的光线矩阵分析方法可以研究光线在腔内往复反射的过程。常用 g 参数来描述激光谐振腔的性质,其定义为

$$g_1 = 1 - \frac{L}{r_1}, g_2 = 1 - \frac{L}{r_2} \qquad (1-11)$$

式中: r_1 和 r_2 分别为两个反射镜的曲率半径,当凹面镜向着腔内时,r 取正值,凸面镜向着腔内时,r 取负值;L 为两个反射镜间的距离,即激光谐振腔的腔长。

根据理论分析,谐振腔的稳定性条件为

$$0 < g_1 g_2 < 1 \qquad (1-12)$$

所有满足条件 $g_1 g_2 < 0$ 和 $g_1 g_2 > 1$ 的腔都称为非稳腔。在这些腔内,傍轴光线往返有限次就横向逸出腔外,几何损耗大;所有满足条件 $g_1 g_2 = 0$ 和 $g_1 g_2 = 1$ 的腔都称为临界腔,共焦腔的条件是 $r_1 = r_2 = L$,满足条件 $g_1 g_2 = 0$,平行平面腔的条件是 $r_1 = r_2 = \infty$,满足 $g_1 g_2 = l$。所以它们都是临界腔,其性质介于稳定腔与非稳腔之间。

(4) 谐振腔的谐振条件和阈值 要使激光器产生振荡,应满足以下两个条件:

(a) 振幅条件 光在腔内往返一次,由于激活介质而得到的增益,必须大于或等于此间光的全部损失(包括吸收、散射、衍射、反射以及激光输出损耗)。如果设激活介质的增益系数为 $G(\nu)$,两腔镜的反射率分别为 R_1 和 R_2,激光在腔内传播时的损耗系数为 α,激光器腔长为 L,则振幅条件可表示为

$$G(\nu) \geqslant \alpha - \frac{1}{2L}\ln R_1 R_2 \tag{1-13}$$

(b) 相位条件　光在激光谐振腔内往返一次相位的改变为 2π 的整数倍，即形成驻波，才能形成稳定的振荡输出。

另外，由式(1-13)可知，激光器激活介质的增益系数 $G(\nu)$ 必须超过由振荡条件决定的值时，才能产生激光振荡，而激活介质的增益系数 $G(\nu)$ 与粒子反转数 N_2-N_1 是成正比的，粒子反转数又与泵浦条件有关，所以，激光器泵浦必须超过某一限度，才能满足振荡条件输出激光。这个限度称为激光器的阈值。由式(1-13)可知，谐振腔的阈值增益 G_m 为

$$G_m = -\frac{1}{2L}\ln R_1 R_2 \tag{1-14}$$

阈值是描写激光器整体性能的重要参数，对于不同的工作方式，它有不同的表示，如：对光泵浦的脉冲固体激光器，常用闪光灯的脉冲能量表示；对注入式半导体激光器则用阈值电流来表示；理论分析时，又常用增益系数的阈值来表示；等。

8. 激光的产生

由上述讨论可知，激光的产生应具备 3 个要素：具有亚稳态能级结构的激活介质，即激光工作物质；外界泵浦源，提供能量使上下能级间实现粒子数反转；激光谐振腔，提供正反馈，维持激光的振荡，同时提高了激光的方向性。也就是说，具有亚稳态能级结构的激光工作物质，在足够强的外来光子能量的激发下，吸收外界能量，实现粒子数反转，当光在谐振腔内往返一次所获得的增益足以补偿腔内各种损耗的时候，也就是达到产生激光的阈值条件时，激光便产生。

(二) 激光的基本特点

激光除了普通光所具有的反射、折射、干涉、衍射、偏振等性质外，还具有普通光所没有的优异特性。由于激光器发光是受激辐射，是在外界辐射场的控制下的发光过程，与入射辐射具有相同的频率、相位、传播方向和偏振，因而激光是一种受激辐射的相干光，具有高强度、高方向性、高单色性和高相干性，这些特点使其在各个领域获得广泛应用。

1. 高方向性

普通光源是自发辐射，发光面发出的光向各方向传播，发散角很大，即使做成探照灯，也有 10^{-1} rad 数量级的发散角。而激光是受激辐射，谐振腔对光束方向性的限制，使激光束的发散角很小，一般是毫弧度(10^{-3} rad)数量级。发散角很小，说明激光束的方向性好，使激光束传播到很远的距离仍可保持高强度，这就为各种应用提供了方便。

不同类型的激光器其方向性差别很大，这与激光器的工作物质的均匀性和类型、谐振腔的类型及腔长、激光器的工作状态及激励方式等都有关。气体激光器的工作物质为气体，其光学均匀性好，方向性最好，发散角可达 10^{-4} rad 数量级；固体激光器由于工作物质的均匀性及泵浦源的激励均匀性较差，其发散角为 $10^{-2}\sim10^{-3}$ rad 数量级；半导体激光器由于发射激光的半导体晶体的尺寸为 $10^{-1}\sim10^{-2}$ mm 数量级，存在衍射，发散角很大，约在几度至十几度范围，方向性最差。

2. 高强度

光强度定义为单位时间通过单位面积的能量，单位为 W/cm^2。普通光源方向性很差，光强度很低；而激光由于谐振腔对光束方向性的限制，光束的发散角很小，所以光强度很高。光的强度有时也用其辐射亮度来描述。一台输出功率为 10 mW 的氦氖激光器，其辐射亮度为 10^{10} $W/(sr \cdot m^2)$[瓦/(球面度·平方米)]，比太阳光的辐射亮度 3×10^6 $W/(sr \cdot m^2)$ 高几千倍。一台较高水平的红宝石调 Q 激光器发出激光的亮度比高压脉冲氙灯的亮度高 370 亿倍，比太阳表面的亮度高 200 多亿倍。如果进一步压缩激光束的发散角或将激光束聚焦，使激光能量在空间上高度集中，或者压缩激光束的脉冲宽度，使激光能量在时间上高度集中，还可使激光束的强度进一步提高。

3. 高单色性

单色性是指光的频率或波长单纯的程度，通常用谱线宽度来衡量光的单色性的好坏，把光谱线最大强度下降到一半处对应的宽度 $\Delta\nu$(或 $\Delta\lambda$)称为该光谱线的谱线宽度。普通光源发出的光的谱线宽度很宽，如太阳光和普通灯光的谱线宽度为几百纳米，氪灯的谱线宽度为 10^{-2} nm 数量级。激光是激活介质中的粒子在有限的几个高低能级之间实现粒子数反转，因此，激光振荡只发生在一条或几条谱线中，所以激光的谱线宽度很窄，单色性最好。目前最好的单频氦氖激光器的谱线宽度 $\Delta\lambda$ 可达 10^{-9} nm 数量级。

4. 高相干性

以适当的方法将同一光源发出的光分成两束，再使它们重合便产生明暗相间的条纹，这就是光的干涉。光的相干性分为空间相干性和时间相干性。光波在空间能够产生干涉的最大距离称为相干长度，能够产生干涉的最大时间间隔称为相干时间。

空间相干性是指空间两点在同一时刻的相干性，它用来描述垂直于光束传播方向平面内各点间的相位关系。它与光源本身的空间尺寸有关，通常光源的尺寸越小，空间相干性越好，它允许在垂直于光束传播方向平面内各点间产生干涉的距离越大。激光的空间相干性和方向性密切相关，由于激光的发散角很小，方向性很高，工作物质内所有原子的受激辐射均在基模 TEM_{00} 内运转，发出的激光束波前平面内任意两点均相干，所以空间相干性很好。

时间相干性是指空间一点在两个不同时刻的相干性，它用来描述同一光束传播方向上各点间的相位关系。它与光源发出光的相干长度和相干时间有关，而相干时间与光源发出光的谱线宽度 $\Delta\nu$ 成反比，因此，谱线宽度越窄，相干时间越长，时间相干性越好，它允许在同一光束传播方向上各点间产生干涉的距离越大。激光的时间相干性和单色性密切相关，由于激光的单色性很高，即谱线宽度很窄，所以它的相干长度和相干时间很长。

（三）激光光束的特征描述

1. 激光光束的模式

激光器都有光学谐振腔。光波在谐振腔的两个反射镜之间经多次衍射传播形成稳定的电磁场，这个电磁场只能存在于一系列分立的本征状态之中。每一个本征状态具有一定的振荡频率，且其振幅和相位在空间的相对分布也是确定的，不随时间而变化。这种谐振腔内可能存在一定的电磁场的本征状态称为激光的模式。

激光的模式通常用 TEM_{mnq} 表示，TEM 是横电磁波(transverse electromagnetic wave)的缩写，下标 m,n,q 可以分别取 0,1,2,3 等整数值。一组确定的 m,n,q 值对应于一种激光模式。其中 q 表示该模式在光腔轴向形成的驻波的节点数目，称为纵模数，因光波波长很短，纵模数 q 一般很大，m,n 表示该模式在垂直于腔轴的平面内的振幅分布情况，称为横模数。在直角坐标系中，m,n 的数值分别表示该平面的 x 轴和 y 轴上振幅为 0 的节点的数目。因为光学谐振腔一般是开放的，所以能存在的激光振荡模式横模数 m,n 比较小。光腔理论证明，在稳定光腔内外沿光轴传播方向的任意位置处，光场的横向分布规律不变，但光束直径大小不同。光腔的横模代表了激光束光场的横向分布规律，对激光加工影响极大。而光腔的纵模主要影响激光的频率，与激光加工关系很小。因此，在激光加工中，通常只用激光的横模 TEM_{mn} 来考察激光的模式。

横模可以是轴对称的，也可以是对光轴旋转对称的。图 1-6 给出了几个典型的轴对称和旋转对称横模及其相应的 m,n 值。

其中，TEM_{00} 称为基模，其他如 TEM_{10}，TEM_{20}，TEM_{12} 等称为高阶模。基模光束的光斑形状最简单，其光强与光波电矢量振幅的平方成正比。一束沿 z 方向传播的基模光束的光强可表示为

$$I(x,y,z)=\frac{2P}{\pi\omega^2(z)}\exp\left[-\frac{2(x^2+y^2)}{\omega^2(z)}\right] \tag{1-15}$$

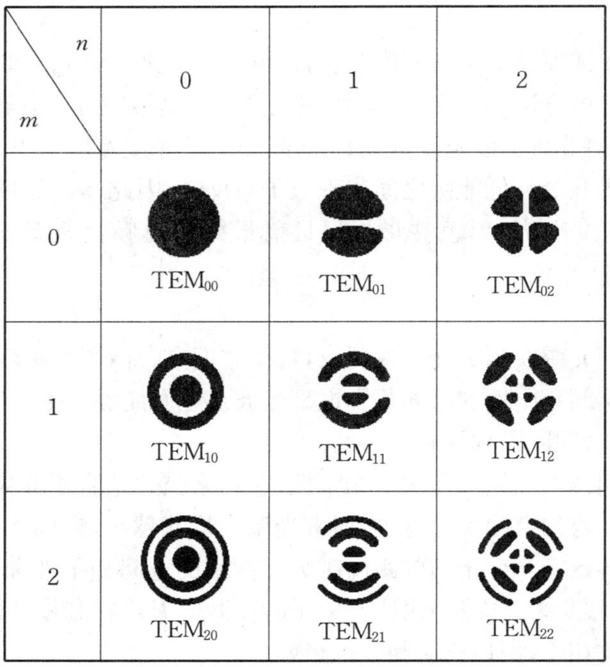

图 1-6 不同横模的激光束

式中：P 为激光功率；$\omega(z)$ 为 z 处光斑半径。基模光束在任意截面内的光强分布按高斯函数 $\exp\left[-\dfrac{2(x^2+y^2)}{\omega^2(z)}\right]$所描述的规律从中心向外平滑地降落，故称为高斯光束。中心处的最大光强为 $\dfrac{2P}{\pi\omega^2(z)}$。当光强降落到中心值的 $1/e^2$的点定义为光斑半径 $\omega(z)$，这个半径的圆内包含了光束中能量的 86.5%。

气体激光器的激活物质为气体，其光学性质和增益的空间分布比较均匀，常常输出接近基模的理想状况，也可能出现若干横模叠加在一起而使光场分布变得相当复杂的情况。

对于 YAG 等固体激光器，由于其激活介质晶体棒不可避免地存在很多缺陷，折射率不均匀，在光的泵浦作用下受热还会产生光程变化和双折射等，因此，其光能的空间分布较为复杂，不能用简单的数学公式描述。采用盘状的激光介质可提高其冷却效果和均匀性，降低棒状晶体的热透镜效应，在一定程度上提高激光的输出质量。另外，通过选模，固体激光器也可以在接近基模或低价模下运行，但其输出功率将显著下降。

2. 发散角

理论上激光具有高度准直性、良好的方向性，光束能够远距离传输而不会显著扩散，通过光学凸透镜或凹面反射镜能聚焦于一个小的光斑内。实际的激光都有一定的发散，发散角的最小值由光束的衍射决定。高斯光束在自由空间传输仍维持高斯光束，但其横向尺寸扩大。高斯光束光斑有效半径 $\omega(z)$随腔轴 z 方向传输路程的变化按下式计算

$$\omega^2(z)=\omega_0^2\left[1+\left(\frac{\lambda z}{\pi\omega_0^2}\right)^2\right] \tag{1-16}$$

式中：λ 为激光波长；ω_0 为束腰半径(图 1-7)。由此可求其发散角的半角为

$$\theta=\frac{\mathrm{d}\omega(z)}{\mathrm{d}z}=\frac{\lambda z}{\pi\omega(z)f} \tag{1-17}$$

式中：f 为焦距。由此可知，发散角半角 θ 随 z 的增大而增大。

当 $z=0$ 时，$\theta=0$，表明在光束的束腰处，即共焦腔的中心处，光束是平行的。

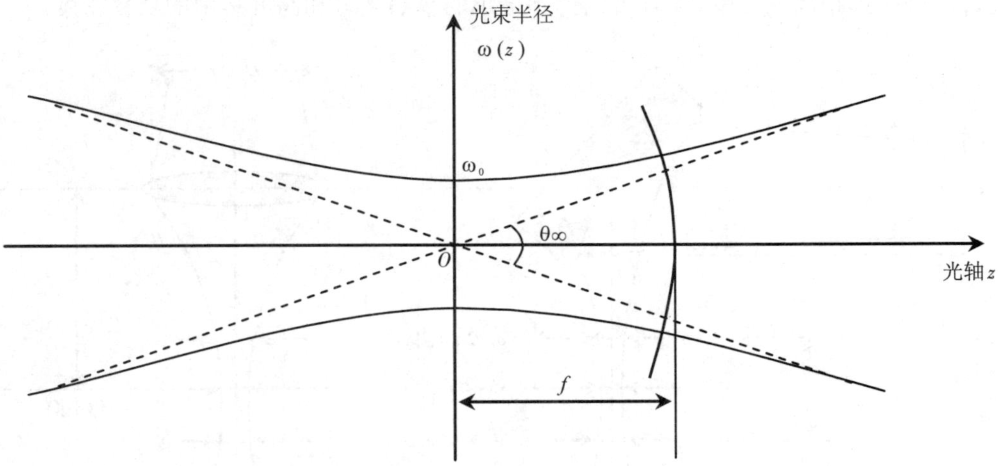

图 1-7　高斯光束及其特征参数

当 $z=f$ 时，$\omega(f)=\sqrt{2}\omega_0$，光束在共焦腔镜面的发散角 $\theta=\sqrt{\lambda/(2\pi f)}$。

当 $z\to\infty$ 时，$\theta_\infty=\lambda/(\pi\omega_0)=\sqrt{\lambda/(\pi f)}$，此时发散角达到最大值，称为远场发散角。

实际上，国内外对光束发散角的定义目前尚未统一，有的定义为占 50%总能量的为发散角，有的定义为占 90%～95%总能量的为发散角。通常以激光降到中心处的 $1/e^2$ 计算激光束的发散角全角，这与光斑半径定义相一致。由于整个激光系统不可避免地存在各种缺陷，实际上激光的发散角均大于其衍射极限。CO_2 激光的基模与多模光束发散角全角在 1～3 mrad 左右，YAG 激光的多模光束发散角全角在 5～20 mrad 之间。

3. 光束传播因子和光束衍射极限因子

通常可用光束传播因子 K 和光束衍射极限因子 M^2 两个特征参数中的任何一个来描述激光器光束的质量特性，其定义为

$$K=\frac{1}{M^2}=\frac{\lambda}{\pi}\cdot\frac{1}{\omega_0\cdot\theta_\infty}\tag{1-18}$$

如果 $M^2=1$（即 $K=1$），那么激光光束质量实际上达到了衍射极限；如果 M^2 是其他任何值，激光束则是 M^2 倍的衍射极限。工业激光器 K 一般在 0.1～1 之间，M^2 则在 1～10 之间。

4. 光束参数积

光束参数积（beam parameter product，BPP）表示的是光束的传播特性，通常定义为光束的束腰半径 ω_0 和激光束远场发散角 θ_∞ 的乘积，即

$$\mathrm{BPP}=\omega_0\cdot\theta_\infty=\frac{\lambda}{K\cdot\pi}=\frac{M^2\cdot\lambda}{\pi}\tag{1-19}$$

由上式可推出，一个衍射极限光束的 BPP 为 λ/π。只要使用的光学系统无变形、无裂缝，那么它在整个光束传播过程中都是不变的。如果激光器所提供的光束与衍射极限相差很远，即 $K\ll 0.1$ 或 $M^2\gg 10$ 时，通常用 BPP 来替代 K 或 M^2 作为激光器光束的特征参数。对于所有的激光器，只要光束是圆形的，这两种考虑都是合理的、一致的。一些文献中对 BPP 的定义方法不同，有时是采用束腰直径和远场发散角全角定义，在这种情况下，与式(1-19)所定义的相差 4 倍。激光器的 BPP 和激光功率不同，其典型应用范围也有不同。

5. 光束的聚焦特征参数

激光在传输变换过程中，聚焦前后光束的腰斑直径与远场发散角的乘积为一常数，即

$$D_0\theta_{0\infty}=D_1\theta_{1\infty}=K_f\tag{1-20}$$

这个常数就定义为激光光束聚焦特征参数 K_f。K_f 越小，说明光束的传输性能和聚焦性能越好，

也就是说可以进行远距离的传输，而且可以得到最小的聚焦光斑和高度集中的功率密度。

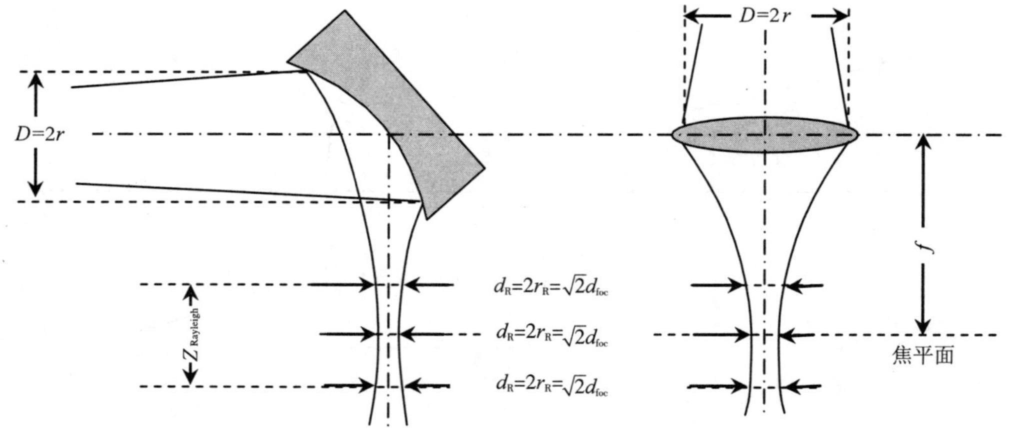

图 1-8 反射镜和透射镜聚焦的激光

光束经过聚焦镜后的传播如图 1-8 所示，焦距为 f 的曲面反射镜或透镜均为聚焦元件。设波长为 λ 的圆形对称光束，焦点半径为 r_{foc}，其在反射镜面或透镜处的光束半径为 r，远场发散角为 θ_∞，传播因子为 K，则焦点半径 r_{foc} 可以通过下式计算：

$$\gamma_{foc}=\frac{f\cdot\lambda}{\gamma\cdot\pi\cdot K} \tag{1-21}$$

从式(1-21)中很容易看出，一个衍射极限光束($K=1$)可通过焦距为 f 的理想光学聚焦元件聚焦到一点，其衍射极限的聚焦半径为

$$\gamma_{DL\text{-}foc}=\frac{f\cdot\lambda}{f\cdot\pi} \tag{1-22}$$

在焦点附近，光束横截面积为焦点处 2 倍的两个光束横截面之间的距离称为瑞利(Rayleigh)长度或焦深，可用下式表示：

$$Z_{Rayleigh}=\frac{f^2\cdot\lambda}{2\cdot\gamma^2\cdot\pi\cdot K} \tag{1-23}$$

事实上，实际激光束的模式较为复杂，加上聚焦光路的像差，其实际的焦斑要比采用上式的计算结果大很多。因此，确定焦斑的可靠方法应该是实验测定。

(四) 影响激光加工的几个主要特性参数

对于材料加工用的激光器，有 5 个主要特性参数对材料的激光加工产生重要影响，它们分别是激光波长、输出能量和功率、空间分布特性、时间特性、偏振特性等。

1. 激光波长

激光具有高度的单色性，谱线宽度很窄，在透射光学系统中应用时不存在色差；但不同激光器由于其工作物质不同，其上下能级能量差 $E_2-E_1=h\nu$ 不同，所以光波频率 ν 不同，波长也不同。由于不同的材料对激光的吸收率与波长密切有关，因此波长对激光加工过程的影响很大。对于金属，一般表面对光的吸收随波长的增加而减小。另外，激光束的聚焦程度与激光波长也有关系，聚焦后光斑一般为几十微米，将受到衍射极限的限制，波长越短越有利于聚焦。

常用激光器中，Nd:YAG 激光波长为1 064 nm，CO_2激光波长 10 600 nm，均属红外激光，波长长，频率低，因而光子能量小；加工过程中，主要是热作用过程，属"激光热加工"，主要用于激光焊接、切割、表面处理等。准分子激光波长为 249 nm，属紫外光，波长短，频率高，光子能量大，甚至可高于某些物质分子的结合能，可以直接深入到材料内部进行加工，属"激光冷加工"，适合于光化学沉积、激光快速成形、激光刻蚀和氧化等。热加工和冷加工均可应用在金属和非金属材料，进行激光打孔、刻槽、

切割和标记等。

2. 输出能量和功率

激光输出的能量和功率是描述激光强度的两个参数。对于脉冲激光来讲，常用单位脉冲输出能量来描述，是指一个脉冲过程中，激光输出的总能量，用 E_p表示。若激光脉冲宽度为 τ，则脉冲峰值功率为

$$P_p = E_p/\tau \tag{1-26}$$

若脉冲重复频率为 f，或脉冲重复周期为 T，则平均功率为

$$P_a = E_p f = E_p/T \tag{1-27}$$

单位脉冲能量 E_p、脉冲峰值功率 P_p和平均功率 P_a是用来描述脉冲激光器件的主要指标。对于连续激光器件来讲，则常用连续输出功率 P 来描述。

在激光加工中，一般均采用大功率激光器，经光学系统聚焦后，可以加热熔化以至汽化被加工材料。目前商用 CO_2激光器的最大连续输出功率已达几十千瓦，Nd:YAG 激光器的最大连续输出功率也可达10 kW 以上。在激光打孔、激光点焊等应用中，常采用脉冲激光器，单次最大脉冲能量可达上百焦尔，脉冲峰值功率比平均功率高几个数量级。

3. 空间分布特性

激光的空间分布特性描述的是激光在空间的能量分布特征，主要用激光模式和发散角两种参数描述。

激光模式描述的是激光分别沿传播方向(即纵模)和垂直于传播方向(即横模)的分布特征。对于激光加工而言，影响加工质量的主要是横模，横模的特征在本章上一节已叙述。图 1-9 为几种典型的旋转横模的能量分布。其中，图 1-9(a)所示为基模 TEM_{00}的能量分布。图 1-9(b)所示的旋转对称横模称为 TEM_{01}^*模，实际上是两个相似的轴对称横模 TEM_{01}和 TEM_{10}的叠加，这两个轴对称横模中，一个是另一个旋转 90 度的结果。TEM_{01}^*常称为环形模，是采用非稳定腔的高功率激光器经常输出的模式。图 1-9(c)为高价模，高阶模的光束截面上的光强度分布是不均匀的。

光束的发散角用于表征激光束的空间传播特性，是激光束方向性的量度。基模高斯光束的发散角由式(1-17)定义，发散角越小，方向性越好。在激光焊接、切割、打孔、微细加工等应用场合要求激光束具有尽可能小的发散角和高度聚焦性能，以便将激光能量集中在很小的区域，提高激光的功率密度。通常激光切割、打孔等对激光的空间分布特性比激光焊接要求更高。

实际的激光器大多工作在多模状态，为了改善光束发散角，可以采用合适的选模方法对横模进行选择。其中，最常用的是小孔光阑法，简单有效，常可选用与基模有效光束半径相近的光阑半径，使光阑恰好挡住高阶横模，只让激光 TEM_{00}模运转。也可选用合适的谐振腔类型和相应的参数(如非稳腔)，压缩光束发散角，提高激光束的方向性。

4. 时间特性

根据激光器的时间特性可分为连续和脉冲激光器，其中脉冲激光器又包括普通脉冲、调 Q 脉冲和超短脉冲激光器。不同的激光器其应用场合也不同，对于打孔、点焊等加工部位局限于个别点，常采用脉冲或低重复频率激光器；对于切割、焊接、打标等连续部位的加工，常采用连续激光器或高重复频率激光器；而对于材料、尤其是金属材料的精密加工，常采用 fs 级的超短脉冲激光器。

连续激光是指工作物质被连续泵浦，激光器输出连续恒定的激光。大多数气体激光器、部分固体激光器、半导体激光器、染料激光器都可以连续泵浦输出激光。常用用输出功率 P 来描述连续激光器，其时间特性没有特殊的衡量指标。

脉冲激光的时间特性主要用脉冲宽度来衡量。脉冲宽度是指半功率点之间的时间间隔，也称为脉冲持续时间。采用脉冲泵浦方式，可以得到普通脉冲激光。不同的激光加工对激光的脉冲宽度有不同的要求。激光焊接常用的脉冲宽度为 1～10 ms，脉冲能量为 1 至几十焦尔；激光打孔和切割常

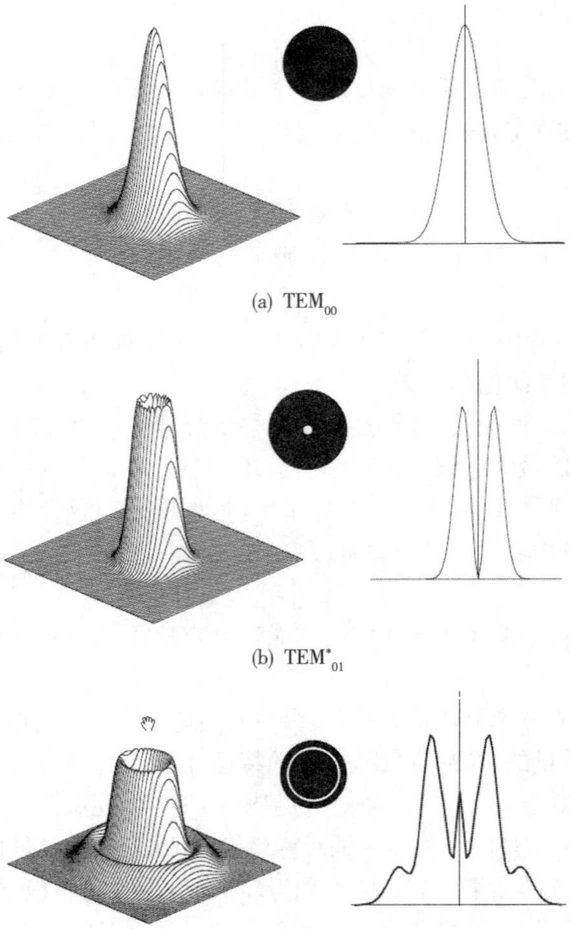

(a) TEM_{00}

(b) TEM^{*}_{01}

(c) TEM_{20}

图 1-9　几种典型旋转横模能能量分布

用的脉冲宽度为 0.1～2 ms，脉冲能量为 0.5～20 J；峰值功率为 10 kW 量级，重复频率小于 300 Hz。

采用调 Q 技术或锁模技术，可以压缩脉宽至 ms 乃至 fs(1 fs = 10^{-15} s)级，从而使激光的脉冲峰值功率大大提高。目前已能几十 fs 脉宽下输出 250 mJ 能量，峰值功率达 3×10^{12} W。这样高的峰值功率在激光加工中与材料的热扩散速度相比，能更快地在激光照射部位注入能量，即使是热扩散较快的金属材料也能提高加工精度，所以特别适合金属的精密加工。

5. 偏振特性

光波是横向电磁波，在垂直于光传播方向的平面内，电矢量的振幅和相位之间的特定关系称为偏振。如果电矢量在传播过程中只改变大小，不改变方向，始终在同一平面内振动，两相互垂直分量的相位差是 0 或 π，称为线(平面)偏振光。如果电矢量在传播过程中不改变大小，只改变方向，两相互垂直分量的振幅相等，且相位差是 ± π/2，称为圆偏振光。如果电矢量在传播过程中既改变大小，也改变方向，两相互垂直分量的相位差是任意值，称为椭圆偏振光。瞬时电场矢量作无规变化、偏振方向不确定的光称为自然光(无规偏光)。自然光与上述偏振光的混合光称为部分偏振光。除非采用一定的元件或某种技术，大多数激光器发出的激光为自然光或部分偏振光。对于部分偏振光，常用偏振度来描述，定义为完全偏振光的光强占总光强的比例，表示为

$$P = \frac{I_p}{I_p + I_u} \quad 或 \quad P = \frac{I_M - I_m}{I_M + I_m} \tag{1-28}$$

式中：I_p和 I_u分别为偏振光和非偏振光的光强；I_M和 I_m分别为最大和最小光强。自然光的偏振度为 0,完全偏振光的偏振度为 1,部分偏振光的偏振度在 0～1 之间。

由于不同的激光偏振态对材料的反射率不同,从而影响对材料加工的效率和质量。为了获得不同的偏振态,可采用各种偏振器。例如,若想利用偏振特性加强被加工表面对激光的吸收,可直接利用激光器输出的线偏振光;若想消除激光偏振特性对加工的影响,可采用偏振器和 1/4 波片组合的圆偏振器,使线偏振光变为圆偏振光等。实验证明,用不同偏振态激光进行切割时,线偏振光的切口比较粗糙,而圆偏振光的切口比较光滑。

二、常用激光器及其分类

激光器发展至今,其品种目前已超过 200 多种,特点各异,其用途也各不相同。激光器可按以下方法进行分类。

1）按工作介质来分有:固体激光器、液体激光器、气体激光器、半导体激光器。此外,还有化学激光器(靠化学反应而形成受激状态)和自由电子激光器等。

(1) 固体激光器　固体激光器的工作介质是在作为基质材料的晶体或玻璃中均匀掺入少量激活离子,除了用红宝石和玻璃外,常用的还有在钇铝石榴石(YAG)晶体中掺入三价钕离子(Nd)的激光器,它发射 1 060 nm 的近红外激光。固体激光器连续功率一般可达 1 kW 以上,脉冲峰值功率可达 10^9 W。一般固体激光器具有器件小、坚固、使用方便、输出功率大的特点。近年来发展十分迅猛的光纤激光器,其工作物质是一段光纤,光纤中掺不同的元素,能够产生波段范围很宽的激光。

(2) 液体激光器　常用的是染料激光器,采用有机染料作为工作介质。大多数情况是把有机染料溶于溶剂(乙醇、丙酮、水等)中使用,也有以蒸汽状态工作的。利用不同染料可获得不同波长的激光(在可见光范围)。染料激光器一般使用激光作泵浦源,常用的有氩离子激光器。液体激光器的工作原理比较复杂,它的优点是输出波长连续可调且覆盖面宽。

(3) 气体激光器　工作物质主要以气体状态进行发射的激光器,在常温常压下是气体,有的物质在通常条件下是液体(如非金属粒子的有水、汞)及固体(如金属离子结构的铜、镉等粒子),经过加热使其变为蒸汽,利用这类蒸汽作为工作物质的激光器,统归气体激光器之中。

气体激光器中除了发出激光的工作气体外,为了延长器件的工作寿命及提高输出功率,还加入一定量的辅助气体与发光的工作气体相混合。气体工作物质是所使用的工作物质中数目最多、激励方式最多样化、激光发射波长分布区域最广的一类激光器。气体激光器所采用的工作物质,可以是原子气体、分子气体和电离化离子气体,为此,把它们相应地称为原子气体激光器、分子气体激光器和离子气体激光器。

在原子气体激光器中,产生激光作用的是没有电离的气体原子,所用的气体主要是几种惰性气体(如氦、氖、氩、氪、氙等),有时也可采用某些金属原子(如铜、锌、镉、铯、汞等)蒸汽,或其他元素原子气体等。原子气体激光器的典型代表是 He-Ne 气体激光器。

在分子气体激光器中,产生激光作用的是没有电离的气体分子,所采用的主要分子气体工作物质有 CO_2、CO、N_2、H_2和水蒸气等。分子气体激光器的典型代表是二氧化碳(CO_2)激光器和氮分子(N_2)激光器。

离子气体激光器是利用电离化的气体离子产生激光作用,主要的有惰性气体离子和金属蒸汽离子,这方面的代表型器件是氩离子(Ar^+)激光器、氪离子(Kr^+)激光器等。

气体激光器具有结构简单、造价低、操作方便、工作介质均匀、光束质量好以及能长时间较稳定地连续工作的优点,因此,它是目前品种最多、应用最广泛的一类激光器,市场占有率达 60%左右。

(4) 半导体激光器　半导体激光器是以半导体材料作为工作介质,目前较成熟的是砷化镓激光器,发射 840 nm 的激光,另有掺铝的砷化镓、硫化铬、硫化锌等激光器。半导体激光器的激励方式主要有 3 种,即电注入式、光泵式和高能电子束激励式。

电注入式半导体激光器一般是由 GaAs(砷化镓)、InAs(砷化铟)、InSb(锑化铟)等材料制成的半导体面结型二极管,沿正向偏压注入电流进行激励。光泵式半导体激光器,一般用 N 型或 P 型半导体单晶(如 GaAs,InSb 等)做工作物质,以其他激光器发出的激光作光泵激励。高能电子束激励式半导体激光器,一般也是用 N 型或者 P 型半导体单晶(如 PbS,CdS,ZbO 等)做工作物质,通过由外部注入高能电子束进行激励。

在半导体激光器件中,目前性能较好、应用较广的是具有双异质结构的电注入式 GaAs 二极管激光器。半导体激光器体积小、质量轻、寿命长、结构简单而坚固,特别适于在飞机、车辆、宇宙飞船上使用。20 世纪 70 年代末期,由于光纤通信和光盘技术的发展大大推动了半导体激光器的发展。

2) 按波长来分,覆盖的波长范围包括远红外、红外、可见光、紫外直到远紫外,最近还研制出 X 射线激光器和正在开发的γ射线激光器。

3) 按激励方式不同,有光激励(光源或紫外光激励)、气体放电激励、化学反应激励、核反应激励等。

4) 按输出方式不同,有连续、单脉冲、连续脉冲和超短脉冲激光器,其中脉冲激光的峰值功率可以非常大。

5) 按激活介质的粒子结构不同,有原子、离子、分子和自由电子激光器。氦氖激光器产生的激光是由氖原子发射的,红宝石激光器产生的激光则是由铬离子发射的,另外还有二氧化碳分子发射的激光器。

6) 按功率输出的大小来看,连续输出的功率小至 μW 级,最大可达 MW 级;脉冲输出的能量可从 μJ 至 10 万以上 J;脉冲宽度由 ms 级、ns 级到 ps 级乃至 fs 级。

由于工作物质的不同,产生的激光波长也不同。上述各式各样激光器的出现主要是为了满足不同的应用目的。目前我国应用最广、使用率最高的激光器有 He-Ne 激光器、CO_2 激光器和 Nd:YAG 激光器。He-Ne 激光功率小,主要用于准直、全息照相、光信息处理、组织改变照射等。CO_2 及 Nd:YAG 激光由于功率大,常称大功率激光器,主要用于材料加工如焊接、切割等。

三、激光加工及其应用

激光具有高强度、高方向性、高单色性、高相干性等特点,可以在极小的立体角、极短的时间内作用到工件上,形成极高的温度。经光学系统聚焦,可在被照射材料表面上形成 μm 量级的极小光斑,获得高达 $10^8 \sim 10^{10}$ W/cm^2 甚至更高的功率密度,因此激光在打孔、焊接、切割、雕刻、热处理等各种加工中得到广泛应用。

从原理上来讲,激光加工技术都是利用激光的高功率密度,与被加工材料相互作用,去除、焊接或改变材料的性能。对于打孔、切割、打标等需把熔化和汽化的材料排除,要求能量密度高,作用时间短;激光焊接、热处理等是非去除加工,要求能量密度较低,作用时间稍长。材料加热温度的高低,主要取决于激光输出的功率密度和作用时间。激光的功率密度远大于加工材料所需的功率密度。调节功率密度和作用时间,就可以实现不同的加工要求。

激光加工发展至今,其应用领域不断得到拓展,并且派生出多种多样的激光加工方法,如果对其进行归类,可大致分为如下几类:

(1) 激光对材料表面的加工,如激光表面强化、激光表面改性、激光表面熔覆、激光表面合金化、激光表面清除、激光打标记等;

(2) 激光对材料的去除加工,即采用激光去除其中的一部分材料,形成合乎某种要求的零部件,其中包括激光打孔、激光切割、激光雕刻、激光烧蚀等;

(3) 激光对材料的连接加工,如激光焊接、激光烧结等;

(4) 其他激光加工,如激光快速原型制造、激光微型机械加工、激光超精细加工、激光非晶化、激光化学气相沉淀等。

第二节 激光焊接原理

一、激光与物质的相互作用

激光与物质的相互作用是激光焊接的物理基础，因为激光首先必须被材料吸收并转化为热能，才能用不同功率密度的激光进行焊接或其他加工。激光与物质的相互作用涉及到激光物理、原子与分子物理、等离子体物理、固体与半导体物理、材料科学等广泛的学科领域。当激光作用到材料上时，电磁能先转化为电子激发能，然后再转化为热能、化学能和机械能。因此，在激光加工过程中，材料的被加工区域将发生各种变化。这些变化主要体现在材料的升温、熔化、汽化，产生等离子体云等。

（一）能量转换过程

激光作用到被加工材料上，与材料要相互作用，这一相互作用过程主要与激光的功率密度和作用时间、材料的密度、熔点、相变温度以及激光的波长和材料表面对该波长激光的吸收率、热导率等有关。

激光的作用使材料的温度不断上升；当作用区从激光吸收的能量与作用区输出的能量达到平衡时，作用区温度将保持不变，否则继续上升。这一过程中，激光作用时间相同时，吸收与输出的能量差越大，材料的温度上升越快；激光作用条件相同时，材料的热导率越小，作用区与其周边的温度梯度越大；能量差相同时，材料的比热容越小，材料作用区的温度越高。

激光的功率密度、作用时间、作用波长不同，或材料本身的性质不同，作用区的温度变化不同，作用区内材料的物质状态可发生不同的变化。对于有固态相变的材料来讲，可用激光加热来实现相变硬化。对于所有材料来讲，可用激光加热使材料处于液态、气态或者等离子体等不同状态。

当激光的作用时间较短、功率密度较低（为 $10^3 \sim 10^4$ W/cm^2）时，大部分入射光被吸收，材料由外向里温度逐渐升高，一般只能加热材料，不能汽化和熔化材料；当激光的功率密度为 $10^5 \sim 10^6$ W/cm^2 时，达到材料的熔点，材料开始熔化，形成熔池；当激光的功率密度升高到 10^7 W/cm^2 以上时，达到材料的汽化点，材料开始汽化和蒸发，形成等离子体。

（二）吸收率

激光照射到材料上，要满足能量守恒定律，即满足

$$R + T + \alpha = 1 \tag{1-27}$$

式中：R 为材料的反射率；T 为材料的透射率；α 为材料的吸收率。上式表明，当材料的反射率和透射率减小时，材料中吸收的激光的能量就越多，吸收率越大。

光吸收是媒质的普遍性质，除了真空，没有一种媒质能对任何波长的光波都是完全透明的，只能对某些波长范围内的光透明，而对另一些波长范围的光不透明，即存在强烈的吸收。各种媒质的吸收率差别很大，对于可见光（波长范围 400～760 nm），金属的吸收率 $\alpha \approx 10^6$ mm^{-1}，玻璃的吸收率 $\alpha \approx 10^{-2}$ mm^{-1}，而一个大气压下空气的吸收率 $\alpha \approx 10^{-5}$ mm^{-1}。这表明非常薄的金属片就能吸收掉通过它的全部光能。一种材料若是透明的，它的穿透深度必须大于它的厚度。金属的穿透深度小于波长数量级，因此金属一般是不透明的。

事实上，材料对激光的吸收率主要与激光作用波长、材料温度、入射光偏振态、激光入射角和材料表面状况等有关。

（1）波长的影响 吸收率 α 是波长的函数。根据吸收率随波长变化规律的不同，把吸收率与波长有关的吸收称为选择吸收，与波长无关的吸收称为一般吸收或普遍吸收。有色玻璃具有选择性吸收，红玻璃对红光吸收少，而对绿光、蓝光和紫光几乎全吸收；所以当白光照到红玻璃上时，只有红光能透过去，看到它是红色的。若红玻璃用红光的互补色绿光照射，玻璃看上去将是黑色。绝大部分物体呈现颜色，都是其表面或内部对可见光进行选择吸收的结果。

一般情况，照射光的波长越长，吸收越小，材料吸收率与波长的关系如图 1-10 所示。

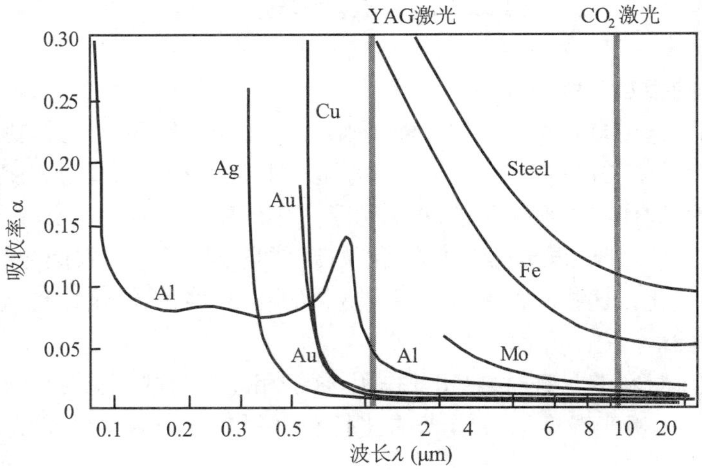

图 1-10　材料吸收率与波长关系

室温下，用氩离子激光（488 nm）、红宝石激光（694.3 nm）、YAG 激光（1 064 nm）和 CO_2 激光（10 600 nm）作用下多种光洁表面材料的吸收率见表 1-1。

表 1-1　室温下几种激光波长作用时多种光洁表面材料的吸收率

材　料	氩离子激光	红宝石激光	YAG 激光	CO_2 激光
	488 nm	694.3 mm	1 064 mm	10 600 nm
铝(Al)	0.09	0.11	0.08	0.019
铜(Cu)	0.56	0.17	0.10	0.015
金(Au)	0.58	0.07	—	0.017
铱(Ir)	0.36	0.30	0.22	—
铁(Fe)	0.68	0.64	—	0.035
铅(Pb)	0.38	0.35	0.16	0.045
钼(Mo)	0.48	0.48	0.40	0.027
镍(Ni)	0.58	0.32	0.26	0.030
铌(Nb)	0.40	0.50	0.32	0.036
铂(Pt)	0.21	0.15	0.11	0.036
铼(Re)	0.47	0.44	0.28	—
银(Ag)	0.05	0.04	0.04	0.014
钽(Ta)	0.65	0.50	0.18	0.044
锡(Sn)	0.20	0.18	0.19	0.034
钛(Ti)	0.48	0.45	0.42	0.080
钨(W)	0.55	0.50	0.41	0.026
锌(Zn)	—	—	0.16	0.027

在可见光和红外波段范围内，对于大多数金属来讲，都有很高的反射率，可达78%～98%，而在紫外波段吸收率很高，反射率较低。因为波长较长的红外光的光子能量较低，主要对金属中的自由电子发生作用，使金属的反射率高；而波长较短的可见光和紫外光，其光子能量较高，可以对金属中的束缚电子发生作用。束缚电子本身的固有频率正处在可见光和紫外光波段，它将使金属的反射率降低，透射率增大，呈现出非金属的光学性质。正因为金属表面的反射率随激光波长而变化，所以在激光加工中，为了有效地利用激光能量，应当根据不同的材料选用不同波长的激光。

(2) 温度的影响　当温度变化时，材料对激光的吸收率也随之变化，温度升高，材料的吸收率增大；激光功率越大，使材料温度上升得越高，则材料的吸收率也越大。例如，金属在室温下的吸收率较小，温度上升到熔点附近时，吸收率达到40%～50%，若温度上升到沸点附近时，吸收率可达90%。

(3) 表面状况的影响　当光照射在清洁磨光的金属表面时，金属中的自由电子将在光波电磁场的作用下强迫振动，产生次波，这些次波形成了很强的反射波和较弱的透射波，透射波被很快吸收。激光能量向金属的传输，就是金属对激光的吸收过程。金属中的自由电子密度越大，金属的电阻越小，自由电子受迫振动产生的反射波越强，则反射率越高；所以一般导电性越好的金属，其对红外激光的反射率越高。在可见光和红外波段，大多数金属吸收光的深度均小于100 nm。当激光照射到金属表面时，激光与金属材料相互作用，作用区的表面薄层吸收了激光能量，在10^{-11}～10^{-10} s的时间内转换为热能，使表面温度升高；同时金属表面发生氧化和被污染，表面光洁度降低，吸收率可以显著提高。

表1-1中的吸收率是采用光洁的金属表面测得的，而在激光加热的实际过程中，由于氧化和表面污染，实际金属表面对红外激光的吸收率比上述数值要大得多。一般情况下，材料表面越粗糙，反射率越低，材料对光的吸收越大，而且在激光加工过程中，金属材料在高温下形成的氧化膜会使吸收率显著提高。一定温度下氧化层的厚度是时间的函数，因而对激光的吸收率也是氧化时间的函数。金属材料对波长为10 600 nm的CO_2激光的吸收率随温度升高而显著增加，其原因之一是金属的电阻率随温度增加，另一方面也是金属在高温下更易氧化所致。另外，为了减少金属材料对激光的反射，利用各种表面涂层也是增加金属表面对激光吸收的有效方法。

(4) 偏振的影响　当激光束垂直入射时，吸收率与激光束的偏振无关；但当激光束以某个角度倾向入射时，偏振对吸收的影响变得非常重要。这时材料对激光的吸收率不仅与激光的偏振态有关，也与入射角的大小有关：若入射的激光为垂直于入射面的线偏振光，反射率R将随入射角增大而增大，则吸收率α就随入射角增大而减小；若入射的激光为平行于入射面的线偏振光，反射率R随入射角增大而减小，则吸收率α就随入射角增大而增大；当入射角达到布儒斯特角时，反射率R为零，吸收率α最大。这一特点可以应用于不加涂层直接用激光对材料进行表面处理。对于不同材料，由于折射率n不同，其布儒斯特角也不同。

二、光致等离子体行为

等离子体是自然界中除了固、液、气3种凝聚态以外的第4种物质状态，是由大量的自由电子和离子组成的电离气体，自由电子和离子所带的正负电荷大体相互抵消，整体上呈现近似电中性。等离子体根据气体电离的程度分为完全电离的高温等离子体和部分电离的等离子体。焊接过程中由激光照射产生的等离子体称为光致等离子体。

(一) 光致等离子体的形成

材料在强激光的作用下吸收相当数量的能量，作用区表层温度迅速上升变为蒸汽，靠近材料表面薄层的蒸汽被部分电离，形成等离子体；同时，蒸汽等离子体按照黑体辐射规律向外辐射大量的紫外光，被加工材料对这种辐射的吸收比对激光（尤其红外光）的吸收率高，可由10%增至30%～50%。若等离子体紧贴材料表面，使材料吸收的光能将增加，这对于激光焊接等加工过程有利。

当激光功率密度在10^6～10^7 W/cm^{2}时，等离子体温度升高，对激光的吸收增大，高温等离子体迅速膨胀，沿着入射光的反方向传播，将材料屏蔽，入射激光不能进入材料，汽化过程停止；而沿着入射光的反方向传播的等离子体扩散到材料表面上方，温度和密度均不断降低，变成透明的，激光又可以进入材料表面，等离子体又产生。这种等离子体的产生和屏蔽呈现周期性，使激光加热材料表面过程周期进行。这种过程对于激光焊接是不利的。由于氦的电离能较高，不易击穿，因此常采用氦气作为保护气体。

当激光功率密度高于 10^7 W/cm^{2}时，激光作用区周围的气体可以被光学击穿。击穿的等离子体一般以超声吸收波的形式沿着入射光的反方向传播，并将材料完全屏蔽，使强红外激光能量不能继续进入材料中。

当功率密度高到 $10^9\sim10^{10}$ W/cm^{2}时，由于温度相当高，等离子体的光学密度随辐射强度而增加。材料完全被电离时，电离程度不再增加，因此足够热的等离子体对激光辐射是透明的，激光能量又可以传输给被加工材料。

（二）光致等离子体与激光的相互作用

当激光束入射到光致等离子体时，激光束与光致等离子体要发生相互作用。等离子体吸收激光能量致使其温度显著上升，当温度上升到相当程度时，等离子体中将出现热传导，此时等离子体的密度、温度和速度等参数将发生变化，电子和离子的平衡状态将被破坏。

等离子体吸收光能可以通过以下 3 种机制中的任一种将能量传给材料：等离子体与材料表面的电子热传导；被金属表面有效吸收的等离子体辐射的短波长光波；受等离子体压力而被迫返回表面的蒸汽的凝结。当传递给材料的能量超过因等离子体吸收造成的光损失时，等离子体增强耦合，加强了材料对激光能量的吸收；反之，等离子体起屏蔽作用，降低了材料对激光能量的吸收。

等离子体对激光的吸收与电子密度、蒸汽密度、激光功率密度、激光作用时间、激光波长的平方成正比。例如，同一等离子体，对波长为 10 600 nm 的 CO_2激光的吸收比对波长为 1 064 nm 的 YAG 激光的吸收高约两个数量级。因为吸收率不同，不同波长激光产生等离子体的功率密度也不同。例如，YAG 激光产生光致等离子体所需功率密度比 CO_2激光高约两个数量级。用波长相对短的 YAG 激光进行激光加工时，等离子体的影响较小，而用波长长的光时，等离子体的影响较大。因此在激光焊接过程中，采用 YAG 激光比 CO_2激光不容易产生等离子体效应，而且应当控制激光的功率密度小于 10^7 W/cm^2，以降低等离子的屏蔽作用。等离子体与激光作用，还会出现一些非线性效应，如等离子体的折射率变化、等离子体表面二次谐波光发射等。

三、激光焊接的基本原理

通俗地讲，激光焊接是将具有足够功率密度的激光照射到具有材料共熔性的两个被焊零件的表面，通过材料表面吸收光能并转化成热能使焊接部位温度快速升高至熔点，并熔化成液体，在随后的冷却凝固过程中实现两个被焊零件之间的连接。两个被焊零件可以是同种材料，也可以是异种材料。

激光焊接常用的激光源是气体 CO_2激光器和固体 YAG 激光器，其最大输出功率目前分别已超过 30 kW 和 6 kW。近年来高功率半导体激光器和光纤激光器的发展也非常快，其中半导体激光器因电光转换效率高、运行成本低而受到用户的青睐，其最大输出功率已与目前的 YAG 激光器相当。而光纤激光的效率和光束质量均优于 YAG 激光，且设备体积小，维护简单，目前的最大输出功率已达 10 kW，已成为激光焊接中最有应用前景的激光源之一。按激光器输出功率的大小和工作状态，激光器工作的方式有连续输出方式和脉冲输出方式，被聚焦的激光束照射到焊接工件表面的功率密度一般在 $10^4\sim10^7$ W/cm^2。激光焊接的机制随着功率密度的不同而发生相应的改变，通常可分为激光热传导焊接和激光深熔焊接。

（一）激光热传导焊接

当激光的入射功率密度较低（$10^4\sim10^5$ W/cm^{2}量级）时，工件吸收的能量不足以使金属产生汽化，只发生熔化。此时金属的熔化是通过对激光辐射的吸收及热量传导进行的，被焊工件结合部位的金属因升温达到熔点而熔化成液体，然后很快凝固，连接在一起形成焊接接头。这种焊接机制称为激光热传导焊接。

激光焊接过程中激光与材料的相互作用时间为 ms 级，激光直接穿透的材料深度为 μm 级。激光与金属之间的相互作用主要是金属对光的反射、吸收。热传导型激光焊接时，材料吸收激光能量后局部温度迅速升高，产生的热量通过扩散向材料内部传播，使内部温度逐渐升高，热量传播的速度和规律符合材料热力学的热传导理论。热量传播的时间和深度与激光焊接工艺参数，如激光器输出功率、激光入射功率密度、激光脉冲宽度、脉冲能量、重复频率等有关。激光热导焊接时由于没有蒸汽压力作用，也不产生非线性效应和小孔效应，所以其熔深一般较浅，如图 1－11a 所示。

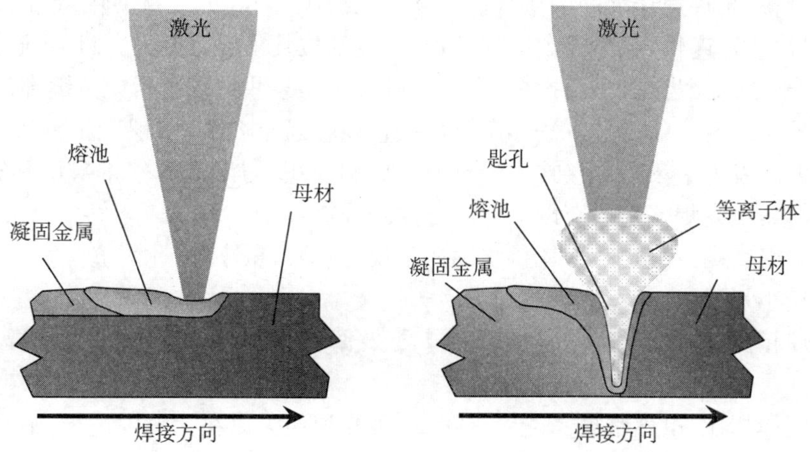

(a) 激光热传导焊　　(b) 激光深熔焊

图 1－11　激光热传导焊接与深熔焊接示意图

（二）激光深熔焊接

当激光的入射功率密度极高达到 10^7 W/cm^2 以上数量级时，入射激光可以在极短的时间内使加热区的金属汽化，从而在液态熔池中形成一个小孔，也称之为匙孔。光束可以直接进入小孔内部，通过小孔的传热，获得较大的焊接熔深。质量极好的光束甚至可以在 4×10^6 W/cm^2 的功率密度下就形成小孔，这主要取决于激光束的功率密度分布情况。小孔现象发生在材料熔化和汽化的临界点，气态金属产生的蒸汽压力很高，足以克服液态金属的表面张力并把熔融的金属吹向四周而形成小孔。随着金属蒸汽的逸出，在工件上方及小孔内部形成等离子体，较厚的等离子体会对入射激光产生一定的屏蔽作用。由于激光在小孔内的多重反射，小孔几乎可以吸收全部的激光能量，再经内壁以热传导的方式通过熔融金属传到周围固态金属中去。当激光束相对于焊件移动时，小孔的中心也随之移动，并处于相对稳定状态。液态金属在小孔后方流动、逐渐凝固，形成焊缝，这种焊接机制称为激光深熔焊，也称小孔焊，其机制与电子束焊接的机理相近，是激光焊接中最常用的焊接模式（图 1－11b）。

激光深熔焊形成焊缝的过程与热传导型的激光焊接明显不同。在热传导型激光焊接时激光能量只被金属表面吸收，然后通过热传导向材料内部扩散。激光深熔焊接依靠小孔效应，使激光束的光能传向材料深部，激光功率足够大时，小孔深度加大，焊缝窄而深，其深宽比可达到 12∶1。

激光深熔焊的焊接速度与激光功率成正比，熔深与速度成反比，欲使熔接速度增加、熔深加大，就必须选用大功率激光器。为获得高速度、高质量的焊接效果，需要足够高的激光功率，常用 kW 级以上的连续 CO_2 激光器进行焊接；但当激光模式为极好的基模时，光束聚焦后能够获得很高的功率密度和理想的分布，即使是几百 W 的 CO_2 激光器也能产生小孔效应。一般来讲，根据板材的厚度选择功率适当大些的激光源，会得到更好的深熔焊接效果。

激光焊接从机制上可分为热传导焊和深熔焊，同时，与其他焊接方法一样，激光焊接也有很多焊接工艺方式，如激光点焊、缝焊、对接焊、搭接焊、穿透焊、填丝焊、钎焊、复合焊等。激光焊接工艺先进，技术要求高，经过多年的研究实践，逐步已形成较完整的激光焊接技术与理论，对于激光焊接的原理、装置、工艺、激光器的种类、焊件的质量控制与分析均有深入的研究与发展。

激光焊接的效果以及所需激光参数的大小，与被焊材料的物理特性有很大关系，主要是金属的热导率、熔点、沸点、金属表面状态、涂层、粗糙度、对激光的反射特性等。

四 激光焊接特点

随着高功率激光器的出现，激光焊接作为一种重要的激光加工技术已经在焊接制造领域尤其是汽车制造领域，替代一些传统的焊接方法而得到了广泛应用。例如，顶盖与侧面车身的电阻点焊已逐渐被激光焊接所代替，工件连接之间的接合面宽度可以减少，降低了板材使用量，也提高了车体的刚度；零部件的激光焊接速度快，且不需焊后热处理，焊接部位几乎没有变形。目前，激光焊接零部件已被广泛采用，常见于变速器齿轮、气门挺杆、车门铰链等。在某些特种材料或关键部件的焊接中，激光焊接甚至成为一种无法替代的首选方法。激光焊接目前在航空航天、造船和钢铁等生产领域的应用研究也得到了很大的发展。激光焊接技术的迅速发展和应用，与激光焊接本身所具有的独特优点是分不开的，概括说来，激光焊接主要有以下几个方面的优点：

(1) 激光能量密度高，穿透力大，焊接移动速度快，热输入量小，因此焊缝深宽比大，热影响区小，工件收缩和变形较小；

(2) 与电弧焊相比，激光束挺度好，光斑稳定，激光焊接过程中参数稳定，焊接具有连续性和可重复性；

(3) 与电子束焊相比，虽然都属高能束焊接，但激光焊接可以在大气中进行，不必在真空中进行，不受电磁干扰，工艺简便，性能良好；

(4) 与不连续电阻点焊相比，激光焊刚度增加同时焊缝尺寸减小，具有较高的静载强度和疲劳强度，且激光焊道窄，表面质量好，焊缝强度高；

(5) 激光焊接是将激光束聚焦到工件表面，用以熔化材料形成焊接接头，属于非接触式加工，焊接速度通常比其他焊接工艺快，生产效率高，无噪声；

(6) 用激光不但可焊接金属，也可焊接工程塑料乃至人体组织，还可焊接以往传统焊接方法难以焊接的高熔点材料及其工件，或实现某些异种材料的焊接；

(7) 激光的空间和时间控制性好，激光束易于导向和聚焦，其能量、功率、光束的移动速度及光斑大小等都可以调节和控制，因此可与机器人、计算机、数控机床、自动检测等技术和设备相结合，实现各种灵活的自动控制，特别是对于准确定位的焊缝较易于实现自动化焊接；

(8) 激光束可以通过分束或光束切换装置进行分束或分时控制，实现一机多用，即用一台激光器完成多个工位的焊接，甚至完成诸如打孔、切割等不同功能的激光加工，从而提高激光器的利用效率。

(9) 对于 YAG 激光等频谱范围可透过玻璃的激光束，可通过光导纤维对激光束进行导向控制，柔性大，灵活方便，使激光束能够焊接其他焊接方法难以达到的位置，也可以透过透明体表面在工件内部进行焊接。

(10) 激光焊缝在某些情况下可减少后处理工序(如焊缝的清理)，而且激光焊缝的强度往往高于母材的强度，这是由于焊缝中的非金属杂质元素及其氧化物对激光的吸收率一般大于金属，所以在某些条件下激光可以对焊缝金属中的有害杂质如 P、S 等通过汽化蒸发使焊缝得到净化。

但另一方面，激光焊接也存在某些缺点，如：

(1) 由于激光焊接过程中的快速加热和冷却作用，焊接淬硬性材料时易形成硬脆接头；

(2) 激光焊接中合金元素的蒸发会导致焊缝出现气孔和咬边，对于多元微量合金化材料焊缝中微量合金元素的烧损有可能使焊缝性能变差；

(3) 高功率条件下，等离子体的大量形成会影响激光的吸收和焊缝成形；

(4) 对于某些高反射材料，因激光吸收率较低，激光焊接的难度相对较高；

(5) 相对于其他焊接工艺，激光能源转换效率低，设备昂贵，焊接的成本较高；

(6) 对工件的装配、夹持及激光束的精确调整要求相对较高。

激光焊接的上述特点，使得激光焊接方法的选择和焊接结果的预测比较复杂。事实上，成功地进行激光焊接需要考虑3方面的因素，即激光参数(包括能量参数、光束特性参数等)、焊接特性参数(包括焊接速度、焦点位置、焊接角度、接头形式和装配间隙等)和相关工艺要求(包括焊前清理、定位和装夹方式、保护气体等)。对于不同的材料、厚度和接头形式，往往还要根据实际情况采取相应的附加工艺措施，以保证焊接过程的顺利进行。

五、激光焊接影响因素

在激光热焊接过程中，影响焊接效果的因素很多，而且这些因素之间可能存在某些复杂的相关性，因而在焊接某个工件时，需要了解主要参数的作用，全面考虑各项参数的大小和应该采取的相关工艺措施，以确保激光焊接的质量和效果。

激光焊接各项参数中最主要的是激光的能量参数，只有提供了足够的激光能量，激光焊接才有可能顺利进行，也才能谈得上其他参数的作用。对于连续输出激光器，激光功率是其最主要的能量参数，对脉冲激光器，激光功率是以平均激光功率定义的，此外还有脉冲能量、脉冲宽度、峰值功率和激光重复频率等重要参数；另一个重要的能量参数是激光的功率密度，它决定于激光输出功率和光斑直径，与激光和材料之间的能量耦合能力密切相关。激光的光束特性参数对焊接过程中激光能量的有效吸收有重要影响，其中包括光束模式、偏振状态和激光的波长。与焊接特性相关的参数有焊接速度、焦点位置(离焦量)、焊接角度、焊缝的接头形式和间隙等。这些参数的正确选择也是焊缝质量的重要保证。为了防止焊接过程中工件材料的氧化，需要选用适当的保护气体，而且与保护气体的流量大小、吹气方式以及吹气喷嘴形状的设计都很有关系。另外，工件的焊前准备和装夹方式也是影响焊缝质量的重要环节。对于激光复合焊，还涉及到其他焊接方法的工艺参数与激光焊接参数的协调和配合。

(一) 主要工艺参数

上述各项参数的选择还取决于焊接材料的物理性能、材料表面状况、涂层的情况，焊接接头形状不同时所需工艺参数也会不同。下面将分别介绍几种与激光焊接工艺相关的主要参数。

1. 激光功率和功率密度

激光焊接是一个热过程，焊缝中输入的能量与激光器的输出功率有关。对于连续激光器来讲，通常用就是连续输出的激光功率；对脉冲激光器，可以用平均激光功率来表征。激光功率的大小是激光焊接工艺的首选参数，只有保证了足够的激光功率，才能得到好的焊接效果。与激光功率相关的另一个能量参数是激光的功率密度。事实上它比激光功率更关键，因为激光照射在材料表面，在焊接速度等其他条件相同的情况下，决定其能否产生小孔效应的关键因素实际上是激光束的功率密度，而不是激光功率。只是通常情况下，对一台确定的激光器而言，总是用该激光器能够输出的最小光斑直径来进行焊接，除非工艺上的特别要求需要用散焦来进行激光加工。因此，在光斑直径恒定的情况下，激光功率与激光功率密度具有同等意义。

对于激光深熔焊接，最好选用kW级以上的CO_2激光器，根据焊接的厚度、焊接的速度确定激光器输出功率的数值，再配合适当的气体保护，才能得到好的焊接效果。激光功率较小时，虽然也能产生小孔效应，但有时焊接效果不好。焊缝内有气孔，激光功率加大时，焊缝内气孔消失，因此激光深熔焊接时，不要采用勉强能够产生小孔效应的最小功率，而应适当加大激光功率，以提高焊接速度和熔深；然而功率太大时，也会引起材料过分吸收，使小孔内气体喷溅，或焊缝产生瘢痕，甚至使工件焊穿。

功率密度对易挥发性材料焊接的影响很大，在较高的功率密度下，材料的挥发可能会引起气孔、咬边和飞溅等焊接缺陷，所以应尽可能采用低的功率密度(如散焦光斑)进行焊接；但散焦光斑焊接会大大降低光束的能量密度，因此需降低焊接速度或提高激光功率以保证焊接熔深。若不便于在散焦光斑下焊接，则可采用大焦距的光学镜片增加焦深，使工件变形引起的离焦量变化对工件表面光斑直径的影响减小，从而保证光束有足够高的能量密度进行深熔焊接。

未熔透和下塌是激光焊接过程中的两个主要缺陷，适当控制能量输入可获得较好的焊接效果；但焊接过程中还有其他因素的影响，如光束模式、等离子体、偏振状态、接头形式和坡口装配间隙等，应综合考虑各种因素，适当调整激光功率以获得满意的焊接效果。为使焊缝平整光滑，激光功率在开始和结束时都设计有渐变过程，实际焊接过程中尤其是在焊接快结束的时候，调整能量下降时间和下降速度是一种非常好的控制方法，可以使小孔坍塌引起的局部咬边降到最低程度，从而避免焊缝在头尾两处出现凹坑或瘢痕。

在其他参数相同的条件下，增加激光功率可提高焊接速度和增大熔深，激光功率、焊接速度和焊接熔深之间的关系如图 1－12 所示。

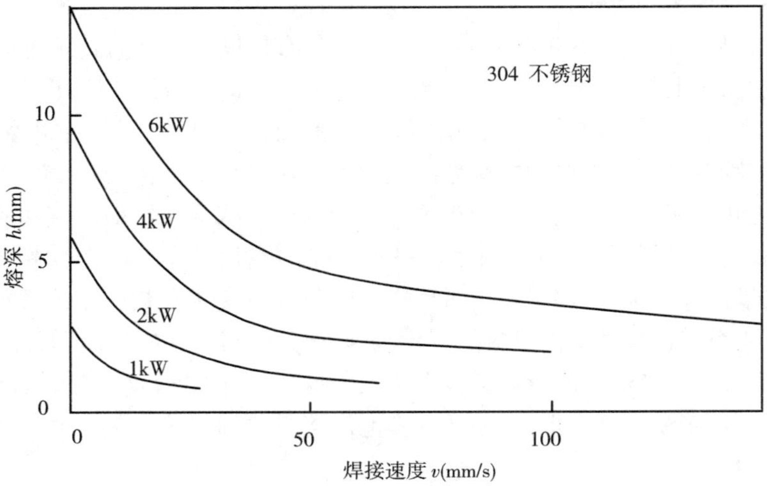

图 1－12　激光功率、焊接速度与焊接熔深之间的关系

由于激光焊接的速度比较快，激光向侧面的热传导比较弱，可以用下面的经验公式在给定激光功率下找到合适的焊接速度：

$$0.453P(1-R)=vW_w\delta\rho C_pT_m \tag{1-28}$$

式中：P 为激光功率(W)；R 为反射率；v 为焊接速度(m/s)；W_w为焊缝宽度(m)；δ 为板厚(m)；ρ 为材料密度(kg/m^3)；C_p为比热容(J/kg・K)；T_m 为材料熔点温度(K)。

其热影响区宽度可近似用下式进行估算

$$W_{HAZ}=\sqrt{at}=\sqrt{a\frac{D}{v}} \tag{1-29}$$

式中：W_{HAZ}为热影响区宽度(m)；a 为被焊材料的热扩散系数(m^2/s)；t 为热传导时间(s)；D 为作用于熔池上的光束直径(m)；v 为焊接速度(m/s).

2. 激光脉冲参数

脉冲激光焊的目的是为了控制焊接过程中的热输入，减小工件(尤其是薄板)的焊接变形；同时，脉冲激光还可用于焊接某些高反射率材料(如 Cu、Al 等)，大多数焊接应用都要求脉冲重叠，以确保获得连续的焊缝或者密封焊缝。脉冲重叠率随焊接速度的变化而改变，脉冲间隔时间过长难以获得连续的焊缝，间隔时间过短能量输出形式则接近于连续激光焊。

采用脉冲形式时，激光功率是以平均功率定义，而不是连续功率。平均功率随脉冲占空比的增加而增加(占空比＝脉冲时间/脉冲周期)。脉冲焊接的参数主要有脉冲重复频率、脉冲能量、脉冲峰值功率、脉冲宽度、脉冲波形等，这些参数主要决定脉冲焊接的平均功率。光斑尺寸和离焦量进一步影响功率密度，并综合影响焊接质量和接头性能。实际焊接时，首先应确定合适的功率密度，在功率密度一定的条件下，脉冲能量、脉冲宽度、光斑直径、离焦量之间应进行适当的配合，才能获得理想的焊接质量和性能。

(1) 脉冲重复频率 热传导焊接中，激光器发出重复频率激光脉冲，每个激光脉冲形成一个熔斑，焊件与激光束相对移动速度决定了熔斑的重叠率，一系列的熔斑形成鱼鳞纹似的漂亮焊缝。这是激光焊接工艺应用最广泛的一种方式。按照零件尺寸的大小，选择脉冲激光器的平均功率，根据生产率即焊接速度的要求，选定激光重复频率，而在一定重复频率下，每个激光脉冲的焦耳数，则由激光器平均功率所限制。如一台激光平均功率为 100 W 的 YAG 激光器，重复频率为 10 Hz 时，每个脉冲能量为 10 J；激光重复频率为 50 Hz 时，每个激光脉冲的能量为 2 J。为了焊接一个工件，选定激光重复频率时，要综合考虑单脉冲能量的大小，形成熔斑的熔化深度、宽度是否够用，不能为追求焊接速度一味提高激光重复频率，只有在适当的重复频率下，才能得到满意的焊缝，一般情况选用 30～60 Hz 较好。

为了实现激光密封焊接，一般要求前后两个激光光斑重叠 70%以上，这是因为每一个熔斑都是材料表面吸收了激光的能量通过热传导向四周扩散的，所以熔斑断面形状为半球形，为了达到一定厚度的熔深，只有在高重复频率下才能达到密封焊接。这就需要脉冲重复频率、平均焊点直径和焊速相互匹配，才能达到所需的重叠度。对于非密封焊接，重叠度越低，焊速越高，不过焊道表面比较粗糙。一般来说，重叠度越大，焊道表面越光滑，但焊速也相应降低。

(2) 脉冲能量 脉冲能量决定激光单位脉冲加热量的大小，其主要影响金属的熔化量，当脉冲能量增大时，焊缝的熔深和熔宽均增大。现有脉冲激光器中，单位脉冲能量、脉冲峰值功率以及脉冲宽度(即激光的脉冲时间)都是非常关键的参数。单位脉冲能量 E_p(J)与激光平均功率 P_a及脉冲频率 f 有如下关系：

$$E_p = \frac{P_a}{f} = P_a T \tag{1-30}$$

激光的脉冲能量一般有两种产生方式：一种是通过电流的通断使连续激光产生脉动的输出，脉冲峰值大于此时的平均输出功率，但不会超过原设定的连续输出功率；另一种是激光活性介质在一个快速响应的刺激下受到激励，使激光在很短的时间内产生爆发性的能量。Nd:YAG 激光的脉冲峰值功率能够达到比最大平均功率高30 倍以上的水平。因此，中低功率的激光器也能产生很高的峰值能量，使大多数材料达到汽化温度，而 CO_2激光产生的脉冲峰值功率只能达到连续功率的 2～5 倍。某些激光器还可设计一些独特的脉冲波形以提高脉冲能量的耦合效率或优化焊缝成形，也可改善焊缝的冷却速度，降低裂纹倾向。

(3) 脉冲峰值功率 脉冲峰值功率 P_p(W)由式(1-26)定义，是单位脉冲能量 E_p(J)与脉冲宽度 τ(s)之比，即

$$P_p = \frac{E_p}{\tau} \tag{1-31}$$

对于给定的单位脉冲能量，较短的脉冲宽度可以产生较高的峰值功率；不过峰值功率过高时，将导致材料中某些元素蒸发逸出熔池，从而产生咬边或气孔。通常高峰值功率更适合于小孔焊接，可形成较大的熔深，且传入到工件周围的热量也较少，引起的焊接变形也小；但深而窄的小孔焊接对工件的装配要求也更高。

(4) 脉冲宽度 激光脉冲宽度决定了焊接加热的时间，也决定了激光加热的能量，主要影响熔深。熔深与脉宽的 1/2 次方成正比；但热传导焊接时，由于热传导过程的限制，金属表面只能达到熔化程度，所以熔深不会太大。在脉冲能量一定的条件下，随着脉宽的变化，熔深存在一个最大值(通常

小于 1～2 mm)，对应的脉宽称为最佳脉冲宽度。对于不同的材料，最佳脉宽也不同。

如果要求熔深较大，采用负离焦可在一定程度上增加熔深，但焊缝表面平整度可能稍差，必要时改变离焦量重熔一遍可使焊缝表面得到改善。增大脉冲宽度会降低峰值功率，形成的焊缝几何尺寸宽而浅，对工件的装配要求相对较低，尤其适合薄件和厚件的搭接焊；但较低的峰值功率密度会导致多余的热输入量，引起过熔和焊缝附近的金属氧化甚至变形，而且接头对激光的反射也较严重。

一般焊接薄板或仪表外壳等零件时，脉冲宽度选择 2～3 ms 为宜，焊接时再配合适当的气体保护，能够得到完美焊缝；但如果被焊材料是细丝或金属膜片，焊接区域总体热容量很小时，脉冲宽度就不能太大。此时需要综合考虑热影响区的大小和光斑照射区域是否能承受脉冲持续时间所提供的总能量。

(5) 脉冲波形　为了保证热传导型激光脉冲焊接的效果，对激光脉冲波形有一定要求。早期激光脉冲只由储能电容对氙灯放电形成，接近钟形脉冲，脉宽较大。随后借用电子电路技术中仿真线的概念，通过仿真线放电形成特定形状的平顶激光脉冲，脉宽 3～5 ms，最大可达 30 ms。在单脉冲点焊金属材料时，金属在常温下对激光反射率较高；但表面升温以后，反射率迅速下降，吸收率很快增加，因此简单的方波脉冲使焊斑熔化不好，流动性差，甚至出现裂纹，焊接效果不理想。后来通过改进，使方波脉冲前沿出现陡峭尖峰，有利于迅速降低反射，提高吸收率；同时使脉冲波形有个拖尾，便于焊接过程中对熔融部分的金属起到减缓凝固的作用，这对于铝合金等材料的焊接有很明显的改进作用。

当焊接工件以一定速度移动时，激光熔斑相互重叠，重叠率由工件移动速度和激光重复频率来决定。这种焊接状态与单脉冲点焊不同。当一个激光脉冲聚焦的光斑照射到焊缝处时，前一个激光脉冲已将该处金属材料加热，并且前一个光斑照射的部分金属已呈熔融状态，尚未来得及凝固，因而这个激光脉冲到来时，焊缝处的温度已经升高，金属的反射率已经降低。这种焊接方式并不需要前置尖峰脉冲的激光波形，一般可通过控制熔斑的重叠率对工件实现密封焊接。为提高激光脉冲重复频率，近年出现了斩波式脉冲激光器，脉冲波形基本上是矩形脉冲，其宽度由斩波电路开通时间决定，重复频率是 100 Hz 或 200 Hz。

由于微机技术的快速发展，激光焊机控制系统的数字化已成为发展主流，目前激光焊机的各种参数包括脉冲波形参数等，均可通过微机控制系统中的人机交互接口任意设置。如通过触模式操作面板选择激光输出功率、频率和脉宽等参数，或用户通过键盘对激光脉冲波形和参数进行编程，使焊接参数与焊接要求相匹配以达到最佳的焊接效果，因而可以满足几乎所有金属的焊接需要，从而大大提高了激光焊接机的功能和适应性。

3. 光束特性参数

(1) 光束模式　有关激光的光束模式在本章前述内容中已提及，由于不同的光束模式具有不同的能量分布形式和聚焦性能，即使在同样的输出功率条件下，激光束的功率密度也是不一样的；因此光束模式对焊接效率的影响很大，模式越好，越接近于理想的 TEM_{00} 基模高斯光束，则光束在焊接区的加热速度越快，效果越好。实际焊接所使用的激光模式不可能是理想的基模光束，为了区分光束模式的好坏，通常用光束的参数积(BPP)，即光束的束腰半径和远场发散角的乘积(mm・mrad)来表征激光的光束质量，这个数值越小越好。研究表明，在获得同样的熔透效果情况下，当光束质量从 50 mm・mrad变化到 30 mm・mrad 时，焊接速度可变化 2 倍。

(2) 偏振　通常认为只有在激光切割时光束入射到倾斜的切割面上需考虑偏振的影响；但研究表明，偏振对激光焊接在某些条件下也有影响，其影响效果主要取决于小孔焊接过程中的两种吸收机制。低速焊接时，小孔内等离子体密度较大，此时小孔对入射光束的吸收是以等离子体的逆轫致吸收为主，偏振对熔深几乎没有影响；而高速焊接时，由于小孔内等离子体温度相对较低，此时小孔对入射激光的吸收主要以孔壁的菲涅尔吸收为主，偏振对焊接熔深就会产生一定的影响，此时如果采用 S 偏振光(垂直于入射面的线偏振光)，则熔合区的宽度相对较大。不过，铝合金焊接时偏振的影响不明显，其原因还有待于进一步深入研究。

(3) 光束波长 不管是从光束的能量粒子 $h\nu$ 的角度还是从光束的衍射极限考虑，波长越短，越容易被焊接材料所吸收，且聚焦性能越好，能量密度越高。因此，对于相同的焊接材料，短波长比长波长光束具有更大的吸收率和更小的反射率。所以，同样的输出功率条件下，YAG 激光的焊接效果一般优于 CO_2激光。

等离子体对激光的吸收也与波长密切相关，其对入射光束的影响主要有三方面：①等离子体区里的电子自由吸收光子，会因电子密度不同对光束有屏蔽作用；②高温等离子体密度的改变会引起入射光束的折射率发生改变；③某些冷凝物和粒子在快速运动的等离子体中碰撞，引起飞溅。等离子体主要通过逆韧致吸收影响入射光束的能量。逆韧致吸收系数主要与气体密度、波长和温度有关，短波长和低温等离子体对光束的吸收较弱。由于短波长光束对保护气体的电离电压没有那么敏感，因此短波长激光焊接时，可以采用较便宜的保护气体。

4. 焊接特性参数

(1) 焊接速度 焊接速度是激光焊接的主要参数之一，对熔池深度和焊缝形状有直接影响。焊接速度和熔池深度近似成反比关系。随着焊接速度的增加，能量输入减少，熔深变浅甚至无法焊透，熔池的液态流动性和润湿性差也不利于焊缝成形；适当降低焊接速度可以增大熔深，但焊接速度过慢可能导致焊缝金属过渡熔化，使表面张力难以维持焊缝中的熔池，从焊缝中间滴落或下沉，在表面形成凹坑，甚至焊穿。高速焊接时，小孔尾部向焊缝中心强烈流动的液态金属由于来不及重新分布，便在焊缝两侧凝固，形成咬边缺陷。在大功率下形成较大熔池时，高速焊接同样容易在焊缝两侧留下轻微的咬边，有时还会在熔池波纹线的中心形成褶皱，凝固后形成大的凸起。如果激光焊接从深熔焊变为热传导焊，在熔池达到极限尺寸后，过多的能量输入还会引起熔宽和热影响区增大。

焊接速度越快，熔池越短，但高温区的范围越大，为避免空气对焊缝的污染，最好在高速焊接时增加尾部气体保护。在被焊材料和激光功率一定的条件下，为了保证焊接质量，存在一个允许的焊接速度范围，在这个范围内可根据板厚选择一个最合适的焊接速度。

(2) 焦点位置 焦点位置是激光束焦点相对于焊件表面的距离，该距离称为离焦量。焦点位于焊件表面外部称为正离焦，焦点位于焊件内部称为负离焦。激光束经过聚焦镜后形成的最小光斑即为焦点。焦点处的激光功率密度最大，过高的功率密度有可能会导致气化、飞溅、打孔等问题，因此激光焊接时焦点位置一般不设置在焊件表面，而是在其上方或下方一定距离。理论上正负离焦量相等时，对应焦平面的激光功率密度也相同，但实际熔池形状或焊缝形状不同。采用负离焦时，材料内部功率密度比表面高，熔化和气化更强烈，促进能量向材料更深处传播，所以可获得较大的熔深。通常焦点位置在焊件表面下方 1～2 mm 可获得最大熔深。

离焦量直接影响激光功率密度，因此对焊缝尺寸和形状有很大影响。通过改变离焦量控制激光功率密度非常方便。在一定的离焦量下焊接，焊缝尺寸要宽于在焦点位置焊接，但激光功率密度在合理范围内，使焊缝金属充分熔化但又不至于过度气化，有利于抑制焊接缺陷。通常对熔深要求较高的厚板焊接宜采用负离焦，此时因小孔内部的功率密度比工件表面的更高，熔化和气化更强烈；而对于熔深较浅的薄板焊接宜采用正离焦，此时焊缝成形较好。

当然，参数的正确选择是综合性的，不是某一个参数就能决定完美的焊接效果，最佳焦点位置的确定还与接头的几何形状、类型、方向、间隙、错位和所需的焊缝强度、熔深、焊道宽度及材料偏置等各种因素相关。实际焊接过程中经常是激光器各项参数设置完毕后，最后通过微调离焦量来达到完美的焊接效果。

另外，聚焦镜焦距的选择对焊缝几何尺寸及工艺要求也有很大的影响。激光通过反射镜或透射镜进行聚焦，其焦距的变化范围为 63～254 cm。因焦点尺寸 D 与焦距 F 成正比($D=F\cdot\theta$,式中 θ 为光束发散角)，所以产生的能量密度与焦距的平方成反比。即短焦距可获得较高的能量密度，但短焦距的焦深也浅，工作深度较短，且焦点位置的波动对光斑尺寸影响很敏感，所以应用范围受到一定的限制。但焊件若在短焦距下焊接飞溅较少或无飞溅，且焊接过程中焦点位置的波动很小，焊缝成形又比较好的情况下，可以获得较好的应用；长焦距产生的光斑尺寸相对较大，能量密度较低，但焦点位置在较大的范围内调节时光斑尺寸变化较小，能量密度稳定。因此，当接头定位的重复性较差时，且能量密度足够用于焊接，适宜采用长焦距焊接；如果在给定焊接速度下达到了最大熔深，但熔宽没有达到预期目标，此时增加熔宽的最好办法是增大焦距，而不宜采用散焦方法。

(3) 焊接角度　焊接过程中，通常激光束总是按垂直于被焊工件表面入射，但实际焊接时这种正常情况常常因为被焊工件结构上的复杂性而打破，即光束在射向焊缝位置进行焊接的过程中，很可能会被工件本身或邻近夹具挡住，此时必须调整激光束入射的角度。光束呈一定倾角入射时会增大工件表面的光斑面积，降低功率密度，即使焊接速度不变，也会减小熔深，因此焊接时应尽量避免使光束产生倾角；如果不能避免，也应尽量使倾角最小。相对于正常情况的最小光束倾角 θ(度)可通过聚焦镜焦距 F 和聚焦镜处原始光束直径 D 计算。用下面的公式可计算光束最小倾角(聚焦光束的半倾角加上 1 度间隙角)：

$$\theta_{\min} = 1 + \arctan\left(\frac{D}{2F}\right) \quad (1-32)$$

用上述公式计算的最小倾角应能保证聚焦光束不烧及邻近工件或夹具。另外，在焊接铜、铝等某些反射率很高的材料时，为了避免强烈的反射光束重新进入激光焊枪损坏其内部的零部件，通常也采用一定的入射倾角来保证激光焊接设备本身的安全，同时也应顾及焊接现场其他物体，尤其是操作人员的安全。

(4) 接头形式　激光焊接时因光斑小、能量密度高，所形成的焊缝通常窄而深，所以激光焊接接头形式的设计应考虑有利于小孔的形成，同时也要体现激光焊缝优越的焊缝穿透能力和高效的焊接速度。例如，对于板厚较大的对接焊缝，通常采用 I 型坡口形式零间隙一次焊透；对于一些薄板的焊接，可采用端部折边并接接头或卷接接头；对于 T 型接头，可采用穿透型焊接或侧面焊接等，图 1-13 为一些典型的激光焊接接头形式。

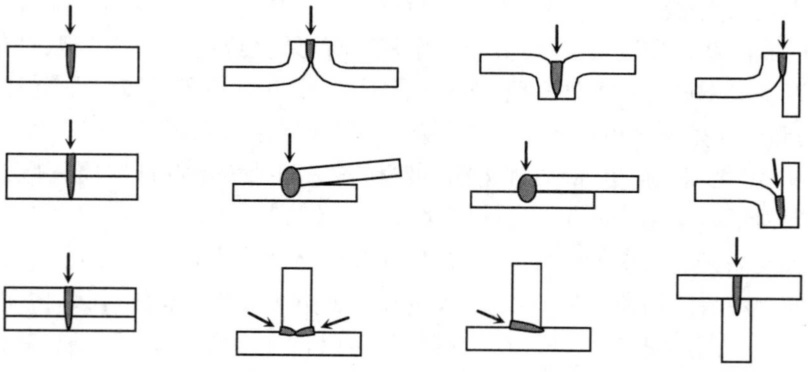

图 1-13　激光焊接典型接头形式

(5) 坡口间隙　激光焊接一般不需要填充材料，坡口通常采用零间隙紧密装配。如果坡口间隙增大，填缝的熔化金属少，再加上焊接过程中液态金属的部分蒸发，会使焊缝横截面积减小，并可能产生凹陷、咬边和虚焊等缺陷，导致焊缝强度降低。另外，高速焊接或小功率焊接也会使填缝的熔化金属量减少；因此焊接接头的紧密装配非常重要。对于间隙较大的焊缝，通常可采用填丝或填粉焊；但即使采用填丝焊，接头的间隙也不能过大以避免激光束直接从间隙中穿过，也就是说间隙应该小于光束直径。在激光和电弧复合焊的条件下，坡口间隙可进一步适当放宽。

如果是镀锌钢板或其他易挥发性材料进行激光搭接焊时，必须在两板之间留有一定尺寸的间隙，这是因为焊接过程中锌的挥发会产生大量的高压蒸气，影响焊缝的连续性。锌的沸点为 907 ℃，低于钢的熔点许多。也就是说镀锌钢板在焊接熔化时，小孔内的温度已远远超过锌的沸点，因此当焊接小孔进入到两块搭接的镀锌板中间层时，会有一个锌突然蒸发的过程，锌蒸汽必须通过一定的板间间隙才能够释放出去(图 1-14)。上述问题也可以通过严格控制脉冲比率和焊接速度来解决，或是采用双光束焊接，前面一个光束用于加热使焊接区镀锌层首先挥发逸出通道，后面一个光束用于焊接。此外，采用自动填丝激光钎焊也可避免锌蒸汽的产生，但接头形式需另外设计。

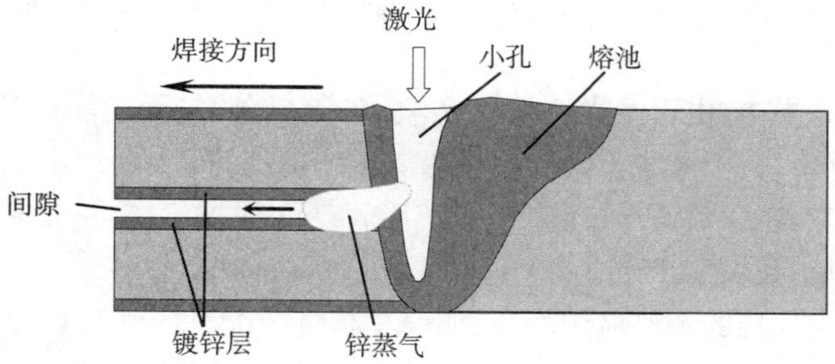

图 1-14　镀锌板搭接激光焊接

5. 保护气体

和电弧焊一样，激光焊通常需要保护气体防止焊接熔池的氧化和空气污染。最常用的保护气是氦气和氩气，对某些特定的材料，也可采用氮气或某些混合气体。保护气的种类和纯度一般根据具体的激光焊接方法和保护对象而确定，如焊接钛合金时需要高纯度的氩气或氦气保护氛围，确定的原则是在满足保护效果的要求下尽量选用低成本的保护气体。

施加保护气的方法通常有两种，即充气法和吹气法。其中充气法是将保护气充入一个密闭的气室内，并将工件置于其中，激光透过气室的透明玻璃对工件进行焊接。这种方法保护效果好，但工艺过程繁琐，辅助时间多，限制了生产率的提高，而且焊接过程中要采取措施避免焊接过程中的等离子气污染透光玻璃。吹气法通常有同轴吹气和侧面吹气两种方式。同轴吹气是利用喷嘴结构吹出围绕激光束且与其同轴的保护气层流，保护气体以一定的压力、流速、流量作用于焊缝区域，使熔化的金属不与空气中的氧气接触，保证得到高质量的焊缝。同轴吹气可以形成稳定的保护罩，对于激光热传导型焊接，保护效果非常理想。但对于激光深熔焊，特别是高功率密度条件下的 CO_2 激光焊，这种吹气方式无法快速有效吹走大量等离子体，会影响焊缝对激光能量的吸收。采用侧面吹气则可以在一定程度上有效抑制等离子体，但侧面吹气对熔池的保护作用相对较弱。通常保护气直接吹向激光与材料的交界面中心，但对于有些材料(如钛合金)的焊接，已凝固的高温焊缝金属表面仍需加以保护，这时可借助辅助气管在熔池尾部沿着焊道吹送保护气以延长保护时间。高速焊时，为防止保护气搅动熔池，保护气应吹向熔池前端的冷金属。全熔透焊接时焊道背面也需气体保护。

由此可知，CO_2 激光焊的保护气体除了起保护作用，还有抑制激光等离子体产生的作用。由于氩气的电离能(15.7 eV)比氦气的电离能(24.5 eV)小，更易在熔池的上方诱导等离子体的产生，且形成的等离子体密度比氦气大，等离子体吸收的激光能量也更大，聚集的能量又会进一步促进等离子体的形成，所以 CO_2 激光焊接时采用氦气保护要比氩气保护效果更好；但目前许多 CO_2 激光焊均用氩气保护，主要是因为氩气与氦气的价格差异很大。要对 CO_2 激光焊接进行成功的氩气保护，保护气喷嘴设计与气流的几何形状非常重要。基本原则是使氩气高速通过熔融金属，同时还要确保在此流速与温度下不形成等离子体。通常聚焦光束的能量密度越大，所需抑制等离子体产生的氩气流速就越大。保护气体流速存在一个最小值，以确保可吹散等离子体，也存在一个最大值，以避免改变熔池的流动特性，影响焊缝质量。一般用于抑制等离子体的氩气流速为 30～45 L/min，而氦气仅为 20～30 L/min。此外，应尽量控制焊接区的氩气量和温度，夹具对氩气流动的阻碍可能会降低抑制等离子体的效果。相对于氩气来说，氦气对喷嘴设计与气流几何形状不是很敏感。但无论采用氩气还是氦气，只要聚焦光束的能量密度较高，就应该采取一些特殊方法来抑制等离子体的产生。

有人通过研究认为，在低速焊接时宜采用氦气保护，高速焊接时则宜采用氩气保护。这是因为等离子对激光能量的吸收有好坏两方面的影响：高速（>30 mm/s）焊接时，形成的等离子体较为稀薄，且距离工件表面很近或基本处于小孔内部，等离子体辐射给工件的能量大于它吸收的能量，这时采用氩气保护即可；低速（<30 mm/s）焊接时，形成的等离子体较厚且距离工件表面较远，对入射激光有很强的吸收和散射作用，所以这时常需采用侧吹气体的方法驱散等离子体，而采用氦气保护更有利于抑制等离子体的影响。

对于Nd：YAG激光焊接，由于激光波长较短，等离子体吸收的激光能量较少，对等离子体的抑制不如CO_2激光焊那么重要，甚至几乎不需要进行等离子体抑制，同时由于氩气价格相对便宜且保护效果好，所以在实际焊接时，Nd：YAG激光焊通常使用氩气作保护气体。一般同轴喷嘴比非同轴喷嘴（直径为4～6 mm）的气流量减少25%～50%。

我们也看到，在激光焊接的一些应用场合（如汽车车身装配时的激光点焊或间断焊）并没有采用任何保护气体。这是因为一方面汽车板材都很薄，激光点焊的速度极其快，几乎是在瞬间完成的，而且焊接过程中大量的焊点通常是由机器人的移动快速完成，每个焊点的停留时间极其短暂，而保护气体从吹出到形成稳定的保护层流需要较长的时间，瞬间不可能建立起有效的保护，所以吹保护气已失去意义；另一方面，汽车钢板通常都是镀锌板，焊接过程中表面锌层的瞬间汽化所形成的锌蒸汽云团排开了周围的空气，在一定程度上形成了对焊接熔池的有效保护，且成品车的点焊焊缝不直接暴露于外面，对焊缝表面成形要求不高，所以激光焊接过程可以在空气环境中进行，不使用任何保护气体，这也体现了激光焊接方便快捷、对工作环境要求不苛刻的优点。

（二）其他影响因素

1. 材料的表面状态

由前述可知，材料对激光的吸收率与材料的性质、温度和表面状态有关，同时也与激光的波长和偏振状态有关。不同的材料对激光的吸收率差异较大，如钢铁材料对激光的吸收率比钛合金低，铝合金则更低。一般金属材料对红外光的吸收率与电阻率的平方根成正比，电阻率又随温度升高而增大，因此吸收率也随温度升高而升高。室温下大多数材料对激光的吸收率都比较低，随着温度升高材料对激光的吸收率显著增强。金属处于熔化和气化状态时吸收率可以超过90%。

在其他条件相同时，改变材料的表面粗糙度对激光吸收率影响较大，所以材料表面预处理是提高激光吸收率的有效手段。采用机械的方法对被焊接材料的光滑表面进行毛化处理可以在一定程度上增加对激光的吸收率，但这种方法效果不是很明显，原因在于毛化的效果是将原来光滑表面对激光的镜面反射变成了毛化后的漫反射；而采用表面涂层或表面氧化膜的方法可以较明显地提高材料对激光的吸收率。当保护气体中含有微量的氧气时，可与被焊工件表面发生轻微反应形成较薄的氧化层，从而使材料表面状态发生变化，增强激光与材料的耦合作用，使激光吸收率得到提高。试验表明，增加保护气体中的氧会使激光焊接的熔深增加，但对焊缝成形及其性能可能会带来一定的负面影响，实际应用时需谨慎考虑对焊缝的性能要求和使用场合。

2. 工件的焊前准备

与传统焊接方法相比，激光焊接对工件上焊接区域内存在的油、灰等污染物更敏感，这是因为激光焊接的热循环速度特别快，焊缝深宽比又大，一旦有氢或其他杂质溶入焊缝金属，在其快速冷却凝固过程中根本来不及溢出，因而很容易在焊缝中形成气孔或夹杂，进而引起热裂纹或冷裂纹的产生，所以激光焊接对于气孔和裂纹的敏感性更大。因此，在激光焊接之前，必须采取有效措施对工件表面进行仔细的清洁处理。

清洁方法有机械清理、化学清理、超声波清理等方法，采取何种方法主要取决于污染物的数量和类型。对于金属工件来说，可采用水、溶液或溶剂等清洗，但清洗以后不能有任何残留液，同时焊前应进行风干处理。有条件最好采用非接触清洁方法，因接触清洁在使用抹布或刷子时，可能会在工件表面残留一些布屑或金属碎屑。对于焊前需保护的工件来说，应使用封装容器保存工件，与灰尘油污等污染物隔离，而且须保证工件不受刮擦或挤压。装卸工件时，应该戴干净的手套，没有手套时应保证双手清洁，减少工件受污染的机会。不焊接时候，尽量使工件远离焊接区。

3. 工件的定位与装夹

激光焊接的特点之一是光束的光斑尺寸小，能量密度高；但光斑小意味着对被焊工件的定位精度要求高，同时定位精度要求也与光束的焦深、激光功率、焊接速度和接头几何形状等有关。光斑尺寸越小，则要求光束对焊缝的横向对中偏差越小，或者要求坡口间隙的变化偏差越小；焦深是影响焦点直径变化的函数，焦深越短，则由离焦量变化引起的光斑直径变化越大(通常$<5\%$)，从而导致激光功率密度的变化偏大($<9.3\%$)，焊缝质量的波动也就越大。反过来也就是要求工件定位后的平整度足够大，使离焦量的变化越小越好。激光功率和焊接速度的变化决定了焊缝单位长度所吸收的激光能量，也决定了焊缝的截面形状。激光功率越高，焊接速度越慢，则焊缝熔深越深、熔宽越大，对工件的定位精度要求相对较低，反之则要求越高。此外，对接接头的工件定位精度比搭接接头的定位精度也要求高。

为了保证激光焊接的质量，必须保证被焊工件有足够的定位精度。而工件的定位精度主要取决于3个因素：①工件的加工公差与装配公差；②激光焊接设备本身的加工精度、重复定位精度和稳定性；③工装夹具的加工精度、重复定位精度和稳定性。

在激光焊接设备本身以及被焊工件的加工精度都确定的条件下，工件的定位精度基本上是由工装夹具来保证的。考虑到激光焊接过程仍是一个局部非平衡热加工过程，比传统焊接方法虽然输入的热量少，但焊接过程中还会产生一定的热变形，所以夹具必须有足够的刚度来减小或抵消这类变形；同时夹具对一些热变形敏感的工件可采取一定的散热措施。此外，夹具本身应有足够的耐磨性，使其经多次装夹后磨损较少，仍能保证足够的定位与装夹精度等。

4. 焊接飞溅及其防止

焊接飞溅是由于焊接过程中存在某些不稳定的因素，从焊接区域产生并飞溅出来的细小颗粒物，其来源有很多，比如焊接区的污染物、材料中含量较高的杂质或某些高挥发性元素等等。焊接飞溅对工件的外观表面会产生一定的影响，但我们这里最关注的是其对激光器聚焦镜的影响。这是因为焊接飞溅会堆积在聚焦镜或透镜表面，当大量的飞溅和其他残渣在聚焦镜或透镜表面上越积越多，镜片不仅会受到机械损伤，而且会从激光束中吸收能量而产生热变形，从而也降低了焊接能量，减小熔深，严重影响激光焊接质量。

解决的办法可以从工艺和设备两方面着手。从工艺角度考虑，应尽量减少焊接飞溅产生的源头，使飞溅尽可能减少或消除；若消除不了，则尽可能让飞溅改变溅射方向，使其不直接对着镜片溅射；或尽可能采用长焦距焊接，使聚焦镜或透镜离飞溅源越远越好，这样飞溅喷到聚焦镜上的概率就越低，对聚焦镜或透镜表面带来的危害也越小。从设备角度考虑，对CO_2激光而言，可在铜镜表面涂覆一层耐磨耐热的保护金属，使保护层的耐热性降低飞溅带来的热危害，同时保护层的耐磨性又降低了清洁镜面时带来的机械危害；也可在激光焊枪装置上安装一个空气刀，在聚焦镜前面形成一个喷气层，起到阻碍飞溅的作用，飞溅中较轻的粒子及烟尘直接被空气吹走，那些较重的粒子即使能穿越空气层，也会被空气流冷却而凝固，对聚焦镜表面的危害降到最低；对于光纤聚焦的Nd:YAG激光，波长较短，可在聚焦镜与工件之间安装一个玻璃防护镜，防护镜的玻璃片需镀膜处理，使光束可完全透过玻璃片辐射到工件上而没有能量损失。玻璃片成本较低且可任意更换，可有效防止焊接飞溅对贵重透镜的危害。图1-15所示为空气刀和防护镜双重保护的激光焊枪装置。

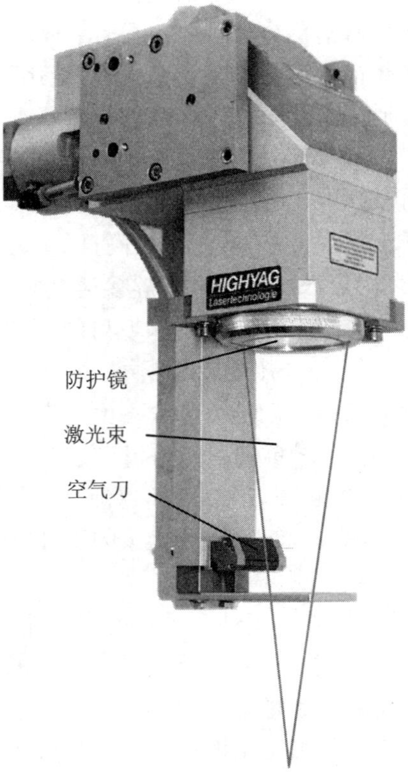

图 1－15　激光焊枪装置

第三节　激光焊接技术及其应用

一、激光焊接技术

（一）激光填丝焊接

激光焊接一般情况下不需添加填充焊丝，激光束照射在被焊工件的接缝处，靠被焊工件材料自身的熔化形成接头。但因激光的光束尺寸很小，只要光束沿焊缝的对中稍有偏差，就会造成偏焊；或只要工件接缝处的间隙稍大，光束很易从中透过，造成激光能量的泄漏，使焊接过程的稳定性受到影响。为此，对工件的坡口加工、装配精度以及焊接过程中光束相对于焊缝的对中精度都提出了很高的要求，这在一定程度上限制了激光焊接的应用领域。

在激光对工件进行加热的同时，采用从激光束前方或后方添加填充焊丝的方式，补充液态金属，解决由于间隙过大或激光作用下液态金属汽化流失而造成的焊缝区液态连接金属过少问题，避免焊缝出现咬边、凹陷等缺陷，改善焊缝成形。由此带来的优点主要体现在：

（1）激光填丝焊可以在很大程度上降低工件的加工和装配精度，改善焊接结构和被焊材料的适应性，提高焊缝成形和表面质量；

（2）激光填丝焊还可以通过设计焊丝成分来控制焊接冶金和焊缝成分，改善焊缝金属的组织，抑制焊接裂纹的形成，提高焊接接头的性能，这对于脆性材料和异种材料的焊接非常有利；

（3）采用多层激光填丝焊的方式还可以用较小功率的激光器实现大厚板的焊接，显著提高激光对厚板焊接的适应能力。

激光填丝焊的基本原理如图 1－16 所示，由图可知，激光填丝焊的送丝方式有前送丝和后送丝两种方式。焊丝中心通常与焊缝中心线重合，与激光光轴夹角一般为 30～75 度。焊丝应准确送入光轴与母材的交汇点，使激光首先对焊丝加热和熔化形成熔滴，稍后母材金属也被加热熔化形成熔池和小孔，焊丝熔滴随后进入熔池；否则激光能量会从接头间隙中透过，不能形成小孔，焊接过程难以进行。

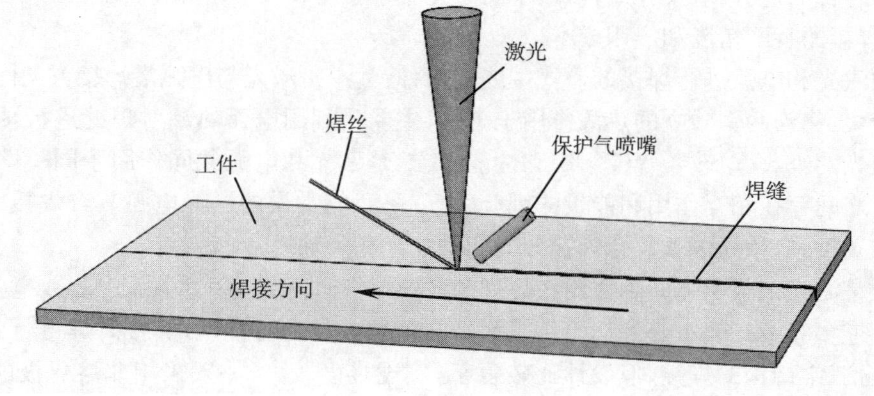

图 1－16　激光填丝焊原理示意图

激光填丝焊过程的稳定性与激光、焊丝、母材三者之间的相互作用和能量分配密切相关。焊丝的加入使它分享了本来用于加热母材的一部分激光能量，同时焊丝端部对激光能量存在吸收和反射，减弱了激光对母材的加热汽化作用，使原来可以形成小孔机制的焊接过程可能被打破，过程变得不稳定。被焊丝反射的能量大小与光束能量、送丝速度、光丝作用点以及能量密度等有关，当送丝速度较慢时，激光能量实际上是被熔滴吸收而不是固体焊丝，焊丝主要靠熔滴传导过来的热量熔化。这种过程的不稳定性对于焊丝通过激光辐照直接加热的过程影响尤为明显。采用前送丝方式时，由于焊丝的熔化主要通过激光辐射和等离子体加热共同作用，需要的激光能量大，所以焊接过程不稳定。采用后送丝方式时，熔池的热量也参与加热焊丝，焊丝熔化需要的激光辐照加热能量减少，激光能量可以更多地用于加热母材形成小孔，焊接过程比较稳定；但焊接速度和送丝速度较高时，熔池和等离子体提供的热量已难以完全熔化焊丝，需消耗更多的激光能量，焊接过程又会变得不稳定。因此，前送丝与后送丝焊丝熔化机制的不同导致两种焊接方式的焊接效率和焊接过程稳定性的差异。

送丝速度是激光填丝焊的重要工艺参数。合理选择送丝速度可以充分利用激光能量，提高生产率。拼缝间隙和焊缝的余高主要由焊丝熔化填充而成，所以送丝速度的确定受焊接速度、工件厚度、拼缝间隙、焊丝直径、成形系数等因素的影响。它们之间的关系可用下式表示

$$KW_{g}\delta v_{w}=\frac{\pi}{4}D^{2}v_{f} \tag{1-34}$$

式中：K 为成形系数，由焊缝余高确定，为 1.1～1.2，W_g 为拼缝间隙(mm)，δ 为工件厚度(mm)，v_w 为焊接速度(m/min)，D 为焊丝直径(mm)，v_f 为送丝速度(m/min)。确定焊接工艺参数时，可根据材料板厚初步确定激光功率和焊接速度，再根据上式确定送丝速度，然后进行工艺试验，并根据试验结果调整激光功率或焊接速度，以保证工件焊透。焊接速度调整时，送丝速度也应作相应调整；否则，送丝速度过快或过慢，会导致熔化金属过多或过少，影响激光、母材和焊丝三者之间的相互作用和焊缝成形。

通常激光填丝焊多采用冷丝，但有时为了充分利用激光能量，提高焊接效率，可以引入热丝焊工艺，即焊丝在送入熔池之前通过电阻加热到接近熔化温度，从而减少了激光消耗在焊丝上的能量，有效提高焊接速度；但这种工艺方法需增加一套对焊丝进行预热的设备。

对于激光深熔焊无法一次穿透的大厚板，采用填丝多道焊技术可以提高激光焊接大厚度板的能力；但焊接时需开阶梯型坡口或双边 V 型坡口，且坡口角度不宜过小或过大，一般在 8～12 度之间，选用的焊接工艺参数必须保证坡口两边的侧壁充分熔合。

（二）激光电弧复合焊接

激光电弧复合焊有时也称电弧辅助激光焊接技术，其主要目的是有效利用激光和电弧热源，充分发挥两种热源各自的优势，取长补短，以较小的激光功率获得较大的熔深，稳定焊接过程，提高焊接效率，降低激光焊接的装配精度和应用成本。

联合采用激光和电弧进行焊接的方式主要有两种：其一是激光与电弧沿焊接方向前后串行排列，且两者相距较大，作为两个独立的热源作用于工件，主要是利用电弧热源对焊缝进行预热或后热，以提高材料对激光的吸收率，改善焊缝组织和性能；其二是激光和电弧共同作用于同一熔池，焊接过程中激光和电弧之间存在相互作用和能量的耦合，也就是我们常说的激光电弧复合焊接。根据激光与电弧的几何位置关系，激光电弧复合焊接分为同轴复合和旁轴复合。

同轴复合是激光束与电弧同轴作用在焊件的同一位置，即激光穿过电弧中心或电弧穿过对称布置的环状光束或多光束几何中心到达工件表面。同轴复合具有对称性，焊接时焊枪行走没有方向性问题，非常适合三维结构的焊接，但设计比较复杂，实现难度较大，一般采用非熔化极的 TIG 电弧或等离子弧。旁轴复合是激光束和电弧呈一定角度地作用在焊件的同一位置，激光束与电弧呈不对称的几何关系。激光可以在电弧前方引入，也可以在电弧后方引入。旁轴复合容易实现，可以采用与 TIG 电弧、MIG 电弧或等离子弧复合。图 1－17 所示是激光电弧复合焊的两种复合原理示意图。

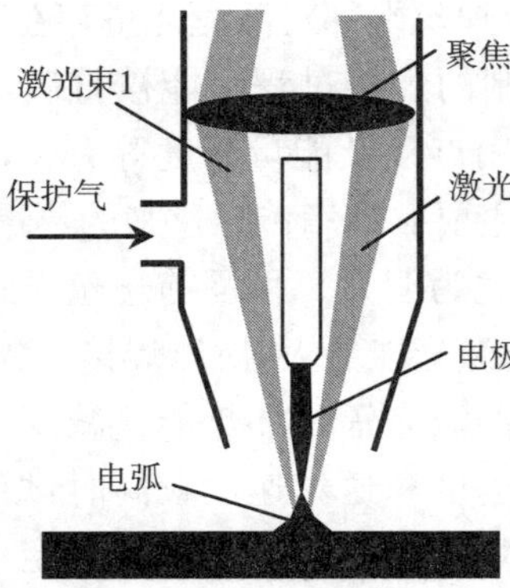

（a）双束光与TIG电弧同轴复合

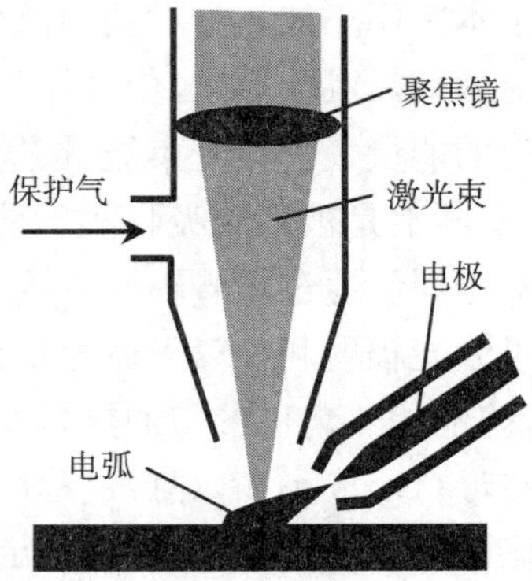

（b）激光-电弧旁轴复合

图 1－17　激光电弧复合原理示意图

TIG 电弧是非熔化极电弧，激光－TIG 电弧复合较为简单，所以也是最早实现复合的焊接方式，可采用同轴或旁轴方式。激光－TIG 电弧复合焊接时激光在熔池中形成的小孔对电弧具有吸引和压缩作用，增强了电弧的电流密度和稳定性；即使在高速焊接条件下，仍可以保证电弧稳定，焊缝成形良好，气孔、咬边等缺陷大大减轻。激光－TIG 复合焊接速度是一般激光焊接速度的 2 倍以上，更是远远大于 TIG 焊。激光－TIG 复合焊主要用于薄板高速焊接，当焊缝间隙较大时也可添加填丝。影响其焊接效果的工艺参数主要有电弧电流、激光功率、激光与电弧夹角、距离和高度等因素。

激光－MIG 复合焊是目前应用最为广泛的一种复合热源焊接方式，由于 MIG 具有送丝和熔滴过渡过程，一般采用旁轴复合方式。激光－MIG 复合焊不但可增大熔深，改善焊接适应性，还可通过填充焊丝改善焊缝组织和性能。采用激光双 MIG 比激光单 MIG 复合焊速度提高约 1/3，而输入能量减少 1/4，更体现出复合焊的高效和节能优势。激光－MIG 复合焊比激光－TIG 复合焊的板厚更大，焊接适应性更强。

激光电弧复合焊的优点得益于激光和电弧的相互耦合和相互作用。在激光电弧复合焊接过程中，不但电弧本身的能量参与焊接过程，而且还可对焊件产生预热效果，提高焊缝对激光的吸收率，从而显著增大焊接熔深，降低激光功率，也降低激光设备的运行成本。电弧加热还可减缓激光焊接后的冷却速度，减轻或消除凝固裂纹、气孔、咬边等焊接缺陷。采用不同能量的激光和电弧进行组合，可以获得深宽比不同的焊缝，提高了焊接的适应性。电弧的存在使焊缝熔宽变大，降低了对间隙、错边、对中的精度要求，减轻了劳动工作量，提高了生产效率。

激光电弧复合焊也具有深熔焊和热导焊两种机制。当电弧电流较小时，电弧等离子体对激光的屏蔽作用较弱，小孔可以稳定存在，有利于对电弧弧根的压缩与吸引，电弧电流密度较大，可获得较大的熔深，表现为深熔焊的特征。当电弧电流较大时，电弧等离子体对激光的屏蔽作用增强，穿过电弧后激光能量损失很大，小孔不能稳定存在，电弧弧根不能被压缩，电弧电流密度随之降低，因而熔深变浅，表现为热导焊特征。深熔焊转变为热导焊的电流称为临界电流，激光功率越大，对电弧的吸引和压缩能力越强，临界电流越大。

激光电弧复合焊接已在造船等领域大厚度高强板的焊接中得到成功应用。例如，用其焊接热轧高强钢，熔深可达 15 mm，而变形量仅为普通焊接的 1/10；焊接板厚为 6 mm 的 T 型接头，焊接速度可达到 3 m/min，焊接速度快、变形小、质量高、间隙敏感性低。另外，对于用纯激光焊接难度较大的铝合金，改用激光电弧复合焊可以有效解决问题；因为电弧可预先熔化铝合金形成液态熔池，激光再照射到铝合金液态熔池表面，可以大大提高激光吸收率，增大焊缝熔深。电弧预先形成的熔池与固体金属的润湿性较好，可防止咬边。

（三）双束激光焊接

双光束激光焊接，是将同一种激光采用光学方法分离成两束单独的光，或用两束不同类型的激光组合起来进行焊接的方法，通过改变两束光的能量、光束间距，甚至是两束光的能量分布模式，对焊接温度场进行方便、灵活的调节，改变小孔的存在模式与熔池中液态金属的流动方式，为焊接工艺提供更广的选择空间；不仅拥有焊接熔深大、速度快、精度高的优点，而且对于常规激光焊接难以焊接的材料与接头也有很大的适应性。

双光束焊接意味着在焊接过程中同时使用两束激光，光束排列方式、光束间距、两束光所成的角度、聚焦位置以及两束光的能量比都是双光束激光焊接中的相关设置参数。通常双光束的排列方式一般有两种：一种是沿焊接方向呈串行排列，这种排列方式可降低熔池冷却速率，减少焊缝的淬硬性倾向和气孔的产生；另一种是在焊缝两侧并行排列或交叉排列，以提高对焊缝间隙的适应性。

对于串行排列的双束激光焊接系统，根据前后两个光束间距的不同，有 3 种不同的焊接机制：①两束光间距较大，一束光的能量密度较大，聚焦于工件表面，用于产生焊接小孔；另一束则能量密度较小，只作焊前或焊后热处理的热源。采用该机制，焊接熔池的冷却速度在一定范围内可以控制，有利于焊接一些高裂纹敏感性的材料，如高碳钢、合金钢等，同时可提高焊缝的韧性。②两束光间距相对较小，在一个焊接熔池中产生两个相互独立的小孔，使液态金属的流动模式发生改变，有助于防止咬边、焊道凸起等缺陷的产生，改善焊缝成形。③两束光间距很小，在焊接熔池中产生同一个小孔，与单束激光焊接相比，由于此小孔尺寸变大，不易闭合，焊接过程更加稳定，气体也更容易排出，有利于减少气孔、飞溅，获得连续、均匀、美观的焊缝。如图 1－18 所示为 3 种不同的光束串行排列机制。

焊接过程中，也可以让两束激光互成一定角度，其焊接机制与平行双光束焊接机制相类似。实际应用中，可以根据不同的焊接条件改变两束光的相互组合情况，实现不同目的的焊接过程。

双光束的获取主要有两种方法。一是采用分光镜或屋脊式反射镜等一些特殊的光学系统，将一束激光分成两束不同功率、不同焦点间距和排列方式的激光。二是采用两个不同的激光束进行组合，这两个光束可以用同一类型的激光，也可以是不同类型的激光。比如可以用一台能量呈高斯分布的高质量 CO_2 激光进行主要焊接工作，辅助一台能量呈矩形分布的半导体激光进行热处理工作，这种组合方式既比较经济，又可针对不同的接头形式便于各自单独调节，很适合于焊接过程控制。另外，也可将 YAG 激光与 CO_2 激光组合成双光束进行焊接，或将连续激光和脉冲激光组合进行焊接，还可以将聚焦光束和散焦光束组合进行焊接。

双束激光焊接已在许多场合得到了成功应用。比如汽车镀锌钢板的激光焊接中由于镀锌层的大

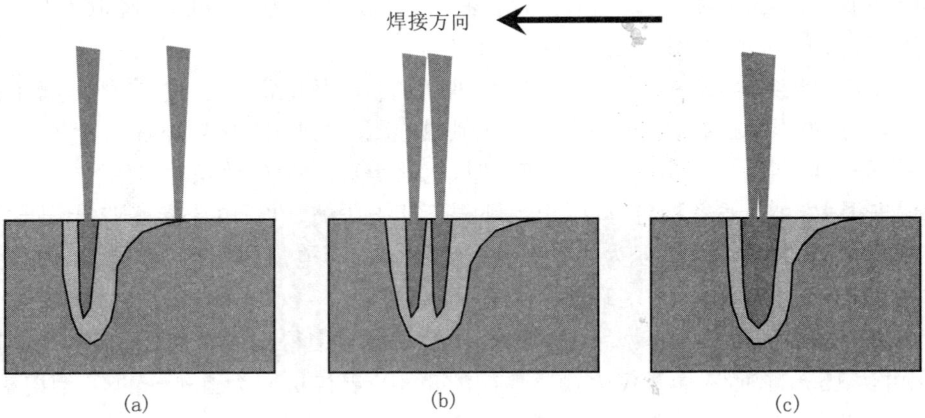

图 1-18 串行排列双束激光焊接机制

量蒸发严重影响焊接质量。采用双束激光焊接可以解决锌蒸气带来的焊接质量问题:一种方法是通过合理匹配两束光的能量来控制熔池存在时间和冷却速度,以利于锌蒸气的逸出;另一种方法是采用前一束激光进行预打孔或切槽处理,给随后焊接时产生的锌蒸气提供了逸出的通道,防止其滞留在熔池内形成缺陷。又如,对于铝合金而言,由于其对激光的吸收率较低,且焊缝易产生气孔、裂纹以及合金元素的烧损等问题,采用单激光焊接时,匙孔建立困难且不易保持稳定,而采用光束激光焊接时可以增大匙孔尺寸,有利于气体排出,同时可以降低冷却速率,减少气孔和焊接裂纹的产生,焊缝表面成形明显优于单光束。另外,双束激光焊接对于不等厚板的焊接以及大厚板的焊接都具有非常好的应用前景。

（四）激光钎焊

钎焊是指将熔点低于母材的钎料采用一定的方式送达母材焊缝加热部位,并将其加热到介于钎料和母材熔点之间的温度,借助钎料的熔化润湿和铺展填充母材间隙,然后冷却凝固形成钎焊接头。激光钎焊是以激光为热源的钎焊技术,它利用了激光束良好的方向性和高功率密度的特点,将激光束通过光学系统聚焦于焊接接头处,实现局部或微小区域的快速加热完成钎焊。它具有加热速度快、热影响区小、辐照时间和输出功率易于控制等特点,而且易于分光实现多点同时焊接,具有很大的灵活性。

根据加热温度的不同,激光钎焊分为软钎焊和硬钎焊。钎料液相线温度低于 450 ℃的,称为软钎焊;钎料液相线温度高于 450 ℃而低于母材金属熔点的,称为硬钎焊。激光软钎焊主要用于印制电路板电子元器件的焊接。激光硬钎焊主要用于高强钢和镀锌钢板的焊接。由于大多数有色金属对激光的反射率较高,材料的热导率也较高,激光熔化焊需要较高的功率,因而采用激光硬钎焊更具优越性。激光硬钎焊银、铜、镍、金和铝有良好的效果,焊缝金属组织晶粒更细,硬度更高。

激光钎焊时,钎料可以采用预置方式,也可以采用送丝方式。钎焊接头通常采用卷对接和搭接两种方式。卷对接情况下,钎焊丝从激光前端送入有利于焊接过程稳定;搭接情况下,钎焊丝从侧下方水平送入有利于焊接过程稳定(参见图 1-19)。钎焊加热温度较低,对激光功率密度的要求较低,因此一般采用散焦的方式进行加热,既可降低功率密度,又可根据钎缝宽度和焊丝直径灵活调节光斑大小和形状,优化激光在加热焊丝和母材上的能量分配。通常光斑直径应大于焊丝直径,有利于焊丝的熔化和铺展,在其他参数都合适的条件下,光斑直径为焊丝直径的两倍时焊缝成形较好。

激光钎焊可采用单光束,也可采用双光束。双光束既可通过两个独立的激光器获得,也可以通过分光镜分光获得。双光束钎焊可以更加灵活方便地控制辐照时间和位置,从而针对具体的钎焊材料和钎焊接头形式更好地控制钎焊过程。双光束激光钎焊在搭接情况下,一束光可用于加热熔化焊丝,另一束光则加热填充间隙使母材温度升高,促进钎料的润湿铺展,提高接头强度。对接情况下,两束

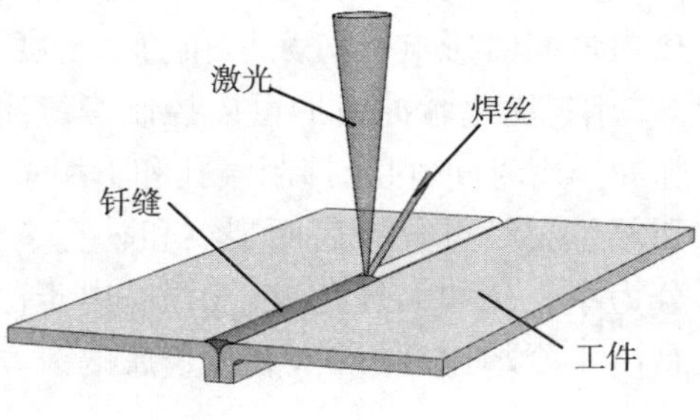

（a）卷对接接头

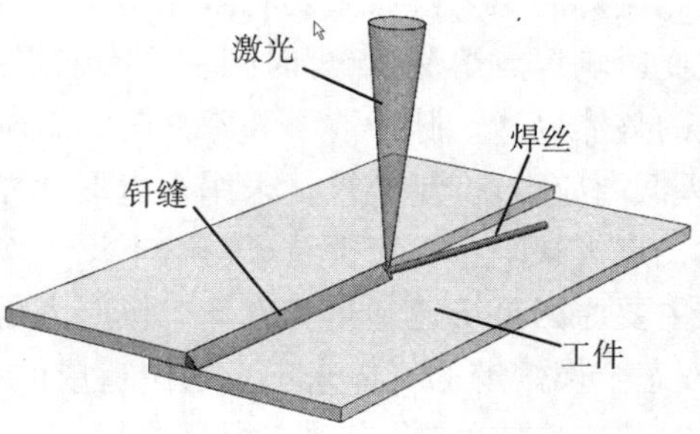

（b）搭接接头

图 1－19　激光钎焊接头型式和送丝方式示意图

光重叠辐照加热，除了能使加热钎料的效果得到改善，接头附近区域也同时被加热升温，从而促进了钎料的润湿铺展和分布均匀。高速钎焊时，为了提高激光的利用率，可以采用热丝激光钎焊，即焊丝在进入熔池之前先用电阻热对其端部一定长度上进行加热，以降低加热焊丝所需的激光功率，提高钎焊的速度。

激光钎焊的工艺参数主要有：①激光类型和功率。CO_2激光、YAG 激光和半导体激光都可以用于激光钎焊。在钎焊条件下，它们各自的特点与激光熔化焊相同。②光斑直径。激光钎焊通常采用散焦光斑，光斑大小取决于钎缝宽度和焊丝直径。③钎焊速度。根据实际钎焊的要求加以确定，取决于激光功率，激光功率越大，钎焊速度越高。④送丝速度。送丝速度大小主要考虑钎缝填充和良好成形，送丝速度与钎焊速度应匹配，提高钎焊速度的同时应提高送丝速度。激光入射角度、送丝角度、焊丝形状尺寸也是重要的工艺参数。激光钎焊时，钎料、钎剂、保护气的选择与常规钎焊基本相同。在许多情况下，激光钎焊可以不用钎剂和保护气。

激光钎焊的关键在于合理控制激光功率分配。若光束聚在钎料上，钎料温度过高导致熔化过快，而母材温度不足使钎料不能很好润湿母材，影响填充效果，焊缝成形变差。若光束聚在母材上，则钎料温度有可能过低导致钎料流动性降低，而母材可能过热熔化，导致钎料直接进入熔池形成熔化焊，形成脆性相影响焊缝性能。

激光硬钎焊目前已广泛应用于汽车工业、航空航天等领域，汽车制造中镀锌钢板的激光钎焊成功地解决了激光熔焊中由于锌的蒸发而导致的焊缝成形差的问题。随着高强度轻质合金、金属基复合材料等新型材料在航空航天领域的应用，激光硬钎焊可以解决用传统的熔焊或钎焊方法难以解决的连接问题。

激光软钎焊主要用于印制电路板集成电路的焊接。采用激光辐射加热集成电路引线，通过焊膏或预制焊料向基板传热，当温度达到钎焊温度时，焊膏或焊料熔化，基板和引线润湿形成连接。激光软钎焊集成电路多采用 YAG 激光器。

（五）激光点焊

激光点焊是指在固定位置用脉冲激光对材料进行加热和熔化实现连接。它与一般激光焊接的主要区别在于激光束与焊件之间没有相对运动，其他特点与激光焊接相同。激光点焊也分为热导焊和深熔焊。热导型点焊时激光仅使金属熔化，不产生汽化，较适合于焊接厚度小于 0.5 mm 的金属薄板；小孔型激光深熔点焊时，激光可以通过小孔直接入射到材料内部深处，激光能量的利用率增加，可产生较大熔深。

与传统的电阻点焊和铆接等工艺相比，激光点焊具有很大的优势，具体体现在：①激光点焊速度快，精度高，热输入和变形小，焊接质量高；②系统柔性强，自由度大，对接头尺寸和结构设计要求不高，可实现全位置点焊；③焊接不同厚度板、异种材料和特殊材料的效果优于传统点焊方法。

激光点焊的工艺参数主要有激光功率、点焊时间、离焦量、脉冲特性(波形、频率、空比)等。激光功率主要影响焊点熔深,点焊时间主要影响焊点尺寸,离焦量同时影响光斑大小和功率密度,所以影响焊点的整体尺寸。脉冲波形和脉冲时间影响激光点焊缺陷,优化脉冲波形可以控制焊缝凝固冷却速度,降低内应力,抑制裂纹。采用锯齿形脉冲和延长脉冲作用时间,可以抑制气孔和下塌量。

激光点焊缺陷主要有裂纹、气孔、下塌。按照形态和部位裂纹可分为表面裂纹和垂直裂纹,裂纹产生的主要原因是快速加热和冷却。按照大小气孔可分为小气孔和大气孔:小气孔是由于冷却速度过快,液态金属熔解的气体来不及逸出造成的;大气孔是由于冷却速度过快,液态金属的流动性差和不能及时填充造成的,多出现在焊点根部。

激光点焊形貌与电阻点焊形貌不同。激光焊点中心下塌形成凹坑,焊点中心下塌往往伴随焊点周围金属堆积。这是因为激光加热过程中金属气化产生的冲力将液态金属向上推挤,冷却过程中表面堆积的金属快速凝固而来不及完全回填造成的,金属蒸发和飞溅也是中心下塌的重要原因。

激光点焊在电子工业中得到大量应用。例如,玻璃与金属点焊、热敏半导体电路点焊、手机电池外壳点焊等。激光点焊在汽车和航空利用中也有广阔的应用前景。在汽车工业中代替电阻点焊,具有高效灵活的特点。在航空工业中代替铆接,可以减轻结构重量,提高焊接效率。

二、金属材料的激光焊接

由于激光的光斑尺寸小,功率密度高,激光焊接与传统焊接方法相比具有更多的优越性,所以一般说来,任何传统焊接方法能够焊接的材料也都能采用激光进行焊接,而且在多数情况下,激光焊接的质量更好、速度更快。

焊缝的加热和冷却速度快、熔合区小、焊缝深宽比大、焊接变形小是激光焊接的主要特点,由此带来的主要问题是裂纹和气孔敏感性较大、热影响区易产生脆化等问题,对于有些金属材料还有激光吸收率较低的问题,异种材料之间的焊接还有可能存在脆性金属间化合物的问题。

激光焊接的裂纹敏感性视不同的材料而有所区别:对于碳当量较高、淬硬倾向较大的高强钢材料,激光焊接时由于冷却速度太快,冷裂倾向较敏感,采用高脉冲频率或填充金属、预热等方法可减少或消除裂纹的产生;但对于S,P杂质等引起的热裂纹和液化裂纹,由于焊接速度快使偏析时间减少,裂纹倾向反而降低;同时激光对于杂质元素吸收率较高使其更易汽化蒸发,使激光对焊缝具有一定的净化作用,也进一步降低了其热裂纹的敏感性。

从另一方面看,挥发性杂质元素过多的蒸发也有可能会导致气孔的产生,对于黄铜、镀锌钢、铝镁合金等易挥发性材料,激光焊接时气孔敏感性相对较大;气孔也可能由液态金属熔池中的化学反应所产生;在焊接某些气体溶解度较高的金属时也易出现气孔。通常可采用严格的保护措施、加入脱氧剂、控制脉冲频率及斑点尺寸等方法来抑制气孔的产生。

材料中加入合金元素虽然可以提高材料的使用性能(如强度、耐磨性等)或加工性能(如成型性和切削性等),但也有可能影响材料的焊接性。从激光焊来看,合金元素的挥发可能会导致气孔、咬边等焊接缺陷的出现。对于一些采用多元微合金强化的高强钢而言,激光焊接过程中微合金元素的损失对焊缝的性能还会产生劣化作用。如果激光焊的冷却速度很快,那么材料的含碳量就成为一个非常重要的影响参数,对材料的脆化、微裂纹及疲劳强度都会有显著影响。下面将对一些主要合金的激光焊接特点做一个简单概括。

(一) 碳钢的激光焊接特点

低碳钢和低合金钢的焊接性通常比较好,但激光焊接时由于加热冷却速度快,碳钢的激光焊接具有以下一些特点:

(1) 含碳量(或碳当量)低于0.2%的低碳钢和低合金钢,激光的焊接效果通常比较好;

(2) 含碳量(或碳当量)超过0.3%时,激光焊接难度将会增加,且冷裂纹倾向、疲劳和低温脆断倾向也会加大,此时可采用预热、后热、双光束等降低冷却速度的方法降低裂纹倾向;

(3) 镇静钢和半镇静钢中的含氧量很低,激光焊接性能较好,而沸腾钢含氧较高,激光焊接过程中气体逸出受阻易导致气孔的产生;

(4) 含S或含P量高于0.04%的钢激光焊接时易产生热裂纹;

(5) 表面渗碳处理的钢因表面层的含碳量较高,不宜采用激光焊接;

(6) 镀锌钢搭接接头采用激光焊的难度较高,主要是因为锌层的蒸发导致焊缝产生严重的气孔、咬边等成形缺陷,需采取一些特殊的措施,如预留间隙、双束激光焊等改善焊缝成形。

(7) 采用脉冲激光焊接可减少热输入量,减少热裂纹的产生和工件变形。

(二) 不锈钢的激光焊接特点

不锈钢有奥氏体、铁素体和马氏体不锈钢,对于不同类型的不锈钢,其激光焊接的特点也有一些不同,简单概括如下:

(1) 奥氏体不锈钢的激光焊接性能一般较好,但对 Y1Cr18Ni9、Y1Cr18Ni9Se、1Cr18Ni9Ti 和 0Cr18NillNb 等,因加入硫和硒等以提高机械性能,凝固裂纹的倾向有所增加。

(2) 奥氏体不锈钢的导热系数只有碳钢的1/3,对激光的吸收率比碳钢略高,所以同样条件下奥氏体不锈钢激光焊接熔池比碳钢稍微深一点(5%~10%)。

(3) 激光焊接热输入量小、焊接速度高,非常适用于Cr-Ni系列不锈钢的焊接。所形成的焊缝组织为奥氏体+少量δ铁素体组织,铁素体的存在增加了晶界和晶界面积,降低了单位面积上碳化物的沉淀量,可显著改善其耐晶界腐蚀的能力;而采用其他方法(如TIG焊)时,会降低焊缝金属的抗腐蚀性。

(4) 激光焊接奥氏体不锈钢的热变形和残余应力也相对较小,采用其他常规焊接方法时,奥氏体不锈钢会产生比碳钢大50%的热膨胀量。

(5) Cr/Ni当量大于1.6时,奥氏体不锈钢较适合激光焊;Cr/Ni当量小于1.6时,产生热裂纹倾向就会很高。

(6) 铁素体不锈钢采用激光焊接,其韧性和延展性通常比其他焊接方法要高。

(7) 熔化焊过程中由于马氏体相变和晶粒的粗化,使铁素体不锈钢的接头强度和抗腐蚀性会降低;但相对而言,激光焊比常规焊的影响要低。

(8) 与奥氏体和马氏体不锈钢相比,用激光焊接铁素体不锈钢产生热裂纹和冷裂纹的倾向最小。

(9) 在不锈钢中,马氏体不锈钢的焊接性最差,焊接接头通常硬而脆,并伴有冷裂倾向,在焊接含碳量大于0.1%的不锈钢时,预热和回火可以降低裂纹和脆裂的倾向。

(三) 铜、铝及其合金的激光焊接特点

铜和铝的共同特点是导热和导电性能优异,对激光的反射率高、吸收率低,因而它们的激光焊接具有以下一些特点:

1) 黄铜、紫铜和铝用CO_2激光来进行焊接的技术难度通常比较高,这是因为CO_2激光的波长比YAG激光长,吸收率更低,激光反射率则高达90%以上。

2) 黄铜的不可焊性是因为其中锌的含量超出了激光焊接允许的范围,会导致大量的焊接缺陷,如气孔、虚焊等。

3) 紫铜对CO_2激光的反射率很高,但对Nd:YAG激光的反射率相对较低,所以用YAG激光来焊接紫铜较适宜。若极大地提高CO_2激光的能量密度,用CO_2激光来焊接紫铜也是可能的,同时也可通过表面处理来提高材料对激光束的吸收率。

4) 铝合金导热系数大,且对激光的反射率高,所以铝合金的激光焊接需要较高能量密度的激光,这可通过提高激光束的功率或光束质量来获得。

5) 采用激光焊接铝及其合金时,除了能量密度的问题,还有3个很重要的问题需要解决:气孔、热裂纹和严重的焊缝不规则性。其中:

(1) 气孔产生的原因有很多,其中最主要的是由于高温液态熔池中溶解的氢在冷却过程中溶解度急剧下降使氢聚集但来不及逸出而形成氢气孔;金属表面的氧化膜吸附的水分在焊接过程中也会溶解到熔池中,导致气孔的产生和焊缝的脆化;铝合金中 Si、Mg 等合金元素的蒸发也易导致气孔;小孔不稳定,熔池金属紊流会导致气孔;激光焊接熔池深宽比大,气体不易上浮逸出,也易导致气孔。所以气孔的产生和材料的表面状态、气体保护种类、流量和保护方法、焊接参数和焊缝形状等都有关系。

(2) 铝合金的激光焊接裂纹主要是热裂纹,形成于凝固过程,其产生原因主要有两个:一是铝合金凝固收缩率大,高达 5%,使焊接应力很大;二是铝合金焊缝金属结晶时沿晶界形成低熔点共晶组织,结晶温度区间宽,热裂倾向大。保护效果不好时焊缝金属与空气发生氧化形成夹杂物也会导致开裂,所以裂纹的形成与冷却速度有关,同时也与焊缝保护程度密切相关。

(3) 造成焊缝不规则的原因主要有两个:一是铝的电离能低,焊接过程中光致等离子体易于过热和扩展,焊接过程不稳定;二是液态铝合金的流动性好,表面张力低,焊接过程的不稳定极易造成熔池的剧烈振荡,从而容易出现咬边、未熔合、焊缝不连续、粗糙不平、波纹不匀等焊缝表面成形问题。

6) 与 CO_2 激光相比,铝合金对 YAG 激光吸收率较高,且不易形成光致等离子体,工艺简单、过程稳定,所以采用 YAG 激光焊接铝合金比较合适。为了提高焊接速度,改善焊接过程的稳定性,降低焊缝冷却速度,减少裂纹,改善焊缝成形等,还可以采用双束激光焊接、激光电弧复合焊接等工艺。

7) 采用填丝激光焊接铝合金可通过调整焊丝的成分设计,改善焊缝的冶金特性和机械性能,有效防止焊接热裂纹的产生;同时填充金属的添加也可以防止焊缝凹陷、咬边等焊缝不连续性缺陷,并降低对焊接接头装配精度的要求,提高接头强度。

8) 激光焊接铝合金时使用氩气或氦气作保护气体可得到理想的焊缝成形,并对焊缝根部也同时进行保护。

(四) 钛及钛合金的激光焊接特点

钛合金由于其密度低、比强度高、比刚度高、抗蠕变、耐腐蚀等优良的性能,所以在许多领域特别是航空航天、医疗等领域获得广泛应用。钛合金在合适的条件下采用激光焊接可获得优质的焊缝,激光能量集中、热输入小及净化效应等有益于减少激光焊接的缺陷;但如果焊接工艺选择不当或焊前装配不好也会导致各种焊缝成形缺陷。钛合金在加热过程中由于对氢、氧、氮等引起的脆化非常敏感,所以激光焊接过程中的气体保护要求特别严格。总的说来,钛合金的激光焊接特点主要体现在以下几个方面:

1. 焊缝区接头的脆化问题

一方面,钛合金在焊接加热过程中对氧化很敏感,对由氧气、氢气、氮气和碳原子所引起的间隙脆化也很敏感。在常温下,钛合金是比较稳定的,但是随着温度的升高,氧、氮、氢等气体在钛合金中的溶解度也随之明显上升。钛从 250 ℃开始吸收氢,从 400 ℃开始吸收氧,从 600 ℃开始吸收氮。温度越高,吸收气体的能力越强。空气中含有大量氮和氧使得在焊接时容易受到杂质的污染,其污染程度可根据焊缝表面价位的氧化钛和氮化钛色泽来区分,从淡黄色、深黄色、紫色、蓝色,直至污染最严重的灰色,保护良好的是银白色。所以,要获得高质量的激光焊接接头,需要严格控制环境气体对焊接熔池及其热影响区的入侵和污染。另一方面,因激光焊接的熔池凝固速度较快,且焊缝、热影响区、母材变形不均匀,焊接接头的塑性的下降比较明显,但其屈强比和母材的相当。

2. 焊缝气孔问题

气孔是钛合金激光焊接时容易产生的缺陷,主要是因为钛合金焊缝液态时对空气中各种气体的溶解度比较大,同时又由于激光焊缝的深宽比较大,在快速凝固的过程中气体来不及逸出在焊缝中形成气孔。消除气孔的主要途径有:①焊前需对工件接头附近表面及对接端面进行仔细的清洗和机械处理;②焊接时须采用高纯氩气对熔池、焊缝正面和背面进行全方位保护,氩气纯度应不低于 99.99%;③选择合适焊接规范,保证焊接过程的稳定。

3. 焊接接头裂纹问题

钛及钛合金对焊接热裂纹是不敏感的，但焊后在接头的热影响区出现延迟冷裂纹，氢是引起这种裂纹的主要原因，而焊接冷却速度的过快导致氢来不及逸出和焊接接头在常温下塑性的严重不足也是重要因素。防止这种裂纹产生的办法，主要是减少焊接区氢的来源。可在焊接时采用较高的预热温度以减缓冷却速度和相转变的发生，或采用特殊的焊后热处理工艺，以得到满意的显微组织；必要时也可进行真空退火处理，以减少焊接接头的含氢量。

（五）镁合金的激光焊接

镁的密度是 1.74 g/cm^3，只有铝的 2/3、钛的 2/5、钢的 1/4，镁合金比铝合金轻 36%、比钢轻 77%。镁具有比强度和比刚度高、导热导电性能好、磁屏蔽性能好、抗冲击、减振、抗蠕变等特点，在工业中，特别是在汽车的轻量化中发挥越来越重要的作用。但正是因为镁合金导热性好，热膨胀系数大，化学活泼性强特别是极易氧化，且易挥发，所以焊接难度较大。

采用激光焊接镁合金的主要特点如下：

（1）因镁合金焊缝和热影响区易过热和晶粒长大，且极易造成焊缝下塌，激光焊接时宜采用大功率、小线能量、高速焊接，这样同时也可以有效抑制焊接应力和变形。

（2）因镁极易氧化，在焊接过程中表面形成氧化膜导致焊缝夹杂，焊接时应采取严格的气体保护措施，且焊前应仔细清除焊接区的表面氧化膜，并防止其再次氧化。

（3）激光焊接镁合金的主要问题是气孔。气孔的来源主要是焊接过程中因保护不好而溶入的氢。焊接区在焊前未清理干净的氧化膜所吸附的水分而溶入的氢，在焊缝凝固时来不及逸出而形成的气孔。也有因挥发性组元蒸发而引起的气孔。因此，激光焊接时要仔细控制氢的来源，并选择合适的激光能量密度和较快的焊接速度。

三、激光焊接控制技术

激光焊接过程中由于工件的结构尺寸、形状公差以及焊接系统本身的稳定性不足，造成激光特性、焊接参数、几何结构等发生波动，导致焊接参数和焊接位置偏离预定条件，从而影响焊接质量和接头性能；因此，对激光焊接过程的控制归根结底是对焊缝质量和接头性能的控制。控制的途径通常可以从三方面进行：一是对焊接参数的控制，即通过焊接参数的自动调节使焊接过程始终保持在最佳稳定状态；二是对激光光斑相对于焊缝几何位置的跟踪控制，使激光始终处于最佳对中位置；三是对焊接工件变形的控制，使焊接以后的工件结构尺寸符合设计和使用要求。通常焊接变形的控制需要通过复杂的数值计算和模拟，并结合工艺优化来控制，与焊接过程中的质量控制和焊缝跟踪控制在实时性上相对要求较低，因此焊接过程的控制主要集中于焊接参数和跟踪位置的控制。

而要实现对焊缝位置的跟踪和焊接参数的控制，其前提条件是必须对焊接过程进行实时检测，即通过某些特定的传感器对焊接过程中的一些特征参数进行检测和信息采集，再通过计算机对所采集的信息数据进行实时快速处理，确定实际焊接条件和预设焊接条件的误差，并用反馈控制系统对相关的焊接参数或位置参数进行修正和调节，保证焊接过程的稳定和良好的焊缝质量。

激光焊接用于检测和反馈控制的信息主要有：①光致等离子体产生的光致电磁辐射信号；②液态金属熔池产生的辐射信号；③材料受热、蒸发、膨胀以及环境气体产生的声信号；④激光辐照的反射信号；⑤焊件及其附近的等离子体电荷信号。这些信号产生于激光与材料的相互作用，它们随时间和空间的变化而变化，其特征与焊接质量有着间接或直接的联系。目前，绝大部分的激光焊接监测系统都是对这些信号的能量进行测量和特征化，从而快速地反映焊接的质量。从信号的类别来说，上述信号的检测过程不外乎是对声、光、电、磁的传感。

1. 声发射信号的传感

激光焊接时材料状态的改变和焊接缺陷的形成会导致工件上应力的释放，光致等离子体对激光的折射、反射和吸收情况的变化会导致光学镜片的热效应发生变化，所有这些变化最终都可能引发声信号的发射。激光焊接声信号分为结构负载声信号和空气负载声信号。其中,结构负载声信号对焊接过程中产生的裂纹、气孔、未熔合等缺陷比较敏感,且都有相应的声信号特征,所以可用于焊接质量的监测。测试时可将压电晶体与焊件连接,测量其在焊接过程中产生的振荡,或安装于聚焦镜后方检测镜面的振动,或安装于激光焊接喷嘴检测激光产生的压力波。空气负载声信号取自光致等离子体。等离子体在膨胀过程中演变为以声波传播的机械波,它与等离子体温度和粒子密度分布有关,也与熔池和小孔形状和行为的变化有关。而熔池和小孔形状和行为又直接影响焊接缺陷的形成,因此空气负载声发射信号与焊接缺陷有明显的关系。监测时可采用麦克风和压电晶体。在正常焊接条件下,空气负载声发射信号呈现周期性的变化;但产生气孔、未熔合、未焊透、错边等缺陷时,等离子体的周期性变化规律被破坏,出现一些特殊的声信号特征谱线,可用于焊接质量的监测。

2. 光辐射信号的传感

激光焊接过程中光致等离子体发出的光辐射信号包含大量焊接过程稳定性和焊接质量的动态信息,可以作为焊接过程检测的基础。焊缝熔深、焊接飞溅、接头间隙、焊缝对中、表面状态等因素都会影响光致等离子体和熔池辐射的强度和频率,采用光电传感器检测光致等离子体和熔池的变化就可以对上述因素进行监测。光辐射信号分为紫外辐射和红外辐射。紫外辐射用于检测光致等离子体和小孔的行为特征,这是因为光致等离子体的辐射波段为 190~400 nm;而红外辐射用于检测焊接熔池和飞溅的情况,因为飞溅的辐射波段为 1 000~1 600 nm,且焊缝熔深和红外信号之间存在近视的线性关系,通过对熔池表面温度及其分布特征的测量分析,就可以实现对焊缝熔深的实时测量和控制。

光辐射信号传感的另一种形式是视觉传感,即采用 CCD 摄像机等视觉传感器直接对焊接区域进行成像,从而获得更多的焊接过程和焊接质量的实时传感信息,通过计算机图像处理技术,获取相关的特征信息,实现焊接质量的闭环控制。视觉传感的优点是直观和非接触,信息量大,通用性强,对焊接过程没有扰动,可直接获得接头形式、熔池形状、等离子体形态和焊缝形状等信息,可直接反映焊接过程中熔化金属的动态行为,非常适合焊接过程质量检测和控制;其缺点是视觉信号反映的是焊接参数的综合效应,无法识别单一参数的状态,对气孔和裂纹等焊缝内部缺陷难以识别。

视觉传感系统的核心是视觉传感器,其功能是把光学图像转换为电信号,它所感受的光辐射信号波段可以是可见光、激光、红外光、紫外光,也可以是 X 射线或电子轰击。根据视觉传感系统中的成像光源是辅助光源还是焊接区自身产生的光源,直接视觉传感系统可分为被动式和主动式两大类。被动式视觉传感无须再有另外的辅助光源,而是利用焊接过程中的液态金属辐射、等离子体辐射等结构光进行成像。被动式视觉传感存在受环境强光干扰大的问题,需采取适当的滤光措施。主动式视觉传感利用窄带复合滤光系统滤去非连续谱强光,并采用辅助光源对焊接区进行人工照明,以提高图像质量。由于激光具有单波长、方向性好、相干性好等特点,所以采用激光作为辅助光源可以获得较清晰的图像。

3. 等离子体电荷信号传感

激光焊接时,除了采用声、光信号传感来检测焊接过程中的熔池状态和焊接质量信息,还可以采用等离子体的空间电荷信号来检测焊接过程的状态。这是因为等离子中的电子质量比离子小得多,所以电子的运动速度大,平均自由程比离子大得多,导致空间电子向等离子体表面层运动,使等离子体出现局部非平衡电荷而产生电场,电子由于热运动和电场的相互作用而产生振荡。采用能拾取高频电信号的装置就可以检测到等离子体的动态电信号。试验表明,该信号波形与光信号波形几乎相似,且其强度随熔深的增加而增加,对应于深度温度的升高。利用该信号特性可检测由匙孔、突起、穿孔、熔深和误跟踪等引起的大多数焊接缺陷。通过同时采用多个等离子体电荷传感器,还可用以校准光束的中心位置。使用该传感方式最大的特点是其自身不会产生光束干扰,响应速度快。

4. 电磁场超声和激光超声传感

传统的超声波探测技术是通过压电晶体将电能转换成超声振动的机械能,并经过耦合剂进入到测试工件，工件中的内部缺陷或组织变化会引起超声波传播特性的变化，这在经典的离线焊缝质量检测中已得到广泛应用；但该技术在自动化在线检测系统中因需要耦合剂来传递信息，显露出很大的弊病，所以实际应用受到很大的限制。近来有人采用电磁场超声和激光超声的原理从材料内部或材料表面来产生超声振动，使超声传感在在线检测中得到了很好的应用。

电磁场超声采用了电磁声学转换器的方法，实际上是充分利用了洛伦兹原理的优点，在探针内先用一个永磁铁或直流脉冲的电磁铁在材料近表面产生一个定向的磁场，然后再用一个电子线圈通以高频的交流电流产生一个定向的漩涡电场，从而实现了在材料表面同时产生相互正交的磁场和电场，电流在磁场的作用下表现为洛伦兹力而产生振荡的应力波。这两种场的方位决定了合力的方向，从而也决定了超声波扩展的方向。对于具有磁致伸缩的材料，也可在只有磁场的情况下产生超声机械振动。利用超声可以检测针孔、气孔、焊缝不均、熔深不足、熔合不足、不对中、焊缝凹陷和裂纹等焊接缺陷。

激光超声则是利用激光脉冲作用在材料表面时，通过材料的热弹性过程或消融所产生的超声波。与电磁场产生超声波相比，激光超声具有以下优点：①非接触式，可在恶劣环境中进行在线检测；②可产生很高频率的超声波进行检测，大大增强信号的空间分辨率；③激光超声对于曲面或凹面等任何形状的表面均可适应，且可以大大简化机器人检测系统。因此，用激光超声来实现焊接质量的实时检测更具诱惑力，而最大的挑战在于激光超声的信号信噪比相对较低，须采用比常规方法更为复杂的信号处理方法。

5. 融合传感技术

上面所述的传感技术都有各自的特点，在精确性要求越来越高的今天，没有任何一个传感器可以检测焊接过程中所有的缺陷和其他相关状态信息，所以采用融合传感技术成为一种发展趋势。所谓融合传感是通过将各种传感器结合到一个多传感器的系统中，结合各种传感器的优点，使传感的结果更加准确。目前的融合传感技术可以是各种数据的融合，也可以是模式识别的融合。在激光焊接中，可采用声发射和光辐射的融合，即将空气负载声发射与紫外光辐射信号相互关联，从而大大增强焊缝状态识别的准确性，而这两种信号的相似性也为它们之间的关联提供了可能性；另一种是多波段光辐射的融合，这是因为等离子体在不同的部位和不同的波段其辐射强度有很大的差别，用单光电二极管来测量匙孔的等离子体强度存在很大的缺陷，而采用多角度多波段的光辐射融合传感技术可以提高其测量的准确性。

第四节　激光焊接系统

一、激光焊接系统的组成

激光焊接系统通常由激光器、激光传输系统、激光焊接机头、机械执行机构、焊接工件装夹及变位辅助系统、保护气体输送系统、控制与检测系统等组成，如果采用填丝焊或激光电弧复合焊，还需要配备焊丝输送系统和电弧焊接系统等。其中，激光器是整个激光焊接系统的核心，激光焊接要求激光器具有较高的额定输出功率、较宽的输出功率调节范围。为保证焊缝头尾的质量，希望有功率缓升缓降功能，并在焊接过程中激光输出稳定可靠，激光光束横模通常为低价模或基模。

激光传输系统是指从激光器光源到激光焊接机头的中间环节。激光传输包括激光反射和透射两种机制，根据激光的波长特点，可采用不同的光学镜片或光纤来实现。上述提到的 4 种激光器中除了 CO_2 激光因波长较长不能透过石英玻璃，无法用光纤进行传输，其他 3 种激光均可采用光纤传输。光纤对激光的传输是利用光在介质中的全反射原理，其特点是柔性强，传输环节少，传输效率高，易于实现激光的远距离传输，且可与焊接机器人组成柔性焊接系统，大大简化了激光加工系统的机械执行机构，提高了系统的可靠性。通过激光分配系统（分光或分时）与光纤传输相结合，还可将一台激光器输出的激光依次远距离传输至各个工作站，大大提高激光器的利用率。CO_2 激光的输出通常采用硒化锌(ZnSe)透镜，而在传输过程中则常用反射镜直接插入光束的传输路径中进行方向变换，使其既能改变光束方向，又能对光束起传输作用。激光反射镜的材料常用铜或钼。铜的反射率高、导热系数大，工作温度不易升高，若在铜基体上再镀金可进一步提高其反射能力，缺点是材料较软，易划伤，污染后难以清理，影响反射能力。钼的反射率较低，但硬度高，擦拭时表面不易损伤，可用于污染较严重的场合。采用反射镜最大的优点是可在其背面进行直接水冷，使其温度均匀且不易升高，镜面不会产生变形而影响光束的传输质量，所以，对于高功率激光的传输具有较大的优势。

激光焊接机头是激光焊接的关键组成部分，可用它对激光进行聚焦，通过调整焦距和工作距离获得适合焊接的光斑尺寸。激光焊接机头中集成了各种功能单元，其中包括激光聚焦和导入单元、保护气导入和分配单元、冷却系统、透镜防护系统等。在具有反馈控制的激光焊接过程中，还具有检测和反馈控制单元，对于填丝激光焊或激光复合焊，还可集成送丝单元和 MIG/TIG 电弧焊枪单元。通过传输和变换的激光束在激光焊接机头中还需要通过透镜或抛物面反射镜才能聚焦成可以焊接的光束。对于小功率的激光焊接机头通常采用透镜聚焦，这是因为透镜通常只能用气冷，散热条件较差，易产生热变形影响聚焦性能；对于高功率激光焊接机头则常采用抛物面反射镜聚焦，可配合水冷，获得良好的聚焦性能。为了防止焊接过程中烟尘和飞溅等对聚焦镜的污染和损伤，须采取一定的保护措施：对于 YAG 激光，可采用石英玻璃作为聚焦镜的防护罩，效果好且易于更换；对于 CO_2 激光，则通常在聚焦腔内通以干燥纯净的压缩空气，使其保持正压，以防止污染物的进入。激光焊接机头中焊接保护气体的导入和分配对焊接质量影响很大，通常有同轴导入和侧向导入两种方式，前者效果好但结构复杂，后者实现简单但效果较差。对于高功率 CO_2 激光焊接，气体的导入还要考虑如何抑制等离子体的产生；对于填丝激光焊或激光电弧复合焊，则要考虑送丝位置或电弧位置与激光入射点的距离和耦合关系。

激光焊接系统的机械执行机构根据焊接过程中激光头的运动方式通常有以下几种形式：

(1) 激光焊接机床　激光焊接机头固定，工件置于焊接工作台上随其作多维运动，通常采用数控系统对工作台进行控制，焊接精度决定于工作台的精度。这种形式结构最简单，激光传输过程中没有动的部件，传输可靠，但灵活性较差。

(2) 三维龙门架激光焊接系统　激光焊接机头安装于三维龙门架上作运动(通常三维移动+二维转动)，工件夹持在工作台上可不动，也可作简单的变位运动，焊接过程中激光头可随工件表面形状和尺寸变化自动实时调整其位置，保证加工精度和质量，其灵活性较好。

(3) 机器人激光柔性焊接系统　激光焊接机头安装于机器人手腕上作全方位运动，工件夹持在工作台上可不动，也可配合机器人作协同变位运动。这种形式的灵活性最好，更适合焊接表面形状或焊缝空间轨迹复杂的工件，且效率高、编程简便。通常采用光纤传输的激光，如 YAG 激光、光纤激光等最适宜采用这种方式。

(4) 激光扫描焊接系统　激光扫描焊接机头与传统激光头不同，其内部有两个可转动的平面反射镜，且转轴互相垂直，当激光束照射于平面反射镜时，由于它们的偏转作用使激光在工件上形成 x-y 方向上的扫描，同时，激光焊接机头内还有一个自动变焦系统，以便扫描过程中激光焦点位置随工件上被焊点的位置变化而自动调节，从而实现了激光焦点在 xyz 三维方向上的运动。这种扫描运动在计算机的精确控制下进行，其特点是运动部件小、惯性小、反应速度快，可在其扫描可达范围内实现快速定位点焊。焊接时可将激光焊接机头安装于龙门架或机器人手腕上，但龙门架或机器人只将激光头移动至被焊工件上方，焊接过程中激光头保持不动，通过激光束本身的扫描运动完成激光焊接。

激光器的种类很多，但其结构基本相同，即由激励系统、激光活性介质和光学谐振腔 3 部分组成。目前可用于激光焊接的激光器主要有 CO_2 激光器、YAG 激光、半导体激光器和光纤激光器。以下简单介绍它们的特点：

二、CO_2激光器

CO_2激光器是一种混合气体激光器，以CO_2，N_2和He为工作物质。激光跃迁发生在CO_2分子的两个能级之间，N_2的作用是提高激光上能级的激励效率，He的作用是有助于激光下能级的抽空。后两者的作用都是为了增强激光的输出。

目前激光焊接所用的CO_2激光器通常是采用气体热交换器进行散热。根据气体的流动方向，CO_2激光器可分为轴流式和横流式两种类型。无论是哪类，为保证良好的运行效率，运行过程中须保证气体稳定持续的供入。

CO_2激光器的输出波长为10.6 μm，电光转换效率通常为10%～15%。根据不同的能量输入方式可将CO_2激光器分为直流(DC)与射频(RF)激励激光器。直流激光器是一种成本较低、经济的激光器，电能通过金属电极间的气体放电，被直接耦合进激光气体，其中轴流式激光器沿流动方向放电，而横流式激光器沿着垂直于流动方向和谐振腔中心轴方向放电；射频激励激光器是通过射频将电能转传给激光气体，射频放电垂直于谐振腔中心轴，通过对射频功率进行调制实现较大范围的功率调节，现大多数激光器采用这种激励方式，可靠性高，基本不需要维护就能够获得较高的激励效果。

(一) 横流式CO_2激光器

激光气体的流动垂直于谐振腔轴方向的CO_2激光器被称为横流式激光器。这种激光器的气体流动速度相对较慢，将热量从放电腔中带走，可产生较高功率的激光。此类激光器价格适中，光束质量较好(多模，$K \geq 0.18$)，是激光焊接的理想选择。图1-20所示为高频激励的横流式CO_2激光器的工作原理及其产品外形。

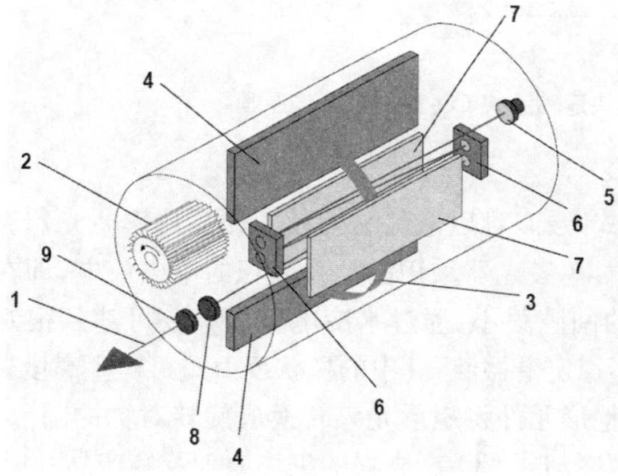

图1-20 横流式CO_2激光器工作原理和产品外形

1. 激光束，2. 切向排风机，3. 气流方向，4. 热交换器，5. 后镜带功率监测，6. 折叠镜，7. 高频电极，8. 输出镜，9. 输出窗口。

横流式CO_2激光器的主要优点是：

(1) 使用寿命更长，气体循环系统中使用非石英玻璃管，更换一次可用近1万h；

(2) 激光器同电源集成在一套系统中，结构紧凑、设计简单；

(3) 与输出功率相当的轴流式激光器相比，能耗和气耗低，运行费用也相对较低；

(4) 激光器设计简单，采用低速切向排风机，可靠性好。

(二) 轴流式CO_2激光器

激光气体的流动沿着谐振腔轴方向的CO_2激光器被称为轴流式激光器。根据气流速度的不同又可分为慢速轴流和快速轴流CO_2激光器，其中慢速轴流的工作气体流动速度为0.1～1.0 m/s，此类激光器因换气率低，散热效率也低，与快速轴流相比，功率不易做大，但光束质量好，模式稳定；快速轴流的气流速度可达几十至几百米每秒，输出功率大大提升，可从几百W到20 kW以上，电光转换率也可达20%。因气流扰动等因素的影响，快速轴流CO_2激光器的光束质量不及慢速轴流CO_2激光器，但优于横流式 CO_2 激光器，能够满足焊接、切割等多种激光加工应用，因此快速轴流 CO_2 激光器也是目前应用最多的 CO_2 激光器形式。图 1-21 所示为直流激励快速轴流式 CO_2 激光器工作原理。

大功率快速轴流式 CO_2 激光器的主要优点是：

(1) 采用模块化设计原理；

(2) 谐振腔的反射镜和光学元件较少，设计简单；

(3) 采用光学稳定谐振腔，避免了衍射损耗；

(4) 谐振腔采用特殊的反射镜排列方式，功率大于 10 kW 时具有额外的光学稳定性；

(5) 对于功率大于 10 kW 以上激光器，射频发生器集成到谐振腔中，无须用高电阻电缆传输在外部产生的射频功率；

(6) 气体和光学系统采用的冷却回路非常简单；

(7) 采用常规电源可获得良好的工作效率，运行费用低。

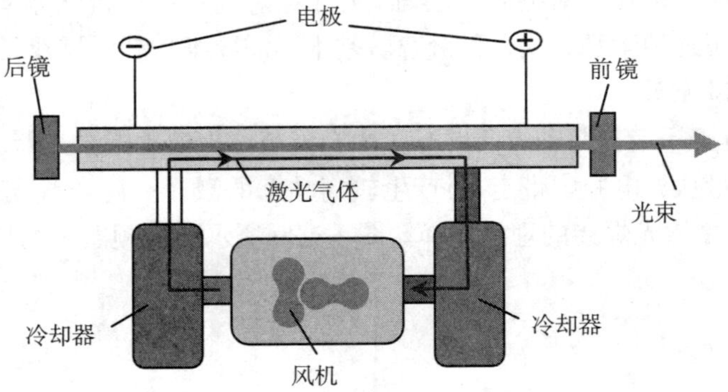

图 1-21　直流激励快速轴流式 CO_2 激光器工作原理

(三) 扩散冷却式 CO_2 激光器

流动式 CO_2 激光器因只能通过热传导方式冷却，难以造出结构紧凑的高功率激光器。近年来工业界引入的扩散冷却式(亦称板条式)大功率 CO_2 激光器采用的是大面积的电极放电，即在两个大面积铜电极之间进行射频气体放电，电极之间的间隙很小，通过水冷电极放电腔可达到很好的散热效果，获得较高的能量密度。采用的谐振腔为不稳定谐振腔，其中的柱状反射镜可产生高度聚焦的激光束。在激光器的外部则采用水冷反射式光束整形元件将矩形光束转换成旋转对称的圆形光束，光束传播系数可达 $K \geqslant 0.8$。图 1-22 所示为扩散冷却式 CO_2 激光器的工作原理及其产品外形。

与快速轴流式 CO_2 激光器相比，扩散冷却式 CO_2 激光器具有以下优点：

(1) 光束质量好；

(2) 结构紧凑，坚固；

(3) 无气体换热要求；

(4) 激光损失低；

(5) 热稳定性高；

(6) 气体消耗量低，无须外部气体；

(7) 没有气体流动，因此光学谐振腔无污染；

(8) 维护工作量少。

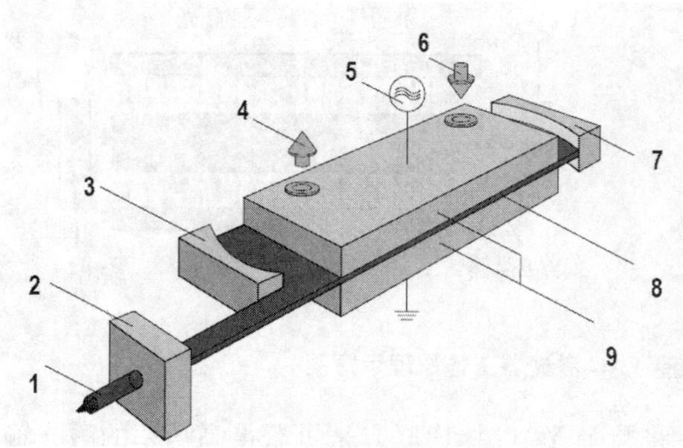

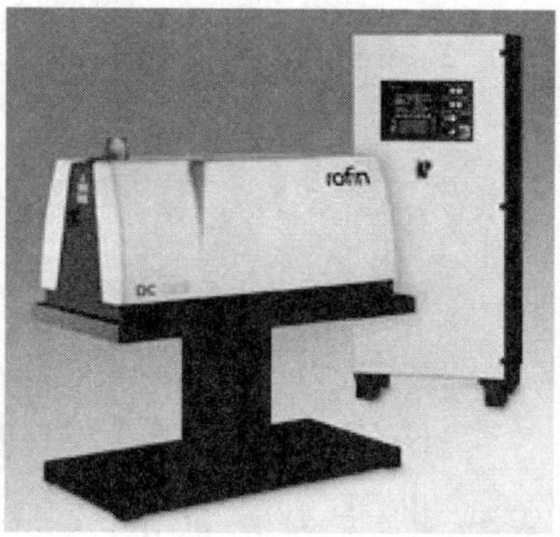

图 1－22　扩散冷却式 CO_2 激光器的工作原理和产品外形

1. 激光束，2. 光束整形单元，3. 输出镜，4. 冷却水出口，5. 射频激励，6. 冷却水入口，
7. 后镜，8. 射频激光放电，9. 波导电极。

表 1－2 所列为上述几种 CO_2 气体激光器的性能比较。

表 1－2　不同类型 CO_2 激光器性能比较

激光器类型	横流式	轴流式	扩散冷却式
输出功率等级(kW)	3～45	1.5～20	0.2～3.5
脉冲能力	DC	DC～1 kHz	DC～5 kHz
光束模式	TEM_{02} 以上	TEM_{00}～TEM_{01}	TEM_{00}～TEM_{01}
光束传播系数(K)	≥0.18	≥0.4	≥0.8
气体消耗	小	大	极小
电光转换率(%)	≤15	≤15	≤30
焊接效果	较好	好	优良

三、YAG 激光器

通常所说的 YAG 激光器是指在钇铝石榴石(YAG)晶体中掺入三价钕离子(Nd^{3+})的 Nd:YAG 激光器。它发射的激光波长为 1 064 nm，属近红外激光，这是目前在室温下能够连续工作的唯一固体工作物质。YAG 晶体通常呈棒状，当光束质量较高时也可为片状或碟状。YAG 脉冲激光器通常采用氪闪光灯泵浦，而大功率连续(CW)YAG 激光器通常采用氪弧光灯泵浦，新型的连续 YAG 激光器则采用了激光二极管(LD)泵浦。灯泵浦的电光效率约为 3%，采用激光二极管泵浦能够将光束质量和总效率提高 3 倍左右。

脉冲 YAG 激光器可输出较高的脉冲功率，但平均功率较低，峰值功率可以是平均功率的 15 倍；连续 YAG 激光器的输出功率已经可达到 6 kW 以上。连续 YAG 激光器与脉冲激光器相比具有更高的加工速度，且还具有 Q 开关的特殊工作模式。同 CO_2 激光器相比，YAG 激光器主要优势是光束可通过光纤进行传输，且材料对 YAG 激光的波长具有较高的吸收率，可用于加工高反射率的材料。

(一) 灯泵浦 YAG 激光器

灯泵浦的 YAG 激光器通常将 YAG 晶体棒放在双椭圆反射器的公共焦轴上，而两个泵浦灯放在两个外焦轴上，图 1－23 所示为其工作原理示意图。

大功率激光器中，典型 YAG 棒长 150 mm，直径 7～10 mm。泵浦过程中激光棒发热，限制了每个棒的最大输出功率，因此必须保持激光棒晶体内部的产热和外壁冷却造成的温度梯度较低，以确保在晶体棒内形成的残余应力低于晶体的开裂极限。在材料加工中，单棒 YAG 激光器的功率范围为

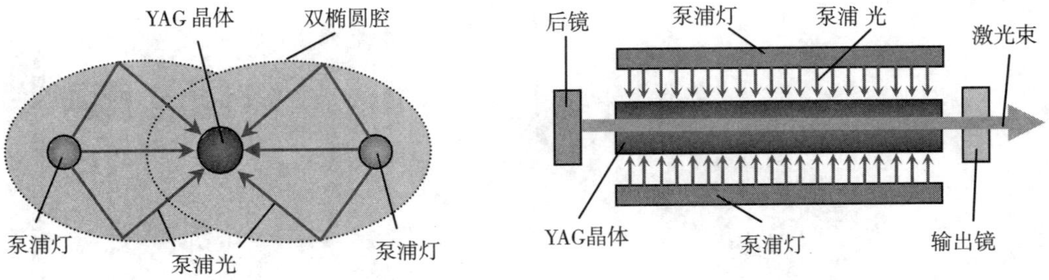

图 1-23　灯泵浦 YAG 激光器工作原理示意图

50～800 W，光束质量为 5～50 mm·mrad。将几个 YAG 棒串联起来可获得高功率的激光输出，目前最大输出功率可达 4 kW，光束质量为 25 mm·mrad。另一种提高功率的办法是通过并行光纤耦合，几个激光器发出的激光通过几根光纤直接供给加工头，或者采用脉冲激光器，多路激光依次进入一根光纤传输。由于同时需要几台激光器，这种方式代价昂贵，目前只能在实验室中使用。灯泵浦 YAG 激光器的主要特点是：YAG 激光可在脉冲和连续两种状态下工作；输出激光波长是 CO_2激光的1/10，对聚焦、光纤传输和金属表面吸收均有利；光电转换效率比较低；最大激光输出功率和光束质量受棒状散热条件的限制，进一步提高有一定的困难。

（二）LD 泵浦 YAG 激光器

随着大功率激光二极管(LD)制造成本的降低，采用 LD 泵浦取代灯泵浦已成为 YAG 激光器发展的主流趋势。目前应用到激光器中的 LD 主要是几种铝镓砷酸盐(Al-Ga-As)二极管。LD 泵浦式激光器的装配方法与灯泵浦激光器基本相同，其泵浦方式主要有端面泵浦和侧面泵浦两种。在低功率激光器中，LD 的光耦合以末端泵浦的方式进行，即在光轴上通过后反射镜耦合，这种布局结构紧凑、操作灵活，激光输出功率约为 6 W；如果要输出更高的功率，则可使用侧面泵浦方式，即 LD 环绕在晶体表面对称排列。与灯泵浦激光器中的双椭圆反射器不同，二极管泵浦激光器中采用封闭式耦合设计，二极管阵列可以直接排放在激光棒周围。图 1-24 所示为 LD 泵浦 YAG 激光工作原理示意图。

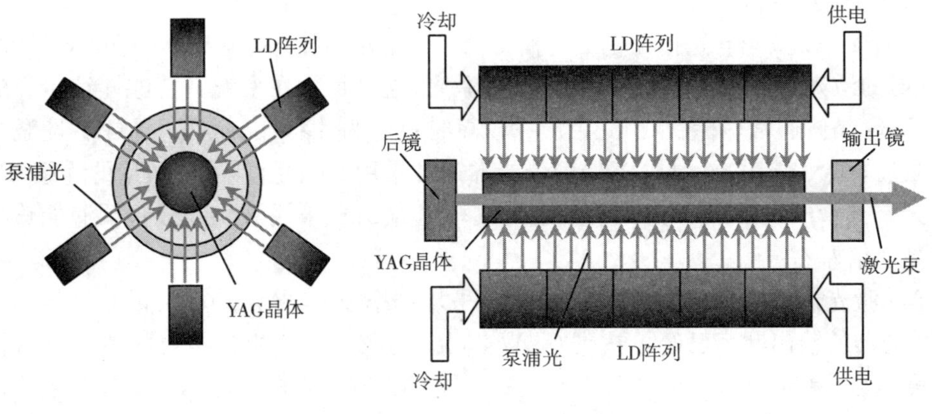

图 1-24　LD 泵浦 YAG 激光器工作原理示意图

选择 LD 作为泵浦源的主要原因是它可提高元件的使用寿命和激光效率。LD 在连续输出模式下的使用寿命可超过 1 万 h，且无须任何维护，而灯泵浦激光器的寿命只在 1 万 h 以内；因 LD 的激光发射与 YAG 吸收波段之间的光谱匹配非常好，所以 LD 泵浦 YAG 激光器总体效率可达 10%以上，而对灯泵浦产生的光 YAG 晶体只能吸收其中的一小部分光谱，从而导致灯泵浦 YAG 激光器总体效率只有 3%以下。

另一方面，由于LD的发射光与YAG吸收波段之间的良好光谱匹配，也降低了YAG晶体上的热负荷，从而可获得较好的光束质量，提高了激光输出功率和脉冲重复频率。而光束质量的提高更有利于光纤传输，并且可获得较小的焦点直径，提高焊接时光斑的功率密度；或者在焦点直径相同时，由于光束质量的提高，增加了激光焊接机头的工作距离；或者由于瑞利长度的增加使焊接形状公差较大的厚零件时，降低了焦点位置对公差的敏感性。目前，LD泵浦YAG激光器最大输出功率可达6 kW，主要用于切割和焊接。

为了改善YAG晶体的冷却条件，避免棒状YAG晶体由于存在从棒芯至表面的温度梯度而引起的热透镜效应，进一步提高光束质量，目前有人开发了一种新型的盘状或碟状Yb∶YAG激光器，把YAG晶体做成盘状，工作过程中采用LD对晶体盘面进行泵浦，而冷却介质也对整个盘面进行冷却，使整个盘面的温度保持均匀，从而大大提高了光束质量，一台3 kW的盘状YAG激光器光束质量可达≤10 mm·mrad，而同样功率的棒状YAG激光器光束质量为25 mm·mrad。图1-25为盘状YAG激光器的原理示意图。

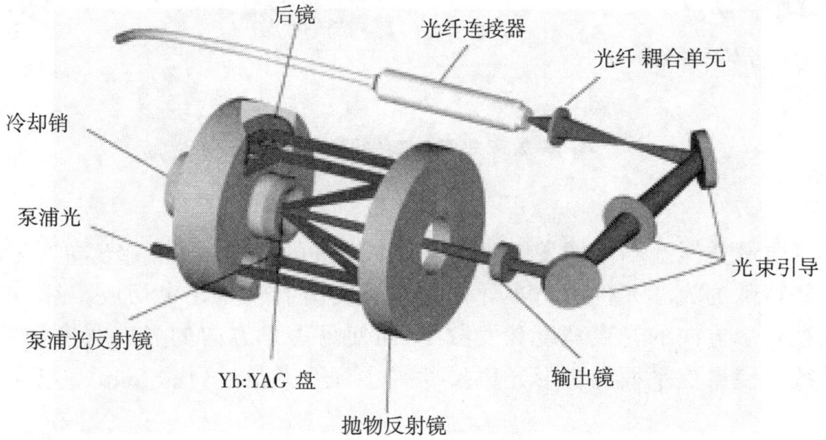

图1-25 盘状YAG激光器原理示意图

四、半导体激光器

半导体激光器是所有激光器中体积最小的，其工作物质是砷化镓(GaAs)、磷化铟(InP)等半导体材料，采用简单的电流注入方式泵浦，可用高达GHz的频率直接调制，输出高速调制的激光束，因此低功率的半导体激光器已在激光通讯、存储、打印等方面获得广泛应用。典型的半导体激光波长有808 nm，940 nm和980 nm。近年来半导体激光器的输出功率不断提高，单管的半导体激光二极管(LD)的输出功率已超过W级，通过将多个半导体激光二极管组合起来形成半导体激光二极管阵列(LDA)，其输出功率已可达几kW，电光转换效率可高达30%以上，从而在材料加工领域，特别是材料的焊接和表面加工中开始得到实际应用。

图1-26所示是大功率半导体激光器的组合过程，由图可知，先由若干个LD组成“激光条”，激光条采用特殊的钎焊方法固定在铜制的冷却器上，激光条可通过微通道冷却器来冷却，在激光条前部安装一个短焦距的微透镜，将发散光转换为平行光。为进一步提高功率，再将多个“激光条”组合成“激光二极管阵列”，采用专门的反射镜，将这样的激光二极管阵列所发出的激光聚合在一起，从而输出可高达6 kW的激光功率，这也是目前市场上能够见到的最高半导体激光器输出功率。

从透镜中发出的光束通常是非圆形的，散光度较高，且为非相干光束。该光束可通过菱形、圆形或球形光学器件聚焦成几平方毫米的小光斑。由于半导体光束由多个点阵结构的发光源排列组成，其光束能量为均匀分布，光斑形式也可根据材料加工要求设计为矩形、圆形或环形。大功率半导体激光器的光束质量不如常规激光器，这主要是由于几个发射器之间的非相干耦合及发射器内激光条的

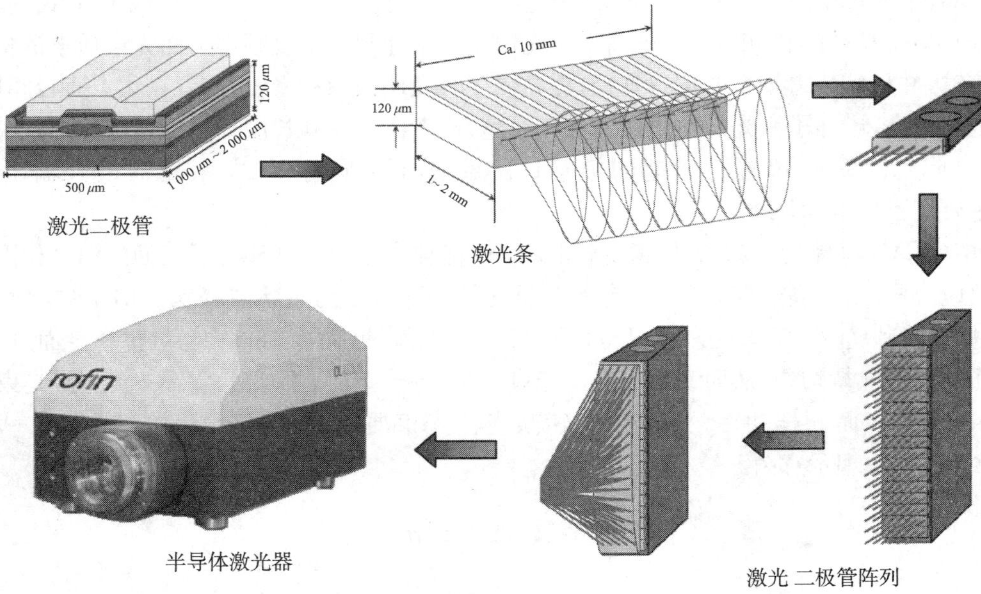

图 1－26　半导体激光器组合过程

像散性造成的。

为了提高光束质量并匹配不同的发散度，可采用先进的光束重排系统，如阶梯式反射镜或光束倾斜单元。这些特殊的光学元件可将半导体激光条发出的较宽光束切成小片，再在端部进行重排。这样通过牺牲一个方向的光束宽度和发散度，而使另一个方向的光束宽度和发散度减小。低功率的激光器系统可使聚焦平面的矩形光斑尺寸减小到 0.6 mm×0.8 mm，甚至可将光束直接传入光纤。

五、光纤激光器

光纤激光器是指用掺稀土元素玻璃光纤作为增益介质的激光器，其基本结构与其他激光器基本相同，主要由泵浦源、耦合器、掺稀土元素光纤、谐振腔等部件构成。泵浦源由一个或多个大功率激光二极管 LD 构成，其发出的泵浦光经特殊的泵浦结构耦合进入作为增益介质的掺稀土元素光纤，泵浦波长上的光子被掺杂光纤介质吸收，形成粒子数反转，受激发射的光波经光栅谐振腔镜的反馈和振荡形成激光输出。

光纤激光器是以掺稀土元素光纤作为增益介质的，常用的掺杂离子有 Nd^{3+}、Ho^{3+}、Er_{3+}、Tm^{3+}、Yb^{3+} 等，其中 Yb^{3+} 具有较宽的吸收带(800～1 000 nm)和相当宽的激发带(1 030～1 150 nm)，使泵浦源选择广且泵浦光和激光均无受激吸收。

双包层光纤的出现无疑是光纤领域的一大突破，它使得高功率的光纤激光器和高功率的光放大器的制作成为现实，成为制作高功率光纤激光器的首选途径。图 1－27(a)所示为一种双包层光纤的截面结构，它由光纤芯、内包层、外包层和保护层等 4 个层次组成。这种结构的光纤不要求泵浦光是单模激光，而且可对光纤的全长度泵浦，因此可选用大功率的多模激光二极管阵列作泵源，将约 70%以上的泵浦能量间接地耦合到纤芯内，大大提高了泵浦效率。

包层泵浦的技术基础是利用具有两个同心纤芯的特种掺杂光纤：一个纤芯和传统的单模光纤纤芯相似，专用于传输信号光并对其放大；而大的纤芯则用于传输不同模式的多模泵浦光。可使用多个多模激光二极管同时耦合至包层光纤上，将泵浦光耦合到内包层(一般采用异形结构，有椭圆形、梅花形、六边形等)，光在内包层和外包层(一般为圆形)之间来回反射，多次穿过单模纤芯被其吸收。当泵浦光每次横穿过单模光纤纤芯时，就会将纤芯中稀土元素的原子泵浦到上能级，然后通过跃迁产生自发辐射光，通过在光纤内设置的光纤光栅的选频作用，特定波长的自发辐射光被振荡放大后产生激光输出。该技术被称为多模并行包层泵浦技术(图 1-27(b))。

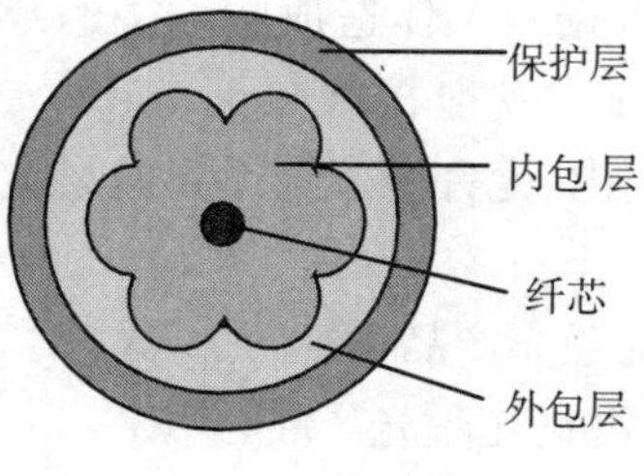

(a) 双包层光纤截面结构

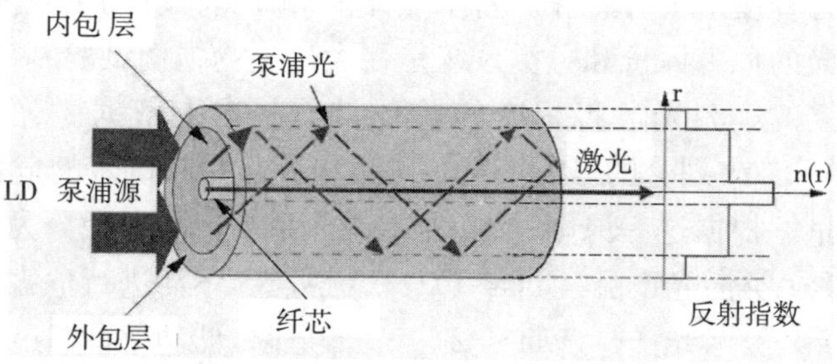

(b) 多模并行包层泵浦技术

图 1-27　光纤激光结构示意图

泵浦结构的设计很关键。在初始研究阶段端面泵浦和侧向泵浦结构被广泛采用，但这两种泵浦结构均无法有效提高泵浦功率，近年来日本科学家提出了"任意形状激光器"方案，将掺杂光纤盘成圆盘或圆柱等不同形状，在光纤缝隙间填充与光纤包层同折射率的材料，泵浦光从边缘注入，使吸收面积比单根双包层光纤内包层的面积大大增加，且泵浦光多次通过掺杂纤芯，使掺杂元素对泵浦光吸收更加充分。这种任意形状的光纤激光器有望实现更高的激光功率输出。

高功率光纤激光器的谐振腔主要有两种：一种是采用二色镜构成谐振腔，该方法一般需在防震光学平台上实现，降低了光纤激光器的稳定性和可靠性，不利于产品的产业化与实用化；另一种是采用光纤光栅做谐振腔，光纤光栅是透过紫外诱导在光纤纤芯形成折射率周期性变化的低损耗器件，具有非常好的波长选择特性。光纤光栅的采用简化了激光器的结构，窄化了线宽，同时提高了激光器的信噪比和可靠性，进而提高了光束质量。另外，采用光纤光栅做谐振腔可以将泵浦源的尾纤与增益光纤有机地融为一体，从而降低了光纤激光器的阈值，提高了输出激光的效率。

与传统的气体和固体激光器相比，光纤激光器具有以下特点：

(1) 玻璃光纤制造成本低、技术成熟且光纤的可饶性带来小型化、集约化的优势；

(2) 光纤具有极低的体积面积比，散热快、损耗低，转换效率高，激光阈值低；

(3) 通过光纤光栅谐振腔的调节可实现波长选择和可调谐；

(4) 光纤激光器谐振腔内无光学镜片，具有免调节、免维护、高稳定性的优点；

(5) 光纤导出使激光器能胜任多维任意空间的加工，使机械系统的设计变得非常简单；

(6) 不需热电制冷和水冷，只需简单的风冷；

(7) 具有高功率和高的电光效率，10 kW 的光纤激光器综合电光效率高达 20%以上；

(8) 具有优良的光束质量，光斑直径可聚焦到 10 μm 左右，光束质量达 11.5 mm・mrad；

(9) 体积小、寿命长、易于系统集成，在高温高压、高震动、高冲击的恶劣环境中皆可正常运转。

由于大功率光纤激光器具有上述优点，其在材料加工领域的应用范围正在不断扩大，有望在不久的将来成为材料加工领域中的主力激光器。

第五节　激光焊接安全与防护

随着激光技术的发展和广泛应用，特别是大功率激光在材料加工领域中的应用，激光束的辐射危害也已引起人们的普遍关注。激光的安全与防护不但已形成了一门学科，而且在国内外已形成了相关的行业标准。对从事激光焊接或其他激光加工的相关工作人员来说，了解激光束的辐射危害和安全防护知识，便于在工作中采取科学有效的措施对自己和他人加强保护，具有重要意义。

一、激光辐射的危害及其分类

各种激光器所发射激光束的波长、持续时间、能量及功率的范围非常广泛，在使用过程中可能造成的危害程度也十分悬殊。科学地评价与分类将有助于对激光潜在的危害进行有效的防护和控制。目前激光的危害评价和分类系统是在大量生物损伤试验基础上，根据对人体造成的危害的范围和程度来确立的。激光危害程度的差别目前基本上依据激光器的可达发射极限(accessible emission limit，AEL)来划分的。所谓可达发射极限是指在确定的危害类别内，允许激光器发射的最大辐射功率和能量。根据这一原则，激光器或激光系统产品通常分为5类：

(1) 1类激光产品(Class 1)——无危险，不需进行危害控制的激光产品(<0.39 μW)；

(2) 2类激光产品(Class 2)——低危险，低功率(<1m W)的可见光激光产品；

(3) 3A类激光产品(Class 3A)——低危险，中功率(1～5 mW)的激光产品；

(4) 3B类激光产品(Class 3B)——中等危险，中功率(<0.5 W)的激光产品；

(5) 4类激光产品(Class 4)——高危险，高功率(>0.5 W)的激光产品。

凡是超过以上类别的激光器和激光系统，都属于4类激光系统。由此可知，材料激光加工中所采用的激光器多数为高危险、高功率、高能量的4类激光器。激光的辐射危害通常有两种情况：一种是激光通过直射、反射或散射辐照到人体，对人体组织所造成的直接损伤；另一种是激光在使用过程中诱发环境中的其他危害对人体所造成的损伤。

(一) 激光辐射对人体组织损伤

激光束照射引起组织损伤的作用机制主要包括光压效应、热效应和光化学效应。任何一种机理引起的损伤程度均与激光辐射的某些物理参数有关，其中最重要的是激光波长、脉冲宽度、激光束直径、辐射度和辐射量。通常人体受到照射后而无损伤效应的激光辐射称为允许照射，最大允许照射量表示人眼或皮肤受到照射后即刻或经一定时间后无损伤发生的最大照射水平。当激光对人体组织的照射超过其最大允许照射量时，主要的损伤机制与照射的时间有关：当照射时间在 10^{-9}～10^{-7} s时主要是光压效应；当照射时间在 10^{-1}～10^{1} s时主要为热效应；当照射时间超过 10^{2} s时为光化学效应。

当生物组织的一部分吸收了足够的辐照能量时，其组织中分子的振动增加，从而造成这部分组织受热而损伤，同时热扩散可导致损伤面积和深度的增加。受损程度一方面由照射光斑的大小、照射时间决定，另一方面，损伤效应也可能是特殊分子吸收了特定波长的光子而引起的直接结果，生物组织的损伤主要是由于蛋白质变性引起。短脉冲、高峰值功率激光可在极短的时间内把能量释放到生物靶标上，使靶标组织快速升温，组织细胞由液态变为气态，多数情况下这些相变极快，可使组织爆炸、细胞破裂。

中等剂量激光长时间照射可引起某些人体组织如皮肤、眼睛的水晶体尤其是视网膜的不可逆改变。这种变化是由于分子获得光子被激活而产生化学反应，从而造成不可恢复的损害。

1. 激光辐射对皮肤危害

当脉冲激光能量密度达1～5 J/cm^2，或连续激光功率密度达0.5 W/cm^{2}时，皮肤可能遭受严重的损伤。皮肤组织由最外面的表皮和里面的真皮组成，表皮中没有血管，但含有一些神经，位于表皮下层的黑色素决定了皮肤的颜色。黑色素粒是皮肤中主要的吸光体，它对可见光、近紫外线和红外线的反射比(反射和入射功率之比)有明显差异。而人体皮肤颜色对反射比也有很大影响：白色皮肤反射比高，吸收能量较少；黑色皮肤吸收能量较多，更易受伤。

当可见光和红外波长范围的激光照射皮肤时，随着使用的激光功率密度(或能量密度)越大，皮肤受到的损伤也越大，受照部位的皮肤将随剂量的增大而依次出现热致红斑、水泡、凝固及热致炭化、沸腾，燃烧及热致汽化。激光损害皮肤的严重程度是由皮肤对激光吸收率决定的，吸收率由激光的波长和皮肤性质决定。

2. 激光辐射对眼睛危害

眼睛特别容易感受光的辐射，激光对眼睛的危害取决于激光的波长、激光强度、照射时间、入射角度等。不同波长的激光辐照对于眼睛的吸收特性是不同的，因而所造成的损伤也有差别。通常紫外和红外激光可使角膜损伤；而眼睛对可见光和近红外激光有很好的透光性，能使激光直接透射到视网膜上，引起视网膜的损伤。高功率的固体激光器由于其波长在近红外区，尽管它也能灼伤人的皮肤，但相比之下它对于眼睛的危害性要严重得多。激光器危害眼睛的主要特性是高辐射率，即功率密度大、方向性好。后者使眼球的晶状体将射来的平行激光束在视网膜上聚焦成很小的光斑，还可能在长距离范围内造成危害。

图 1－28 所示为人眼的剖面图。由图可见，射到角膜上的可见准直光束被眼球的晶状体聚焦，通过玻璃体射到视网膜后被视网膜吸收。在正常情况下，光能被视网膜转换成化学能，对光感产生刺激作用。平行激光束可以通过眼睛的晶状体聚焦成一个直径为 10～20 μm 的像点。若瞳孔充分扩张，让整个激光束进入，那么即使几米瓦的激光功率也会在视网膜上产生每平方米几千瓦的功率密度，这一量级的功率密度会严重损伤视网膜。对于最坏的情况，眼睛的焦距变得无限长，且瞳孔充分扩张(直径约 7 mm)，眼睛视网膜上的功率密度与晶状体上的功率密度之比可达 5×10^5，如果角膜上的光束功率密度为 50 W/m^2，则照射到视网膜上将变为 2.5×10^7 W/m^2。而普通光源是发散的、亮度非常低，且向所有方向发射，在视网膜上成像的功率密度较低。

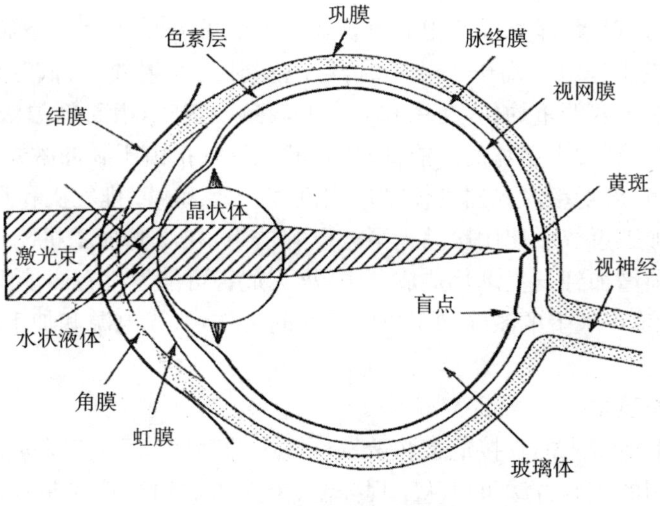

图 1－28　激光对眼睛视网膜的损伤示意图

由于视网膜能接受的光能与瞳孔的面积成正比，所以瞳孔直径的大小对视网膜损伤程度也起着重要作用，缩小瞳孔可以减少进入眼底的激光量。瞳孔的大小随环境光亮程度而变，在光线较暗的室内，瞳孔直径为 6～8 mm，在室外日光下的瞳孔直径为 2～3 mm，瞬息观看太阳强光时的瞳孔直径只有 1.6 mm。众所周知，直视太阳会使人瞬时失去视力，而激光辐射由于其能量密度远远高于太阳，损伤眼睛的能力可以赶上甚至超过太阳光。当一束强激光聚焦到视网膜上时，能量的吸收会导致局部发热，进而烧坏色素上皮和邻近的光感视杆细胞和视锥细胞，导致视力的丧失。

表 1－3 列出了不同波长的过量激光对人体眼睛和皮肤的主要危害，由表可知，远红外激光对眼睛的损害主要以角膜为主，紫外激光对眼的损伤主要是角膜和晶状体，可见光和近红外以损伤视网膜为主，在一定的激光入射强度下，视网膜的损伤取决于时间。通常视网膜温度超过正常眼温 10 ℃以上就会引起视网膜损害。

表 1-3 过量光照引起病理效应一览表

光谱范围		眼睛	皮肤
紫外光	(180～280 nm)	光致角膜炎	红斑、色素沉着、加速皮肤老化
	(200～315 nm)	光致角膜炎	红斑、色素沉着、加速皮肤老化
	(315～400 nm)	光化学反应	光敏感作用、暗色、皮肤灼伤
可见光	(400～780 nm)	光化学和热效应所致的视网膜损伤	光敏感作用、暗色、皮肤灼伤
红外光	(780～1400 nm)	白内障、视网膜灼伤	皮肤灼伤
	(1.4～3.0 μm)	白内障、水分蒸发、角膜灼伤	皮肤灼伤
	(3.0μm～1 mm)	角膜灼伤	皮肤灼伤

（二）激光诱导环境危害

激光诱导环境危害是指由于使用或操作不当，在激光加工过程中存在的各种诱发性危害，这些危害主要包括电气危害、大气污染、伴随辐射危害、低温制冷剂、噪声、爆炸危险和火灾等。

电气危害主要是因为大多数激光设备使用高电压，具有电击危险，脉冲激光设备的电容器贮有能量时特别危险；大气污染是由于激光加工产生的反应物、汽化的加工材料、金属氧化物烟雾和尘埃、激光器泄漏的激光工作物质、闪光管产生的臭氧等对空气产生的污染；伴随辐射危害是指闪光灯和放电管发出的紫外辐射，闪光管、泵浦源以及靶的再辐射产生的可见光及近红外辐射，激光设备中所用高电压电真空器件的阳极工作电压高于 15 kV 时，可能发射的 X 射线等；低温致冷剂的危害在于低温液体与皮肤接触可引起皮肤严重灼伤，使用和贮存低温致冷剂时，由于低温液体变为气体，其体积急剧增大，有导致气压增高到发生爆炸的可能性；噪声的危害是指由于脉冲激光器高电压大能量电容器组放电时所产生的噪声，大功率激光器气体循环风机，加工系统抽、排气机和水泵产生的噪声等；爆炸危险来自高功率激光加工系统中使用次品光泵或电容器组，在激光加工机附近贮存或使用低温致冷剂时也有可能气压逐渐增加到发生爆炸造成危害；火灾危害可能发生在高能量激光束照射到易燃、易爆的物体和材料上，或生产线上的激光加工机因长时间工作，激光电源和加工机电路中各元件和变压器等产生过热等等。

二、激光安全防护技术

为了防止激光辐射所带来的直接危害和诱发环境中的其他危害，必须采取相应的安全控制方法和安全防护技术。常用的控制方法可以从工程控制、个人防护和行政控制 3 个方面切入。控制方法所涉及的对象主要归结为激光设备、环境和可能被曝光的个人。

（一）工程控制

工程控制是指在激光加工系统及其相关设备和环境结构上采取相应的安全措施，如防护罩、安全电路、安全联锁装置、遥控联锁连接器、失效保护、应急断电开关等。其中最有效的方法是将整个激光系统置于一个不透光的防护罩中，在不影响激光设备正常运行条件下，使可能逸出的激光辐照度减少到最大允许照射量之下。这种方法特别适用于红外波段的激光产品。除此之外，光闸、光学观察器、光束阻断器、钥匙开关、遥控联锁、挡板以及警告标志也都是经常用于激光危害控制的有效措施。

实际工作中，对超高功率激光加工系统的安全防护措施应在 4 类危害防护要求中选用更严格、更完善的控制措施，以确保安全。

（二）个人防护

个人防护是指对操作人员个人所采取的辅助防护措施。这是由于实际生产和应用中，在激光加工作业现场不能对激光辐射做到完全、彻底的封闭，操作人员有接触意外的反射或散射激光束的可能性，因此需要使用个人保护用品，如激光防护眼镜、防护面罩、防护服和防护手套等，以便对操作人员的眼部、脸部、四肢及身体各部分的皮肤进行适当保护；但应注意，使用个人防护用品仅仅是一种补充措施，其承受意外激光辐射的能力是有限的。

以激光防护眼镜为例，其最重要的部分是滤光片，它选择性地滤掉特定的波长，并尽可能多地透过非防护波段的可见波长。目前主要采用两种方法：一是利用彩色玻璃或塑料片的选择吸收；二是在玻璃上镀膜产生选择性反射。每种方法各有其优点和缺点，也可将两种方法组合在一起使用。

吸收型防护镜是应用最早且最广泛的防护方法。它是在玻璃或塑料中掺入着色离子，从而可以吸收特定波长的光。激光入射到防护镜中，大部分能量被吸收，因而达到防护效果。通常吸收型防护镜的光密度在 3.5 以上。吸收型玻璃滤光片防冲击性能差，为有效地防冲击，可在玻璃滤光片的上放置透明塑料片。目前广泛应用的是吸收型塑料滤光片，它有更大的防冲击性能，质量轻，容易制造成曲面，价格低廉等；但缺点是容易被划伤，表面易被化学溶剂损伤，易老化，易被强激光漂白等等。

采用在玻璃镜片上镀反射膜也是一种常用的有效方法，其优点是它们可以被设计为尖锐的光谱吸收曲线，可在通过大部可见光的同时，有选择地反射确定波长的激光辐射；但必须注意，反射型防护镜反射出的激光同样具有危害。也有将反射型和吸收型防护镜的功能综合在一起的复合防护镜，但这类防护镜的制造成本相对较高。

选择防护镜的步骤是：首先测定激光输出波长和输出功率，如果不止一个波长，要知道每个波长的输出功率；其次测定需要的光密度；最后选择最佳的防护镜。其选择的原则是：可见光透过率高；如用于黑暗环境，可见光透过率应更高；防雾性能高；边缘视觉好；滤光片和边架框足够结实；符合安全防护要求；防止性能下降；舒适等。

（三）行政控制

行政控制是指通过强制的管理手段，如培训、安全教育、严格管理等，强制人们正确执行安全标准，落实安全控制措施，有效地防止人员受到激光辐射伤害和伴随危害及对环境的污染。根据激光加工系统的复杂程度、激光危害的轻重类别、不同的应用范围以及处理激光危害的经验等因素，制定相应的激光安全管理方案，明确与激光安全有关的机构和人员的职责，按照安全管理方案各司其职，从而达到较好地对激光安全的宏观与微观的控制。编制激光安全管理方案要考虑机构的设置与职责、人员的安排与培训、制定与执行规章制度等。

三、激光加工安全防护标准

（一）国际激光安全防护标准

（1）国际电工委员会 1984 年正式发布了国际标准：IEC825（1984）《激光产品的辐射安全、设备分类、要求和用户指南》。

（2）TC－76 技术委员会由电气安全专家组起草并于 1986 年正式发布了国际标准：IEC820（1986）《激光设备和设施的电气安全》。

（3）国际电工委员会 1993 年 9 月发布了国际标准：IEC825－2（1993）《国际标准激光产品安全第二部分光纤通讯系统安全》（第 1 版）。

（4）国际电工委员会 1993 年 11 月发布了国际标准：IEC－1（1993）《国际标准激光产品安全第一部分设备分类、要求和用户指南》（第 1 版）。

（5）联合国世界卫生组织 1982 年在日内瓦通过并发布了环境卫生标准：23《激光和光照射》，提出了激光允许辐照阈值的标准。

（二）欧美激光安全防护标准

（1）美国从 1973 年开始制定有关激光安全国家标准，在法律上是强制执行的，有半数以上的州制定了更为严格的关于激光器的安全条例。近期美国制定或修订的有关激光安全国家标准有

3个：

ANSIZ136.1(1993)《激光器的安全使用》；

ANSIZ136.2(1998)《采用激光二极管和发光二极管的光纤通讯系统的安全使用》；

ANSIZ136.3(1998)《医疗激光器的安全使用》。

(2) 德国也从1973年开始不断制定发布了有关的国家标准，并重视采用IEC标准进行激光标志和产品分类。发布的标准有：德国精密机械与电气工业同业保险协会1973年制定的“VBG93《激光辐射安全规程》”；德国标准“DIN VDE 0837《激光器辐射安全标准》”系引用IEC825。

(三) 国内激光安全防护标准

我国从1987年开始制定有关激光安全防护标准，目前已发布的标准有以下几个：

(1) GB7247—95《激光产品的辐射安全、设备分类、要求和用户指南》(修订版)；

(2) GB10320—88《激光设备和实施的电气安全》；

(3) GB10435—89《作业场所激光辐射卫生标准》(见表1-4，表1-5)；

(4) JB/T5524—91《实验室激光安全规则》。

表1-4 眼直视激光束的最大允许照射量(GB10 435—89)

波长(nm)		照射时间(s)	最大允许照射
紫外	200～308	10^{-9}～3×10^{4}	3×10^{-3} J·cm^{-2}
	309～314	10^{-9}～3×10^{4}	6.3×10^{-2} J·cm^{-2}
	315～400	10^{-9}～10	$0.56\times t^{1/4}$ J·cm^{-2}
	315～400	10～10^{3}	1.0 J·cm^{-2}
	315～400	10^{3}～3×10^{4}	1×10^{-3} W·cm^{-2}
可见	400～700	10^{-9}～1.2×10^{-5}	5×10^{-7} J·cm^{-2}
	400～700	1.2×10^{-5}～10	$2.5\ t^{3/4}\times10^{-3}$ J·cm^{-2}
	400～700	10～10^{4}	$1.4C_B\times10^{-2}$ J·cm^{-2}
	400～700	10^{4}～3×10^{4}	$1.4C_B\times10^{-6}$ W·cm^{-2}
红外	700～1 050	10^{-9}～1.2×10^{-5}	$5C_A\times10^{-7}$ J·cm^{-2}
	700～1 050	1.2×10^{-5}～10^{3}	$2.5C_A t^{3/4}\times10^{-3}$ J·cm^{-2}
	1 050～1 400	10^{-9}～3×10^{-5}	5×10^{-6} J·cm^{-2}
	1 050～1 400	3×10^{-5}～10^{3}	$12.5t^{3/4}\times10^{-3}$ J·cm^{-2}
	700～1 400	10^{3}～3×10^{4}	$4.44C_A\times10^{-4}$ W·cm^{-2}
远红外	1 400～10^{6}	10^{-9}～10^{-7}	0.01 J·cm^{-2}
	1 400～10^{6}	10^{-7}～10	$0.56t^{1/4}$ J·cm^{-2}
	1 400～10^{6}	>10	0.1 W·cm^{-2}

表 1-5 激光照射皮肤的最大允许照射量(GB10435—89)

光谱范围	波长(nm)	照射时间(s)	最大允许照射量
紫外	200～400	10^{-9}～3×10^{4}	同表 1-4
可见与红外	400～1 400	10^{-9}～10^{-7}	$2\,C_A\times10^{-2}$ J·cm^{-2}
		10^{-7}～10	$1.1\,C_A t^{1/4}$ J·cm^{-2}
		10～3×10^{4}	$0.2\,C_A$ W·cm^{-2}
远红外	1 400～10^{6}	10^{-9}～3×10^{4}	同表 1-4

注：波长入为：400～700 nm,$C_A=1$； 700～1 050 nm,$C_A=10^{0.002(\lambda-700)}$；

1 050～1 400 nm,$C_A=5$； 400～550 nm,$C_B=1$;550～700 nm,$C_B=10^{0.015(\lambda-550)}$

照射量——受照面积上光能的面密度,单位为 J/cm^2；

辐照度——受照面积上光功率的面密度,单位 W/cm^2

照射时间——激光照射人体的持续时间,用 t 表示。

光谱校正因子(C_A 和 C_B),激光生物学作用是波长的函数,为评判等价效应而引进的数学因子,C_A 和 C_B 分别为红外和可见光波段的校正因子。

参考文献

[1] 陈家璧. 激光原理及应用[M]. 北京:电子工业出版社,2004.
[2] 周炳琨,高以智,陈倜嵘. 激光原理[M]. 北京:国防工业出版社,2004.
[3] 徐啓阳,王新兵. 高功率连续 CO_2 激光器[M]. 北京:国防工业出版社,2000.
[4] 虞钢,虞和济. 集成化激光智能加工工程[M]. 北京:冶金工业出版社,2002.
[5] [美]W. 克希耐尔,孙文,江泽文,程国祥译. 固体激光工程[M]. 北京:科学出版社,2002.
[6] 陈彦宾. 现代激光焊接技术[M]. 北京:科学出版社,2005.
[7] 张国顺. 现代激光制造技术[M]. 北京:化学工业出版社,2006.
[8] 陈继民,徐向阳,肖荣诗. 激光现代制造技术[M]. 北京:国防工业出版社,2007.
[9] 张永康,周建忠,叶云霞. 激光加工技术[M]. 北京:化学工业出版社,2004.
[10] 李力钧. 现代激光加工及其装备[M]. 北京:北京理工大学出版社,1993.
[11] 王家金. 激光加工技术[M]. 北京:中国计量出版社,1992.
[12] 关振中. 激光加工工艺手册[M]. 北京:中国计量出版社,1998.

第二章 数字化焊接电源技术

21世纪制造业趋于全球化、集成化、网络化、虚拟化、异地化和数字化，先进制造技术的一个重要标志是加工设备的数字化，随着计算机控制技术、电力电子技术、集成电路技术的快速发展为加工设备数字化提供了技术平台。数字化控制平台的建立使得智能控制技术、计算机视觉技术、数字信号处理技术融入加工设备控制成为可能。

焊接是一个非线性、时变性的加工过程，传统焊接电源恒定电流、恒定电压的输出控制方式已无法适应不同材料、不同结构的精密焊接要求。数字化焊接电源可输出不同特性满足不同焊接工艺的要求，使焊接电源从简单的机电产品变成一种精密加工仪器。

自20世纪90年代奥地利 Fronius 公司全数字化焊接电源进入市场以来得到了突飞猛进的发展。目前，国外各大公司如 Fronius、Kemppi、Lincoln、EWM、OTC、松下等相继推出了自己的数字化产品。这些公司注重对焊接电弧、焊接工艺的研究，开发了适合不同应用场合的新型数字焊接电源，推动了焊接新技术、新工艺的出现，极大提高了焊接电源对焊接电弧、熔滴过渡及熔池的控制能力，淡化了焊工的操作技能。数字化是焊接电源发展的必然趋势。

第一节 数字化焊接电源特征及优点

一、数字化焊接电源特征

数字化焊接电源是指焊接电源内部的信息传递和处理以数字形式出现，具体包含焊接电源主电路的数字化、控制电路的数字化和焊接参数预置的人机交互系统数字化。数字化焊接电源系统结构框图如图 2-1 所示。数字化焊接电源的特征如下：

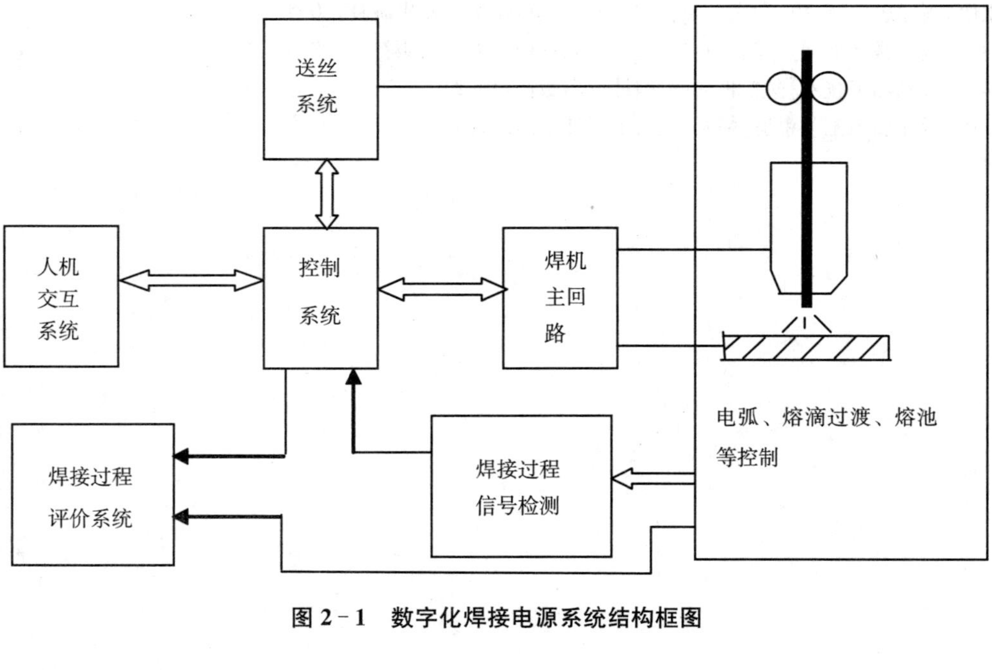

图 2-1 数字化焊接电源系统结构框图

1. 焊接电源主电路的数字化

焊接主电路是实现能量输出的功率回路。现普遍认为只要主电路的控制信号具有一定频率的脉冲信号的焊接电源即可认为焊接电源主电路为数字化主电路,因此,开关电源、逆变电源都属于焊接电源主电路数字化形式,目前主要采用逆变形式。

2. 焊接电源控制系统的数字化

控制系统是焊接电源的核心,主要控制焊接电源能量输出的特性。数字化控制由数字控制技术替代传统的模拟控制技术,信号的传递和处理由模拟信号过渡到 0/1 编码的数字信号。主要由 MCU,DSP 等计算机控制芯片实现。

从电弧、熔滴、熔池的可控性出发,控制理论的发展对焊接电源系统起着关键性的作用。焊接过程是一个非线性、时变且存在着许多不确定因素的控制对象,采用线性的分析控制方法(如 PID)限制了焊接电源的研究水平和焊接电源性能的提高,为此在焊接电源研究中需引入现代智能控制理论来解决焊接过程的精确控制,如模糊控制、神经网络控制、变结构控制、专家系统等。这牵涉到诸多算法和控制,但传统的模拟控制电路很难实现这些智能控制。基于计算机芯片(DSP,MCU)控制焊接电源为这些算法和控制的实现提供了平台。其中,DSP(数字信号处理器)芯片以其极高的运算速度、强大的运算功能和信息处理能力在焊接电源的控制中得到了广泛应用,基于 DSP 数字控制已成为数字化焊接电源最主要的特征之一。

3. 人机交互系统的数字化

控制面板是焊接电源人机对话的界面,即人机交互系统。传统的旋钮式操作和指针表显示等控制面板是典型的模拟类面板,数字化的人机交互系统则通过键盘、液晶显示等手段来实现人机对话。

随着焊接工艺研究的不断深入,焊接规范参数的调节越来越复杂,且对于不同材料、不同结构、不同保护气体时焊接参数的设置也不同,从而产生了大量的工艺数据库即专家系统。因此,数字化人机交互系统不仅具有焊接参数设置功能,而且具有焊接参数存贮功能。

4. 送丝系统的数字化

焊接过程控制研究结果表明送丝速度的稳定性、响应性对焊接质量有着非常大的影响。传统的 SCR－M 调速系统由于 SCR 控制周期长、响应速度慢、电网波动补偿能力差、调节范围小而无法适应更高要求的焊接质量,阻碍了焊接新方法、新工艺的出现。在数字化焊接电源中送丝电路采用基于 MCU 控制逆变调速编码器测速闭环控制。此调速方式具有焊丝快速回抽、送丝稳定、调节范围大的特征,满足了焊接过程控制中的一些特殊要求,同时此送丝系统具有与数字化焊接电源通信功能。

5. 焊接过程质量评价综合平台

对于功能完整的焊接电源系统要能够综合进行焊接过程控制、焊接质量控制和焊接质量评价。这种综合角度的研究适合于对有许多不确定因素影响的评价。焊接过程控制的好坏将影响到焊接质量的控制,而焊接质量的控制也会影响到焊接过程的控制;同时对焊接质量的评价也包含着对焊接过程的评价,并需对整个焊接电源的性能有一个考察。要综合进行焊接过程控制、焊接质量控制和焊接质量评价,控制理论、评价尺度、系统的综合等各个角度的平衡及平衡的尺度,都将是一个比较复杂的综合性的研究,其中存在着许多交叉、相互影响和诸多不确定或者是难以确定的因素;但这项工作的研究必将推动对焊接电源更深层次的研究。

二、数字化焊接电源优点

数字化焊机具有与传统模拟控制焊机相比具有无可争议的优势:

1. 具有更强的稳定性和一致性

在模拟系统中,模拟控制器的控制系统特性取决于电阻、电容、运算放大器以及二极管、三极管等模拟器件的参数和性能:一方面模拟器件存在一定的分散性且随时间增加而变化;另一方面模拟器件存在温度漂移问题，产品的一致性难以保证。

在数字化的主控系统中，由于主控元件是计算机芯片，传递和处理的信号是数字信号和开关类的逻辑信号，信号的处理或控制算法的实施是通过软件的加/减、乘/除运算来完成的，因此产品一致性好、稳定性好。

2. 具有更高的控制精度

模拟控制的精度一般由元件参数值引起的误差和运算放大器非理想特性参数引起的误差所决定。模拟控制由于多级处理的误差积累和噪声的逐级放大，因此它的总体误差较高。而数字化控制的精度仅仅与模－数转化的量化误差及系统有限字长有关，因此数字化控制可以获得很高的精度。

3. 具有系统控制的灵活性

对于模拟系统，系统的配置和增益由阻容网络等硬件参数所决定，一旦确定就很难改变；而对于数字系统，系统的控制策略通过软件的方式加以实现，系统的控制是柔性的，这一切仅仅是改变软件而已，软件是核心。电源外特性由软件编程实现，可以实现多种外特性适应不同焊接方法的要求，实现焊机的一机多用。另外，同一套硬件电路可以实现不同的焊接工艺控制，对于不同焊接工艺方法和不同焊丝材料、直径可以选用不同的控制策略、控制参数，从而使焊机在实现多功能集成的同时，每一种焊接工艺方法的工艺效果也将得到大幅度的提高。

4. 具有系统升级功能

因建立了数字化控制的硬件平台，控制方法由软件来完成，所以数字化焊接电源的功能升级非常方便。目前数字化焊接电源主要采用 FLASH 技术，具有在线编程、调试、写入等特点，大大提高了焊机的使用寿命和使用范围，同时焊机具有强大的存贮功能实现焊接质量重现。

5. 具有更好的工艺稳定性和更好的工艺效果

从焊机的工艺效果来看，数字化焊机由于控制策略调整灵活、控制精度高以及控制参数稳定性好，数字化焊机具有更好的工艺稳定性和更好的工艺效果。

6. 人机交互系统，实现简单的焊接参数一元化调整，实现逆变焊机的“傻瓜式”操作。

基于计算机芯片控制的数字化人机交互系统降低了操作者焊接技能要求，使焊接电源操作向“傻瓜式”方向发展。这是因为数字化焊接电源可将众多的焊接规范（专家的经验）以数据库的形式存贮到焊机内部，每一条数据都包含诸多信息，如焊接方法、被焊材料、板厚、焊丝直径、保护气体、送丝速度、焊接电流、焊接电压等。操作者只要通过人机交互系统输入某些焊接信息焊接电源就会以最佳规范参数进行焊接。焊机的操作趋向于简单化、智能化。

7. 数字化焊机的接口兼容性好

由于数字化焊机大量采用了单片机、DSP 等数字芯片，因此 PC 机与数字化焊机、数字化焊机与机器人以及数字化焊机内部的电源与送丝机、电源与水冷装置、电源与焊枪之间可以通过总线方式进行信号的传递。这一方面可实现焊接电源系统的模块化设计，另一方面，焊接电源可成为现场总线控制系统中的设备之一。

8. 焊接电源的网络化远程管理和监控

数字化焊接电源可以通过通信接口或接入互联网与 PC 机进行信息传输，PC 机通过相应软件可对焊接过程质量参数进行监控、分析、显示和存贮等，可实现焊接生产的网络化管理和监控。

9. 为焊接新工艺、新方法的研究提供了平台

数字化焊机在线控制程序升级为新控制策略的实施提供方便、快捷的途径。随着数字控制技术的发展，使得数字化焊接电源的波形控制能力更为精确，为广大焊接工作者提供了方便的新型焊接工艺研发手段，推动了焊接新工艺、新设备的层出不穷。

第二节 焊接电源－电弧系统控制数字化

一、数字化焊接电源结构形式

(一) 焊机主电路结构形式

自 1982 年瑞典 ESAB 公司率先推出了晶闸管弧焊逆变器产品之后，美国 Lincoln，Miller，芬兰 Kemppi，日本大阪变压器公司等国际著名的焊接设备公司也相继推出了各自的弧焊逆变器产品。

弧焊逆变器的出现标志着焊接电源主电路从模拟到数字化的跨越。主电路的数字化使焊接电源的功率损耗大大减少，效率达 90%以上。由于工作频率的提高，回路输出电流的纹波更小，响应速度更快，焊机可以获得更好的动态响应特性，焊接电源的数字化控制有了用武之地。

焊接电源具有低电压、大电流的特点，为了满足焊接电源这个特性要求，可以通过多种设计方式来实现。在焊接电源的设计中，变压器的设计是关键。在焊接电源中，变压器一方面满足电流、电压的匹配要求，另一方面对送电回路和焊接回路进行电气隔离。更为重要的是变压器在能量传输回路中的位置决定了焊接电源的体积和质量。

焊机主电路主要分为以下几种：

1. 模拟式焊接电源主回路

图 2－2 为模拟式焊机的主电路框图，图 2－3 为模拟焊接输出电流波形。这种电源由一个工频变压器、三相整流桥和一个晶体管组组成，晶体管组在回路中的作用相当于负载的串联电阻。晶体管组工作在放大区，焊接中晶体管组的 C，E 极之间存在电压消耗，因此功耗极大，晶体管组需要水冷。这种焊机的优点是响应速度快，缺点是晶体管组的能耗大，目前基本上已经被其他类型的电源所取代。

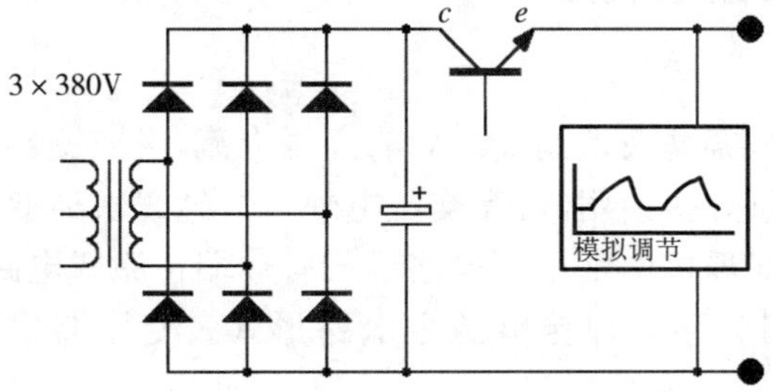

图 2－2 模拟焊机主电路框图

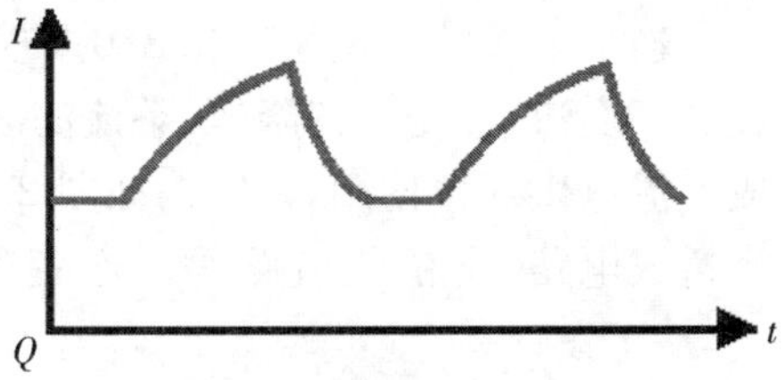

图 2－3 模拟焊机输出电流波形

2. 次级开关式电源主回路

开关电源主要由工频变压器、整流桥和半导体开关组成。半导体开关按照某一固定频率周期性地开通/关断(如每秒开通/关断 2 万次，对应频率 20 kHz)，若以理想开关分析图 2－4 所示电路，无论是在开通状态还是关断状态，开关的损耗为零。在实际的工作中，由于采用 IGBT，MOSFET 或双极性晶体管等作为开关器件，总会存在一定的功率损耗，但是与模拟焊机的损耗相比较，这个损耗是可以忽略不计的。以一台 20 kW 开关电源为例，由于现代电力电子开关多为电压驱动型，所需要的电流极小，控制电路只需要几瓦的功率就可以满足要求。除了效率高外，开关电源另一个优点是它的工作频率高。开关电源的工作频率越高，则回路输出电流的纹波越小，响应速度就越快，因此焊机就获得了更好的动态响应特性。

在开关电源中为了在一个较宽的范围内调节功率输出，触发脉冲的导通时间与关断时间的比率(或占空比)必须可调。如图 2－5 所示，占空比高则输出较高的平均电流值，占空比低则输出较低的平均电流值。这种调节方式称为脉冲宽度调节(PWM)。目前几乎所有的全控功率开关逆变电源和开关电源中都采用 PWM 形式的控制方式。

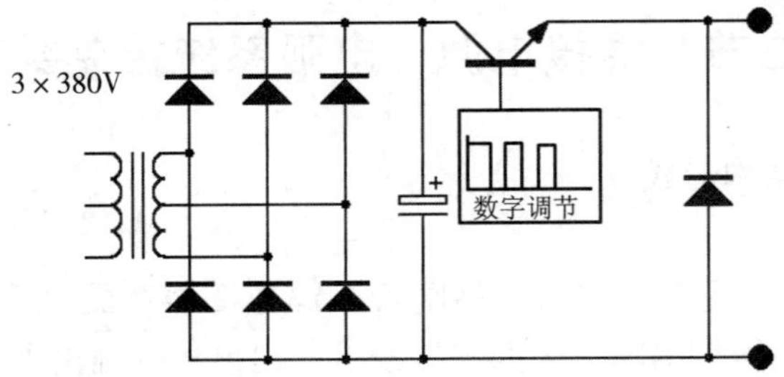

图 2-4 次级开关式电源主回路

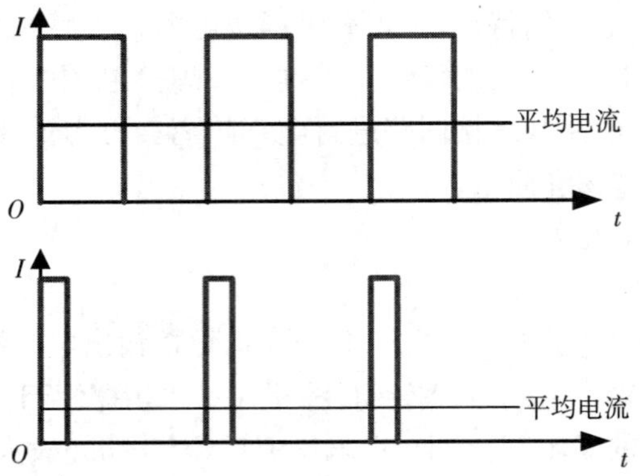

图 2-5 开关电源的输出电流调节方式

3. 初级开关式电源主回路(逆变电源)

逆变电源的原理是三相 380 V 交流电经过整流和电容滤波得到 540 V 的高压直流，经逆变器变成高频交流，经变压器降压、整流滤波变为平滑直流电供焊接使用，若需交流电焊接再经二次逆变变成交流电供焊接使用，其结构如图 2-6 所示。目前逆变焊机中常用主电路形式有单端正激式电路、半桥式电路、全桥式电路等。逆变电源是目前最常用数字化焊接电源主电路形式。变压器根据式 2-1 设计。

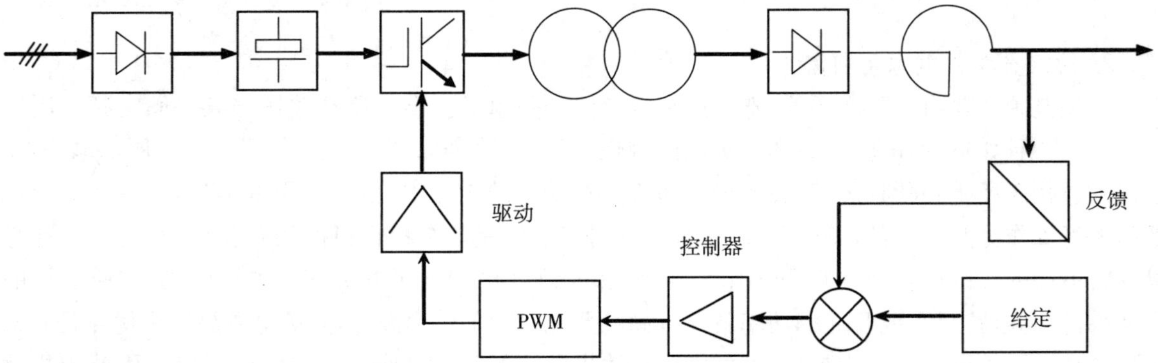

图 2-6 初级开关式电源(逆变电源)原理框图

$$N_1 S=\frac{V_1\times 10^{12}}{4.44B_m f} \tag{2-1}$$

其中：V_1 为变压器一次的感应电动势，单位为 V；B_m 为变压器铁心材料磁通密度最大值，单位 T；N_1 为变压器原边绕组的匝数；S 为铁心截面积，单位 cm^2；f 为变压器的工作频率，单位 Hz。

变压器的质量、体积与频率成反比。变压器的工作频率越高，即 f 越大，则变压器绕组的匝数 N_1 越少及铁心的截面积 S 越小，因此它的质量越小、体积越小。在逆变电源中，变压器的工作频率可由 50 Hz 提高到 20 kHz 的逆变频率，有些设计甚至可以达到 100 kHz。因此，弧焊逆变电源与开关电源相比，具有体积小、质量轻的优点。

数字化的焊接电源主回路中，主要的受控元件是开关元件，对它的控制信号是具有一定频率的脉冲信号，控制占空比调节输出能量大小，不存在工作点的漂移问题，具有较强的可控性；同时，因控制频率高，电源动态响应快。

（二）焊接电源控制回路结构形式

焊接电源主控系统是由模拟、开关、数字等组成的混合系统，传递和处理的信号是直流、高频、离散、数字等弱信号，要求完成大量信息采集处理及优化的控制算法，因此，尽可能减少各信号之间的相互交叉影响、简化主控系统的结构，用尽可能少的硬件和简单的形式去完成大量信息处理和复杂的优化控制算法。焊接电源的计算机控制系统结构有以下几种：

1. 逆变电源的模拟控制结构

模拟弧焊逆变电源的控制结构如图 2－7 所示。控制回路是由无源或有源器件组成的模拟系统。焊接电流、电压等参数通过传感器 LEM 块采样，负反馈到控制回路。反馈量与给定信号比较，经过 PI 控制器输出到 PWM 控制芯片，PWM 信号则经过功率放大、隔离来触发功率开关元件的导通/关断，完成系统的闭环控制。

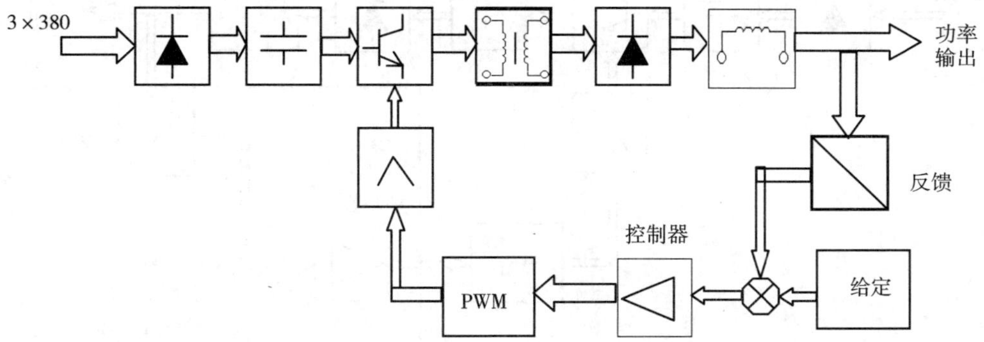

图 2－7　模拟控制弧焊逆变电源的控制系统框图

模拟控制系统最大的缺点是进行复杂处理的能力有限、元器件数量多，并且控制器的参数由电阻、电容等分立元件的参数决定，控制器的调试复杂、灵活性差；同时电阻、电容的参数分布影响控制器的一致性，参数的稳定性差如温度漂移影响控制器的稳定性。因此存在弧焊逆变电源计算机控制研究的必要性。

2. 基于单片机控制的计算机监督控制结构（supervisory computer control, SCC）

基于单片机控制的计算机监督控制结构原理框图如图 2－8 所示。在这种系统中单片机主要完成了控制信号的给定功能以及焊机的总体管理。单片机仅仅完成了信号的给定，但这已经使得弧焊逆变电源在实现焊接工艺控制时，如 CO_2 焊接波形控制等获得极大的灵活性。例如，可以通过单片机给出多种斜率、不同幅值的 CO_2 焊接短路电流波形，使得 CO_2 焊接的工艺效果在不同的电流范围内都能接近于最佳。

但是，这种控制结构它的控制核心 PI 控制器和 PWM 控制电路是由模拟元件构成的，PI 控制器以运算放大器为核心，PWM 控制电路多采用 SG3525 或 LM494，所以此控制结构控制器硬件由控制算法确定且无法完成复杂的控制算法，缺乏控制灵活性。同时控制器中的信号处理与传递是模拟信号，没有真正实现控制的数字化，属于数字化焊机研究初期采用的控制结构。如 OTC 公司 CPV 系

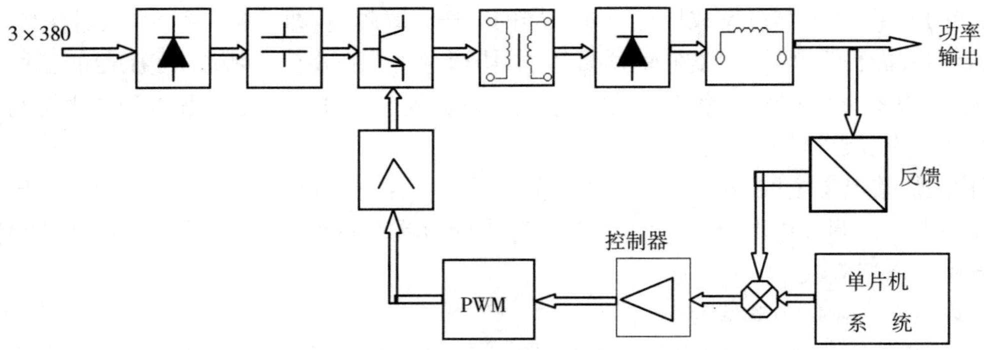

图 2-8 基于单片机控制的计算机监督控制结构原理框图

列 MCU 控制逆变电源即属于此结构形式。

3. 基于 MCU 控制的直接数字控制结构(direct digital control, DDC)

基于 MCU 控制的直接数字控制结构框图如图2-9所示。单片机不仅完成信号的给定和程序控制功能,而且具有焊接参数数据采集、PI 控制算法功能。此控制结构 MCU 控制算法取代了模拟控制器,大大提高了控制的灵活性,在控制方案上不改变硬件通过软件能完成各种各样的控制,实现了信号传递与处理的数字化。

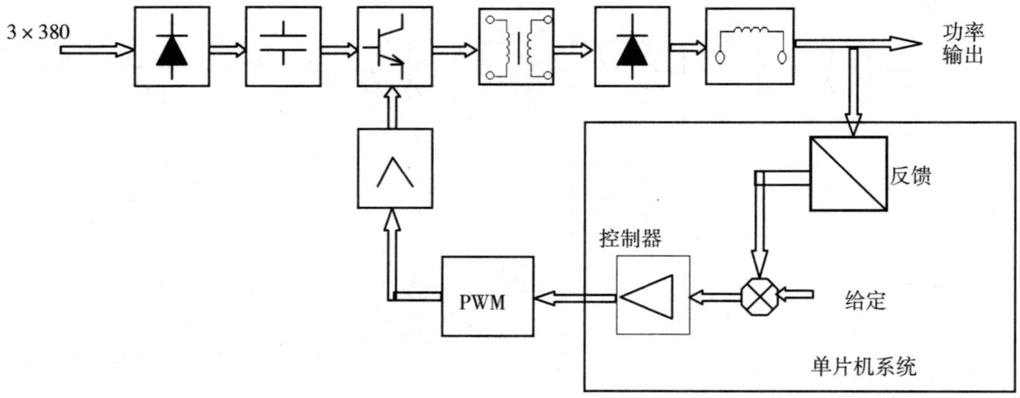

图 2-9 基于 MCU 控制的直接数字控制结构原理框

但随着人们对电弧、熔滴、熔池等控制认识的不断深入,相应对控制器的控制精度、控制速度要求越来越高,同时焊接过程是一个非线性时变控制对象,PI 简单控制算法已无法适应焊接过程的精确控制,为此有必要引入现代智能控制理论;MCU 的低运算速度限制了焊接电源的进一步发展,因此有必要在焊接电源的控制中引入高运算速度控制芯片数字信号处理器(digital signal process, DSP)。

4. 基于 DSP+MCU 控制直接数字控制结构

基于 DSP+MCU 控制直接数字控制结构如图 2-10 所示。此结构中 DSP 取代了模拟控制器或完成原有 MCU 运行的控制算法,主要实现焊接电源的控制算法和逆变器的控制及焊接过程信号的采集,MCU 除负责系统的事件管理外,还负责接收输入信息和输出给定参数,以及与 DSP 及 PC 机的串行通信等。

在直接数字控制结构中,计算机的任务不再局限于向操作者发送指令或修改模拟调节器的设定值,而是直接替代了模拟调节器的功能。数字信号处理器(DSP)具备了较强的数据处理能力,它在嵌入式系统中得到了极其广泛的应用,如手机、声卡、图像采集卡、马达控制等。另外,为了提高通用微

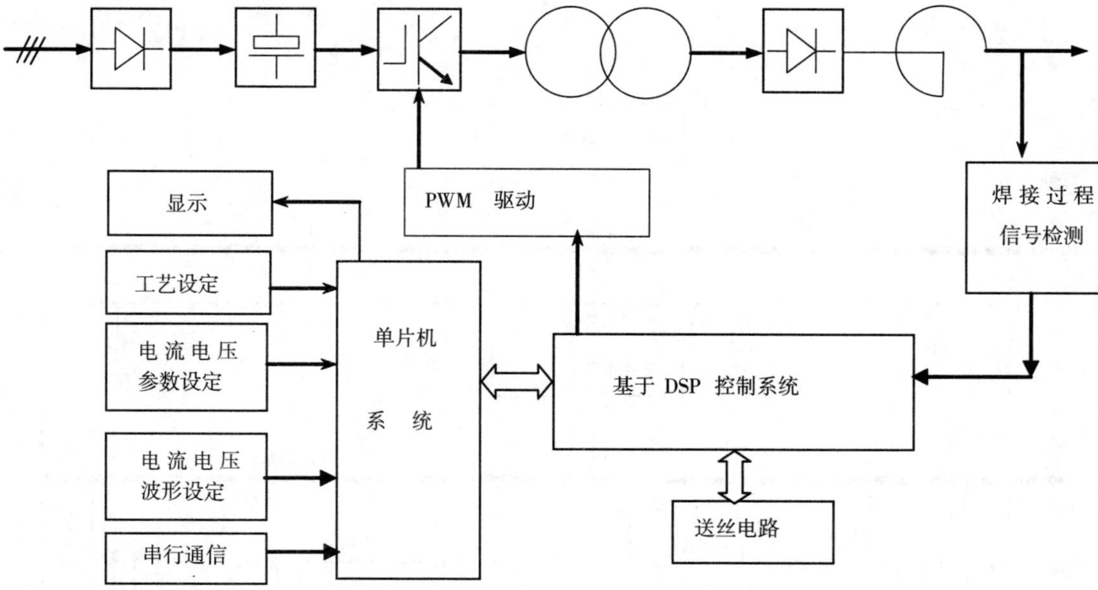

图 2-10　基于 DSP+MCU 控制直接数字控制结构原理框图

处理器和微控制器的数据处理能力，DSP 有与两者融合的趋势。由于总线为哈佛结构、指令执行流水线操作、存/取数据及运算在一条指令中完成等特点，DSP 除有极强的控制能力，又有极强的数字信号处理和数据运算、信息处理能力。

DSP(数字信号处理器)芯片从根本上是基于数字信号处理技术而产生的，其极高的运算速度、强大的运算功能和信息处理能力，正好弥补了由单片机或 MCU 控制的焊接电源无法做到的复杂控制算法的缺陷；同时，具有多种外围控制接口、完备实时监控等系统的控制类 DSP 芯片的发展，为提高焊接电源的各方面性能和实现真正意义上的数字化焊接电源提供了强有力的支持和可行性。采用 DSP 技术可使焊接电源迅速与信息化、数字化、集成化接轨，提高焊接电源的高技术含量，实现焊接电源的全数字化。

5. 数字化焊接电源集散控制结构(distributed control system, DCS)

上述不同的控制结构实现的数字化程度也不同。基于单片机控制的计算机监督控制结构仅在模拟控制器的设定值、人机界面等方面实现了数字化，而基于单片机控制的直接数字控制结构、基于 DSP+MCU 控制直接数字控制结构在人机界面、控制算法等方面均实现了数字化；但在电源与送丝机、焊枪等焊接电源组件之间的信号传递是通过模拟信号来实现的，不是通过总线方式进行信号传递，同时在焊接电源的评价、管理、焊接质量统计等功能方面较欠缺。另外，为了进一步提高系统的可靠性、控制的快速性，实现系统的模块化、系列化、标准化和开放式结构，有利于系统设计者在系统设计时根据要求任意选择，像搭积木般地组建系统，通过这种设计方式可提高系统研制和开发速度，提高系统的技术水平和性能，增加可靠性。为此，数字化焊接电源的研究中可采用集散控制结构形式。数字化焊接电源集散控制结构原理框图如图2-11所示。

集散控制系统是计算机控制系统的一种结构形式。DCS 采用分散控制、集中操作、分级管理、分而自治和综合协调的设计原则，自下而上可以分为若干级，如过程控制级、控制管理级、生产管理级和经营管理级等。DCS 又称分布式或集散式控制系统。

焊接电源集散控制结构是采用标准化、模块化和系列化设计，由逆变器控制单元、送丝机控制单元、人机界面单元、焊枪控制单元、焊接质量评估单元、管理检测计算机、总线接口等主要部分组成。控制级分为焊接对象直接过程控制层、焊接电源内部控制管理层、焊接电源集合生产管理层，如图 2-11所示。

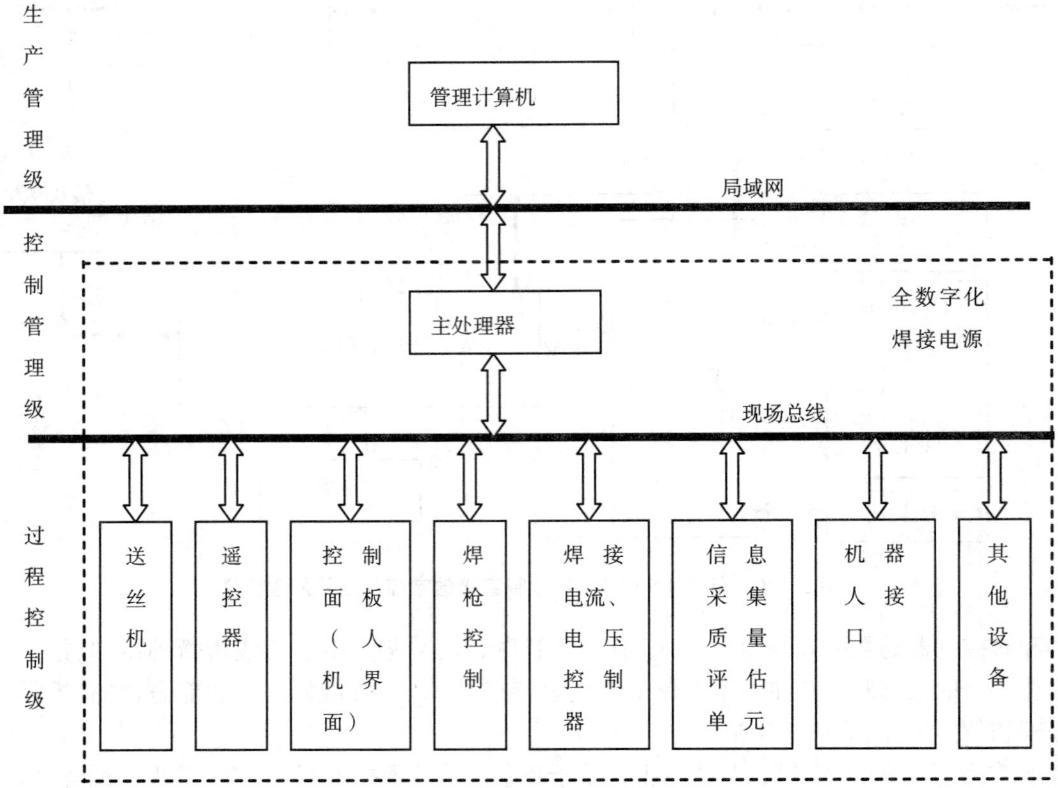

图 2－11　数字化焊接电源集散控制结构原理框图

（三）数字化焊机中使用的几种微处理器

目前对于数字化处理环节可选择数字信号处理器(DSP)、通用微处理器(MPU)、微控制器(MCU)三类作为处理芯片。

1. 通用微处理器(MPU)

大量应用于计算机(PC机)。由于其体积大、功耗较高、价格比较高，尽管具有很高的数字信号处理能力，在现场工业控制中较少采用，尤其是嵌入式系统应用。

2. 微控制器(MCU)

在计算机控制技术的发展中经历过两个关键的阶段，即开创时期和直接数字控制时期。在开创时期，计算机系统速度慢、价格高，也不可靠，因此这个阶段的计算控制主要以两种方式进行：一种方式是计算机打印出指令给操作者；另一种方式是计算机修改模拟调节器的设定值。以 8098 或 80C196 为代表的单片机，微控制器的数据处理能力远远落后于数据信号处理器，往往在实时性、数据处理量大的系统中不能胜任，

3. 数字信号处理器(DSP)

进入到直接数字控制时期后，计算机的任务不再局限于向操作者发送指令和修改模拟调节器的设定值，而是直接替代了模拟调节器的功能。数字信号处理器具备较强的数据处理能力，它在嵌入式系统中得到了极其广泛的应用，如手机、声卡、图像采集卡、马达控制等。另外为了提高通用微处理器和微控制器的数据处理能力，DSP 有与两者融合的趋势。DSP 既有极强的控制能力，又有极强的数字信号处理和数据运算、信息处理能力，并且运算速度快，具有以下优势：①总线为哈佛结构；②指令执行流水线操作；③存/取数据及运算在一条指令中完成。基于此，目前国内外数字化焊接电源多采用 DSP 作为控制芯片。

二、数字化焊接电源人机界面数字化技术

（一）数字化焊接电源人机界面概况

人机交互系统是人机最直接的操作界面，是操作者向计算机输入信息、发出指令及观察现场参数和信息的窗口，具有友好性、灵活性、功能性、明确性、一致性、可靠性等特点。

对于集多种焊接方法于一体的多功能控制焊机来说，需要调节的焊接工艺参数较多，如果采用传统的旋纽调节和开关转换控制方式，虽然操作简单，但由于开关、旋纽多，焊接方法的转换和参数的调节不够直观清晰，极易造成混乱。国内外数字化焊接电源多采用液晶显示、LED 显示和键盘操作相结合，进行焊接方法、焊接工艺参数设置和信息显示的人机交互方式。数字化焊接电源人机交互系统应具有如下功能：①焊接工艺参数设置；②焊接过程信息的显示；③焊接电源故障诊断显示；④焊接工艺参数的存贮。

人机交互常用的方法有功能键、问答式对话、菜单交互、自然语言界面、命令语言界面、查询语言界面、图符等。其中前 3 种适合于过程控制现场的人机交互，而后 4 种则适合于后台操作的人机交互。焊机的人机交互可以分为焊前准备的人机交互和焊接过程中的人机交互，这是属于过程控制现场的人机交互情况。

在前 3 种方式中，功能键的定义繁琐而且任意性很大，这就会引起操作和记忆上的麻烦，如果系统要完成很多功能，需要设置很多功能键，就会对输入设备的硬件接口造成很大负担。问答式对话使用方便，但其速度慢、修改扩充不方便。菜单式交互方式是使用最广泛的一种人机交互方式，它最大的特点就是让用户可以在一组多个可能的对象中进行选择，各种可能的选择项以菜单项的形式显示在屏幕上。如果选择项对应功能本身是逻辑上的层次结构，那么这就可以通过分层次来安排组织菜单系统结构。菜单的层次称为菜单系统的深度，而同一层中菜单项的数目称为菜单的宽度。由此可知，菜单深度和宽度将会影响到用户选择余度和设置菜单项的速度，应综合考虑。菜单交互方式的优点就是容易学习和使用，用户可以借助菜单界面搜索软件的功能和操作方法，可以大大减轻用户的记忆量。此种方法可以减少用户的输入量，因而不容易出现错误，并且菜单的功能实现也比较简单。菜单的使用对象则可以是只熟悉系统功能而缺少计算机经验的用户。

图 2-12 为奥地利 Fronius 公司生产的 TRANS SYNERGIC 4000C 全数字化焊机的控制面板。一元化模式操作使得焊接变得非常容易，操作者只需输入一些简单设置，如板厚、焊丝的材料和焊丝直径，通过这些数据，焊机内置程序系统就可以提供所有能够保证最佳焊接质量的工艺参数。在焊接过程中，焊接电弧输出特性总是需经常变化以适应条件的改变，而一元化模式的焊机就如同一个非常有经验的焊接专家，懂得如何合适地调整电感输出、电压输出以及送丝速度。

一元化的操作是因为焊机中存贮有“焊接专家系统”数据库，其中包含了许多优化的焊接规范。这些焊接规范都是通过对大量母材、填充金属和保护气在实际焊接实验中的使用而总结得出的。通过已内置的“焊接专家系统”数据库不仅节省了客户大量的工艺试验的时间和成本，而且一元化系统还提供了广泛的焊接应用中的实际技巧（如推荐用的气体、不同的板厚下使用的电流值等）。这些都使得客户掌握操作技能变得非常简便。

当然手动调整电弧参数也是可行的，尤其是在一些具有特别要求的场合。通过一元化模式调节所得到的参数已经非常接近实际值，这时再进行手工调整就可以得到符合特殊场合要求的最佳值。

图 2-13 为 Fronius 公司生产的遥控设备 RCU 5000i，它是一种具备人机对话模式的控制设备。它的任务导向式的菜单设计简化了操作，同时也可以通过设置智能识别密码（权限卡），允许操作者只能进入一定的工作参数，而监督人员则可以不加限制地进行任何参数的设置。此外，通过闪存卡传递数据也颇具特点。如果有多台焊机以同样的方式运行，并且都配置了 RCU 5000i 遥控器，那么不需要对每台焊机依次进行设置，只需要进行一次设置，然后将数据传输给其他的遥控器即可；同时也可以在电脑上进行数据编辑和存贮。

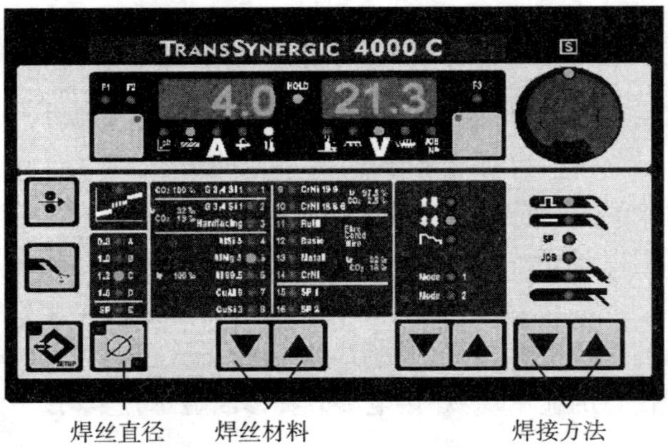

图 2－12　TRANS SYNERGIC 4000C 焊机的控制面板

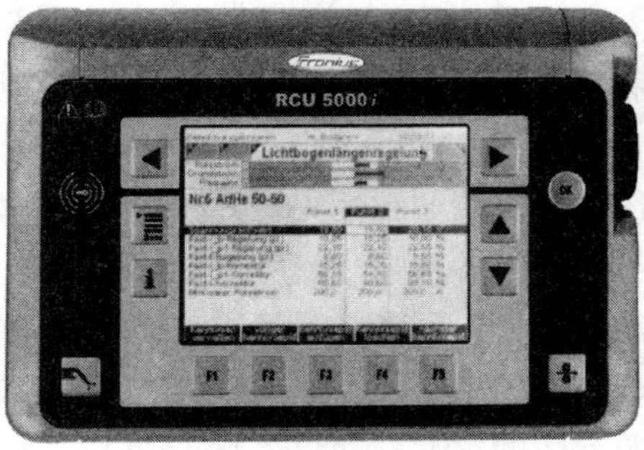

图 2－13　RCU5000i 智能人机界面

图 2－14 为德国克鲁斯(CLOOS)焊接技术有限公司生产的全数字化脉冲 MIG/MAG 焊机——GLC403/603 QUINTO。它的人机交互系统采用大屏幕高清晰度液晶显示、电脑化的操作界面；存贮量大，可容 20 000 条焊接参数；内置焊接专家系统可实现一元化调节；脉冲参数全部可调，如送丝速度、脉冲频率、基值电流、脉冲时间、脉冲电压、脉冲形式等；具有各种数字接口，易于焊接控制和自动化，可控制外围设备。这样可以充分发挥操作者的经验和智慧，对于特殊材料的焊接，可以自行确定相应的焊接参数。

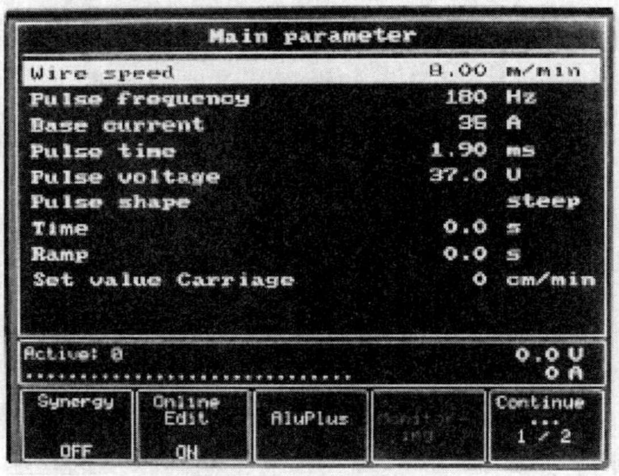

图 2－14　GLC403/603 QUINTO 焊机的人机交互界面

设计人机交互系统的主要目的是便于操作者和焊接电源控制系统进行信息交流，操作者可以对焊接过程进行监视和控制。在人机交互系统的设计中选用菜单模式作为人机交互系统的基本构架。菜单式系统最显著的特点是实现了人性化的控制。通过菜单式系统所实现的人机交互，操作者可以使用键盘作为信息交流的手段，非常方便地与焊接电源的控制系统进行对话。在此基础上，由键盘输入和液晶显示等直观输入、输出设备构成的数字化的接口，不仅具有友好的人机对话界面，使焊接方法和焊接工艺参数的设置和修改既简单又方便，而且工作稳定可靠。利用菜单式系统，操作者可以进行焊接工艺的选择和焊接参数的输入和调整，监视整个焊接过程的进行，而且在焊接过程中，操作者可以根据实际的焊接情况实时调整焊接过程的参数。

（二）数字化人机界面技术原理

数字化焊接电源人机界面原理框图如图 2－15 所示。人机交互系统多采用 MCU 作为控制核心，由液晶显示器或 LED、数字编码器、数据存贮器和薄膜键盘共同组成。数据存贮体的强大记忆功能存贮用户在焊接前预置好的上百条焊接工艺参数组，从而用户可以调用保存过的任一组参数，简化参数的设置。数字编码器旋纽用来选择焊接工艺参数值大小，MCU 通过通信总线可与 DSP 数字信号处理器、计算机交换信息。

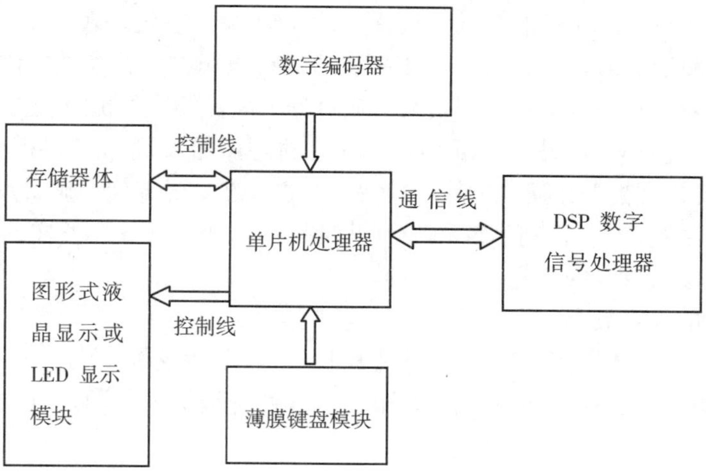

图 2－15　数字化焊接电源人机界面原理框图

三、数字化焊接电源的专家系统

随着焊接工作者对焊接电弧研究的不断深入，新材料、新工艺的不断出现，数字化焊接电源控制精度的不断提高，焊接工艺参数的设置越来越复杂。例如，铝合金双脉冲 MIG 焊接存在如何设置众多焊接波形参数以获得最佳焊接质量的问题，这对普通的操作工人来说是非常困难的。这需要焊接专业人员不断地进行工艺研究以获得最佳规范参数保证最佳焊接质量；但存在这些研究成果与缺乏经验的操作者如何分享的问题，现在的解决方案就是焊机内置“焊接规范专家系统”。

所谓“焊接规范专家系统”就是将众多的焊接规范以数据库的形式存贮在计算机中，这些规范是专业人员通过大量工艺试验经验得到的经验数据，每一条数据包含诸多信息，如焊接方法、被焊材料、板厚、坡口形状、焊丝种类、焊丝直径、保护气体种类、送丝速度、焊接电流、焊接电压、电流波形参数等。当操作者输入某几项参数后就可以查询到最佳的焊接规范参数，然后通过控制焊接电源输出最佳工艺参数保证最佳焊接质量。

目前，数字化焊接电源一般都具有“焊接规范专家系统”功能，同时用户也可以把自己的经验数据添加到“焊接规范专家系统”中丰富数据库。图 2－16、图 2－17 为 Fronius 数字化焊机操作面板和数字化焊机软件升级。

数字化焊机一般存贮多达几十组常用焊接材料的焊接规范，操作者只需简单输入焊材种类、焊丝直

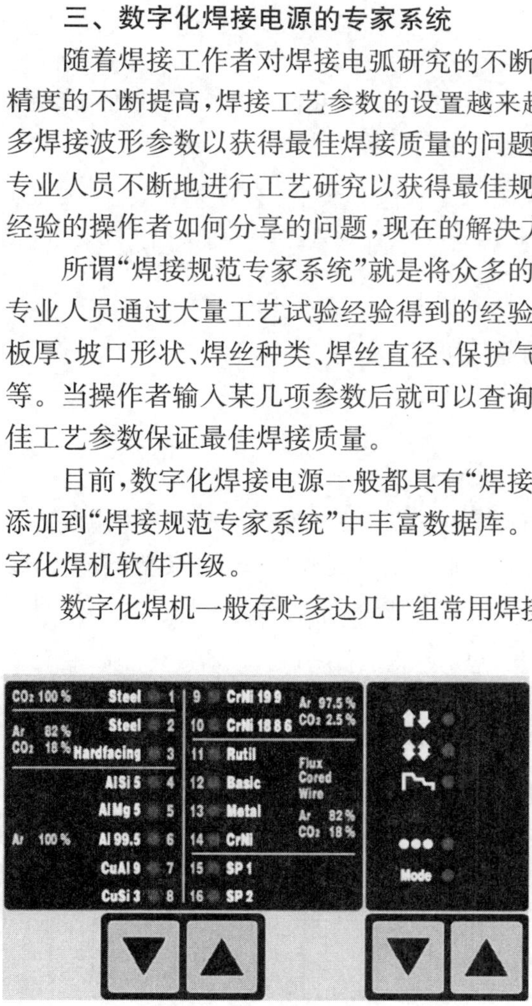

图 2－16　数字化焊机操作面板

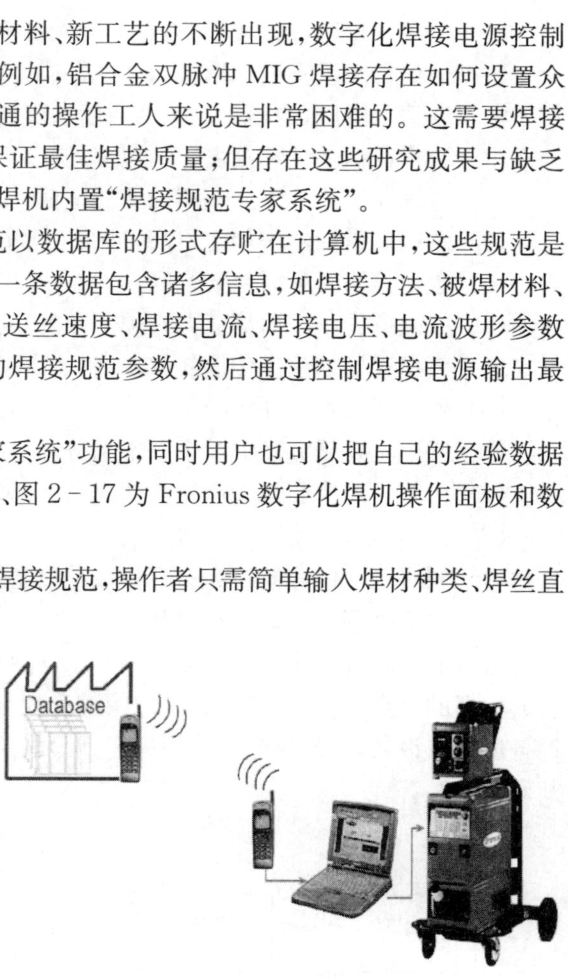

图 2－17　数字化焊机软件升级

径、焊接气体等几项条件,就可得到最佳的焊接规范,降低了对操作者的要求,省去大量的培训工作。

另外,数字化焊机还可以通过PC机将其他的焊接规范数据库加载到焊机中,这也是数字化焊机的显著标志之一软件升级。目前,Fronius公司已开发出2 200多组不同材料焊接专家系统。

四、数字化焊接电源的通信技术

焊接电源广泛应用于计算机控制自动焊接系统、机器人焊接系统。在以工控机或PLC自动焊控制系统中,当用传统模拟焊接电源时,PLC或工控机对焊接电源的焊接参数控制只能通过D/A转换输出模拟信号进行控制。这一方面在模拟信号传输过程中易受外界干扰的侵袭,控制精度差,信号易波动,还需对控制参数进行标定,另一方面PLC或工控机还需加入D/A转换模块增加成本。

另外,在焊接电源内部控制系统中模块与模块之间也存在信号如何准确、快速、有效的传递问题。目前机器人焊接控制系统、PLC控制系统和工控机控制系统已具有各种各样的标准总线接口,这促使了焊接电源数字化接口总线的研究。

数字化总线接口的优点具有:

数据传输的延迟性小,数据传输快速,传输距离长,干扰小,信号质量好;

灵活性好、易升级,可在不改变硬件的条件下通过软件升级加入新功能,可方便地在原控制系统中组入新功能模块;

模块之间连接只需单一信号电缆,简单方便,可靠性高,成本低,可实现模块之间的无缝连接。

高速数据通信可方便用户通过上位机监控焊接电源运行状况和焊接过程质量信息,同时可存贮焊接过程数据。

(一)数据通信概念、特点、构成及研究内容

数据通信是为了实现计算机与计算机或终端与计算机之间的信息交互而产生的一种通信技术,例如电报通信、计算机通信等。数据通信系统包含数据处理和数据传输。

由于数据通信是计算机之间的通信,所以具有下列特点:

(1)数据通信传输和处理离散的数字信号;

(2)数据通信的通信速度很高,且通信量突发性强;

(3)数据传输的可靠性要求高;

(4)必须事先制定通信双方必须遵守的、功能齐备的通信协议;

(5)数据通信的信息传输效率很高;

(6)数据通信每次呼叫的平均持续时间短。

数据通信主要研究以下3个基本部分:

(1)传输　解决如何为信息载体提供通路。研究适合传输的信号形式及相应的各种传输设备。

(2)通信接口　主要研究接口的可靠性,解决怎样把发送端的信号变换为适合于传输的形式,或者把传输到终点的信号变换为适合接收端设备接收形式。

(3)通信处理　通信处理是数据通信中最复杂的研究内容。

数据通信系统的构成如图2-18所示。数据源是数据的产生者或发送者,数据宿是数据的接受者或数据的终点,传输信道分为模拟信道和数字信道,现普遍采用数字信道。对数字信道,信号变换设备即接口设备,其作用是实现信号码型与电平的转换、信道特性的均衡、收发时钟的形成与供给以及码速控制等。

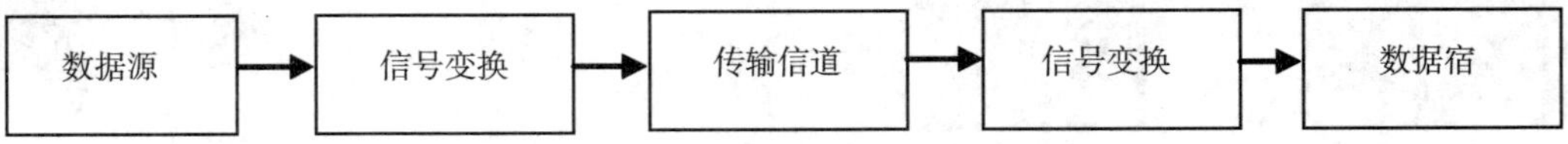

图2-18　数据通信系统的构成示意图

（二）通信协议概念、内容和功能

在通信系统中规定一个统一的通信标准，即通信的内容是什么、如何通信、何时通信，都必须在通信的实体之间达成大家都能接收的协定，这些协定就被称为通信协议。概括地说，通信协议是对数据传输方式的规定，包括数据格式定义和数据位定义等。

通信协议的内容由 3 部分组成：

（1）语法　规定通信双方彼此“如何讲”，即确定协议元素的格式，包括数据格式和信号电平等。如数据控制信息的结构或格式。

（2）语义　规定通信双方彼此“讲什么”，即确定协议元素的类型和内容，包括用于相互协调及差错处理的控制信息。如规定通信双方要发出何种控制信息、执行什么动作和返回什么应答等。

（3）定时关系　规定事件执行的顺序，即确定通信进程中通信的状态的变化，包括速度匹配和时序。如规定正确的应答关系。

通信协议完成的主要功能：①信号的传送和接收；②差错控制；③顺序控制；④透明性；⑤链路控制与管理；⑥流量控制；⑦路径选择；⑧对话控制。上述功能实际上应是从物理线路电气特性一直到各计算机进程之间共享资源的全部内容。

（三）串行通信总线标准接口

计算机通信方式分为并行通信和串行通信如图 2－19 所示。并行通信速度快、实时性好，但占用的口线多；而串行通信速率较低，但口线少，通用性好。在数字化焊接电源中一般串行通信应用较为普遍。

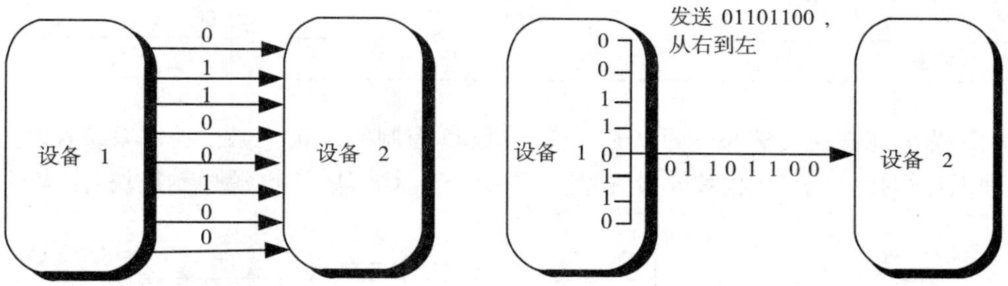

（a）并行传输　　（b）串行传输

图 2－19　并行和串行传输

串行通信分同步和异步方式。在通信方向上分单工传送、半双工传送、全双工传送 3 种方式。信号传递方向如图 2－20 所示。

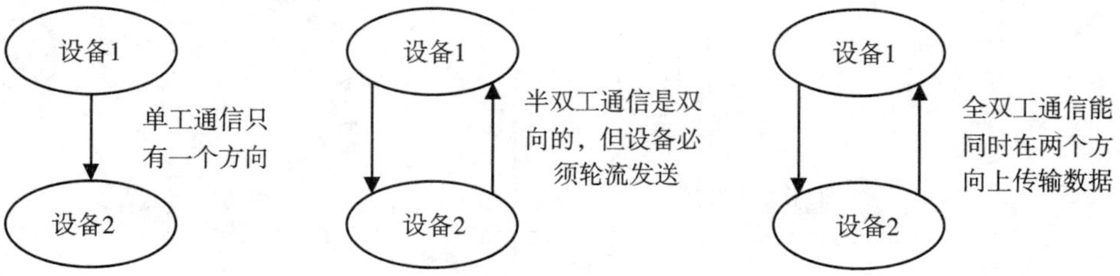

图 2－20　单工、半双工和全双工通信

标准异步串行通信接口有以下几类：RS－232C，RS－449（RS－442A，RS－423 和 RS－485）和 20 mA 电流环。

RS－232C 是美国电子工业协会 EIA（Electronic Industry Association）制定的一种串行物理接口标准。此总线标准存在共地噪声和不能抑制共模干扰等问题，信号传送距离短（一般在 15 m 以内)，最大传送速率 20 kb/s，因此一般用于短距离通信。

为改善 RS－232C 标准的电气特性，EIA 公布的“平衡电压数字接口电路的电气特性”标准 RS－422A 标准。此总线标准采用平衡驱动差分接收电路，最大传输率为 10 Mb/s，在此速率下传送距离达 120 m，如果采用较低传输速率，如 90 kb/s 时，最大距离可达 1 200 m。

RS－485 是 RS－422A 的变型，增加了多点、双向通信能力，即允许多个发送器连接到同一条总线上，同时增加了发送器的驱动能力和冲突保护特性，扩展了总线共模范围。表 2－1 为 RS－232C，RS－422A 与 RS－485 性能比较。考虑到焊接电源控制现场的干扰和控制的实时性，一般采用 RS－485 串行通信较为普遍。

表 2－1 RS-232C、RS-422A 与 RS-485 性能比较

接 口	RS－232C	RS－422A	RS－485
操作方式	单 端	差动方式	差动方式
最大距离(m)	15(24 kb/s)	1 200(100 kb/s)	1 200(100 kb/s)
最大速率	200 kb/s	10 Mb/s	10 Mb/s
最大驱动器数目	1	1	32
最大接收器数目	1	10	32
接收灵敏度	±3 V	±200 mV	±200 mV
驱动器输出阻抗	300 Ω	60 kΩ	120 kΩ
接收器负载阻抗(kΩ)	3～7	>4	>12
负载阻抗(Ω)	3～7	100	60
对共用点电压范围(V)	±25	－0.25－＋6	－7－＋12

图 2－21 为上海交通大学开发的基于 DSP＋MCU 控制数字化埋弧自动焊系统控制结构框图。此数字化埋弧焊焊接电源采用模块化设计思想，系统分 3 大模块：①电源控制模块，完成对焊接电源

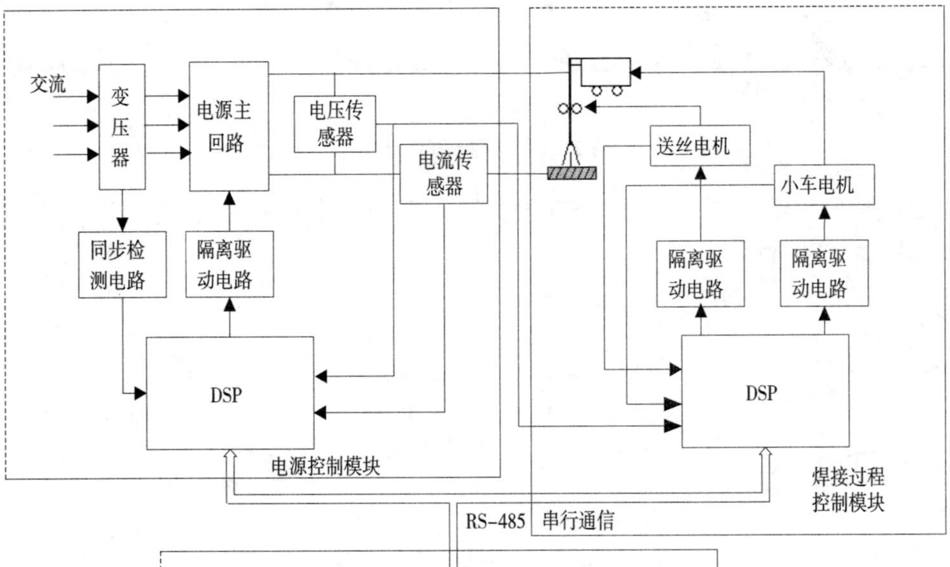

图 2－21 基于 DSP＋MCU 控制数字化埋弧自动焊系统控制结构框图

外特性的闭环控制；②焊接过程控制模块，完成对小车行走电机及送丝电机的闭环控制；③系统监控和管理模块，主要负责人机交互系统、专家系统、通信、打印，焊接过程参数实时显示等。电源控制模块和电机调速模块主控芯片采用DSP(TI公司TMS320F240)，专门运行控制算法，控制电源外特性和送丝电机、小车电机；系统监控和管理模块主控芯片为MCU(AT89C51)，负责管理外围设备并协调DSP与MCU的工作。这样充分发挥了MCU事件管理能力强以及DSP强大数据处理能力和高运行速度的优势，从而提高焊接控制系统的精度和实时性，满足焊接系统更高的性能要求。DSP与MCU通过串行RS－485通信进行数据交互，MCU为主机，DSP为从机。

如图2－22所示控制结构把控制面板、送丝机、遥控器等子系统作为一个相对独立的模块，由单独的MCU控制，系统以主功率模块为核心(主机)，通过RS－485总线与控制面板、送丝机、遥控器等组成的焊接电源系统。该系统的控制总线具备一定的扩展能力，可以与PC机、焊接机器人等相连，使系统具有一定的网络通信能力，具备焊接工艺网络管理、监控的能力。图2－23为Fronius公司数字化焊接电源控制原理图。

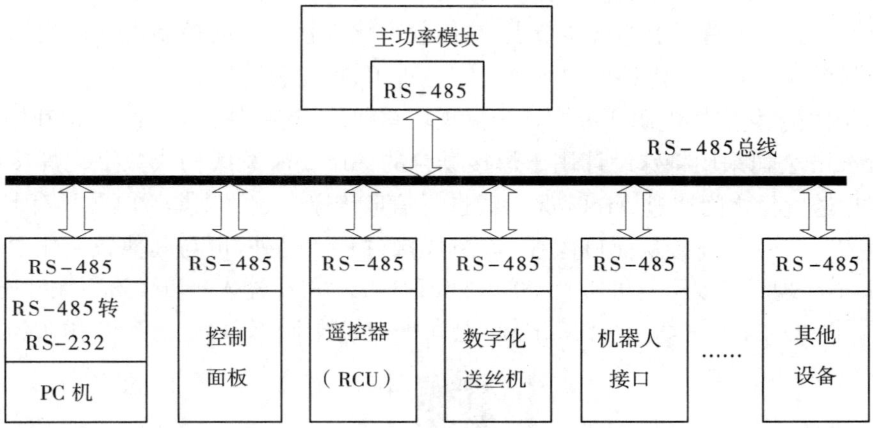

图2－22　数字弧焊电源系统结构框图

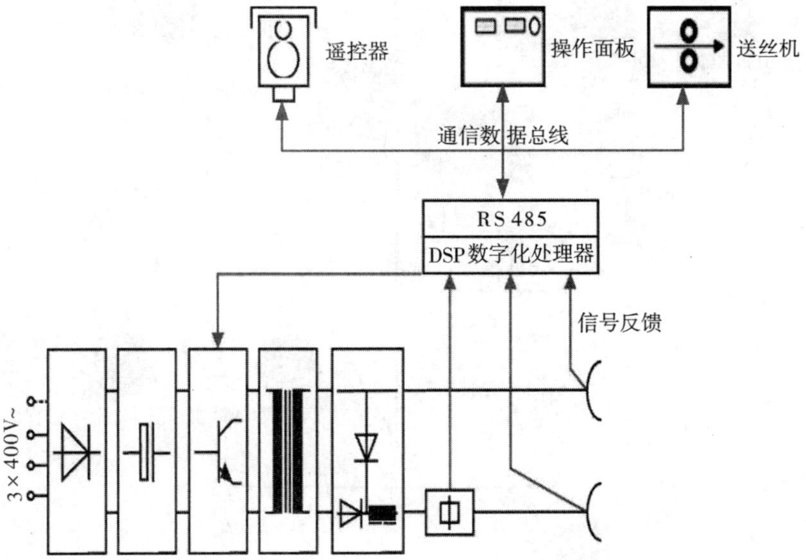

图2－23　Fronius公司数字化GMAW焊接电源控制原理图

（四）现场总线在数字化焊接电源中应用

现场总线是在智能现场设备和自动化系统间提供一个全数字化的、分散的、双向的、多点的通信链接的一种工业数据总线。现场总线技术及标准是全开放式的，从总线标准、产品检验到信息发布都是公开的，面向所有的产品制造商和用户。

智能化、数字化、信息化、网络化、微型化、分散化代表着当今自控技术发展的主流方向，而现场总线正是促使控制系统顺应这一发展方向的重要技术。FCS是继DCS之后的新一代控制系统，也是现在工业自动化的开发热点之一。其突出特点在于克服了DCS中通信由封闭的专用网络系统实现中所产生的缺陷，同时把集中与分散相结合的DCS集散控制结构，变成新型的全分布式结构，把控制功能彻底下放到现场，依靠现场智能设备本身实现基本控制功能。现场总线控制系统是应用现场总线技术对传统的集散控制系统进行改造，实现了数字化的信息传输，在通信质量和连线方式上都有较大突破。目前，在我国应用比较多的现场总线的种类主要有基金会现场总线FF，PROFIBUS，DeviceNet，CAN和HART等。

基于现场总线网络的优点，通过现场总线控制器和嵌入式微控制器相配合，可使数字化焊接电源的各个功能模块成为现场总线上的智能节点，这使数字化焊接电源的控制成为以现场总线为组网方式的网络化控制系统。数字化焊接电源系统更容易重组、扩建和维护。

目前，在国内数字化焊接电源研究中还未见现场总线的控制结构形式报道，但在国外已有成熟产品出现，如Lincoln公司采用特殊设计用于焊接场合的ArcLink总线构成数字化焊接电源系统。焊接电源与数字化送丝机之间通过ArcLink总线进行信息传递。数字化焊接电源具有Ethernet和DeviceNet网卡可以与PC机连接从而可监控、诊断焊接过程。另外，可与其他数字化焊接电源组成网络。通过DeviceNet现场总线可与机器人（ABB，MOTOMAN等机器人）、PLC进行无缝连接实现相互之间的信息交换。图2－24为现场总线在Lincoln公司生产的数字化焊接电源系统中的应用情况。

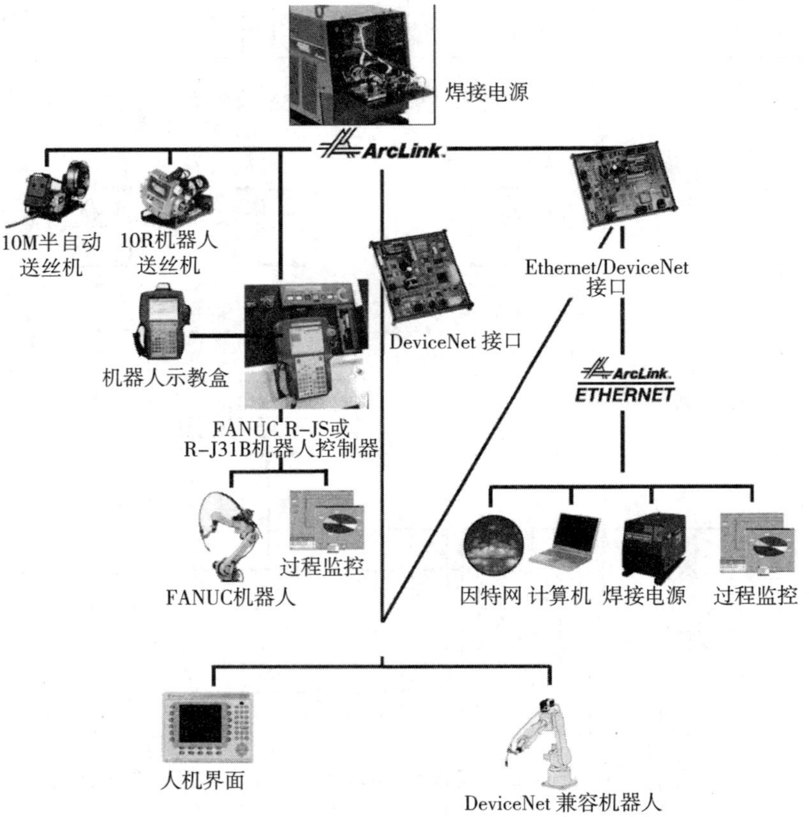

图2－24 Lincoln公司POEWER WAVE系列焊接电源总线结构图

另外，如Fronius公司采用高速总线管理两台数字化焊接电源的协同工作实现Tandem焊接新工艺，同时具有Profibus、网络接口等总线接口；OTC公司DP系列数字化焊接电源具有CAN总线接口。这些数字化焊接电源总线接口为PC管理、监控焊接质量和焊接电源提供了物质基础，可以使数字化焊接电源纳入现代焊接生产网络中，成为网络的一个智能节点。

第三节 数字化焊接电源焊接质量监控和网络化控制

一、数字化焊接电源焊接质量监控

（一）焊接质量监控的重要性

在加工过程中对被加工对象的质量进行有效监控是提高产品质量、降低废品率及提高产品竞争力的重要方面，产品质量在很大程度上决定于过程质量，这已成为加工过程所公认的事实。随着自动化水平的提高和加工过程流水线的实施，对流水线上各个工位加工质量的监控是保证产品质量的必要手段。从质量管理角度而言，一方面通过对整个流水线上各个工位生产质量的监控，可实现过程的动态调度及宏观质量管理，并实现每个被加工对象的质量状况存储，实现严格的国际质量标准中所要求的对产品质量的可记录性和可追溯性；另一方面，通过获取的大量的存贮数据，可为专业人员提供发现过程中的隐藏信息，是研究质量与信息关系模型的基础。

（二）焊接质量监控的方法

焊接质量主要包括焊缝成形、焊缝组织性能、焊缝力学性能等方面。自20世纪80年代以来，国内外焊接研究者在焊接质量的在线预测与控制方面做了大量的工作，取得了可喜的成果。80年代至90年代初主要是进行质量信息的检测与建模，侧重于电弧传感器的研究。进入90年代，开始将电弧传感器、视觉传感器与新的控制决策方法结合起来，使得焊接质量的在线控制与预测得到了长足发展。在一些发达国家的汽车制造业中，已在焊接生产线上实现了焊接过程质量的在线监测。

焊接过程信息检测是焊接过程研究与质量控制的基础。国内外学者针对焊接过程中存在的声、光、电、热、磁等诸多物理和化学现象，采用各种传感技术如声学传感、光学传感、温度场测定、熔池振荡信息等来监测焊接过程质量。根据工作原理和检测方法的不同，可分为力学质量信息采集法，声、光质量信息采集法，焊接过程电参量信号采集法和视觉质量信息采集法。其中电信号采集法和视觉信息采集法是目前在焊接过程质量监控中应用较为普遍的方法。

图2-25为上海交通大学开发的焊接过程电信号与数字图像信号同步采集分析系统。电信号采集及调理由霍尔电流电压传感器以及信号调理单元和数据采集卡组成。选用美国NI公司DAQ PCI 6023E数据采集卡，高精度，支持模拟输入、模拟输出、数字信号I/O、实时I/O，采样频率最高可达200 kHz；同时采用RTSI (Real2 Time System Integration) 总线，解决了触发的同步问题。数字高速摄像系统选用Fastcam Super10 KC高速数字摄像机，有外部触发功能，拍摄速度30～10 000帧/s。通过SCSI采集卡，利用通用计算机总线，可将拍摄到的图片传输到PC机中，采用激光为背光光源。利用同步触发开关信号，保证电信号和图像信号的同步。系统软件在美国NI公司LabVIEW的基于G语言(Grap hics Language) 的图形化开发环境下编程。测试系统软件主要由信号采集模块、数据计算分析模块、结果显示模块组成。其中，数据计算分析模块的主要功能是计算电信号的特征参数以及与熔滴相关的特征参数。结果显示模块主要显示焊接条件、焊接电流、电压波形以及熔滴过渡的图片等。测试系统软件界面如图2-26所示。图2-27为脉冲GMAW焊接电信号和数字图像信号同步采集的结果。此系统可用于焊接质量过程的监控和焊接数据的管理。

（三）Fronius公司Q-Master质量监控系统

Q-Master的基本原理是：首先需采集、记录、显示焊接过程的各种焊接数据（如引弧成功信号、实际的焊接电流、电压等），然后通过专门的软件，对采集的数据与预设的数据进行比较、分析；如果实际

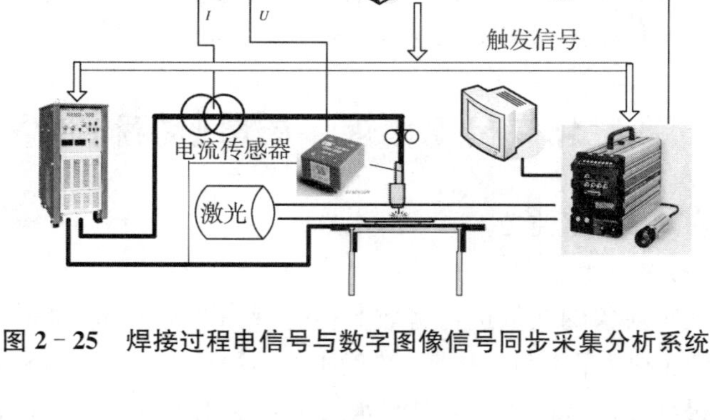

图 2-25　焊接过程电信号与数字图像信号同步采集分析系统

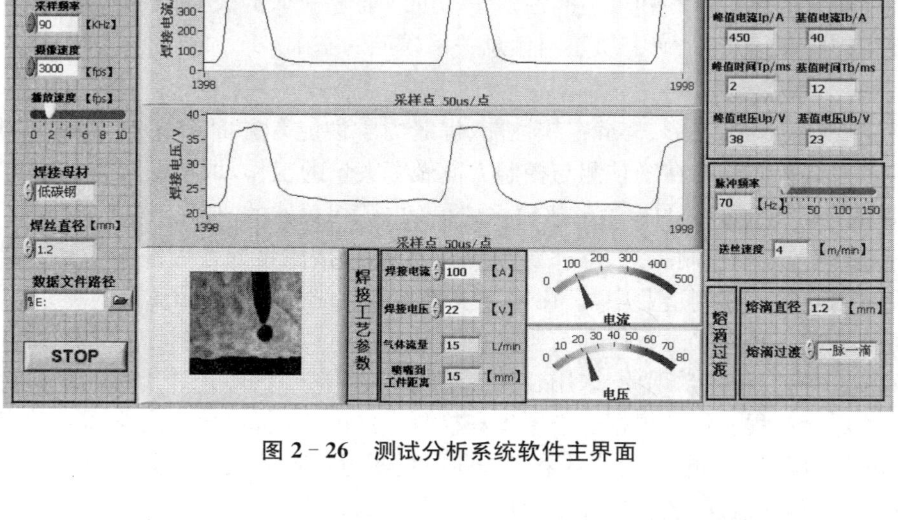

图 2-26　测试分析系统软件主界面

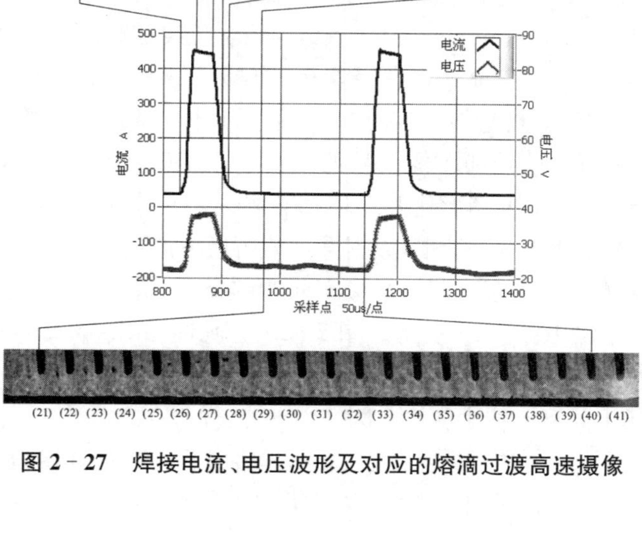

图 2-27　焊接电流、电压波形及对应的熔滴过渡高速摄像

的焊接参数超出预设的限值，自动焊系统会自动停止或报警，从而达到产品的焊接过程自动质量监控目的。

Fronius 数字化 GMAW 焊机实现 Q-Master 质量监控方式只需在机器人系统中增加一个多功能的 LCD 显示的 RCU5000i 的遥控器，其监控方法如下（见图 2－28 和图 2－29）。

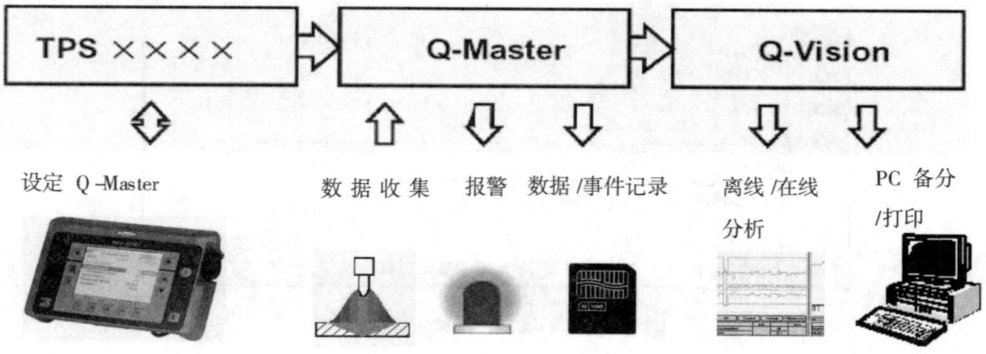

图 2－28　Q-Master 质量监控功能示意图

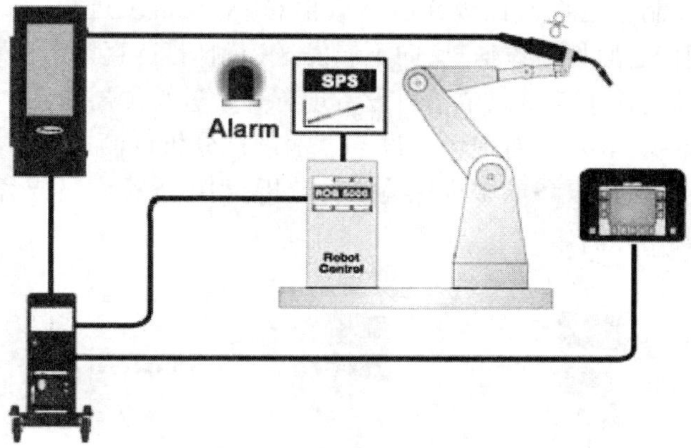

图 2－29　带质量监控机器人焊接系统

RCU5000i Q－Master 监控过程：

(1) 在线设定并创建 Q－Master 监控的限值；

(2) 焊接过程中，RCU5000i 通过 serial bus 总线直接同焊机交换所有的焊接数据；

(3) 当电流、电压等被监控参数超过设定的限值，RCU5000i Q-master 功能起作用，系统停止、报警或忽略；

(4) RCU5000i 通过内置闪存卡或同 PC 机相连记录整个焊接过程和事件；

(5) 通过 PC 机相连将焊接数据和事件输入到 PC 机中进行备分或打印；

(6) PC 上 Q-Vision 软件可离线/在线显示、分析采集数据（见图 2－30 ）。

二、数字化焊接电源的监控网络化

网络技术的迅速发展及应用，改变了企业的生产和经营方式。生产过程中的各环节信息通畅、数据共享，更有利于提高效率，降低成本，为管理与决策提供依据。焊接设备广泛应用于汽车、造船、航空航天等行业。在车间现场焊接生产过程中存在焊接设备数量多、分布广、焊接质量人为干扰因素大等问题，因此有必要实现焊接设备焊接过程监控的网络化。

目前，远程监控系统基本由现场监控级、过程监控级、决策管理级等三级分布式结构组成。现场

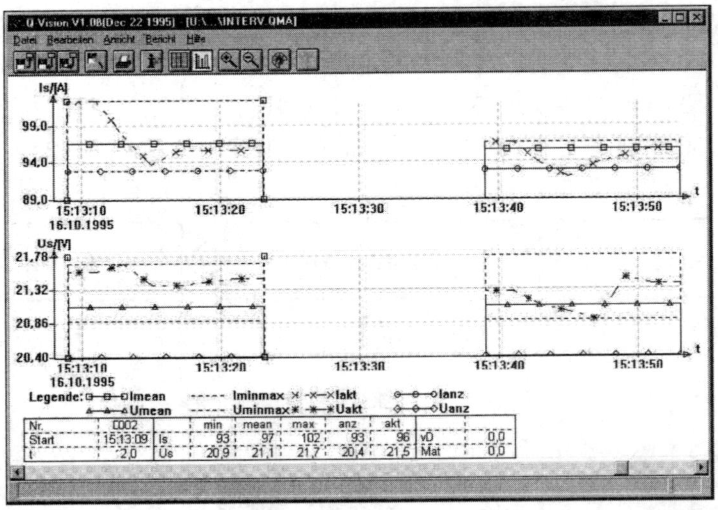

图 2-30 Q-Vision 数据采集界面

监控级主要利用各种类型的传感器采集与监控目标有关的各类型对象信息，经现场计算机运算反馈控制监控对象；另一方面，将信息送入上一级过程监控机，并接受监控设备的上层控制指令，完成监控设备对监控对象的直接控制。过程监控级接收下属信息，对设备组进行综合检测、故障预警初级诊断；向监控诊断中心定期传送监控对象信息；向下属发送控制信息；直接干预对设备的控制；向监控管理中心发送重大故障诊断的请求信息以申请对设备现有异常进行深层诊断。决策管理级利用监控设备传来的数据建立历史数据档案库；对现场各设备异常进行分析诊断，并将结果送回监控设备；显示各设备的异常情况；对复杂机电设备的服役环境进行分析；利用远程网络或者信息高速公路接收远程信息进行遥控、遥诊。

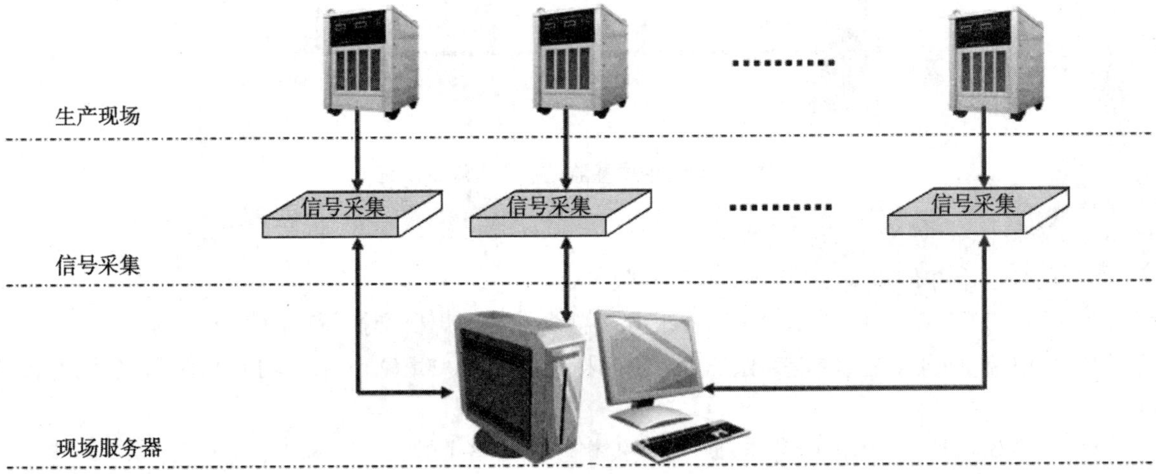

图 2-31 焊接过程远程检测及网络化管理系统示意图

图 2-31 为上海交通大学针对造船行业研究的焊接过程远程检测及网络化管理系统图。此焊接过程远程检测及网络化管理系统主要包括以下几部分内容：

（1）焊接设备电信号采集和处理　采用霍尔电流传感器、电压传感器和 A/D 转换器件将焊接过程的电流、电压信号转换成数字信号后送入单片机，单片机向外发送焊接过程的电流值和电压值。

（2）单片机扩展的 ZIGBEE 无线通信模块　将计算得到焊接过程电流电压值发送至无线通信主模块。现场服务器根据设备发送的电流、电压值判断焊接设备工作状态，并在终端大屏幕上显示。

(3) 现场服务器　对于关键工位的焊接工艺规范要求，生产技术管理人员可通过现场服务器人机界面设定，由本网络管理系统完成在线监测，当焊接过程严重超出预设范围时给予报警。

图 2－32 为 Fronius Xplorer 焊接网络控制系统的基本结构，该系统不仅可以实现本地焊接生产的网络化控制，还可以通过互联网实现企业总部对全球各地制造工厂的焊接生产进行网络化控制。它具有工艺管理功能(焊接参数设置、焊接参数管理、焊接参数存档)、焊接质量监控、焊接成本核算、焊接设备状态监控等功能。

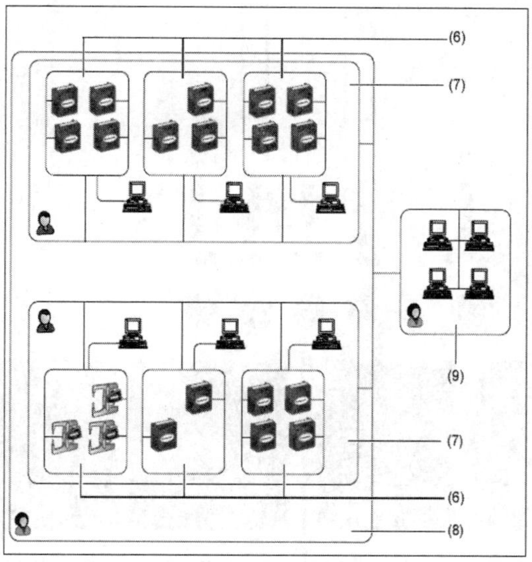

图 2－32　Fronius Xplorer 基本结构

(6)焊接生产单元，(7)焊接生产车间，(8)地区制造工厂，(9)公司总部。

基于以太网和 TCP/IP 协议的 Fronius Xplorer 焊接网络化控制系统可以非常方便地和企业信息系统无缝集成。该系统可提高用户对焊接生产的市场反应速度，便于企业对焊接生产的统一调配；实现对焊接工艺和焊接过程的管理和监控、对焊接生产的成本核算和设备的管理维护，从而实现焊接生产的网络化。

第四节　数字化焊接电源焊接新工艺

一、STT 表面张力过渡数字控制

(一) STT(surface tension transfer)焊接技术原理

STT 焊接技术是美国林肯公司 20 世纪 90 年代的专利技术。它采用波形控制原理，是一种表面张力短路过渡 GMAW 焊。与传统恒压控制 GMAW 焊机不同，STT 焊机没有电压旋纽，通过调节电流控制焊缝热量的输入，特别适合低热量输入焊接。

这种方法其实质就是利用电弧本身作为传感器来检测电弧电压，根据电压来判断熔滴过渡的瞬时形态，从而根据检测到的电弧电压的变化，基于电爆炸理论按照 STT 焊接技术的要求控制瞬时电弧电流的变化，利用表面张力的作用达到熔滴平稳过渡的目的。

这种焊接电流波形的精确控制法，就是控制每次熔滴过渡的热量。STT 型弧焊电源是通过自适应电路来实现的。这种控制方法以柔和的电弧和极小的飞溅，改变了 CO_2 半自动焊的熔滴过渡方式，提高了焊接质量。此控制方法的关键技术是判断短路和液体小桥断裂的时间。

(二) STT 焊接熔滴过渡过程

STT 法焊接时焊接电流的波形变化及相对应的熔滴形成和过渡瞬态高速摄影如图 2－33 所示，

从图中可见,每一周期可分若干个阶段。

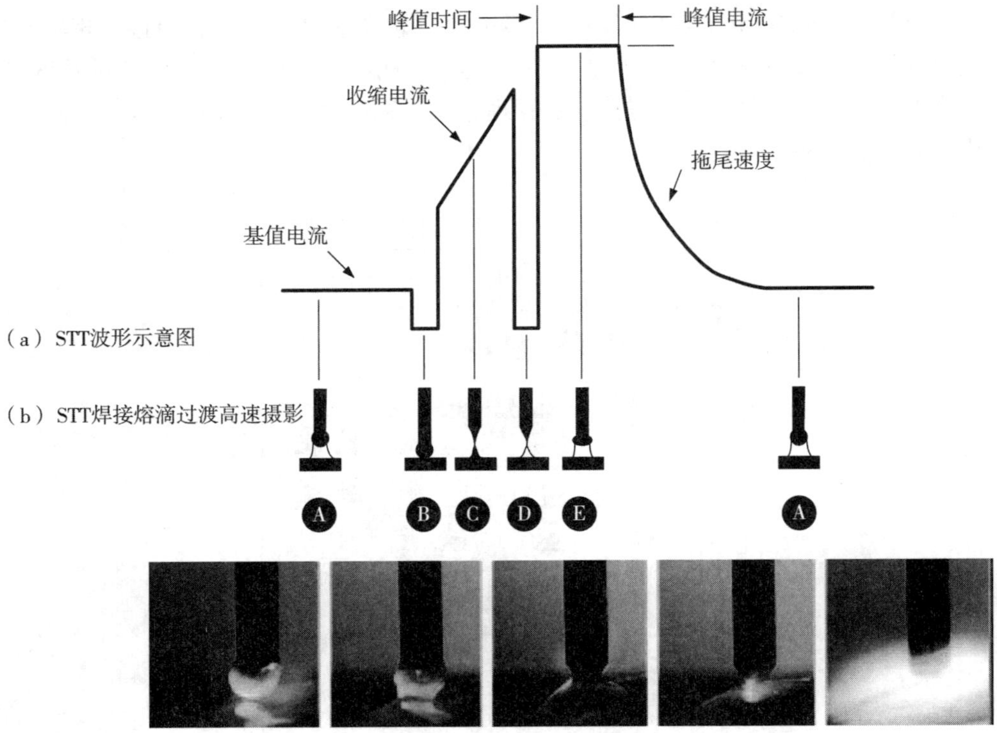

图 2-33 STT 法焊接时的电流波形及熔滴过渡瞬态照片

(1) “A”为熔滴形成阶段,并保持球状熔滴,直到其与熔池短路。此时的基值电流根据焊丝材料、直径以及送丝速度来决定,一般为 50～100 A,保持电弧稳定和对母材的加热。

(2) “B”为熔滴与熔池表面接触阶段。基值电流快速降低,以使熔滴浸入熔池;熔滴一但接触熔池,电压探测器提供一个短路信号,此时基值电流约在 750 μs 时间内减小到 40～50 A,熔池表面张力开始吸引熔滴从焊丝向熔池过渡,形成液体小桥。

(3) “C”为焊接电流高速直线上升阶段,以产生电磁收缩力,液体小桥开始缩颈。

(4) “D”为熔滴即将与焊丝端部断开阶段。此阶段随着缩颈的形成,小桥电阻增大,通过电压检测当小桥断裂前将焊接电流在数微秒内减小到 40～50 A,使液体小桥在表面张力下实现无飞溅过渡,同时在低电流下建立电弧。

(5) “E”为焊接电流直线上升到峰值电流的阶段,开始形成新的熔滴。此时峰值电流产生的等离子力挤压熔池防止与焊丝的接触,同时也加热熔池与熔化焊丝,峰值电流大小可调节电弧长度;随后峰值电流以指数规律衰减到基值电流,此时间可调整热量输入。

(三) STT 焊接技术特点

STT 焊接技术具有热输入量低、飞溅低等优点,适用于薄板、间隙大的应用场合,可焊接碳钢、不锈钢等各种材料,并能使用各种保护气体。

STT 焊接技术的主要优点如下:

(1) 输入热量可控,具有较好搭桥性,特别适用于管道焊接的封底焊和薄板的焊接;

(2) 大大降低了焊接飞溅和烟尘,可以使用 100%CO_2 保护气体实现无飞溅的电弧焊,降低了焊接生产成本;

(3) 与传统的 CO_2 气体保护焊相比,焊接速度成倍加快,焊道成形改善;

(4) 薄板焊接时,可明显减少焊接变形。

（四）STT 焊接设备

图 2－34 所示为 Lincoln 公司生产的 Invertec STTⅡ高频逆变式焊接电源和 STT－10 送丝机。Invertec STTⅡ焊接电源具有先进的波形控制技术，在焊接过程中可精确控制焊接电流波形减少飞溅。STT－10 送丝机是专为 STT 焊接技术设计的基于 MCU 控制的送丝机。

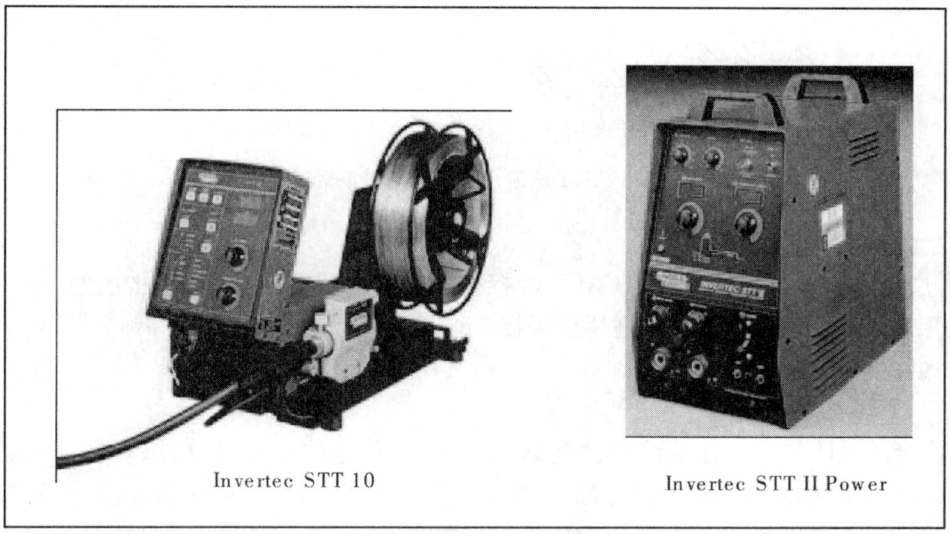

图 2－34　美国 Lincoln 公司 STT 焊接设备

（五）STT 焊接技术的应用

STT 由于热输入量低特别适合以下应用场合：

（1）根部间隙大的管道焊接；

（2）镀锌钢板的焊接；

（3）薄板的焊接。

在单边坡口宽根部间隙的管道焊接中，传统的短路过渡 GMAW 焊接存在侧壁熔合差、熔深浅的问题，特别在高强钢管道焊接需低氢焊缝时，虽然用 GTAW 焊接方法可以获得高质量焊缝，但对根部间隙敏感同时焊接效率低。采用纤维素焊条电弧焊背面焊缝易凸起且焊缝含氢量高。采用波形控制 STT 法可以解决上述问题，可获得侧壁熔合好、背面成形优良、低飞溅、低烟尘、低氢焊缝。通过调节波形参数可降低熔池搅动，减少短路液桥爆断能量。

图 2－35 对比了 STT 法的封底焊道横截面形状与焊条电弧焊封底焊道横截面形状，STT 法搭桥能力、焊缝成形明显优于焊条电弧焊。如图 2－36 所示通过调节 STT 波形的峰值电流可控制电弧长度影响根部面积，拖尾电流可控制能量输入大小影响焊缝背面成形。目前，STT 技术在我国已应用于天然气"西气东输"工程的管道焊接封底焊接。

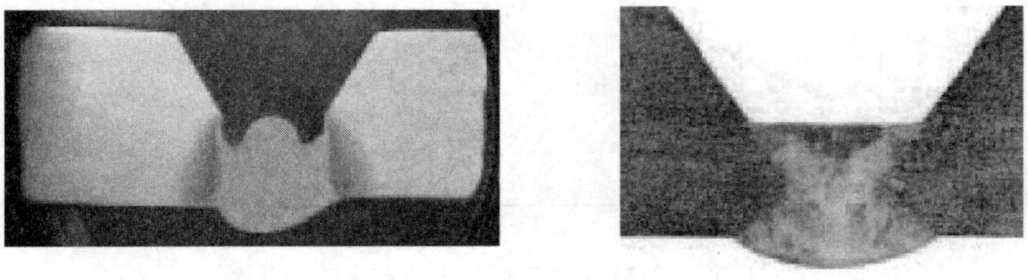

（a）焊条电弧焊封底焊透　　（b）STT法封底焊道

图 2－35　STT 法和焊条电弧焊封底焊道外形对比

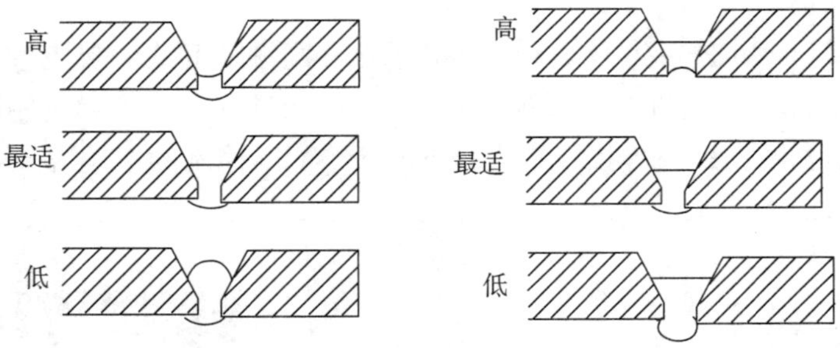

（a）峰值电流的影响　　（b）拖尾电流的影响

图 2-36　STT 法波形参数对焊缝成形的影响

二、冷金属过渡焊接技术

冷金属过渡(cold metal transfer,CMT)焊接技术是奥地利 Fronius 公司推出的一种全新 MIG/MAG 焊接工艺,焊接热输入极低,可适用于焊接薄至 0.3mm 的板材铝合金和镀锌钢板,并可实现钢与铝的异种金属连接。

(一) CMT 焊接工艺原理

CMT 冷金属过渡技术是在短路过渡基础上开发的,普通的短路过渡过程是:焊丝熔化形成熔滴,熔滴同熔池短路,形成缩紧短路桥爆断,短路时是伴有大的电流(大的热输入量)和飞溅。而 CMT 过渡方式正好相反,在熔滴短路时,数字化电源输出电流几乎为零,同时焊丝的回抽运动帮助熔滴脱落,使熔滴几乎在无电流下过渡,根本上消除了飞溅产生的因素。图 2-37 为 CMT 焊接过程, CMT 工作区域的电压和电流关系如图 2-38 所示。

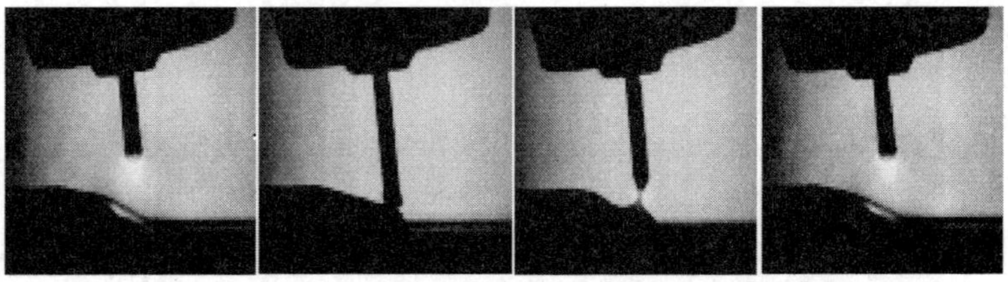

电弧加热向前送丝　　熔滴短路电流为零　　焊丝回抽，帮助熔滴脱落　　送丝，重新加热

图 2-37　STT 法和焊条电弧焊封底焊道外形对比

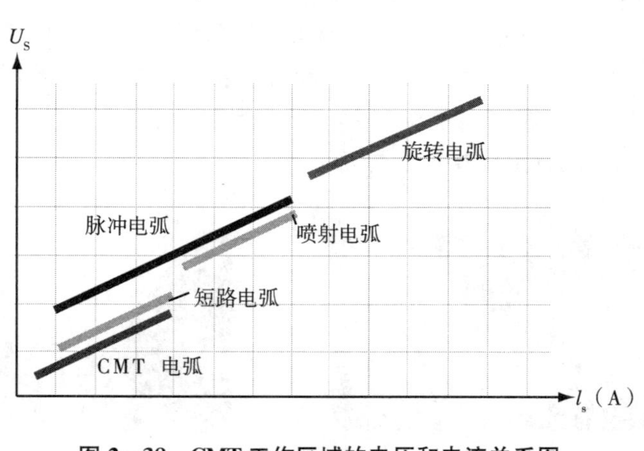

图 2-38　CMT 工作区域的电压和电流关系图

（二）CMT 焊接工艺特点

1. 送丝过程与熔滴过渡过程相配合

传统的熔化极短路过渡焊接送丝过程和焊接过程是互相独立的，CMT 焊接工艺焊丝的送丝/回抽动作影响焊接过程。换句话说，熔滴的过渡过程是由送丝运动变化来控制的，焊丝的“前送－回抽”频率可高达到 70 次/秒。如图 2－39 所示，当焊丝与熔池短路时，焊机的 DSP 检测到短路信号迅速向送丝机送出信号使其反转回抽焊丝，熔滴脱离完成过渡，然后送丝机再正向送丝同时燃弧和熔化焊丝直至再次短路。整个焊接系统的闭环控制包含焊丝的运动控制，而普通的 MIG/MAG 焊，送丝机系统都是独立，并没有实现闭环控制。

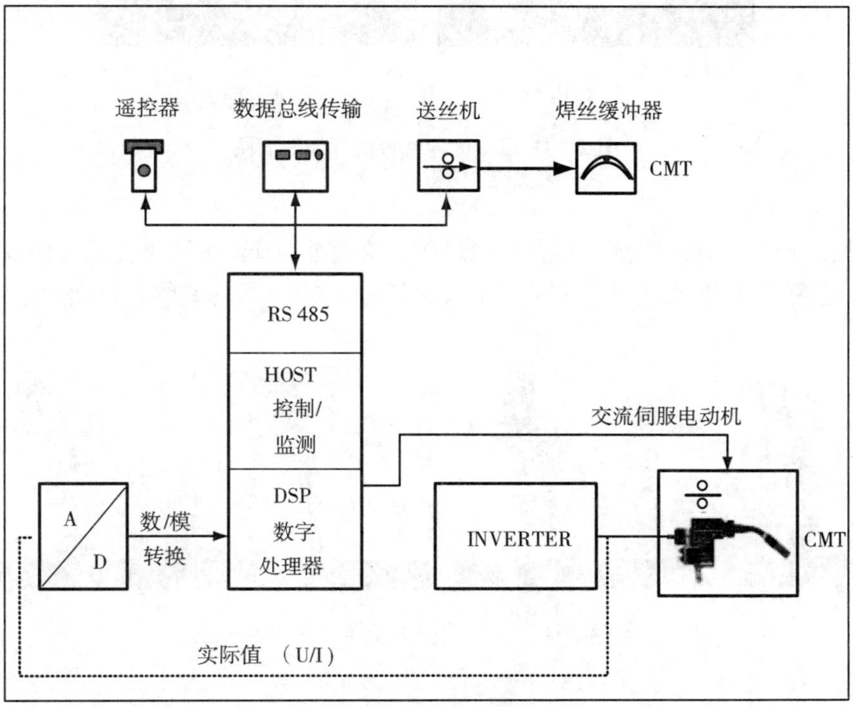

图 2－39 CMT 控制原理框图

2. 焊接热输入低

CMT 焊接工艺短路时，几乎在无电流状态下借助焊丝的回抽进行熔滴过渡，焊接过程只有在非常短的燃弧期间对母材加热，整个熔滴过渡过程就是高频率的“热－冷－热－冷”转换的过程，因此大幅降低了焊接热输入量，焊接波形如图 2－40 所示。此方法不用背衬就可焊接薄板和超薄板（可达

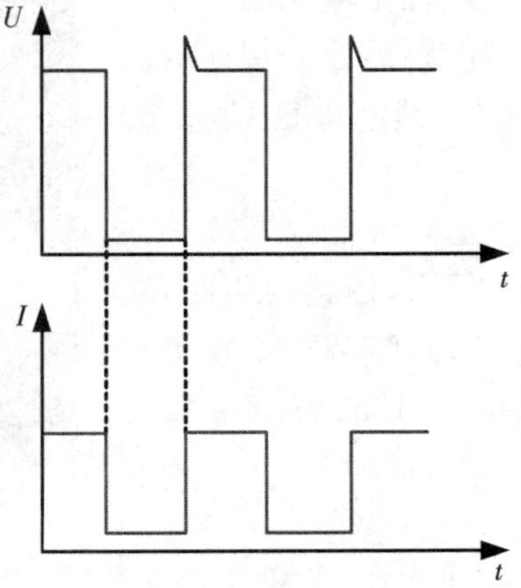

图 2－40 CMT 焊接波形

0.3 mm)，焊接变形小。图 2-41 为普通 MIG 和 CMT 法用 ϕ1.2 mm 的 $ALSi_5$ 焊丝焊接 2 mm 厚 $ALMg_3$ 铝板的焊缝截面对比图，由于 CMT 焊接工艺热输入低形成的焊缝截面更高更窄。

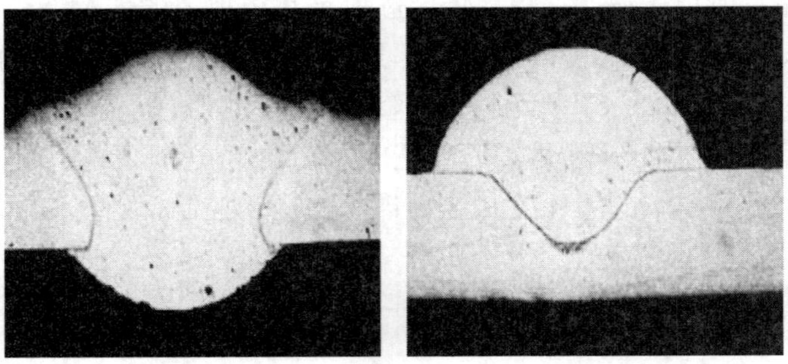

（a）普通MIG焊　　（b）CMT焊

图 2-41　2 mm 厚铝板的焊缝截面图

3. 完全无飞溅焊接

焊丝的回抽运动帮助熔滴脱落。尽管熔滴过渡时电流非常低，焊丝的机械式回抽运动同样能保证熔滴的脱落，避免了普通短路过渡方式电爆炸引起的飞溅。CMT 焊丝的运动过程如图 2-42 所示。

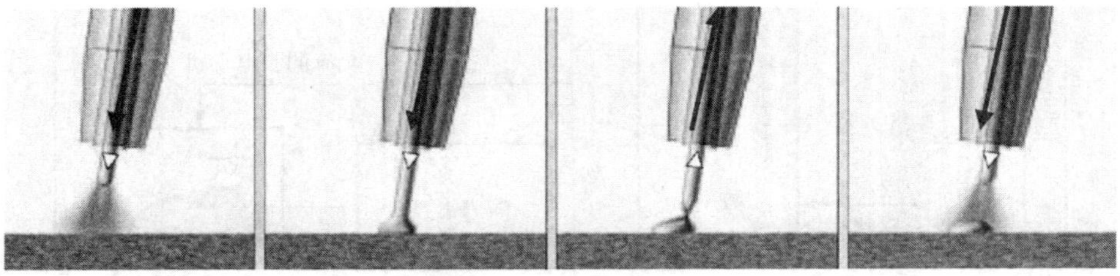

图 2-42　CMT 焊接工艺焊丝运动过程

4. 弧长控制简单精确

传统的 MIG/MAG 焊的弧长调整是通过电压的反馈来实现的(即保证电弧电压恒定)，但是焊接电压不仅仅决定于电弧的长度，还受工件表面的氧化物、油污影响，因而通过调整电压恒定的方式来保证弧长恒定就不会精确。另外，这种通过电弧电压反馈保证弧长恒定的方式还受焊接速度的影响。

CMT 焊接时弧长控制不依据电弧电压来调整，而是通过焊丝回抽的机械方式来设定的。焊丝往前送至工件表面形成熔滴短路，然后焊丝往回抽，每次回抽的速度和时间是固定的，因而焊接过程中电弧的长度也是绝对地恒定，即使在导电嘴离工件的距离或焊接速度的改变情况下，电弧长度也能保持一致。其结果是 CMT 焊弧长控制简单、精确，电弧更稳定。

5. 非常优异的搭桥能力，间隙装配要求低

普通的 MIG/MAG 由于热输入量大，焊接薄板时，装配间隙要求高。而 CMT 热输入量低，间隙装配要求也相对低。图 2-43 是 CMT 钎焊 0.8 mm 和 1.5 mm 的搭接接头，间隙 2 mm，焊接速度 1 m/min。

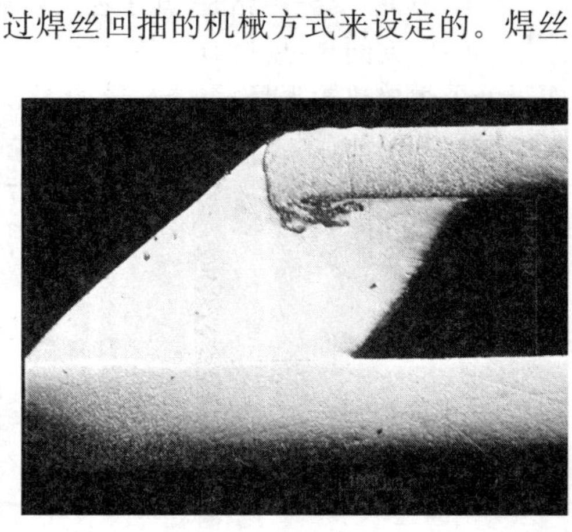

图 2-43　CMT 钎焊 0.8 mm+1.5 mm 板(DC01 镀锌板)，间隙 2mm，焊丝 $CuSi_3$ ϕ1.0 mm，焊接速度 1 m/min

6. 更快的焊接速度

1 mm 厚铝板对接焊接速度可达到 250 cm/min，CMT

钎焊电镀锌板可达到 150 cm/min。

7. 均匀一致的焊缝成形

焊缝的熔深一致，焊缝质量重复精度高。普通 MIG/MAG 焊在焊接过程中，焊丝干伸长改变时，焊接电流会增加或减少；而 CMT 焊焊丝干伸长改变时仅仅改变送丝速度，不会改变焊接电流，从而实现恒定的熔深，加上弧长非常恒定，焊缝成形非常均匀一致(见图 2－44)。

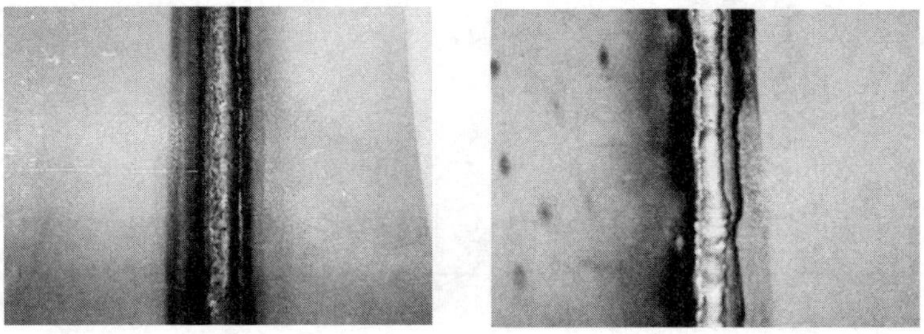

（a）CMT钎焊　　（b）脉冲MIG钎焊

图 2－44　汽车用镀锌板焊接

（三）CMT －“pulse MIX”脉冲混合过渡焊接技术

CMT 焊接的显著特点是热输入量低，因而焊缝加强高和宽度的比例也相对高，而脉冲 MIG/MAG 焊热输入量相对大，熔深更深。

现在，Fronius 公司在 CMT 过渡的基础上，将 CMT 过渡和脉冲过渡进行混合，交替过渡。如一个 CMT 熔滴过渡后，过渡方式转为 1 个或几个脉冲过渡，然后又是 CMT 过渡，此焊接技术称为“pulse MIX”。通过这种方式使得 MIG/MAG 焊的热输入量可以自由增加，可获得不同的焊缝成形。图 2－45 是不同 pulse MIX 获得不同的熔深和焊缝成形。

当“pulse MIX”中脉冲数量增加到 10 个时，热输入量和熔深同普通脉冲 MIG/MAG 几乎是相同的。但仍具有每 10 个脉冲后有一次机械方式保持弧长恒定的优点。“pulse MIX”焊也具有良好桥联能力，并可增加焊接速度。

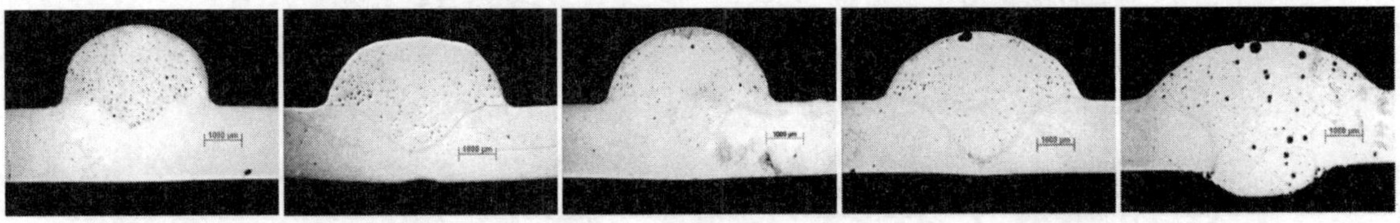

0 pulse　　1 pulse　　3 pulse　　5 pulse　　7 pulse

图 2－45　不同数量的脉冲“Pulse MIX”焊接工艺焊缝成形对比图

（四）CMT 焊接设备

CMT 焊接系统由数字化焊接电源（TPS3200/4000/5000）、数字控制送丝机（VR7000CMT）、送丝缓冲器、遥控器（RCU5000i）、焊枪、冷却水、机器人接口等组成。机器人 CMT 焊接系统如图 2－46 所示。CMT 焊接系统是全数字化控制的，同各部件（送丝机、焊枪等）高速交换数据进行控制。

为了实现 CMT 焊接 70 次/秒的焊丝送进和回抽，采用两个独立的数字控制送丝机与焊枪一体化采用高动态性能交流伺服电机的送丝机构（辅助送丝机）主要起到对焊丝的推拉作用，另一送丝机（主送丝机）主要用于将焊丝从焊丝盘中抽出。在两个送丝机之间加入一个送丝缓冲器起到缓冲作用，即主送丝机连续送丝，而辅助送丝机不断进行送丝和回抽的交替过程，此时由于缓冲器的存在提高了焊丝运动的动态响应能力。

（五）CMT 工艺的应用

CMT 焊接方法具有热输入很低、更快的焊接速度、更高质量、更好的搭桥能力、更小的变形、更

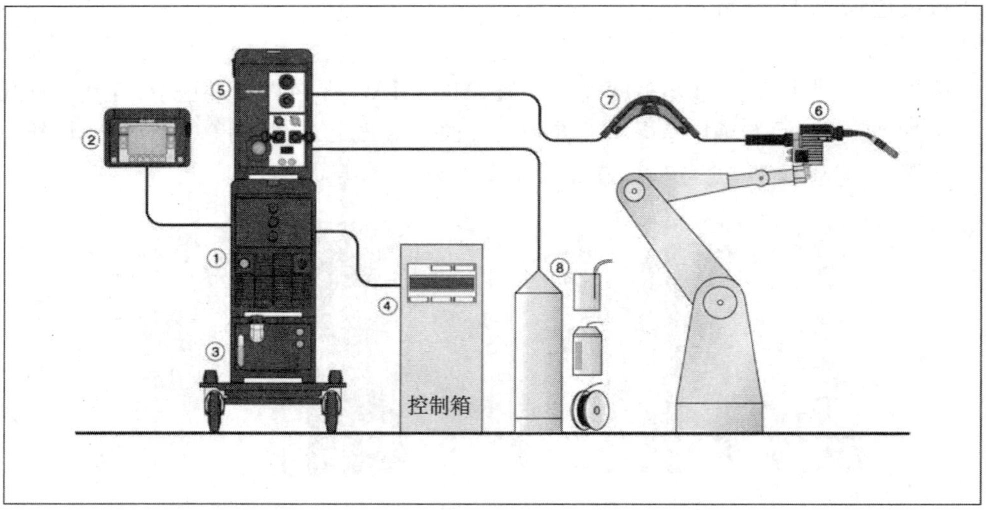

图 2-46　机器人 CMT 焊接系统

① 焊接电源,② 控制盒,③ 冷却箱,④ 机器人,⑤ 送丝机,⑥ 焊枪,⑦ 缓冲器,⑧ 气瓶。

均匀一致的焊缝,并且没有飞溅等优点,适用于薄板(钢、铝、不锈钢等)和镀锌板的焊接,也可以实现镀锌板与铝合金之间异种金属的连接。可以焊接 0.3～3 mm 的板材,焊接速度最高可达 7 m/min。可用 CMT 法进行钎焊。

薄板对接时,为了降低热输入量和防止背面形成焊瘤需加背面衬垫。另外,为防止焊接变形需加夹紧装置,CMT 焊接技术热输入量非常低,在无背面衬垫和夹紧装置条件下可实现 0.8 mm 铝板对接(图 2-47)。

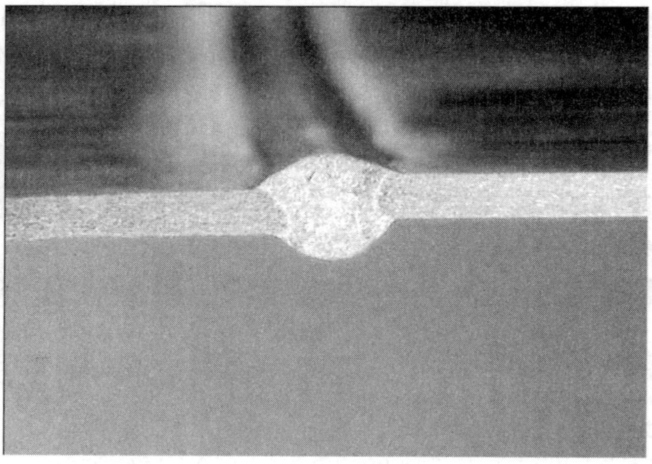

图 2-47　$AlMg_3$ 铝合金 CMT 对接焊接(板厚 0.8 mm,无衬垫和夹具)

MIG-钎焊工艺焊接镀锌板因具有热输入量低、飞溅小、母材基本不熔化等特点在汽车行业被广泛应用,但用 CMT 钎焊工艺焊接镀锌板其热输入量更低、飞溅更小,搭桥能力更强。图 2-48、图 2-49 是 CMT 钎焊镀锌板的汽车工业中应用。

CMT 技术另一个应用是钢与铝的异种连接。如汽车行业为了减轻自重或优化车的重心,就需要应用到钢与铝的连接。钢与铝的连接的主要问题是接头处容易形成脆性相,脆性相越少,接头的机械性能就越好;决定脆性相的一个主要的因素是焊接时的热输入量,热输入量越低,脆性相产生就小,因而钢与铝的焊接的首要因素是将热输入量降至非常低的值。

图 2-48　CMT 钎焊镀锌板($\delta=1$ mm，焊丝 $CuSi_3$)

图 2-49　CMT 钎焊车身的焊接

CMT 技术具有低的热输入量，可以用于钢与铝的焊接。图 2-50 所示镀锌钢板与铝的连接(焊丝为特殊的 $AlSi_5$)。从图中可清晰看出，镀锌钢板这边是钎焊，铝板这边是熔焊，试验结果脆性相厚度小于 2.5 μm，强度测试结果断裂处发生在铝的热影响区，有时甚至在铝基体上。

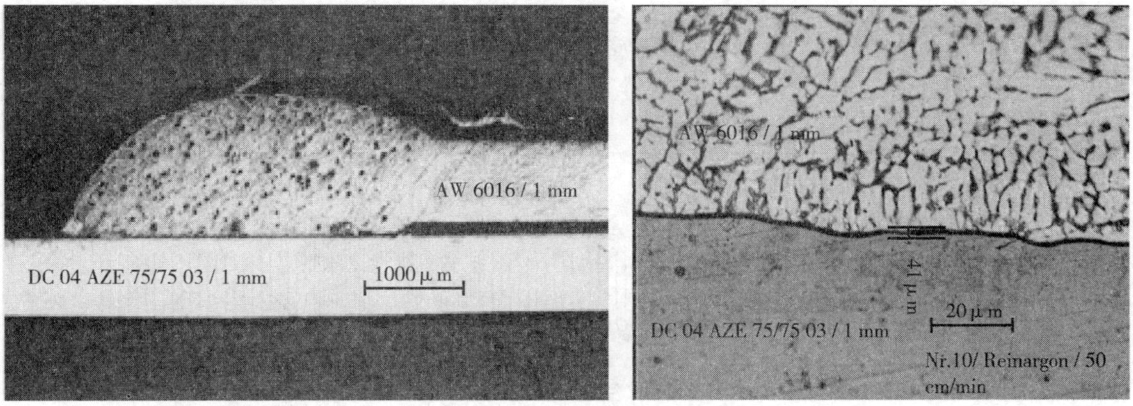

图 2-50　CMT 法钢铝异种金属连接焊缝截面和微观组织图

三、双脉冲 MIG 焊铝技术

由于铝合金具有质量轻、强度高、耐腐蚀、低温韧性好等特点，在工业结构中得到了广泛应用，如何高质量、高效焊接铝合金是焊接领域研究内容之一。脉冲 MIG 焊是铝合金焊接的重要方法之一。脉冲 MIG 焊采用一个脉冲过渡一个熔滴(一脉一滴)或一个脉冲多个熔滴(一脉多滴)的过渡形式，焊接过程几乎没有飞溅，焊接过程具有熔滴过渡和热量可控的特点。

依据各种焊接条件(材料、焊丝直径、送丝速度)，焊接电源输出不同的脉冲波形实现一脉一滴或一脉多滴过渡形式，脉冲波形包括峰值电流、峰值时间、基值电流、基值时间、电流上升时间、电流下降时间等参数，一般脉冲频率范围在 50～250 Hz(定义为高频脉冲)。这些参数的调整对于一般焊接操作者来说是非常困难的，为此焊接专业人员通过试验形成专家数据库(数字化焊接电源已存贮)，操作者只需设置焊接条件(材料、焊丝直径、保护气体、焊接电流、焊接电压等)，焊接电源就会自动输出与之匹配的脉冲波形。目前脉冲 MIG 已得到广泛应用。

虽然脉冲 MIG 焊与直流焊相比热输入量易控制，可以焊接铝薄板，但是与低频脉冲 TIG 焊相比(脉冲频率 0.1～10 Hz)，低频脉冲 TIG 焊由于脉冲频率低，一个脉冲形成一个熔池。焊缝是由许多互相连续搭接的焊点组成，焊缝外观为鱼鳞纹状，同时低频脉冲对熔池有一定的搅拌作用可以细化晶粒、减少气孔，另外低频变化的热输入对焊缝成形更易控制。为此，脉冲 MIG 焊在高频脉冲的基础上调制一个低频脉冲从而形成双脉冲 MIG 焊新技术。

(一) 双脉冲 MIG 焊原理

双脉冲 MIG 焊的基本原理是高频脉冲的基础上调制一个低频脉冲(0.5～5 Hz)(见图 2-51、

图2-52)。高频脉冲以一脉一滴或一脉多滴过渡为原则，控制焊丝的熔化速度。低频脉冲控制热输入、熔池搅拌。在低频脉冲(强脉冲)期间，脉冲的峰值电流、电压、脉冲频率都较平均值高，能量大，过渡的熔滴数量增加；在低频脉冲基值(弱脉冲)期间，脉冲的峰值电流、电压、脉冲频率都较平均值低，能量小，过渡的熔滴数量减少。通过控制强脉冲和弱脉冲交替变化的低频频率控制热输入，形成类似于TIG焊的鱼鳞纹焊缝。

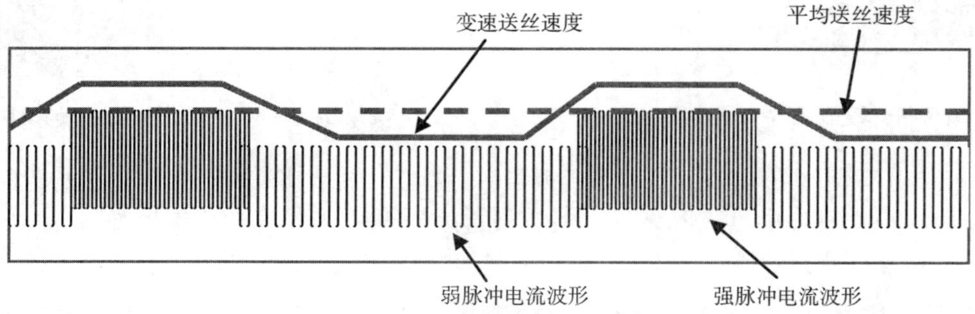

图2-51　变速送丝脉冲MIG波形示意图

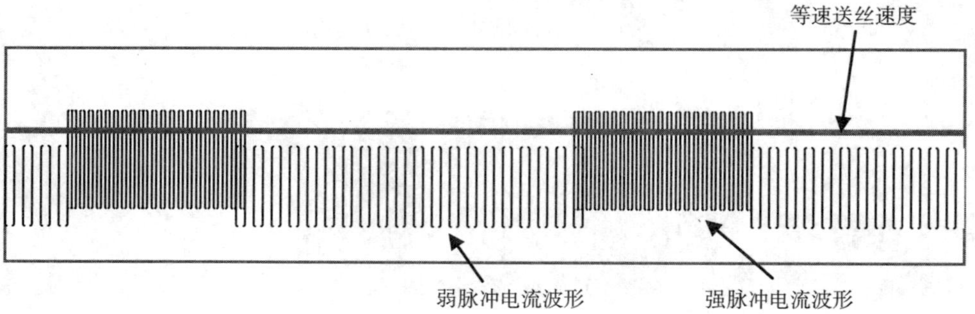

图2-52　等速送丝双脉冲MIG波形示意图

根据焊接过程中送丝速度控制方式分为等速送丝双脉冲MIG焊和变速送丝双脉冲MIG焊。在等速送丝双脉冲MIG焊中，送丝速度应与总平均电流对应的熔化速度平衡；但在强脉冲期间平均电流大于总平均电流，即熔化速度大于送丝速度，弧长变长。在弱脉冲期间平均电流小于总平均电流即熔化速度小于送丝速度，弧长变短，因此等速送丝方式虽控制简单，但弧长不断变化。

在变速送丝双脉冲MIG焊中，强脉冲与弱脉冲交替变换与送丝速度变化协同控制：强脉冲期间配合高送丝速度，即强脉冲期间平均电流的熔化速度等于高送丝速度，弧长保持恒定；弱脉冲期间配合低送丝速度，即弱脉冲期间平均电流的熔化速度等于低送丝速度，弧长保持恒定。因此变速送丝方式虽控制复杂，但弧长始终恒定，焊接过程电弧稳定。目前，双脉冲MIG焊主要以变速控制为主。

（二）双脉冲MIG焊接铝工艺的优点

双脉冲MIG焊不仅具有单脉冲MIG焊优点，而且具有低频脉冲TIG焊的特点。

1. 焊缝表面美观

由于在焊接过程中，热输入在强脉冲与弱脉冲之间低频不断变换，因此形成类似低频脉冲TIG的鱼鳞纹焊缝如图2-53所示。在一定焊接速度下，低频频率越高，鱼鳞纹越致密，

2. 减少气孔发生率、降低裂纹敏感性、细化焊缝晶粒

气孔、未熔合、焊穿和弧坑裂纹是铝合金焊接常见的缺陷。出现气孔的主要原因是多种途径进入熔池的氢元素造成的，铝在液态下是可以大量熔解H_2，而在固态时无法与H_2相融，因而在熔池凝固时H_2来不及溢出而形成气孔。氢气孔的产生与工件表面的清洁状态、保护气体纯度、焊接方法、坡口形式、填充材料的成分存在一定的关系。

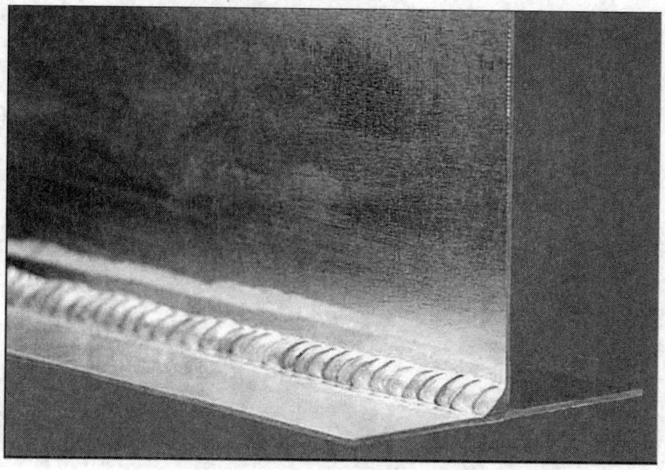

图 2-53 铝合金双脉冲 MIG 焊鱼鳞纹焊缝

未熔合现象往往与焊接技术是相关的。因铝的导热性好，表面又易形成氧化层(2 050 ℃)，当能量太低时，焊接时不足于熔化母材和去除表面的氧化层，未熔合就产生了；但另一方面，如果增加能量过多的话，铝合金就容易焊穿。

裂纹问题主要同焊材的选择是相关联的，在焊接铝合金时，应按相关资料表中选择正确的填充材料。弧坑填充也是有必要的，弧坑处是最容易出现裂纹的地方。

双脉冲焊接铝合金时，热输入在强脉冲与弱脉冲之间低频不断变换对熔池具有强烈的搅拌作用，便于气体的逸出，从而减少了气孔，同时起到细化晶粒、减少裂纹的作用。

3. 可焊接头间隙大，焊接可操作性好

在薄板焊接时，由于板材容易变形，装配精度难以保证，如果采用普通脉冲 MIG 焊，往往因间隙问题导致板材焊穿。而采用双脉冲焊时，对薄板装配间隙要求低，双脉冲 MIG 焊强脉冲期间平均电流大可获得较大熔深和熔化母材，在弱脉冲期间由于平均电流小，输入熔池的能量变小，熔池温度降低可防止母材烧穿，有利于焊丝熔化金属填入间隙中。

4. 可进行薄板与厚板的焊接

低频脉冲的能量输入使焊缝的热量分布易于控制。在双脉冲的强脉冲时电弧偏向厚板加热，在双脉冲弱脉冲期间，由于能量小熔池冷却可防止薄板烧穿，因而可以将厚度差别较大的铝件焊在一起。

（三）双脉冲 MIG 焊接设备

双脉冲 MIG 焊是在单脉冲 MIG 焊基础上发展起来的，分为等速送丝和变速送丝两种控制方式，目前主要以变速送丝控制方式为主，如 Fronius 公司的 TPS2700 - Alu-Edition 焊接系统、德国 Cloos 公司的 AluPlus (铝+)双脉冲焊工艺、芬兰 Kemppi 公司的 Kemppi Pro Evolution 焊接设备。其设备的关键是送丝速度快速变化与强脉冲和弱脉冲的协同控制。一般双脉冲的设置除单脉冲中所需设定送丝速度和电弧电压外，还需设定送丝速度变化范围(高送丝速度，低送丝速度)、协同调制的频率 F(0.5～5 Hz)。

（四）双脉冲 MIG 焊应用

双脉冲焊适用于家具、汽车、航空、摩托车等行业，此项工艺能够保证形成鱼鳞纹的焊缝外观，获得优质的焊缝性能，提高焊接接头的搭接能力，能量输入易于控制。

四、交流方波埋弧焊工艺

（一）交流方波埋弧焊技术原理及特点

交流方波埋弧焊通过调节正负半周时间、占空比、幅值大小改变熔深和熔敷率。它结合负极性

图 2-54 Fronius 公司的 TPS2700-Alu-Edition 焊接现场

(DCEP)时熔深大，而正极性(DCEN)时熔敷率大的各自特点。与工频交流正弦波埋弧焊相比，由于极性变换过零时间短，克服了负极性变为正极性过零时间长导致电弧不稳定的问题。如图 2-55 所示，如果需获得浅熔深且大熔敷率，可以通过增大负极性的占空比或增大负极性的幅值；反之需获得深熔深且小熔敷率，可以通过增大正极性的占空比或增大正极性的幅值。

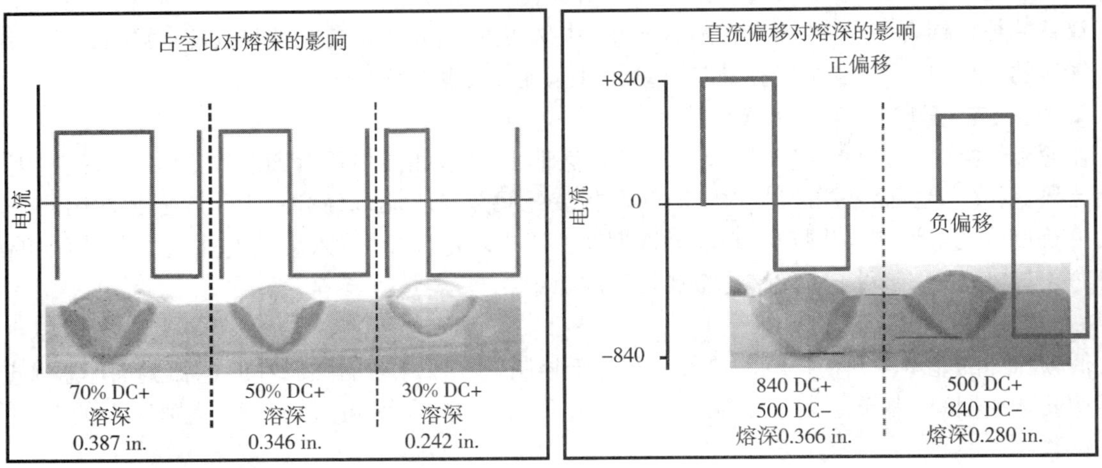

图 2-55 交流方波埋弧电流波形与焊缝形状关系图

利用交流方波埋弧焊可以组成多丝埋弧焊，通过焊丝之间电流的相位差减少电弧间的干扰避免电弧偏吹如图 2-56 所示。若两电弧之间同相位，无论在正极性还是负极性，两电弧吸引造成电弧偏吹；但当两电弧间存在一定相位差时，由于两电弧间吸引与排斥平衡从而避免了电弧偏吹的现象。

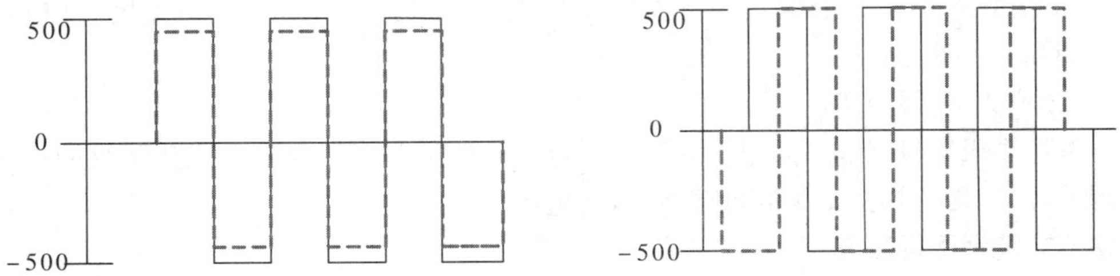

图 2-56 交流方波双丝埋弧焊电流相位关系

（二）交流方波埋弧焊的应用

（1）可广泛应用于管线钢的焊接；

（2）压力容器的焊接；

（3）造船工业焊接；

（4）桥梁、海洋平台等大型结构件的焊接。

参考文献

[1] HEINZ HACKL. Digitally controlled GMA power sources[OL]. http://www.fronius.com.
[2] 杨宁，赵玉刚. 集散控制系统及现场总线[M]. 北京：北京航空航天大学出版社，2003.
[3] 陈炯. STT 型 CO_2 焊在全位置焊中的应用[J]. 电焊机，2005，35(1)：57－59.
[4] 石东海. 单片机数据通信技术从入门到精通[M]. 西安：西安电子科技大学出版社，2002.
[5] 刘伟，宋政，华学明. 基于多 CPU 数字埋弧自动焊系统数据通信的实现[J]. 电焊机，2006，36(4)：22－24.
[6] 阎涛，杨帅，周华彬，等. 数字弧焊电源的模块化设计与 RS－485 通[J]. 电焊机，2005，35(10)：27－29.
[7] 徐鹿眉. 基于现场总线的埋弧焊接控制系统设计[J]. 现代电子技术，2008，272(9)：191－193.
[8] 史久根. CAN 现场总线系统设计技术[M]. 北京：国防工业出版社，2004.
[9] 张新薇. 集散系统及系统开放[M]. 北京：机械工业出版社，2008.
[10] 谢玮，杨名利. 基于现场总线的智能弧焊机器人的研究[J]. 电焊机，2005，35(6)：15－17.
[11] Lincoln Digital Communications[OL]. [2009－10－4]. www.lincolnelectric.com.
[12] 李力，胡绳荪，姬轩. 数字化焊接电源人机交互系统的设计与实现[J]. 焊接技术，2007，36(4)：52－54.
[13] 赵楠，李芳，华学明. 数字化埋弧焊机人机界面的研制[J]. 电焊机，2005，35(12)：52－55.
[14] Heinz Hackl. Special welding system for aluminium[OL]. [2009－10－4]. www.fronius.com.
[15] 陈善本. 国际机器人焊接论文集[M]. 上海：上海交通大学出版社，2006.
[16] 李迪，张春华，曾安. 自动化弧焊过程在线质量监测与管理平台[J]. 华南理工大学学报（自然科学版），2003，31(1)：79－83.
[17] 方平，李如雄，刘泽民. 信号采集及图像处理技术在焊接质量监控中的应用研究[J]. 焊接技术，2007，36(3)：4－6.
[18] 李芳，蔡艳，王广伟，等. 脉冲熔化极气体保护焊多信息采集分析系统[J]. 上海交通大学学报，2008，42(1)：16－19.
[19] Heinz Hackl，Process assurance and monitoring in GMA welding[OL]. [2009－10－4]. www.fronius.com.
[20] 尚恒. 基于无线通信技术的弧焊设备与过程在线监测研究[D]. 上海：上海交通大学，2008.
[21] 杨修荣. 超薄板的 CMT 冷金属过渡技术[J]. 焊接，2005 (12)：52－54.
[22] Heinz Hackl. The new revolution in digital GMA welding[OL]. [2009－10－4]. www.fronius.com.
[23] 杨修荣. CMT 焊接—革新的焊接技术[C]. 国际机器人焊接，2006.
[24] 杨修荣. 钢与铝的焊接－CMT 工艺[J]. 航空制造技术，2005，47(12)：96.
[25] Heinz Hackl. Special welding system for aluminium[OL]. [2009－10－4]. www.fronius.com.
[26] Lincoln Power Wave AC/DC Submerged(NX 340)[OL]. [2009－11－4]. www.lincolnelectric.com.
[27] 殷树言，刘嘉. 数字化焊机发展趋势[J]. 现代金属加工，2005，(5)：34－35.
[28] 华学明，吴毅雄. 数字化焊接电源系统的特征[J]. 焊接技术，2002，31(2)：6－7.
[29] 何建萍，吴毅雄. 数字化焊接电源系统特征分析[J]. 电焊机，2003，33(11)：5－8.
[30] 陈克选. GMAW 焊机数字化送丝系统研究[J]. 电机与控制应用，2007，34(2)：39－41.
[31] 赵楠，李芳，华学明. 数字化埋弧焊机人机界面的研制[J]. 电焊机，2005，35(12)：52－55.

第三章　搅拌摩擦焊和线性摩擦焊技术

第一节　搅拌摩擦焊

一、概述

自1891年美国批准第一个摩擦焊专利以来，摩擦焊以其优质、高效、节能、无污染的技术特色获得了广泛的应用。特别是近年来不断涌现的摩擦焊新技术，如超塑性摩擦焊、线性摩擦焊、搅拌摩擦焊等，使其在航空航天、机械制造、石油钻探、汽车制造等领域得到越来越广泛的应用。我国是世界上研究摩擦焊最早的国家之一，早在1957年就成功实现了铝－铜摩擦焊。

摩擦焊是指在压力作用下，利用焊件接触面之间的相对摩擦运动和塑性流动所产生的热量，使接触面及其附近金属达到黏塑性状态并产生适当的宏观塑性变形，通过材料间的相互扩散和动态再结晶而实现连接的固态焊接方法。由于是固态焊，因而对被焊材料具有广泛的工艺适应性，非常适于异种铝合金材料间的焊接。其焊接过程完全由焊接设备控制，所以焊接过程的可靠性高，人为影响因素很小。

迄今为止，摩擦焊工艺已由传统的几种形式发展到20多种，极大扩展了摩擦焊的应用领域，焊件的形状由典型的圆截面（连续驱动摩擦焊、惯性摩擦焊）扩展到非圆截面（线性摩擦焊）和板材（搅拌摩擦焊），所焊材料由传统的金属材料（包括铝及铝合金）拓宽到粉末合金、复合材料、功能材料、难熔材料和陶瓷－金属等新型材料及异种材料领域。

常规的摩擦焊方法可以实现铝－铝、铝－铜、铝－钢等圆截面构件间的连接。搅拌摩擦焊则更适于同质或异质铝/铝合金构件间的连接。由于铝/铝合金板材结构件在宇航、造船和客车制造等领域的使用日益扩大，因此搅拌摩擦焊在这些制造领域的应用深受重视。

自20世纪90年代中期以来，搅拌摩擦焊逐渐走入航空、航天、船舶等工业，进入实用化阶段。铝合金推进剂贮箱、飞机壁板和船舶铝合金型材均广泛采用搅拌摩擦焊工艺。

此外，近年来在高速轨道交通领域，随着高速化交通运输的强劲需求，轻质化结构成为减轻车体质量的重要途径，曾经因为使用高强铝合金结构车体所带来的焊接变形和残余应力等问题，随着搅拌摩擦焊工艺的出现而迎刃而解。例如，近几年我国进口的轨道交通客车无一例外地采用了搅拌摩擦焊拼接构件；日立公司最新研制的新干线高速城际列车均采用搅拌摩擦焊工艺进行接头设计和结构设计。

随着搅拌工具的设计优化、搅拌摩擦焊工艺装备研制、搅拌摩擦焊过程热力耦合分析，各种典型轻合金材料搅拌摩擦焊工艺参数的优化与接头性能的评定等方面研究工作的深入，搅拌摩擦焊工艺必将不断完善，其应用将会更加广泛。

二、搅拌摩擦焊原理与工艺特性

搅拌摩擦焊（friction stir welding，简称FSW）1991年发明于英国焊接研究所（The Welding Institute，简称TWI），是一项创新的铝合金摩擦焊技术（见图3－1）。经过10多年的发展，搅拌摩擦焊技术已日趋完善，并成功应用于航空、航天、汽车、造船和高速铁路列车等诸多轻合金（主要是铝、镁、铜、锌及其合金）结构制造领域，其单面焊可焊厚度2～50 mm。对于常规熔焊方法难以焊接的铝合金及异种铝合金间的连接，采用搅拌摩擦焊均可获得满意的接头性能。

搅拌摩擦焊本质上是利用搅拌工具轴肩、搅拌针与母材结合面之间金属摩擦热加热周围被封闭的金属，在机械搅动的作用下将前方的被加热金属转移到搅拌针的后方并层层堆叠，在随后的冷却过程中经过动态再结晶和扩散连接过程而形成焊缝。搅拌摩擦焊焊缝的表面成形机制主要表现为搅拌工具轴肩在平动和高速转动状态下的摩擦强制成形(见图3-2)。

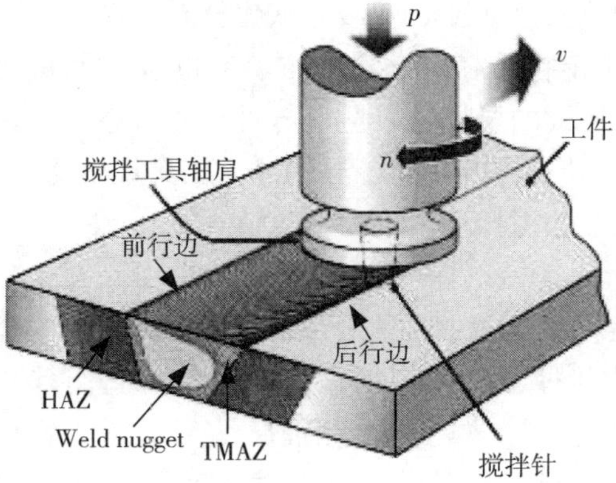

图3-1　搅拌摩擦焊原理和接头微观结构

图3-2　搅拌摩擦焊焊缝表面成形

相对于熔焊,搅拌摩擦焊具有一系列的优点:

(1) 变形小,即使是焊接长焊缝,变形也比熔焊时小得多;

(2) 力学性能良好,经疲劳、断裂、弯曲等试验,力学性能比熔焊优异得多;

(3) 无烟尘、飞溅,工作环境好;

(4) 搅拌工具属于非消耗性材料,已经证明一个搅拌工具可以连续焊接1 000 m^6 铝合金焊缝而不需要更换新的搅拌工具;

(5) 无须填丝、保护气体,节省能源;

(6) 焊接过程操作简便,工人不需要特别的培训就可胜任;

(7) 不需要特别的焊前准备,薄层氧化皮可以在焊接过程中自动去除;

(8) 实现自动焊接和机器人焊接。

但搅拌摩擦焊工艺也有自身不足之处:

(1) 需要刚性固定支撑,工艺柔性不好;

(2) 目前仅适于焊接铝合金、镁合金和铜合金构件的焊接。

三、搅拌工具

(一) 搅拌工具的发展

搅拌工具是搅拌摩擦焊的关键,优化设计的搅拌工具是搅拌摩擦焊获得高质量接头的前提。搅拌工具由夹持机构、轴肩和搅拌针构成,其几何形状和尺寸不仅决定着焊接过程的热输入方式,还影响着焊接过程中搅拌工具附近塑性软化材料的流动形式。对于给定板厚的材料而言,焊接质量和效率主要取决于搅拌工具的形貌和几何设计。因此,设计合理的搅拌工具是提高焊接质量、获得高性能接头的前提和关键。

对于对接焊缝,搅拌针的长度与待焊工件的厚度相当。焊接过程中,搅拌针横穿结合面而轴肩则与工件表面紧密接触防止塑性软化金属挤出。为满足工业使用要求,TWI开发了外形设计独特的搅拌针和优化设计的轴肩,美国NASA所属马歇尔空间飞行中心也开发出了自适应伸缩式搅拌工具。新一代高效搅拌工具的出现极大地拓宽了搅拌摩擦焊的工业应用范围。

1. 搅拌工具的选材与设计

搅拌工具的选材与形状设计是搅拌工具的关键。高温工作的稳定性和耐磨性是搅拌工具选材的基本要素。搅拌工具材料在高温工作时应具有良好的静、动态性能。

搅拌工具的形状设计有3个要点：①提高摩擦热的利用率；②搅拌针要产生充分的搅动效果；③搅拌针对转移金属要产生向下的旋压作用以获得致密的高质量焊缝。

搅拌针的设计是搅拌摩擦焊技术的关键。搅拌针在焊接过程中不仅通过与接合面的摩擦来提供热量，更重要的是起到机械搅拌作用，因而搅拌针的形貌和几何尺寸影响着塑性软化材料的流动形式和被切削材料的体积，进而影响接头的力学性能。正是由于搅拌针在焊接过程中所起的复杂而重要的作用，人们对搅拌工具的研究越来越深入，设计出了多种形式的搅拌针以适应各种焊接状态。

新型搅拌工具的设计必须系列化、标准化，否则会造成不同设计、性能各异的搅拌工具规格泛滥，妨碍搅拌摩擦焊技术的推广应用。下面介绍国内外新近开发的搅拌工具。

2. 轴肩形状设计

轴肩在焊接过程中主要起两种作用：①通过与工件表面间的摩擦，提供焊接热源；②提供一个封闭的焊接环境，阻止塑性软化材料从轴肩溢出。常见的几种轴肩形貌如图3－3所示，它们都是在搅拌针和轴肩的交界处中间凹入。在焊接过程中，这种设计形式能够保证轴肩端部下方的软化材料受到向内方向的力的作用，从而有利于将轴肩端部下方形成的软化材料收集到轴肩端面的中心以填充搅拌针后方所形成的空腔；同时，可减小焊接过程中搅拌针内部的应力集中而保护搅拌针。对于特定的焊接板材，为了获得最佳的焊接效果，必须设计与之相适应的特殊的轴肩几何形貌。

图3－3 不同几何形貌的轴肩

轴肩的直径与搅拌针的根部直径密切相关，一般取搅拌针根部直径的2.6～2.8倍。

由于轴肩在焊接过程中所起的作用比较单一，因此，人们对轴肩形貌、几何尺寸及其对焊接过程中塑性流动和焊后接头影响方面的研究较少，而将大部分精力集中于搅拌针形貌、几何尺寸设计等方面的研究。

（二）柱形搅拌针

如图3－4所示，在搅拌摩擦焊工艺应用的初始阶段，主要采用柱形搅拌针进行搅拌摩擦焊接。但在焊接过程中发现，柱形搅拌针对周围软化材料的向下旋压的作用力较弱，软化材料的流动性较差，造成焊后接头的性能较差。

图3－4 柱形螺纹搅拌探头

在焊接实验中还发现，由于柱形搅拌针纵截面的面积较大，因而在焊接过程中受到的行进阻力较大；在焊接行进开始的瞬间，容易造成搅拌针从根部断裂，或经过较少的几次焊接后，搅拌针在焊接起始瞬间断裂。这说明柱形搅拌针的耐冲击力较弱。

鉴于上述两个显著的缺陷，目前柱形螺纹搅拌工具已逐渐让位于新开发的非柱形螺纹搅拌工具。

（三）锥形螺纹搅拌针和三槽锥形螺纹搅拌针

搅拌针的外形除常见的圆柱形外，TWI还开发了多种外形的搅拌工具，包括圆锥形、锥形凹槽螺纹和偏心圆螺纹等形式。其中凹槽螺纹搅拌针（图3－5）主要用于连接6082－T6铝合金板件，25～40 mm厚度的接头采用单面焊，40～70 mm厚度的接头采用双面焊。

TWI开发的锥形凹槽螺纹搅拌工具，其注册商标为MX Triflute。这种搅拌针的表面有奇数个带有陡峭角度的凹槽，凹槽的表面环绕着螺旋线（见图 3－5）。这些设计特性将进一步减小搅拌针的体积，有助于焊缝金属的流动以及破碎、分散结合面的氧化物。

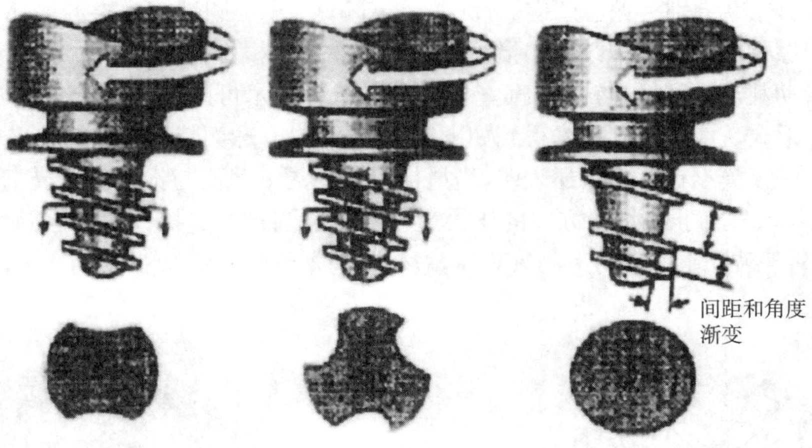

（a）双凹面　（b）三凹面　（c）外形渐变

图 3－5　TWI 的锥形凹槽螺纹搅拌头和基本参数

带有螺纹的锥形搅拌针大大增强了焊缝金属的搅拌作用，因而使得塑性金属更易流动。图 3－6 为这种螺纹式搅拌针的外形及由其焊接的 75 mm 厚的 6082－T6 铝板。从图中可以明显看到搅拌针周围的热力影响区范围，焊缝的力学性能和冶金性能也相当令人满意。试验表明，当螺纹间距大于螺纹自身的厚度时，焊缝金属可以获得更好的流动效果。这种搅拌针的设计特性是螺纹间不必保持平行，变螺距的设计可以适应不同材料的连接。

图 3－7 为三槽锥形螺纹搅拌针。它是在锥形螺纹搅拌针的锥面上加工了 3 个螺旋形的凹槽，以减少搅拌针的体积，增加软化材料的流动性，同时破坏并分散附着于工件表面上的氧化物。据计算，锥形螺纹搅拌针所切削的材料只有柱形搅拌针的 60％，三槽螺纹搅拌针所切削的也只有柱形的 70％。上述搅拌针锥面上的螺纹在焊接过程中给软化的塑性金属施加一个向下的旋压作用，有利于获得组织致密的搅拌摩擦焊缝。

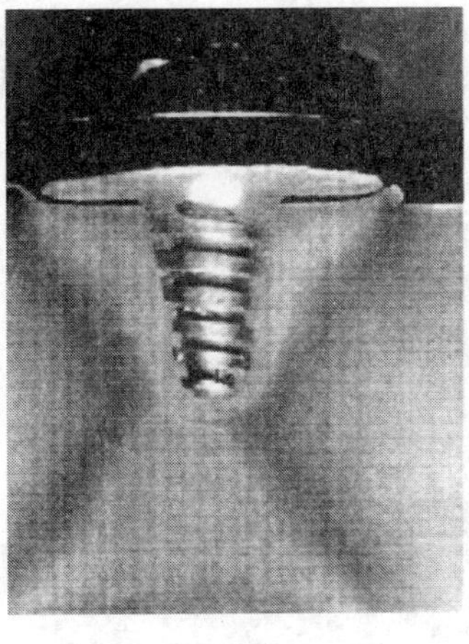

图 3－6　螺纹式搅拌头和 75mm 厚 6082 铝合金焊缝横断面

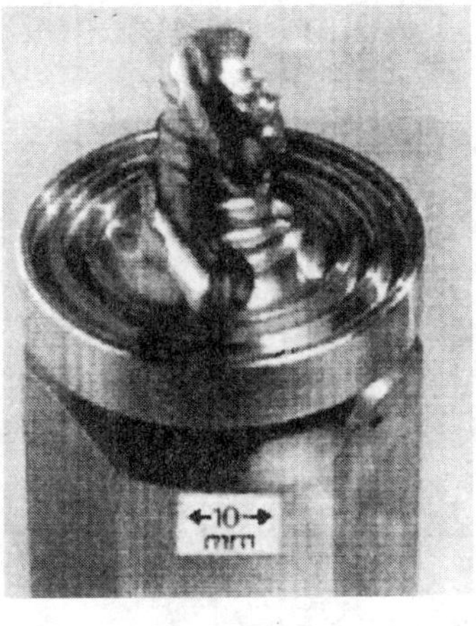

图 3－7　三槽锥形螺纹式搅拌头

新一代螺纹式和多螺旋凹槽式搅拌工具的轴肩有着设计精巧的型面，这些轴肩型面可以使轴肩和工件表面间保持更好地接触以提供紧密的摩擦和防止塑性金属的溢出。通过特别设计的轴肩型面如凹槽、螺旋和同心闭合凹槽可以截留住塑性金属以增强轴肩和工件间的接触。带有同心闭合凹槽的轴肩型面可以有效地增强塑性金属表面层的移动。

（四）偏心圆搅拌针和偏心圆螺纹搅拌针

图3-8和图3-9分别为偏心圆搅拌针(TrivexTM)和偏心圆螺纹搅拌工具(MX-TrivexTM)的外形源于搅拌摩擦焊的动态模拟结果。搅拌摩擦焊动态流动模型是对焊接过程的三维动态模拟，它允许材料之间滑动甚至黏到搅拌针的表面。应用这项模拟技术可以观察到各种不同搅拌工具焊接时塑性材料的流动形式。应用这项技术得到如下结论：在用具有球面特征的搅拌针进行焊接时，焊接方向的顶压力较小。该模型计算结果还表明，当搅拌针最小的纵截面与搅拌针旋转起来而扫过的纵截面积比在70%～80%之间时，焊接方向的压力最小。偏心圆螺纹搅拌针与偏心圆搅拌针相比，由于带有螺纹，更有利于破碎工件表面上的氧化膜，对软化的塑性材料施加强烈的向下旋压作用，从而获得高强度的接头。

图3-8 偏心圆搅拌探头

图3-9 偏心圆螺纹搅拌探头

（五）非对称螺纹搅拌针

非对称搅拌针与传统搅拌针的差异较大。搅拌针的中心轴与搅拌工具的中心轴存在一个偏角，而轴肩的表面垂直于搅拌工具的中心轴(见图3-10)；因此，在焊接过程中非对称搅拌针不是以搅拌工具的中心轴旋转。由于搅拌针只有部分表面直接与工件摩擦接触，搅拌针上部分材料可以被切除以增加焊接过程中软化材料的流动路径，图3-11为改进后的搅拌针。

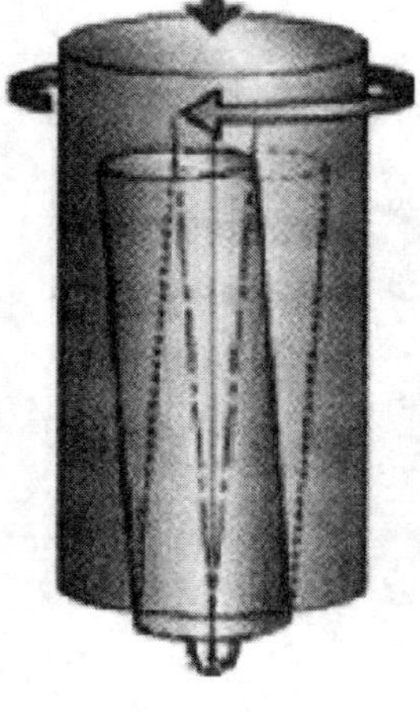

图3-10 非对称搅拌探头

图3-11 改进后的非对称搅拌探头

采用非对称搅拌针焊接可以扩大搅拌针周围塑性软化区的范围并提高搅拌针的动态与静态体积

比。传统的搅拌针的中心轴与搅拌工具的中心轴相重合，其旋转中心即为搅拌针的中心轴，所以只能靠改变搅拌针的外形来改善搅拌针的动、静态体积比。

（六）外开螺纹搅拌工具

如图 3－12 所示，外开螺纹搅拌针在靠近轴肩的部分是平截头体，但是在开槽的地方却像树杈一样支开，锥度方向与平截头体相反，其目的在于增加搅拌针的直径而不必改变轴肩的尺寸。另外，搅拌针的端部是一三叉样的搅拌器，这种外形特征可以显著提高搅拌针扫过体积与搅拌针静态体积间的差值，增大动、静态体积比，改善软化材料沿搅拌针侧面环向流动的路径。外开螺纹搅拌针主要为搭接和“T”型接头的焊接而设计的。

图 3－12　外开螺纹搅拌探头

外开螺纹搅拌针具有如下优点：①增强软化材料流动时的混合动作，充分粉碎和分散工件表面的氧化物；②搭接焊时，焊接区域宽度与板厚之比为 190%，焊接压力减小 20%，明显减少轴肩的压入量，有效提高接头的承载能力；③使焊接速度提高 1 倍。

（七）用于搭接的两级搅拌针

用于搭接的两级搅拌针如图 3－13 所示，其典型的形状特征是应用了第二级轴肩。焊接时，第二级轴肩位于上下焊件的界面上。两级搅拌针下面一级探头的直径较上一级的小，并带有五边形平台。这种设计的目的是为了破碎中间接触面的氧化膜、提高上下层材料的流动性和混合搅拌作用。图 3－14为采用搭接的两极搅拌针与传统搅拌针焊后接头形貌的对比。

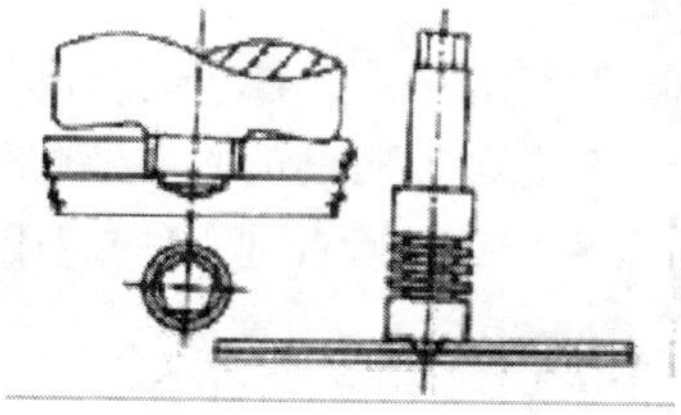

图 3－13　两级搅拌探头

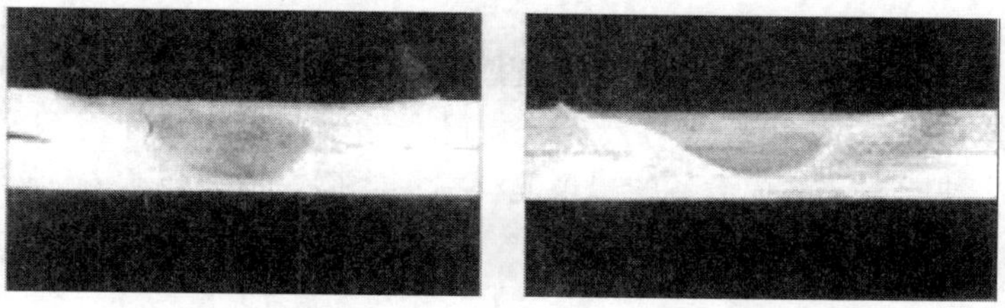

（a）常规搅拌探头　（b）两级搅拌探头

图 3－14　不同搅拌探头搭接接头宏观形貌

（八）可伸缩式搅拌工具

采用固定式搅拌针的搅拌摩擦焊在工程实际应用中会有很大的局限性：其一是用于封闭焊缝时会留下一个锁孔；其二是焊接变厚度接头时需要更换不同长度的搅拌针，对于厚度连续渐变的接头更是无能为力。

为了克服上述缺点，人们开发了可伸缩式搅拌针。根据探头收缩的方式可分为手动伸缩式搅拌针（见图 3－15）和自动伸缩式搅拌针（见图 3－16）。手动伸缩式搅拌针可通过调节探头的伸长来焊接不同厚度的材料以实现变厚度板材间的连接。自动伸缩式搅拌针不仅具有手动伸缩搅拌针的功能，还可以在焊接即将结束时将搅拌针逐渐缩回到轴肩内，从而避免匙孔缺陷。目前，NASA 所属马歇尔空间飞行中心已成功设计出了基于计算机控制的自动伸缩式搅拌工具[见图 3－16(c)]，解决了铝合金封闭焊缝采用搅拌摩擦焊的匙孔问题和变厚度接头的搅拌摩擦焊难题。

搅拌针的长度发生变化时，轴肩的设计主要有两种：①轴肩的尺寸不变[见图 3－16(a)]；②轴肩的直径随搅拌针的长度同步变化[见图 3－16(b)]。第二种轴肩设计可解决搅拌针和轴肩尺寸间的比例搭配关系，有利于在焊接过程中提供最佳的热输入以获得高性能的接头。

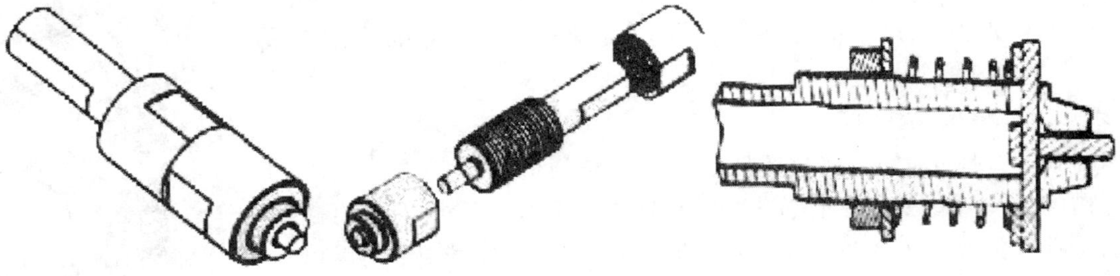

（a）整体外观　（b）部件结构　（c）纵向剖面结构

图 3－15　手动伸缩式搅拌探头

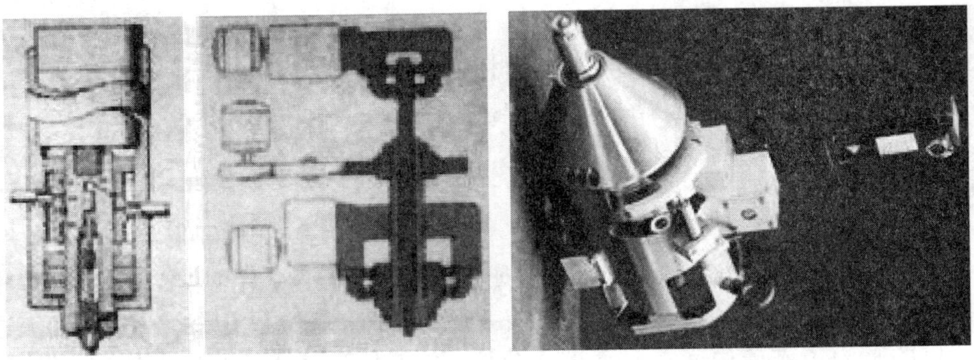

（a）定轴肩　（b）变轴肩　（c）实物

图 3－16　自动伸缩式搅拌头

采用自动伸缩式搅拌针焊接变厚度板材的过程如图 3－17 所示。目前，美国明尼苏达州的 MTS 系统公司和西雅图的 MCE 技术公司已开始向市场提供带有自动伸缩式搅拌工具的搅拌摩擦焊设备。这种搅拌摩擦焊设备的出现使得搅拌摩擦焊技术在航空、航天、汽车和造船等工业中的应用更具高效、通用和低成本的竞争优势。

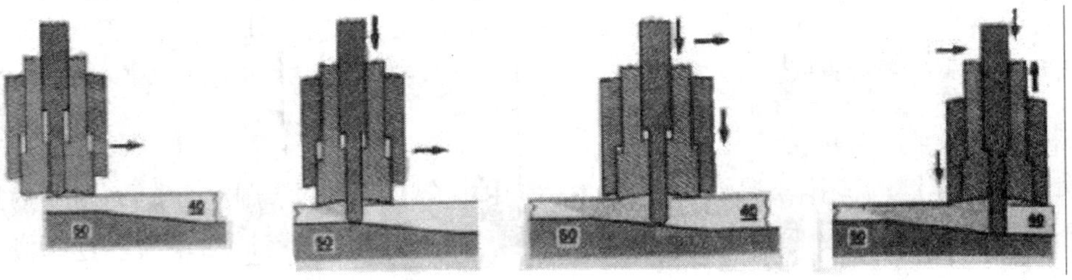

图 3－17　变厚度板材搅拌摩擦焊过程

四、铝合金搅拌摩擦焊

搅拌摩擦焊可以实现铝、镁、铜、钛等多种合金材料的焊接，特别适于高强铝合金、铝锂合金等轻合金材料的焊接，包括熔焊方法难以焊接的铝合金，如 5××× 和 6××× 系列铝合金，甚至是 2××× 和 7××× 系列铝合金间的焊接。焊接时无须保护气体和填充材料；避免了熔焊时容易产生的气孔、夹杂、凝固裂纹等多种缺陷。

研究表明，搅拌摩擦焊具有良好的工艺重复性和较宽的工艺裕度。在搅拌头转速波动 －20%～＋40% 和焊接速度波动 －33%～＋100% 的条件下，还能够得到优良的接头。搅拌摩擦焊的焊后变形很小，长度为 1 500 mm 的 7××× 系列铝合金挤压型材对接板件的最大变形量仅仅为 2 mm；对其接头进行 X 射线和相控阵超声波扫描无损检查，没有发现气孔和裂纹。

就工业应用前景而言，铝合金、镁合金和铜合金结构件（尤其是板件）的焊接是搅拌摩擦焊的主要应用领域。目前，TWI 已开发出可焊厚度 1.2～75 mm 的铝合金搅拌头和相应的搅拌摩擦焊机。异种铝及铝合金搅拌摩擦焊焊缝的典型形貌如图 3－18 所示。

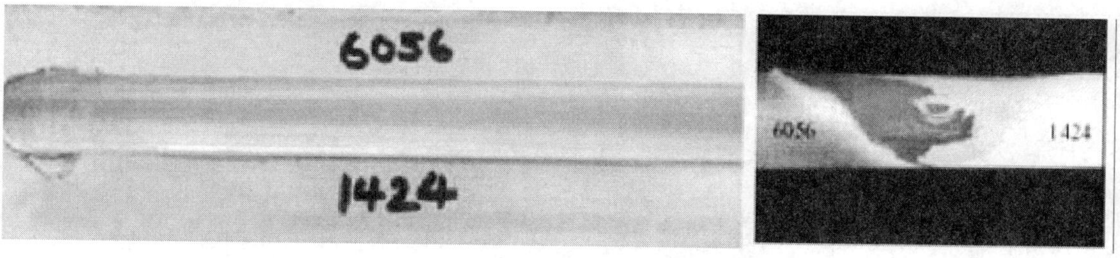

图 3－18　6056 与 1424 铝合金的搅拌摩擦焊

（一）铝及铝合金 FSW 接头的性能及其影响因素

1. 铝合金 FSW 接头的力学性能

研究表明，焊态下，FSW 焊缝焊核的强度要大于热影响区的强度。对于退火状态的铝合金，拉伸试验的破坏通常发生在远离焊缝和热影响区的母材上。对于形变强化和热处理强化的铝合金，搅拌摩擦焊后热力影响区的硬度和强度最低，可以通过控制热循环，尤其是通过降低焊缝热力影响区的退火和过时效来改善焊缝的性能。为获得最佳的性能，焊后热处理是提高热处理强化铝合金焊缝性能的最好选择，但在许多工况下，焊后无法进行热处理。

表 3－1 为国产 2A14（相当于美国的 2014 铝合金）、2B16 合金（相当于美国的 2219 铝合金）和 2195 铝锂合金搅拌摩擦焊缝的拉伸性能。由表可知，2A14 和 2B16 铝合金 FSW 接头的常温强度系数均达到 0.8 以上，均高于常规熔焊的 0.65；2195 铝锂合金的 FSW 接头强度系数也达到了 0.75，远高于熔焊的 0.55；而延伸率均比熔焊接头提高将近 1 倍。

表 3－1　3 种典型航天贮箱结构铝合金的 FSW 接头性能

材　料	σ_b(MPa)	δ_5(%)	σ_b^w/σ_b
2A14－T6 母材	422	8	
2A14－T6 接头	350	5	0.83
2B16－T87 母材	425	6	
2B16－T87 接头	340	7.5	0.8
2195－T8 母材	550	13	
2195－T8 接头	410	8～11	0.75

表 3－2 为 5×××、6×××、7×××系列铝合金典型搅拌摩擦焊接头的拉伸性能。此性能数据表明，对于固溶处理加人工时效的 6082 铝合金，其搅拌摩擦焊接头的拉伸强度焊后经热处理可达到与母材等强，而延伸率有所降低。T4 状态的 6082 铝合金试件焊后经常规时效可以显著提高接头性能。7108 铝合金焊后室温下自然时效，其拉伸强度可达母材的 95%。采用 6 mm 厚的 5083－O 和 2014－T6 铝合金焊件进行疲劳试验。当使用应力比 $R=0.1$ 进行疲劳实验时，5083－O 铝合金搅拌摩擦焊对接试件的疲劳性能与其母材相当。试验结果表明，搅拌摩擦焊对接接头的疲劳性能大都超过相应熔焊接头的设计推荐值。疲劳试验数据分析显示，搅拌摩擦焊缝的疲劳性能与相应熔焊接头相当；而在大多数情况下，搅拌摩擦焊缝的疲劳性能数据要高于熔焊。

表 3-2 铝合金搅拌摩擦焊对接接头的力学性能

材料	σ_s(MPa)	σ_b(MPa)	δ_5(%)	σ_b^w/σ_b
5083-O 母材	148	298	23.5	
5083-O 接头	141	298	23.0	1.00
5083-H321 母材	249	336	16.5	
5083-H321 接头	153	305	22.5	0.91
6082-T6 母材	286	301	10.4	
6082-T6 接头	160	254	4.85	0.83
6082-T6 接头+时效	274	300	6.4	1.00
6082-T4 母材	149	260	22.9	
6082-T4 接头	138	244	18.8	0.93
6082-T4 接头+时效	285	310	9.9	1.19
7108-T79 母材	295	370	14	
7108-T79 接头	210	320	12	0.86
7108-T79 接头+自然时效	245	350	11	0.95

要获得优异的疲劳性能，对接焊缝的根部必须完全焊透。与其他焊接工艺一样，避免根部缺陷对搅拌摩擦焊同样至关重要。如果搅拌探头的长度相对于试件的厚度太短，那么在工件厚度方向上仅是大部分锻造在一起而没有完全焊透，则未焊透部分对接面上的氧化层无法搅拌去除，无损检验方法很难检测到这类缺陷。可以把工件的底边机加工成倒角或在垫板上磨削一道沟槽可以避免出现根部缺陷。为填充接头间的间隙，接头区稍微加大厚度是非常有益的。

2. 线能量因子与工艺参数的优化

搅拌摩擦焊本质上是以摩擦热作为焊接热源的焊接方法，所以采用线能量评价接头质量的优劣最直接、最有效。根据推导，搅拌摩擦焊的热功率可表示为

$$Q = k \cdot \mu \cdot n \cdot F \tag{3-1}$$

式中：Q 为热功率；k 为形状因子，取决于搅拌头的设计尺寸与形状以及搅拌效果；μ 为摩擦系数；n 为搅拌头转速；F 为焊接压力。

所以，搅拌摩擦焊的线能量 q_E 为

$$q_E = \frac{Q}{v} = k \cdot \frac{\mu \cdot n \cdot F}{v} = k \cdot \mu \cdot F \cdot \frac{n}{v} = k' \cdot \frac{n}{v} \tag{3-2}$$

由于搅拌摩擦焊稳态焊接时，摩擦系数和焊接压力均为稳定值，所以将其与形状因子合并为新的常量系数 k'。由此可见，参数 n/v 直接表征了焊接线能量的大小，我们称之为线能量因子。

对于给定的焊接过程，系数 k' 为常量，接头的质量只取决于线能量因子 n/v。其值过小，不利于焊缝的固态扩散连接，接头质量下降；反之，n/v 过大，焊缝输入热量过多，易产生组织过热和飞边，损害接头质量。

由此可见，对于给定的搅拌头和焊接压力，任一 FSW 过程，接头的质量主要取决于线能量因子 n/v。对于待连接的母材而言，存在一个线能量因子容限，在该容限内均可获得满意的接头质量。图 3-19 表明了 2219 铝合金 FSW 接头强度与线能量因子之间的关系。线能量因子还为搅拌摩擦焊

工艺参数的选择和优化提供了科学依据。

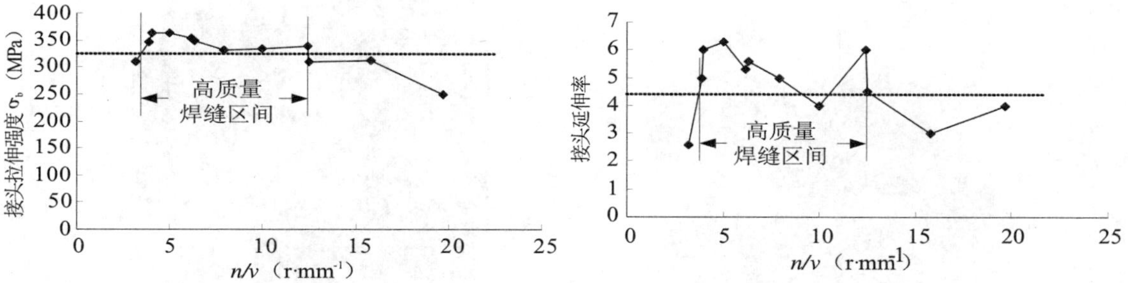

图 3-19 2B16—T87 铝合金 FSW 接头性能与线能量因子间的关系

根据线能量不变准则，由公式(3-2)可以得到不同焊接压力的线能量因子为

$$\left(\frac{n}{v}\right)_2=\frac{F_1}{F_2}\left(\frac{n}{v}\right)_1 \tag{3-3}$$

式中：$\left(\frac{n}{v}\right)_1$ 为焊接压力为 F_1 时对应的线能量因子；$\left(\frac{n}{v}\right)_2$ 为焊接压力为 F_2 时对应的线能量因子。

由式(3-3)知，随着焊接压力的变化，线能量因子容限会沿着 x 轴左右移动(焊接压力增大，向左移；反之，向右移)，但容限区间宽度不变。所以通过一组参数优化出来的线能量因子容限，通过式(3-3)可以直接获得不同焊接压力下的线能量因子容限，进而得到转速和焊接速度的优化匹配。

图 3-19 表明，当线能量因子 n/v 的取值在 3.5～12 之间时，可以获得优良的接头抗拉性能；而相应的接头延伸率也分布在较高的取值区间 4.5～6.5。在进行 2219 铝合金搅拌摩擦焊时，为防止搅拌头轴肩过热，其转速一般取 700～1 200 r/min，由图 3-19 可知线能量因子应取 5～8，由此可得到其匹配的焊接速度为：87.5～240 mm/min。

由此可见，对于设计定型的搅拌头而言，焊接压力、搅拌头转速和焊接速度是影响接头性能的 3 个关键因素。通过线能量因子可将三者联系起来。焊接压力给定时，搅拌头转速和焊接速度共同决定了接头性能的优劣，采用线能量因子可以综合而又简单明了地评价两者对接头性能影响规律。焊接压力改变时，通过线能量因子可以优化 FSW 工艺参数的匹配。

(二) 铝合金搅拌摩擦焊焊机

搅拌摩擦焊设备主要由主体部分和辅助部分组成。搅拌摩擦焊设备的主体部分分为机械部分、电气控制部分；辅助部分主要指搅拌头和工装夹具以及加热系统。机械部分主要包括床身、立柱、横梁、工作台、主轴头、传动系统等结构。

搅拌摩擦焊设备按焊缝位置不同可分为立焊设备和平焊设备。平焊设备是指被焊接工件水平放置，搅拌头处于垂直状态；立焊设备是指被焊接工件处于垂直状态，搅拌头处于水平方向。目前大多数搅拌摩擦焊设备都属于平焊设备，少数大型筒体件以及超大型筒体件的焊接为了设备整体结构的简化以及操作方便，采用立焊设备。

搅拌摩擦焊设备按床身结构形式可以分为 C 型焊机、龙门式焊机和悬臂式焊机和其他类型。C 型焊机的床身结构与英文“C”相似，所以以此命名，传统的铣床设备都采用该类型结构(见图 3-20)。龙门式焊机又可以分为静龙门和动龙门(见图 3-21)。每种焊机的结构型式不同，可实现的焊缝型式也不同；悬臂式搅拌摩擦焊机分为悬臂内部焊接式和悬臂外部焊接式，主要用于筒体结构纵缝的焊接(见图 3-22)；其他类型是指立式纵缝焊机、落地式环缝焊机、便携式搅拌摩擦焊机以及水平横焊式纵缝焊机等机型。

图 3-20　C型设备外观图

图 3-21　静龙门 FSW 设备

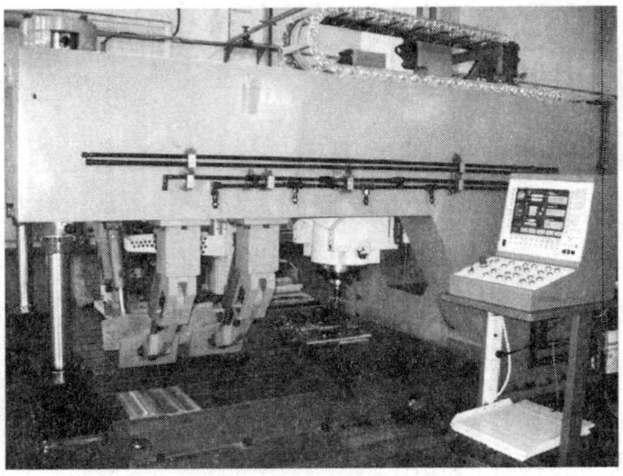

图 3-22　悬臂式内焊设备外观图

迄今,已有多种商用搅拌摩擦焊机投入试验研究和工业应用。如美国 MTS 系统公司已开发出带有自动伸缩搅拌头的液压驱动搅拌摩擦焊机,其中一台安装于 South Carolina 大学,主要用于高强铝合金空间封闭焊缝和变厚度焊缝的工艺研究[见图 3-23(a)]。该设备的搅拌头可在 ±15 度范围内自动倾斜,使用可伸缩式搅拌探头可以对焊缝施加 90 kN 的焊接压力;使用常规搅拌头可以对焊缝施加 130 kN 的焊接压力;可焊厚度 30 mm;搅拌头转速 2 000 r/min 时,输出扭矩 340 N·m。1997 年 4 月,South Carolina 大学应用该设备完成了 NASA 的 EPSCoR 研究项目。

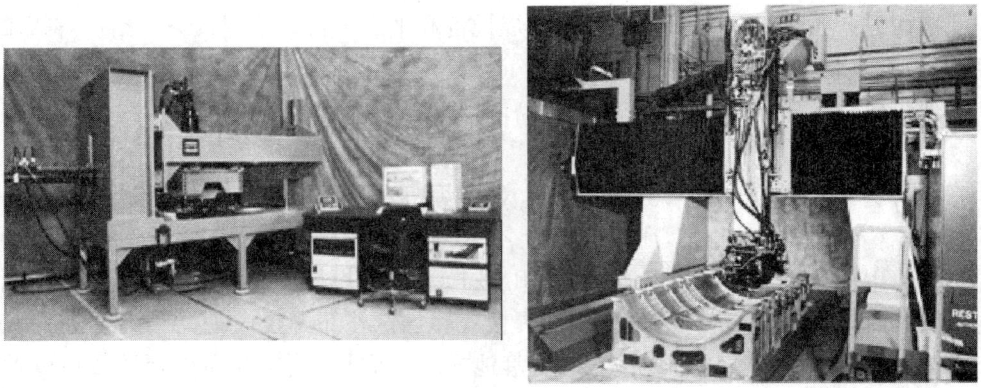

(a) South Carolina大学的FSW焊机　　(b) Eclipse航空公司的FSW焊机

图 3-23　MTS 系统公司生产的 FSW 焊机

2001年6月,MTS系统公司为Eclipse航空公司提供了一套用于焊接Eclipse500商务机机翼和机身的搅拌摩擦焊设备[见图3-23(b)]。

美国MCE技术公司为马歇尔空间飞行中心配备了两台搅拌摩擦焊机用于航天储箱纵缝和环缝的焊接研究。

美国GTC公司为洛·马公司生产了3台搅拌摩擦焊机用于航天飞机外储箱的焊接。

ESAB作为英国TWI的搅拌摩擦焊工业研究成员,是世界领先的搅拌摩擦焊机供应商,其装机量名列前茅。ESAB为波音公司共设计制造了5台SuperStir搅拌摩擦焊机,其中一台卧式焊机用于DeltaⅡ火箭储箱纵缝的焊接[见图3-24(a)],两台立式焊机用于DeltaⅣ火箭储箱纵缝的焊接[见图3-24(b)]。

(a) 卧式

(b) 立式

图3-24 用于Delta火箭贮箱焊接的FSW焊机

2001年,ESAB为TWI制造一台大型龙门式搅拌摩擦焊机(见图3-25)。该焊机带有两个搅拌头,一个搅拌头用于铝合金高速焊,另一个用于铝合金大型板材的焊接,工作面积为8 m×5 m×1 m。

澳大利亚亚特兰大大学机械工程系与TWI的工程师密切合作开发了一种轻便的搅拌摩擦焊设备(图3-26)。目前已在实验室完成了曲面板材1:1模拟件的焊接试验。澳大利亚技术人员在海洋观光船的制造过程中许多平直焊缝都采用这一设备进行焊接。

图3-25 TWI大型龙门式搅拌摩擦焊机

图3-26 便携式搅拌摩擦焊机

我国北京航空工艺研究所依据TWI授权也生产了多台搅拌摩擦焊机,大大推进了搅拌摩擦焊技术在我国的研究与应用进程。

(三) FSW设备的控制系统

1. 焊接传感器

自动化程度较高的搅拌摩擦焊设备已经实现了位置(displacement)和压力(force)控制。这里主要介绍与 FSW 密切相关的位置和压力传感器。

搅拌摩擦焊焊接过程有 3 个基本的决定性因素：搅拌头旋转速度、搅拌头水平移动速度、搅拌针插入深度。搅拌头旋转速度和水平移动速度容易控制，而且对于大多数使用特定几何形状搅拌头的焊接过程来说，这两个参数变化很小。而搅拌针的插入深度是一个关键却难以控制的参量。试验表明：搅拌针的尖端与材料背面的距离必须保持在约 0.5 mm 以内才能获得完全焊透。

搅拌针的尖端到材料背面表面的这段距离称为焊透带。这段焊透带非常薄，对于配合误差较大的大型零件，这点厚度就更微不足道，但是对于薄板状零件，需要对该区域进行精确控制。设备机械误差也会导致搅拌针的插入深度的变化。误差越大，需要的控制系统动态补偿量也越多，以保证一定的压入深度和焊缝不出现未焊透缺陷。

采用线性微分放大器(LVDT)来测量搅拌针与待焊材料上表面的相对位置，从而确定待焊材料表面以下搅拌针的长度。由于线性微分放大器采用材料的表面作为参考点，所以，材料的厚度变化必须限定在一个最小值来保证焊透带的厚度一致。

焊接过程中，当搅拌针的几何形状相同并且焊接参数不变的情况下，轴向力和搅拌针深度的关系是一致的。那么控制了轴向力就可以控制最难以控制的焊接参数——搅拌针的插入深度。使用轴向力作为控制环有一个优点：可以柔性焊接。施加一个恒定的力来补偿焊接过程中任意点的变形和位置误差。然而，应该注意的是，各次焊接时搅拌针的焊接环境应一致。在焊接初始阶段，搅拌头插入过程中，持续的轴向力可达数万 N，接头间隙或者说接头间隙的变化是一个非常重要的需要考虑到的因素。一个适当的力作用在间隙为 0.25 mm 的接头上形成的焊缝，与同样大小的力作用在间隙为 2.5 mm 的接头上形成的焊缝是迥然不同的。

目前，搅拌摩擦焊设备一般都有压力控制系统。压力控制系统基本上分为 3 个部分：运动控制部分、数据采集部分以及软件部分。主要是使用工控机，WINDOWS 操作系统，并且还包括闭环运动控制、数据采集、用户接口和局域网互联能力。控制系统组成如图 3-27 所示。

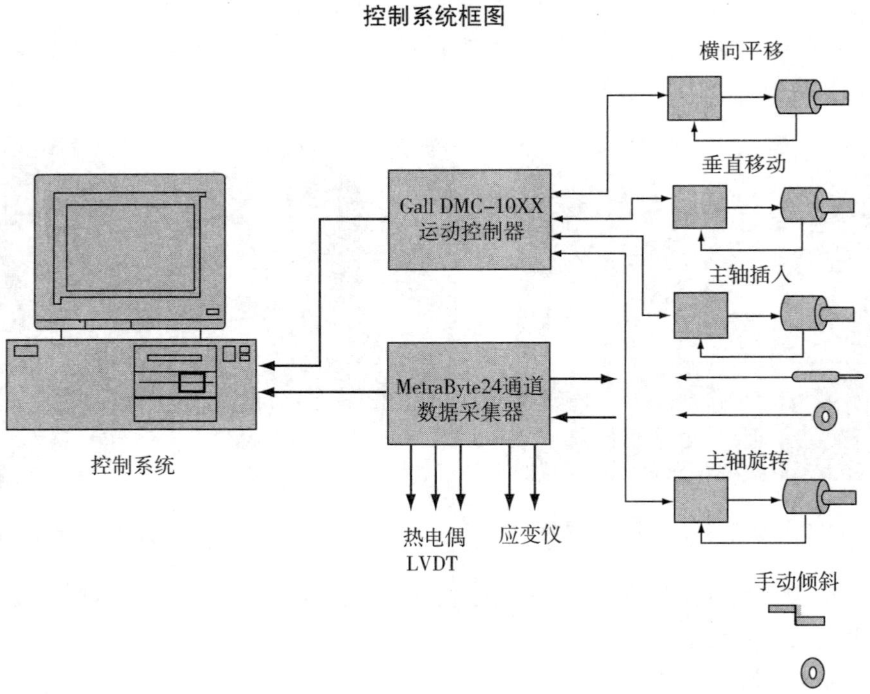

图 3-27　搅拌摩擦焊设备控制系统组成图

运动控制部分负责控制 4 个运动轴:垂直移动、横向平移、主轴插入以及主轴旋转。每个电机都产生一个编码器反馈信号,反馈到主控系统运动控制部分,控制系统将一个与电机转速成正比的指令信号提供给每个运动轴放大器。数据采集通过一般通过模－数转换器。该转换器多位数控系统和计算机系统中的功能模块或数据采集卡,对数据的采集、转换和储存可以通过相关机器代码或 V_b 通讯软件等完成。

2. FSW 设备的控制系统介绍

CNC 数控系统多为模块化,编程简单,使用方便。目前中国搅拌摩擦焊中心已经在焊接设备上应用的数控系统有 SIEMENS,FAGOR,FUNUC 等。利用 CNC 控制系统,可以精确地实现搅拌摩擦焊接过程。

对于工业生产型搅拌摩擦焊设备一般采用可编程控制器(PLC)系统。下面以 FSW－3LM－005 型搅拌摩擦焊设备的 PLC 操作系统为例,介绍 PLC 控制系统如何实现搅拌摩擦焊接过程。图 3－28 为 FSW－3LM－005 型搅拌摩擦焊设备手动操作界面。将 PLC 控制系统和触摸屏人机界面组合起来,可以实现搅拌摩擦焊自动控制和运行。控制操作一般分为两种:“手动控制方式”和“自动控制方式”。主轴电机使用的控制方式为模拟输入控制方式。将电机的转数通过触摸屏输入到可编程控制器中,可编程控制器将转数转换成电压值,输出给 D/A 转换模块,驱动主轴电机运转。在手动控制方式中,触摸屏上共有 3 个控制主轴的按钮,如图 3－29 所示。主轴的转数输入在参数设置界面上,输入方法为触摸相应的输入键后,触摸屏上弹出数值输入键盘,键入相应的转数值后,按确认键将数值输入。

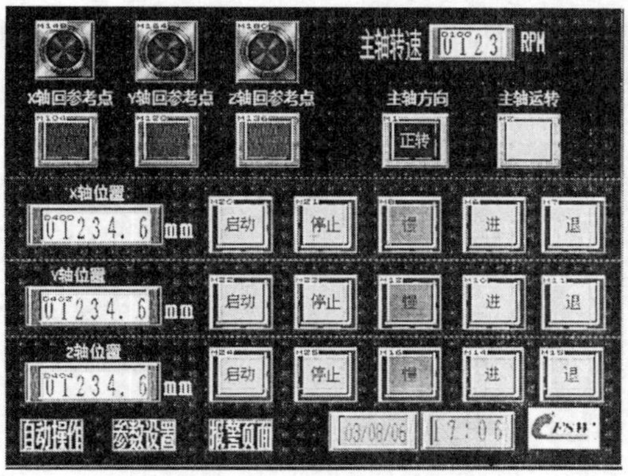

图 3－28　LM－005 型搅拌摩擦焊接设备手动操作界面

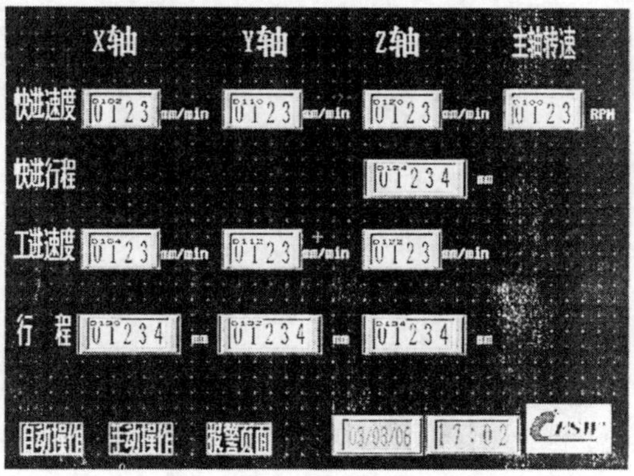

图 3－29　运动轴参数设定界面

工业控制计算机内存容量大,功能强,可用多种流行的计算机语言(如 VB,VC)来编程实现焊接过程。中国搅拌摩擦焊中心设计制造的 FSW－1BX－025 型悬臂式搅拌摩擦焊设备采用西门子工控机系统,通过 VB 编程,实现了友好的人机界面,操作中只要点击“程序启动”,即可实现自动化焊接。另外,工控机还有大量的接口,可以实现焊接过程的焊接参数数据采集、监控、贮存、记录和打印等。

3. 焊接机器人

随着先进制造技术的发展,实现焊接产品制造的自动化、柔性化与智能化已成为必然趋势。目前,采用机器人焊接已成为焊接自动化技术现代化的主要标志。焊接机器人由于具有通用性强、工作可靠的优点,受到人们越来越多的重视。在焊接生产中采用机器人技术,可以提高生产率、改善劳动条件、稳定和保证焊接质量、实现小批量产品的焊接自动化。

从 20 世纪 60 年代诞生和发展到现在,焊接机器人的研究经历了 3 个阶段,即示教再现阶段、离线编程阶段和自主编程阶段。随着计算机控制技术的不断进步,使焊接机器人由单一的单机示教再现型向多传感、智能化的柔性加工单元(系统)方向发展,实现由第二代向第三代的过渡将成为焊接机器人追求的目标。

但是搅拌摩擦焊对机器人的刚性较为严格,普通的机械手难以承受 FSW 焊接过程中的力,所以需要刚性较强的机械手。空间焊缝对于机器人焊接的需求日益增多。目前国际上只有日本等少数国

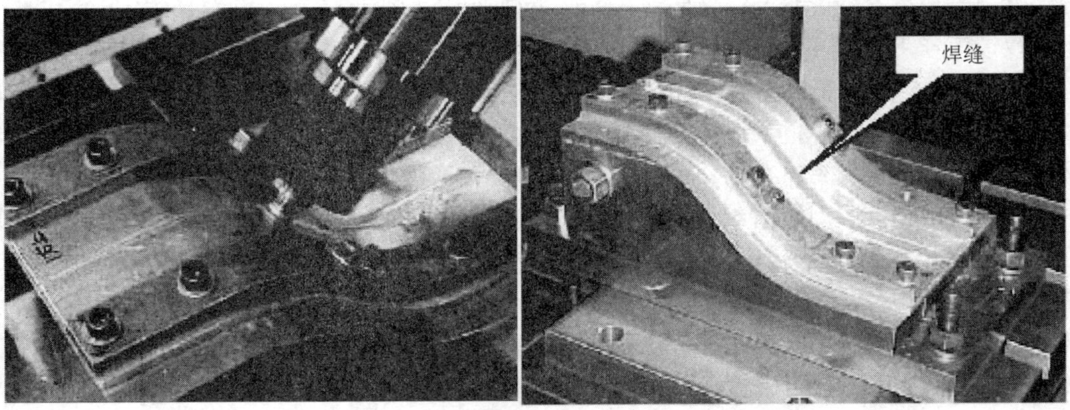

图 3-30　日立公司研制的机器人的搅拌摩擦焊

家将焊接机器人应用于 FSW 焊接，图 3-30 为日本日立公司研制的机器人的搅拌摩擦焊。

五、搅拌摩擦焊接头缺陷、检测与补焊

（一）搅拌摩擦焊接头缺陷的分类

搅拌摩擦焊是一种新型的固态焊接工艺，尤其适于焊接铝、镁等轻合金。搅拌摩擦焊虽然可避免熔焊缺陷，工艺裕度也比熔焊宽松得多，但在焊接过程中出现工艺波动或装配不良时，也会产生自身固有的焊接缺陷。由于搅拌摩擦焊在我国的开发与应用才刚刚起步，在工艺机制、缺陷特征表征和产生机制等方面尚存在研究空白，所以，相关的国家标准和行业标准到目前为止尚未建立。本文仅从工艺角度对其焊接缺陷进行分类。

试验表明，搅拌探头的形状设计不适当或焊接参数匹配不好时，搅拌摩擦焊缝极易出现犁沟（焊缝未完全填充）、切削填充[见图 3-31(a)和(b)]及以下 5 类缺陷：

第一类　未焊透；

第二类　虫孔；

第三类　吻接；

第四类　摩擦面缺陷；

第五类　根趾部缺陷。

（a）犁沟缺陷　　　　（b）切削填充

图 3-31　搅拌摩擦焊接头的犁沟缺陷和切削填充缺陷

（二）搅拌摩擦焊缺陷的特征及分布

1. 犁沟缺陷

这种缺陷的典型特征是沿搅拌探头的前行边形成一道肉眼可见的沟槽。其形成原因主要是由于焊接速度太快因而造成焊接线能量输入偏低，搅拌探头周围的金属塑性软化程度不完全，搅拌转移困难所致。

2. 切削填充

这种缺陷是由于搅拌探头的设计不合理，如型面过渡不圆滑、螺纹外形设计太尖锐或太密等造成。切削填充的焊缝是典型的疏松组织，严重损害接头的性能，必须予以避免。

3. 未焊透(lack of penetration)

这是搅拌摩擦焊缝背面最常见的焊接缺陷。由于搅拌摩擦焊采用长度略小于接头厚度的搅拌头压入焊缝结合面，利用肩台与焊缝表面的摩擦热进行加热、搅拌而形成连接，所以总是存在一定厚度的未焊透。当装配状态良好时，搅拌头所产生的向下的金属塑性流动可以完全填充未焊透处而形成连接。但当装配状态出现偏差变化时，焊缝背面极易形成可见的未焊透。

4. 虫孔(wormhole)

类似于熔焊焊缝中的虫形气孔。主要是由于搅拌摩擦焊过程中，摩擦热输入不够，焊缝金属因搅拌所形成的塑性流动不充分而形成的。常见于搅拌摩擦焊缝前行边一侧的根趾部位。焊接速度过快、搅拌头转速过低、搅拌头设计不合理等都会在焊缝中形成虫形孔。在进行搅拌探头的外形设计时，一定要遵循"增强搅拌、旋压作用"的原则进行设计。

5. 吻接(kiss bonding)

吻接是搅拌摩擦焊特有的焊接缺陷，其典型的特征是被连接材料间紧密接触但并未形成有效的物理化学结合。

在搅拌摩擦焊过程中，由于摩擦热输入不够或焊接速度过快，造成前一层转移金属与后一层转移金属之间或者焊缝的转移金属与前行边之间虽然在宏观形成紧密接触，但在微观并未形成可靠连接。这种缺陷会严重降低结构的可靠性，是搅拌摩擦焊最致命的缺陷。

搅拌探头外形设计不合理、焊接速度过快或者焊缝线能量输入过低都会造成这类缺陷的产生。由于常规的检测方法很难发现此类缺陷，必须采用相控阵超声波检测技术才能有效地检测，所以危害性最大。通过优化搅拌摩擦焊工艺可以完全避免此类缺陷的产生。

6. 摩擦面缺陷(faying surface defect)

是指焊缝表面因搅拌头肩台的摩擦作用而造成的表面不均匀、不连续现象。这类缺陷危害性较轻，对于表面成形要求较高的焊缝可以进行适当的人工表面修整。对于大多数铝合金，搅拌摩擦焊焊缝的表面成形良好。对于疲劳性能要求较高的焊缝，必须进行适当的表面修磨处理。

7. 根趾部缺陷(root toe defect)

它是指进行搭接或"T"型接头的搅拌摩擦焊时，由于无法实现搭接面的等宽度焊接，接头的根部和趾部均因未焊透而存在缺口，即形成所谓的根趾缺陷。

对接接头搅拌摩擦焊时，如果背面出现未焊透现象，也属于根部缺陷。发生于搅拌探头端部的未填充缺陷，也属于根部缺陷。此类根部缺陷主要是由于焊接过程中摩擦热输入不够(如搅拌头转速较低、焊接速度过快或者焊接厚度较大等造成)，搅拌头周围金属没有达到较好的塑性状态，其流动性差，所以易在根趾部位形成未填充。大厚板铝合金搅拌摩擦焊由于在板厚方向存在明显的温度梯度，产生根趾部缺陷的倾向较大。

(三) 搅拌摩擦焊缺陷的检测与补焊

研究和应用实践表明，相控阵超声成像技术是检测搅拌摩擦焊接头缺陷最理想的技术。加拿大的R/D Tech 公司是世界领先的相控阵超声波检测设备生产商，在搅拌摩擦焊技术诞生不久，就参与了 TWI 与美国波音公司合作的航天贮箱搅拌摩擦焊技术研究项目。目前，美国波音公司 Delta 系列火箭贮箱的 FSW 接头均采用 R/D Tech 公司提供的相控阵超声波设备进行缺陷检测。据 R/D Tech 公司的研究，相控阵超声波检测技术用于 FSW 接头缺陷检测具有直观、快速、准确和实时可视化等突出的优点。

由于其直观反映缺陷的形态和尺寸，利于工作人员对接头缺陷作出恰当的评价和描述，使得接头缺陷的检测与评定技术易于操控和掌握，是搅拌摩擦焊接头缺陷检测技术的主流发展方向。通过实时可视化的相控阵超声波检测技术再辅以常规的X射线检测和渗透探伤技术，可以解决上述搅拌摩擦焊接头缺陷的无损检测问题。

搅拌摩擦焊从试验研究走向工程应用，在解决了接头缺陷的检测问题后，还必须解决接头缺陷的修补问题。搅拌摩擦焊作为一种固态焊接方法，接头成形属于塑性连接，其接头缺陷与熔焊缺陷在形成机制、类型和分布特征上存在本质的不同。由于搅拌摩擦焊接头的强度系数远高于普通熔焊接头，所以采用何种补焊方法才能有效地修补缺陷并保证接头原有的性能是必须解决的技术难点。

由于搅拌摩擦焊接头强度系数非常高，常规的熔焊补焊会显著降低接头的强度，不仅抵消了FSW接头的优势，也为接头的设计带来困难，所以必须采用高质量的固态补焊工艺才能有效保证高的接头强度系数。摩擦塞焊为此提供了相当完美的工艺解决方案。

如图3－32所示，摩擦塞焊由耗材摩擦焊衍生而来，是一种高效的固相补焊方法。与熔焊修补工艺比，摩擦塞焊具有高效、补焊接头性能优异，补焊接头残余应力与变形小等突出的工艺优势。采用摩擦塞焊进行补焊，其最大的工艺优势在于一次补焊即可去除缺陷、补焊合格率高达100%，而熔焊补焊往往需要反复几次打磨、填充，这样既消除了熔焊修补带来的局部变形和矫形工序，又节省了修补时间，是FSW接头理想的缺陷修补工艺。

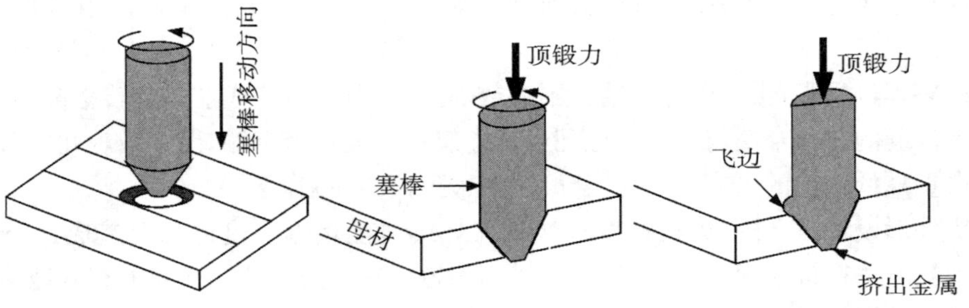

图3－32　摩擦塞焊工艺原理与过程

此外，摩擦塞焊还有效解决了搅拌摩擦焊用于小厚度构件环缝或封闭焊缝的匙孔补焊问题，大大拓宽了搅拌摩擦焊的应用范围。

六、搅拌摩擦焊工程应用

（一）船舶工业

铝合金的应用日益扩大成为造船业的新趋势，欧洲、澳大利亚、美国、日本等国的多家造船公司都在积极采用铝合金结构取代原来的钢结构。如挪威的船舶铝业公司（Marine Aluminum），瑞典的Sapa公司，荷兰的Royal Huisman造船厂，美国的范库弗峰造船公司、联合造船厂、Point Hope造船所，澳大利亚的Incat Tasmania Pty造船有限公司等。建造的铝合金船舶包括快艇、高速渡轮、双体船、游轮、高速巡逻船、穿波船、海洋观景船、运载液化天然气的铝罐船等。

1996年，世界上第一台商业化FSW设备（见图3－33）安装在挪威的Marine Aluminum公司，最初该公司用它来生产渔船用的冷冻中空板和快艇的一些部件，后来又用它来生产大型游轮，双体船的舷梯、侧板、地板等部件，同时也生产直升机降落台。这台FSW设备为全钢结构，质量63 t，尺寸20 m×11 m。到现在已焊接出320 km长的焊缝，而且几乎没发现过任何焊接缺陷，质量非常稳定。

Marine Aluminium向各大造船厂提供标准尺寸的采用搅拌摩擦焊连接的铝合金预制成的型材（见图3－32），缩短了造船周期。采用搅拌摩擦焊预制板材使船体装配过程更精确、更简单。造船厂不再考虑全过程的铝合金连接问题，而仅仅是改造流水线来采用标准的预制板材组装船体。

图3－34为采用搅拌摩擦焊预制板材制成的船体部件，图3－35为采用搅拌摩擦焊预制板材制造船体的双体船，图3－34为采用搅拌摩擦焊预制板材制造游轮的上层建筑。制造图3－36所示双

图 3－33　挪威 Hydro Marine 采用搅拌摩擦焊制造船用型材

图 3－34　挪威 Hydro Marine 采用 FSW 制造船用预制板构件

图 3－35　采用 FSW 预制板的双体船

图 3－36　采用 FSW 预制板的游轮

体船所采用的铝合金搅拌摩擦焊预制板占船体总用铝量的 25%，通过采用搅拌摩擦焊预制板，并改造相应的流水线，使整船的生产成本降低了 5%。

游轮的第二层、第三层均采用了搅拌摩擦焊预制板材，预制板材的宽度超过了上层建筑宽度的 50%，大大节约了船体的制造成本。

造船厂对搅拌摩擦焊预制板材的评价可归结为：

(1) 搅拌摩擦焊预制板材产品成熟并且环保；

(2) 搅拌摩擦焊过程全机械自动化，焊缝质量稳定一致，FSW 预制板材的质量稳定，尺寸公差变化小；

(3) 搅拌摩擦焊生产效率高，交付周期有保证；

(4) 搅拌摩擦焊预制板材已通过 DNV、RINA、Germanischer Lloyds 的认证；

(5) 搅拌摩擦焊预制板材平直度高，免除了后续的地板矫平，去除焊接余高等工作；

(6) 一般的挤压型材由于挤压机吨位限制，尺寸很小，而大型挤压型材成本又过高，并且大型挤压机制造宽而薄的型材还有难度，采用 FSW 将小尺寸型材拼接制成大型预制板材，成本较低。

（二）航天工业

目前，美国航天贮箱所采用的材质为2195－T8铝锂合金和2219－T87铝铜合金。由于这些高强铝合金的熔焊焊接性较差，如何连接成为困扰工程技术人员的主要问题。采用搅拌摩擦焊可以显著提高这类铝合金焊缝的质量，减小焊接应力和变形，增强结构的可靠性。

波音公司在搅拌摩擦焊诞生初期就积极与英国焊接研究所合作，成功实现了Delta系列火箭结构件的搅拌摩擦焊制造（见图3－37），有效提高了接头的质量并降低了焊接生产成本。1999年8月17日，中间舱段采用搅拌摩擦焊制造的DeltaⅡ火箭成功发射。2001年4月7日，带有首次采用搅拌摩擦焊制造的低温贮箱的DeltaⅡ火箭成功发射"火星探索号"探测器。该型火箭使用了3个采用搅拌摩擦焊制造的燃料贮箱。该次发射也是搅拌摩擦焊首次应用于低温压力容器，采用搅拌摩擦焊连接的燃料贮箱工作温度为－195℃～＋183℃。

波音公司的技术总结表明，采用搅拌摩擦焊技术，助推舱段焊接接头的强度提高了30％～50％，制造成本下降了60％，制造周期由23 d减少至6 d。鉴于上述搅拌摩擦焊突出的高效、低成本制造优势，波音公司后来在阿拉巴马州的Decatur工厂装备了两台大型立式搅拌摩擦焊机专门用于DeltaⅣ型火箭贮箱纵缝的焊接。截至TWI发布此信息之日，应用于DeltaII型火箭的搅拌摩擦焊缝已达2 100 m，应用于DeltaIV火箭贮箱的搅拌摩擦焊缝已达1 200 m，无任何缺陷。

NASA下属马歇尔空间飞行中心很早就开展了搅拌摩擦焊相关技术的研究工作，通过与洛·马公司的密切合作，系统评定了搅拌摩擦焊工艺在各种铝合金及铝锂合金上的应用并购置了3台GTC公司提供的搅拌摩擦焊设备用于航天飞机外贮箱的焊接生产。这些铝合金包括2195，2014，2219，7075及6061，厚度在2.3～38 mm之间。所得焊缝的性能优于钨极气体保护焊：拉伸强度提高15％～20％，塑性提高1倍，断裂韧性提高30％，焊后变形小，残余应力极低，焊缝组织为锻造的细晶组织，几乎无缺陷。目前，洛·马公司已将搅拌摩擦焊成功应用于航天飞机助推器的制造（见图3－38）。该助推器直径27.5 ft（1 ft＝0.3048 m），材料为2195－T8，搅拌摩擦焊用于焊接筒体6条8 mm厚的纵缝和2条变截面纵缝（其厚度为8～16.5 mm）。

图3－37　FSW焊接的DeltaII火箭贮箱壳段

图3－38　FSW焊接的航天飞机外贮箱筒体

Fokker Space公司采用搅拌摩擦焊制造Ariane5助推器的发动机框架（图3－39）。该框架由12块整体加工构件装配而成（图3－40），材料为7075－T7351的铝合金，熔焊焊接性差，所以原产品采用铆接工艺。该公司决定采用搅拌摩擦焊搭接接头代替原来的铆接结构。研究表明，搅拌摩擦焊搭接接头能完全满足性能的使用要求。尽管FSW搭接接头的强度略小于其对接接头的强度，但已达到取代铆接的标准。在装配过程中还发现，采用搅拌摩擦焊方法为装配提供了更大的工艺裕度，使装配更加容易。

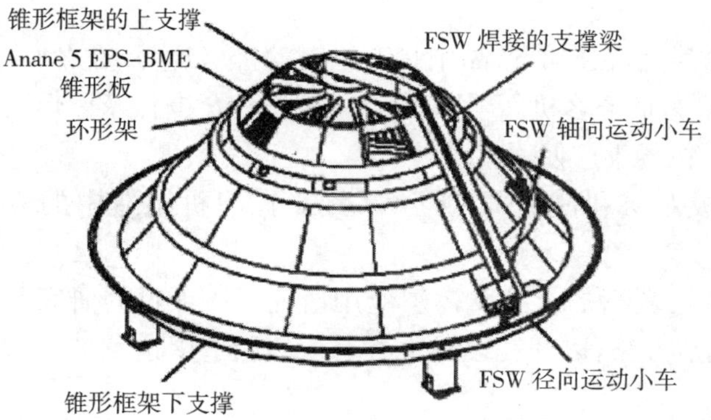

图 3－39　Ariane5 助推器框架结构

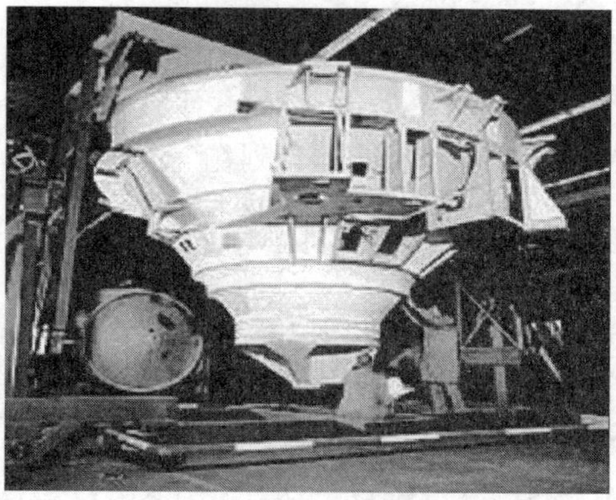

图 3－40　Ariane5 助推器框架

（三）航空工业

欧洲航空工业公司在几年前就开展了两项有关搅拌摩擦焊的研究工作。项目之一是“飞机框架结构的搅拌摩擦焊(简称 WAFS)”。该项目将历时 3 年，由欧洲 13 个主要的飞机制造公司和研究机构合作承担。其内容涉及 FSW 的标准化、1～6 mm 薄板 FSW 焊接、6～25 mm 厚板 FSW 焊接、FSW 焊接过程仿真与模拟和飞机 FSW 零部件的设计与开发。

“宇航工业近期商业目标技术应用(简称 TANGO)”是其第二个 FSW 研究项目，由空客工业公司负责，历时 4 年，由 12 个国家 34 个合作伙伴参加，主要研究飞机结构的 FSW 焊接问题。这些结构包括金属材料机身、复合材料机身、中心和侧部翼箱。

在飞机制造领域，新材料、新工艺的应用也是提高飞机性能、降低制造成本的一种有效途径，所以国际上的飞机制造公司除了参与完成许多搅拌摩擦焊的基础研究外，还针对飞机的特殊零部件展开了搅拌摩擦焊应用研究，如飞机机身的纵向、环向、预成形件的搅拌摩擦焊连接，飞机起落架传动支承门、飞机方向翼板、飞机中心翼盒盖板、飞机蒙皮制造、飞机机翼蒙皮结构的修理，飞机地板的搅拌摩擦焊以及新型商业飞机的搅拌摩擦焊。

美国 Eclipse 航空公司于 1997 年投资 3 亿美元用于开发搅拌摩擦焊在飞机制造上的应用，并力求通过 FSW 技术的应用能够造出高性价比的商务客机(图 3－41～图 3－44)，增强自身的核心竞争力。

图 3－41　Eclipse N500 商务客机

图 3－42　Eclipse N500 内舱

Eclipse 公司利用了 263 条搅拌摩擦焊焊缝取代了 7 000 多个螺栓紧固件，使飞机的制造效率增加而成本却大幅降低，推出了新机型 N 500 商务客机。该型号商务客机于 2002 年 6 月通过了 FAA 的认证，2003 年开始批量生产。

Eclipse 公司总裁 Vern Rabum 称：“我们在搅拌摩擦焊应用方面所作的开创性工作极大地改变了传统飞机的制造周期，使得我们生产 Eclipse N 500 飞机所花费的时间和成本比历史上任何一家小型飞机都要低。”

Eclipse N 500 型飞机目前售价为 117.5 万美元，在同类产品中具有绝对的价格优势，在 2003 年 6 月底的展示会上 3 d 就销售了近 200 架 N 500 型商务客机。美国 NASA 把这种全搅拌摩擦焊飞机看作是“空中出租车”，计划在美国 3 000 个小型机场推广使用。

波音公司主要致力于飞机薄板对接、厚板对接和薄板 T 型 FSW 接头在飞机制造中的应用研究。

法国 EADS 合作研究中心正致力于飞机中心翼盒的搅拌摩擦焊应用研究。该项目的研究目标是利用对接焊的挤压型材来代替传统的铆接制造方法，以期在飞机中心翼盒的制造中达到减重和降低成本的目的。

图 3 - 43　Eclipse 公司的搅拌摩擦焊设备

图 3 - 44　采用 FSW 制造的 Eclipse N500 机身

英国宇航空客公司对飞机机翼结构的 FSW 焊接应用进行了卓有成效的研究，以期利用 FSW 工艺获得比现有飞机翼盒结构的设计、制造更好的安全、成本和性能的优势。

（四）轨道交通

铝合金因其密度小、可回收性好等优点在各种列车制造中得到越来越广泛的应用，比如列车车厢、壁板以及底板等均可采用铝合金材料制造；但是铝合金焊接是铝合金应用的一个主要障碍，采用熔焊方法焊接铝合金容易产生气孔、裂纹等缺陷。1998 年发生在德国 Eschede 的撞车事故以及 1999 年发生在英国 Ladbroke Grove 的撞车事故，引起了人们对铝合金列车制造技术的再思考。

在 1999 年的事故中，许多焊接接头灾难性地失效了(焊缝开裂)。调查结果表明，铝合金挤压成型件沿着焊缝断开了。这是由于熔焊缝位置的冲击韧性比较差，缺乏塑性变形能力，结构沿着焊缝失效了，而不是以设想的方式发生变形，所以熔焊接头的抗撞击能力比较低。调查报告(HSC Report)建议采用熔焊的替代性方法焊接铝合金。搅拌摩擦焊技术是铝合金列车制造中最受关注的替代性焊接技术。

日本日立公司在铝合金列车制造领域取得了突破性进展，提出了 A-Train 概念，即采用搅拌摩擦焊技术拼接双面铝合金型材来制造自支撑结构的铝合金车厢(见图 3 - 45)。现在，以 A-Train 概念为蓝本的列车已广泛服务于日本轨道交通业。A-Train 概念列车比普通列车运行速度更快，但车厢内环境却更安静，并且抗冲击性更好。

日立公司对采用的搅拌摩擦焊技术有以下评价：

(1) 基本无变形、无收缩，焊后金属无变色，是精确的车体制造技术；

(2) 不需要填丝、不需要保护气，无飞溅、无烟尘、无紫外射线辐射、无缺陷；

(3) 搅拌摩擦焊接头强度优于 MIG 焊接头，变形是 MIG 焊的 1/12；

(4) 中空铝合金挤压型材减少了车体制造零件，可以实现大尺寸(整体)内壁模板安装；

(5) 技术发展、低成本、低维修费用、低操作要求、低能源消耗。

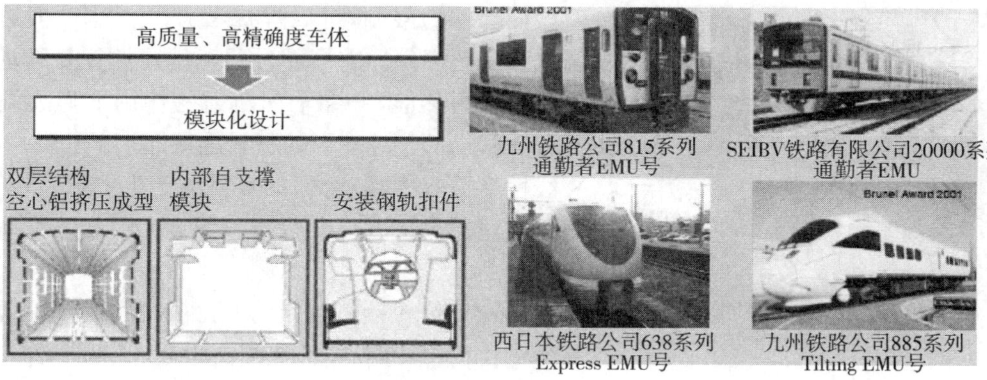

图 3-45　用于日本轨道交通的 A—TRAIN 概念列车设计特性和车型

（五）电力工业

目前，铝合金已成为工业应用的第二大金属材料，仅次于钢铁。随着科学技术的进步，铝合金优良性能不断地被认识和利用，铝合金结构件的工业应用日益扩大。输变电设备素来有着高效、低应力、无变形优质焊接需求。例如，高压输变电站整流塔上使用的电力设备散热器（见图 3-46）为铝合金构件，通过内部循环冷却液将元器件产生的热量带走，起到对元器件散热的作用。该产品全部采用6063铝合金，分为 1 个本体和 3 各盖板共 4 部分，盖板与本体间采用焊接连接。产品焊后精加工至最终尺寸后，要求焊缝能承受 2 MPa 压力。若采用熔化焊接技术，不仅焊缝变形大，而且熔化焊对工件焊前制备要求很高，工件表面质量稍差就会产生焊缝缺陷，导致产品报废。而搅拌摩擦焊施工过程中各参数均靠机床保证，一旦工艺规范确定，焊缝的一致性极强。

铝质母线（图 3-47）是高压输变电站整流塔中的重要导电器件，它的连接焊缝为对接形式，对接面一侧是 15 mm 厚度铝板（6063），另一侧为 30 层 0.5 mm 厚度纯铝铝板叠加组成。整个组件要求能承受通断电流 2 000～4 000 A，使用寿命 30 年。

图 3-46　散热器实物

图 3-47　铝质母线

采用熔化焊工艺焊接母线焊缝时，焊缝极易产生熔合不良和气孔、夹杂缺陷，导致母线的成品率很低。而搅拌摩擦焊技术恰好可以弥补熔化焊的上述缺陷。

第二节　线 性 摩 擦 焊

一、概述

线性摩擦焊接是在旋转摩擦焊的基础上发展起来的。线性摩擦焊打破了旋转式只限于圆柱截面

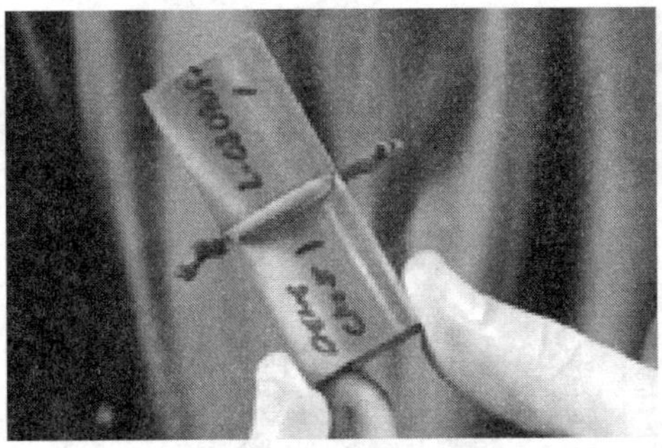

图 3-48　线性摩擦焊的一个试件

或管截面焊件的限制，可以焊接长方形、圆形、多边形截面的金属或塑料焊件。它是通过两工件线性往复运动使机械能部分转化为热能，并在轴向压力的作用下将高温并且产生了较大的局部塑性变形的材料连接起来。

线性摩擦焊中，结合面的热量的产生更加有规律，从而可进行质量更高的一体化焊接。图 3-48 是线性摩擦焊的一个试件。

线性摩擦焊焊接过程是：待焊的一对工件，一件夹持于往复运动机构中，称为线性往复运动工件；另一件夹持于尾座夹具中，称为移动工件。

世界上第一台线性摩擦焊机，由英国焊接研究所及其合作伙伴于 1990 年研制成功，该设备往复运动机构频率 75 Hz，位移幅度为 ±3 mm。线性摩擦焊接可用于非圆形截面构件的焊接，配置工装夹具可焊接不规则的工件，因而应用前景广泛。据 TWI（英国焊接研究所）的有关资料介绍，线性摩擦焊的潜在用途包括齿轮、链环、汽车保险杠、行李箱盖和地板块等塑料部件，双金属叶片以及金属与塑料的复合连接等。

线性摩擦焊接优点在于：

(1) 焊接温度低，一般常低于材料的熔点，属于固相连接；

(2) 可用于非圆形截面构件的焊接、配置工装夹具可焊接不规则的工件；

(3) 焊接质量高、稳定、可靠、焊件尺寸精度高；

(4) 耗能低，节能效果显著；

(5) 节约原材料；

(6) 无须添加保护气和焊料；

(7) 可进行异种材料的焊接，尤其适用于高温合金和贵金属的连接；

(8) 焊接过程无烟尘、飞溅、辐射等产生，安全性好，比较环保。

线性摩擦焊接最初应用于塑料焊接，20 世纪 80 年代后期，开始把线性摩擦焊接用于航空发动机钛合金整体叶盘的制造。德国学者还研究了带有单晶叶片的涡轮叶盘结构的线性摩擦焊接。英国焊接研究所已经用其焊接了 C-Mn 钢、不锈钢、铝合金、钛合金和镍合金。并行技术公司（CTC）为美国海军完成了一项研究项目，对 7 种不同合金和两组异种金属进行了线性摩擦焊接试验，以用于发动机维修。对焊件试样所做的摆锤冲击、拉伸、弯曲和金相试验结果令人满意，其接头的强度、塑性达到母材性能，大多数材料的弯曲角度可达 180 度。钛合金线性摩擦焊接时不需要任何气体保护。对于金属间化合物、快速凝固铝合金、MMC 铝合金同样可以实现优良连接。近年来，线性摩擦焊接工艺在喷气发动机的制造和维修方面取得了令人瞩目的进展。喷气发动机制造商对这种先进的连接方法尤其感兴趣，因为其他焊接方法很难保证发动机零部件所用材料的焊接质量。

国内亦对这项先进制造技术开展了研究。如北京航空制造工程研究所和西北工业大学摩擦焊接重点实验室均研制成功了线性摩擦焊接设备，并进行了工艺方面的研究。

二、线性摩擦焊原理与工艺特征

线性摩擦焊接的原理如图 3-49 所示。在线性摩擦焊接中，往复运动工件相对于移动工件作相对运动，在轴向压力作用下，随着摩擦运动的进行，摩擦表面被清理并产生摩擦热，摩擦表面的金属逐渐达到塑性状态并产生变形。然后，停止往复运动并施加顶锻力，完成焊接。

焊接时，往复运动工件在动力源驱动下开始高频、小振幅往复运动；移动工件在液压力的作用下逐步向往复运动工件靠拢，当工件接触后，在摩擦界面上的凸起部分首先发生摩擦、黏接与剪切，并产生摩擦热。随着摩擦的进行，实际接触面积增大，摩擦力迅速升高，摩擦界面温度也随之上升，摩擦界

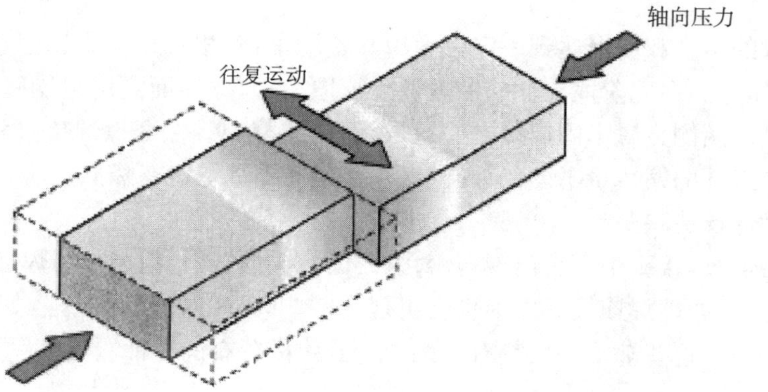

图 3-49 线性摩擦焊接的原理图

面逐渐被一层高温黏塑性金属所覆盖。此时，工件的相对运动实际上已发生在这层黏塑性金属层的内部，产热机制已由初期的干摩擦产热转变为黏塑性金属层内的塑性变形产热。在热激活作用下，这层黏塑性金属发生动态再结晶。随摩擦热量由摩擦面向工件的传导，焊接面两侧温度逐渐升高，在压力作用下，焊合区金属发生塑性流动，随工件往复运动被挤出结合面，从而形成飞边。焊接过程中缩短量逐渐增大。当热影响区的温度分布、变形达到一定程度后，两工件对中并施加顶锻压力，此时缩短量急剧增大。在顶锻过程中，焊合区金属通过相互扩散与再结晶，使两侧金属牢固连接在一起，从而完成整个焊接过程。在整个焊接过程中，摩擦界面温度低于熔点，属于固相焊连接。其焊接接头质量高，再现性好，是焊接高推重比航空发动机转子部件最为可靠和最可信赖的焊接技术之一。

根据焊接过程中的产热机制变化以及塑性金属的排出过程，可以将线性摩擦焊接分为较为明显的四个阶段(见图 3-50)。

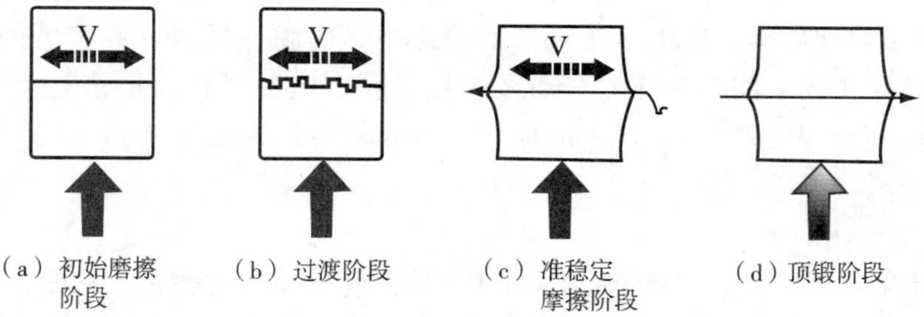

图 3-50 典型线性摩擦焊接过程

(一) 初始摩擦阶段

两个工件在压力作用下接触在一起，通过摩擦产生热量，真实接触面积逐渐增大，摩擦界面平均剪切应力与界面平均温度急骤上升。在此阶段，摩擦界面没有宏观塑性变形产生，试件缩短量几乎为零。

(二) 过渡阶段

随着摩擦的进行和界面温度的升高，摩擦界面区域的材料开始软化，并产生塑性变形，热影响区逐渐形成并增大。此时真实的接触面可以认为是 100%的工件横截面，摩擦界面平均剪切应力也逐渐达到峰值后又迅速降低，相应温度上升速率减小，工件开始在压力方向上发生缩短。

(三) 准稳定摩擦阶段

摩擦界面间产热机制已由初期的摩擦产热转变为黏塑性金属层内的塑性变形产热，此时产热功率趋于稳定。随着热传导不断进行，摩擦界面附近产生了一个塑性区，在摩擦压力和工件往复振动的共同作用下，黏塑性金属从摩擦界面向边缘挤出。此时摩擦界面平均剪切应力稳中有降，摩擦界面温度稳中有升并趋于恒定，工件压力方向的缩短量呈线性增大，焊接过程处于动态平衡状态。

（四）顶锻阶段

当摩擦界面区的温度和变形达到一定程度后开始刹车，使相对运动急速停止并控制工件精确对中，同时施加顶锻压力。在此阶段工件的缩短量继续增大，摩擦界面温度急剧降低，焊合区金属通过相互扩散和再结晶使两侧金属牢固焊接在一起，从而完成整个线性摩擦焊接过程。在顶锻保压过程中，温度持续降低，工件的缩短量不变。焊接结束后，工件缩短量略有降低。

三、线性摩擦焊接头缺陷

摩擦焊是固相连接，接头中不会出现与熔化、凝固有关的缺陷；但当材料焊接性差、焊接参数不当或表面清理不好时，在摩擦焊连接界面上也会出现一些“非理想结合”的缺陷，如裂纹、未焊合、夹杂、金属间化合物、错叠等，这些缺陷一般具有二维、平面、弥散分布的特征。

（一）“灰斑”缺陷

“灰斑”是一种焊接缺陷在断口上的表现形式，它在断口上一般表现为暗灰色平斑状，无金属光泽，为近似圆形、椭圆形或长条形，与周围金属有明显的分界，无显著塑性变形，具有明显的沿焊缝断裂的特征。微观上看，“灰斑”是从焊合区破碎或未破碎的夹杂物与基体金属的界面为空穴形成核心，在外力作用下不断扩展，最终聚合成密集细小的浅韧窝，在宏观上表现为脆性断裂。

根据扫描电镜分析和X射线能谱分析，“灰斑”缺陷系由以Si、Mn为主的低塑性物质组成。一般认为其形成机制为：由于焊接部位母材内部存在的一些夹杂物，在摩擦加热、顶锻加压时被碎化而进入焊接面但又未被完全挤出，从而形成“灰斑”。

（二）焊接裂纹

摩擦焊接头上的裂纹主要出现在焊合区边缘飞边缺口部位、焊合区内部、近缝区及飞边上。飞边缺口裂纹沿焊合区向内扩展，其产生与材料的淬硬性及焊接参数有关。分析表明，当焊合区两侧塑性区较宽、顶锻力过大时，会在焊合区周边部位产生较大的拉应力，这是形成飞边缺口裂纹的主要原因。异种材料焊接时可能在焊合区周边部位产生裂纹。脆性材料或易淬硬材料与其他异种材料焊接时，在焊后或热处理后会产生由飞边缺口部位起裂并向脆性材料一侧扩展的环状裂纹，这类裂纹的产生与焊接接头内部的残余应力分布及焊接过程中脆性材料的损伤有关。飞边裂纹是指飞边上沿径向或环向开裂的裂纹，其产生的原因主要是焊合区温度不当，飞边金属塑性低以及焊接变形速度过快。

（三）未焊合

未焊合一般产生于焊接接头的焊合面上，其表面宏观特征呈氧化颜色。在断口上表现为摩擦变形特征及其上分布的氧化层，氧化物主要是焊接过程中在高温形成的氧化铁。另外，结合表面上的氧化物、油污、杂质凹坑等也会在焊合面上造成“未焊合”缺陷。它的产生与摩擦加热不足、顶锻力过小及原始表面状态等因素有关。

此外，摩擦焊接头中还会出现焊缝脱碳、过热组织、淬火组织等缺陷。

线性摩擦焊的缺陷检测与其他类型的摩擦焊缺陷检测类似，通常并无特别的要求。

四、线性摩擦焊设备

线性摩擦焊机按其振动方式可以分为机械式线性摩擦焊机和电磁式线性摩擦焊机。

机械式线性摩擦焊机是利用旋转式电机加上一套将旋转转换为往复运动的传动机构，能够焊接各种金属和非金属，但焊接振动的实现比较复杂。国外针对这种运动的实现方法已经申请了多项专利。

电磁式线性摩擦焊机是利用交流电磁振动直接产生往复运动，焊机的最高频率可达到240 Hz，焊接时间短；但由于磁体结构限制，焊机往复牵引力小，目前只能焊接塑料制品和较软的金属制品。

线性摩擦焊机通常由往复运动的机械部分、固定工件的夹持器、液压机构以及控制部分等组成。不同的焊接对象，焊接的机械部分、夹持器以及控制部分也不同。图3－51是叶轮结构线性摩擦焊设备示意图。在水平方向的压力的作用下叶片作垂直方向的往复运动。

图 3－52 是西北工业大学研制的线性摩擦焊机结构示意图。它利用旋转式电动机加上曲柄滑块机构，将电动机的旋转运动转化为振子的往复运动。该系统中电动机与振动台都与焊机机身固定连接。静止工件固定在夹具上，振动工件在曲轴连杆的驱动下以一定的频率和振幅相对静止工件做线性往复运动。

该线性摩擦焊机对振动频率的调节是通过一个交流变频调速装置来改变电动机转速实现的。调节的范围为 0～50 Hz。

该焊机采用双薄膜式气压传动加压机构，在 4 个大气压之内可以保证压力的稳定性。

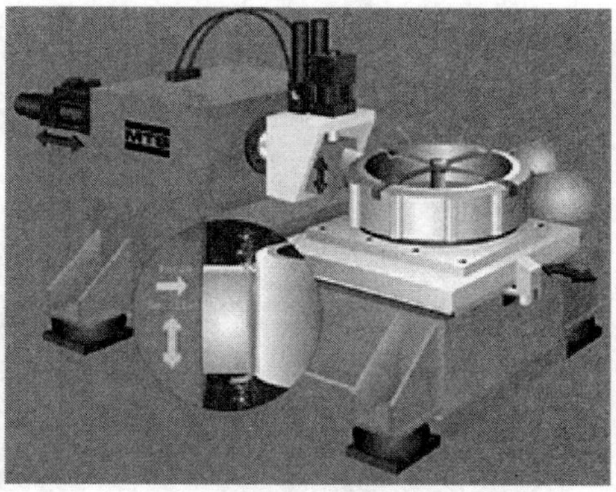

图 3－51　叶轮结构线性摩擦焊设备示意图

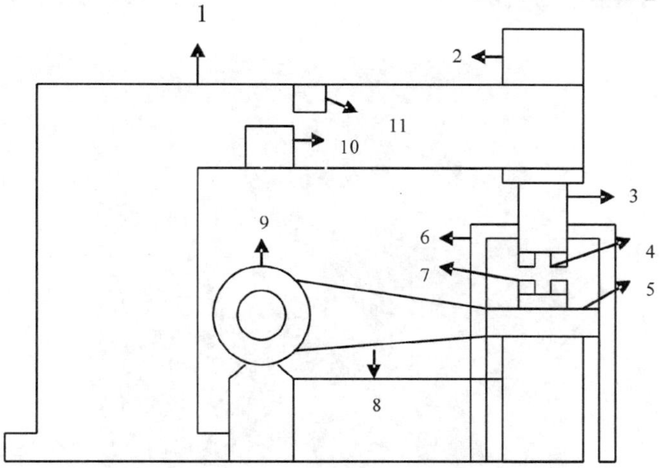

图 3－52　线性摩擦焊机的结构示意图

1. 机体，2. 气缸，3. 电极，4. 上夹具，5. 振动台，6. 固定装置，
7. 下夹具，8. 传动装置，9. 电动机，10. 调频装置，11. 调压装置。

该焊机的主要参数如下：

最大摩擦压力　　15 t；
最大顶锻力　　20 t；
振动频率　　0～70 Hz 连续可调；
振幅　　0～2.58 mm 连续可调；
摩擦时间　　0～200 s 连续可调；
控制方式　　时间、变形量及功率峰值控制；
焊机回位精度　　±0.01 mm；
构件焊接尺寸精度　　±0.03 mm。

图 3－53 是该线性摩擦焊机外观照片。图 3－54 为用该焊机焊接的试件飞边宏观形貌。图 3－55 是用该焊机焊接的 TC4 钛合金接头纵向截面的低倍放大图。与旋转式摩擦焊的飞边相比，两者飞边之间最明显的差别在于：在线性摩擦焊工件的飞边表面上存在有较为明显的条纹，条纹的形状较为规则。

五、线性摩擦焊工程应用

（一）航空发动机“整体叶盘”

近年来，在航空发动机结构设计中出现了一种称之为“整体叶盘”的结构，它把发动机转子的叶片和轮盘焊接成一体，省去了传统连接用的榫头、榫槽和锁紧装置，转子的质量轻，零件数目大大减少，

图 3-53　线性摩擦焊机外观照片

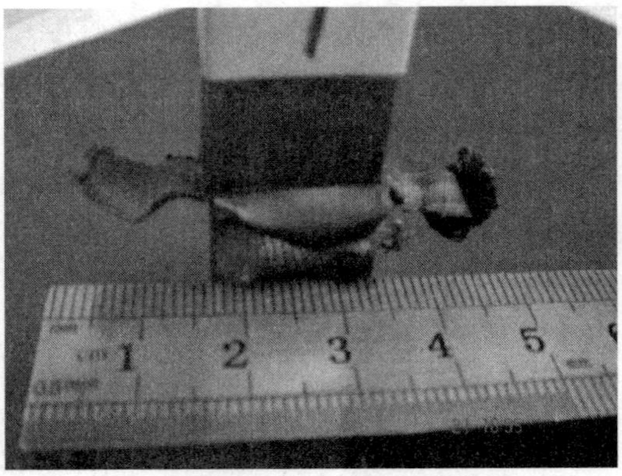

图 3-54　焊接试件飞边宏观形貌

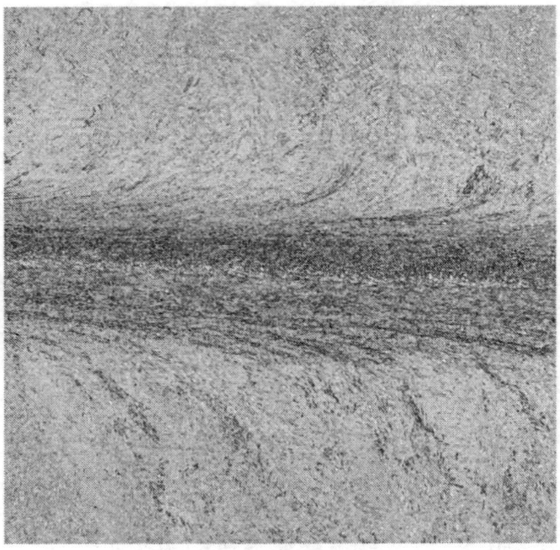

图 3-55　TC4 线性摩擦焊摩擦焊界面纵截面低倍金相图

使发动机结构大为简化，推重比和可靠性进一步提高。因此，整体叶盘结构在新研制的高推重比航空发动机上得到了推广应用。

钛合金整体叶盘用该技术焊接要比从实体毛坯加工更加经济，而且可将制造周期减至最短。该技术具有工艺简单、成本低、综合性能高的特点，深受生产厂家的欢迎。采用该技术还可以将被鸟撞损坏的叶片拆换下来进行修理，能适应性能和结构需要，在材料选择和性能组合上具有更大的灵活性。与整体铸造和铣削加工的涡轮相比，叶片材料可根据不同需要选用细晶、定向、单晶及纤维增强材料等，以满足高的持久蠕变性能要求；盘件可选用具有高屈服强度和良好的低周疲劳性能的粉末高温合金，以实现盘件与叶片的最佳组合。

目前，线性摩擦焊接已经成为全球制造业尤其是航空发动机制造中一项关键的制造技术和修复技术，其应用前景非常广阔。国外已经为此申请了数项专利，其研究也投入了大量的人力、物力。

图 3-56 为整体叶盘线性摩擦焊加工示意图。整体叶盘的加工和焊接过程是：首先将单个叶片与轮盘分别做出，轮盘的轮缘处已做好连接叶片的凸座，而叶片根部处做有较厚的裙边，且由于轮缘上已有一段叶片的凸座，所以叶片比正常的叶片要短；第二步将叶片紧压在轮盘轮缘的凸座上，使其高频振荡，造成叶片底部表面与凸座表面间高速摩擦，产生了足以是两者之间原子相互移动所需的高温，当达到所需的高温后，停止振荡并保持将叶片紧压在轮盘轮缘上，直到两者结合成一体为止；最后再在数控铣床上用棒铣刀将多余材料铣掉。

图 3-55 是线性摩擦焊焊接的整体叶盘。线性摩擦焊还能够能对损坏的单个叶片进行修理。能否对整体叶盘（特别是在风扇第 1 级采用时）进行修理是要考虑的一个重要问题，因为发动机在使用中不

图 3-56 整体叶盘线性摩擦焊加工示意图

可避免地会发生被外物特别是鸟打伤叶片的情况，线性摩擦焊可以将损坏的叶片切去后再焊上新叶片。

（二）汽轮机叶片及其他

汽轮机叶片工作在高温状态下，其材质一般为耐热钢或高温合金，采用线性摩擦焊工艺的优点与航空发动机“整体叶盘”的制造相似，其优点是显而易见的。

图 3-57 线性摩擦焊焊接的整体叶盘

图 3-58 叶盘的线性摩擦焊照片

如前所属，线性摩擦焊的应用及其潜在的应用包括齿轮、链环、汽车保险杠、行李箱盖、地板块塑料部件、双金属叶片以及金属与塑料的复合连接等。图 3-58 为叶盘的线性摩擦焊照片。

参考文献

[1] 周万盛，姚君山. 铝及铝合金的焊接[M]. 北京：机械工业出版社，2006.
[2] 夏德顺，王国庆. 搅拌摩擦焊接在运载火箭上的应用[J]. 导弹与航天运载技术，2002(4)：27-32.
[3] RHODES C G, MAHONEY M W, BINGEL W H. Effects of friction stir welding on microstructure of 7075 aluminum[J]. Scripta Mater, 1997, 36(1): 69-75.
[4] BENAVIDES S, LI Y, MURR L E, et al. Low-temperature friction-stir welding of 2024 aluminum[J]. Scipta Mater, 1999, 41(8): 809-815.
[5] 姚君山，徐萌，贾洪德，等. 推进剂贮箱先进焊接工艺研究进展[J]. 航空制造技术，2008(8)：32-35.
[6] DAWES C J, THOMAS W M. Friction stir process welds aluminum alloys[J]. Welding Journal, 1996, 75(3): 41-45.
[7] 栾国红，郭德伦，张田仓，等. 搅拌摩擦焊在飞机制造工业中的应用[J]. 航空制造技术，2002(11)：31-36.

[8] KAR-ERIK KNIPSTIM, PEKARI BERTIL. Friction stir welding process goes commercial[J]. Welding Journal, 1997, 76(9):55-56.
[9] JOHNSEN MARRY RUTH. Friction stir welding takes off at a Boeing[J]. Welding Journal, 1999, 78(2): 35-39.
[10] MIDLING O T, OOSTERKAMP L D, BERSAAS J. Friction stir welding aluminum-process and applications [C]. 7th Inalco Conf, Cambridge, 1998.
[11] KALLEE S W, NICHOLAS E D, THOMAS W M. Industrialization of friction stir welding for aerospace structure. Structures and Technologies Challenges for Future Launchers[C]. Third European Conference, Strasbourg France, 2001.
[12] 刘萝威.轻合金焊接工艺在航空航天工业上的应用[J].航天制造技术,2002(4):49-52.
[13] 刘萝威. NASA 航天飞机轨道飞行器的先进材料与工艺[J].飞航导弹,2003(12):54-55.
[14] 栾国红,郭德伦,张田仓,等.革命性的宇航结构件焊接新技术—搅拌摩擦焊[J].航空制造技术,2002(12): 31-36.
[15] JATA K V,SEMIATIN S L. Continuous dynamic recrystalization during friction stir welding of high strength aluminum alloys[J]. Sctipta materialia, 2000, 43(8)743-749.
[16] 邢美源,姚君山,刘杰.新型运载贮箱搅拌摩擦焊应用研究[J].上海航天,2006,23(4):39-43.
[17] 陈光.一种整体叶盘的加工方法——线性摩擦焊[J].航空工程与维修,1999(4):14-15.
[18] 张田仓.线性摩擦焊在整体叶盘制造中的应用[J].航空制造技术,2004,15(6):56-58.
[19] VARIS A. ,FROST M. On the extrusion stage of linear friction welding of Ti 6Al 4V[J]. Materials Science and Engineering. 1999,27(1): 477-484.
[20] Vairis A. , Frost. M. Modelling the linear friction welding of titanium blocks[J]. Materials Science and Engineering. 2000,28(2):8-17.
[21] 刘佳涛.钛合金 Ti6Al4V 线性摩擦焊接数值模拟研究[D].西安:西北工业大学,2007.
[22] 刘佳涛,刘金合,杨思乾,等. Ti6Al4V 线性摩擦焊接实验研究[J].热加工工艺(焊接版),2007,36(3):23-24.

第四章　焊接机器人应用技术

第一节　焊接机器人概论

一、焊接机器人分类

焊接机器人是一个机电一体化的设备，可以按用途、结果、受控方式、驱动方法等观点对其进行分类。

（一）按用途分类

按用途分类，焊接机器人可分为两大类。

1. 点焊机器人

点焊机器人系统在汽车工业应用广泛，在装配每台汽车车体时，大约60％的焊点是由机器人完成，具有负荷大、动作快、工作点姿态要求严等特点(见图4-1)。最初，点焊机器人只用于增强焊作业(往已拼接好的工件上增加焊点)，后来为了保证拼接精度，又让机器人完成定位焊作业。这样，点焊机器人逐渐被要求有更全的作业性能，具体来说有：

（1）安装面积小，工作空间大；

（2）快速完成小节距的多点定位(如每0.3～0.4 s移动30～50 mm节距)；

（3）定位精度(±0.25 mm)，以确保焊接质量；

（4）持重大(50～100 kg)，以便携带内装变压器的焊钳；

（5）内存容量大，示教简单，节省工时；

（6）点焊速度与生产线速度相匹配，同时安全可靠性好；

（7）有足够的自由度。

2. 弧焊机器人

随着弧焊工艺在各行业的普及，弧焊机器人已经在通用机械、金属结构等许多行业中得到广泛运用(见图4-2)。弧焊机器人包括各种电弧焊附属装置在内的柔性焊接系统，而不只是一台以规划的速度和姿态携带焊枪移动的单机，因而对其性能有特殊的要求，其中对运动轨迹要求较严。在弧焊作

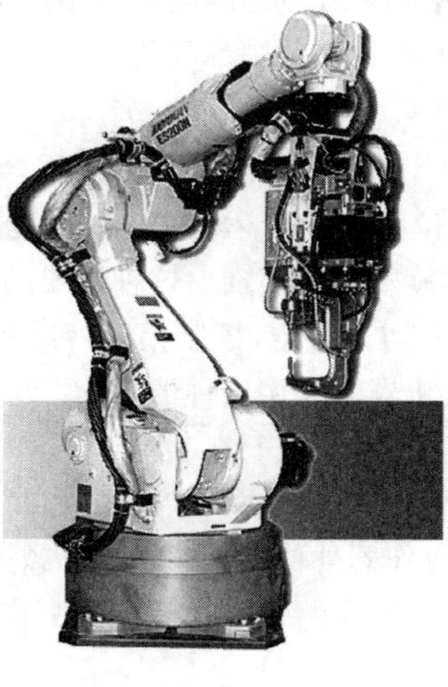

图4-1　点焊机器人

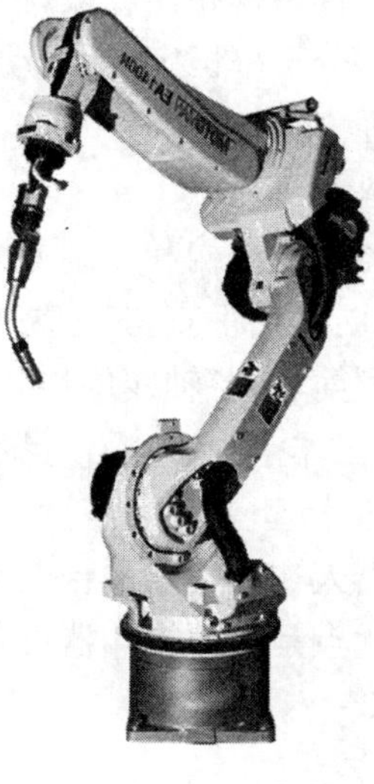

图4-2　弧焊机器人

业中，焊枪应跟踪工件的焊道运动，并不断填充金属形成焊缝，其速度的稳定性和轨迹精度约为±0.2～0.5 mm。由于焊枪的姿态对焊缝质量也有一定影响，因此希望在跟踪焊道的同时，焊枪姿态的可调范围尽量大。其他一些基本性能要求如下所示：

(1) 设定焊接条件(电流、电压、速度等)；

(2) 摆动功能；

(3) 坡口填充功能；

(4) 焊接异常功能检测；

(5) 焊接传感器(起始焊点检测、焊道跟踪)的接口功能。

(二) 按结构坐标系特点分类

按结构坐标特点分类，焊接机器人又可分为以下4类(见图4-3)。

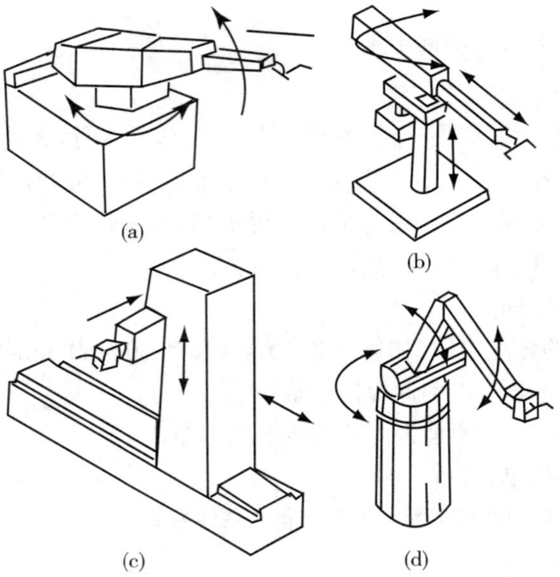

图4-3 四种机器人基本结构

(a) 极坐标型，(b) 直角坐标型，(c) 圆柱坐标型，(d) 全关节型。

1. 球(极)坐标型

与圆柱坐标结构相比较，这种结构形式更为灵活。但采用同一分辨率的码盘检测角位移时，伸缩关节的线位移分辨率恒定，而转动关节反映在末端操作器上的线位移分辨率则是个变量，增加了控制系统的复杂性。

2. 直角坐标型

这类机器人的结构和控制方案与机床类似，其到达空间位置的3个运动(x，y，z)是由直线运动构成，运动方向互相垂直，其末端操作器的姿态调节由附加的旋转机构实现。这种形式的机器人优点是运动学模型简单，各轴线位移分辨率在操作容积内任一点上均为恒定，控制精度容易提高；缺点是机构较庞大，工作空间小，操作灵活性较差。简易和专用焊接机器人常用这种形式。

3. 圆柱坐标型

这类机器人在基座水平台上装有立柱，水平臂可沿立柱做上下运动并可在水平方向伸缩。这种结构方案的优点是末端操作器可获得较高速度；缺点是末端操作器外伸离开立柱轴心越远，其线位移分辨精度越低。

4. 全关节型

全关节型机器人的结构类似人的腰部和手部，其位置和姿态全部由旋转运动实现。其优点是机构紧凑，灵活性好，占地面积小，工作空间大，可获得较高的末端操作器线速度；其缺点是运动学模型复杂，高精度控制难度大，空间线位移分辨率取决于机器人手臂的位姿。目前焊接机器人大多采用关节型的结构形式。

（三）按驱动方式分类

按驱动方式分类，焊接机器人各分为以下几类：

1. 气压驱动

通常由气缸、气阀、气罐和空压机组成，使用压力通常在 0.4～0.6 MPa，最高可达 1 MPa。气压驱动的主要优点是气源方便，驱动系统具有缓冲作用，动作迅速，结构简单，成本低，易于保养；主要缺点是功率质量比小，装置体积大，定位精度不高。气压驱动机器人适用于易燃、易爆和灰尘大的场合。

2. 液压驱动

液压驱动系统通常由液动机、伺服阀等组成，功率质量比大，驱动平稳，且系统的固有效率高、快速性好，同时液压驱动调速比较简单，能在很大范围内实现无级调速，结构紧凑、耐冲击，防爆性好；其主要缺点是易漏油，这不仅影响工作稳定性与定位精度，而且污染环境，液压系统需配备压力源及复杂的管路系统，因而成本也较高。液压驱动多用于要求输出力较大、运动速度较低的场合。

3. 电气驱动

电气驱动是利用各种电动机产生的力或转矩，直接或经过减速机构去驱动负载，以获得要求的机器人运动。由于具有响应快，易于控制，运动精度高，信号检测、传递、处理方便，使用方便，成本低廉，驱动效率高，不污染环境的诸多优点，电气驱动是最普遍、应用最多的驱动方式。电气驱动又可细分为步进电动机驱动、直流电机驱动、无刷直流电机驱动和交流伺服电机驱动等多种方式。后者有着最大的转矩质量比，由于没有电刷，其可靠性极高，几乎不需任何维护。20 世纪 90 年代后生产的机器人大多采用这种驱动方式。

4. 混合驱动

混合驱动是指采用两种或以上驱动方式组合而成的驱动，如液－气或电－液混合驱动。

（四）根据受控运动方式分类

根据受控运动方式，焊接机器人可分为以下几类：

1. 点位控制(PTP)型

机器人受控运动方式为自一个点位目标移向另一个点位目标，只在目标点上完成操作。要求机器人在目标点上有足够的定位精度，相邻目标点间的运动方式之一是各关节驱动机以最快的速度趋近终点，各关节视其转角大小不同而达到终点有先有后；另一种运动方式是各关节同时趋近终点，由于各关节运动时间相同，所以角位移大的运动速度较高。点位控制型机器人主要用于点焊作业。

2. 连续轨迹控制(CP)型

机器人各关节同时做受控运动，使机器人终端按预期的轨迹和速度运动，为此各关节控制系统需要实时获取驱动机角位移和角速度信号。连续控制主要用于弧焊机器人。

根据负载大小可分为重型、中型、小型、微型机器人；根据基座型式可分为固定式和移动式机器人；按操作机运动链的型式可分为开链式、闭链式、局部闭链式机器人。

总之，焊接机器人可根据不同要求进行分类，同时，对于一个具体机器人，也可按不同的分类方法属于几种类型。

二、焊接机器人系统组成

机器人要完成焊接作业，必须依赖于控制系统与辅助设备的支持和配合。完整的焊接机器人系统分为驱动系统、机械结构系统、感受系统、机器人－环境交互系统、人－机交互系统和控制系统。具体到实例由以下几部分组成：机器人操作机、变位机、控制器、焊接系统（专用焊接电源、焊枪或焊钳等）、焊接传感器、中央控制计算机和相应的安全设备等（见图 4－4）。

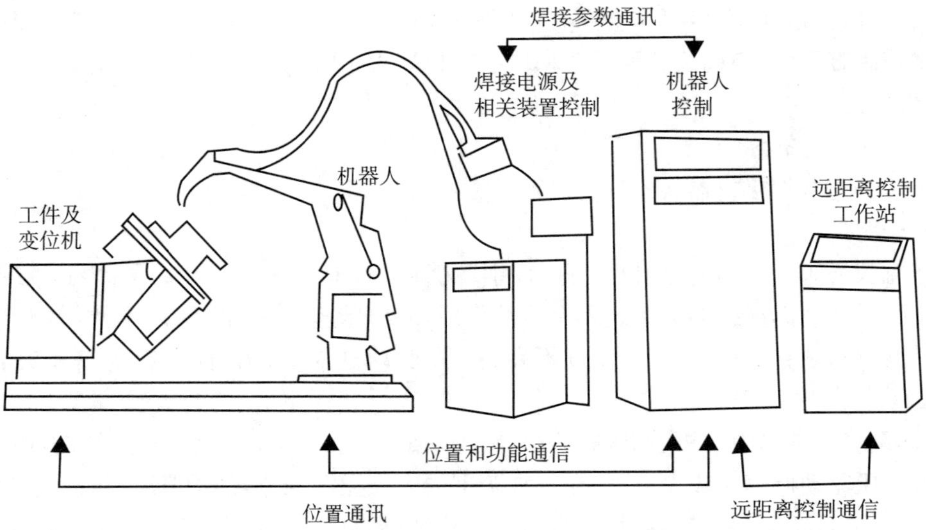

图 4-4　焊接机器人系统原理图

机器人操作机是焊接机器人系统的执行机构，它由驱动器、传动机构、机器人臂、关节以及内部传感器（编码盘）等组成。它的任务是精确地保证末端操作器所要求的位置、姿态和实现其运动。根据定义，工业机器人操作机从结构上应具有 3 个以上的可自由编程的运动关节，可将其分为主要关节和次要关节两个层次，不同数目和层次关节的组合决定了相应的机器人工作空间。由于具有 6 个旋转关节的铰接开链式，机器人操作机从运动学上已被证明能以最小的结构尺寸为代价获取最大的工作空间，并且能以较高的位置精度和最优的路径到达制定位置，因而这种类型的机器人操作机在焊接领域得到广泛的应用。

变位机作为机器人焊接生产线及焊接柔性加工单元的重要组成部分，其作用是将被焊工件旋转（平移）到达最佳的焊接位置。在焊接作业前和焊接过程中，变位机通过夹具来装卡和定位被焊工件，对工件的不同要求决定了变位机的负载能力及其运动方式。为了使机器人操作机充分发挥效能，焊接机器人系统通常采用两台变位机，当在其中一台上进行焊接作业时，另一台则完成工件的上装和卸载，从而使整个系统获得最高的费用效能比。

机器人控制器是整个机器人系统的神经中枢，它由计算机硬件、软件和一些专用电路构成，其软件包括控制器系统软件、机器人专用语言、机器人运动学及动力学软件、机器人控制软件、机器人自诊断及自保护软件等。控制器负责处理焊接机器人工作过程中的全部信息和控制其全部动作。所有现代机器人的控制器都是基于多处理器，根据操作系统的指令，工业控制计算机通过系统总线实现对不同组件的驱动及协调控制。典型的焊接机器人控制系统如图 4-5 所示。

焊接系统是焊接机器人完成作业的核心设备，主要由焊钳（点焊机器人）、焊枪（弧焊机器人）、焊接控制器及水、电、气等辅助部分组成。焊接控制器是由微处理器及部分外围接口芯片组成的控制系统，它可根据预定的焊接监控程序，完成焊接参数输入、焊接程序控制及焊接系统故障自诊断，并实现与本地计算机及手控盒的通信联系。用于弧焊机器人的焊接电源及送丝设备由于参数选择的需要，必须由机器人控制器直接控制，电源在其功率和接通时间上必须与自动过程相符。

在焊接过程中，尽管机器人操作机、变位机、装卡设备和工具能达到很高的精度，但由于存在被焊工件几何尺寸和位置误差，以及焊接过程中热输入能引起工件的变形，传感器仍是焊接过程中（尤其是焊接大厚工件时）不可缺少的设备。传感器的任务是实现工件坡口的定位、跟踪以及焊缝熔透信息的获取。

中央控制计算机在工业机器人向系统化、PC 化和网络化的发展过程中发挥着重要作用。通过

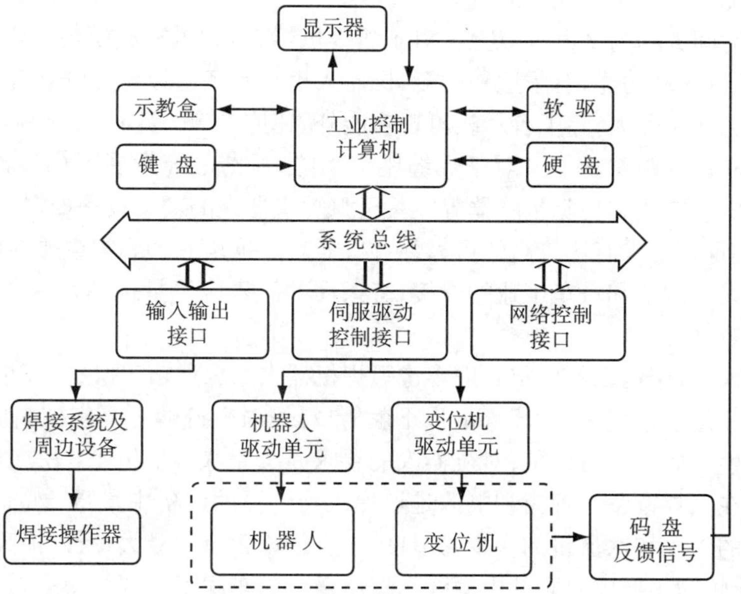

图 4-5　焊接机器人控制器系统结构原理图

串行接口与机器人控制器相连接，中央控制计算机主要用于在同一层次或不同层次的计算机形成通信网络，同时与传感系统相配合，实现焊接路径和参数的离线编程、焊接专家系统的应用及生产数据的管理。

安全设备是焊接机器人系统安全运行的重要保障，其主要包括驱动系统过热自断电保护、动作超限位自断电保护、超速自断电保护、机器人系统工作空间干涉自断电保护及人工急停断电保护等，它们起到防止机器人伤人或周边设备的作用。在机器人的工作部件还装有各类触觉或接近传感器，可以使机器人在过分接近工件或发生碰撞时停止工作。

三、焊接机器人选择准则(建议)

目前，焊接用的工业机器人基本上属于伺服驱动的 6 轴关节式机器人，其中 1,2,3 轴的运动是把焊枪(钳)送到不同的空间位置，而 4,5,6 轴的运动是解决焊枪(钳)的姿态问题。机器人的种类和品牌繁多，焊接机器人选择的准则也不尽相同。根据不同的选择标准可以分为：

(1) 按照焊接功能；

(2) 按照工作性质与环境(如速度、温度)；

(3) 按照运动方式与负载能力；

(4) 按照品牌与性价比；

(5) 按照其他功能(如开放程度，协调运作等)。

一般而言，选择弧焊机器人，送丝机的质量一般都不大，为 5～6 kg。由于机器人的空间机构构成不同，即使同样负载，连杆尺寸相近的机器人其空间运动范围也是相差很大的。一般说，平行四边形结构的机器人空间运动范围小于关节型机器人。所以，吊装或壁装机器人一般用关节型机器人，点到点的运动精度一般为 ±0.1 mm 或 ±0.05 mm，最大运动速度为 1～1.5 m/s；在价格相近的情况下，尽量选择精度高、运动速度大的产品，因为以上指标反映了机器人的全面素质，同时也与机器人性能衰减有关。

关于 I/O 功能，一般机器人的 I/O 接口除了可被主程序(JOB)寻址操作外，还可以进行内部 PLC 式编程；对于内部 PLC 的要求，主要是性能可靠，因为受应用限制，它比一般的通用 PLC 功能要差一些，一般只具备最基本的逻辑和时序功能，故对性能要求不能太高。运动插补功能一般要求具有关节、直线、圆弧等功能就可以了。现在的机器人一般都有比较完善的自诊断和安全防护功能;一般机器人的平均无故障时间大约为2万h以上。对于弧焊机器人,为了完成模仿人焊接的动作而得到高质量的焊缝,还要求有摆动功能,有了这种功能,机器人也就具备了以电弧作传感器进行焊缝跟踪的条件。对于第二代弧焊机器人,除了有示教再现功能外,还应具有一定的对周围环境的适应能力,比如焊接开始点检测和焊缝跟踪功能。对于焊缝跟踪功能,目前已经发展了如机械接触式、电磁感应式、电弧感应式、光电感应式和视觉传感器等。关于弧焊机器人的辅助设备如焊机、送丝机、焊枪及焊枪清理装置、水冷装置等要求有比较高的可靠性。机器人焊枪是一个非常重要的部件,应当特制。对于工程机械或大型设备制造和汽车工业的焊接,有条件的厂家应尽量选择好一些的焊枪和焊枪清理设备,一定会从中受益的。

选择点焊机器人,对于运动的要求一般不像弧焊机器人那么严格(理论上甚至只要求点到点的运动功能),点到点重复定位精度为±0.5 mm以下就可以了;对轨迹的重复定位精度要求也不太严格,只要运动范围满足生产要求就可以了;对机器人的要求是力量大,结构刚性好,结实可靠。点焊机器人的主要选择指标在点焊设备。焊钳和电源是点焊机器人辅助设备中最重要的设备,电源的效率直接决定机器人负载的大小和水流量的多少,并且由于点焊设备耗能极大,所以提高电源效率对节能具有重大意义,一体化焊钳主要就看它的电源变压器质量。当车间里点焊机很多,且当多台焊机同时工作时,容易造成电网负载陡增、电网电压陡降的情况;因此,应设置焊接群控系统,对多台焊机进行群控,实现焊接电流的分时交错,稳定电网电压,保证焊点的质量。焊钳的选择主要看形状是否能适应工作要求,再有就是要看水、气路和接头是否设计合理,是否易发生漏气、漏水事故。电缆要求选用无感电缆。对于一体化焊钳,由于将电网动力电直接接到焊接变压器上,电源线一要选择耐磨电缆,而且要把电缆随机器人固定好或干脆用耐磨软管套在电缆外边。有的机器人生产厂家的产品设计时考虑得很周到,可以将水、电、气等管线穿过机器人本体内部或能很方便地固定于机器人本体上,这样就避免了出现以上后果的可能。压缩空气和水的供应质量也很重要,必须先经过过滤,去除水中的杂质和空气中的尘埃颗粒,否则时间久了会发生堵塞或腐蚀,造成水压、气压不足,影响产品的质量和焊钳的寿命。

第二节　焊接机器人工作原理

一、机器人运动学

(一) 数学基础:空间描述和变换

机器人操作是指通过某种机构使零件和工具在空间运动,这就需要表达零件、工具及机构本身的位置和姿态。因此下面将介绍常用的关于位姿的描述方法。

1. 描述:位置与姿态

(1) 位置描述　一旦建立了一个坐标系,就可以用某个3×1的位置矢量来确定该空间内任一点的位置。相对于直角坐标系$\{A\}$中任一点$\boldsymbol{p}$的位置可用列矢量${}^{A}\boldsymbol{p}$

$$ {}^{A}\boldsymbol{p}=\begin{bmatrix}p_x\\p_y\\p_z\end{bmatrix} \tag{4-1}$$

表示,称为位置矢量。其中p_x,p_y,p_z是点p在坐标系$\{A\}$中的3个坐标分量。${}^{A}p$的上标A代表参考坐标系$\{A\}$。

(2) 姿态描述　为了研究焊接机器人的运动和操作,还需要表示物体的姿态。为了规定空间某刚体B的方位,设置一直角坐标系$\{B\}$与其固接。用坐标系$\{B\}$的3个单位主矢量x_B,y_B,z_B相对于坐标系$\{A\}$的方向余弦组成的3×3矩阵

$$
{}_B^A\boldsymbol{R}=[{}^Ax_B \quad {}^Ay_B \quad {}^Az_B]=\begin{bmatrix} r_{11} & r_{12} & r_{13} \\ r_{21} & r_{22} & r_{23} \\ r_{31} & r_{32} & r_{33} \end{bmatrix} \tag{4-2}
$$

表示刚体 B 相对于坐标系$\{A\}$的姿态。${}_B^AR$ 称为旋转矩阵，上标 A 代表参考坐标系，下标 B 代表被描述的坐标系。因其列矢量都是单位矢量，且两两相互垂直，所以它的 9 个元素满足满足 6 个约束条件（正交条件）：

$$
{}^Ax_B \cdot {}^Ax_B={}^Ay_B \cdot {}^Ay_B={}^Az_B \cdot {}^Az_B=1 \tag{4-3}
$$

$$
{}^Ax_B \cdot {}^Ay_B={}^Ay_B \cdot {}^Az_B={}^Az_B \cdot {}^Ax_B=0 \tag{4-4}
$$

可见，旋转矩阵${}_B^A\boldsymbol{R}$ 是正交的，满足条件：${}_B^A\boldsymbol{R}^{-1}={}_B^A\boldsymbol{R}^{\mathrm{T}}|{}_B^A\boldsymbol{R}|=1$，式中 T 表示转置，$|\,|$表示求行列式。

根据上述定义，某坐标系绕其 x 轴、y 轴、z 轴旋转 θ 角的旋转矩阵分别为

$$
\boldsymbol{R}(x,\theta)=\begin{bmatrix} 1 & 0 & 0 \\ 0 & \cos\theta & -\sin\theta \\ 0 & \sin\theta & \cos\theta \end{bmatrix} \tag{4-5}
$$

$$
\boldsymbol{R}(y,\theta)=\begin{bmatrix} \cos\theta & 0 & \sin\theta \\ 0 & 1 & 0 \\ -\sin\theta & 0 & \cos\theta \end{bmatrix} \tag{4-6}
$$

$$
\boldsymbol{R}(z,\theta)=\begin{bmatrix} \cos\theta & -\sin\theta & 0 \\ \sin\theta & \cos\theta & 0 \\ 0 & 0 & 1 \end{bmatrix} \tag{4-7}
$$

为了完全描述物体 B 在空间的位姿（位置和姿态），通常将物体与某坐标系$\{B\}$相固接。坐标系$\{B\}$的原点一般选在物体的特征点上（如质心）。相对参考系$\{A\}$，坐标系$\{B\}$的原点位置和坐标轴的方位分别由位置矢量${}^A\boldsymbol{p}_{B_0}$和旋转矩阵${}_B^A\boldsymbol{R}$ 描述。因此，物体 B 的位姿可由坐标系 $\{B\}=\{{}_B^A\boldsymbol{R},{}^Ap_{B_0}\}$来描述。

当表示位置时，式中的旋转矩阵${}_B^A\boldsymbol{R}=\boldsymbol{I}$（单位矩阵）；当表示姿态时，式中的位置矢量${}^A\boldsymbol{p}_{B_0}=0$。

2. 变换：坐标变换与齐次变换

（1）坐标变换　设坐标系$\{B\}$和$\{A\}$平行且同向，但原点不重合，坐标系$\{B\}$的原点 O_B在坐标系$\{A\}$中的描述为${}^Ap_{B_0}$，p 点在$\{B\}$中描述为${}^B\boldsymbol{P}$，则 p 点在$\{A\}$中位置描述为：${}^Ap={}^Bp+{}^A\boldsymbol{p}_{B_0}$，称为坐标平移方程。

设坐标系$\{B\}$和$\{A\}$原点重合，但方位不同，坐标系$\{B\}$在坐标系$\{A\}$中的姿态描述为${}_B^A\boldsymbol{R}$，p 点在$\{B\}$中描述为${}^B\boldsymbol{P}$，则 p 点在$\{A\}$中位置描述为：${}^A\boldsymbol{p}={}_B^A\boldsymbol{R}\cdot{}^B\boldsymbol{p}$，称为坐标旋转方程。

设坐标系$\{B\}$和$\{A\}$原点不重合，且方位不同，坐标系$\{B\}$的原点 O_B在坐标系$\{A\}$中的位置描述为${}^A\boldsymbol{p}_{B_0}$，坐标系$\{B\}$在坐标系$\{A\}$中的姿态描述为${}_B^A\boldsymbol{R}$，p 点在$\{B\}$中位置描述为${}^B\boldsymbol{P}$，则 p 点在$\{A\}$中位置描述为：

$$
{}^A\boldsymbol{p}={}_B^A\boldsymbol{p}\cdot{}^B\boldsymbol{p}+{}^B\boldsymbol{p} \tag{4-8}
$$

上式为坐标平移和旋转的复合变换。它可以由一个过渡坐标系$\{C\}$转换而来，$\{C\}$的原点与$\{B\}$的原点重合，其方位与坐标系$\{A\}$相同。

（2）齐次变换　研究焊接机器人时，需要同时描述物体在三维空间的位置和姿态，有必要引入齐次变换。将复合变换式(4-8)表示成等价的齐次变换形式：

$$
\begin{bmatrix} {}^Ap \\ 1 \end{bmatrix}=\begin{bmatrix} {}_B^AR & {}^Ap_{BO} \\ 0\ \ 0\ \ 0 & 1 \end{bmatrix}\begin{bmatrix} {}^Bp \\ 1 \end{bmatrix} \tag{4-9}
$$

式中，4×1 的列向量表示三维空间的点，称为齐次坐标，仍然记为${}^Ap$ 和${}^Bp$。上式可以写成：${}^A\boldsymbol{p}={}_B^A\boldsymbol{T}\cdot{}^B\boldsymbol{P}$。${}_B^A\boldsymbol{T}$ 为(4-9)等式右边的 4×4 矩阵，称为齐次变换矩阵，其综合地表示了平移和旋转变换。

注意，本章中的位置矢量${}^{A}\boldsymbol{p}$ 和${}^{B}\boldsymbol{p}$ 究竟代表 4×1 的齐次坐标还是 3×1 的直角坐标，可根据上下文判断。

(3) 变换方程　为了描述机器人的操作，需要建立机器人各连杆之间以及机器人与周围环境之间的关系，为此要规定各坐标系来描述机器人与环境的位姿关系(图 4-6)。$\{B\}$代表基座坐标系或称为基座框，$\{W\}$代表腕框，$\{T\}$代表工具框，$\{S\}$代表工作站框，$\{G\}$代表目标框。它们之间的位姿关系可用相应的齐次变换来描述，如：${}^{B}_{S}T$ 表示工作站框$\{S\}$相对于基座框$\{B\}$的位姿；${}^{S}_{G}T$ 表示目标框$\{G\}$相对于工作站框$\{S\}$的位姿。

对物体操作时，工具框$\{T\}$相对于目标框$\{G\}$的位姿${}^{G}_{T}T$ 直接影响操作效果。它是机器人控制和规划的目标，它与其他变换之间的关系可用空间尺寸链来表示，如图 4-7 所示。$\{T\}$相对于$\{B\}$的位姿可用变换矩阵的乘积来表示：${}^{B}_{T}T={}^{B}_{W}\boldsymbol{T}\cdot{}^{W}_{T}\boldsymbol{T}$，${}^{B}_{T}T={}^{B}_{S}\boldsymbol{T}\cdot{}^{S}_{G}\boldsymbol{T}\cdot{}^{G}_{T}\boldsymbol{T}$。将上述两表达式构造成一个变换方程：${}^{B}_{W}\boldsymbol{T}\cdot{}^{W}_{T}\boldsymbol{T}={}^{B}_{S}\boldsymbol{T}\cdot{}^{S}_{G}\boldsymbol{T}\cdot{}^{G}_{T}\boldsymbol{T}$。显然，变换方程中任一变换矩阵都可由其余变换矩阵表示。

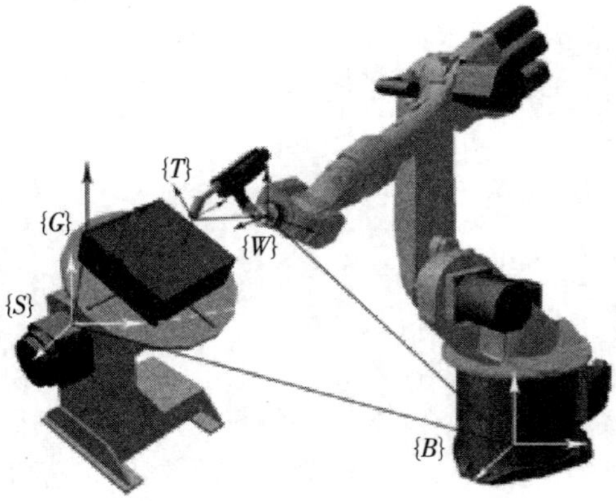

图 4-6　变换方程

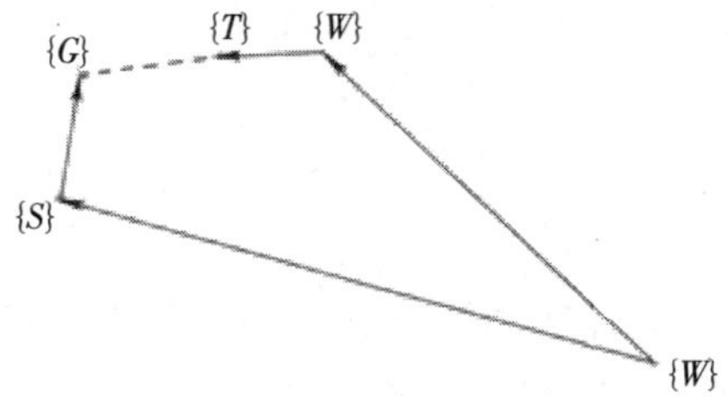

图 4-7　空间尺寸链

至此，给出了 3×3 的旋转矩阵来表示姿态，但旋转矩阵需要 9 个元素。实际上，它满足 6 个约束条件，只有 3 个独立元素。因此，人们提出了用 3 个参数简便描述刚体姿态的 RPY 角法和 Z-Y-X 欧拉角法。鉴于篇幅有限，这里就不详细介绍了。

(二) 焊接机器人运动学

焊接机器人的运动学要研究的有两个问题：运动学正问题(直接问题)，即已知机器人杆件参数和各关节角矢量 $\boldsymbol{q}(t)$，求解机器人末端执行器相对于固定坐标系(参考坐标系)的位置和姿态；运动学逆问题(解臂形问题)，即已知机器人杆件参数和末端执行器相对于固定坐标系(参考坐标系)的位置和姿态，求解机器人各关节角矢量 $\boldsymbol{q}(t)$。

1. 连杆的坐标系

机器人的任一连杆 $i(i=0,1,2,\cdots,n)$可看作是一个刚体，它确定了相邻两轴线 i 与 $i-1$ 间的关系(参照图 4-8)，可以用下述 4 个参数描述连杆 i：

(1) 连杆长度 α_{i-1}：轴线 i 与轴线 $i-1$ 之间公垂线的长度。若两轴线相交，则 $\alpha_{i-1}=0$；若两轴线平行，可对 α_{i-1}的垂足任意选择。

(2) 连杆扭角 α_{i-1}：以公垂线 α_{i-1} 为法线，经过 α_{i-1} 在轴线 i 上的垂足作一平面，将轴线 i 按绕 α_{i-1}的右手法则转向轴线 $i-1$ 在该平面的投影，所形成的转角即为 α_{i-1}。若两轴相交，则 α_{i-1}的正负号可任意取；若两轴平行，则 $\alpha_{i-1}=0$。

(3) 连杆间距 d_i：轴线 i 上公垂线α_{i-1}与 a_i 的垂足间的距离。若关节 i 为柱关节，则 d_i 为关节位移变量，d_i 的零位置任选。

(4) 关节转角 θ_i：把 a_i 平移到与 α_{i-1}相交，其形成的夹角。若关节 i 为旋转关节，则 θ_i 为关节位

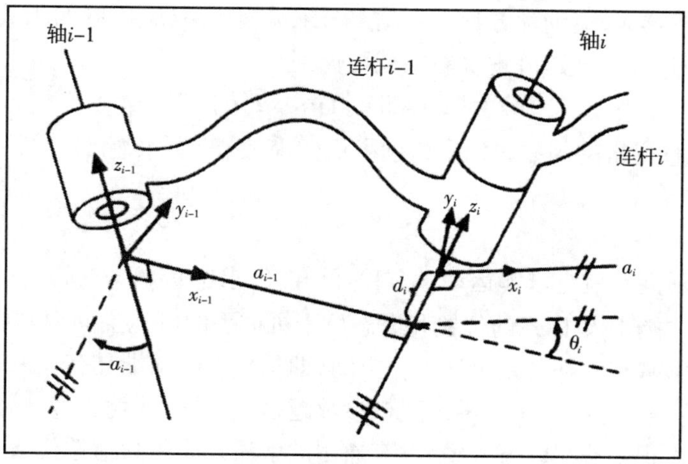

图 4-8 连杆参数和连杆坐标系

移变量，θ_i 的零位置任选。

现对连杆 i 定义一个与之相固联的坐标系$\{i\}$，定义的规定如下：$\{i\}$的 z 轴(z_i)与轴线 i 重合，$\{i\}$的原点为 a_i 在轴线 i 上的垂足，其 x 轴(x_i)沿 a_i 的方向(即从轴线 i 指向轴线 $i+1$)。当 $a_i=0$ 时，x_i 选为 z_i 与 z_{i+1}所成平面的法线，于是其有两种可能性，$\{i\}$的 y 轴(y_i)按右手法则得到。

2. 运动学正问题求解

一旦对全部连杆规定坐标系之后，我们就能够按照下列顺序由两个旋转和两个平移来建立相邻两连杆 $i-1$ 与 i 间的相对关系(图 4-9)。

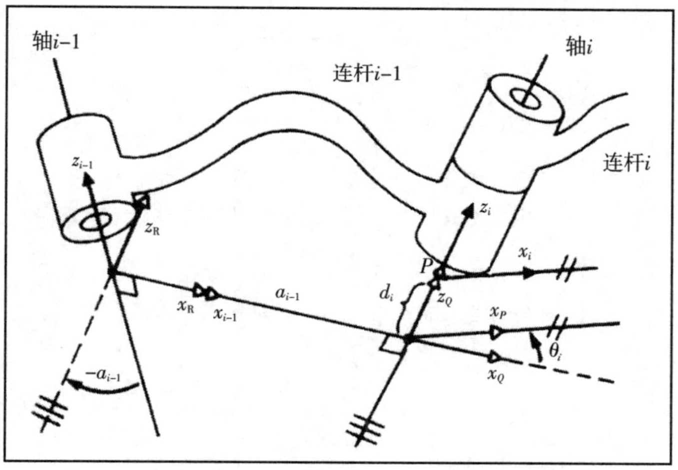

图 4-9 连杆坐标系$\{i\}$到$\{i-1\}$的变换

其变换顺序为：绕 x_{i-1}轴旋转 α_{i-1}角得到$\{P\}$；$\{P\}$沿 x_{i-1}轴平移 a_{i-1}得到$\{Q\}$；$\{Q\}$绕 z_i 轴旋转θ_i角得到$\{R\}$；$\{R\}$沿 z_i 轴平移 d_i 得到$\{i\}$，于是可以可写出：

$$
{}^{i-1}_{i}\boldsymbol{T}=\mathrm{Rot}(\boldsymbol{X}_i,\alpha_{i-1})\mathrm{Trans}(\boldsymbol{X}_i,a_{i-1})\mathrm{Rot}(\boldsymbol{Z}_i,\theta_i)\mathrm{Trans}(\boldsymbol{Z}_i,d_i)=
$$

$$
\begin{bmatrix} \cos\theta_i & -\sin\theta_i & 0 & a_{i-1} \\ \sin\theta_i\cos\alpha_{i-1} & \cos\theta_i\cos\alpha_{i-1} & -\sin\alpha_{i-1} & -\cos\alpha_{i-1}d_i \\ \sin\theta_i\sin\alpha_{i-1} & \cos\theta_i\sin\alpha_{i-1} & \cos\alpha_{i-1} & \cos\alpha_{i-1}d_i \\ 0 & 0 & 0 & 1 \end{bmatrix} \tag{4-10}
$$

如果已知连杆参数 α_{i-1}，a_{i-1}，θ_i(对于柱关节)或 d_i(对于旋转关节)，则${}^{i-1}_{i}\boldsymbol{T}$ 仅为一个变量的函数。

对于多个连杆的机器人，运动学方程是要确定与末端坐标系{n}固联的工具相对于基坐标系{0}的变换，这只要把 n 个连杆变换矩阵逐次右乘就可得到

$$ {}^{0}_{n}\boldsymbol{T} = {}^{0}_{1}\boldsymbol{T} \cdot {}^{1}_{2}\boldsymbol{T} \cdot {}^{2}_{3}\boldsymbol{T} \cdots {}^{i-1}_{i}\boldsymbol{T} \cdots {}^{n-1}_{n}\boldsymbol{T} $$

${}^{0}_{n}\boldsymbol{T}$ 是 n 个关节位移变量的函数。如果得到了机械手关节位置传感器的读数，机器人运动学的正问题就解决了。

3. 运动学逆问题求解

机器人的运动学逆问题就是求解运动学方程：已知${}^{0}_{n}\boldsymbol{T}$，求出 $\theta_1,\theta_2,\cdots,\theta_i,\cdots,\theta_n$的值。

只要${}^{0}_{n}\boldsymbol{T}$ 表示的末端连杆坐标系的位置和姿态位于机械手的可达空间内，则运动学方程至少有一个解存在，但可达空间内，有一部分是灵活工作空间（即机械手的末端具有任意姿态），因此，运动学方程有可能出现重解。一般情况下，不为零的连杆参数越多，解的个数就越多。

机器人的运动学方程是非线性方程组，没有通用的解法。采用数值迭代法求解时速度很慢，且在有重解的情况下，不能保证求出所有的解；因此，希望采用各种技巧，求出运动学方程的解的解析式，即封闭形式的解。经证明，对于六自由度机器人的运动学方程，如果其相邻的关节轴线交于一点或相互平行，就能够求出其封闭解。实际使用的机器人结构一般都比较简单，以便满足求封闭解的特殊要求。一般，求取封闭解的方法有代数解法和几何解法等。

二、焊接机器人驱动方式

机器人常用的驱动方式主要有液压驱动、气压驱动和电气驱动 3 种基本类型，其主要特征如表 4-1 所示。

表 4-1 机器人常用驱动方式（液压、气压、电气）

	液 压	气 压	电 气
功率/质量比	大	小	较大
综合功率(%)	20～30	<10	60～70
控制性能	精度较高 反应灵敏	精度较低 低速不易控制	精度高 系统较复杂
维护与应用	方便 对油温要求高	方便 对气压要求高	方便
对环境影响	漏油	噪声	基本没有
投资/运行成本	较高/高	低/低	高/较低
应用范围	低速、重型	快速、小型	通用

由于上述特点，电气驱动方式已经占据焊接机器人驱动的最主要位置。

在选择焊接机器人驱动器时，要考虑到弧焊和点焊的作业特点：弧焊机器人作业时，工作速度不高，空行程速度高，所以它对驱动器无特殊要求（仅满足功率要求）；而点焊机器人行程（两焊点间距离）较短，且要求快速移动焊钳，所以它的驱动器满足功率要求外，还应考虑是否能够在较大的惯性负载（焊钳）条件下，提供足够的加速度以满足作业要求，即应核算负载惯量折算到电机轴的值是否在驱动电机允许的范围内。

焊接机器人电动驱动的主要方法有直流伺服电动机驱动和无刷电动机驱动。对于小功率直流伺服电动机驱动，采用线性伺服放大器来驱动，其特点是无死区，频带宽，反应速度快，对电网的电子噪声小。对于大功率直流伺服电动机，采用开关型放大器，其特点是对电网干扰大，但效率

高。无刷电动机驱动主要有DC无刷电动机(梯形波电动机)驱动和AC无刷电动机(正弦波电机)驱动。

目前,技术上采用开关型放大器的驱动系统有模拟驱动和数字式驱动。数字式伺服驱动有以下优点:①提高控制精度,速度精度0.1%~0.01%,扭矩精度5%~0.5%;②提高控制性能,响应速度、动态特性、控制品质都得到提高;③提高系统集成度,减小硬件开销。

无刷电动机驱动主要有DC无刷电动机(梯形波电动机)驱动和AC无刷电动机(正弦波电机)驱动。

三、焊接机器人控制技术

焊接机器人的作业主要是控制机械手末端工具的位置和姿态,以实现点到点的控制(PTP控制,如点焊)或连续路径的控制(CP控制,如弧焊)。

(一) 点对点控制方式

点对点控制方式(PTP)是通过末端执行器参考点来决定机器人的动作位置,与运动轨迹(中途路径)无关,如图4-10所示。

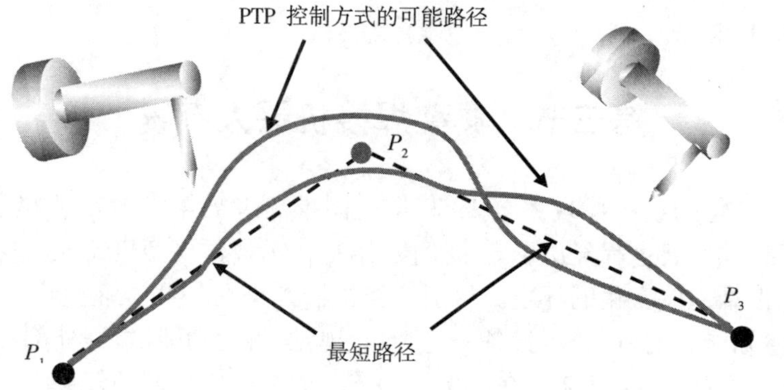

图4-10 点对点控制方式

这种控制方式适用于大范围、高速情况,且无轨迹要求。PTP控制时要遵循下列规则:①最小能量原理——根据A,B两点的位置(坐标)→运动学逆运算→A和B点的各轴矢量角→得出$\Delta\theta_i$→各轴只运动$\Delta\theta_i$;②同时启动,同时到位(停止),以减小运动冲击;③速度设定——速度设定值(如50%)为各轴中转速最快者,其转速为额定最高转速的50%,其余各轴转速均不能大于此值。

(二) 连续轨迹控制方式

连续轨迹控制方式(CP)是利用特定的曲线(直线、圆弧、抛物线、双曲线等)来描述(拟合)任意的空间轨迹,以构成全路径的控制方法。机器人轨迹的控制常用插补算法。因此,焊接机器人的空间位置控制可概括为图4-11。

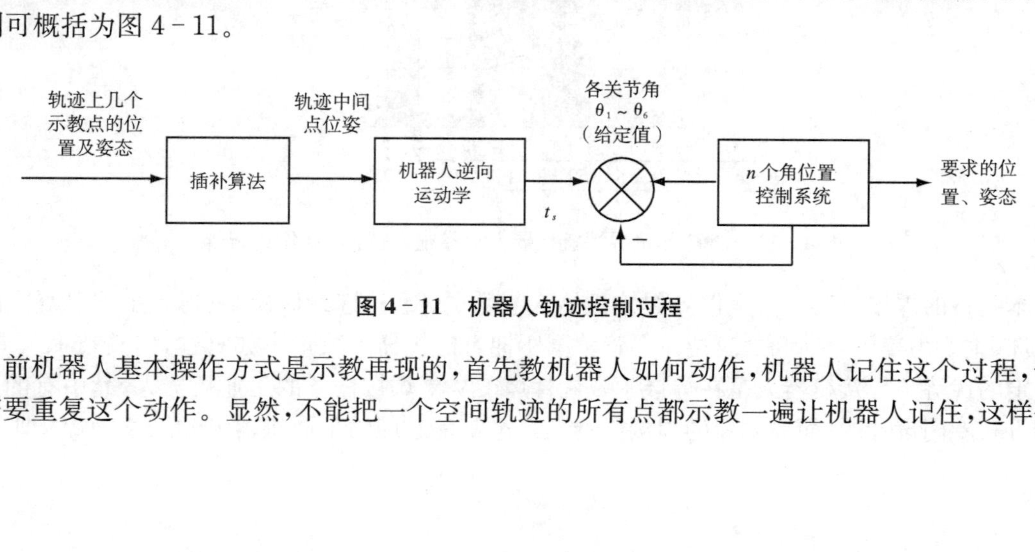

图4-11 机器人轨迹控制过程

目前机器人基本操作方式是示教再现的,首先教机器人如何动作,机器人记住这个过程,于是其根据需要重复这个动作。显然,不能把一个空间轨迹的所有点都示教一遍让机器人记住,这样会浪费太多内存，对于有规律的轨迹，仅示教几个特征点（如圆弧需要示教三点，便可唯一确定一圆弧）。通过插补算法获得中间点的坐标（相对基础坐标系），通过机器人逆向运动学算法，可以把轨迹中间点的位置和姿态，转变为对应的关节角（$\theta_1 \sim \theta_6$），然后由后面的角位置闭环控制系统去实现。这样就实现了要求轨迹上的一点，继续插补并重复上述过程，就实现了要求的轨迹。

插补算法主要有定时插补、定距插补、直线插补和圆弧插补。定时插补是系统每隔一定的时间 t_s，进行一次插补运算和一次运动学逆运算，得到下一步的关节角 θ_i，并送伺服控制器。相邻插补点间，采用 PTP 运动方式。由于机器人一般为开链式多关节结构，为了保证运动的平稳性，t_s 取值不宜大于 25 ms，为 t_s 上限；机器人控制器进行一次插补和运动学运算，约耗时几个 ms，为 t_s 下限。

定距插补是系统每隔一定的运动距离 d，进行一次插补运算和一次运动学逆运算，得到下一步的关节角 θ_i，并送伺服控制器。上述两插补算法基本一样，只是前者固定 T_s 易于实现，后者保证轨迹插补精度，但 T_s 要随 v 而变化，实现较困难些。

直线插补和圆弧插补是机器人系统中不可缺少的基本插补算法。对于非直线和圆弧轨迹，可采用直线或圆弧逼近以实现轨迹。空间直线插补是在已知该直线始末两点的位置和姿态，求各轨迹中间点（插补点）的位置和姿态。

第三节　典型焊接机器人系统

机器人是柔性自动化的集中体现。自 1959 年美国推出世界第一台工业机器人 UNIMATE 以来，机器人技术的研究和发展过程经历了 3 个阶段：第一代示教再现型机器人。这类机器人不具备外界信息的反馈能力，很难适应变化的环境。目前这类机器人仍在一些工业生产线上应用着。第二代机器人是具有一定感知能力的机器人，具备一定听觉、视觉、触觉功能，根据外部传感器获取的信息实时、灵活调整自己的工作状态，保证能够在简单的动态环境中完成预期的任务。第三代机器人是智能机器人，它不仅具有很强的感知能力，而且具有独立的判断、行动、记忆、推理和决策的能力，甚至具有任务级的编程能力，因而操作者可以通过非常简单的操作使之完成更复杂的任务。

在众多种类的机器人中，工业机器人数量最多，而大约一半的工业机器人是焊接机器人，这点从图 4-12 所示的 2007 年底世界焊接机器人安装总量柱形图分布比例可以看出。

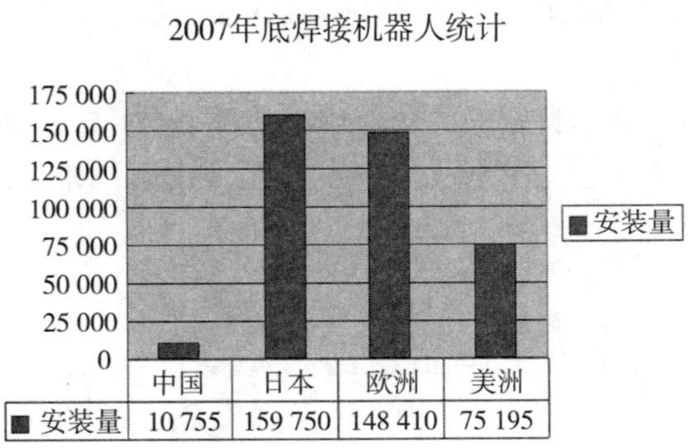

图 4-12　2007 年世界焊接机器人数量统计（据：IFR 统计报告）

日本装备的焊接机器人占全世界焊接机器人总数的 40%，继续保持“机器人王国”地位；欧洲各国和美洲（主要为美国）分列二、三位。尽管美国所拥有的机器人数量不如日本，但其技术水平较高，占有一定的优势。焊接机器人是在焊接领域代替焊工从事焊接任务的工业机器人，其中有的是为某种焊接方式专门设计的，而大多数的焊接机器人其实就是通用的工业机器人装上某种焊接工具而构成的。在多任务环境中，一台机器人甚至可以完成包括焊接在内的抓物、搬运、安装、卸料等多种任务。机器人可以根据程序要求和任务性质，自动更换机器人末端执行关节的工具，完成相应的任务，因此，从某种意义上来说，工业机器人的发展历史就是焊接机器人的发展历史。

焊接与其他工业加工过程不一样，比如电弧焊过程中，被焊工件由于局部加热熔化和冷却产生变形，焊缝的轨迹会因此而发生变化。手工焊时有经验的焊工可以根据眼睛所观察到的实际焊缝位置，适时调整焊枪的位置、姿态和焊接速度，以适应焊缝轨迹的变化。然而机器人要适应这种变化，首先必须像人眼一样“看”到这种变化，采取相应的措施调整焊枪的位置和姿态，实现对焊缝的实时跟踪。由于电弧焊接过程中有强烈弧光、电弧噪声、烟尘、短路飞溅、大电流强磁场等复杂的环境因素的存在，机器人要检测和识别提取焊缝所需要的信号特征并不像工业制造中其他加工过程的检测那么容易；因此，焊接机器人的应用并不是一开始就用于电弧焊过程的。

工业机器人在焊接领域的应用最早是从汽车装配生产线上的电阻点焊开始的。

一、点焊机器人工作站

点焊机器人系统利用金属与金属之间的接触电阻，通过强大的电流，使金属接触部分局部融化，形成金属间的连接，可以焊接低碳钢板、不锈钢板、镀锌或多功能铝钢板、铝板、铜板等薄板类焊接。机器人控制器可以根据不同材质、不同厚度确定和调整焊接压力、焊接电流等参数，具有焊接效率高，变形小，不需添加焊接材料等特点，广泛应用于汽车覆盖件、驾驶室、汽车地板等部件的高质量焊接。

据统计，汽车制造和汽车零部件生产企业中的焊接机器人占全部焊接机器人的 76%，在汽车行业中点焊机器人和弧焊机器人的比例为 3:2。点焊机器人系统一般由机器人本体、机器人控制器、点焊钳及点焊辅助设备（电极修磨机、冷却水单元、安全光栅）等构成。图 4－13 为一套典型的点焊机器人系统构成。

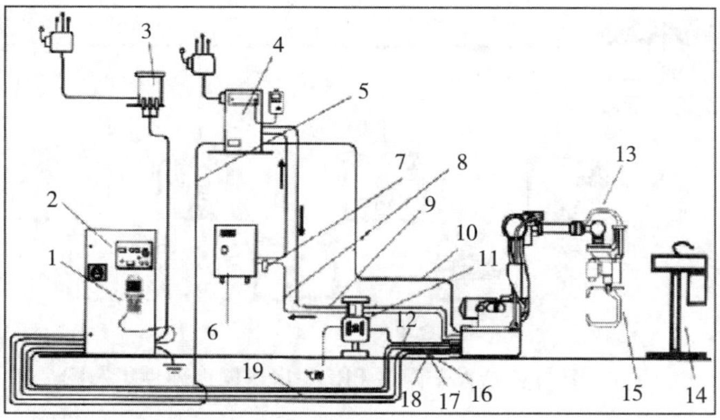

图 4－13　点焊机器人系统构成

1. 机器人示教盒，2. 机器人控制柜，3. 机器人变压器，4. 点焊控制箱，5. 点焊指令电缆（I/F），6. 水冷机，7. 冷却水流量开关，8. 焊钳回水管，9. 焊钳水冷管，10. 焊钳供电电缆，11. 气/水管路组合体，12. 焊钳进气管，13. 集合电缆，14. 电极修磨机，15. 伺服/气动点焊钳，16. 机器人控制电缆，17. 机器人供电电缆 2BC，18. 机器人供电电缆 3BC，19. 焊钳控制电缆 S1。

从上图可以看出，点焊机器人系统具有管线繁多的特点，特别是机器人与点焊钳之间的连接，包括点焊钳控制电缆、点焊钳电源电缆、水管等。工业机器人的运动控制器是控制技术与运动系统相结合的结果，它通常以微处理器为核心结合软件编程、运动轨迹设计、控制算法分析、各运动部件的实时驱动等功能，达到总体运动控制效果。通常点焊机器人工作站采用可编程控制器（PLC）为主控制装置，由它负责整个系统的集中调度，通过总线和 I/O 接口获取各个单元的功能和状态信息，将焊接任务分解为各个子任务，分发并协调各个智能单元。下面以某汽车厂一条机器人自动焊装线为例，介绍多层现场总线的网络架构分配 PLC 和机器人的控制任务工程案例。

图 4 - 14 所示工位上有 2 台 KUKA 机器人，以左边一台机器人为例说明工艺及控制系统构成。机器人使用两个定位抓具完成上件 2 个、焊点 35 个和流水号打标 1 条。它的外部设备主要包括：1 个 RIP（水气排），1 个 BOSCH MEDIUM FREQUENCY WELD TIMER，4 个 RACK（枪和抓具架），1 个 NITTA TOOL CHANGER（换枪盘），2 把 GRIPPER，2 把 NIMAK MEDIUM FREQUENCY WELD GUN，1 把 BORRISE STAMPER，1 台 OBARA TIP-DRESSER。这些设备均使用现场模块来控制；对于离散 I/O 点，采用 ET200S 模块进行控制。

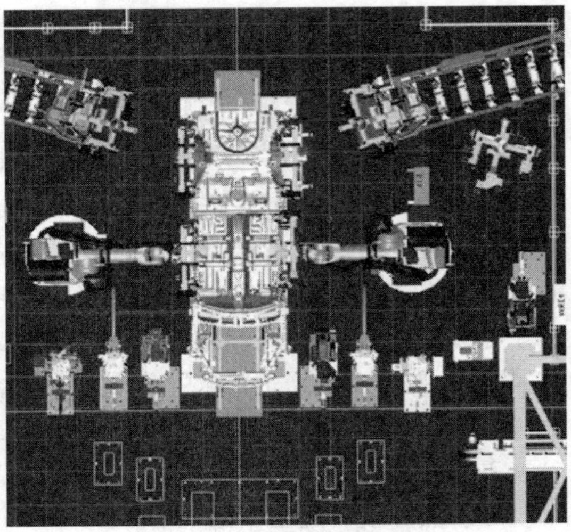

图 4 - 14　机器人系统仿真图

图 4 - 15 所示为机器人子网络 PROFIBUS 网络硬件组态图，主要有 PS 5000 BOSCH MEDIUM FREQUENCY WELD TIMER，用以对焊接电流、焊接压力等参数的精确控制，及对电极寿命的管理；ET200S 模块主要负责 RACK 上的工具感知，COVER（保护换枪盘的盖子）的开合控制，以及 RIP 上的冷却水开关控制和流量监控，压缩空气的监控；机器人侧 TOOL CHANGER 上的 IP67 ET200R-H 现场模块，用以和焊钳和 TOOL CHANGER 上的 I/O 信号的通信；ET200R-W 现场模块，用以焊钳侧和焊钳上的 I/O 信号通信；SMC VALVE UNIT，用于抓具上的气缸控制用电磁阀、磁性行程开关信号的通信，机器人通过 PROFIBUS 总线和 VALVE UNIT 通讯并实现对抓具的控制；ET200R-H 现场模块主要实现 STAMPER 的气路动作控制；BORRISE STAMPER 具有 PROFIBUS DP 接口，可以通过 PROFIBUS 和外部设备进行连接。

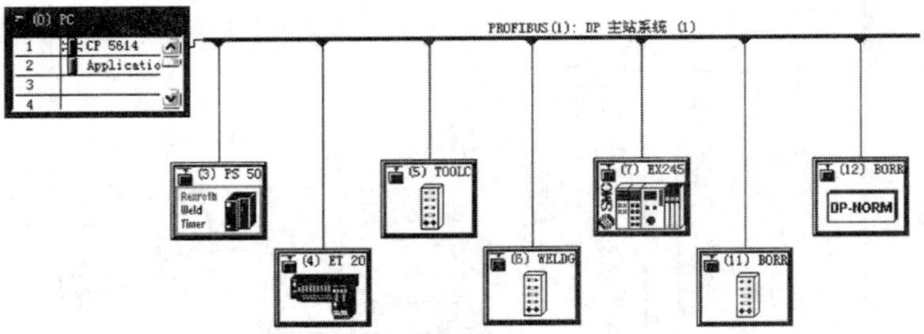

图 4 - 15　机器人子网络 PROFIBUS 网络硬件组态图

点焊机器人工作站系统的运行控制过程如图 4 - 16 所示。系统上电，初始化并检测各个 Agent 的状态，主要包括机器人是否在原位，机器人工作是否完成，系统的水、气、光栅是否正常。系统和生产线控制器通信，获取和机器人工作站有关的生产线的多个状态，如输送线是否处于自动状态、相关传感器的信号是否正常等。对于安全信号，则分等级处理：重要的安全信号通过和机器人的硬线连接，引起机器人急停；级别较低的安全信号通过 PLC 给机器人发“外部停止”命令。系统的任务选择是由线控制器完成的，输送线控制器通过传感器来确定车型并通过编码方式向机器人点焊工作站发出相应的工作任务，点焊控制器接受任务并调用相应的机器人程序进行焊接。焊接过程中，系统检测各 Agent 的工作状态。机器人向 PLC 发出焊接文件信号，PLC 通过焊接控制器向焊枪输出需要的焊接工艺参数。车体焊接完成后，机器人可按设定的方式进行电极修磨。

由于机器人是安全等级比较高的设备，机器人运动速度快、惯量大，因此机器人和设备或人之间的任何碰撞均会导致设备损坏或严重的人身伤害事故。为避免与人类的“亲密接触”，应给机器人留

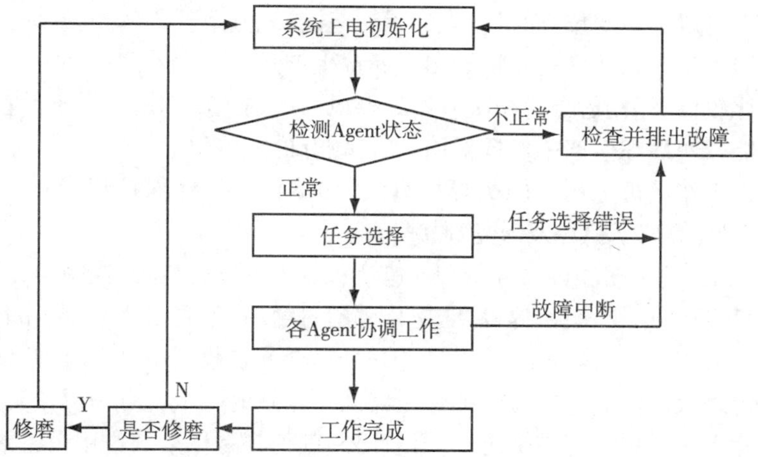

图 4-16　机器人工作站系统工作流程

有足够的安全防护空间(safeguarded space)。点焊机器人工作站采用安全栅栏加安全光幕的方法，安全栅栏用来形成一个封闭的安全防护空间，安全光栅用来防止可能发生的人机干涉。对于机器人工作站，一般设有若干个检修安全门，门上装有安全插销。对于安全信号，除了在 PLC 软件中实现其安全防护，还应将其接入机器人的硬件安全防护回路，以实现双保险。图 4-17 为一汽大众二厂速腾 PQ35 平台车型点焊机器人系统。

图 4-17　一汽大众二厂速腾点焊机器人系统

随着机器人控制速度和精度的提高，尤其是电弧传感器的开发并在机器人焊接中得到应用，使机器人电弧焊的焊缝轨迹跟踪和控制问题在一定程度上得到解决，机器人焊接在汽车制造中的应用从原来较为单一的汽车装配点焊很快发展为汽车零部件和装配过程中的电弧焊。机器人电弧焊的最大特点是柔性，即可通过编程随时改变焊接轨迹和焊接顺序，因此最适用于被焊工件品种变化大、焊缝短而多、形状复杂的产品。这正好又符合了汽车制造的特点。尤其是现代汽车款式的更新速度非常快，采用机器人装备的汽车生产线能够很好地适应这种变化。

二、弧焊机器人工作站

弧焊机器人工作站按功能和复杂程度不同可分为无变位机的普通弧焊机器人工作站、不同变位机与弧焊机器人组合的工作站和弧焊机器人与周边设备协调运动的工作站。

凡是焊接时工件可以不用变位，而机器人的活动范围又能达到所有焊缝或焊点位置的情况，都可以采用普通弧焊机器人工作站。它是一种能用于焊接生产且具有最小组成的一套弧焊机器人系统。这种工作站的投资比较低，特别适合于初次应用焊接机器人的工厂选用。由于设备操作简单，容易掌握，故障率低，所以能较快地在生产中发挥作用，取得较好的经济效益。

普通弧焊机器人工作站可适用不同的焊接方法，如熔化极气体保护焊（MIG/MAG/CO_2）、非熔化极气体保护焊（TIG）、等离子弧焊及激光焊接等。

普通弧焊机器人工作站一般由弧焊机器人（包括机器人本体、机器人控制柜、示教盒、弧焊电源和接口、送丝机、焊丝盘支架、送丝软管、焊枪、防撞传感器、操作控制盘及各设备间相连接的电缆、气管和冷却水管等）、机器人底座、工作台、工件夹具、围栏、安全保护设施和排烟罩等部分组成，必要时可再加一套焊枪喷嘴清理及剪丝装置。普通弧焊机器人工作站的一个特点是焊接时工件只被夹紧固定而不做变位，因此，除夹具需根据工件情况单独设计外，其他都是标准的通用设备或简单的结构件。

图 4－18 所示为一种普通弧焊机器人工作站应用的实例，用于焊接圆罐与碟形顶盖的水平封闭圆形角焊缝。由于焊缝处于水平位置，工件不必变位；而且弧焊机器人的焊枪可由机器人带动作圆周运动完成圆形焊缝的焊接，不必使工件自转，从而节省两套工件自转的驱动系统，可简化结构，降低成本。这种简易工作站采用两个工位，在工作台上装两个或更多夹具，可以同时固定两个或两个以上的工件，一个工位上的工件在焊接，其他工位上的工作在装卸或等待，工位之间用挡光板隔开，避免弧光及飞溅物对操作者的伤害。这种工作站一般都采用手动夹具。当操作人员将工件装夹固定好之后，按下操作盘上的准备完毕按钮。机器人一旦焊接结束，马上会自动转到已经装好的待焊工件的工位上接着焊接。机器人就这样轮流在各个工位间进行焊接，有效地提高了其使用率，而操作人员轮流在各工位装卸工件。

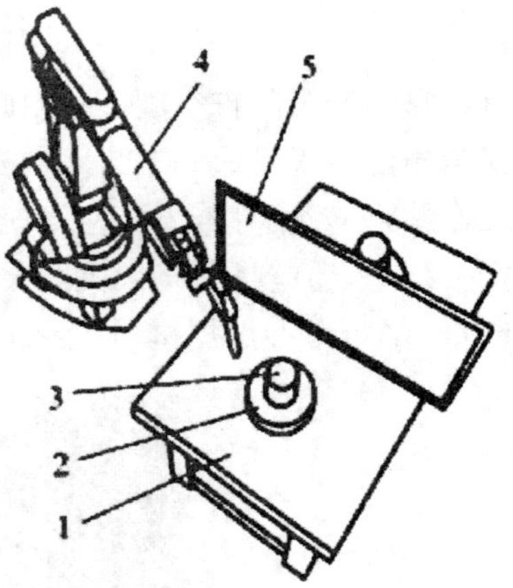

图 4－18　普通弧焊机器人工作站

1. 工作台，2. 夹具，3. 工件，4. 弧焊机器人，5. 挡光板。

这里所说的不同变位机与弧焊机器人组合的工作站是指在焊接时工件需要变动位置，但不需要变位机与机器人协调运动的机器人工作站。这种工作站比普通弧焊机器人工作站要复杂一些。根据工件结构和工艺要求的不同，所配套的变位机与弧焊机器人也有不同的组合形式。在焊接自动化生产中，具有不同形式的变位机与弧焊机器人组合的工作站应用范围最广，应用数量也最多。下面按不同类型的典型例子来介绍它们的组合形式、特点和应用情况。

图 4－19 为一种塞拉门框架机器人焊接工作站应用的实例，用于焊接塞拉门框架。该工作站由两套伺服控制头、尾架单轴变位机、两套焊接可翻转夹具、一套机器人本体、焊接控制系统及移动滑台等组成。图 4－19(a)为主视图，图 4－19(b)所示为其俯视图。

该工作站具有如下特点：①节拍的紧凑性。该工作站具有两个装夹工作台，操作者在机器人对其中一个工作台上的工件进行焊接时，可完成另一工作台上工件的装夹，体现了系统节拍的紧凑。②系统的柔性。系统二柔性关键是指焊接夹具的柔性，即焊接夹具工作台可适应一定范围内的变化。塞拉门型号、规格改变时，控制系统只需对弧焊机器人工作站的作业文件进行修改即可。③防护可靠性。系统采用整体防护，安全可靠。机器人焊接时，电弧与操作者之间有可升降的遮光板，避免电弧伤害操作者的眼睛。

图 4－20 所示为重庆延锋江森座椅有限公司座椅支架焊装机器人工作站，形成一机双工位。工件焊接时都能作倾斜变位，机器人焊枪姿态可以依据工件装配状况进行实时调整，有利于保证焊接质量。

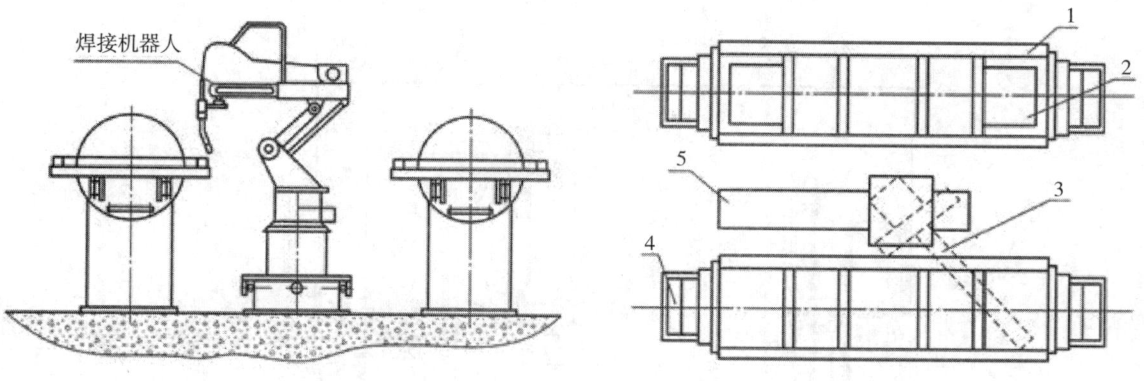

（a）主视图　　（b）俯视图

图 4－19　塞拉门框架机器人焊接工作站简图

1. 工件夹具，2. 工件，3. 机器人，4. 单轴变位机，5. 机器人移动导轨。

图 4－20　两轴变位机与弧焊机器人组成的工作站

弧焊机器人与搬运机器人组合的工作站是采用搬运机器人充当变位机的一种形式，但机器人之间不做协调运动。搬运机器人使工件处于合适位置后，由弧焊机器人进行焊接。焊完一条焊缝后，搬运机器人再对工件进行变位，弧焊机器人再焊接另一条焊缝；也就是说，弧焊机器人焊接时搬运机器人不动，而工件变位时焊接机器人不工作。这种工作站只有工件的夹具需要根据工件结构专门设计，其他都可以从市场上购买，组合起来很方便，而且改型时只需更换夹具，不仅耗时少，成本也较低。

图 4－21 所示为一种由两台 6 kg 弧焊机器人及一台 120 kg 搬运机器人组成的工作站的示意图。工件用气动夹具装夹在托盘上。共有两个托盘，一个由搬运机器人抓起递给两台弧焊机器人同时焊接，而另一个托盘放在托盘支架上由操作者进行装卸工件。搬运机器人轮流抓取两个托盘中的一个。工件托盘装有圆形和方形气电活接头，焊接时机器人的控制柜可以控制托盘上气动夹具的开合，改善弧焊机器人焊枪的可达性；而装卸工件时操作者也能手工控制气动夹具的开合。

3 台机器人分别由 3 个控制柜控制进行工作，编程时比较复杂。首先使搬运机器人与托盘的圆形气电活接头连接，并指令该托盘支架的气动方形气电活接头松开，然后把托盘连同工件一起提起，并以要求的姿态送到焊接机器人前。两台弧焊机器人在搬运机器人定位后同时对工件进行焊接，焊

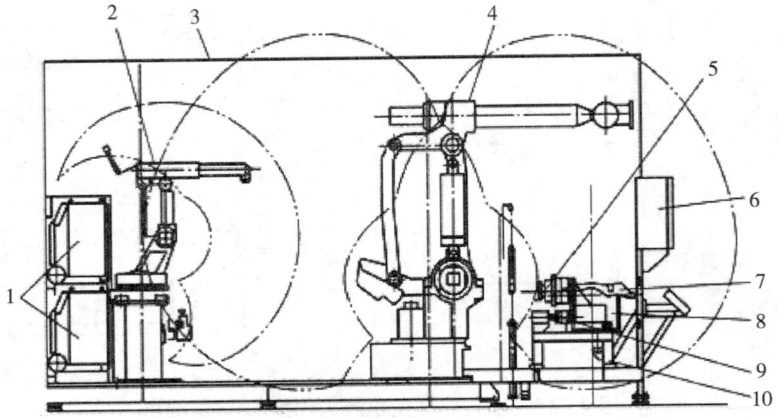

图 4-21 弧焊机器人与搬运机器人组合的工作站

1. 焊接电源,2. 弧焊机器人,3. 安全围栏,4. 搬运机器人,
5. 圆形气电活接头,6. 控制面板,7. 工件,8. 托盘,9. 方形气电活接头,10. 支架。

后指令搬运机器人变位,再进行焊接。焊接过程中有时需指令搬运机器人将托盘上的夹具打开使焊枪能达到每个焊接区。工件全部焊完后搬运机器人将托盘放回到托盘支架上,并与托盘脱开,同时指令支架的气动方形气电活接头与托盘连接,使操作人员能手工操作托盘上的气动夹具,进行装卸工件。搬运机器人再与另一个托盘连接,如此连续重复进行。编程时需十分注意避免两台弧焊机器人发生碰撞或干涉。

随着机器人售价的降低,这种组合的弧焊机器人工作站的应用日益增多。这是因为搬运机器人除了能用做变位机外,还能承担输送工件的工作。

随着汽车制造技术的发展,焊接产品制造的自动化、柔性化与智能化成为必然的发展趋势。图 4-22 为力帆 620 机器人生产线,该生产线可以极大地提高生产效率和降低工人劳动强度,可将生产效率由原来的 3.5 分钟/台提高到 2.3 分钟/台,缩短了生产时间,将生产效率提升了 34%,而原有的激光焊接点将提升到 4 000 多个。机器人生产线在保证车身焊接精度的同时,将车身强度提高了 30%,全面提高了产品安全性能。

焊装作为汽车生产的 4 大工艺之一,其技术、自动化水平对汽车生产的作用至关重要,目前我国

图 4-22 力帆 620 机器人生产线

国内焊装线的水平参差不齐，影响了汽车的快速发展。如果在生产线的设计和制造方面能够达到混线，这样可以降低不同品种的汽车在建立焊装生产线上的投入。

三、切割机器人工作站

随着我国装备制造业产品升级、技术进步的加快和中国的造船、汽车、石油、化工、建材等工业部门的飞速发展，金属材料切割技术进入了一个新的发展阶段，已从一般的传统手工单件毛坯切割发展成为具有一定现代控制技术高效率的、具有相当精度和光洁度的半成品切割乃至成品批量切割，如数控切割、机器人切割技术。

目前，应用先进工业机器人与高度集成控制的辅助设备或装置组成的机器人工作站，正日益成为切割生产线成套装备的主流，并且代表了未来热切割进一步向柔性化、自动化纵深发展的方向。其主要优点有：良好的加工适用性和机动性，可根据空间热切割特点及用户对加工产品和特殊工艺要求，机器人可以改变机座安装机构上的形式，如座式、悬挂式等，增加切割作业空间的目的，实现集成化的自动切割加工；切割机器人工作站具有占地面积小、动作灵活的特征。因此，人们能够在较小的作业单元内汇集一台或多台机器人。

接下来以日本OTC公司生产的AX-MV6工业切割机器人为例，简单介绍切割机器人工作站的工作原理及系统配置。

机器人工作站正常运行的中枢是其控制柜中的计算机系统。切割机器人工作站通过计算机系统对切割环境、运动轨迹跟踪及切割动态过程进行智能传感，根据传感信息对各种复杂的空间曲线切割进行实时跟踪控制，从而控制切割炬能够实现规划轨迹运行。由于切割工艺、切割环境的复杂性和多样性，切割机器人工作站在实施切割前，应配备其切割路径和切割参数的计算机软件系统。该软件要对切割空间或平面的连续轨迹、切割运动的无碰路径及切割矩姿态进行规划设计，并根据切割工艺来优化切割参数。火焰坡口切割的操作过程——点火、预热、切割、自动保证坡口角度、熄火及空程至另一工位的操作过程都是自动完成。本机具有切割过程中人工干预停车，移出割炬修理割炬、割嘴，并能自动返回原断点继续切割的功能切割。机器人工作站系统的工作原理见图4－23。

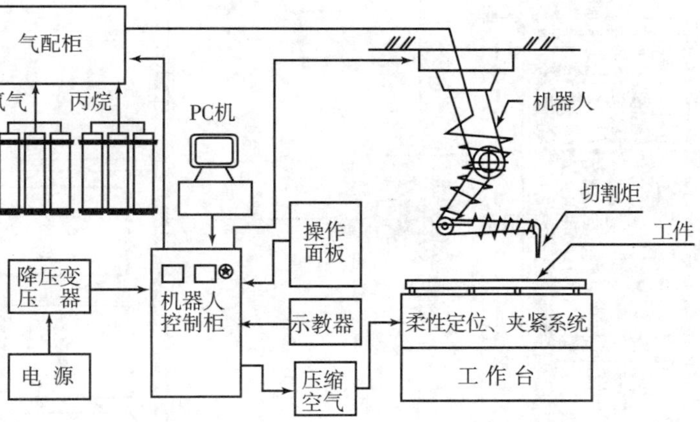

图4－23　切割机器人工作站系统工作原理示意图

该系统结构由图4－24所示的各单元构成。设备机架采用组件焊接结构，具有良好的强度与刚度，同时具备安装、调试、使用、维护方便，机床整体布局合理、美观等优点。机械、气路、控制等系统采用优质材料或可靠性高的产品，整机具有高可靠性、安全性和低能耗的特点。

图4－25为机器人等离子切割工作站。采用机器人空气等离子切割机代替传统的手工火焰切割，切割速度快，切口表面光滑，垂直度好，切割效率有大幅度提高。该机器人工作站采用自动上、下料。作业时，待割工件由自动输送线流入相应的位置，自动对中定位装置将其定位、举升分中装置分中并举升、电动卡盘夹紧，分中装置放松、举升装置落下，机器人切割系统开始自动切割，上面切割完

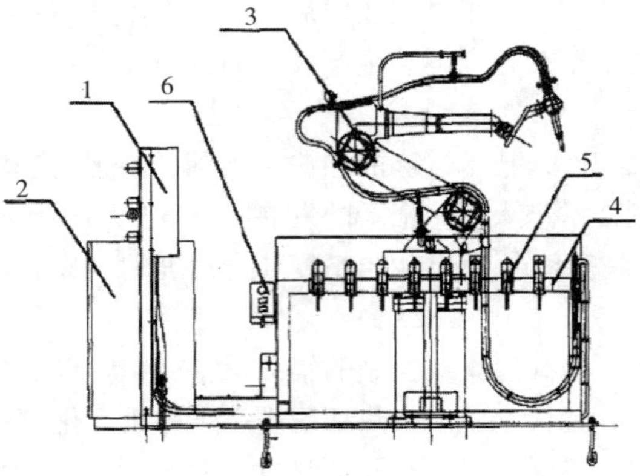

图 4－24　结构平面图

1. 气路仪表盘，2. 机器人控制柜，3. 机器人本体，4. 工作台，5. 顶起机构，6. 急停按钮。

成后，气动翻转 180 度，机器人切割系统开始自动切割另一面。切割结束后，轴向定位及举升装置举升并分中、电动卡盘松开，举升分中装置退回并落下，壳体落在固定滚道上，由人工将壳体从固定滚道滚入线外，一个循环结束。

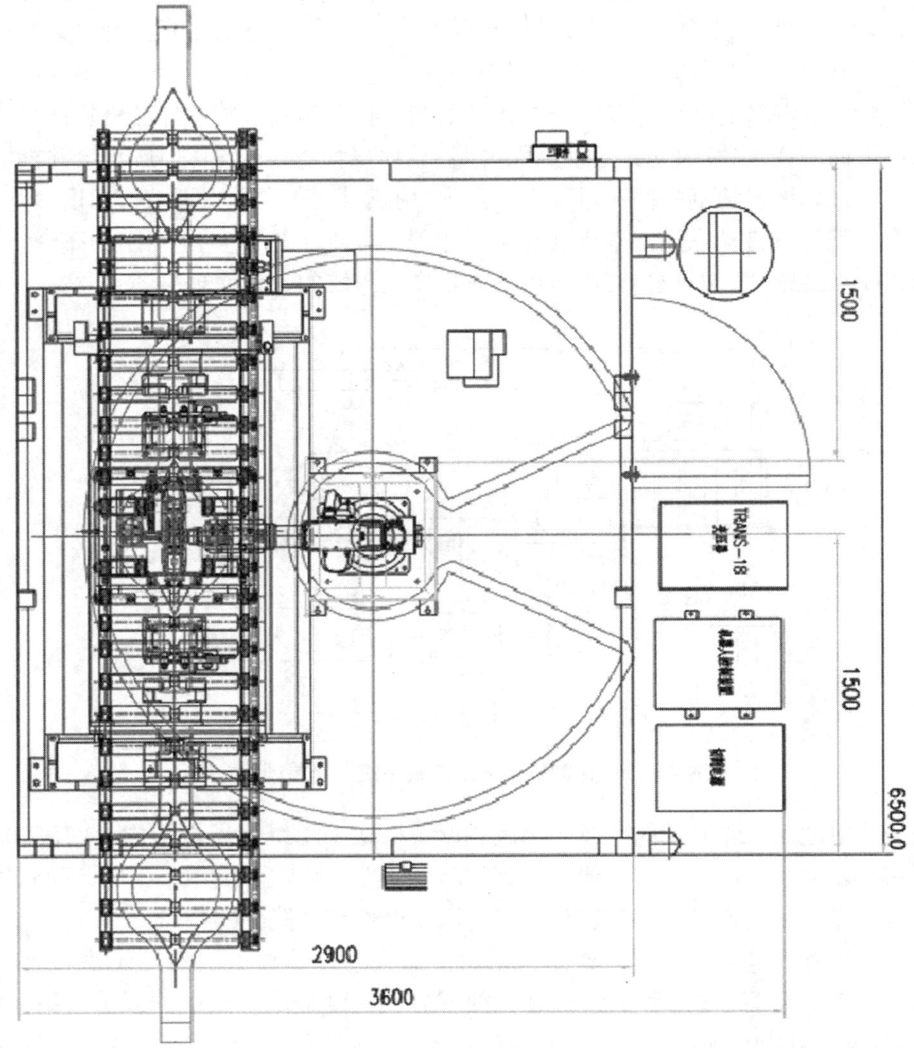

图 4－25　机器人等离子切割工作站

四、群控机器人工作站

多机器人系统是一个多学科综合的研究领域，它得益于许多学科的研究成果。根据 Y·u·Cao 等的见解，对多机器人系统研究最为关键的学科包括生物学、分布式人工智能与分布式系统等。

多机器人焊接（见图 4－26）目前是一个研究热点问题。多机器人系统是指若干个机器人通过合作与协调而完成某一任务的系统。它包含两方面的内容，即多机器人合作与多机器人协调。当给定多机器人系统某项任务时，首先面临的问题是如何组织多个机器人去完成任务，如何将总体任务分配给各个成员机器人，即机器人之间怎样进行有效的合作。当以某种基值确定了各自任务与关系之后，问题变为如何保持机器人间的运动协调一致，即多机器人协调。对于由耦合子任务组成的复杂任务而言，协调问题变得尤其突出。

图 4－26　多机器人焊接

智能体技术是解决这一问题的最有力的工具。多智能体系统（multi-agent system，MAS）研究在一定的网络环境中，各个分散的、相对独立的智能子系统之间通过合作，共同完成一个或多个控制作业任务的技术。

多智能体系统成为一种对复杂系统进行分析、设计的有力思想方法和工具。每个机器人都被视为一个具有智能行为的 Agent，每个 Agent 只处理与自身相关的局部目标和局部信息，具有自主能力，同时又具合作的能力，即社会行为能力。通过以太网联接的多机器人系统（图 4－27），机器人作为一个群体在生产线上工作，关键的问题是要解决机器人与其他设备之间的协调控制。

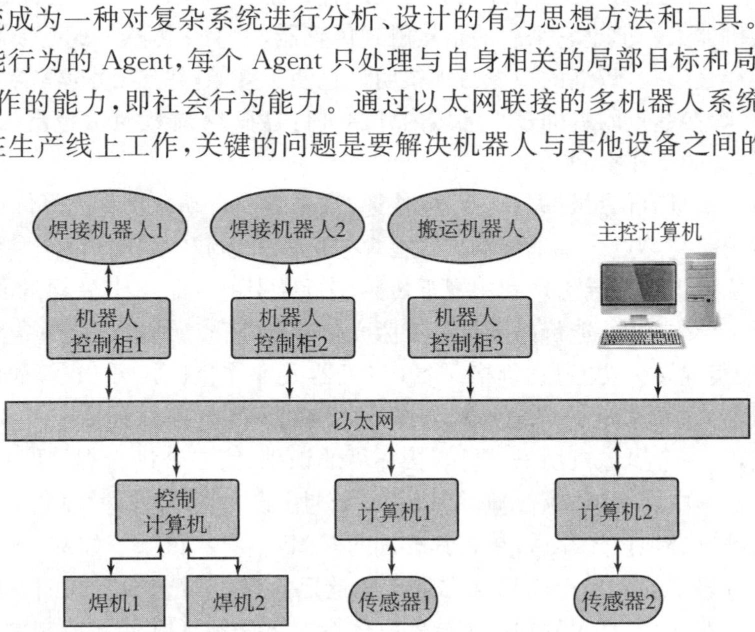

图 4－27　多机器人系统的硬件网络结构

第四节 焊接机器人技术发展

一、焊接导引与焊缝跟踪

目前，国内外已有大量的焊接机器人系统应用于各类自动化生产线上，这些焊接机器人系统从整体上看大多还属于第一代的"示教－再现"型或少量第二代的离线编程型机器人。由于这些焊接机器人的焊接路径和焊接参数是根据作业条件预先设置的，在焊接时缺少外部信息传感和实时调整控制的功能，这类焊接机器人对作业条件的一致性要求严格，焊接时缺乏"柔性"，表现出明显缺点。但在实际焊接过程中，作业条件是经常变化的，如工件加工和装配上的误差会造成焊缝位置和尺寸的变化，焊接过程中工件受热及散热条件改变会造成焊道变形和熔透不均。为了克服机器人焊接过程中各种不确定性因素对焊接质量的影响，提高机器人作业的智能化水平和工作的可靠性，需要焊接机器人系统能够在线实时调整位姿，保证焊枪对中焊缝中心，同样，需要在线调整焊接工艺，保证焊缝成形的均匀性，从而保证焊缝质量。另外，对于人类难以直接作业的特殊场合，如水下、空间、核辐射环境等的自动焊接施工，需要机器人能够准确的自主寻找初始焊接位置以及焊缝信息。

为此，文献提出第三代机器人技术即智能焊接机器人。采用各种传感技术使机器人能感知环境变化，具有自主适应能力。这类机器人还处在试验阶段，它的研究融合了传感技术、运动控制技术、智能控制技术和计算机技术等多学科思想和技术成果，是未来发展的趋势。为了实现第三代智能焊接机器人，初始焊接位置导引与焊缝跟踪是智能焊接机器人研究的两个重要研究内容。

（一）焊接导引

焊接机器人进行视觉传感的初始焊位识别及路径规划，是实现智能化焊接机器人的关键技术之一，对于太空、核环境等人类不便于参与的焊接工作的完成具有重要的现实意义。

目前的初始焊位导引方法主要是"盲人探路"式的方法，即采用示教接近的方法或采用触觉探测方式，像盲人的探路一样逐渐接近初始焊位。可见的报道是日本安川机器人公司出品的带有焊接起点捡出功能的焊接机器人。但是它采用的是接触式传感器，由于受传感方式的限制，仅适用于角焊缝及带有较大坡口的焊缝形式，焊缝的边缘必须很明显且便于接触；并且要求必须将机器人移动到焊接起点附近，它只能在焊接起点附近的较小区域内开始进行寻找，不能实现大范围的寻找初始焊接位置的功能，而且要求较大的工作空间。

由于视觉传感方式具有信息量大、非接触、快速、高精度及自动化程度高等优点，目前已成为机器人焊接传感器方面的研究热点。视觉传感方式在焊接机器人领域中的应用其中一个方面就是基于视觉信息的初始焊接位置识别与导引。利用视觉传感进行导引的就是库卡公司的激光导引，但其传感器仅仅具有初始焊位导引功能，造价昂贵且具有激光传感的"盲点"现象。该激光传感设备功能单一，体积较大，仅能用来实现导引功能，且价格昂贵（与机器人本体相比）。Kim 等研制了一套带有视觉系统的移动焊接机器人，用来进行焊缝跟踪和焊接环境的识别。该视觉系统由 3 个激光传感器和 2 个视觉传感器组成，第一个摄像机用来进行焊接环境的识别，第二个进行焊缝跟踪，激光传感的作用是使得识别更简单。其中两个（Laser A1 和 Laser A2）用于识别，另外一个（Laser B）用于跟踪。但其焊接环境的结构信息必须预先知道，具有其准确的 CAD 信息。该系统如图 4－28 所示。

哈工大利用自行研制的激光扫描三维视觉传感器已实现了对未知空间曲线焊缝的自主跟踪控制。除了激光视觉以外，国内有人分别从传统的立体视觉方法和视觉伺服控制两种方法研究初始焊接位置的导引问题。

（二）焊缝跟踪

焊缝跟踪就是在焊接时实时检测出焊缝的偏差，并调整焊接路径和焊接参数，保证焊接质量的可靠性。由于工件的加工误差（工件间的尺寸差异、坡口的准备情况等）、装配精度以及焊接时的热变形

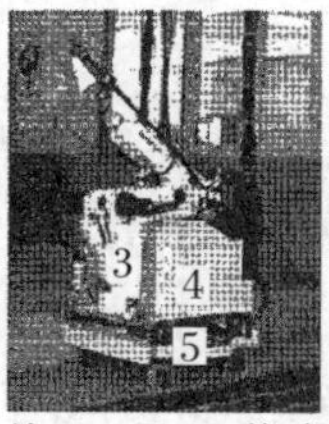

1. 焊枪 2. 传感系统
3. 焊接机器人 4. 移动平台
5. 爬行机构

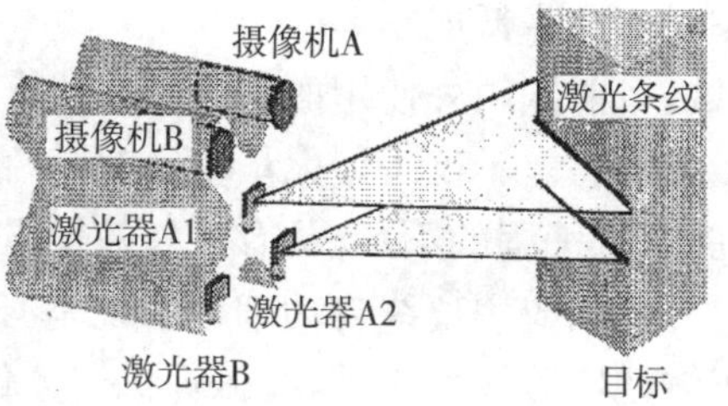

图 4－28 移动机器人及其视觉系统

等因素的存在，以“示教－再现”方式工作的弧焊机器人在焊接时常常因为焊缝和示教轨迹有偏差而导致焊接质量下降，所以焊缝跟踪是保证弧焊机器人焊接质量的一个重要的方面。同时，与一般的工业自动化操作机构以及搬运机器人相比，弧焊机器人不仅对运动控制要求较高，同时需要高精度的控制焊枪与工件之间的相对轨迹位置关系、运动速度以及焊枪姿态等。如果通过采用提高工件的加工精度、提高工装夹具的装配精度及严格控制机器人示教轨迹的方式，不但会使生产制造成本提高，而且限制了适用范围，并且对于那些焊缝坡口非均匀变化以及焊接过程中产生了热变形的情况。必须采取实时焊缝跟踪方法来调整机器人的运动轨迹，满足焊缝跟踪的使用要求和焊缝的质量要求。

为使机器人具有感知环境的能力，人类给机器人安装了各种传感器，使它们具有听觉、视觉、触觉等各种感觉。当前应用的主要传感器有接触式传感器、电弧传感器、超声波传感器、听觉传感、红外传感器和视觉传感器等。它们各有优缺点，如接触式传感器依靠探针沿焊缝滚动或滑动，通过探针的偏移检测出焊枪与焊缝之间的偏差，其优点是成本低廉，易于实现，缺点是探针易磨损变形，跟踪精度低，对焊缝坡口形状要求具有一定的沟槽深，不适应复杂坡口焊缝的跟踪或高速焊接。电弧传感器通过电弧相对焊缝的摆动，直接利用焊接电弧参数的变化计算出焊枪至工件的距离变化量，进而计算出坡口的位置形状信息，其优点是不需在焊枪上添加附加设备，缺点是对焊缝坡口形状依赖较大，只适应对称坡口焊缝。超声波传感器具有无接触、价格低廉的特点，但环境温度、噪声、保护气流等因素都会干扰、衰减超声波，影响传感器的测量精度，难以满足高精度焊缝跟踪的要求。视觉传感器因其高灵敏度、高精度、抗电磁干扰、与工件无接触等优点，越来越受到重视。视觉传感器采集的图像有基于自然光、弧光的焊缝图像和以激光为光源的结构光图像。激光传感因单色性好、高亮度等特点在焊接过程检测中具有独特优势。直接采用 CCD 获取的信息信息量丰富、视野宽、不受焊接接头形式的限制，在宏观获取焊接环境信息方面具有优势。

图 4－29 META 公司的焊缝跟踪传感器

目前，英国的 META 公司已经成功的将主动视觉技术开发出焊缝跟踪激光传感器（见图 4－29），其产品已经应用到 ABB，KUKA，LINCOLN，YASKAWA，OTC 等知名品牌机器人焊接过程控制中。

二、焊接机器人离线编程控制

机器人离线编程系统是机器人编程语言的拓展，它利用计算机图形学的成果，建立起机器人及其工作环境的模型，利用一些规划算法，通过对图形的控制和操作，在不使用视觉机器人的情况下进行轨迹规划，进而产生机器人程序。机器人离线编程系统已被证明是一个有力的工具，用于增加安全性，减少机器人不工作时间和降低成本等。

在自动化焊接领域，目前国内外使用的均为第一代人工示教再现型弧焊机器人，其轨迹、姿态和焊接工艺参数需在线示教编程，不仅占用大量生产时间，而且示教质量取决于操作者的技术和经验。离线自动编程可以克服示教编程的不足，具有显著的优点。为适应小批量、多品种，节省成本和时间，保证焊接质量等要求，开发和应用离线自动编程系统是必然趋势。另外，对于如大型油罐锅炉、重型机械、轻轨车辆、船、车体炮塔等大型工件，在弧焊机器人倒立悬挂的环境下，现场示教编程是非常困难的。

随着计算机性能的提高和计算机三维图形技术的发展，机器人离线编程系统多数可在三维图形环境下运行，编程界面友好、方便，获取焊缝轨迹的坐标位置通常可以采用“虚拟示教”(virtual teach-in)的办法，用鼠标轻松点击三维虚拟环境中工件的焊接部位即可获得该点的空间坐标；在有些系统中，可通过 CAD 图形文件中事先定义的焊缝位置直接生成焊缝轨迹，然后自动生成机器人程序并下载到机器人控制系统，从而大大提高了机器人的编程效率，也减轻了编程员的劳动强度。

目前各机器人公司生产的机器人在国内广泛应用，而国内还没有针对各系列机器人的实用性强、自动化程度高的离线编程系统。国内对弧焊机器人离线编程技术研究很少，并且以二次开发方式为主，最早主要由哈尔滨工业大学开发的功能较简单的机器人弧焊 CAD/CAM 系统——RAWCAD。该系统基于 AutoCAD 开发，在 3DMAX 中进行三维造型，其造型简单，仿真效果较差。田劲松等对任务级弧焊机器人离线编程做了大量研究工作，采用 ObjectARX 工具基于 AutoCAD 二次开发构件了机器人实体模型和焊接工件特征建模器，取得较好的效果。随着三维建模工具软件的发展，如 UG，SolidWorks，在这些平台上进行二次开发的研究报道也很多。国外对弧焊机器人离线编程研究较为深入，主要以自主开发为主，国际市场上已有基于普通 PC 机的商用机器人离线编程软件，如 Workspace5，RobotStudio 等。

三、焊接机器人远程控制

核电站中设备的维修、深海资源的开发、空间探索、危险环境下的救援等工作都要用到焊接。这些工作最适合用遥控的方法去做，从而解除对人的健康危害和生命威胁。随着计算机技术的发展，网络技术对制造业产生了巨大的冲击，利用网络技术，可以有效地在基于互联网(Internet)的范围内对现场数据进行采集、分析和控制而不必亲临现场，大大提高了劳动生产率。近年来很多基于 Internet 的机器人系统相继在网络上出现。基于网络的机器人的思想是由 Ken Goldberg 于 1994 年首先提出并在 Mercury Project 中实现的。几乎与此同时还有西澳大利亚大学 Kenneth Taylor 研发的装有摄像头的机械手臂，它支持网络用户在工作空间中控制机器人搭积木等活动。焊机机器人远程控制主要指的是机器人遥控焊接技术和基于网络的机器人自主焊接。

目前的人工智能、环境模式识别、问题规划及求解等相关技术的发展，不足以支撑智能机器人在陌生的非结构环境中全自主地完成任务。为了解决远程环境中的焊接问题，20 世纪 70 年代就提出了遥控焊接(remote welding)的概念——人通过远程操作执行机构控制焊枪运动完成焊接。为了使焊接作业系统对任务具有柔性，满足维修和检测的及时性要求，需要研究以遥控机器人为中心的遥控焊接技术，充分利用操作者的焊接知识完成专用设备不能或不易完成的遥控焊接任务。

机器人遥操作集成和运用了临场感(telepresence)、虚拟现实(visual reality，简称 VR)和远程通信等技术，执行的任务主要包括装配作业(如抓取、插孔等)、拆卸和使退役(如切割、钻孔等)、焊接装配和检测、外科手术等。焊接操作特有的矛盾限制了机器人遥操作在焊接领域的应用：在遥控焊接中，焊接操作复杂，控制的参数如焊枪位置、姿态、弧长、速度等较多，而要求较高的焊接质量；远程操作有时间延迟，而焊接过程必须实时完成；焊接的弧光严重地影响了远程操作的视觉传感；在非结构工作环境下，需要精确识别焊缝空间及监控周围环境。

目前，临场感、预测图形仿真、人机协作控制策略的研究已经能弥补远程焊接中视觉信息不足和无力觉反馈的缺点，而虚拟现实技术有助于操作者能更好地恢复部分在控制回路中损失的感觉信息，增强操作者执行焊接任务的能力。

国外对应用机器人遥操作技术的遥控焊接研究始于20世纪80年代中期。1986年，MIT的Agapakis最早进行了视觉辅助下的遥控机器人焊接研究，认为不应简单模仿人的焊接操作行为，开发视觉传感和计算机辅助编程是至关重要的。1984年，加拿大Douglas Point核电站反应堆泄漏事故后的遥控焊接维修是最早成功实现的遥控焊接项目。该系统采用了双机械臂结构，一个引导焊接工具到裂纹处，自动焊接过程，另一个载有7台摄像机负责宏观监视。这些早期的研究和应用都停留在宏观视觉反馈环境信息，手动操作焊枪和焊接过程自动执行的层次，操作者始终参与底层的控制中，不能减轻操作者工作强度和缩短事故反应时间。

立体视觉显示、机器人遥操作控制策略、图形仿真以及虚拟现实技术的发展推动了遥操作在焊接领域的应用。英国通用机器人公司的Broome等从1993年开始进行水下遥控机器人的项目(ARM)，用于水下管道的焊接维修和检测，1999年完成大部分开发工作。该系统具有6DOF的机械手和姿态可调的摄像机装在ROV上；变焦距摄像机监视整个工作空间；图形仿真系统给出ROV、机械臂以及工作空间的多角度图形环境；采用手动方式、增强形手动方式、半自动方式、自主方式进行工作。该系统成功地进行了水下焊缝检测、焊接及打磨工作。

法国核能源项目Framatome对核电站中的检测、测量、维修(切割、焊接、研磨)等进行了机器人遥操作研究。遥控Aramis机器人焊接蒸汽生成器的管道，结合多种控制模式，建立计算机监控系统，采用ROBCAD软件进行环境仿真。

美国爱达荷国家工程和环境试验室(INEEL)的NSNFP(national spent nuclear fuel program)项目从1999年开始研究遥控机器人焊接系统用于美国国家能源部(DOE)的核燃料储存容器的密封和焊缝检测。该项目包括超声波检测传感器设计、激光扫描传感系统的设计、远程的焊接工艺测试、表面检测系统、系统集成。

焊机机器人远程控制的另一个研究方向就是基于网络的机器人自主焊接。随着机器人在工业上的广泛应用，机器人已成为工业生产系统中的一个必不可少的部件。通过网络或者工业总线将生产线上各种设备的控制系统有效连接，形成一个综合控制系统，已成为现代生产装备的发展趋势，它将大大加速整个控制系统的数据于信息流通并真正实现共享，同时方便产品设计人员和系统设计人员的程序设计。然而，现代工业的生产设备是由不同厂家的设备组成的，比如世界上主要的机器人生产厂家就有十多家。目前对于大部分设备来讲，若想将其综合在一起成为一个自动化系统是很困难的。由于工业机器人开发生产厂家也很众多，形成完全的统一标准是困难的。另一方面，现在使用的大量机器人开放性和对外接口也参差不齐。为了保护现有投资，一种折中的选择是在这种差别存在的情况下采用软件中间件技术来弥补。所谓中间件描述为“一类软件技术设计来帮助管理分布系统固有的复杂性和异构性”。它定义为一层高于操作系统但低于应用程序的提供跨分布系统的公共编程抽象软件。不同的机器人系统使用不同的通信协议和技术，目前常用CORBA，RMI，DCOM或MOM等中间件技术来屏蔽它们之间的差异。中间件是为特定用户的需要而剪裁的系统软件。中间件技术是实现分布式机器人软件控制技术的必由之路，也是实现机器人网络集成的关键技术之一。目前，可见的报道是上海交通大学研制的局部自主智能焊接机器人，其采用了两种远程控制模式，分别是基于CORBA-CGI的远程控制模式和基于CLI-IGRIP-IWRSVR的远程控制模式对LAIWR(local autonomous intelligent welding robot)系统进行了远程控制的研究，并比较两者的优缺点。

随着网络技术的发展，对制造业产生了巨大的冲击，结合网络技术，各种先进的制造技术不断涌现。例如，远程制造、敏捷制造等异地制造环境下的远程监控技术，可以有效地在基于因特网的范围内对现场数据进行采集和分析而不必亲临现场，大大提高了劳动生产率。基于因特网的机器人(Internet-based telerobot)是从遥操作(telerobot)基础上发展起来的。在危险环境或人类难以到达的环境中,例如深海、核环境、外太空等,遥操作技术是有力的工具。将遥操作中的通信环节用因特网代替,就构成了基于因特网的机器人遥操作。

随着焊接机器人的数量、型号、规格的增多和机器人焊接规模生产的扩大,焊接机器人的网络技术、不同焊接机器人通信与协调作业将日渐迫切,同时在危险环境下的焊接作业代之以机器人则对遥控机器人焊接提出了新的需求。因此,在智能焊接机器人技术中考虑网络技术与遥控技术的结合已成必要。

四、焊接机器人焊接质量控制

现代工业中,焊接广泛应用于制造各种材料的零部件,这些产品的极端重要性对焊接接头的质量提出了非常苛刻的要求。由于接头形成过程中存在着大量降低接头质量的干扰因素,仅仅依靠正确选择焊接工艺和规范来满足这些要求实际上是困难的。因此,对于一些重要焊接结构件,如何构造以产品精度尺寸为保证目标的精度焊接成形与质量控制系统,是焊接工作者急需解决的一个难题。近年来,随着计算机硬件、软件和信息科学的蓬勃发展及边缘学科的渗入,借助计算机技术控制和预测重要产品的焊接质量已成为重要研究课题,并取得了丰硕成果。

目前,从焊接变形问题的角度出发研究机器人焊接质量控制问题已成为一个热点。国内外学者对焊接变形的研究至今已有半个多世纪的历史,关于焊接变形预测方法也取得了不少研究成果。这些方法归纳起来可分为3类:经验法、解析法和数值模拟法。其中经验法是通过查找焊接手册上的经验公式和数据曲线来估计焊缝的收缩量和角变形量。20世纪50年代,前苏联学者奥凯尔勃洛姆等人在考虑材料机械性能与温度之间的相互依赖关系的前提下,用图解的形式分析焊接过程的热弹塑性性质及其动态过程,并分析了一维条件下对焊接应力和变形的影响,建立了确定焊接变形和应力的理论方法。后来的研究者们基于该理论,提出了以残余塑变来计算焊接变形的解析法。焊接数值模拟的发展是从解析法开始的。随着数值计算技术的发展,逐步过渡到有限差分法和有限单元法。在近几年的发展中,随着有限元软件的开发及其良好的使用效果,有限元法已占据了主导地位。近年来,数值模拟已经成为焊接研究方面的主要手段。

1970年代初,日本的上田幸雄等首先以有限元法为基础,提出焊接热弹塑性分析理论,从而使复杂的动态焊接过程的应力应变分析成为可能。热弹塑性有限元法原理上可以解决复杂焊接结构的应力和变形问题,但是该法耗用大容量计算机和很长的计算时间,因而难以满足工程实际需要。固有应变法是一种能相对比较经济的预测大型复杂焊接结构变形的方法,有很大的实用意义和发展前途。除此之外还有线弹性体积收缩法、人工神经网络法等。

在计算机技术日益发展的今天,采用数值方法模拟复杂的焊接现象已经取得了很大进展,数值模拟技术已经渗透到焊接各方面的研究中,并且取得了不少成果。然而,由于焊接是一门涉及冶金、物理、热力学、材料学等多学科的极为复杂的工艺,存在严重的材料非线性,要全面考虑诸多方面因素的影响,对其进行准确的模拟,且将模拟技术全面运用于实际生产并用来指导工艺设计,制订和优化焊接工艺,还存在很多问题需要解决。

随着控制学科理论方法向其他学科的渗透,许多学者开始从控制学科的角度出发研究机器人焊接熔透、成形等质量控制问题,并认为机器人焊接的高质量关键在于实现对于焊接动态过程有效精确的控制。由于焊接过程的复杂性,实践表明经典的控制方法有效性受到较大的限制。受熟练焊工操作技艺的启发,近年来,模拟焊工操作的智能控制方法已被引入焊接动态过程,主要涉及焊接动态过程的传感、建模与智能控制。

焊接过程的传感,是实现焊接过程质量控制的关键环节。未来焊接发展的趋势是焊接自动化、机器人及智能化,而传感技术是这一发展中最重要的部分。焊接传感器按其使用目的可分为测量和检测操作环境、检测和监控焊接过程两大类。在传感原理方面,主要分为声学、力学、电弧、光学传感等。

与其他传感方法相比，光学传感器不与焊接回路接触，信号的检测不影响正常焊接过程。尽管目前光学传感器在实际生产中应用较少，但它能提供丰富的信息，如接头形式、熔池边界、电弧形态、焊丝位置及凝固的焊道形状等，因此是将来最有发展前景的传感技术之一。随着电子工业和图像处理技术的发展，在红外和可见光范围内的视觉传感器发展日益成熟，其光学器件成本下降，器件工作的可靠性和保护措施得以提高和完善，图像处理硬件和软件得以改进，许多焊接视觉传感器将被研制出来。

对于焊接过程，直接视觉是一种最好的非接触式传感形式。它主要利用光谱中的可见光波段对焊接区成像，图像中的景物与焊接区各部分一一对应，无须像红外成像那样只有经过温度场标定以后才能确定焊接区各部分，非常直观。直接视觉传感技术的主要优点是不接触工件，不干扰正常的焊接过程，获取的信息量大，通用性强，并且由于它可以得到焊接过程动态熔池的二维或三维信息，与其他焊接过程信息检测方法相比，这种方法检测到的熔池信息直接反映焊接过程熔化金属的动态行为，因此该方法更适合焊接过程的质量控制。近年来，随着计算机视觉技术的发展，利用机器视觉正面直接观察焊接熔池，通过图像处理获取熔池的几何形状信息对焊接质量进行闭环控制，已成为重要的研究方向。根据视觉检测系统中成像光源视辅助光源还是焊接区自身产生的光源，直接视觉检测系统可分为主动式和被动式两大类。

除了以上视觉传感方式以外，还有学者分别从光谱分析、等离子体电压、焊接过程声音特性、红外温度图像等角度研究焊接过程各种传感信息与焊接成形与质量之间的内在联系。

机器人焊接各种传感器提供了大量类似于人类焊工的感观信息，在这些信息的基础上，机器人焊接过程的建模与控制方法的研究才得以发展起来。对象的数学模型描述的是系统各个物理量之间的关系，一般用物理或数学的形式来表达。数学模型是人们对焊接过程的本质认识，数学模型与实际焊接过程的相符程度体现了人们对焊接过程中规律的认识程度。建立对象的数学模型是进行控制系统设计的前提条件，控制系统正是根据模型给出的控制规律执行控制任务的。针对焊接过程这一对象中的不可测量的预测以及熔透控制问题，通常需要建立焊接规范参数和焊缝成形特征量之间的映射关系，即焊接过程模型。根据采用建模方法的不同，分为传统建模方法和人工智能建模方法。

传统建模方法是指采用经典控制理论中传递函数和现代控制理论中系统辨识的方法。最早在1990年有文献指出，ARMA模型虽然可以减少模型辨识参数，但是随着预测步数增加，ARMA模型的精度明显降低；作者从预测控制角度出发给出了输入为焊接电流和弧长输出为正面平均下塌量和背面熔宽的焊接动态过程的MA(moving average)模型。随后文献将平板堆焊过程分为起弧段和稳弧段，分别给出脉冲占空比和背面熔宽、焊接速度和背面熔宽的传递函数模型。文献作者开发一套双光路的采像系统，可以分别从工件正反面获取熔池图像从而实时获取背面熔宽等信息。因此，作者针对平板对接焊接过程的稳弧段，分别给出了焊接电流和背面熔宽、送丝速度和背面熔宽、正面熔宽和背面熔宽的ARMA(autoregressive moving average)模型。文献研究熔池三维特征信息的提取方法，分析了焊接过程热传导的特点，分别建立峰值电流和背面熔宽、送丝速度和熔池表面高度的非线性Hammerstein模型。

伴随这人工智能技术的发展，如人工神经网络、支持向量机、模糊集、粗糙集等理论的发展，越来越多的学者将人工智能建模方法引入到焊接过程的预测和控制过程中。由于焊接过程的复杂性，其通常是非线性强耦合的系统，传统建模方法无法精确描述整个焊接过程，例如在机器人焊接过程中，背面熔宽信息很难实时获取；因此可采用控制理论中软测量的方法，即通过一些可测变量的转换来预估不可测量。针对焊接过程中背面熔宽和正面余高这两个与焊接质量相关的变量，文献分别给出由占空比、峰值电流、焊接速度、送丝速度、正面熔宽、正面熔长、半长比等焊接规范及正面熔池信息来预估背面熔宽和正面余高。另外，考虑到焊接过程存在大量的经验知识，传统的建模以及神经网络的建模方法通常难以理解，而模糊集合中 *if*-then 规则可以很好地描述知识模型。因此，文献利用支持向量机提取模糊规则的方式建立焊接过程的知识模型，从而解决焊接过程模型的理解性问题。由于模糊集建模方法存在较多的主观因素，需要足够的先验知识，虽然已有很多方法来减少主观因素的影响，其中包括神经网络方法，但这些方法都没从根本上排除主观因素的影响。模糊建模的另外一个不足之处在于，随着预言变量个数以及每个语言变量取值个数的增加，模糊模型的规则有可能变得无法控制，导致规则爆炸，这一点使得所建立的焊接过程模型的输入和输出不可能太多。事实上，焊接过程又是一个涉及多变量耦合的复杂过程，所以这一点限制了模糊建模方法在焊接过程中的应用。因而，文献将粗糙集理论引入焊接过程，分别给出一般粗糙集和变精度粗糙集的焊接过程知识模型。

焊接过程的熔透控制和成形控制问题一直是焊接界的难点问题。由于焊接过程是存在高噪声干扰、较大的时滞和动态突变性的复杂过程，在很多情况下，焊接过程的准确的数学模型是无法得到的，而且在弧焊过程中影响焊接质量的因素并不是唯一的，而是多种因素或多个变量在共同决定焊接过程的稳定性和质量的稳定性。就脉冲 GTAW 焊接工艺参数而言，就有焊接电流、焊接电压、焊接速度、送丝速度、预热情况甚至环境条件。如果将上述的因素全部统一到传统的对象模型中是很难的。传统控制方法包括经典的 PID 控制和自适应控制、预测控制、鲁棒控制等现代控制理论方法。传统控制方法必须建模，而不精确的模型结合固定的控制算法，使整个控制系统缺乏灵活性和应变性，由于过分依赖于被控对象的数学模型，无法解决焊接过程中的不确定性。

智能控制系统在处理复杂性、不确定性方面可以用拟人化的方式来表达，也就是智能控制系统对信息的处理在一定程度上具有仿人智能，这种智能主要表现在智能决策上，特点是不依赖或不完全依赖被控对象的数学模型，而主要利用主体的经验、知识和直觉推理技术以及控制系统自身的特点进行决策输出，也就是智能控制系统要具有从周围环境自学习的能力，自动信息处理的能力以及规划能力。智能控制系统的类型很多，在焊接领域主要发展了 3 种类型：基于模糊逻辑的智能控制，基于神经网络的智能控制，模糊决策与神经网络的结合。

参考文献

[1] 林尚扬，陈善本，李成桐. 焊接机器人及其应用[M]. 北京：机械工业出版社：2000.

[2] 陈善本，林涛. 智能化焊接机器人技术[M]. 北京：机械工业出版社，2006.

[3] KIM M Y, KO K W, CHO H S. In Visual sensing and recognition of welding environment forintelligent shipyard welding robots[J]. Intelligent Robotsand System，2000(3)：2159 - 2165.

[4] 吕伟新. 弧焊三维视觉传感系统的应用研究[J]. 机器人，1998(20).

[5] 朱振友. 焊接机器人初始焊位视觉识别与导引研究[D]. 上海：上海交通大学，2004.

[6] 郭振民. 基于视觉伺服的汉剧诶机器人初始焊位导引研究[D]. 哈尔滨：哈尔滨工业大学，2002.

[7] 陈希章. 基于双目视觉的弧焊机器人焊缝三维信息获取研究[D]. 上海：上海交通大学，2007.

[8] 赵东波，熊有伦. 机器人离线编程系统的研究[J]. 机器人，1997，19(4)：314 - 320.

[9] 刘永，杨静宇. 弧焊机器人工作站离线编程系统 - WROBCAM[J]. 计算机辅助设计与图形学学报，2005，17(1)：190 - 194.

[10] 曾翠华，廖海平，孙铭，等. 基于焊件三维装配体的机器人焊接离线编程[J]. 焊接技术，2007(5)：43 - 45.

[11] 冯胜强，胡绳荪，杜乃成. 基于 UG 的弧焊机器人离线编程系统的设备建模[J]. 焊接学报，2008(4)：89 - 92.

[12] BLANDFORD A, BUTTERWORTH R, CURZON P. Models of interactive systems: a case study on programmable user modelling[J]. International Journal of Human-Computer Studies, 2004, 60 (2): 149 - 200.

[13] RAIMONDI T, Remote handling in the Joint European Torus (JET) fusion experiment[J]. Trans Am Nucl Soc, 1976(11)：504 - 505.

[14] 李海超，高洪明，吴林，等. 基于立体视觉的机器人焊接遥操作研究[J]. 高技术通讯，2006，16(6)：591 - 595.

[15] AGAPAKIS J E, MASUBUCHI K, VON A L T. Fundamentals and advances in the development of remote welding fabrication systems[J]. Welding journal, 1986(65): 21 - 32.

[16] CONRATH J J, OPERATIONS C. Atomic Energy of Canada, L., Remotely Controlled Repair of Piping at Douglas Point[M]. Atomic Energy of Canada Limited, CANDU Operations, 1983.
[17] Trevor H T L, ARM and Povsim: extending our reach[J]. Industrial Robot, 1999, 26 (3), 202 - 208.
[18] Launay J P. Teleoperation and nuclear services advantages of computerized operator-assistance tools[J]. Nuclear engineering and design, 1998, 180 (1): 47 - 52.
[19] Herschel B S, Charles R T, Kevin L K. In Complex intelligent machines [A], 2000.
[20] 陈文杰. 局部自主智能焊接机器人系统及其远程控制方法研究[D]. 上海:上海交通大学,2004.
[21] Taylor K, Dalton B. Internet robots: a new robotics niche[J]. Robotics & Automation Magazine, 2000, 7 (1): 27 - 34.
[22] 奥凯,尔勃,洛姆,等. 焊接变形与应力[M]. 北京:中国工业出版社,1963.
[23] 徐琳,余昌莲,周旭春. 焊接变形预测的研究进展[J]. 机械工程师,2006,38(2):27 - 29.
[24] Ueda Y, Yamakawa T. Analysis of thermal elastic-plastic stress and strain during welding[J]. Trans. Japan Welding Soc, 1971, 2 (2): 90 - 100.
[25] Ueda Y, Kim Y C, Yuan M G. A Predicting Method of Welding Residual Stress Using Source of Residual Stress (Report I): Characteristics of Inherent Strain (Source of Residual Stress) (Mechanics, Strength & Structural Design)[J]. Transactions of JWRI, 1989, 18 (1): 135 - 141.
[26] Cobo A, Mirapeix J, Linares F, et al. Spectroscopic Sensor System for Quality Assurance of the Tube-To-Tubesheet Welding Process in Nuclear Steam Generators[J]. Sensors Journal, IEEE 2007, 7 (9): 1219 -1224.
[27] Li L, Brookfield D J, Steen W M. Plasma charge sensor for in-process, non-contact monitoring of the laser welding process[J]. Measurement Science and Technology, 1996(7): 615 - 626.
[28] Gu H, Duley W W. A statistical approach to acoustic monitoring of laser welding[J]. Journal of Physics-London-d Applied Physics, 1996(29): 556 - 560.
[29] Al-Habaibeh A, Parkin R. An autonomous low-Cost infrared system for the on-line monitoring of manufacturing processes using novelty detection[J]. The International Journal of Advanced Manufacturing Technology 2003, 22 (3): 249 - 258.
[30] 张裕明,吴林. 熔透视觉自适应控制(上)[J]. 焊接,1990(11):1 - 5.
[31] 张裕明,吴林. 熔透视觉自适应控制(下)[J]. 焊接,1990(12):4 - 7.
[32] Zhang Y M, Kovacevic R, Li L. Adaptive control of full penetration gas tungsten arc welding[J]. Control Systems Technology, IEEE Transactions on, 1996, 4 (4): 394 - 403.
[33] 王建军. 铝合金脉冲 TIG 焊熔池动态特征的视觉信息获取与自适应控制[D]. 上海:上海交通大学,2003.
[34] 杜全营. 填丝脉冲 GTAW 熔池三维特征实时提取与智能控制[D]. 上海:上海交通大学,2006.
[35] Guangjun Z, Predicting the backside width of weld pool during pulsed GTAW process based on a neural network model. Intelligent Systems in Design and Manufacturing IV[M]. Newton: MA, US. In October, 2001.
[36] Huang X, Chen S. SVM-based fuzzy modeling for the arc welding process[J]. Materials Science & Engineering A, 2006, 427 (1 - 2): 181 - 187.
[37] Li W H, Chen S B, Wang B. A variable precision rough set based modeling method for pulsed GTAW[J]. The International Journal of Advanced Manufacturing Technology, 2008, 36 (11): 1072 - 1079.
[38] Wang B, Chen S B, Wang J J, Rough set based knowledge modeling for the aluminum alloy pulsed GTAW process[J]. The International Journal of Advanced Manufacturing Technology, 2005, 25 (9): 902 - 908.
[39] 吴林,张广军,高洪明. 焊接机器人技术[J]. 中国表面工程,2006,5(10):29 - 35.
[40] 蒋新松. 未来机器人技术发展方向的探讨[J]. 机器人,1996,18(5):287 - 291.
[41] 唐新华. 焊接机器人的现状及发展趋势(一)[J]. 电焊机,2006,36(3):1 - 5.
[42] 袁军民. MOTOMAN 点焊机器人系统及应用[J]. 金属加工,2008(14):35 - 38.
[43] 王健强,王长润,孙纯哲,等. 多 PLC 及多级现场总线在机器人焊装线中的应用[J]. 上海交通大学学报,2008,42(11):20 - 24.
[44] 王健强,杜辉,于澎. 机器人点焊工作站在汽车制造中的应用[J]. 机电工程技术,2006,35(12):82 - 90.

第五章 焊接数值模拟技术

第一节 焊接数值模拟技术概述

一、数值模拟技术

数值模拟是指通过数值计算得到用微分方程边值问题来描述的真实焊接过程工件的温度场、速度场、位移场、应变场、应力场等，并据此预测工件中的组织、性能和缺陷；利用计算机图形技术将分析结果直观地、动态地呈现在设计人员面前，使他们通过计算机模拟焊接过程检验工件的最终形状和性能，评定和优化焊接工艺，改进焊接结构设计。

已经发展起来的数值模拟方法可以分为有限差分法、有限元法、有限体积法和边界元法等。

有限差分法是以差分代替微分，将求解对象在空间和时间上进行离散，对每个离散单元进行各种物理场分析，如温度场、流场、浓度场等，然后将所有单元的求解结果汇总，得到整个求解对象在不同时刻的各物理场的变化，并对分析对象的可能变化和发展趋势进行预测。有限差分法是一种比较古老的算法，曾经是求解各种复杂偏微分方程的最主要的数值计算方法。有限差分法具有求解过程简单、速度快、前后置处理易于实现等特点。

有限元法是将求解域离散为一组有限个形状简单、且仅在节点处相互连接的单元的集合体，每个单元内用一个满足一定要求的插值函数描述基本未知量在其中的分布，随着单元尺寸的减小，近似数值解越来越逼近精确解。有限元法解题能力强，适用任意复杂的和变动的边界，在固体力学的数值计算方面取得巨大的成功；但是在流体力学和传热学中的应用存在一些问题。

有限体积法是求解流体流动和传热问题偏微分方程的一种最有效的数值方法。有限体积法是在有限差分法的基础上发展起来的，同时它吸收了有限元法的一些特点。有限体积法是通过控制容积的通量平衡获得离散方程，相比较有限差分法和有限元法，离散方程各项具有明确的物理意义。

边界元法又称边界积分方程－边界元法。它以定义在边界上的边界积分方程为控制方程，通过对边界分元插值离散，化为代数方程组求解。它与基于偏微分方程的区域解法相比，由于降低了问题的维数，而显著降低了自由度数，边界的离散也比区域的离散方便得多，可用较简单的单元准确地模拟边界形状，最终得到阶数较低的线性代数方程组。又由于它利用微分算子的解析的基本解作为边界积分方程的核函数 ，而具有解析与数值相结合的特点，通常具有较高的精度。特别是对于边界变量变化梯度较大的问题，如应力集中问题 ，或边界变量出现奇异性的裂纹问题，边界元法被公认为比有限元法更加精确高效。由于边界元法所利用的微分算子基本解能自动满足无限远处的条件，因而边界元法特别便于处理无限域以及半无限域问题。边界元法的主要缺点是它的应用范围以存在相应微分算子的基本解为前提，对于非均匀介质等问题难以应用，故其适用范围远不如有限元法广泛，而且通常由它建立的求解代数方程组的系数阵是非对称满阵，对解题规模产生较大限制。对一般的非线性问题，由于在方程中会出现域内积分项，从而部分抵消了边界元法只要离散边界的优点。

二、有限元软件的发展历史

近 50 年来，大量有限元专著和文章的发表，对有限元软件的发展做出了不同程度的贡献。早在 20 世纪 50 年代，美国波音公司研究组的关于飞机结构的矩阵分析工作使线性有限元得以闻名。它提供了一种求解复杂形状真实问题的可能性，这种求解的可能性是解析方法无法实现的。国际上早在 50 年代末 60 年代初就投入大量的人力和物力开发具有强大功能的有限元分析程序。在 60 年代，在 Berkeley 开发的有限元程序对工程分析和软件的发展产生了巨大的影响，先后产生了线性程序

SAP(structural analysis program)和非线性程序 NONSAP。在 1965 年，美国国家宇航局(NASA)委托美国计算科学公司和贝尔航空系统公司开发了 NASTRAN 有限元软件。1969 年，在 Brown 大学任教的 Pedro Marcal 推出了第一个商业化的非线性软件 MARC，该软件目前仍然为有限元领域的主要软件之一。同期，John Swanson 开发了针对核能应用的非线性有限元软件 ANSYS。ANSYS 主要关注非线性问题的求解。1977 年，Hibbitt、Pedro Marcal 与其他人合作成立 HKS 公司，推出了 ABAQUS 软件。Klaus-Jürgen Bathe 在 MIT 也发布了他的程序——NONSAP 软件的派生品，称为 ADINA 软件。

1976 年，John Hallquist 发布了 DYNA 程序。20 世纪 80 年代，DYNA 被法国 ESI 公司商品化，命名为 PAMCRASH。1989 年，John Hallquist 离开了 Lawrence Livermore 实验室，开始经营他自己的公司，发展了 LS-DYNA。LS-DYNA 是一个通用显式非线性分析的有限元软件，主要应用于核武器弹头设计，求解高速碰撞、爆炸和金属成型等接触非线性和材料非线性问题。另一个可以计算类似问题的是 MSC. DYTRAN。

有限体积法是 20 世纪 60～70 年代逐步发展起来的一种求解流体流动和传热问题的数值计算方法。目前主要流体商业软件 PHOENEICS，FLOW3D，FLUENT 和 CFX 均采用有限体积法为其核心算法。上述软件可以应用于焊缝成型、熔滴过渡、熔池熔透行为的模拟。

三、通用有限元软件概述

（一）ABAQUS

ABAQUS 是一套功能强大的工程模拟的有限元软件，其解决问题的范围从相对简单的线性分析到许多复杂的非线性问题。ABAQUS 包括一个丰富的、可模拟任意几何形状的单元库，并拥有各种类型的材料模型库，可以模拟典型工程材料的性能，其中包括金属、橡胶、高分子材料、复合材料、钢筋混凝土、可压缩超弹性泡沫材料以及土壤和岩石等地质材料。作为通用的模拟工具，ABAQUS 除了能解决大量结构(应力 / 位移)问题，还可以模拟其他工程领域的许多问题，例如热传导、质量扩散、热电耦合分析、声学分析、岩土力学分析(流体渗透 / 应力耦合分析)及压电介质分析。

ABAQUS 有两个主要分析模块：ABAQUS/Standard 提供了通用的分析能力，如应力和变形、热交换、质量传递等；ABAQUS/Explicit 应用对时间进行显示积分求解，为处理复杂接触问题提供了有力的工具，适合于分析短暂、瞬时的动态事件。

（二）ANSYS

ANSYS 软件是融结构、流体、电场、磁场、声场分析于一体的大型通用有限元分析软件，由世界上最大的有限元分析软件公司之一的美国 ANSYS 开发。它能与多数 CAD 软件接口，实现数据的共享和交换，如 Pro/Engineer，NASTRAN，Alogor，I-DEAS，AutoCAD 等，是现代产品设计中的高级 CAD 工具之一。

软件主要包括 3 个部分：前处理模块、分析计算模块和后处理模块。

前处理模块提供了一个强大的实体建模及网格划分工具，用户可以方便地构造有限元模型。

分析计算模块包括结构分析(可进行线性分析、非线性分析和高度非线性分析)、流体动力学分析、电磁场分析、声场分析、压电分析以及多物理场的耦合分析，可模拟多种物理介质的相互作用，具有灵敏度分析及优化分析能力。

后处理模块可将计算结果以彩色等值线显示、梯度显示、矢量显示、粒子流迹显示、立体切片显示、透明及半透明显示(可看到结构内部)等图形方式显示出来，也可将计算结果以图表、曲线形式显示或输出。

（三）MSC. MARC

MSC. MARC 是功能齐全的高级非线性有限元软件，具有极强的结构分析能力，可以处理的各种线性和非线性结构分析包括线性/非线性静力分析、模态分析、简谐响应分析、频谱分析、随机振动分析、动力响应分析、自动的静/动力接触、屈曲/失稳、失效和破坏分析等,为满足工业界和学术界的各种需求提供了层次丰富、适应性强、能够在多种硬件平台上运行的系列产品。

MSC. MARC 包括如下模块：MSC. MAR/MENTAT。MSC,MAR 是高级非线性有限元分析模块,MENTAT 是 MARC 的前后处理图形对话界面。两者严密整合的 MSC. MARC/MENTAT 成为解决复杂工程问题、完成学术研究的高级通用有限元软件。

随着 Marc 软件功能的不断扩展,软件的应用领域也从开发初期的核电行业迅速扩展到航空、航天、汽车、造船、铁道、石油化工、能源、电子元件、机械制造、材料工程、土木建筑、医疗器材、冶金工艺和家用电器等,成为许多知名公司和研究机构研发新产品和新技术的必备工具。

（四）SYSWELD

SYSWELD 是一种专门分析焊接现象的软件。它是由法国的 J. B. Leblon 在研究相变是的钢的塑性行为的理论和数值研究基础上发展而来的。SYSWELD 的开发最初源于核工业领域的焊接工艺模拟,当时核工业需要揭示焊接工艺中的复杂物理现象,以便提前预测裂纹的重大危险。在这种背景下,法国法码通公司和 ESI 公司于 1980 年共同开发了 SYSWELD。由于热处理工艺中同样存在和焊接工艺相类似的多相物理现象,所以 SYSWELD 很快被引用于热处理领域中,并不断得到增强和完善。

SYSWELD 完全实现了机械、热传导和金属冶金的耦合计算,允许考虑金相转变和同一时间内金相转变潜热和金相组织对温度的影响。在具体计算中,分两步进行,首先实现温度和金相组织的计算,然后进行机械力的计算。在机械力的计算中,已经充分考虑到了第一步的计算结果,如残余应力和应变的影响。SYSYWELD 的电磁模型允许模拟点焊和感应加热,并可实现能量损失和热源加载的数值模拟。

（五）COMSOL Multiphysics

COMSOL Multiphysics 是一款大型的高级数值仿真软件。COMSOL 摒弃了一直以来的有限元单元库思想,而从数学领域的变分原理出发,通过偏微分方程进行建模和求解。COMSOL 被广泛应用于各个领域的科学研究以及工程计算,被当今世界科学家称为“第一款真正的任意多物理场直接耦合分析软件”。模拟科学和工程领域的各种物理过程,COMSOL Multiphysics 以高效的计算性能和杰出的多场双向直接耦合分析能力实现了高度精确的数值仿真。

发展至今,COMSOL 现在有 1 个基本模块和 8 个专业模块——结构力学模块、化学工程模块、热传递模块、地球科学模块、射频模块、AC/DC 模块、微机电模块、声学模块,以及反应工程实验室、信号与系统实验室、最优化实验室、CAD 导入模块、二次开发模块。

四、通用软件对焊接温度场应力场的模拟

焊接数值模拟技术已经渗入到焊接的各个领域,涉及不同焊接方法条件下焊接过程的数值模拟。这里主要叙述通用软件在焊接温度场和应力场的模拟方面的分析过程。

焊接温度场的准确计算是焊接质量控制、焊接冶金和力学分析的前提,而对焊接过程应力场的动态变化及焊后残余应力和变形进行准确预见,是减少焊接裂纹和提高接头强度与性能的重要手段。通过实验的方法来获得焊接过程的温度和应力值虽然比较可靠,但往往需要花费很长的时间和大量的经费。运用有限元软件在计算机上进行焊接过程的数值模拟,可以在较短的时间内获得不同参数条件下的各项数据,因此,计算机模拟技术有其独特的优点。

（一）ANSYS 软件焊接温度场应力场的模拟

在焊接过程中一般无外应力作用,残余应力主要是由焊接过程中不均匀热循环作用引起,所以焊接瞬态温度场的计算是进行焊接残余应力分析的前提。将瞬态温度场得到的节点温度作为体载荷施加到结构的应力分析中去,便可以了解焊接过程中瞬态应力场及最终的残余应力。ANSYS 对焊接残余应力主要分析流程包括前处理、焊接热输入、温度场的计算、应力场的计算、后处理等。

1. 前处理

前处理包括创建实体模型、定义单元属性、建立材料参数表和划分网格。一般采取先建立实体模型，再划分网格的步骤，可以直接在 ANSYS 中创建实体模型或者在其他软件中创建几何模型再导入 ANSYS 中进行网格划分。焊接是一个温度随着时间和空间都急剧变化的过程，温度梯度大，为了保证计算精度，在焊缝附近要划分较密的网格，在远离焊缝的地方网格划分较粗的网格。

金属材料的热物理性能(比热容 c、密度 ρ、导热系数 λ 等)随温度变化而变化。焊接时局部加热到很高温度，其热物理性质随温度变化很大，如果不考虑材料的热物性随温度变化，那么计算结果将与真实情况产生一定的偏差，所以必须在前处理中建立材料随温度变化的热物性参数库。利用 ANSYS 的 mptemp 和 mpdata 命令建立材料随温度变化的参数库，给出有代表性的几个温度下的值，其余温度下的值则由 ANSYS 按线性插值求得，更高温度下的值由外推法求得。

2. 焊接热输入

电弧热源把热能传给焊件是通过一定作用面积进行的，将电弧看成辐射状对称并呈高斯分布的二维热流作用于工件，则热输入的表达式为

$$q(r)=\frac{3\eta IU}{\pi r_b^2}\exp\left(-\frac{3r^2}{r_b^2}\right) \tag{5-1}$$

式中：$q(r)$ 为距加热中心 r 处的热流密度；η 为电弧热效率；I,U 分别为焊接电流、电压；r_b 为电弧有效加热半径。焊接热源模型可以采用移动高斯热源，通过一系列载荷步逐渐加到焊缝单元中。

3. 温度场的计算

焊接过程属于稳态传热过程，在这个过程中系统的温度、热流率、热边界条件以及系统内能随时间都有明显的变化。而焊接过程中材料必然有相变产生，随着相变而发生热量转换，为了准确得计算温度场，必须考虑相变潜热。ANSYS 热分析最强大的功能就在于可以分析相变问题。在热物理性能参数定义时，确定随温度变化的密度和比热后，ANSYS 会自动算出热焓。将计算得到的各节点温度保存在热分析结果文件中，以便作为应力场分析的体载荷。

4. 应力场的计算

应用 ANSYS 的热——结构耦合技术，温度场分析后，重新进入前处理。先用 etchg，tts 命令将热分析单元转换成对应的结构单元，建立材料的力学性能参数库，设定结构的力学边界条件；然后将温度场分析的各节点温度用 ldread 命令读入，读入某一载荷步或者某一时间步的温度值作为结构分析的体载荷，用 solve 命令求解，得到焊接过程中的动力应力变化过程以及焊接完之后的参与应力。

5. 后处理

后处理就是观察和分析有限元的计算结果。ANSYS 的后处理模块包括通用后处理器 POST1 和时间历程后处理器 POST26。通用后处理器的一个强大的功能就是能够把所有的结果数据映射到模型的任意路径上，以便用图形和列表的方式观察结果项沿路径的变化情况。应用通用后处理器来观察焊接构建的残余应力的分布情况。时间历程后处理器用于观察模型在不同时刻的结果，利用时间历程后处理器来观察各节点在焊接过程中的温度变化情况。

（二）MSC. MARC 软件温度场的模拟

MARC 软件具有强大的一维、二维、三维稳态/瞬态热态热传导分析能力，能够描述各向同性、各向异性、正交各向异性的热物理参数，处理比热容、热传导率随温度或其他变量变化的材料非线性和高度非线性的相变潜热；不仅能够分析非线性的给定温度、对流、热流等边界条件的热传导问题，对高度非线性的强迫对流边界和热传导边界也提供了易于收敛、结果准确的分析。

对于瞬态传热分析，应定义均匀分布和不均匀分布的初始温度场。MARC 软件定义初始温度场的方式有 3 种：第一种是直接输入节点的温度值；第二种是从用 MARC 完成的传热分析的计算结果文件中，直接读取温度结果作为初始温度；第三种是通过用户子程序的方式来定义结构各处的初始温

度分布。

定义温度场分析的边界条件在 MARC 中有 4 种方式:第一类是给定温度;第二类是给定热流强度,包括集中热流、表面热流和体积热流;第三种是给定表面对流边界的对流放热系数和环境温度;第四类是给定表面热辐射边界。

(三) SYSWELD 温度应力场的数值模拟

SYSWELD 软件的模拟流程大致分为以下 7 个独立的部分:建立几何模型、工件材料的离散(网格划分)、前处理、工程的建立与检查、计算、后处理和结果分析。

在 SYSWELD 模拟温度场和应力场时,一般也是首先建立焊接温度场和应力场的数值分析模型,并给定控制方程、初始条件和边界条件,然后施加热源模型,随后进行网格划分和有限元计算。

在用有限元计算焊接温度场问题时,通常把一个热传导微分方程问题转化为求泛函数极值的变分问题,然后对物体进行有限元分割,把变分问题近似表达为线性方程组,求解该线性方程组便得到热传导问题的近似解。

在用 SYSWELD 进行网格划分时,时间步长是根据网格的密度以及工件的尺寸自动进行划分的。如果网格密度过大,则时间步长太小会导致计算迭代次数过多,不仅需要很长的计算时间,而且需要很大的计算机内存;如果网格密度过于稀疏,则不能保证计算精度。因此,利用该软件进行焊接过程数值计算时,网格划分十分关键。

应用 SYSWELD 软件进行的应力分析可以基于热弹塑性分析,用增量理论进行计算,即在焊接热循环过程中通过跟踪应变行为来计算应力和应变。这种方法不仅可以获得焊后参残余应力和变形,还可以详细掌握焊接应力和应变的产生和发展的动态过程。

除了上述 3 种软件外,其他通用有限元软件也可以模拟焊接过程中的温度场和应力应变。

其中,ABAQUS 作为二次开发,可以利用编程的手段将其他通用软件(如 ANSYS)建立的模型导入 ABAQUS,也可使用 ABAQUS 直接建立模型,再利用 ABAQUS 内部用户子程序 DFLUX 进行热源加载,采用间接耦合的方法,先对焊接过程进行热分析,然后转化成相应的单元进行应力、变形分析。

基于 COMSOL 研究温度场和应力应变目前在国内研究较少。

第二节 焊接热过程的数值模拟

一、概述

焊接热过程是影响焊接接头性能的主要因素之一。焊接热过程的准确计算和测定,是焊接接头组织分析和焊接应力变形分析的前提。熔焊条件下,焊接热过程涉及被焊金属的加热、熔化和随后的冷却过程。在熔池内部,传热过程以流体对流为主;而在熔池外部,以固体导热为主。另外,存在对流和辐射换热以及蒸发散热。

焊接热过程的数值模拟主要涉及以下内容:①焊接热传导;②焊接熔池中的传热和流体流动;③MIG 焊熔滴过渡;④焊接电弧的传热传质。

早期,对焊接热过程的解析 D. Rosenthal,H. H. Rykalin 等已做了许多工作并形成系统理论。这些研究基于如下假定:

热源瞬时集中于一点、一线或一面;

材料无论在何温度下都认为是固体,不发生相变;

材料的热物理性能不随温度而变化;

焊件尺寸无限大;等。

这些假设条件与焊接传热的实际情况有较大的差异,致使距离热源较近部位的温度发生较大的偏差，而这里往往是我们最关心的部位。不过解析解仍有它的优点，它计算简便且比较直观地可以看到各个变化参数对温度的影响，在考虑从 800～500 ℃的冷却时间 $t_{8/5}$ 以及离热源稍远的地方，仍有一定的精度。文献根据薄板、厚板、有限厚板以及高速热源、低速热源 6 种情况下的基本解析式，讨论了板厚、坡口、接头形式和焊缝位置等因素的影响，导出了各种情况下的热流修正系数，建立了不同接头形状下的焊接传热计算机系统，可以说是对解析方法的一个较全面的应用例。T. Kasuya 等对分布于工件内部的热源、有限尺寸的表面线状热源以及局部预热等情况进行了解析，提高了解析方法的精度。NTNU 的 Grong 将 D. Rosenthal 和 H. H. Rykalin 公式转化成无因次形式，给出了一些计算结果图。

焊接熔池中的传热和流体流动主要集中在钨极惰性气体保护焊（TIG）、惰性/活性气体保护焊（MIG/MAG）和等离子焊接（PAW）。

二、焊接热传导

目前有限元法的广泛应用于焊接热传导计算。其原因是有限元法更能灵活地满足复杂焊接现象的各种边界条件；另一个重要原因是在实际应用中温度场的计算往往服务于热应力场的计算。例如，计算焊接热应力应变的动态过程及最后的残余应力和变形，第一步就是必须进行焊接传热分析。在这种情况下，采用有限元法便于把两者统一起来。

关于焊接热传导的数值分析，目前尚存在的一些主要问题是：

（1）材料的热物性数据不足　许多材料的热物性（比热容、导热系数、密度等）数据在高温特别在接近熔化态时还是空白，某些材料仅有室温数据，这就给非线性计算带来困难。

（2）热源参数的确定　分布热源模型是焊接热传导计算中被广泛采用。该模型假定电弧的有效加热半径及热量分布形式与焊接方法和参数有关，目前也缺乏系统而准确的资料。电弧热流通常采用高斯分布的形式，A. Goldak 则提出了一个双椭圆的模型。此外，对于角焊缝、坡口焊缝、多层焊缝等的热源分布形式也须进一步研究。

（3）电弧功率有效利用系数的选取　电弧功率有效利用系数的准确选取也是提高计算精度的问题之一。目前这方面的资料比较分散，出入较大，必须根据实际焊接情况慎重选择。

（4）焊接熔池的处理　上述焊接热传导分析基于固体导热微分方程式，没有考虑焊接熔池内部液态金属的对流。

（一）有限元基本方程

焊接是一个局部快速加热，快速冷却的过程。随着热源的移动，整个焊件的温度随时间和空间急剧变化，材料的热物理性能也随温度剧烈变化，同时还存在熔化和相变时的潜热现象。因此，焊接温度场分析属于典型的非线性瞬态热传导问题。

以三维瞬态焊接温度场的有限元分析作为对象，非线性瞬态热传导问题的控制方程为

$$\rho c\frac{\partial T}{\partial t}=\frac{\partial}{\partial x}\left(\lambda\frac{\partial T}{\partial x}\right)+\frac{\partial}{\partial y}\left(\lambda\frac{\partial T}{\partial y}\right)+\frac{\partial}{\partial z}\left(\lambda\frac{\partial T}{\partial z}\right)+\overline{Q} \tag{5-2}$$

式中：ρ，c 和 λ 分别为材料的密度、比热容和导热系数，它们都是温度的函数；$\overline{Q}$ 为内热源强度。

导热时通常分 3 类边界条件：

第一类边界条件，已知边界上的温度值，即

$$T_s=T_s(x,y,z,t) \tag{5-3}$$

第二类边界条件，已知边界上的热流密度分布，即

$$\lambda\frac{\partial T}{\partial n}=q_s(x,y,z,t) \tag{5-4}$$

第三类边界条件，已知边界上物体与周围介质间的热交换，即

$$\lambda\frac{\partial T}{\partial n}=\alpha(T_a-T_s) \tag{5-5}$$

特殊情况时，边界与外界无热交换，即绝热边界条件，

$$\frac{\partial T}{\partial n}=0$$

式中：n 为边界表面外法线方向；q 为单位面积上的外部输入热流；α 为表面换热系数；T_a 为周围介质温度。焊接时通常遇到的是热流和换热边界条件。

在采用有限元法求解焊接热传导问题时，通常把一个求解微分方程问题转化为求泛函极值的变分问题，然后对物体进行有限元分割，把变分问题近似地表达成线性方程组，求解该方程组便可得到热传导问题的解。但是对于非线性问题有时很难找到相应的泛函，此时可以采用加权残数法。

首先对空间域离散，记形函数为[N]，则单元内温度可表示为

$$T=[\mathbf{N}]\mathbf{T}^{e} \tag{5-6}$$

采用加列金的加权残数法可求得如下方程：

$$\boldsymbol{KT}+\boldsymbol{C}\frac{\partial}{\partial t}\boldsymbol{T}=\boldsymbol{P} \tag{5-7}$$

式中：

$\boldsymbol{K}=\sum(\boldsymbol{K}_1{}^{e}+\boldsymbol{K}_2{}^{e})$；

$\boldsymbol{C}=\sum\boldsymbol{C}^{e}$；

$\boldsymbol{P}=\sum(\boldsymbol{P}_1{}^{e}+\boldsymbol{P}_2{}^{e}+\boldsymbol{P}_3{}^{e})$；

$$\boldsymbol{K}_1{}^{e}=\int_{\Delta v}\left(\frac{\partial \boldsymbol{N}^T}{\partial x}\lambda\frac{\partial \boldsymbol{N}}{\partial x}+\frac{\partial \boldsymbol{N}^T}{\partial y}\lambda\frac{\partial \boldsymbol{N}}{\partial y}+\frac{\partial \boldsymbol{N}^T}{\partial z}\lambda\frac{\partial \boldsymbol{N}}{\partial z}\right)\mathrm{d}V$$

$$\boldsymbol{K}_2{}^{e}=\int_{\Delta s}\boldsymbol{N}^T\alpha\boldsymbol{N}\mathrm{d}S$$

$$\boldsymbol{C}^{e}=\int_{\Delta v}\boldsymbol{N}^T\rho c\boldsymbol{N}\mathrm{d}V$$

$$\boldsymbol{P}_1{}^{e}=\int_{\Delta v}\boldsymbol{N}^T\overline{Q}\mathrm{d}V$$

$$\boldsymbol{P}_2{}^{e}=\int_{\Delta s}\boldsymbol{N}^T q\mathrm{d}S$$

$$\boldsymbol{P}_3{}^{e}=\int_{\Delta s}\boldsymbol{N}^T\alpha T_a\mathrm{d}S$$

式(5-7)中的 $\boldsymbol{K}$、$\boldsymbol{C}$、$\boldsymbol{P}$ 包括了 λ、ρ、c、α 等，都是温度的函数，因而是一个非线性的微分方程组。这里采用加权差分法来对时间域进行离散。在每个时间步长 Δt 内，对 $(t+\Delta t)$ 点建立差分格式，θ 是加权系数 $(0\leqslant\theta\leqslant1)$。

由泰勒级数展开式可得

$$\boldsymbol{T}^{(t+\theta\Delta t)}=\theta\boldsymbol{T}^{(t+\Delta t)}+(1-\theta)\boldsymbol{T}^{(t)}+0(\Delta t^2)$$

$$\frac{\partial}{\partial t}\boldsymbol{T}^{t+\theta\Delta t}=\frac{1}{\Delta t}(\boldsymbol{T}^{+\Delta t}-\boldsymbol{T}^{(T)})+0(\Delta t^2)$$

将上述二式代入式(5-7)，并对 $\boldsymbol{P}$ 作同样展开，可得

$$\left(\frac{1}{\Delta t}\boldsymbol{C}^{\theta}+\theta\boldsymbol{K}^{\theta}\right)\boldsymbol{T}^{(t+\Delta t)}=\left(\frac{1}{\Delta t}\boldsymbol{C}^{\theta}-(1-\theta)\boldsymbol{K}^{\theta}\right)\boldsymbol{T}^{(t)}+Q\boldsymbol{P}^{(t+\Delta t)}+(1-\theta)\boldsymbol{P}^{(t)} \tag{5-8}$$

式中：上角标 θ 表示矩阵 $\boldsymbol{C}^{\theta}$、$\boldsymbol{K}^{\theta}$ 是根据 $t+\theta\Delta t$ 时刻的温度 $T^{(t+\theta\Delta t)}$ 代入而计算出来的，经过以上步骤，非线性微分方程组就被化为非线性的代数方程组。

在式(5-8)中 θ 取不同的值，可得不同的差分格式：

$\theta=1$　向后差分格式；

$\theta=1/2$　Crank-Nicolson 格式；

$\theta=2/3$　加列金格式。

通常向后差分格式稳定而且不振荡，计算时步长可取得较大，但计算精度稍差。C-N格式虽然是稳定的，计算精度也比较高，但要求Δt值取得比较小，否则容易出现衰减振荡。加列金格式界于两者之间，也是常用的差分格式之一。

式(5-8)可简写为

$$\boldsymbol{HT}=\boldsymbol{F} \tag{5-9}$$

式中：$\boldsymbol{H}$,$\boldsymbol{F}$是温度T的函数。

（二）热源模型的选取

热源模型是否选取适当，对瞬态焊接温度场的计算精度，特别是在靠近热源的地方，有很大的影响。在电弧焊时，通常采用的分布热源模型，有高斯分布和双椭球分布的热源模型，以及在此基础上发展起来的复合模型。当采用高斯分布热源模型时，热流分布为

$$q(r)=q_{\mathrm{m}}\exp\left(-3\frac{r^2}{r_b^2}\right) \tag{5-10}$$

式中：r是离开热源中心的距离；r_b^2是电弧有效加热半径；q_{m}是最大比热流。

在表面堆焊时，可以采用上述表面热源并沿焊接方向连续移动；然而对于有坡口的焊缝或填角焊缝等，上述高斯模型难以适用，此时通常假定热量均匀施加在焊缝单元上，作内部热源处理。由于焊缝是随着电弧的移动逐步填充上去的，尚未填充部分的单元假定为虚单元，在虚单元中给以极小的导热系数值，直至填充焊缝转化为实单元为止。

（三）熔化和固态相变潜热

当材料熔化或凝固时，将伴随着潜热的吸收或放出。固态相变时也有同样现象，但潜热要比熔化潜热小得多。处理相变潜热可以采用等效热源法、比热突变法、等温法等。这里采用温度控制作为例子。当材料熔化或凝固时，假定此时温度不变，当潜热全部吸收或放出后，温度再继续上升或降低。设熔化潜热为Q_{L}，此时比热容为c_{L}，则令

$$T_{\mathrm{L}}=Q_{\mathrm{L}}/c_{\mathrm{L}} \tag{5-11}$$

当在加热过程中，某点的温度开始超过熔点T_{m}后，令该点温度T仍降为T_{m}，此时$\Delta T=|T\text{-}T_{\mathrm{m}}|$，然后进行下一个时间步长的计算。当$\Delta T$的积累达到

$$\sum\Delta T=T_{\mathrm{L}}$$

时，此后潜热的影响结束。该点温度继续上升。凝固时潜热的释放用同样方法处理。

三、焊接熔池中的传热和流体流动

（一）概述

前述的焊接固体传热过程没有考虑焊接熔池内部液态金属的对流传热特点，把固体的导热微分方程式一起应用于液态熔池和熔池外部的固体区域，忽视了高温过热液态金属熔池对传热过程的影响，这就对焊缝及其附近热影响区的温度场计算产生一定的误差。

影响焊接熔池形状的因素包括表面张力、电磁力、自然对流等。对于表面活性元素，如硫、氧等，当其在熔池中集中程度足够高时，表面张力梯度和罗伦兹力（电磁力）方向相同，驱使流体在熔池表面上向内流动，在熔池中部向底部流动，从而有足够热量传到熔池底部，熔深增加。当缺少表面活性元素或当它们与其他元素结合形成惰性化合物（如氧和铝形成氧化铝）时，表面张力梯度的方向与罗伦兹力相反，流体流动强度就会减弱，传到熔池底部的热量会有所减少。若此时表面张力梯度的作用大于罗伦兹力，那么流体在熔池表面上就会从中心向外流动，使热量传到焊缝两侧，形成宽而浅的熔池。电弧和熔池的相互作用研究表明，电弧和母材性能影响熔池内金属的流动形式，从而影响到GTA焊缝的熔深。另外，焊接熔池变形会显著地影响焊缝熔深，熔池表面上的表面张力严重影响到熔池表面下的下陷和熔深。

德国Aachen大学ISF焊接研究所的U. Dilthey等人对薄板GMAW焊接熔池进行了计算机模

拟，分析了电磁、热力学和流体动力学对 GMAW 过程的影响。该模拟程序可计算焊缝形状和各点的热循环并可给出三维的图形显示，在数值模拟的基础上提出了所谓“逆运算”，即根据焊缝的形状来确定焊接参数。计算过程中考虑到实际的焊接边界条件，共计及 25 个参数。该模型可以对焊接参数偏差时的焊接质量进行统计预测，并有自动寻找出最佳焊接参数的功能。计算结果则由欧洲标准 EN25817 进行评价。

同时考虑熔池中液态金属以对流为主的传热过程和熔池外部固体金属以导热为主的传热过程成为目前焊接热过程模拟的趋势。在国内，武传松等在该领域内也做了不少工作，对脉冲 GTAW 焊接熔池行为的动态模拟以及 GMAW 熔池流场与热场的数值模拟研究中取得了一些新的进展，建立了 GMAW 熔池流场与热场的数学模型，焊缝横截面形状尺寸计算机模拟的结果与实测符合良好。对电磁搅拌焊接熔池的流体流动行为研究表明，以外加纵向磁场 TIG 焊接 LD10CS 铝合金过程为研究对象，可以定量探索外加纵向磁场 TIG 焊接熔池流场、温度场和熔池形状的变化规律，为外加纵向磁场 TIG 焊接熔化与凝固过程的深入研究提供良好的借鉴。上述研究尚停留在固态和液态问题。近来，日本东京工业大学的 T. Yabe 首次成功地从固体到蒸汽的动力学相转变的模拟。该模型采用了 CIP 法可以同时处理固体、液体和气体，并可跟踪十分敏感的界面。

（二）控制方程和求解方法

1. 控制方程组

这里以运动电弧作用下三维 TIG 熔池中的流体动力学状态和传热过程作为数值分析模型。电弧热量使被焊金属熔化并形成熔池。电弧以恒定速度 u_0 沿 ξ 轴移动。根据温度分布，熔池分为前后两部分。在熔池前部，输入的热量大于散失的热量，所以随着电弧的移动金属不断熔化。在熔池后部，散失的热量多于输入的热量，所以发生凝固。在熔池内部，则因自然对流、电磁力和表面张力等的驱动，产生流体对流。

在固定坐标系$(\xi,\ y,\ z)$中，热能方程为

$$\rho c\left(\frac{\mathrm{D}T}{\mathrm{D}t}+u\frac{\partial T}{\partial \xi}+v\frac{\partial T}{\partial y}+w\frac{\partial T}{\partial z}\right)=\frac{\partial}{\partial \xi}\left(\lambda\frac{\partial T}{\partial \xi}\right)+\frac{\partial}{\partial y}\left(\lambda\frac{\partial T}{\partial y}\right)+\frac{\partial}{\partial z}\left(\lambda\frac{\partial T}{\partial z}\right) \tag{5-12}$$

式中：ρ 是密度；c 是比热容；λ 是导热系数；T 是温度；t 是时间；u、v、w 分别为 x、y、z 方向的速度分量。

方程(5-12)的求解区域包括液态熔池和其周围固体金属。在整个求解域内，这是一个对流与传导问题。由于在固体中流体流速等于零，所以实际上在固体内进行的是一个纯导热问题。求解上述方程可得固体与流体中的温度分布，它们在固液界面上自动吻合。

当一个热流密度 $q(r)$的热源以恒定速度 u_0 沿 ξ 轴移动，我们可以根据固定坐标系与动坐标系的关系，将 $x=\xi-u_0t$ 代入(5-12)方程，就可完成从固定坐标到以热源中心为坐标原点的移动坐标的转换，其中 x 为所考察的点到热源中心的距离。

$$\rho c\left(\frac{\partial T}{\partial t}-u_0\frac{\partial T}{\partial x}+u\frac{\partial T}{\partial x}+v\frac{\partial T}{\partial y}+w\frac{\partial T}{\partial z}\right)=\frac{\partial}{\partial x}\left(\lambda\frac{\partial T}{\partial x}\right)+\frac{\partial}{\partial y}\left(\lambda\frac{\partial T}{\partial y}\right)+\frac{\partial}{\partial z}\left(\lambda\frac{\partial T}{\partial z}\right) \tag{5-13}$$

在准稳态时，熔池具有恒定的形状并以和电弧相同的速度沿 x 轴移动，此时的热能方程为

$$\rho c\left[(u-u_0)\frac{\partial T}{\partial x}+v\frac{\partial T}{\partial y}+w\frac{\partial T}{\partial z}\right]=\frac{\partial}{\partial x}\left(\lambda\frac{\partial T}{\partial x}\right)+\frac{\partial}{\partial y}\left(\lambda\frac{\partial T}{\partial y}\right)+\frac{\partial}{\partial z}\left(\lambda\frac{\partial T}{\partial z}\right) \tag{5-14}$$

对于熔池中的流体应满足动量方程

$$\rho c\left[(u-u_0)\frac{\partial T}{\partial x}+v\frac{\partial T}{\partial y}+w\frac{\partial T}{\partial z}\right]=X-\frac{\partial p}{\partial x}+\mu\left(\frac{\partial^2 u}{\partial x^2}+\frac{\partial^2 u}{\partial y^2}+\frac{\partial^2 u}{\partial z^2}\right) \tag{5-15}$$

$$\rho\left[(u-u_0)\frac{\partial v}{\partial x}+v\frac{\partial v}{\partial y}+w\frac{\partial v}{\partial z}\right]=Y-\frac{\partial P}{\partial y}+\mu\left(\frac{\partial^2 v}{\partial x^2}+\frac{\partial^2 v}{\partial y^2}+\frac{\partial^2 v}{\partial z^2}\right) \tag{5-16}$$

$$\rho\left[(u-u_0)\frac{\partial w}{\partial x}+v\frac{\partial w}{\partial y}+w\frac{\partial w}{\partial z}\right]=Z-\frac{\partial P}{\partial z}+\mu\left(\frac{\partial^2 w}{\partial x^2}+\frac{\partial^2 w}{\partial y^2}+\frac{\partial^2 w}{\partial z^2}\right) \tag{5-17}$$

式中：μ 为黏度；p 为压力；X,Y,Z 分别为体积力在 x,y,z 方向上的分量。

此外，流场还应满足一个附加的约束条件，即连续性方程

$$\frac{\partial u}{\partial x}+\frac{\partial v}{\partial y}+\frac{\partial w}{\partial z}=0 \tag{5-18}$$

式(5-14)到(5-18)就是描述运动着的三维熔池中流场与热场的偏微分方程组。

2. 体积力

电弧焊接时，熔池中的体积力包括电磁力和自然对流项：

$$\boldsymbol{F}_b=(\boldsymbol{j}\times\boldsymbol{B})-\rho\boldsymbol{g}\beta\Delta T \tag{5-19}$$

它在 x,y,z3 个方向上的分量分别为

$$X=(\boldsymbol{j}\times\boldsymbol{B})_x$$
$$Y=(\boldsymbol{j}\times\boldsymbol{B})_y$$
$$Z=(\boldsymbol{j}\times\boldsymbol{B})_z-\rho g\beta\Delta T$$

式中：$\boldsymbol{j}$ 是电流密度；$\boldsymbol{B}$ 是磁感应强度；β 是体积膨胀系数；g 是重力加速度；ΔT 是温差。

3. 边界条件

方程(5-14)的边界条件为

当 $z=0$：　$q(r)=\frac{\eta IU}{2\pi\sigma_q^2}\exp\left(-\frac{r^2}{2\sigma_q^2}\right)$

式中：I 为焊接电流；U 为电弧电压；σ_q 为热流分布参数；r 为离开电弧中心距离。上式表示热流以高斯函数形式分布输入表面。

在固液界面上：$T=T_m$，T_m 为材料熔点。

当 $z=0,z=L$：$-\lambda\frac{\partial T}{\partial z}=\alpha(T-T_0)$

表示出了厚度为 L 的焊件上下两表面通过对流与辐射向周围环境放热。

当 $y=0$：　$\frac{\partial T}{\partial y}=0$

表示所要求解的温度场关于中心平面($x-z$)面对称。

方程(5-15)到(5-18)的边界条件如下：

在熔合面上和固体中：$u=-u_0,v=w=o$

在熔池表面上：$\mu\frac{\partial u}{\partial z}=-\frac{\partial\sigma}{\partial T}\frac{\partial T}{\partial x}$

在熔池表面上：$\mu\frac{\partial v}{\partial z}=-\frac{\partial\sigma}{\partial T}\frac{\partial T}{\partial y}$

式中：σ 为表面张力。上述两式说明在熔池表面上，表面张力梯度与流体的剪应力相平衡。

4. 求解方法

为了求解热能方程(5-14)，首先必须计算出流场。而流体速度的 3 个分量 u,v,w 受控于动量方程(5-15)～(5-17)。由于压力梯度构成动量方程中的一项，而又无一个用来求得压力场的明显方程，所以计算流体速度场的困难在于未知的压力场。压力场间接地通过连续性方程规定，当正确的压力场代入动量方程时，所得到的速度场满足连续性方程。

在二维情况下，通过交叉微分从两个动量方程中消去压力项，就可导出一个涡度输运方程，即采用所谓的"流函数/涡度法"。然而该法难以推广到三维的情况，因为此时流函数并不存在。为此可先假设已知流体速度场，将三维热能方程转化为离散形式，然后将连续性方程中的间接信息转换成用于计算压力的一个直接算法，通过求解动量方程就可得出流场。

求解控制方程组的数值方法通常采用差分法，方程组包含有 5 个变量(T, u, v, w, p)。在推导

离散化公式时，动量方程中压力的一阶导数和连续性方程中速度的一阶导数有些麻烦，为此必须使用交错的网格来克服这些困难，即把速度分量(u, v, w) 放在与其他变量(T, p)不同的网格上处理。

综上所述，熔池流体动力学状态及传热过程的运算步骤为：

(1) 给出一个初始的速度场；

(2) 计算动量方程的系数，暂时在动量方程中略去压力梯度项后求解动量方程，求得一个近似的速度场；

(3) 将这个近似的速度场代入压力方程，求解后得到一个近似的压力场；

(4) 将这个近似的压力场代入动量方程，求解动量方程，得到速度场 u^*，v^*，w^*；

(5) 将 u，v，w 代入压力修正方程，求得 p'，将 p'代入速度修正公式修正速度场；

(6) 返回步骤(2)，重复上述过程直至收敛为止；

(7) 得到收敛的速度场后，再用迭代法求解热能方程，直至获得收敛的解。

四、MIG 焊熔滴长大与过渡

在熔化极惰性气体保护焊中(MIG)，有许多不同类型的过渡方式，如短路过渡、大滴过渡、喷射过渡、射流过渡等。决定过渡形式的参数有很多，主要包括焊接电流、保护气成分、电弧电压、送丝速度、环境压强、电极伸出长度以及焊接母材等，其中，调节焊接电流是控制焊接过渡方式的主要方法。目前，已经有很多研究者致力于 MIG 焊熔滴过渡及其动态模型的研究，并发表了大量的论文，提出了许多熔滴过渡的物理和力学观点并建立了多种静态和动态数学模型。这些数学模型主要可以分为以下 4 类：

(1) 静力平衡理论(SFBT)；

(2) 电磁收缩不稳定理论(PIT)；

(3) "质量－弹簧"理论；

(4) 流体动力学理论(VOF)。

(一) 静力平衡理论(SFBT)

1. Amson 的静力平衡理论

静力平衡理论最早于 1962 年由 Amson 提出。该理论认为，当作用在熔滴上的静态分离力大于静态保持力时，熔滴从电极端部脱离。该理论考虑了 4 种静态脱离力：重力、轴向电磁收缩力和等离子流力和一种静态保持力——表面张力。同时，为了简化问题，该理论假设熔滴为球体状，不考虑径向收缩力对熔滴脱离的影响及电流的动态变化。

1) 静力平衡理论的变量的表达式和公式

(1) 重力

$$F_g = \frac{4}{3}\pi R^3 \rho_d g \tag{5-20}$$

式中：R 为熔滴半径；ρ_d 为熔滴密度；g 是重力加速度。

(2) 轴向电磁收缩力　轴向电磁收缩力的主要来源是熔滴内部电流是发散的还是收敛的。当电流在熔滴内发散时，而洛仑兹力的作用角度又刚好，那么该洛仑兹力产生的是静态脱离力。该电磁力可以根据洛仑兹公式得到：

$$\boldsymbol{F}_m = \boldsymbol{J} \times \boldsymbol{B} \tag{5-21}$$

式中：$\boldsymbol{J}$ 为电流密度，$\boldsymbol{B}$ 为电磁通量。

由于理论假设整个熔滴上的电流密度是唯一的，因此通过对公式(5－21)在整个熔滴的导电表面积分可以得到洛仑兹力的表达式如下：

$$F_{em} = \frac{\mu_0 I^2}{4\pi}\left[\ln\frac{R\sin\theta}{r} - \frac{1}{4} - \frac{1}{1-\cos\theta} + \frac{2}{(1-\cos\theta)^2}\ln\frac{2}{1+\cos\theta}\right] \tag{5-22}$$

式中：μ_0 为真空磁导率；I 为焊接电流；R 为熔滴半径；r 为电极半径；几何参数 θ 的物理意义如图 5-1 所示。

通过公式计算可以发现，当熔滴内部电流收敛，导电区域非常小时，电磁力为负；当熔滴内部电流发散，导电区域增大到一定程度时，电磁力为正，以脱离力的形式作用于熔滴。

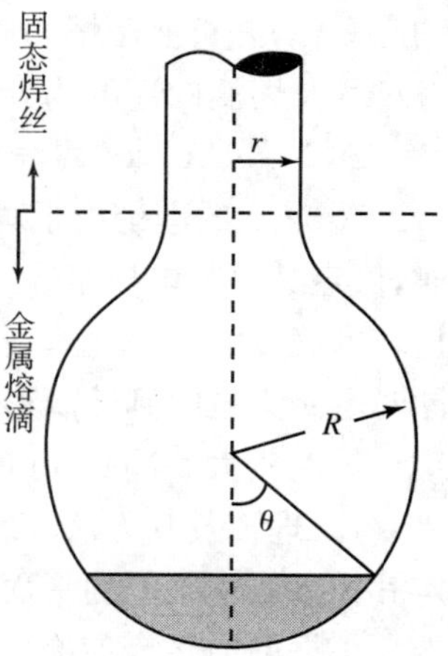

图 5-1　轴向电磁力的几何参数

(3) 等离子流力　在估计熔滴的等离子流力时，可以将这种力看作是一个施加在浸没于流体中的球体上的力。若假设这个力有唯一的速度场，那么等离子流力可以表示为

$$F_d = C_D A_P \left(\frac{\rho_f v_f^2}{2}\right) = C_D \pi (R^2 - r^2)\left(\frac{\rho_f v_f^2}{2}\right) \tag{5-23}$$

式中：C_D 为流力系数；ρ_f 为流体密度；v_f 为流体速度；A_p 为熔滴垂直于流体速度方向的最大平面面积；R 为熔滴半径。

(4) 表面张力　表面张力可以由下式确定：

$$F_\gamma = 2\pi r \gamma \tag{5-24}$$

式中：r 为电极半径；γ 为液态金属的表面张力系数。

静力平衡理论公式如下：

$$F_\gamma = F_g + F_d + F_{em} \tag{5-25}$$

将(5-20)，(5-22)，(5-23)，(5-24)代入(5-25)式可得：

$$2\pi r y = \frac{4}{3}\pi R^3 \rho_d g + C_D \pi R^2 \left[\frac{\rho_f v_f^2}{2}\right] + \frac{\mu_0 I^2}{4\pi}\left(\ln\frac{R\sin\theta}{r} - \frac{1}{4} - \frac{1}{1-\cos\theta}\right) + \frac{2}{(1-\cos\theta)^2}\ln\frac{2}{1+\cos\theta} \tag{5-26}$$

利用数值方法求解上式即可获得的电流 I 时的熔滴半径 R。

求解方法可以采用二分法，也可采用 Matlab 工具箱中自带计算工具。

2) 理论应用及缺陷

(1) SFBT 在大滴过渡时，理论计算结果与实验结果符合得比较好；然而，在喷射过渡时，理论计算结果与实验结果就有比较严重的偏离。模型计算结果与实验结果的对比见图 5-2。

(2) 该理论可以应用于保护气为氩气、电极为钢的 MIG 焊熔滴过渡预测；但该理论不适用于产生 repelling transfer 的焊接系统。

(3) 该理论只考虑了轴向力对熔滴过渡的影响，未考虑径向收缩力对熔滴脱离的影响及电流的

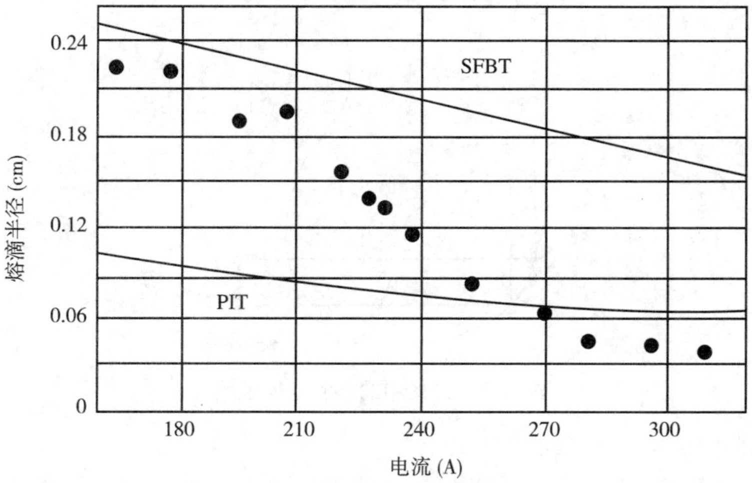

图 5-2　分别通过实验和计算得到的熔滴尺寸—电流关系图

动态变化，并将液态熔滴假设为球体状，因此其精确性受到较大限制，而且也不能分析熔滴过渡的动态过程及熔滴的速度场分布。

2. Nemchinsky 的静态平衡理论

Amson 的理论由于对实际问题作了许多简化，因此其精确性受到极大限制。该理论在计算张力时，假定其仅与电极半径 r 有关，这一点在熔滴仅受重力作用时是合理的，所以该理论在电流较小时比较准确；然而事实上，表面张力的大小与熔滴的形状密切相关，而熔滴的形状又受到电磁力的影响，同时电磁力也收到熔滴形状的影响，这些因素均未在 SFBT 中考虑，所以该理论在电流较大时与实验结果偏离较大。Nemchinsky 基于此提出了新的模拟熔滴过渡的方法。

1）理论及其方法　Nemchinsky 的理论不考虑等离子流力，同时简化电流密度在熔滴内分布，假定其在垂直于轴向的平面内均匀分布。

根据静力平衡理论：

$$\gamma\left(\frac{1}{R_1}+\frac{1}{R_2}\right)=P \tag{5-27}$$

$$F_\gamma=-\frac{\partial p}{\partial r} \tag{5-28}$$

$$F_z=\frac{\partial p}{\partial z} \tag{5-29}$$

公式(5－27)中，式左边是表面张力，R_1 和 R_2 分别是主曲率半径；式右边是静态脱离力，为电磁收缩力和重力的合力。公式(5－28)为脱离力的径向分力，公式(5－29)为脱离力的轴向分力。由于研究对象为轴对称，所以可以得到

$$\begin{aligned}\frac{1}{R_1}&=\frac{\dfrac{\mathrm{d}^2R}{\mathrm{d}z^2}}{\left[1+\left(\dfrac{\mathrm{d}R}{\mathrm{d}z}\right)^2\right]^{3/2}}\\ \frac{1}{R_1}&=\frac{1}{\left[1+\left(\dfrac{\mathrm{d}R}{\mathrm{d}z}\right)^2\right]^{1/2}}\end{aligned} \tag{5-30}$$

式中 R, Z 为熔滴几何参数，其具体意义如图 5－3。

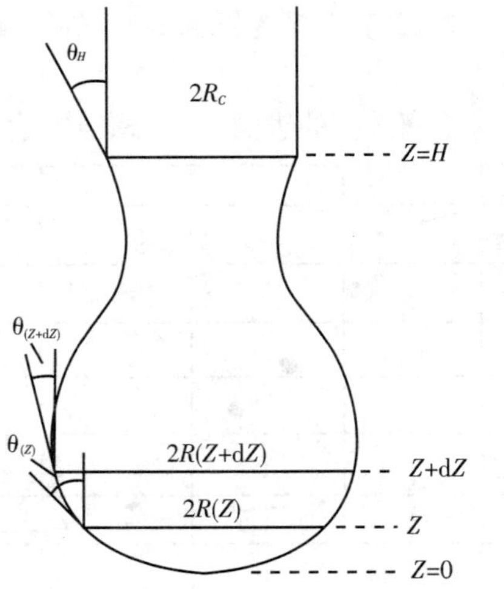

图 5－3　公式中的熔滴几何参数

通过对上述公式作变换可以得到

$$\pi R^2 \frac{\mathrm{d}p_0}{\mathrm{d}z} = 2\pi \int_0^R \left(rF_2 - \frac{R^2 - r^2}{2} \frac{\partial F_r}{\partial z} \right) \mathrm{d}r \tag{5-31}$$

$$P_0(z) + \int_0^R F_r(r')\mathrm{d}r' = -\frac{\gamma R''}{(1+R'^2)^{3/2}} + \frac{\gamma}{R(1+R'^2)^{1/2}} \tag{5-32}$$

式中：$p_0(z)$为位于中心轴上的压力。

洛仑兹力的径向和轴向分力均由熔滴内的电流密度分布决定：

$$F_r = -j_z B_\Theta \tag{5-33}$$

$$F_z = j_r B_\Theta - \rho g \tag{5-34}$$

式中，j_z，j_r 分别为电流密度的轴向和径向分量。B_Θ 可以根据 Ampere 定律得到：

$$B_\Theta = \frac{\mu_0}{r} \int_0^r j_z r' \mathrm{d}r' \tag{5-35}$$

式中：μ_0 是真空磁导率。由于该理论假设电流密度在垂直于轴向的平面内均匀分布，所以可以得到：

$$j_z = \frac{I(z)}{\pi R^2} \tag{5-36}$$

式中：$I(z)$为距离熔滴顶部为 z 处的电流大小。由于电流在从电极向熔滴顶部传递过程中有损失，导致电流仅在电极根部与焊接电流大小一致，而在熔滴顶部时电流大小为 0，且经分析发现，$I(z)$与 z 的关系可近似为线性性。

根据电流连续性方程 $\mathrm{div}\, j = 0$ 可以得到

$$j_r(r,z) = -\frac{r}{2} \frac{\mathrm{d}}{\mathrm{d}z} \left(\frac{I(z)}{\pi R^2} \right) \tag{5-37}$$

将(5-33)～(5-37)式代入(5-31)，(5-32)可以得到

$$\frac{\mathrm{d}p_0}{\mathrm{d}z} = -\rho g + \frac{\mu_0 R^2}{16} \frac{\mathrm{d}}{\mathrm{d}z} \left(\frac{I^2}{\pi^2 R^4} \right) \tag{5-38}$$

$$P_0(z) = \frac{\mu_0 I^2}{4\pi^2 R^2} + \gamma \left[-\frac{R''}{(1+R'^2)^{3/2}} + \frac{1}{R(1+R'^2)^{1/2}} \right] \tag{5-39}$$

根据原问题可以确定边界条件：

$$R(0) = 0 \tag{5-40}$$

$$R(H) = R_c \tag{5-41}$$

计算该微分方程可以采用四阶 R-K 法。方程涉及的一些变量处理及参数选取文献[5]。

2）理论应用及特点

（1）理论可用于对大滴过渡的模拟，并能确定从大滴过渡到喷射过渡的极限电流，但不适用于射流过渡。

（2）该方法与 PIT 和 Amson 的 SFBT 相比，计算结果与实验结果在更大的电流范围内相符得更好(见图 5-2)。

（3）该理论假定表面张力系数在整个过渡过程中不变，这与实际不符。事实上，随着焊接电流的增大，其随之减小，这时的熔滴尺寸的减小速率也相应变得更快。如果能在不同的电流下选择适宜的表面张力系数，那么可以提高计算的准确性。

（4）该理论忽略了等离子流力。尽管这个力在高电流时作用并不明显，但若将它考虑在内毫无疑问将提高计算结果的准确性。

（5）由于该理论依然是基于静态条件下近似提出的，所以不能够预测熔滴过渡过程中熔滴不断长大的动态行为。

2. 电磁收缩不稳定理论(PIT)

1）理论及其方法　电磁收缩不稳定理论(PIT)是在 Rayleigh 不稳定模型上发展起来的。由于

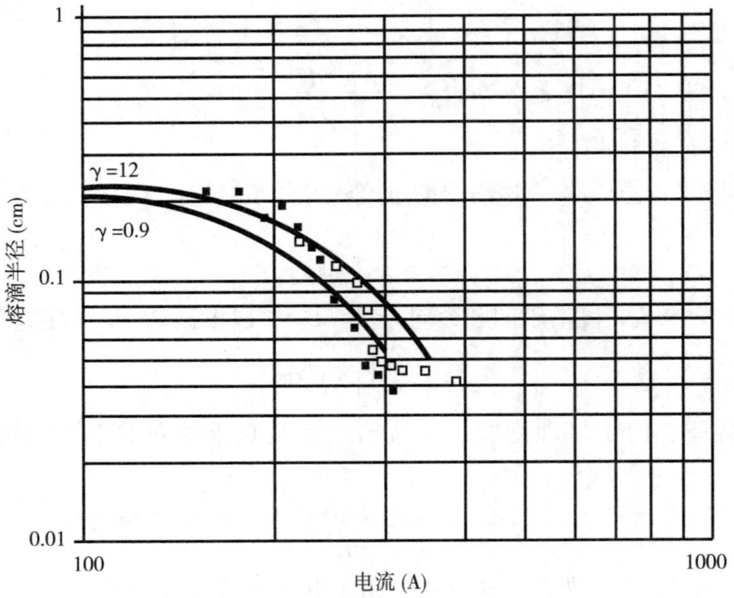

图 5-4 熔滴半径与电流的关系。钢电极直径为 1.6 mm。

实验结果：■，[4]；□，[6]；曲线为计算结果

球体的表面自由能比圆柱体的小，所以当圆柱液态金属受到某一特定波长的干扰时，有分裂成若干金属液滴的倾向。

对液柱施加 z 向和 r 向的扰动，在扰动的作用下，液柱表面形状可表示为

$$R(z,t)=R_0+\varepsilon\cos\left(-m\theta+\frac{2\pi}{\lambda}z\right) \tag{5-42}$$

$$\varepsilon=\varepsilon_0\cos(\omega t) \tag{5-43}$$

$$\theta=\frac{\gamma}{\rho {R_0}^3} \tag{5-44}$$

式中：R_0 为液柱半径；λ 为扰动波长；γ 为表面张力系数；ρ 为液体金属密度。

m 表征液柱的非稳态模式。若 $m=0$，则为轴向收缩形式的非稳态，产生滴状或射流过渡；若 $m=1$，则为扭结形式的非稳态，产生旋转过渡；若 $m=2$，产生滴状形式的非稳态，这种情况几乎不发生。*Nemehinsky* 文献对 ω 的表达式进行了回顾和推导。

忽略黏滞力、电流及电场的作用，Rayleigh 推导出了 ω 的一般表达式：

$$\omega^2=x(1-x^2)\frac{I_1(x)}{I_0(x)}\theta \tag{5-45}$$

若忽略黏滞力，考虑带电柱体，Murty (1960) 推导出了 ω 的表达式如下：

$$\omega^2=x(1-x^2)\frac{I_1(x)}{I_0(x)}\theta+\left[1+\frac{x}{2}\left(\frac{I_1(x)}{I_0(x)}-\frac{I_0(x)}{I_1(x)}\right)\right] \tag{5-46}$$

若考虑非稳态模式 m，则 ω 可表达为

$$\omega^2=x(x^2+m^2-1)\frac{I_m'(x)}{I_m(x)}\theta-\frac{\mu_0 {J_0}^2}{\rho}f(x) \tag{5-47}$$

$$f(x)=1+\frac{x}{2}\left[\frac{I_m'(x)}{I_m(x)}-\frac{I_m(x)}{I_m'(x)}\right]-\frac{m^2 I_m'(x)}{xI_m(x)}[1+I_m(x)K_m(x)] \tag{5-48}$$

$$x=\frac{2\pi R_0}{\lambda} \tag{5-49}$$

$$\lambda=\frac{2\pi R_0}{\left(1+\frac{\mu_0 I^2}{2\pi^2 R_0}\right)} \tag{5-50}$$

式中：$I_m(x)$是阶数 m 的第一类修正贝斯尔函数；$K_m(x)$是阶数 m 的第二类修正贝斯尔函数。将式(5-43)～(5-50)代入(5-42)即可求出熔滴的尺寸。

2）理论应用及其特点

（1）该理论可以计算熔滴的初始速度、加速度和尺寸。在电流较大，过渡方式为射流过渡时，计算结果与实际结果相符较好；而当电流较小时，计算结果与实际结果有较大的偏离(见图 5-2)。

（2）该理论将焊丝端部的液态金属假设为无限长液柱，且液柱的直径不变，流过液体的电流是恒定的，从而使得计算结果与实际的液态熔滴形状相差较大，很难说明 PIT 理论究竟在多大程度上准确描述了真实熔滴所受到的外力。

3. "质量—弹簧"理论

1）理论及其计算方法 "质量-弹簧理论"由 SHAW 等提出，最先用于水龙头中缓慢流出的水滴，后由 Watkins 等用于对熔滴过渡的模拟。在国内，山东大学的武传松、李世凯等对该理论作了研究。该理论的基础是 SFBT，不同的是该理论将熔滴的表面张力作为弹簧力处理。同时，为了简化计算和分析过程，该理论作了如下假设：

（1）液态金属的物性参数是恒定不变的；

（2）焊丝具有恒定的熔化速度；

（3）系统以焊丝为轴线对称；

（4）液态金属熔滴在垂直于焊丝方向的速度可以忽略。

基于以上假设，熔滴的过渡过程可以用"质量—弹簧"系统来表示：

$$m\frac{d^2x_e}{dt^2}+kx_e+c\frac{dx_e}{dt}=F_0 \tag{5-51}$$

$$\frac{dm}{dt}=Q=\text{常数} \tag{5-52}$$

式中：x_e 为熔滴的弹性位移；M 为熔滴质量；t 为时间；c 为阻尼系数；k 为弹性系数；Q 为常量，表示熔滴的质量随时间线性增加；F_0 为熔滴受到的外部作用力。

熔滴受力如图 5-5 所示。熔滴的质量随时间线性增加，熔滴质心的位移在熔滴的振荡过程中发生变化。当熔滴的位移达到一个临界值 x_c 时，熔滴的质量突然减小，熔滴失稳收缩并脱离。焊丝端部的残留熔滴仍按照式振荡，熔滴的质量按照式(5-52)增大。

熔滴受到的外部作用力 F_0 可根据 SFBT 写出，其具体形式见静力平衡理论的变量的表达式和公式。

由于熔滴的脱离是作用于熔滴上的力和惯性动量联合作用的结果，所以熔滴的脱离质量 Δm 可以表示为

$$\Delta m=\lambda m_c v_c \tag{5-53}$$

式中：λ 为待定系数；v_c 为焊丝末端熔滴的临界振荡速度。

图 5-6 为熔滴的脱离示意图。在所建立的模型中，系统质量中心点的临界位移为 x_c，熔滴脱离后残留熔滴的初始位移为 x_0，熔滴脱离后残留熔滴的初始位移由下式确定。

$$x_0=x_c-R\frac{\Delta m}{m_c} \tag{5-54}$$

式中：$R=\left(\frac{3\Delta m}{4\pi\rho}\right)^{\frac{1}{3}}$；$\rho$ 为焊丝的密度。

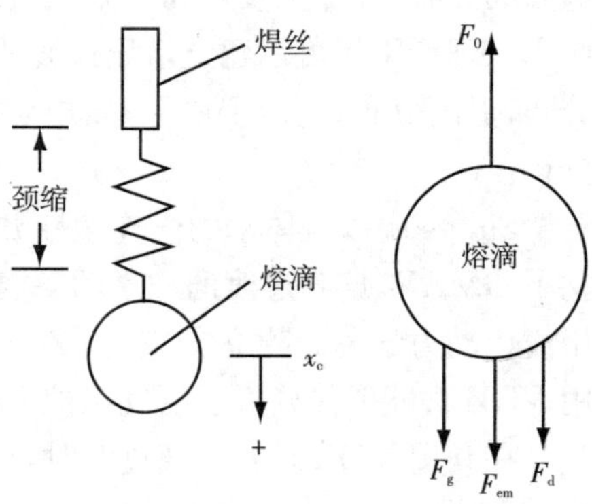

图 5-5 熔滴受力示意图

表征熔滴所受表面张力的弹性系数 k 是进行熔滴过渡计算中最为关键的物性参数，一般认为，其随着质量的变化而变化。同一焊接电流条件下，当熔滴的弹性系数变化不大时，通过一系列参数优化，可将弹性系数看作常数。

对于阻尼系数 c 也没有相关的准确数据。一般认为，c 随熔滴位移的增大而减小。实际计算时，可以根据熔滴的物性参数取值进行合理架设，将阻尼系数取为定值。

在计算过程中，熔滴的临界位移由静力平衡理论给出：

$$F_\gamma = 2\pi r\gamma = m\frac{d^2 x_e}{dt^2} + kx_e + c\frac{dx_e}{dt} \tag{5-55}$$

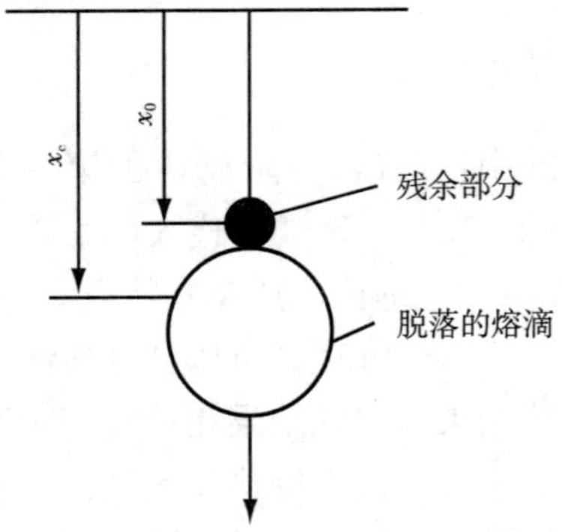

图 5-6 熔滴脱离示意图

求解式(5-51)的数值方法可以利用四阶 R-K 法；对式(5-51)进行解析求解可以得到

$$x = \frac{F_t}{k} + ce^{-\sigma t}\sin(\omega t + \psi) \tag{5-56}$$

式中：$\sigma = \frac{c}{2m}$；$\omega = \sqrt{\frac{k}{m} - \left(\frac{c}{2m}\right)^2}$；$c$ 为系数；ψ 为初始相位角。

$$c = \frac{x_0 - \frac{F_t}{k}}{\sin\psi},\ \mathrm{ctg}\psi = \frac{v_0}{\omega\left(x_0 - \frac{F_t}{k}\right)} + \frac{\sigma}{\omega} \tag{5-57}$$

2）理论应用及其特点

（1）由于该理论引入了时间变量，因此可以对熔滴的长大和脱离过程进行动态分析，同时可以计算熔滴的振荡速度以及加速度。

（2）由于"质量-弹簧"理论借用了静力平衡理论中的一些想法，因此也存在着一些静力平衡理论的缺陷。例如，当电流较小，熔滴过渡为大滴过渡时，计算结果与实验结果相符较好；当电流大于 300 A，过渡方式为射流过渡时，计算结果与实验结果偏离较大。

（3）理论在建模时假定电流为恒定值，同时忽略了径向方向的电磁力，这都会对模型的准确性造成影响。

（4）确定该理论的数学模型时需要许多物性参数，而其中有几个参数难以确定，需要通过大量的实验进行标定，实验结果对模拟的准确性有较大的影响。

4. 流体动力学理论(VOF)

1）理论及其方法　流体动力学理论(VOF)是继静力平衡理论和电磁收缩不稳定理论之后发展起来的，随着计算机技术和有限元技术的发展，VOF 已经逐渐成为现阶段应用最广泛的一种方法。应用该理论不仅可以建立熔滴过渡的时变动态模型，而且模型涵盖的变量愈来愈多，熔滴内部的压力分布，温度分布，电流密度分布，电势分布，液态金属流动的速度、方向等等均能够做到细致有效的分析。

Simpson 以流体动力学连续性方程，动量方程为基础，假定液体金属温度恒定，物性参数恒定，建立了 GMAW 熔滴过渡的一维动态模型，较好地计算了悬挂熔滴在各时刻的形状及尺寸。Haidar 应用流体动力学理论建立了重力，表面张力，电磁力和送丝速度以及保护气体流量等因素，并首次利用 VOF 法模拟并分析了氩气保护下熔滴由滴状过渡向喷射过渡转变的机制。

在利用 VOF 研究熔滴过渡时，首先需要建立模型的控制方程。

若假定：

（1）焊丝端部的熔滴在形成，长大及脱离过程中，一直是轴向对称的，因此，熔滴过渡是一个二维问题；

(2) 液态金属是不可压缩的；

(3) 液态金属的物性参数是恒定的；

(4) 熔滴温度是均匀不变的；

(5) 熔滴与焊丝间的界面是一垂直于焊丝轴线的平面。

因此，熔滴中流场可用 Navier-Stokes 公式来描述：

$$\frac{\partial u}{\partial t}+u\frac{\partial u}{\partial r}+v\frac{\partial u}{\partial z}=-\frac{1}{\rho}\frac{\partial p}{\partial r}+\mu\left(\frac{\partial^2 u}{\partial^2 r}+\frac{\partial^2 u}{\partial z^2}+\frac{1}{r}\frac{\partial u}{\partial r}-\frac{u}{r^2}\right)+F_v \tag{5-58}$$

$$\frac{\partial v}{\partial t}+u\frac{\partial v}{\partial r}+v\frac{\partial v}{\partial z}=-\frac{1}{\rho}\frac{\partial p}{\partial z}+\mu\left(\frac{\partial^2 v}{\partial^2 r}+\frac{\partial^2 v}{\partial z^2}+\frac{1}{r}\frac{\partial v}{\partial r}\right)+F_v \tag{5-59}$$

式中：u，v 分别为径向 r 及轴向 z 的速度分量；μ 为动力黏度系数；ρ 为密度；F_v 为熔滴受到的体积力；p 为熔滴中的压力。

另外，对于不可压缩流体，还应满足连续性方程

$$\frac{\partial u}{\partial t}+\frac{\partial v}{\partial z}+\frac{u}{r}=0 \tag{5-60}$$

在用 VOF 法研究熔滴过渡时，另一个要点是跟踪熔滴的自由表面。

跟踪自由表面的方法是引入一个新的参数，即单元格的流体体积分数 $F(i,j,t)$。如果 $F(i,j,t)=1$，则表示对应的单元格充满了液体；如果 $0< F(i,j,t)<1$，则表示液体表面位于本单元格中；如果 $F(i,j,t)=0$，则表示对应的单元格中没有液体。这样，可利用 F 来计算自由表面单元及其法线方向，从而计算出熔滴表面轮廓。

各个单元格的 F 随时间变化的控制方程如下：

$$\frac{\partial F}{\partial t}+u\frac{\partial F}{\partial r}+v\frac{\partial F}{\partial z}=0 \tag{5-61}$$

式(5-58)，(5-59)中的体积力主要包括熔滴的重力、电磁收缩力、表面张力和等离子流力。

——方程的边界条件　方程组中含有 4 个变量和 4 个方程，在利用计算机进行求解时，首先需要确定边界条件如下：

(1) 将液态金属看作是一个从虚拟的管子中流出的，液态金属的流出速度等于送丝速度，即 $u(i,1)=0$，$v(i,1)=v_f$；

(2) 熔滴为轴对称，因此可仅仅选取 z 轴的右侧作为计算区域；

(3) 为了计算方便，将熔滴的初始状态假定为半球形，在初始状态下，熔滴中各个质点的速度均等于送丝速度。

——计算方法　在对该模型进行求解时，可以采用数值求解的方法。首先，可以将原实体模型分割成小块。其次，修改原方程组，将偏微分形式写成差分形式；进而联立方程组求解。

2) 模型的应用及特点

(1) VOF 理论预测的熔滴尺寸与试验结果在喷射过渡的电流区域里比在大滴过渡电流区域里更贴近。在喷射过渡范围内，VOF 方法采用线性电流密度的预测结果更准确。这表明，线性电流密度的假定能够更好地贴近实际的电流密度分布条件。

(2) VOF 理论能够预测以电弧和金属电极区作为时间函数的熔滴形状、二维电流密度和温度、轴向及径向的速度和压力等，在处理复杂的自由边界形态（外形、轮廓）时比其他方法更适合和更有效，与试验结果更吻合。

5. 实验验证方法

研究熔滴过渡时采用的验证方法通常为示波法和高速摄影法。示波法通过记录焊接过程中焊接电流和电压的波形，根据波形变化研究熔滴过渡，是一种间接的方法。高速摄影法通过高速摄像系统

记录下熔滴过渡过程,并通过电流传感器记录下焊接过程中的电流变化,进而将实验结果与计算结果进行比对。

一般的高速摄像系统由高速动态摄像仪和激光背光系统组成(见图 5－7 所示)。He-Ne 激光器和扩束平行光管组成了激光背光系统,扩束平行光管的作用是把从激光器中射出来的直径为 1 mm 的激光束,扩大成光强均匀的、直径为 75 mm 的激光斑,以此为摄像熔滴过渡的背光源。高速摄像仪以面阵 CCD 器件的电扫描技术为核心,记录结果可直接在监视器上显示,也可用计算机存贮和处理,其最高拍摄速度为 1 万 FPS。

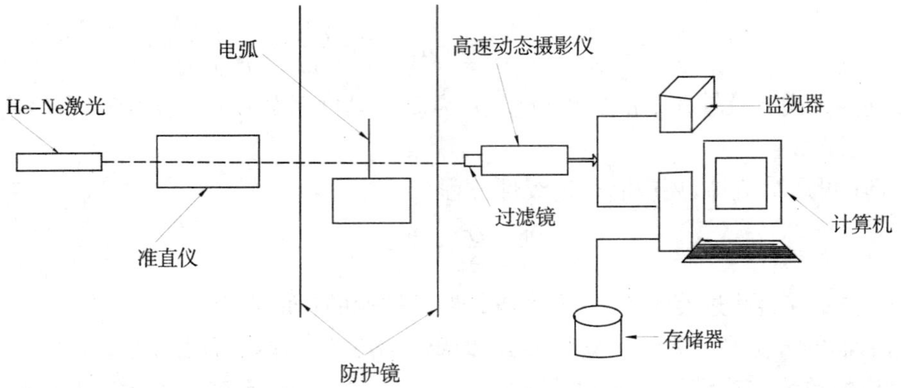

图 5－7 高速摄像系统

五、焊接电弧的传热传质过程

(一) 概述

焊接电弧是最常用的焊接热源,是一个高速运动着的磁流体热源。焊接电弧中存在着传导、对流和辐射等传热过程,也伴随着层流和紊流这两种类型的流体运动。研究电弧的这种传热传质过程对理解和控制焊接电弧的物理特性有着很重要的意义。由于这些过程十分复杂,很难用实验方法一一确定。随着计算机的普及和发展,采用数值分析的方法来研究电弧物理现象取得了很大进展。Kovitya 和 Iowkey 于 1982 年建立了电弧的二维层流数学模型,并用数值方法求解了温度分布和流速分布。M. Ushio 等也于 1982 年建立了 TIG 电弧传热数学模型,并首次考虑了紊流问题。该模型假定电流密度分布为已知的平均或抛物线分布,属半经验性质,计算的电弧温度分布与实验结果有较大差异。1985 年,樊丁和 M. Ushio 在假定电流为高斯分布的条件下计算了电弧的压力场分布规律,在阳极板上的计算压力分布与实测结果吻合较好。此后他们引用欧姆定律计算电流密度分布,改进了以前工作,建立了较完善的电弧传热传质数值模型,取得较理想的结果。

J. J. Lowke 采用了一个统一的电弧—电极处理系统对 GTAM 和 GMAW 焊接时电极的温度进行了数值预测。该二维模型可在任何给定电流、焊接气体和电极形状下进行分析,对 GTAW 焊接时钍钨极表面温度的预测与用光谱温度测量的结果十分吻合。在 GMAW 焊接时对熔滴尺寸,包括球滴过渡和喷射过渡之间的转变电流,进行了预测,其结果也与氩气中的实验结果相符。通过数值模拟可以理解钨夹杂的形成机制、保护气体的影响以及在 GMAW 中从球状到喷射过渡转变电流的机制。A. D. Watkins 等提出了一个 GMAW 时熔滴长大和分离的动态模型。该模型模拟一个连在一根弹簧端部的熔滴。当物质增加熔滴长大时,弹簧发生位移。当位移达到临界值时熔滴与电极分离。临界值可由静力平衡原理求得,即当分离力超过保持力的时候熔滴分离。通常在使用富氩气体保护时,重力、电磁力和气动力是分离力,而表面张力是保持力。该模型可以预测熔滴尺寸和它的过渡频率并与实验相符,同时还指出从球滴过渡到喷射过渡的转变是逐渐而不是突然发生的。

尽管对电弧物理已有不少研究，但至今仍有一些问题没有很好认识，其中特别是对高强度电弧的电极区以及辅助电极现象缺乏了解。在紧靠电极的地方等离子体性能发生急剧变化，实验非常困难。而要有效利用和开发高强度电弧时必须充分了解阳极表面附近的等离子体性能和它的物理过程。M. Ushio 等对气体保护下的钨极电弧的阳极边界层的物理性能和传热现象进行了实验研究和数值分析。实验表明，该物理性能受到电流的强烈影响。在低电流(50 A)的场合，阳极边界层的厚度约250 μm，该处的电极温度与重粒子温度有相当大的不同，边界层的位势对阳极来说较低。然而，随着电弧电流的增加(150 A)，边界层的厚度变狭窄，它的位势值升高。采用数值分析方法对上述实验结果进行了解释。该研究把阳极区分为 3 个子区：阳极边界层、覆盖层和预覆盖层。采用 Runge-Kutta 法求解以 LTE 等离子体边界条件的控制方程。研究中引入了 θ 和 α 两个参数。前者为自由降落端重粒子的温度与电极表面温度的比率；后者为电极进入阳极格子的百分比。数值分析表明，参数 θ 是影响边界层局部等离子体性能、边界层厚度以及覆盖层位势的一个重要因素。参数 α 则对覆盖层有显著影响，不同的 α 值覆盖层的位势可以是负、零或正的，而紧靠阳极前面的阳极边界层的压降几乎总是负的。雷永平等建立了 GTAW 焊接过程电弧与熔池双向耦合统一数学模型，该模型考虑了熔池自由表面变化对电弧和熔池的影响，并通过不断更新自由表面形状实现了电弧与熔池耦合。所建模型对 SUS304 不锈钢材料的定点 GTAW 焊接过程进行了数值计算分析，取得了良好效果。

(二) 数学模型和求解方法

1. 基本方程

这里介绍 TIG 焊接电弧的计算模型。设在阴极和阳极之间燃烧着直流电弧，r-z 为圆柱坐标系，z 表示轴线方向。

(1) 连续性方程：

$$\nabla(\rho \boldsymbol{V})=0 \tag{5-62}$$

该方程的物理本质是如果电弧控制体积内流体的密度保持不变，则流进控制体积内的流体质量必须等于流出的质量。

(2) 运动方程

$$(\rho \boldsymbol{V}\cdot\nabla)\boldsymbol{V}=-\nabla P-\nabla\tau+\boldsymbol{F} \tag{5-63}$$

该方程概括了不可压缩但具有黏性的实际流体的普遍运动规律。等号左边为惯性力，右边分别为压力梯度、黏性应力梯度和体积电磁力。

(3) 能量平衡方程

$$\rho \boldsymbol{V}\cdot\nabla h=\nabla K_e\nabla T+S_T \tag{5-64}$$

等式左边为对流项；右边分别为扩散项及源项，源项包括焦耳热和辐射热损失。

(4) 补充方程

麦克斯韦方程

$$\boldsymbol{F}=\boldsymbol{J}\times\boldsymbol{B} \tag{5-65}$$

$$\nabla\boldsymbol{H}=\boldsymbol{J}$$

$$\nabla\boldsymbol{B}=0$$

$$\boldsymbol{B}=\mu_0\boldsymbol{H}$$

欧姆定律

$$\boldsymbol{J}=\sigma\cdot\boldsymbol{E} \tag{5-66}$$

源　项

$$S_T=\boldsymbol{J}\cdot E-S_R$$

$$S_R\propto\exp(-eVi/KT)/T$$

定义流函数 ψ 和涡度 ξ 如下：

$$V_r = -\frac{1}{\rho r}\frac{\partial \psi}{\partial z}$$

$$V_z = \frac{1}{\rho r}\frac{\partial \psi}{\partial r}$$

$$\xi = \frac{\partial V_r}{\partial z} - \frac{\partial V_z}{\partial r}$$

则(5-62)、(5-63)和(5-64)3个方程在圆柱坐标系中可展开为

连续性方程

$$\frac{\partial}{\partial z}\left(\frac{1}{\rho r}\frac{\partial \psi}{\partial z}\right) + \frac{\partial}{\partial r}\left(\frac{1}{\rho r}\frac{\partial \psi}{\partial r}\right) + \xi = 0 \tag{5-67}$$

运动方程

$$\frac{\partial}{\partial z}\left(\frac{\xi}{r}\frac{\partial \psi}{\partial r}\right) - \frac{\partial}{\partial r}\left(\frac{\xi}{r}\frac{\partial \psi}{\partial z}\right) = \rho\left(\frac{\partial F_r}{\partial z} - \frac{\partial F_z}{\partial r}\right) + \frac{\partial}{\partial r}\left\{\frac{\mu_e}{r}\frac{\partial}{\partial r}(r\xi)\right\} + \frac{\partial}{\partial z}\left\{\frac{\mu_e}{r}\frac{\partial}{\partial z}(r\xi)\right\} \tag{5-68}$$

其中，$\mu_e = \mu_1 + \mu_t$。

能量平衡方程：

$$c_p\left[\frac{\partial}{\partial z}\left(T\frac{\partial \psi}{\partial r}\right) - \frac{\partial}{\partial r}\left(T\frac{\partial \psi}{\partial z}\right)\right] = \frac{\partial}{\partial r}\left(k_e r\frac{\partial T}{\partial r}\right) + \frac{\partial}{\partial z}\left(k_e r\frac{\partial T}{\partial z}\right) + rS_T \tag{5-69}$$

(5) $K-\xi$紊流模型：

为了计算紊流粘性系数，利用了$K-\xi$模型，即

$$\mu_t = C_D\rho K^2/\xi \tag{5-70}$$

K和ξ由下述守恒方程求得：

$$\frac{\partial}{\partial z}\left(K\frac{\partial \Psi}{\partial r}\right) - \frac{\partial}{\partial r}\left(K\frac{\partial \Psi}{\partial z}\right) - \frac{\partial}{\partial z}\left(r\frac{\mu_e}{\sigma_k}\frac{\partial K}{\partial z}\right) - \frac{\partial}{\partial r}\left(r\frac{\mu_e}{\sigma_k}\frac{\partial K}{\partial r}\right) - rS_k = 0 \tag{5-71}$$

$$\frac{\partial}{\partial z}\left(\varepsilon\frac{\partial \Psi}{\partial r}\right) - \frac{\partial}{\partial r}\left(\varepsilon\frac{\partial \Psi}{\partial z}\right) - \frac{\partial}{\partial z}\left(r\frac{\mu_e}{\sigma_\varepsilon}\frac{\partial \varepsilon}{\partial z}\right) - \frac{\partial}{\partial r}\left(r\frac{\mu_e}{\sigma_\varepsilon}\frac{\partial \varepsilon}{\partial r}\right) - rS_\varepsilon = 0 \tag{5-72}$$

$$S_K = 2\mu_t\left[\left(\frac{\partial U_z}{\partial z}\right)^2 + \left(\frac{\partial U_r}{\partial r}\right)^2 + \left(\frac{U_r}{r}\right)^2 + \frac{1}{2}\left(\frac{\partial U_r}{\partial z} + \frac{\partial U_z}{\partial r}\right)^2\right] - \rho\varepsilon$$

$$S_\xi = 2c_1\mu_t\frac{\varepsilon}{K}\left[\left(\frac{\partial U_z}{\partial z}\right)^2 + \left(\frac{\partial U_r}{\partial r}\right)^2 + \left(\frac{U_r}{r}\right)^2 + \frac{1}{2}\left(\frac{\partial U_r}{\partial z} + \frac{\partial U_z}{\partial r}\right)^2\right] - c_2\rho\frac{\xi^2}{K}$$

2. 边界条件

图5-8为求解区域。

在BH边界，

$$\psi = \frac{\partial K}{\partial r} = \frac{\partial \xi}{\partial r} = \frac{\partial T}{\partial r} = 0$$

$$\left(\frac{\xi}{r}\right)_0 = \frac{8}{\rho}\left\{\frac{\psi_0 - \psi_1}{r_2^2} + \frac{\psi_1 - \psi_0}{r_1^2}\right\}/(r_2^2 - r_1^2)$$

此处，0，1，2分别表示中心轴线及r方向相邻的点。

在CD边界，$\frac{\partial \psi}{\partial r} = \frac{\partial K}{\partial r} = \frac{\partial \varepsilon}{\partial r} = \frac{\partial \xi}{\partial r} = \frac{\partial T}{\partial r} = 0$

在BC边界，$\psi = K = \varepsilon = 0$，$T$给定

在ED边界，$\psi = \frac{\partial K}{\partial z} = \frac{\partial \varepsilon}{\partial z} = \frac{\partial T}{\partial z} = 0$

通过ED的保护气体速度为：

$$V_z = \frac{2Q}{\pi\rho}\left[R_2^2 - r^2 + \frac{(R_2^2 - R_1^2)\ln(r/R_2)}{\ln(R_2/R_1)}\right]/\left[R_2^4 - R_1^4 - \frac{(R_2^2 - R_1^2)^2}{\ln(R_2/R_1)}\right]$$

式中：$R_1 = AE$，$R_2 = AD$

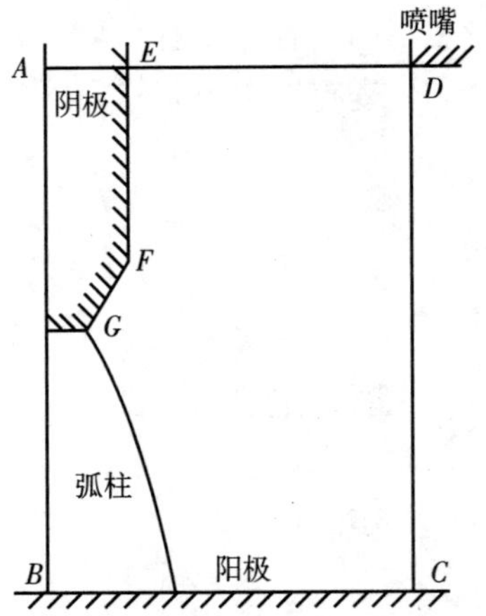

图5-8 求解区域

在 EF 边界，$\psi=K=\varepsilon=0$

$$\left(\frac{\xi}{r}\right)_0=\frac{3(\psi_0-\psi_1)}{\rho r V_1}-\frac{1}{2}\left(\frac{\xi}{r}\right)_1$$

在近壁区的流体行为可用壁函数法描述，近壁区速度分布用对数法则描述为

$$\frac{V_r}{V_t}=\frac{1}{\beta}\ln(En_+)$$

式中：β 为 Karman 常数；E 为壁粗糙度函数；n_+ 为距离壁面的距离。

$$V_w=\tau_w/(\rho C_D^{1/4}K^{1/2})$$

$$\tau_w=\beta C_D^{1/4}\rho V_p K_1^{1/2}\ln(E\rho\Delta n K_1^{1/2}C_D^{1/4}/\mu_{eff})$$

此处，$C_D=0.09$；V_p，Δn，K_1 分别为最接近壁面的平行流速、节点距离和紊流能量。

K，ξ 的输运方程式的生成项分别为

$$S_K=\tau_w\frac{\partial V_p}{\partial n}-\frac{C_D\rho^2K_2}{\mu_t}$$

$$\varepsilon_p=C_D^{3/4}K^{3/2}/\beta\Delta n$$

3. 计算方法

将上述方程及边界条件进行无量纲化处理后，利用体积积分法进行离散化处理，然后采用 Gauss-Seidel 方法进行迭代计算。收敛条件为

$$\frac{\sum\left|\Phi_j^{(N)}-\Phi_j^{(N-1)}\right|}{\sum\left|\Phi_j^{(N)}\right|}<\delta$$

式中：j 表示某个变量种类；$\Phi_j^{(N-1)}$ 表示第 $N-1$ 次迭代后的计算结果；$\Phi_j^{(N)}$ 表示第 N 次迭代后的计算结果；$\sum$ 表示所有节点之和；δ 为设定的计算精度值。

第三节　焊接力学的数值模拟

一、焊接变形的预测与控制

（一）热弹塑性有限元法

热弹塑性分析是一种经典的焊接变形计算方法。热弹塑性分析时有如下一些假定：材料的屈服服从米赛斯屈服准则；塑性区内的行为服从流变法则并显示出应变硬化；弹性应变、塑性应变、与温度应变是可分的；与温度有关的机械性能、应力应变在微小的时间增量内线性变化。

1. 应力应变关系

材料处于弹性或塑性状态的应力应变关系为

$$d\boldsymbol{\sigma}=Dd\boldsymbol{\varepsilon}-\boldsymbol{C}dT \tag{5-73}$$

式中：$\boldsymbol{D}$ 为弹性或弹塑性矩阵；$\boldsymbol{C}$ 为与温度有关的向量。

在弹性区：$\boldsymbol{D}=\boldsymbol{D}_e$，

$$\boldsymbol{C}=\boldsymbol{C}_e=\boldsymbol{D}_e\left(\boldsymbol{\alpha}+\frac{\partial\boldsymbol{D}_e^{-1}}{\partial T}\boldsymbol{\sigma}\right)$$

式中：α 为线膨胀系数；T 为温度。

在塑性区，设材料屈服条件为

$$f(\sigma)=f_0(\varepsilon_p,T) \tag{5-74}$$

式中：f 为屈服函数；f_0 为与温度和塑性应变有关的屈服应力的函数。根据塑性流动法则，塑性应变增量 $d\boldsymbol{\varepsilon}_p$ 可表示为

$$\{d\boldsymbol{\varepsilon}_p\}=\lambda\left\{\frac{\partial f}{\partial\boldsymbol{\sigma}}\right\} \tag{5-75}$$

此时，
$$\boldsymbol{D}=\boldsymbol{D}_{\mathrm{ep}}=\boldsymbol{D}_{\mathrm{e}}-\boldsymbol{D}_{\mathrm{e}}\frac{\partial f}{\partial \boldsymbol{\sigma}}\cdot\frac{\partial f}{\partial \boldsymbol{\sigma}^{\mathrm{T}}}\boldsymbol{D}_{\mathrm{e}}/S$$

$$\boldsymbol{C}=\boldsymbol{C}_{\mathrm{ep}}=\boldsymbol{C}_{\mathrm{ep}}\left(\boldsymbol{\alpha}+\frac{\partial \boldsymbol{D}_{\mathrm{e}}^{-1}}{\partial T}\boldsymbol{\alpha}\right)-\boldsymbol{D}_{\mathrm{e}}\frac{\partial f}{\partial \boldsymbol{\sigma}}\cdot\frac{\partial f_0}{\partial \boldsymbol{\sigma}}/S$$

$$S=\frac{\partial f}{\partial \boldsymbol{\sigma}^{\mathrm{T}}}\boldsymbol{D}_{\mathrm{e}}\frac{\partial f}{\partial \boldsymbol{\sigma}}+\frac{\partial f_0}{\partial \boldsymbol{\xi}_p^{\mathrm{T}}}\cdot\frac{\partial f}{\partial \boldsymbol{\sigma}}$$

塑性区的卸载由 λ 值判别，$\lambda<0$ 时为卸载过程。

2. 平衡方程

考虑结构的某一单元，有如下平衡方程：

$$\mathrm{d}\boldsymbol{F}^{\mathrm{e}}+\mathrm{d}\boldsymbol{R}^{\mathrm{e}}=\boldsymbol{K}^{\mathrm{e}}\,\mathrm{d}\boldsymbol{\delta}^{\mathrm{e}} \tag{5-76}$$

式中：$\mathrm{d}\boldsymbol{F}^{\mathrm{e}}$ 为单元节点上力的增量；$\mathrm{d}\boldsymbol{R}^{\mathrm{e}}$ 为温度引起的单元初应变等效节点力增量；$\mathrm{d}\boldsymbol{\delta}^{\mathrm{e}}$ 为节点位移增量；$\boldsymbol{K}^{\mathrm{e}}$ 为单元刚度矩阵。

$$\boldsymbol{K}^{\mathrm{e}}=\int \boldsymbol{B}^{\mathrm{T}}\boldsymbol{DB}\,\mathrm{d}V \tag{5-77}$$

$$\mathrm{d}\boldsymbol{R}^{\mathrm{e}}=\int \boldsymbol{B}^{\mathrm{T}}\boldsymbol{C}\mathrm{d}T\mathrm{d}V \tag{5-78}$$

式中：$\boldsymbol{B}$ 为联系单元中应变向量与节点位移向量的矩阵。根据单元处于弹性或塑性区，分别用$\boldsymbol{D}_{\mathrm{e}}$、$\boldsymbol{C}_{\mathrm{e}}$或$\boldsymbol{D}_{\mathrm{ep}}$、$\boldsymbol{C}_{\mathrm{ep}}$代替上式中的 $\boldsymbol{D}$、$\boldsymbol{C}$，形成单元刚度矩阵和等效节点载荷，然后集成总刚度矩阵 $\boldsymbol{K}$ 总载荷向量 $\mathrm{d}\boldsymbol{F}$，求得整个构件的平衡方程组：

$$\boldsymbol{K}\mathrm{d}\boldsymbol{\delta}=\mathrm{d}\boldsymbol{F} \tag{5-79}$$

式中：$\boldsymbol{K}=\sum\boldsymbol{K}^{\mathrm{e}}$；$\mathrm{d}\boldsymbol{F}=\sum(\mathrm{d}\boldsymbol{F}^{\mathrm{e}}+\mathrm{d}\boldsymbol{R}^{\mathrm{e}})$。考虑到焊接过程一般无外力作用，环绕每个节点的单元相应节点的力是自相平衡的力系，即可取$\mathrm{d}\boldsymbol{F}^{\mathrm{e}}=0$，故有 $\mathrm{d}\boldsymbol{F}=\sum\mathrm{d}\boldsymbol{F}^{\mathrm{e}}$。

3. 求解过程

热弹塑性应力有限元分析的求解过程是：首先把构件划分成有限个单元，然后逐步加上温度增量（焊接时的温度场预先算出）。每次温度增量加上后，由式(5－75)可求得各节点的位移增量 $\mathrm{d}\boldsymbol{\delta}$。每个单元内的应变增量$\mathrm{d}\boldsymbol{\varepsilon}^{\mathrm{e}}$ 和单元节点位移增量$\mathrm{d}\boldsymbol{\delta}^{\mathrm{e}}$ 的关系为

$$\mathrm{d}\boldsymbol{\varepsilon}^{\mathrm{e}}=\boldsymbol{B}\,\mathrm{d}\boldsymbol{\delta}^{\mathrm{e}} \tag{5-80}$$

再根据式(5－73)的应力应变关系，可求得各单元的应力增量 $\mathrm{d}\boldsymbol{\sigma}$。这样就可以了解整个焊接过程中动态应力应变的变化过程和最终的残余应力和变形的状态。

（二）固有应变有限元方法

固有应变是从应力状态切离后处于自由状态时与基准状态相比发生的应变。固有应变有限元法是一种既能解决大型复杂结构又比较经济的预测焊接变形的方法，有很大的实用意义和发展前途。固有应变存在于焊缝及其附近，固有应变的大小和分布就决定了最终的残余应力和变形。因此如果知道了固有应变的大小和分布，把它作为初始应变置于焊缝及其附近，就可以通过一次弹性有限元分析求得整个构件的焊接变形。文献[7]基于理论分析和某些实验曲线得到固有应变和焊接参数的若干内在关系，提供了固有应变法预测焊接变形的基础。对于较复杂的结构，主要影响焊接变形的仍然是纵向残余塑变和横向残余塑变。

固有应变法的基本思路是：在已知各条焊缝的纵向残余塑性应变和横向残余塑性应变及其所在位置的情况下，把它们作为初始应变，通过弹性有限元分析求得整个结构的焊接变形。

残余塑变法求解焊接变形的关键是确定残余塑变的大小和位置。设单位长度上纵向残余塑变 ε_x^* 和横向残余塑变ε_y^* 的总和分别为 W_x 和 W_y，则 W_x和 W_y 与焊接热输入 Q 有关：

$$W_x=KQ \tag{5-81}$$

$$W_y=\xi Q \tag{5-82}$$

通过简化的解析方法可以得到从极厚板到薄板系数 K 和的范围分别为

$$K=(0.255-0.335)\alpha/(c\rho) \tag{5-83}$$

$$\xi=(0.255-1.0)\alpha/(c\rho) \tag{5-84}$$

式中：α 为线膨胀系数；c 为比热容；ρ 为密度。

求得焊缝的 W_x 和 W_y 后，焊缝的纵向残余塑变 ε_x^* 以及横向残余塑变 ε_y^* 便可由下列公式求得：

$$\varepsilon_x^* = W_x/F_i \tag{5-85}$$

式中：F_i 为施加残余塑变单元的截面积，等于单元垂直焊缝方向的宽度乘以板厚。

（三）复杂箱形梁结构焊接变形预测

1. 计算条件

国家体育场 P18 柱外柱是含有多个隔板的空间弯扭结构，大体可以分为 4 段，如图 5－9 表示。其中，隔板共 7 类 23 块。

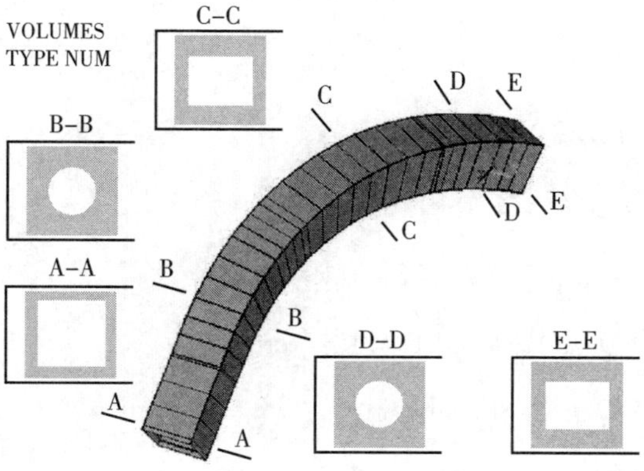

（a）结构示意图

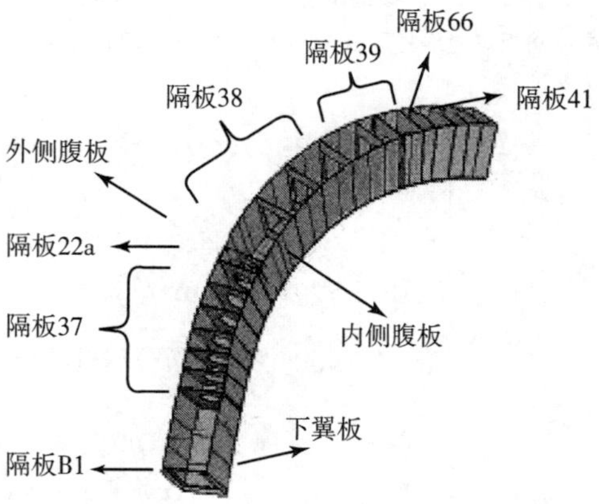

（b）隔板编号

图 5－9　国家体育场 P18 箱形梁结构

以下用残余塑变法对国家体育场 P18 柱外柱焊接变形进行了有限元分析。在该结构中，焊缝可分为两类：①箱体主焊缝，即连接组成箱体的翼板与腹板，如图 5－9 中的 Z1～Z4 所表示。②隔板焊缝，即连接隔板与箱体之间的焊缝，如图 5－10 中的 G1～G4 所表示。计算采用大型通用软件 ANSYS，单元类型为 8 节点体单元。采用 8 节点六面体单元，节点总数 46 173，单元总数 33 537。整体模型有限元网格如图 5－11 所示。

结构中所有焊缝均采用 CO_2 气保护焊。对于箱体主焊缝，横焊时，电流 220 A，电压 30 V，线能量为 11.3 kJ/cm；平焊时，电流 250～280 A，电压. 30 V，线能量 12.8～14.4 kJ/cm。对于隔板焊缝，平焊时，电流 250～280 A，电压 30 V，线能量为 12.8～14.4 kJ/cm；立焊时，电流 115～120 A，电压 18～20 V，线能量 6.2～7.2 kJ/cm。

所有的焊缝均采用多层多道焊，箱体主焊缝为间隙 6 mm 单边 V 形坡口。隔板焊缝中，隔板 B1 上焊缝为 8 mm 角焊缝，隔板 38 和 66 为双边 V 字坡口，其余焊缝为单边 V 字坡口。

在计算中，在模型中部（图 5－11 中第二段和第三段交界处）截面上对称选取节点，施加 3 个方向上的约束。

2. 固有应变确定

经过研究发现，两者与热输入参数 Q/h^2 存在如下的关系：

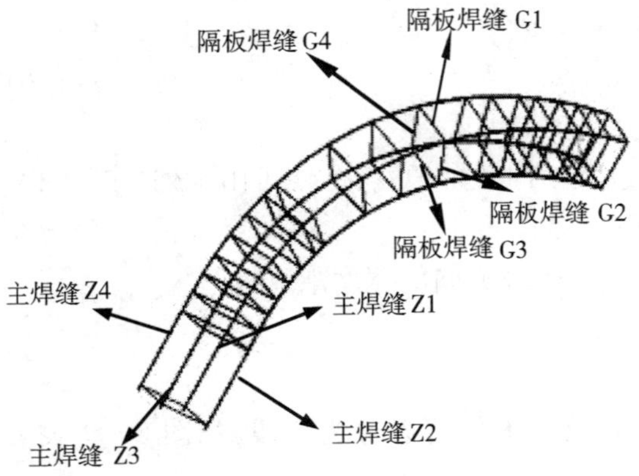

图 5-10 焊缝的空间分布及编号图

注：隔板焊缝编号以一个隔板为例，其余隔板相同。

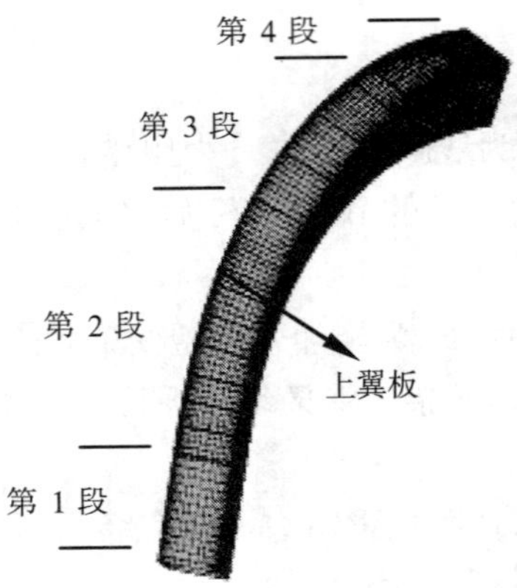

图 5-11 整体模型有限元网格

$$K=\begin{cases}(-0.0138\times(Q/h^2)^2+0.0156\times(Q/h^2)+0.665)\times10^{-6}\ \mathrm{cm^3/J} & \text{当 } Q/h^2<5.0\ \mathrm{kJ/cm^3}\\ 10.95\times10^{-7}\ \mathrm{cm^3/J}, & \text{当 } 5.0\leqslant Q/h^2\leqslant30.0\ \mathrm{kJ/cm^3}\\ (-0.0001\times(Q/h^2)^2+0.0078\times(Q/h^2)+0.940)\times10^{-6}\ \mathrm{cm^3/J} & \text{当 } Q/h^2>30.0\ \mathrm{kJ/cm^3}\end{cases}\quad(5-86)$$

$$\xi=\begin{cases}(-0.0043\times(Q/h^2)^2+0.205\times(Q/h^2)+0.864)\times10^{-6}\ \mathrm{cm^3/J} & \text{当 } Q/h^2<18.75\ \mathrm{KJ/cm^3}\\ 3.23\times10^{-6}\ \mathrm{cm^3/J}, & \text{当 } 18.75\leqslant Q/h^2\leqslant40.0\ \mathrm{kJ/cm^3}\\ (0.00007\times(Q/h^2)^2-0.0189\times(Q/h^2)+3.8502)\times10^{-6}\ \mathrm{cm^3/J} & \text{当 } Q/h^2\geqslant40.0\ \mathrm{kJ/cm^3}\end{cases}\quad(5-87)$$

当采用多道焊时，则此时纵向固有应变总和由下式确定：

$$W_x=K_mW_{xm}\quad(5-88)$$

式中：W_{xm}为具有最大线能量焊道的纵向固有应变总和。K_m 为系数，由下式确定：

$$K_m=1+\frac{8\varepsilon_s m\cdot c\rho}{\alpha\theta}\quad(5-89)$$

式中：ε_s 为材料的屈服应变；α 为热膨胀系数；c 为比热容；ρ 为熔化时候的密度；θ 为加热系数。

而此时的横向固有应变总和由下式确定：

$$W_y=\sum W_{yi}\quad(5-90)$$

当焊接接头形式不同时，研究发现固有应变也稍有不同。对于 T 型接头，固有应变系数 K 随着焊脚尺寸的增加而增加，存在如下式表达的关系：

$$K=K_{f0}+C_fK_f\quad(5-91)$$

其中，$K_{f0}=11.135\times10^{-7}\ \mathrm{cm^3/J}$；$C_f=1.288\times10^{-7}\ \mathrm{cm^2/J}$

计算结构整体变形时施加的焊缝残余塑性总和值如表 5-1 所示。

表 5－1　计算结构整体变形时施加的焊缝残余塑性总和值

焊缝类别	焊缝所在构件	焊缝厚度(mm)	纵向残余塑变总和 W_x(cm^2)	横向残余塑变总和 W_y(cm^2)
隔板与上翼板之间焊缝	隔板 B1	10	0.0094	0.0285
	隔板 37	25	0.0125	0.0571
	隔板 22a	16	0.0109	0.0452
	隔板 38	16	0.0109	0.0452
	隔板 39	25	0.0125	0.0571
	隔板 66	14	0.0102	0.0386
	隔板 41	20	0.0109	0.0452
箱体主焊缝	第一段构件	20	0.0234	0.0893
	第二段构件	25	0.0249	0.1017
	第三段构件	20	0.0234	0.0893
	第四段构件	25	0.0249	0.1017

通过在相应焊缝上施加相应的塑性应变，经过弹性计算，得到整体结构端面 8 个顶点位移值。

3. P18 箱形梁结构的工艺优化以及变形预测

对结构的几何形状进行分析，整体结构具有近似的对称性，并且所有的焊缝均为多道焊；因此在焊接过程中，应该充分利用对称焊缝的变形可以相互抵消的作用，交替填充关于截面中心对称的焊缝，以减小整体结构的变形。然而，由于整体结构是一个弯扭结构，对称焊缝引起的变形不可能完全抵消，因此焊缝组合不同产生的焊接变形量也不同。下面针对不同焊缝种类，通过固有应变法计算焊接变形，确定变形最小的焊缝组合。

由于整体结构为空间中弯扭结构，为了表征整体结构的变形，采用该结构两个端面的 8 个顶点在空间中的位移作为描述手段。8 个顶点的编号如图 5－12 所示。

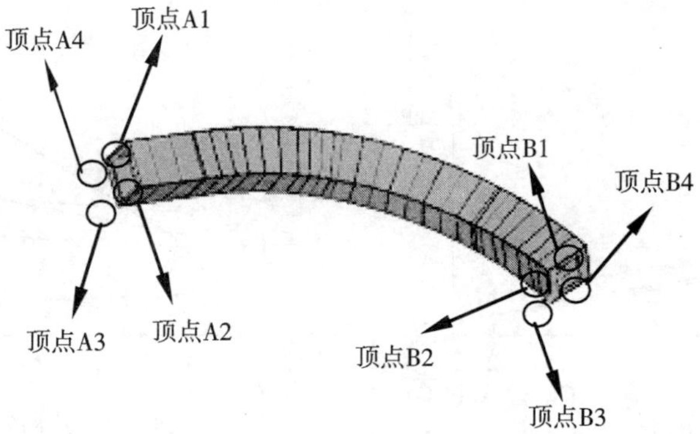

图 5－12　端面顶点编号示意图

1）箱体主焊缝的组合优化　在焊接过程中，对于 4 条箱体主焊缝，应该同时填充其中两条焊缝，填充部分后，焊接另外两条对称焊缝，交替进行，完成所有焊缝的填充。

以采用横焊工艺，第一次焊接填充量的 1/4 为研究对象，针对 4 种可能的焊缝组合，利用固有应变法计算整体结构的焊接变形，得到截面上 8 个顶点的位移如图 5－13 所示。

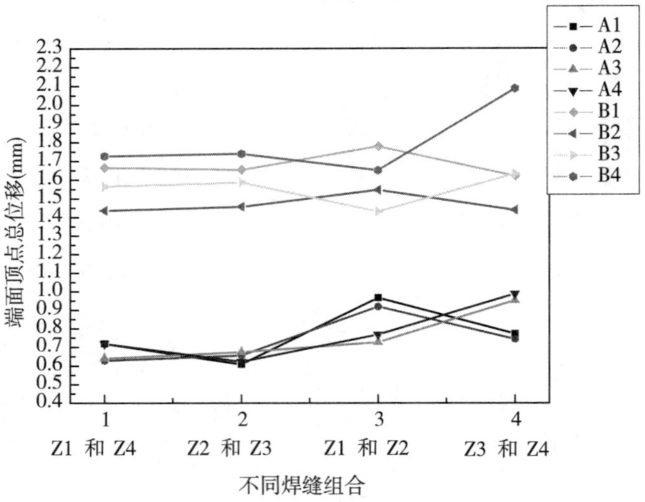

图 5－13　箱体主焊缝不同焊缝组合下截面顶点位移对比

从计算结果的对比可以看出，当焊缝组合为 Z1 和 Z4 或 Z2 和 Z3 时，端面顶点的位移值均较小。因此在焊接过程中，首先选择该焊缝组合进行焊接可以减小焊接变形。

2）隔板焊缝的组合优化

（1）隔板焊缝的焊接在将箱体组立成 U 形后进行，首先以立焊工艺焊接 U 形焊缝中对称的两条，然后以横焊工艺焊接另一条焊缝。然后在组成箱体后再焊接剩余的一条焊缝。

在焊接 U 形焊缝时，不同的焊缝组合可以大体分为两类：①以立焊工艺焊接隔板与腹板焊缝，包括两种组合：G1、G2、G4 和 G3、G2、G4；② 以立焊工艺焊接隔板与上下翼板之间的焊缝，包括两种组合：G1、G3、G4 和 G1、G2、G3。

利用固有应变法，针对上述组合，采用如图 5－141b）计算模型，得到自由状态下箱体端面顶点位移对比图（见图 5－14）。图 5－14 反映了不同组合下的焊接变形相对大小，如采用胎架约束，可以达到较小 U 形焊缝焊接变形。

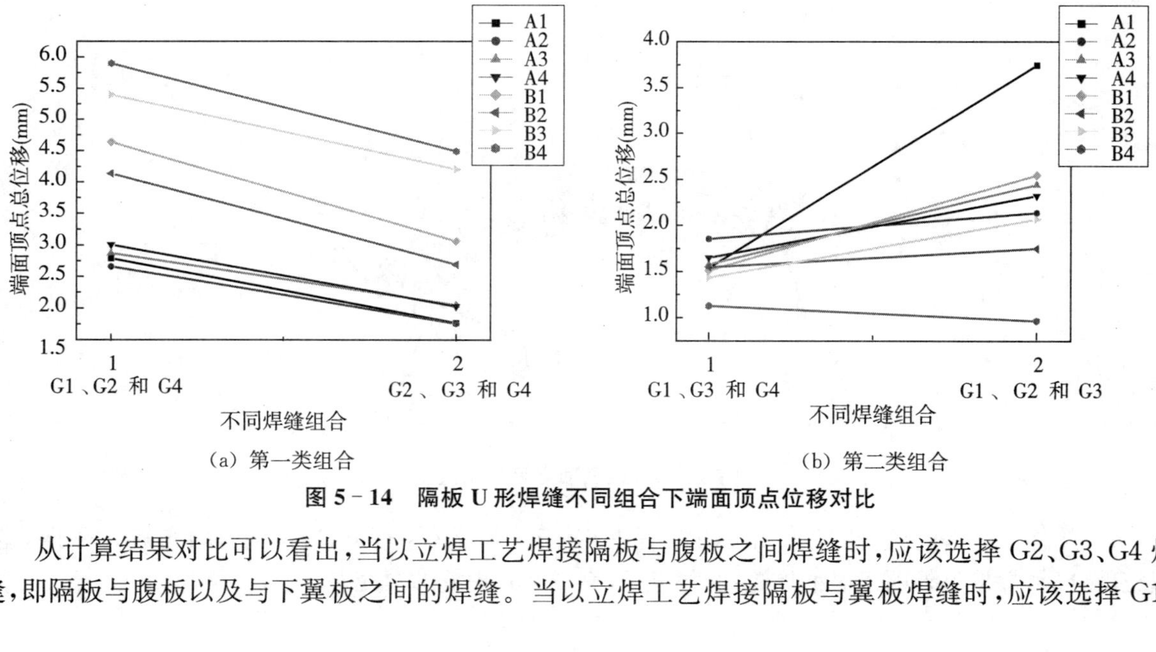

（a）第一类组合　　（b）第二类组合

图 5－14　隔板 U 形焊缝不同组合下端面顶点位移对比

从计算结果对比可以看出，当以立焊工艺焊接隔板与腹板之间焊缝时，应该选择 G2、G3、G4 焊缝，即隔板与腹板以及与下翼板之间的焊缝。当以立焊工艺焊接隔板与翼板焊缝时，应该选择 G1，

G3,G4 焊缝,即隔板与翼板以及与弧线外侧腹板之间的焊缝。

(2) 对比两类组合。计算结果表明,当以立焊工艺焊接隔板与翼板焊缝时,产生的变形要小于以立焊工艺焊接隔板与腹板之间焊缝的情况。出现这种现象的原因与结构本身以及焊缝的分布有关。由于U形焊缝中对称两条焊缝引起的变形可相互抵消一部分,因此对变形作用最大的为另一条焊缝引起的收缩。当该焊缝分布在翼板上时,由于整体结构在翼板方向上弯曲较大,因此焊缝收缩产生的弯矩也较大;而当该焊缝分布在腹板上时,由于结构在腹板方向上弯曲较小,因此焊缝的收缩引起的弯矩也较小。因此,对于隔板U字形焊缝,第二类组合产生的整体结构变形要小于第一类组合。

同时对比分析箱体焊缝与隔板焊缝焊接产生的变形,由于箱体主焊缝的对称性,实际在焊接完成后,产生的总变形要小于计算结果,因此隔板焊缝产生的整体变形要大于箱体主焊缝产生的变形,所以在实际焊接过程中,应该在自由状态下焊接隔板焊缝,当所有隔板焊缝焊接完成后,焊接箱体主焊缝。

3) 结构最终整体变形预测　当采用上述分析的优化工艺时,由于隔板焊缝在自由状态下进行焊接,因此对整体结构变形产生主要影响的即为箱体主焊缝,另外隔板焊缝中最后施焊的焊缝焊接时,也会对变形产生贡献。因此,利用固有应变法,考虑上述焊缝的贡献,对整体变形进行预测。通过计算,结果见表5-2。

表5-2　整体结构变形预测值

	空间 X 方向位移(mm)	空间 Y 方向位移(mm)	空间 Z 方向位移(mm)
A1	-0.65	0.19	1.29
A2	0.09	0.57	1.62
A3	0.21	0.17	1.72
A4	-0.59	0.05	1.32
B1	0.78	0.20	1.96
B2	-0.11	0.41	1.98
B3	-0.33	0.07	2.08
B4	0.64	0.16	2.05

利用结构两端面的矢量位移表征整体变形,端面的矢量位移为其上顶点矢量位移的平均值,具体计算公式如下式表示:

$$u_{\text{sum}} = \sqrt{\left(\frac{1}{4}\sum_{i=1}^{4} u_{x_i}\right)^2 + \left(\frac{1}{4}\sum_{i=1}^{4} u_{y_i}\right)^2 + \left(\frac{1}{4}\sum_{i=1}^{4} u_{z_i}\right)^2} \tag{5-92}$$

式中:分别为端面各顶点在空间坐标 x,y,z 方向上的位移。得到的端面位移如表5-3所示,端面焊接变形约为2.0 mm。考虑采用胎架强制变形不能完全消除隔板U字形焊缝组合情况下产生的焊接变形,计算该焊缝组合迭加其他焊缝产生的结构的总体变形约为2.5 mm。以结构端面的矢量位移来表征,整体结构的变形量约为2.0~2.5 mm。

表5-3　整体结构端面位移值

矢量位移(mm)	端面 A	端面 B
主焊缝、U隔板G1焊缝	1.53	2.05
主焊缝、U隔板G1焊缝、G1/G2/G3	1.73	2.54

在国家体育场 P18 柱外柱这一复杂焊接结构中，焊缝可以大体分为两类，对于每一类焊缝而言，不同的焊缝组合引起的变形不同，经计算得到以下结论：

（1）对于箱体主焊缝，同时焊接腹板与上翼板或同时焊接腹板与下翼板的焊缝产生的变形较小。

（2）对于隔板上的 U 字形焊缝，当采用立焊工艺焊接隔板与腹板之间的焊缝时，推荐选择以横焊工艺焊接隔板与下翼板之间的焊缝；当采用立焊工艺焊接隔板与翼板之间的焊缝时，应选择以横焊工艺焊接隔板与弧线外侧腹板之间的焊缝。

（3）对整体结构而言，优化的焊接工艺是：在自由状态下焊接隔板与腹板以及隔板与下翼板之间的焊缝，然后焊接隔板与上翼板之间的焊缝，最后焊接箱体主焊缝。

（4）当采用优化的焊接工艺，通过计算，得到整体结构的端面在空间坐标下的最大矢量位移约为 2.0～2.5 mm。

（四）薄壁冲压件初始应力对焊接应力应变影响

1. 计算条件

CO_2 储气罐由两个球冠和一个筒体组成（见图 5－15）。其中，筒体内径 194 mm，长度为 600 mm，每个球冠高度 152 mm，最大内径为 194.1 mm。球冠和筒体均为薄壁结构，壁厚都是 0.9 mm，材料为 SUS444L 不锈钢，球冠冲压而成。根据储气罐的上下对称性，选取储气罐的一半建模进行计算。计算使用的是有限元软件 MSC. Marc，所有的单元都是 8 节点的体单元，其中球冠部分共 15 240 个单元，筒体共 5 280 个单元。

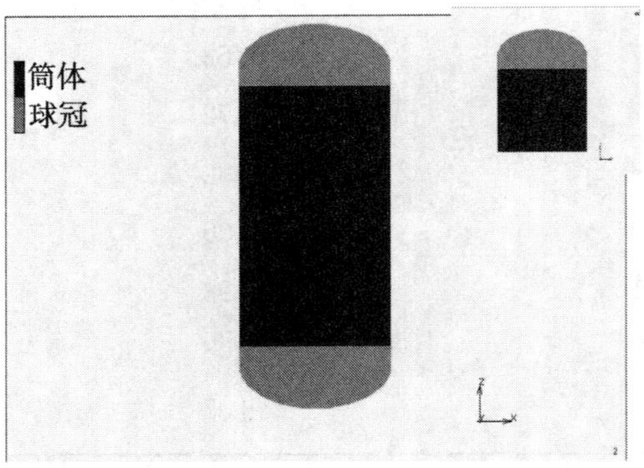

图 5－15 储气罐几何模型

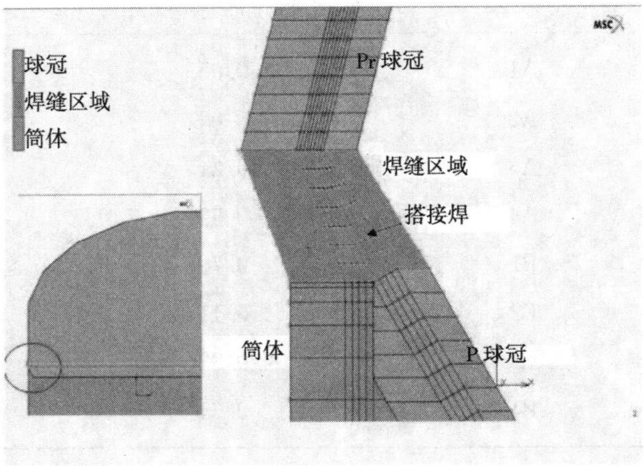

图 5－16 焊接接头示意图

采用填丝 TIG 焊，接头形式为搭接接头。在模型中，焊接接头由球冠、筒体及熔合区域三部分组成，其中熔合区是母材金属和填充金属的混合区域，对应网格如图 5－16 所示。球冠、筒体及填充材料均为 SUS444L 铁素体不锈钢。其材料性能上与 SUS316L 不锈钢相近，计算中使用的物理性能和力学性能如图 5－17 所示。图中 Sp 比热单位为 ×0.01 J/(kg·K)；k 是导热率，W/(m·K)；α 是热膨胀系数，$\times 10^{-6}\ K^{-1}$；σ_s 是屈服强度，×10 MPa；E 是弹性模

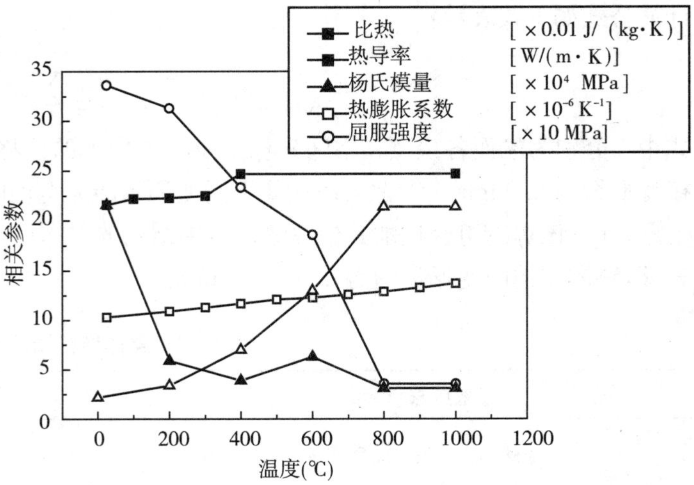

图 5－17 SUS444L 不锈钢物理性能

量，×10⁴ MPa ；ρ 为密度，7.85 g/cm³；μ 为泊松比，取 0.3。

2. 温度场分析

为了准确模拟实际焊接时的温度场分布，在计算中使用的是体热源和面热源的复合热源，两者能量之比是 2∶3。热源宽度为 16 mm，深度0.9 mm，焊接速度是 5 mm/s。

为了得到焊缝区域的温度场和应力应变分布，在截面上选取两条路径 A1－B1－C1－D1 和 A3－B3－C2－D21 分别反映内表面和外表面的温度及应力应变分布（见图 5－17）。

计算中外表面的最高温度是 1 580 ℃，SUS444L 的熔点约为上 1 450 ℃，两条路径上的温度分布如图 5－19 所示，在冲压球冠件上的熔合区域为－4～0 mm 区域，宽度约为 4 mm，热影响区为－6～－4 mm 区域，宽度约为 2 mm。

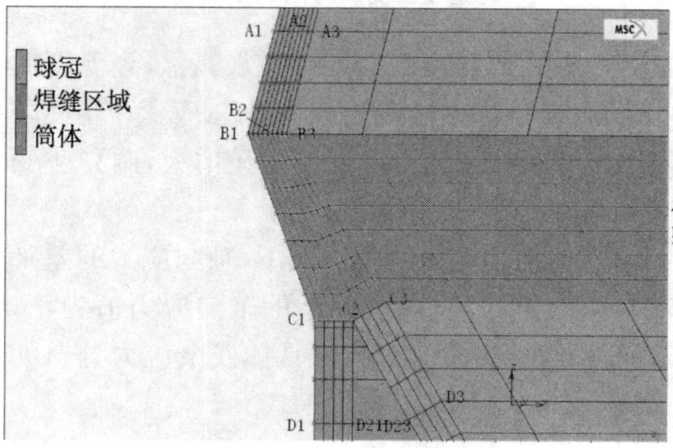

图 5－18 焊缝上的路径选取

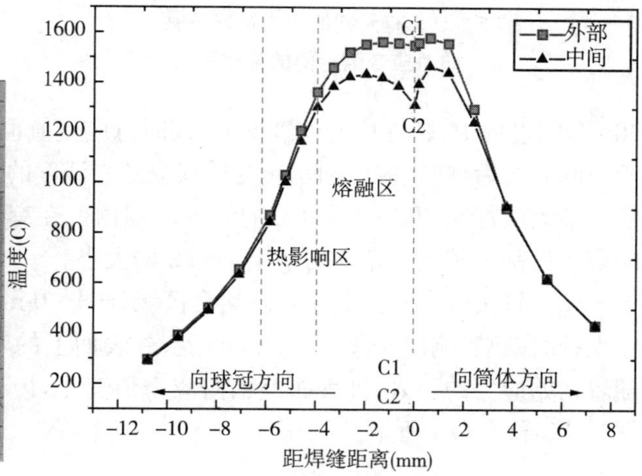

图 5－19 温度场分布

3. 初始应力对焊接残余应力应变的影响

冲压后的球冠件内部有较大的残余应力，因此计算中在球冠的焊缝附近加上初始应力，以研究其对焊接残余应力的影响作用。在焊缝附近位置所加的初始应力为轴向拉伸应力，其分布如图 5－20。其中焊缝区域的平均初始应力约为 50 MPa，热影响区平均初始应力约为 130 MPa。这一分布的设定与被测的球冠上的实际初始应力分布是相近的。

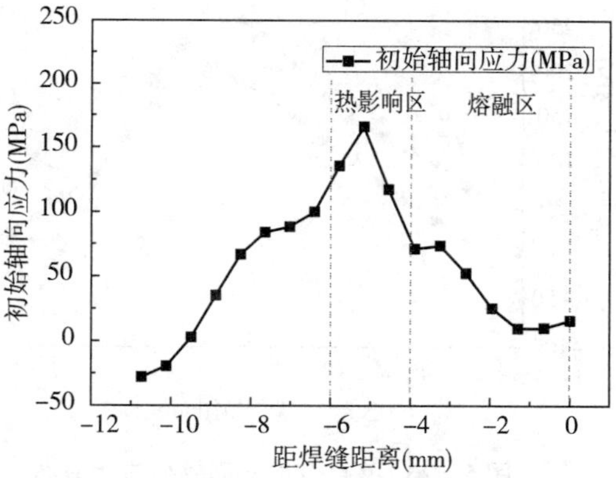

图 5－20 B-C-D 上所加的初始应力

（1）统计方法　基于计算所得的温度场分布，可计算得到焊缝区域的应力应变分布。使用与表面平面法线方向上的平均应力应变来分别计算内表面域外表面上的应力值，以避免单纯统计最内/外表面上节点，可能由于某些节点造成的应变值波动。

（2）接头应变随温度的变化　在焊接过程中，熔合区的部分，轴向总应变和轴向塑性应变的值两者变化很小，主要原因是由于熔化的原因，所加的初始应力的影响会消除。

在热影响区，径向和周向应变值都无明显变化，主要变化发生在轴向应变。图 5－21 和图 5－22 分别是热影响区有无初始应力情况下，轴向总应变和塑性应变随时间的变化。在有无初始应力两种情况下，在 0～400 ℃升温阶段，塑性应变值变化很小，总应变迅速上升主要贡献来自热应变；大于 400 ℃后，随着塑性应变的逐渐增大，总应变值的上升速度减缓，斜率变小。在降温阶段，在 1 000～

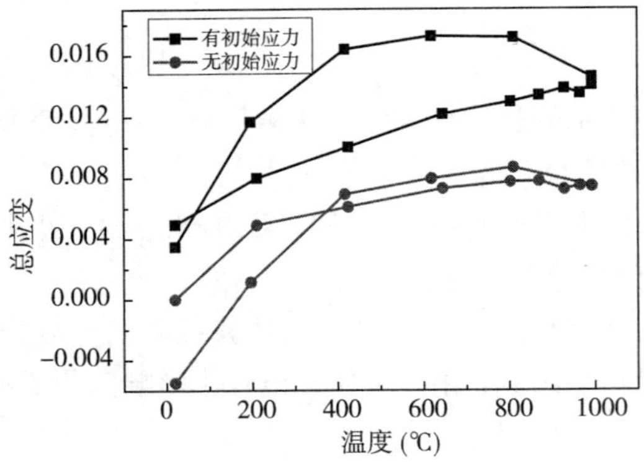

图 5－21　有无初始应力情况下轴向总应变随时间的变化

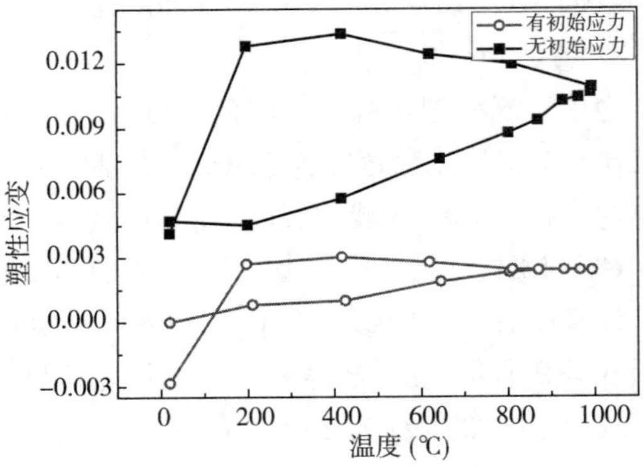

图 5－22　有无初始应力情况下轴向塑性应变随时间的变化

400 ℃的过程中，塑性应变继续增大，同时总应变值也增大，并在此温度区间内到达最高值；当温度低于 400 ℃之后，塑性应变和总应变值双双随着温度的降低而减小。两种情况下，轴向总应变和塑性应变的最大值都在 400～1 000 ℃的温度范围内。在有初始应力的情况下，应变值明显增大，两种应变的最大值都大于无初始应力情况下的 2 倍大小。

（3）接头残余应力分布：在熔合区域（－4～0 mm），有无初始应力两种情况下，轴向应力的差别不大；而在热影响区（－6～－4 mm）上，外表面上的轴向应力值为负，内表面上的轴向应力值为正。随着初始应力的引入，外表面上轴向应力值变小，内表面上轴向应力值变大。具体残余应力分布如图 5-23 和 5－24 所示。

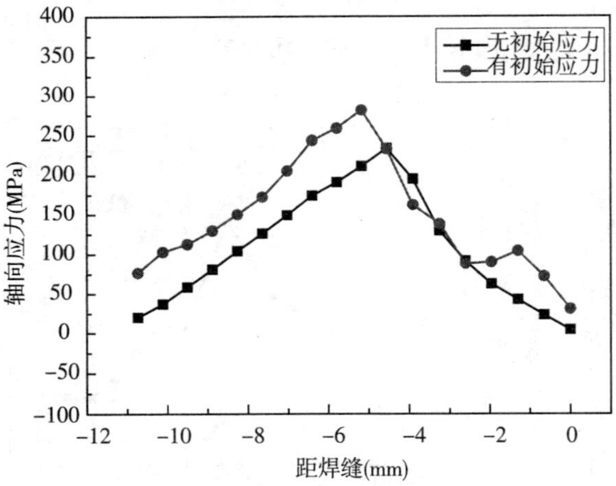

图 5－23　B-C-D 内表面轴向应力分布

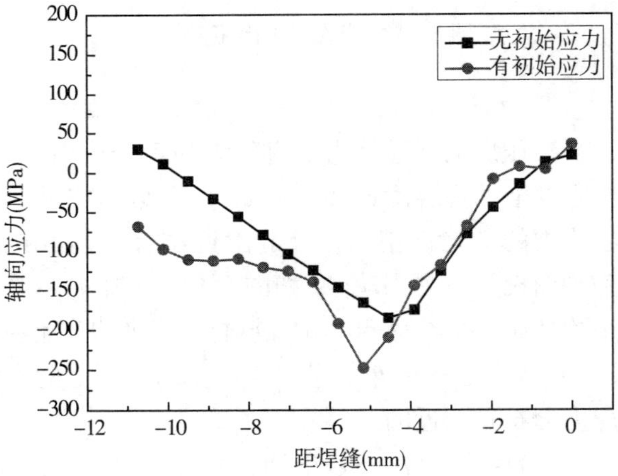

图 5－24　B-C-D 外表面轴向应力分布

4. 结　论

上述计算得到以下结论：

（1）初始轴向应力对熔合区上的应变影响较小。

（2）初始轴向应力对热影响区上径向和周向的应变值影响很小。

（3）初始轴向应力会导致热影响区轴向总应变和塑性应变显著增大。其中有应力的情况下，总应变的最大值为无初始应力情况下的 2 倍以上，可以判断初始轴向应力导致轴向总应变过大，增加热裂纹敏感性。

二、考虑相变的焊接残余应力分析

（一）温度－组织－应力耦合计算的模型

1. 应力应变本构模型

认为总的宏观应变增量 dE_{ij} 可以加和分解为相应的弹性 dE_{ij}^{e}、塑性 dE_{ij}^{p}，热 dE_{ij}^{th} 以及相变 dE_{ij}^{tp} 部分，即

$$dE_{ij}=dE_{ij}^{e}+dE_{ij}^{p}+dE_{ij}^{tp}+dE_{ij}^{th} \tag{5-93}$$

根据 P91 钢的 CCT 曲线，该钢种在很宽的冷却速度范围内均只发生马氏体相变，因此，材料中的组成相为奥氏体相和马氏体相两种。

（1）对于弹性应变增量 dE_{ij}^{e} 和热应变增量 dE_{ij}^{th}，存在

$$dE_{ij}^{th}=\delta_{ij}\cdot dT(\xi_M\alpha_M+\xi_r\alpha_r) \tag{5-94}$$

$$d\sum\nolimits_{ij}=D_{ijkl}^{e}dE_{kl}^{e} \tag{5-95}$$

式中：α_M，α_r：分别为马氏体相和奥氏体相的热膨胀系数；ξ_M，ξ_r 分别为马氏体相和奥氏体相的体积分数；δ_{ij} 为 Kronecker Delta。

（2）关于宏观塑性应变增量 dE_{ij}^{p}。对多相宏观塑性应变的描述是建立于对组成相描述的基础之上进行的。由于根据试验，可以方便得得到材料单一组成相的流动应力与温度、等效塑性应变的关系 $\sigma_{si}(\bar{\varepsilon}_p^i,T)$，而相比较而言，确定单一组成相中初始的位错密度以及柏氏矢量大小的试验则较为繁杂；因此，在所建立的温度－组织－应力耦合关系中，基于传统力学模型，采用具有各向同性硬化的弹塑性模型对单一组成相的力学行为进行描述。

对 P91 钢马氏体奥氏体混合组织力学行为采用等塑性应变假设，对混合组织的力学行为进行描述，其中混合法则中函数 $f(\xi)=\xi^{3/2}$。

对于 P91 钢母相强化的回复效应，认为马氏体相变生成的马氏体并不继承奥氏体相阶段的应变强化效应。

在计算中忽略晶粒尺寸对力学行为所产生的影响。

（3）关于相变应变增量 dE_{ij}^{tp}。在耦合模型中，认为相变应变增量 dE_{ij}^{tp} 可分解为偏量 dE_{ij}^{trip} 和球张量 dE_{ij}^{tpdil} 两部分。

$$dE_{ij}^{tp}=dE_{ij}^{trip}+dE_{ij}^{tpdil} \tag{5-96}$$

其中：

$$dE_{ij}^{tpdil}=\delta_{ij}\Delta\varepsilon_{Mr}d\xi_M \tag{5-97}$$

对 P91 钢马氏体相变塑性应变利用 Greenwood-Johnson 机制对相变诱导塑性应变进行描述，采用的本构模型为

$$\varepsilon_{ij}^{\&trip}=k\left(\frac{\Delta V}{V};\sigma_r^y\right)\cdot f_2(\xi_M)\dot{\xi}_M\cdot f_3(S,\sigma_y(\xi)) \tag{5-98}$$

在计算中，为了简化，认为相变塑性系数 κ 取常量，相变塑性应变系数的平均值为 $0.75\times10^{-4}\ MPa^{-1}$。

对于函数 $f_2(\xi)$ 的具体形式，采用 Leblond 模型中的表达式：$f_2(\xi)=-\ln(\xi_M)$

对于函数 $F_3(S,\sigma_y(\xi))$ 的具体形式，根据试验研究结果，取 $f_3=S$

由上述对各应变增量的讨论，可推导得到增量形式的应力应变本构方程为

$$d\sum=(\boldsymbol{D}^e-\boldsymbol{D}^p)(d\boldsymbol{E}-d\boldsymbol{E}^{th})+d\sum\nolimits^0 \tag{5-99}$$

其中：

$$\boldsymbol{D}^p=\frac{\boldsymbol{D}_e\left(\frac{\partial f}{\partial\sum}\right)\left(\frac{\partial f}{\partial\sum}\right)^T\boldsymbol{D}_e}{\frac{\partial f}{\partial\sum}\boldsymbol{D}_e\frac{\partial f}{\partial\sum}+\frac{2}{3}\sigma_s\{\xi_M^{3/2}\boldsymbol{E}_{pm}+(1-\xi_M^{3/2})\boldsymbol{E}_{pa}\}\cdot\left(\frac{2}{3}\frac{\partial f}{\partial\sum}\frac{\partial f}{\partial\sum}\right)^{\frac{1}{2}}}$$ 为塑性矩阵。

$$\mathrm{d}\Sigma^0=\frac{\boldsymbol{D}_\mathrm{e}\left\{\frac{\partial f}{\partial\Sigma}\cdot\sigma_\mathrm{s}\xi_\mathrm{M}^{1/2}(\sigma_\mathrm{m}^s\sigma_a^s)-\mathrm{FEQA}\cdot\left(\frac{2}{3}\frac{\partial f}{\partial\Sigma}\frac{\partial f}{\partial\Sigma}\right)^{\frac{1}{2}}\cdot FEQB\right\}}{\frac{\partial f}{\partial\Sigma}\boldsymbol{D}_\mathrm{e}\frac{\partial f}{\partial\Sigma}+\frac{2}{3}\sigma_\mathrm{s}\left\{\xi_\mathrm{M}^{3/2}\boldsymbol{E}_\mathrm{pm}+(1-\xi_\mathrm{M}^{3/2})\boldsymbol{E}_\mathrm{pa}\cdot\left(\frac{2}{3}\frac{\partial f}{\partial\Sigma}\frac{\partial f}{\partial\Sigma}\right)^{\frac{1}{2}}\right\}}\cdot\mathrm{d}\boldsymbol{\xi}_\mathrm{M}$$

式中：$\mathrm{d}\xi_M$ 为马氏体体积分数的增量；$E_\mathrm{pm}=\frac{\mathrm{d}\sigma_\mathrm{m}^s}{\mathrm{d}\bar{\varepsilon}_p}$，$E_\mathrm{pa}=\frac{\mathrm{d}\sigma_\mathrm{a}^s}{\mathrm{d}\bar{\varepsilon}_\mathrm{p}}$分别为马氏体相和奥氏体相的硬化系数；

$\mathrm{FEQA}=\frac{2}{3}\sigma_\mathrm{s}\{\xi_M^{3/2}E_\mathrm{pm}+(1-\xi_\mathrm{M}^{3/2})E_\mathrm{pa}\}$；$FEQB=K'[-\ln(\xi_\mathrm{M})]S_{ij}+\Delta\varepsilon_{Mr}\delta_{ij}$。

2. 对于热循环过程中的相变动力学描述

在广义热力学的理论框架下，对弹塑性材料中相变动力学进行描述，可以综合考虑相变驱动因素的作用。已经有研究者在此方面进行了理论探索，例如 Levitas 等人进行的研究工作。但是由于塑性耗散的存在，使得所建立的模型比较复杂。由于 P91 钢在很宽的冷却速度范围内均只发生马氏体相变，在模型中为了简化，对马氏体动力学采用经典的 Koistinen-Marburger 方程进行描述。

对于加热过程中的奥氏体相变，由相变原理可知，加热速率对相变的起始和终了温度存在影响，当加热速率增加时，实际奥氏体相变的 Ac1 和 Ac3 推迟至更高的温度。此外，峰值温度以及保温时间也会对奥氏体化产生一定影响。结合所讨论的焊接热循环所具有的特点，为了简化，对奥氏体化相变动力学的描述采用基于自由膨胀实验的结果进行：

当 $\mathrm{d}T>0$，$T<Ac1$，没有奥氏体相变进行；

当 $\mathrm{d}T>0$，$T>Ac3$，完全奥氏体化；

当 $\mathrm{d}T>0$，$Ac1<T<Ac3$，奥氏体体积分数根据自由膨胀曲线得到

$$\xi_r=\frac{\varepsilon^\mathrm{th}-\alpha_\mathrm{M}(T-T_\mathrm{ref})}{(\alpha_r-\alpha_\mathrm{M})(T-T_\mathrm{ref})-\Delta\varepsilon_{\mathrm{M}r}^{T_\mathrm{ref}}}\tag{5-100}$$

由此式，结合自由膨胀曲线，可确定奥氏体化不同阶段奥氏体体积分数。

3. 对于热学方程

由于分析中主要关注应力应变的演变，为了简化，忽略相变潜热以及塑性功的影响。

（二）计算流程

概括而言，在利用所构建的模型对 P91 钢进行的耦合分析中：

（1）在组织场的实现上，利用经典的 Koistinen-Marburger 方程加以描述。

（2）在温度场的实现上，利用内热源实现对加热热源的表征；忽略相变迁热以及塑性功对温度场产生的影响。

（3）在应力应变场的实现上，考虑热应变的影响热应变的影响；将相变应变分解为球张量以及偏张量部分，分别对相变产生的体积膨胀以及相变诱导塑性应变加以描述；在对单一组成相利用传统力学模型描述的基础上，利用等塑性应变假设实现对多相混合组织力学行为的表征，得到塑性应变相应的本构方程。

三、局部焊后热处理力学行为分析

（一）考虑蠕变的黏弹塑性有限元法

热处理时高温停留时间较长，因而必须考虑蠕变行为，即应力随时间松弛的过程，为此研制和开发了分析局部焊后热处理全过程的黏弹塑性有限元方法及计算机程序。有限元分析时，总的应变增量 $\mathrm{d}\boldsymbol{\varepsilon}$ 应包括弹性应变增量、塑性应变增量、蠕变应变增量和热应变增量，即

$$\mathrm{d}\boldsymbol{\varepsilon}=\mathrm{d}\boldsymbol{\varepsilon}^\mathrm{e}+\mathrm{d}\boldsymbol{\varepsilon}^\mathrm{p}+\mathrm{d}\boldsymbol{\varepsilon}^\mathrm{c}+\mathrm{d}\boldsymbol{\varepsilon}^\mathrm{T}\tag{5-101}$$

根据材料性质不同，研究中采用了幂指数和指数两种蠕变规律：

$$\dot{\varepsilon}^c=\beta\sigma^n\tag{5-102}$$

$$\dot{\varepsilon}^c=A\exp(B\sigma)\tag{5-103}$$

式中：σ 为轴向应力；$\dot{\varepsilon}^c$ 为蠕变应变率；A,B,β,n 为与温度有关的蠕变性能常数。

对于三维问题，蠕变应变率的分量可表示为

$$\dot{\boldsymbol{\varepsilon}}^c = 1.5\dot{\bar{\varepsilon}}^c\boldsymbol{\sigma}'/\bar{\sigma} \tag{5-104}$$

式中：$\dot{\bar{\varepsilon}}c$ 为等效蠕变应变率；$\bar{\sigma}$ 为等效应力；$\boldsymbol{\sigma}'$ 为应力偏量。

考虑到应力状态以及蠕变性能的变化，蠕变应变在时间 dt 内的增量由如下两部分组成：

$$d\boldsymbol{\varepsilon}^c = \boldsymbol{C}_c d\boldsymbol{\sigma} + d\boldsymbol{\varepsilon}_c^c \tag{5-105}$$

假定在很短的时间增量 dt 内，式中的 b，σ 及 $\boldsymbol{\sigma}'$ 呈线性变化而常数 n 保持不变，对式(5－98)积分，则可求得式(5－102)中[$\boldsymbol{C}_c$]和 $d\boldsymbol{\varepsilon}_c^c$ 的具体表达式。将上述蠕变应变增量引入式(5－101)的总应变增量，可推导出考虑蠕变的黏弹塑性有限元分析的应力应变关系、刚度矩阵以及等效节点载荷等各项表达式。其求解过程与热弹塑性有限元分析相同，在此不再详述。

（二）模型校验

这里采用两种简单模型对蠕变法则下的应力应变关系进行校验，其中一种为固定外力拉伸模型，另一种为应力松弛模型。数值计算中模型使用的材料物理性能和蠕变常数假定如下：

弹性模量　$E = 94\,000$ (MPa)

泊松比　$\nu = 0.3$

线膨胀系数　$\alpha = 0.000013$ (℃$^{-1}$)

蠕变常数　$n = 4.2$

$b = 2.84\times10^{-15}$

对于计算的有限元模型可以采用简单的杆单元，轴对称单元和三维的八面体单元。这里采用轴对称有限元模型进行校验。计算中采用的计算步长 $\Delta t = 1$ min。

1. 固定外力拉伸模型

根据采用的蠕变定律，固定外力作用下，蠕变应变与蠕变作用时间成线性关系。这里同样假定时间增量为 1 min。在 600 ℃定温作用下，有限元分析结果与理论计算结果如图 5－25 所示。蠕变应变的累积量与采用公式(5－99)的结果完全一致。

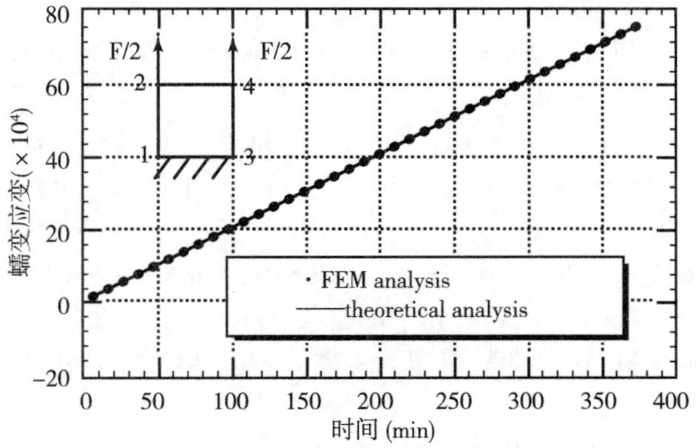

图 5－25　蠕变应变的 FEM 计算与理论解析结果比较

2. 松弛模型

为验证所提方法以及相应计算机程序的精度，采用一个一维松弛模型。假定单向初应力为 200 MPa，时间增量为 1 min，在 600 ℃保温 2 h。计算表明，FEM 模拟结果和采用下列公式(5－106)的理论计算结果吻合良好。图 5－26 为 FEM 计算与理论解析比较。

$$t = (\sigma^{-n+1} - \sigma_0^{-n+1})/[bE(n-1)] \tag{5-106}$$

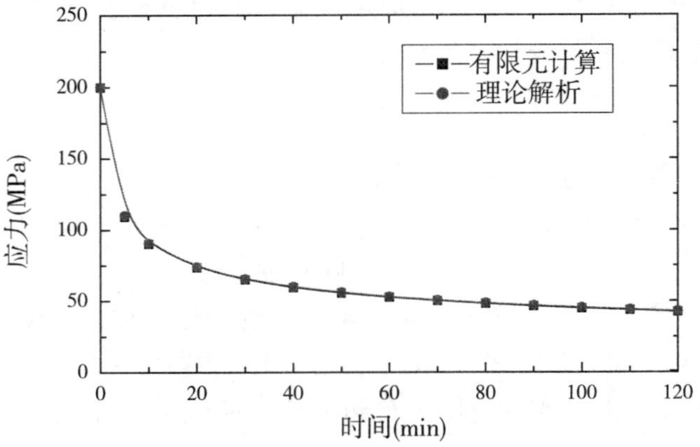

图 5－26 FEM 计算与理论解析比较

参考文献

[1] 汪建华. 焊接数值模拟技术及其应用[M]. 上海:上海交通大学出版社，2003.

[2] GRONG φ. Metallurgical model of welding[M]. 2nd. London: The Institute of Materials, 1997.

[3] 武传松. 焊接热过程和熔池形态[M]. 北京:机械工业出版社，2008.

[4] AMSON J C. An analysis of the gas-shielded consumable metal arc welding system[J]. Welding J, 1962,41(4): 232－249.

[5] AMSON J C. Lorentz force in the molten tip of an arc electrode[J]. Br J Appli Phys,1965(16): 1169－1179.

[6] WASZINK J H ,GRAAT L H J. Experimental investigation of the forces acting on a drop of weld metal [J]. Welding J,1983(62): 108－116.

[7] KIM Y S, EAGAR T W. Analysis of Metal Transfer in Gas Metal Arc Welding[J]. Welding J, 1993, 72(6): 269－278.

[8] NEMCHINSKY V A. Size and Shape of the Liqukd Droplet at the Molten Tip of an Arc Elect rode[J] . Journal of Physics D : Applied Physics , 1994 , 27(7):1433－1442.

[9] RHEE S, KANNATEY-ASIBU E. Observation of metal transfer during gas metal arc welding[J]. Weld J,1992 (11): 381-386.

[10] ALLUN C J. Metal transfer in arc welding as a varicoseinstabilitiy: part 1－varicose instabilities in a current-carrying liquid cylinder with surface charge[J]. J Phys D Appl Phys, 1985(18): 1431－1446.

[11] SHAW R. The dripping faucet as a model chaotic system [M]. TheScienceFrontierExpress, Aerial Press,1984.

[12] WATKINS A D, SMARTT H D,JOHNSON J A. A dynamic of droplet growth and detachment in GMAW. 3rd international conference on trends in welding research[C]. Tennessee,1992.

[13] 武传松，陈茂爱，李士凯. GMAW 焊接熔滴长大和脱离动态过程的数学分析[J]. 机械工程学报，2006,42(2): 76－81.

[14] 李士凯，陈茂爱，武传松. 脉冲 GMAW 熔滴过渡动态过程的解析模型[J]. 焊接学报，2004，25(2): 47－52.

[15] HAIDAR J, LOWKE J J. Predictions of metal droplet formation in arc welding[J]. J Phys D Appl Phys,1996 (29):2951－2960.

[16] HAIDAR J. An analysis of the formation of metal droplets in arc welding[J]. J Phys D Appl Phys. , 1998(31): 1233－1244.

[17] 陈茂爱，武传松，李士凯. GMAW 焊接熔滴过渡动态过程的数值分析[J]. 金属学报，2004，40(11): 1227－1232.

[18] 栗卓新，张征，刘海云. GMAW 焊接熔滴过渡模型的研究进展[J]. 中国机械工程，2007，18(12): 1501－1504.

第六章　材料切割新技术

基于材料切割过程中切口受热状态、外界施加的能量不同，材料切割方法可分为冷切割和热切割两类。

(1) 冷切割　除了传统的机械切割(剪切、冲切、锯削、飞轮和砂轮切割、电火花切割等)之外，近年在工业生产中崭露头角的高压水流切割已成为硬质金属材料、非金属材料切割、大厚度材料切割和材料精密切割的新工具。

(2) 热切割　除了传统的火焰切割(火焰切割、火焰-溶剂切割、氧矛切割)、电弧切割(水喷射电弧切割、碳弧气刨、电-氧切割)之外，等离子弧切割出现了许多新方法——空气等离子弧切割、水再压缩等离子弧切割、磁压缩等离子弧切割等，其中空气等离子弧切割在工业中获得广泛应用。等离子弧切割和火焰切割并列成为工业生产中 CNC 数控切割主力军。激光具有高温、高能密度、高度方向性和非接触导电特点，几乎可以切割所有金属、非金属材料，激光切割具有热影响区窄、变形小、切口精度高等优点，在某些工业领域中激光切割备受信睐。

第一节　等离子弧切割

一、切割等离子弧

等离子弧是一种拘束电弧，通过强迫电弧穿过喷嘴孔，借助水冷喷嘴孔的外部拘束，限制电弧弧柱横截面几何尺寸，使电弧温度、能量密度、电弧介质电离度和等离子流速显著增加。等离子弧分为转移弧和非转移弧。转移弧电弧在电极和工件之间燃烧，用于金属材料切割；非转移弧电弧在电极和喷嘴之间燃烧。喷嘴作为电弧的电极，并通过喷嘴孔限制电弧直径，而工件不接电源。非转移弧仅用于薄壁件、陶磁材料切割。

等离子弧温度和能量密度之所以高是基于 3 种压缩机制：①水冷喷嘴孔径限制弧柱截面尺寸，焊接电流增加时电弧直径不能自由扩大，称为机械压缩作用；②沿水冷喷嘴孔壁流动的气体受到孔壁强烈的冷却，其温度低，形成一层电离度接近于零的冷气膜，迫使弧柱电流向高温高电离度的弧柱中心集中，从而使电弧的有效截面进一步减小，称为热压缩作用；③弧柱流过同向电流由于电弧电流自身磁场的洛伦兹力作用，电弧截面受到进一步压缩，称为电磁压缩作用。等离子弧由于水冷喷嘴机械压缩、热收缩以及电磁压缩作用，电弧温度高达 1.4 万～2.4 万 K，能量密度高达 10^5～10^6 W/cm^2，挺直度好，发散角<5 度。高能等离子束被广泛用于金属切割。

喷嘴是等离子弧焊炬或割炬的关键零件，主要结构参数有喷嘴孔径 d，喷嘴孔道长度 l，锥角 α。压缩比 l/d 表征喷嘴孔道压缩特征。采用转移弧切割喷嘴孔道压缩比 l/d 约为 1.5～2.5，非转移弧切割孔道比 l/d 可达 3.5～5.0。基于等离子弧形成机制，新一代等离子弧切割方法开发始终围绕提高等离子弧能量密度、提高等离子弧切割速度和切割精度展开，设计新型等离子弧切割炬。从结构设计出发：①减小喷嘴孔直径，提高喷嘴孔道长度，提高电弧压缩程度，但孔道比 l/d 过大则大电流切割条件下容易形成双弧，导致切割过程不稳；②电弧介质采用旋转气流输入，提高冷却效果，提高热压缩效应；③电弧周围外加辅助气流、冷却水幕、水射流，提高冷却效果，提高热压缩效应；④焊炬内附加磁场对电弧进行电磁压缩，提高电弧能量密度；或者内置磁场与旋转气流相结合，提高电弧能量密度。从电弧能量出发可通过提高电源电压和额定电流，提高热输入能量，提高切割速度。图 6-1 显示典型的等离子弧割炬结构。

二、等离子弧切割工作原理与特点

等离子弧切割是利用高温等离子束加热熔化金属，借助高速气流吹掉等离子弧下的熔化金属以形成切口实现切割的方法。根据切割离子气不同，可分为氮气等离子弧切割、空气等离子弧切割和氧气等离子弧切割。切割电弧的温度达 1 万～1.5 万 ℃，远远超过所有金属、非金属材料的熔点，能够切割绝大多数金属及非金属材料。

用于焊接时，采用低速等离子气流的等离子弧熔化母材以形成焊接接头；用于切割时，则采用高速等离子气流以吹掉等离子弧下的熔化金属以形成切口。切割采用的等离子焰流速度及强度取决于离子气的种类、气体压力、电流、喷嘴孔道比以及喷嘴至工件表面的距离等参数。

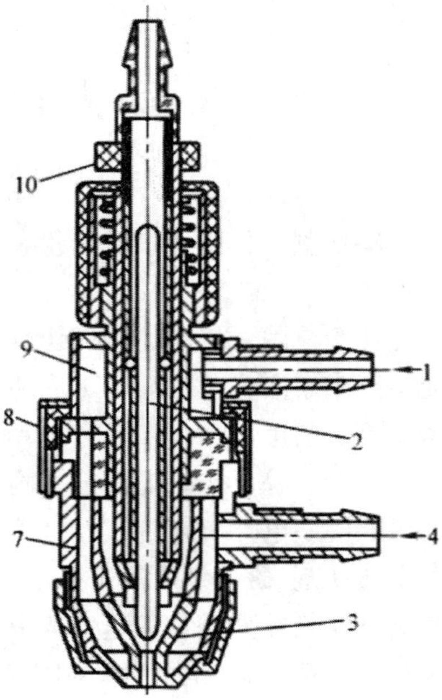

图 6-1　等离子割炬结构图

1. 气体入口，2. 电极，3. 水冷喷嘴，4. 冷却水入口，5. 电弧，6. 工件，7. 下枪体，8. 绝缘材料，9. 上枪体，10. 调节螺母。

等离子弧切割可以采用转移型电弧或非转移型电弧，非转移型电弧仅适宜切割非金属材料。由于工件不接电、电弧挺度差，故非转移型电弧（等离子焰）切割金属材料的切割厚度有限。切割金属材料通常采用转移型电弧。等离子弧切割一般不加保护气体，离子气和切割气从同一喷嘴内（孔）喷出，引弧时，喷出小气流量的气体作为电离介质（离子气）；切割时，则同时喷出大气流量气体以排除切口熔化金属。切割薄板金属时，可以采用微束等离子弧切割，割口更窄。

有维弧切割枪采用短路或高频引燃引导弧（维持电弧、小弧），维持电弧引燃后，当切割炬接近工件时，从喷嘴喷出的高速等离子焰流接触到工件，立刻形成电极至工件间的导电通路，建立起转移弧，维弧则自动熄灭。无维弧切割枪则将喷嘴与工件接触，高频发生器引燃电极与喷嘴间的非转移弧，非转移弧引燃后，将割枪向上提升距工件表面 3～5 mm，喷嘴脱离导电通路，立刻在电极和工件之间形成转移电弧。

等离子弧切割还派生出双层气流（保护气流）等离子弧切割、水保护等离子弧切割、水再压缩等离子弧切割、空气等离子弧切割以及水下等离子弧切割等。双层气流等离子弧切割是在双流等离子弧切割喷嘴外附加保护喷嘴，由这个喷嘴在等离子弧周围提供同轴的辅助保护气流。保护气通常用 N_2、空气、CO_2、Ar 以及 Ar + H_2 混合气体。辅助保护气体可以进一步压缩电弧，保护电弧和切割金属区。切割低碳钢时，双层气流技术切割速度稍高于单气流切割。切割不锈钢和铝合金时，切割速度与切口质量与单气流等离子弧切割差别并不大。当对切口附近组织（冶金性能）、挂渣（物理性能）、切口平行度、垂直度、表面粗糙度（切割精度）要求较高时，可以选择双层气流等离子弧切割技术。水保护等离子弧切割是双层气流等离子弧切割的一个派生（变种）技术，利用水来代替喷嘴外层的保护气。水冷可以延长割枪喷嘴的使用寿命以及改善切割面的外观质量，水也可以吸收（防止）切割粉尘（飞扬）、改善切割环境。主要用于切割不锈钢。

三、等离子弧切割工艺

1. 离子气和保护气

离子气和保护气体选择取决于被切割材料种类以及对切口质量和切割速度的要求。用作等离子弧切割离子气气体有 N_2、Ar、Ar + N_2、N_2 + H_2、Ar + H_2 + N_2、O_2 和空气；用作保护气气体有 CO_2、空气、N_2 和 O_2+N_2。从经济成本控制出发，多数企业采用 N_2 作为离子气。若对切口质量要求较高时，应采用 $Ar+H_2$ 或者 N_2+H_2 混合气体，$Ar+H_2+N_2$ 三元混合气体用于不锈钢等离子弧切割时可以获得无挂渣割口。用空气作为离子气的等离子弧切割，主要用于碳钢和低合金钢的切割，虽然也可以切割不锈钢和铝，但割口表面氧化严重，切割后必须进行机械加工，清除氧化层。采用双层气流切割时，可选择空气 O_2、O_2+N_2，N_2 作保护气体。切割不锈钢时，也可选用选用空气 $+CH_4$ 作保护气体。切割铝材时最好选用 CH_4 作保护气体。

2. 切割电流

切割电流根据切割板材的厚度和切割速度确定。在给定条件下，切割电流越大，切割速度则越高。切割电流受等离子切割电源的容量和额定负载持续率限制。

3. 切割电压

提高切割电压可增加切割板材厚度和切割速度。在某些情况下，提高切割电压比提高切割电流更为有效。通用等离子弧切割电源具有陡降外特性，只能调节切割电流而不能调节切割电压。电源的空载电压通常固定不变，因此，切割电压主要取决于所选用的离子气热特性。Ar 气等离子弧的切割电压最低，H_2 气等离子弧的切割电压最高，N_2 气等离子弧的切割电压居中。可以通过选择离子气成分适当提高切割电压，以提高切割速度和割口质量。

4. 切割速度

等离子弧切割速度取决于等离子弧的功率和电弧压缩的程度，而切割速度在很大程度上决定了切口的质量，提高切割速度可使切口(割缝)变窄，热影响区宽度减小。在保证切透的前提下，应选择尽可能大的切割速度。

5. 气体流量

等离子弧切割的离子气流量是最重要的工艺参数。增大气体流量，提高电弧的压缩程度，等离子弧的能量更集中，切割电压提高，有利于提高切割速度、切口质量。但过大的气体流量会带走过多的电弧热量，使电弧的稳定性降低。气体流量应与割枪喷嘴孔径相匹配。

四、空气等离子弧切割

空气等离子弧切割采用干燥压缩空气作为离子气和切割气体。空气等离子弧切割有以下几个特点：其一，经济成本低，工艺适应性强，使等离子弧应用范围扩大至碳钢、低合金钢的切割。其二，空气中氧与铁发生放热冶金反应，向割口提供相当高的附加热量，使碳钢切割速度大大提高。与氧乙炔火焰切割相比，空气等离子弧切割 9～12 mm 厚的碳钢时，切割速度可提高 2～3 倍，其生成的熔渣 FeO 表面张力低，改善割口熔融金属流动性，割口光滑，不产生挂渣。其三，电弧中的氧对钨电极烧损严重，在发明了哈合金电极的之后，电极使用寿命提高至 10 h 以上，使得空气等离子弧切割才在工业中获得广泛应用。其四，空气等离子弧切割时，切割面附着氧化层、氮化层，装配焊接前必须进行机械加工或打磨清除氧化层。空气等离子弧切割原理见图 6－2。几种金属空气等离子弧切割工艺参数见表 6－1。

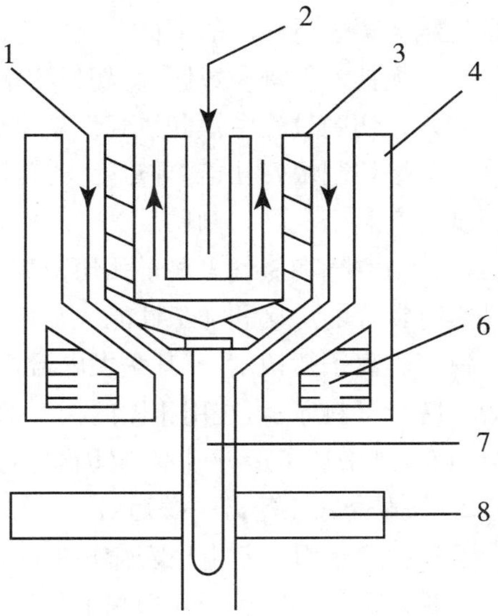

图 6－2　空气等离子弧切割

1. 压缩空气，2. 冷却水，3. 镶嵌式电极，4. 水冷喷嘴，6. 冷却水，7. 电弧，8. 工件。

表 6-1 空气等离子弧切割工艺参数

材料	板材厚度 (mm)	切割电压 (V)	切割电流 (A)	切割速度 (mm/min)	离子气流量 (L/min)	空载电压 (V)
低碳钢	0.5	140	25	16 205	189	300
低碳钢	3.4	140	40	3 835	189	300
低碳钢	6.4	140	60	3 353	189	300
低碳钢	10	140	60	1 600	189	300
不锈钢	0.5	140	25	16 027	189	300
不锈钢	1.9	140	40	5 613	189	300
不锈钢	6.4	140	60	2 794	189	300
不锈钢	10	140	60	1 346	189	300
不锈钢	16	140	60	660	189	300
铝合金	0.8	140	25	15 494	189	300
铝合金	3.2	140	40	5 182	189	300
铝合金	6.4	140	60	3 683	189	300
铝合金	10	140	60	1 880	189	300
铝合金	16	140	60	838	189	300

注：美国海宝公司 Powermax1000G3 切割电源、T60M 割炬、输入功率 12 kW

五、氧气等离子弧切割

氧气等离子弧切割以氧作为离子气，特别适用于碳钢切割，其特点在于切割能耗低、切割速度快、切割变形小、切口质量高；但选用氧气作为离子气存在氧化作用强、电极烧损快，使用寿命短、切割面倾角大等缺点。

1. 普通氧气等离子切割

20 世纪 80 年代初，美国 HYPERTHERM 公司选择氧气作为等离子气体用于切割碳钢，引发了一场机载等离子弧切割的革命。氧气等离子弧切割的主要优点在于：

(1) 无挂渣切割参数区大，切口质量好。

(2) 在切割过程中铁和氧气发生燃烧反应生成大量热量，提高了切割速度，氧气等离子弧切割的速度比火焰切割快好几倍，且热变形又小。铁与氧气化学反应生成金属氧化物 FeO，不仅有利于切割速度也有利于提高切割质量。

(3) 与空气和氮气等离子弧切割相比，因为不含 N_2 不会产生切口表面氮化问题，因而切割后的工件具有良好的焊接和加工性能。

氧气等离子弧切割，尤其是大电流切割的主要缺点是氧化反应造成了电极和喷嘴使用寿命大大缩短。统计资料显示，在用相同的速度切割同一种材料时，电极(喷嘴)寿命仅为氮气等离子弧切割的 1/4～1/5，既增加了运行成本，又因要频繁更换易耗件而降低了切割效率。

2. 长寿命氧气等离子弧切割

氧气等离子弧切割电极寿命短的缺点随着“长寿命氧气等离子弧切割”专利技术的诞生而得以克服。长寿命氧气等离子弧切割工艺技术主要包括了下列三大革新：

(1) 采用混合气体(O_2和 N_2)引弧　在引燃电弧时，采用 O_2 和 N_2 的混合气体作引弧气体，待转移弧引燃后恢复供应纯氧气。这种方法不仅可以快速、方便地引燃电弧，而且混合气体还能够改变嵌在电极端部上的铪的化学特性，减少其在引弧时的损耗，延长电极寿命。

（2）电弧转移时电流和气体流量缓慢上升 引弧至转移弧建立的过程中，由微机控制电流和割炬气体流量同步缓慢上升，减小了切割开始时对电极的化学和热冲击，提高电极的寿命。

（3）熄弧时电流和气体流量缓慢下降 研究表明，等离子弧切割过程中嵌在电极头上铪的表面处在熔融状态下，铪熔体由割炬腔内产生的涡流保持其附着在电极上。普通氧气等离子切割系统在每次切割周期结束时，都有一小部分铪熔滴从电极上脱落下来，其中一些沉积在喷嘴的内孔中，有一些则通过喷嘴小孔喷射到割缝处，造成电极损耗，影响喷嘴寿命；而长寿命氧气等离子弧切割结束时.微机控制电流和割炬中气体流量同时缓慢下降，直到熄弧，使得铪熔滴能够重新凝固，减小了电极损耗，提高了电极和喷嘴的寿命。氧等离子弧切割过程中电流和气体流量控制见图 6－3。

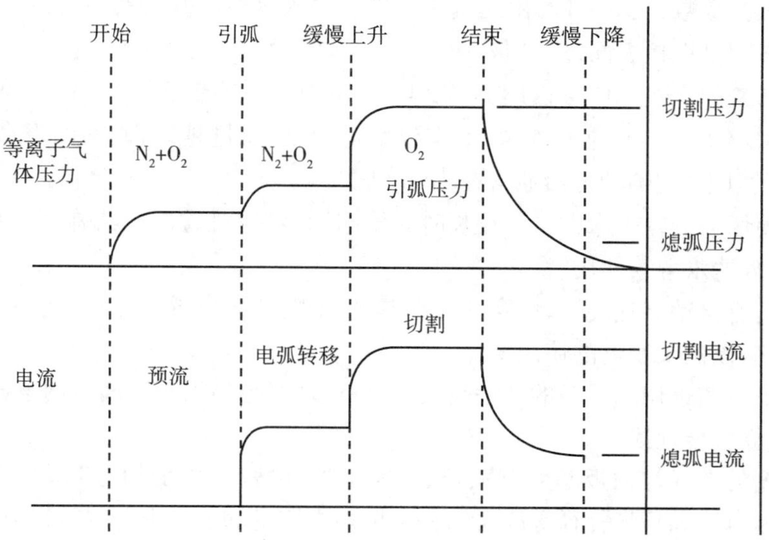

图 6－3 长寿命氧气等离子弧切割过程电流和气体流量图

六、水下等离子弧切割

1. 水下等离子弧切割特点

水下等离子弧受水冷却压缩，电弧稳定性差，需电源提供较高的电弧电压和较大的切割电流。水下等离子弧切割是利用高温高速等离子流加热，熔化待切割材料，并借助高速气流或水流把熔化金属排除以形成切口。由于等离子弧难以在电极和工件之间形成，必须利用高频或接触短路方式首先在钨极和喷嘴之间引燃引导弧（小弧），然后再转移过渡到主弧（钨极－工件间电弧）。

水下等离子弧切割电源和大气环境中等离子弧切割电源特性基本相同，但是电源空载电压高些，功率大些。水下等离子弧切割炬与大气环境中使用的割炬不同之处在于附加屏蔽喷嘴，喷出的气体或水流围绕等离子弧形成屏蔽罩，保护等离子弧不受干扰；同时对等离子弧起一定压缩作用，使其能量进一步集中，亦即所谓双层气流保护或水、气联合保护。

可用作等离子气气体主要有 N_2、Ar＋H_2 混合气体、O_2 和压缩空气。用于屏蔽和保护的气体主要有 CO_2、Ar、N_2 和压缩空气。使用不同的离子气，割炬电极材料也不同。使用 N_2、Ar＋H_2 混合气体时，应选用钨极；使用压缩空气或 O_2 气作离子气时，应选用铪电极。水下切割时使用大电流，为了增加电极寿命，应采用水冷电极。

水下等离子弧受水冷却和压缩，电弧稳定性差。为了可靠引弧和切割过程稳定，需要较高的电弧电压和较大的切割电流。对于相同板厚的金属材料，水下切割与空气中切割相比，电弧电压提高 20%～50%，而切割电流则增加 1 倍以上。

水下等离子弧切割成功地解决了等离子弧切割强烈的弧光、粉尘噪声对环境和安全的有害影响，与普通等离子弧切割相比具有以下优点：①产生的金属粉尘 99% 沉淀在水中；②噪声频率降低，强度减小(85 dB/1.8 m)；③切割质量好，端面无圆角，无挂渣；④割嘴寿命长；⑤ 有害气体完全被水吸收；⑥等离子弧发出的紫外线因水层阻挡而减弱。

但水下等离子弧切割存在着切割后钢板易生锈等不足；另外，设备投资较大，对电力供应、工作气体的纯度、水质等有一定的技术要求。

2. 水下等离子弧切割工艺

水下切割工艺参数有切割电流、电弧电压、切割速度、切割工作气体压力和流量、压缩水压力和流量、焊炬高度等。水下切割一般采用大电流以获得较高的切割速度。较高的电源空载电压有利于引弧成功，电弧电压大小取决于割炬结构、气体压力和流量、焊炬高度等因素，表6-2列出水槽中低碳钢等离子弧切割工艺参数；表6-3给出几例1 m以下深水等离子弧切割参数。

(1) 需要对被切割钢板表面进行预处理。

(2) 等离子切割的工作气体可以用 N_2 或 O_2。切割不同的金属，对工作气体有不同的要求，但用 N_2 有较大的适应性。N_2 的纯度越高，工作越稳定，割口质量越好，割嘴的寿命也越长。使用 N_2 的纯度在99.99%以上，割嘴的寿命通常在10 h以上。

(3) 水槽中使用一般自来水即可。较长时间使用后，可通过过滤来清除水中的熔渣、铁锈、粉尘等杂质，再添加部分清水继续使用。

(4) 切割机备有自动穿孔装置，但穿孔次数越多，割嘴的寿命越短，因此，应尽可能地采取边缘切入切割或连续切割，以延长割嘴的使用寿命。

(5) 由于水下等离子切割设备的功率较大，设备启动时容易引起车间电网电压的波动，因此宜独立供电，并采用独立的接地线。

(6) 切割速度的选择与钢板厚度有关，随板厚增加，电弧电压也相应升高。切割速度由工件厚度、切割电流、电弧电压和喷嘴孔径等决定。在保证切割质量的前提下，应尽量提高切割速度。

(7) 若切割参数选用适当，切割后的切口边缘几乎不用清理，切口的表面粗糙度可达Ra 12.5 μm。但由于切口存在上大下小的斜度，应调整切割方向，使垂直边留在工件上，而斜边放在废料上。切割圆孔时，切割方向应取逆时针方向，切割外圆时，切割方向应取顺时针方向，这样才能使工件的切口的斜度控制在1～2度的范围内。

表6-2 水槽中低碳钢等离子弧切割工艺参数

板 厚 (mm)	喷嘴孔径 (mm)	电流 (A)	弧压 (V)	速 度 (mm/min)
6	4.2	350	150	3 800～4 000
12	4.2	400	150	1 800～2 100
20	4.2	450	170	1 200～1 500
25	4.8	550	170	900～1 100
30	4.8	600	180	700～900

表6-3 1 m以下深水等离子弧切割参数

国家	材质	板厚(mm)	水深(m)	电弧电压(V)	切割电流(A)	速度(mm/min)
意大利	碳素钢	76	1～7	210	982	250
美国	不锈钢	51～64		180	450～860	180～200
中国	碳素钢	40	1～4	170～200	-500	200～300
中国	不锈钢	80～100	1～8	230～250	705～960	70～103

七、水再压缩等离子弧切割

（一）水再压缩等离子弧切割特点

双层气流等离子弧切割若将外加保护气体改成高压水流，即喷水等离子弧切割，亦称水再压缩等离子弧切割。高压高速水流一方面对喷嘴起冷却作用，另一方面对电弧起再压缩作用，喷出的水流一部分被电弧蒸发，分解成氧和氢，它们与工作气体共同作为电弧介质，使等离子弧具有更高的能量密度。绝大部分未被蒸发分解的高速流动水由于吸收电弧热量，对电弧强烈冷却，使电弧能量更集中。工作气体采用压缩空气时，水再压缩空气等离子弧切割，由于空气热焓值高，可进一步提高切割速度。

高压水从附加压缩喷嘴的径向或切向注入喷嘴，沿喷嘴孔内壁流动，环绕电弧周围从喷嘴小孔中喷出。高速水流对电弧附加冷却，使电弧产生强烈热收缩，电弧能量更集中；电弧温度提高到5万K以上。等离子喷嘴除喷出离子气之外，还伴随着高速水流。提高了切口的平行度、垂直度，同时也提高了切割速度，最大限度地减少了切口的挂渣结瘤。

水再压缩等离子弧切割，由于高速水流的充分冷却以及水中切割时静压力，降低了电弧的热能效率。要保持相同的切割速度，在切割电流一定的条件下，与大气环境下等离子弧切割相比，其切割电压高。水再压缩等离子弧切割必需增加引弧功率和特殊设计的割枪，保证引弧可靠性和切割过程电弧稳定性。

水射流等离子弧割炬的喷嘴分上下两部分，上部由铜制成，下面部分由陶瓷制成。由于陶瓷不导电，避免了普通等离子弧切割时易产生“双弧”而烧坏喷嘴的现象；加之采用循环水冷却，更有效地延长了割嘴的使用寿命。水再压缩等离子弧切割原理如图 6-4 所示。

水再压缩等离子弧具有良好的切割性能，不但能切割低碳钢和低合金结构钢，而且也适用于切割不锈钢和铝等有色金属。与普通等离子弧切割相比，水再压缩等离子弧切割具有下列工艺特点：

（1）切割速度快，提高 30% 以上。

（2）切口窄，减小 1/2～1/3；切割面光洁，不黏渣；能获得一侧近于垂直的切割面。

（3）工件的热变形和热影响区小，HAZ 宽度减小3/4，割出的零件的尺寸精度相当高。

（4）喷嘴的寿命长，因为喷射水对铜喷嘴的冷却作用强，而外喷嘴为绝缘材料，使旁路电弧难以产生。

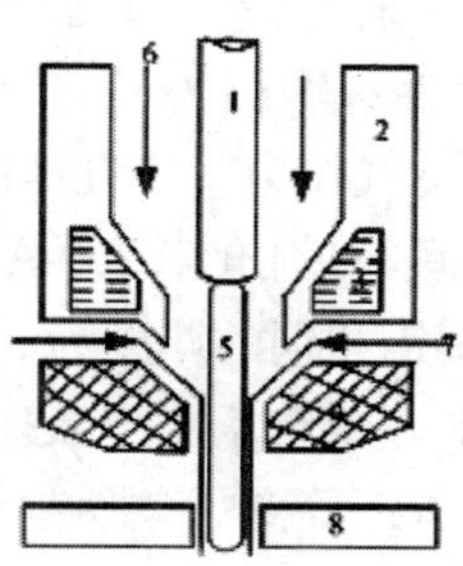

图 6-4　水再压缩等离子弧切割原理

1. 电极，2. 喷嘴，3. 冷却水，4. 陶瓷喷嘴，5. 电弧，6. 工作气体，7. 压缩水流，8. 工件。

（5）环境污染减少，有害烟尘大部分溶入水中，粉尘减少约 80%。由于喷射水的屏蔽作用。弧光辐射减弱，同时噪声频率和强度也有所降低。

水再压缩等离子弧因使周围的水蒸发和分解，割炬所消耗的电功率比其他等离子弧切割法高。另外，需配备净化水质的装置和带水槽的切割平台。

（二）水再压缩等离子弧切割方法

根据所使用的工作气体，水再压缩等离子弧切割可分为水再压缩-氮等离子弧切割法、水再压缩-氧等离子弧切割法以及水再压缩-空气等离子弧切割法几种。

1. 水再压缩-氮等离子弧切割法

采用氮气作为工作气体形成等离子弧，同时辅以喷射水流对电弧进行再压缩进行切割的一种方法。水再压缩-氮等离子弧切割可使用钨合金电极，且寿命较长。这种方法主要适用于切割 1～60 mm厚的不锈钢、铝及其合金等有色金属。水再压缩-氮等离子弧比普通氮等离子弧切割速度高（见表 6-4）。

表 6-4 水再压缩-氮等离子弧与普通氮等离子弧切割速度比较

材料	板厚(mm)	喷射水流量(L/min)	氮气流量(L/min)	切割电流(A)	工作电压(V)	切割速度(m/h)
不锈钢	14	0.7～1 不喷水	30	300	150～155 140	>72 60
不锈钢	22	0.7～1 不喷水			150～155 140	72 54
铝	28	0.7～1 不喷水			150～155 140	72 42

2. 水再压缩-氧等离子弧切割法

采用氧气作为工作气体形成等离子弧，同时再用喷射水流压缩电弧进行切割的一种方法。它不仅降低了普通氧等离子弧切割碳钢时烟尘和有害气体对环境的污染，而且减小了切割面的倾斜度和增大切割厚度的能力。与水再压缩-氮等离子弧切割碳钢相比，具有以下的优点：

（1）由于铁-氧燃烧反应产生附加热量，使切割速度明显加快，减小了功率的消耗。例如，切割厚 25.4 mm 低碳钢时，采用 280 A 切割电流和 135 V 工作电压，切割速度可达 1270 mm/min；而用水再压缩-氮等离子弧切割法，要达到相同的切割速度需采用 600 A 切割电流和 165 V 工作电压。

（2）切割厚板能力强。使用 400 A 型切割设备在额定负载率 60%工况下，可切割厚 35 mm 的钢板。

（3）无黏渣切割参数范围更宽，但是电极的寿命短。

水再压缩-氧等离子弧切割法尽管也能用于不锈钢和铝切割，但切割面质量差。

3. 水再压缩-空气等离子弧切割法

采用空气作为工作气体的一种切割方法。其切割性能介于上述氮等离子弧切割法和氧等离子弧切割法之间，切割电流 260 A 的装置能切割厚 3～60 mm 的低碳钢和不锈钢，实用切割厚度为 50 mm 以下，切割铝和铜的厚度为 3～50 mm。

4. 水再压缩等离子弧切割工艺参数

水再压缩等离子弧切割法基本上用于切割不锈钢、铝等有色金属，国外也已用于切割低碳钢和低合金结构钢。表 6-5 列出水再压缩-氮等离子弧切割不锈钢、铝和铜等材料的工艺参数，表 6-6 和 6-7 分别列出水再压缩-氮等离子弧和水再压缩-氧等离子弧切割低碳钢时的工艺参数。

表 6-5 水再压缩-氮等离子弧切割铝、铜、不锈钢等的典型工艺参数

材料	板厚(mm)	空载电压(V)	工作电压(V)	氮气流量(L/h)	压缩水流量(L/min)	切割速度(m/h)	喷嘴孔径(mm) 内	喷嘴孔径(mm) 外	切口宽度(mm)
铝合金	17	480	260	1 800	0.75	54	4	6	3.5
铝合金	26	470	260	1 800	1.00	45	4	6	4.0
铝合金	38	490	290	2 100	0.75	30	4	6	5.0
铝合金	80	490	390	1 350	1.00	15	4.3	6	10.0
不锈钢	14	480	200	1 650	1.25	54	4	6	4.0
不锈钢	18	480	300	1 650	1.25	54	4	6	4.0
紫铜	15	490	300	1 350	1.00	54	4	6	4.0
工具钢	40	490	290	2 100	0.75	30	4	6	5.0

注：1. 空载电压的数据系切割电源空载时电压表的读数。
2. 电极直径 6 mm，喷嘴高度 6 mm。
3. 在电弧功率一定时，较高的压缩水流量能使切割面光滑，且垂直度好，但不可高于表中数值太多。

表 6-6　水再压缩-氧等离子弧切割低碳钢工艺参数

板　厚(mm)	喷嘴孔径(mm)	N_2流量(L/min)	喷射水流量(L/min)	电弧电压(V)	切割电流(A)	切割速度(mm/min)
3.2 6.4	3.0	52.0	1.55	135 145	260 260	5 080 3 810
9.5 12.7	4.2	78.0	1.37	150 155		

注：表中参数摘自 Hypertherm 公司水再压缩-氮等离子弧切割操作指南，要求 N_2 的纯度为 99.995%。

表 6-7　水再压缩-氮等离子弧切割低碳钢工艺参数

板　厚(mm)	喷嘴孔径(mm)	N_2流量(L/min)	喷射水流量(L/min)	电弧电压(V)	切割电流(A)	切割速度(mm/min)
6.4	2.51	48.0	1.44～1.82	120	260	4 318
12.7				130	260	2 540
19				135	260	1 778
25.4				140	260	1 270

注：表中参数摘自 Hypertherm 公司水再压缩－氧等离子弧切割操作指南，要求 O_2 的纯度为 99.95%。

八、精细等离子弧切割

所谓精细等离子弧，就是强拘束高速旋转氧等离子弧。精细等离子弧切割炬采用特殊设计的喷嘴结构，内置涡旋环和附加磁场，并采用纯氧作电弧介质，以提高切割速度和切割质量。

精细等离子弧切割炬内置涡旋环，工作气体通过涡旋环形成一个高速旋转的等离子气流，从喷嘴孔喷出，产生一个高度压缩和稳定的氧等离子弧。精细等离子弧切割炬还采用一项革命性新技术，割炬内置磁环，附加磁场产生的洛伦兹力环绕等离子弧，迫使电弧斑点在铪电极端面上旋转，形成旋转等离子弧。等离子弧受到强烈拘束，能量密度进一步增加，提高电弧稳定性，延长电极使用寿命(见图 6-5)。气流以螺旋状涡流压缩电弧，等离子流离开喷嘴后也以旋流方式射向工件，并冲刷切口一侧的切割面，使该面的倾斜角大大减小。

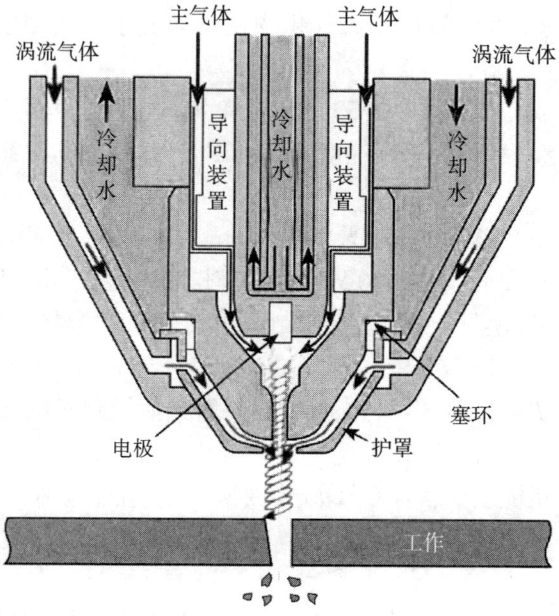

图 6-5　精细等离子弧切割

精细等离子弧切割是采用纯氧作为离子气和特殊的喷嘴结构实现对金属材料的精密高速切割的。目前精细等离子弧切割的最大切割厚度为 13 mm。当切割厚度为 1.5 mm 时，最高的切割速度可达 7.1 m/min，切口的宽度在 0.65～0.75 mm 范围内。切割件的尺寸精度取决于切割机的制造精度，最高可达 ±0.1 mm，接近于激光切割的尺寸精度，但生产成本比激光切割低 80%～90%。精细等离子弧切割可用于低碳钢、低合金钢、不锈钢、铝和铜的切割。

双层旋转气流等离子弧切割如图 6-6 所示，使用 120 A 电流，可在工件侧产生一个垂直边割口。这是由于割炬内工作气体是通过旋流环进给的，气流以螺旋状涡流压缩电弧，等离子流离开喷嘴后也以旋流方式射向工件，并冲刷切口一侧的切割面，使该面的倾斜角大大减小。据此，在实际切割时，根据待切割零件的形状和切割方向，选用左旋气流进气环或右旋气流进气环，就能使零件的各个割边都为垂直边。

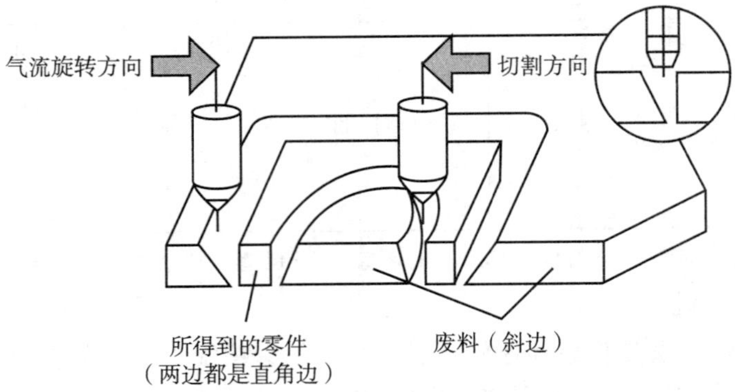

图 6-6　双层旋转气流等离子弧切割

第二节　激光切割

一、激光切割的特点

激光切割是利用高能密度的激光束加热材料，在极短时间内将材料加热到几千至上万摄氏度，使割口金属熔化或气化，再用高压气体将熔化或气化物质从切缝中吹走，达到切割材料的目的。CO_2 激光切割技术的显著优点是：

(1) 切割质量好　切口宽度窄(0.1～0.5 mm)，精度高(孔中心距误差 0.1～0.4 mm，轮廓尺寸误差 0.1～0.5 mm)，切口平整表面光滑(粗糙度 Ra 为 12.5～25 μm)，热影响区宽度小，(0.1 mm 数量级)，热应力及热变形均小。

(2) 切割速度快　例如用 2 kW 功率激光切割 8 mm 厚的碳钢，切割速度可达 1.6 m/min；2 mm 厚的不锈钢切割速度达 3.5 m/min。用 1200 W 激光切割有机玻璃(5 mm 厚)的速度高达 12 m/min。

(3) 柔性度高　无须刀具、模具，在计算机控制下可切割任意形状、尺寸的板材，尤其适合多品种、小批量板材的切割。

(4) 范围广　几乎可以切割任何金属、非金属材料；激光能切割三维空间曲面。

(5) 清洁、安全、无污染　改善了工作环境。

但是就精度和切口表面粗糙度而言，CO_2 激光切割不可能超过电加工；就切割厚度而言，难以达到火焰或等离子切割的水平。

二、激光切割原理

激光切割喷射同轴辅助气体，其主要作用是吹除切割熔体和熔渣，保持切割断面整洁；加快切割速度，增加切割深度，减小切缝宽度和热影响区宽度；保护激光器透镜不受加工飞溅物损伤并冷却透镜。常用的辅助气体有 O_2、N_2、Ar、He、CO_2 和压缩空气等，气压一般为1.5～3个大气压。采用氮气辅助激光切割，因为氮气化学特性不活泼，避免了割口有害的化学反应。割口前沿区域温度相对较低，加上氮气的冷却、保护作用，断面平整光滑、割口不会生成氧化层。氧气辅助激光切割时，部分金属与氧气发生燃烧反应，形成附加热源，激光照射点位置的温度接近沸点，高温、高速气流加剧了割口金属与氧反应过程，增大了割口热影响区宽度，容易出现切缝宽、断面斜纹、光洁度差等缺陷。

三、激光切割分类

激光切割可分为熔化、汽化、氧化、应力断裂几种。熔化切割就是将激光束聚焦在材料表面使材料熔化、蒸发，形成小孔，同时用与激光束同轴的高速气流吹走熔化的材料，小孔随着激光束移动而移动，形成连续的切缝。常用于不锈钢、钛、铝及其合金切割以及难熔材料，如钨、石英、玻璃等。

汽化切割是指在高功率密度激光束的加热下，激光照射点材料表面温度快速升至沸点，以至于不出现因热传导造成的材料熔化。其中部分材料直接汽化而消失，部分材料作为喷出物从切缝底部被辅助气流吹走。汽化切割主要用于切割薄板金属、纸、布、木材、塑料、橡胶、不熔化的材料和非金属材料，如陶瓷、刚玉等。

氧化熔化切割就是将切割惰性气体代之以氧气或其他活性气体，材料在激光束的照射下被点燃，与氧气发生激烈的化学反应而产生附加热源，同时同轴高速气流将熔融氧化物从切口吹掉。氧化切割只适于能和氧气反应放出热量的材料，如钢材和有色金属材料。

可控应力断裂切割就是对于容易受热破坏的脆性材料，激光束对斑点附近材料表面加热，产生很高的温度梯度和引起很大的应力，导致形成应力裂缝，称之为可控应力断裂切割。只要保持均衡的加热梯度，激光束可引导裂缝在任何需要的方向产生。适用于玻璃、陶瓷、熔融石英、宝石、金刚石等硬而脆的非金属材料的切割。

四、激光切割工艺参数

1. 激光输出功率

激光功率对切割厚度、切割速度、切口宽度和质量等有很大的影响。一般来说，板厚增大，切割速度提高，所需的激光功率应增大；但随着激光功率的增加，切缝宽度和热影响区宽度随之略有增加。激光功率可根据板材厚度和对切割速度的要求进行估算。激光照射功率 $P(i)$ 的表达式为

$$P(i) = EUd。$$

式中：E 为激光照射能量密度(J/cm^2)；U 为切割速度(cm/s)；d 为激光束聚焦后光斑直径(cm)。

激光功率越大，所能切割的材料厚度也越厚，但相同功率的激光，因材料不同，所能切割的厚度也不同。表6-8列出不同功率的 CO_2 激光所能切割的金属材料的最大厚度。激光功率密度增大，切割能力和切割面质量提高。激光功率密度与光斑直径相关，光斑直径越小，辐射功率密度越大。

表6-8　CO_2 激光功率与所能切割的某些金属材料的最大厚度

CO_2 激光功率(W)	实用最大切割厚度(mm)				
	碳素钢	不锈钢	铝合金 A5052	铜	黄铜
1 000	12	9	3	1	2
1 500	14	-	6	～3	～4
2000	22	12	-	5	5
3 000	25	14	10	5	8
15 000	80	55	-	-	-

2. 焦点位置和焦点深度

焦点位置和焦点深度对切割的质量和切割速度有显著的影响。切割厚钢板时应采用焦点深度较大的光束，以获得垂直度较好的切割面；但焦点深度大，光斑直径也增大，照射功率密度随之减小，故切割速度降低。如保持一定切割速度，就要增大激光功率。

焦点的位置直接决定割缝处的焦点面积。在相同的功率条件下，焦点面积越大，单位面积上的功率密度就越低，功率密度过低甚至产生割不穿现象。焦点位置主要依据工件厚度来选择，同时兼顾光斑直径和焦深。工件厚，则焦深大。激光切割的聚焦光斑位置应设置近工件表面下 1/3 板厚处，薄板或氧气激光切割则可将焦点置于板材表面上。

3. 切割速度

切割速度是影响切割质量的重要因素。工程实践表明，在激光功率保证板材完全割穿的前提下，切割速度越快，切缝质量越好，切缝整齐，割口光滑，粗糙度低，热影响区窄，工件变形小。切割速度过快，可能形成割不穿和挂渣；但切割速度过慢，工件受激光辐射时间长，氧气辅助激光切割时，氧化反应严重，工件温度高，热影响区大，切缝粗糙，熔渣多。

激光器功率和切割速度是相互影响的。对于特定的工件，一定的激光功率对应一定的切割速度。增加激光功率或降低切割速度，都会使切割能量密度增加，造成切缝宽度增加，热影响区宽度变大；反之，则有利于减小切缝宽度和热影响区宽度。

4. 辅助气体的压力和纯度

激光切割时同轴喷射辅助气体，用于吹除割口熔体和熔渣。切割碳钢板材通常用氧气作为辅助气体。在切割过程中增加氧气压力有利于排除熔化金属和熔渣，且可用来加速氧化过程，提高切割速度。当激光功率一定时，氧压过高，则反应剧烈，速度快，割口形成不规则的波纹，断面粗糙，热影响区宽度大，切缝质量低；但氧压过低在板材的背面可能出现割不穿或割口下背面粘附熔渣。一般氧压应不低于 $2\times9.81\ N/cm^2$。

氮气辅助激光切割，氮气不能助燃，需使用 $10\sim14\times10^5$ Pa 的高压气体，吹掉相对温度较低的液态熔体；而氧气激光切割所需的气体压力较低，一般不超过 4×10^5 Pa。

气体纯度对切割速度和切割质量有显著影响。如激光氧气切割的氧气纯度显著影响金属氧化过程。用纯度为 98%的氧气流切割与用纯度为 99.998%的氧气流切割相比，前者的切割速率比后者降低 50%。激光氧气切割，氧气的纯度≥99.5%才能达到满意的切割质量。氧气纯度过低，容易割不穿。

5. 激光入射角

激光入射角在一定范围变化时，对薄板的切割质量影响不大。入射角越大，用于切割的有效能量越小，超过某一角度，将无法进行切割。对于碳钢类材料，光束应与工件表面垂直；但对于反射率较高的有色金属，如果光束垂直于工件表面，反射的光束可能沿光路返回激光谐振腔，使激光器工作不稳定以及烧坏镜片或光纤。

五、氮气辅助 CO_2 激光切割

高能激光束通过割炬喷嘴照射在材料表面，将材料加热至熔化状态，借助与激光束同轴高速辅助氮气流将熔化的材料从割口中吹掉，随着割炬在切割方向移动形成连续的切缝。激光熔化切割所需的激光功率密度仅为激光汽化切割法的 1/10 左右。氮气辅助 CO_2 激光切割优势在于氮气保护切缝不氧化，切割质量高，加工范围广，但成本较高。例如，切割 2 mm 的不锈钢，氧气切割压力 4×10^5 Pa、耗气量 2.3 m^3/h，氮气切割对应压力则为 14×10^5 Pa、耗气量 15.2 m^3/h，而且高纯氮的价格是高纯氧的 3 倍；其次，氮气切割时要求使用较高的激光功率，相应增加了能耗。氮气不能助燃，熔点区域温度较低，适合切割加工铝、黄铜等低熔点材料。

1. 氮气切割参数

氮气切割参数有气压大小、喷嘴尺寸、气体纯度、切割速度、切割气压转换时间等。气压和喷嘴决定断面的粗糙度，适当增加气压有利于排渣，但过大则会增加粗糙度。氮气不能助燃，熔体温度相对较低，需要使用高压氮气吹掉割口熔体。氮气切割要求向割口提供足够高气体流量，因而使用孔径较大的喷嘴。例如，切割 2 mm 的不锈钢，氧气使用直径 10 mm 喷嘴，氮气则用直径 15 mm 喷嘴。

氮气纯度对切割质量有很大影响(见表 6－9)。所含氧气影响切割质量，而水分则会对激光器造成危害，气体级别至少应该保证 4.5 级。氮气切割不存在燃烧反应，依靠激光熔化材料，切割速度较氧气切割慢。氮气切割要求高功率以保证材料持续熔化。

表 6－9　氮气纯度和切割质量的关系

气体级别	气体纯度(%)	氧气含量($\times10^{-6}m^3$)	水含量($\times10^{-6}m^3$)	切割断面质量
2.8	≥99.8	≤500	≤20	无氧化，断面微黄
3.5	≥99.95	≤100	≤10	无氧化，没有光泽
4.5	≥99.995	≤10	≤5	无氧化，断面光亮
5.0	≥99.999	≤3	≤5	完全无氧化，断面有光泽

氮气切割不发生燃烧过程，完全依靠激光能量加热，通常将激光焦点下移至板厚中心线以下，增加光束能量吸收。氧气切割则可将焦点位置设在板材表面。

氮气切割时穿孔气压为 2×10^5 Pa，与切割时的高压有很大差别。穿孔气压过大容易导致激光切割过程失稳，需提供几十毫秒的缓冲时间能使气压平稳过渡，保证切割质量。氧气切割时穿孔气压和切割气压差距很小，则不需要提供这个转换时间。

切割改变方向时的加速度，主要控制拐角的切割质量。氮气切割能量需求增加，一般低于 1 m/s^2，且随板厚的增加而急剧降低；氧气切割一般在 1 m/s^2 左右，且随板厚增加小幅下调。

2. 氮气切割的应用

氮气的冷却、保护作用有利于提高切割质量，对于不锈钢材料能够获得高质量的无氧化断面，且可用于铝、黄铜等材料的切割。碳钢主要使用氧气切割，由于氧气助燃，割口温度非常高，对于尖角、直径小于板厚的小孔切割，在狭小的区域内热量集聚过多，易于产生过烧、塌陷缺陷。由于氮气不能助燃，且高速气流具有的冷却作用，氮气切割可以解决此类小孔加工难题。

不锈钢中 Ni、Cr 合金元素含量高，熔化金属黏度大，流动性差。氧气切割时割口表面氧化，氧气压力较低时容易导致黏渣等缺陷。氮气切割时氮气的保护作用能够产生优质的无氧化断面，而且氮气切割时的高气压很容易克服割口背面黏渣缺陷。对于切割断面质量要求较高的不锈钢零件应选用氮气辅助激光切割。

铝、黄铜等对激光具有低吸收率、高反射率，要求使用高激光功率来熔化材料；同时需要配备反射吸收装置，防止反射光束通过光路返回激光器，保护激光器的安全。通过调整焦点、提高气压、降低速度来提高割口光洁度，4 mm 以下铝合金能够获得断面平滑、没有毛刺的割口。

六、氧辅助激光切割

氧辅助激光切割主要应用于碳钢。在激光切割过程中，被切割的材料在氧气中燃烧，发生强烈的放热反应，可大大增强激光切割的能力，并在切缝中形成流动性优良的液态熔渣，高速氧气流连续不断地喷射清除熔化金属和熔渣。由于氧气在激光切割过程中产生放热反应，所以称之为激光氧化切割法。它所需要的激光功率密度仅为激光汽化切割法的 1/20 左右，因成本低，效率高，应用最广泛，几乎适合于切割各种金属材料以及某些非金属材料。

利用氧气辅助切割时，氧气与碳钢燃烧所产生的附加热量，可占整个切割过程中所需热量的

60%以上。对切割喷出物的分析表明，氧化产物的97%为FeO，其余为Fe_2O_3和Fe_3O_4，Fe燃烧生成FeO的反应热焓为257.58 kg/mol，可以计算每千克铁完全燃烧产生的热量为4 716kJ。在切割过程中约有50%Fe完全燃烧，据此可以计算出不同板厚、切缝宽度和切割速度条件下燃烧反应产生的热量。例如，用激光切割厚度20 mm的St52钢板所需的能量为5 152 W，而燃烧反应释放出的热量为7 536 W。切割所需的热量仅占燃烧释放出的热量68.4%，理论上讲，只要氧气供应充足，可切割的钢板厚度不受限制。而事实上，氧辅助激光可切割的钢板厚度仍然是有限的(≤30 mm)。某些学者认为这一现象与割口前沿铁燃烧过程不稳定性有关。燃烧过程要持续稳定进行，割口前沿温度必须达到材料燃点，仅仅靠燃烧反应放出的能量不足以维持燃烧过程稳定进行，其原因为割口前沿被高速氧流强烈冷却温度降低；燃烧生成的氧化亚铁覆盖了工件割口表面，阻碍了氧的扩散。当燃烧点氧的浓度降低到一定程度时，燃烧过程就会停止。

使用聚焦激光束切割时，光束照射区域小，激光功率高，不仅仅激光照射区域工件表面的温度达到了燃点温度，而且因热传导，光束照射点附近区域也达到了燃点温度。由于氧流直径大于激光束直径，不仅在激光作用点发生氧化燃烧反应，而且在激光光斑外围也发生燃烧反应。尤其是厚板切割时，切割速度慢，金属燃烧速度比割炬前进速度快，在割口前部由于氧浓度下降，导致燃烧过程熄灭。当切割炬前进到该位置时，燃烧又重新开始。燃烧过程的不稳定导致割口前沿温度波动，切割质量下降。

使用散焦激光氧气切割厚板时，照射到工件上不是聚焦的而是发散的激光束，光斑中心区域温度下降，而光斑前沿温度温度上升。通过调节焦点位置，保证作用在工件上的光斑直径大于氧流直径，使激光作用区内的氧流前沿温度达到燃点以上，则可确保燃烧过程稳定进行，以提高切割质量。光斑前沿温度不仅与光斑直径有关，而且还与激光功率、切割速度、材料物理性能等参数密切相关。

1. 激光氧化切割工艺参数

激光氧化反应切割，氧气与被切材料发生氧化放热反应，向割口提供附加热量，氧气压力、纯度、流量对激光切割速度、割口质量、产生明显的影响。

(1) 激光模式　试验表明，采用基模CO_2激光器进行薄板切割比采用多模激光器时质量要高，即使基模激光功率(500 W)比多模功率(1 500 W)低时，切缝也窄得多；主要因为基模激光具有较高的功率密度。

(2) 聚焦透镜与板材厚度　透镜焦距应根据被切割材料的厚度确定，兼顾聚焦光斑直径和焦深两个方面。被切材料厚度大，焦距宜大些；反之，则焦距宜小些。常用聚焦镜的焦距为50 mm(2^{in})、62.5 mm(2.5^{in})、100 mm(4^{in})和125 mm(5^{in})。当板厚≤3 mm时，选用2.5^{in}聚焦镜，割缝宽度在0.1～0.2 mm；当板厚>3 mm时，选用5″聚焦镜，割缝宽度在0.2～0.3 mm左右。激光切割的聚焦光斑位置应靠近工件表面，或在工件表面以下1/3板厚处。

(3) 气流与喷嘴　激光切割对气流的基本要求是进入割口的气体流量大，速度高，以便有充足的氧气使割口材料进行充分氧化反应，并有足够的喷射动量将熔融材料从割口排出。气体压力、流量是影响切割质量和切割速度的重要因素。对于一定厚度的钢板，在激光功率与切割速度一定条件下，氧气压力的减小，降低了氧气反应的速度，割口条纹变细，断面光洁度提高；但当氧气压力降低到一定数值(如0.1 MPa)时，在割口下缘出现熔渣黏结。提高氧气压力有利于去除切割产生的熔融物，但由于导致氧化反应速度加快，使切割表面光洁度降低。压力过高，容易在工件表面形成涡流，削弱气流去除熔渣的作用。切割速度提高，氧气压力可适当提高。氧气压力一般在300 kPa以下。

(4) 纯度和速度　氧气纯度具有显著影响。激光氧气切割对于氧气流中杂质级别的微小变化显示出令人惊异的高灵敏度。实验表明，用98%的氧气和纯度99.998%氧气相比，前者的切割速率降低超过50%(见表6-10)。图6-7是氧气纯度对切割速率的影响试验。由图可见，随着氧气纯度降低切割速率迅速下降，当杂质含量升至10% 时，切割过程受到显著抑制。

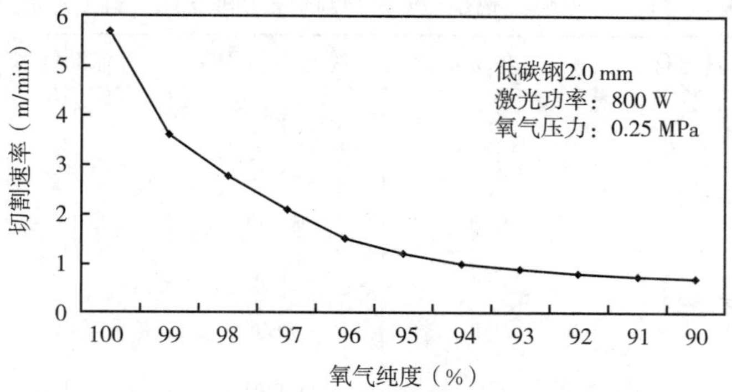

图 6－7　氧气纯度对切割速率的影响试验

表 6－10　氧气纯度对切割速度的影响

采　样	氧气纯度（%）	切割速率（m/min）	放出热量（W）	放出热量比较（%）
A	99.998	5.7	806	100
B	99.75	5.04	749	93
C	99.5	4.5	714	89
D	99.0	3.6	595	74
E	98.0	2.76	479	59
F	97.0	2.1	439	54
G	95.0	1.2	335	40
H	93.0	0.9	211	36
I	90.0	0.7	242	30

（5）切割速度　切割速度取决于激光的功率密度及被切材料的性质、厚度等。在一定切割条件下，有一个最佳的切割速度范围：切割速度过高，切口清渣不良；切割速度过低，则材料过烧，切口宽度和材料热影响区增大。为避免在轮廓拐角处因切割速度过低而产生过烧塌陷，最好采用脉冲激光，脉冲峰值功率维持连续输出功率值不变，通过调节脉宽、使平均功率下降，以适应切割速度的变化。

激光切割过程中，在拐点（尖角）处，由于切割方向改变，切割速度降低至零再重新加速以及散热条件较差等原因，使得拐点处材料过热熔化而形成塌角。为了防止这种现象的发生，可在拐点处绕行（如绕圈），使其不发生速度、方向的突变且各点受热均匀，以保证拐角的光滑锐利。激光氧切割采用“薄板高压高速，厚板低压低速”参数选择原则。

对某一厚度的钢板，在设定的激光功率与切割速度下，随着氧气压力的减小，降低了氧气反应的速度，割口条纹变细，断面光洁度提高。但当氧气压力降低到一定数值（如 0.1 MPa）时，在割口下缘出现熔渣黏结。提高氧气压力有利于去除切割产生的熔融物，但由于导致氧化反应速度加快，使切割表面光洁度降低。氧气压力取 0.15～0.20 MPa 为宜。切割速度提高，氧气压力可适当提高。表 6－11给出了某些金属和非金属材料激光熔化、氧化切割工艺参数。

表 6-11 激光熔化、燃烧切割法切割金属和非金属材料工艺参数

种类	材料名称	厚度(mm)	激光功率(W)	辅助气体	切割密度(m/min)
金属	软钢	2.3	850	O_2	1.80
	合金钢	3.2	3 000	O_2	3.30
		9.8	6 000	O_2	1.50
	不锈钢	0.8	350	O_2	0.23
		0.8	850	O_2	0.36
	铝合金	6	3 800	CO_2	0.03
		12.5	18 000	CO_2	2.64
	钛合金	2.24	210	O_2	3.81
		5.0	850	O_2	3.30
非金属	无光纸	0.33	60	空气	28.8
	上光纸	0.33	60	空气	40.0
	丙烯	3.1	300	空气	1.83
	聚氯乙烯	3.2	300	空气	3.60
	维纶	36 层	330	空气	0.025
	皮革	3	225	空气	3.05
	橡木	16	300	空气	0.28
	松木	50	200	空气	0.13
	硬质纤维板	3.8	300	空气	0.19
	胶合板	4.8	350	空气	6.30

七、激光汽化切割法

在高能密度激光束的照射作用下，激光照射区表面温度迅速上升到汽化温度，形成高压蒸汽以超音速向外喷射，在高压蒸汽高速喷射的过程中，同时携带着熔融材料一起向外逸出；在光斑照射区内瞬间形成汽化孔洞，随着激光束移动，迅速将切缝中的材料大量汽化以去除，形成切缝。这种切割方法主要靠材料的大量汽化去除，需要较高的激光功率密度，一般应达到 10^8 W/cm^2 左右，适合于切割某些硬脆材料，如木材、碳、陶瓷、玻璃、熔融石英、石棉、水泥等。表 6-12 中列出了激光汽化切断某些材料的技术数据。

表 6-12 激光汽化切割硬脆材料的数据

材料名称	厚度(mm)	激光功率(W)	切割速度(m/min)
玻璃	1.6	200	0.38
	3.0	300	1.80
熔融石英	1.0	100	0.036
	2.0	250	0.095
红宝石	0.4	100	0.20
氧化铝陶瓷	0.75	100	1.50
石棉水泥板	6.3	200	0.025

八、水导引激光切割

水引导激光切割是将激光和水射流两者结合在一起的一项技术。水引导激光切割原理见图 6－8 所示，其中水射流使用 5～50 MPa 纯净的去离子水和过滤水。喷嘴是由蓝宝石或钻石制成，以确保能够产生长而稳定的水射流。激光束由激光器通过光纤传输出来，经校准、扩束器，然后汇聚穿过一个石英窗口，进入喷嘴。当激光进入水刀中，由于空气与水折射率的不同，激光在空气/水界面发生全反射，激光被完全限制在水束中，喷射水束就如同一根光纤被用来引导激光。水束直径仅仅 50～200 μm，水束长度可达 50～100 mm，喷射水束的有效工作距离保证了一致的焦点直径，只要把工件放在水柱的有效工作距离内，其割口加工质量都是相同的，避免了调焦的麻烦；同时，由于水柱的冷却作用，热影响区（HAZ）、热变形和材质变化的问题几乎完全不存在。

与传统激光切割工艺相比，水引导激光切割工艺具有以下优点：

（1）喷射水束的有效工作距离长达 10cm，光束直径一致，割口侧壁平直；借助于高速水流动量排除割口熔融金属，避免其附着在割口上。

（2）水束直径细，割口窄。

（3）工件输入热量低，在激光脉冲之间，刚被加热的位置被高速水流立刻冷却；喷射水柱几乎不会对工件产生任何外力作用。

（4）水射流在激光脉冲间隙冷却材料，对材料的热影响可以忽略；极大地降低材料的变形和热损伤，HAZ 窄、热变形小。

（5）水射流能将切割熔化的材料冲走，减少了微粒污染。

与传统激光切割技术相比，水刀引导激光切割在半导体、生物、医疗仪器制造领域应用显示出其独特的优势。由于材料加工应用的范围受到材料对激光波长的吸收率限制，迄今为止，这项技术仅限于配合使用红外或绿光激光器。水刀引导激光使用固体 Nd：YAG 红外激光器（1 064 nm，50～200 W），主要应用于切割硅、陶瓷和硬金属、立方氮化硼、锰锌磁芯以及金属薄膜。使用红外水刀引导激光器切割可以获得锯切方法 8 倍的切割速度。水刀引导激光在诸如 GaAs，GaN 等硬脆而难以机械加工的材料切割上具有很高的效率。

绿光（532 nm）的材料吸收系数比红外光稍低，试验表明，在相同的切割质量要求情况下，采用相同激光功率，水刀引导绿光激光完全可以获得与红外激光器相同甚至更快的切割速度。

紫外光在透明材料中有高的吸收率，因而国外开发出一个水导引紫外激光装置，它使用了石英和 CaF_2 透镜。紫外激光源通过一根光纤和切割头相连。为了避免损害光纤，直径 50μm 的水刀使用直径 100μm 的光纤。

配合水刀导引紫外激光的开发，在材料切割应用领域引入直径更细的水刀。特别在半导体工业，水刀激光器技术的优势在于能够获得无碎片、无毛刺以及无破损角割口，甚至像 75μm 的芯片薄膜加工也毫无困难。水刀导引激光切割其他非常有前景的应用领域，比如切割或雕刻透明材料，诸如透明聚合物、玻璃、钻石以及蓝宝石切割加工。

水刀引导式激光切割还应用于生物、医疗精密微器械切割，如心血管支架切割。所谓支架，是指能自我扩张的小型不锈钢网管，置于冠状动脉中以使脉管张开。支架结构多为热敏感型材料，其次支架的结构形态复杂。水导引激光切割提供了热损害小、不变形、割口无毛刺精度切割的可行性。

九、激光热应力切割

玻璃采用金刚石划线刀、超硬的滚动型刀刃或薄刃金刚石砂轮进行切割时，由于工具直接加压在工件上，常常产生微细切割粉末和飞散、切口边缘微裂纹的问题。工业界一直在寻求能替代机械切割的新方法。

CO_2激光切割是以材料的熔融、汽化为基础，因此不可避免地会产生热变形，切割质量也不高。近年研究出一种用 YAG 激光切割硬脆性材料的新方法，在玻璃、硅片切割工业获得初步应用。玻璃

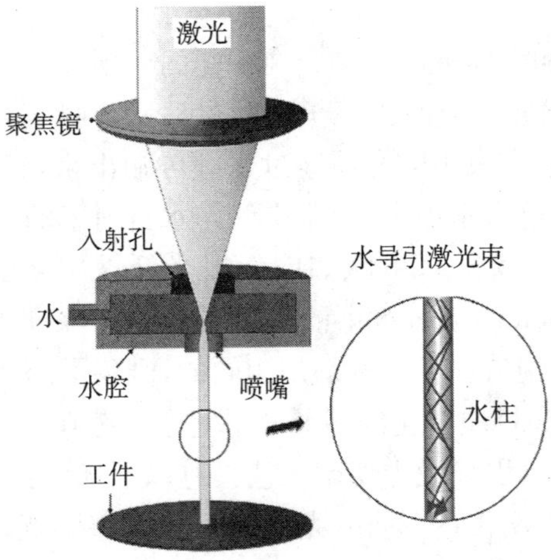

图 6-8　水刀引导激光切割原理

等硬脆材料热传导率低，用较小的拉应力即可使其破坏，由此而想到利用这一性质切割玻璃等硬而脆的非金属材料。在激光束的照射下，工件受热后产生明显的温度梯度，上面温度高要发生膨胀，而内层温度较低，阻碍膨胀，结果在工件表层产生拉应力，内层产生径向挤压应力。当这两种应力超过工件本身的断裂极限强度时，就会在激光照射点附近出现裂纹，如果能有效控制这种裂纹发展，就可以使得材料沿设定路径断开。这种切割方法，适用于玻璃、陶瓷、熔融石英、宝石、金刚石等硬而脆的非金属材料的切割。工业实践中采用这种方法切割硬脆材料的技术数据见表 6-13。

热应力切割的主要工艺因素有：激光功率、光束模式、光束形状、光斑直径、焦距、离焦量、辅助保护气体、材料、形状、尺寸、表面状态、温度、湿度、进给速度等等。

切割速度与激光功率之间成线性关系，对于特定的切割条件，提高速度，必须增加激光功率。由于玻璃是透明体，影响激光能量吸收。为了提高玻璃对激光能量的吸收，切割前需要对玻璃表面进行毛化处理或附加吸收涂层。不同颜色、不同材料涂层以及不同涂层厚度均对激光能量的吸收有一定程度的影响。为了获得最佳割口断面质量，应选用合适颜色涂层和涂层厚度。试验发现，经过研磨的毛化玻璃即使不加涂层也可以进行切割，可能由于玻璃表面无数微沟槽的漫反射改善了激光能量吸收。硬质材料割断分成裂纹产生和裂纹扩展两个阶段。激光热应力切割玻璃时，裂纹在工件端部瞬时产生，然后跟随激光移动而扩展，其关键是如何在工件起端准确、稳定地诱发裂纹。

表 6-13　激光热应力切割硬脆材料的技术数据

材料名称	厚度(mm)	光斑直径(mm)	激光功率(W)	切割速度(m/min)
玻璃	1.6	0.5	9.0	0.30
	1.0	0.5	3.0	0.30
98%氧化铝陶瓷	0.7	0.8	0.25	0.30
	11.0	16.0	0.38	0.08
微晶玻璃	0.4	5.0	0.25	0.30
	2.9	11.0	0.25	0.30
蓝宝石	1.2	12.0	0.38	0.07
水晶	0.8	3.0	0.38	0.60
铁氧体	0.2	2.5	0.38	1.20

在激光切割过程中，高的温度梯度在材料中诱发很高的内应力。在移动光源前后有两个截然不同的区域：在光源附近和光源后面是一个压缩区，材料受压应力；而在光源前方一个距离上，作用在材料上应力则为拉应力。激光切割沿切缝的裂纹主要是由于拉应力引起的，当最大拉应力值大于材料的许用拉应力时，在切缝的前端将产生沿切向的断裂。若进行直线切割，由于切割裂纹在光束前方，光束以一定的速度移动，不存在沿切向的断裂现象。在曲线切割过程中，这种内应力导致在拐角处和沿切割轨迹的切线方向产生裂纹。切向裂纹是材料热应力方向与激光扫描轨迹不一致所致。随着曲率半径缩小，热应力方向与激光扫描轨迹的偏差也逐渐变大，切割越来越困难，甚至不能切割。在切割石英玻璃这种脆性材料时，切向断裂是一种不可控的现象，导致材料随机断裂破坏，严重影响材料切割加工质量。

十、低功率激光切割

硅片切割常用 Nd：YAG 激光光源。硅片激光切割利用激光照射引起硅片升温，直至材料被熔化、汽化，由于光压和汽化物质的反冲压力引起熔体从切口处排出。Nd ：YAG 激光被调制成脉冲式，脉冲频率 1～50 kHz，同时光束被聚焦成 0.1mm 左右直径的光斑，激光能量密度可达 $10^3 \sim 10^4\ J/cm^2$。激光辐射在硅片表面形成月牙坑，激光相对硅片平板移动，一个一个月牙坑重叠，在硅片表面形成连续的划线(熔蚀线)，然后用机械方法很容易沿熔蚀线方向将硅片掰断。

激光切割硅片的主要优点是：切割线宽度小于 0.25 mm；切割深度比金刚石划片深 2～3 倍，大大提高成品率，成品率达 96%～98%；切割应力小，边缘锐利，对脆性材料同样不会产生裂纹。如果采用连续 YAG 激光切割硅片，在切割边缘能观察到热效应痕迹，同时 Si 片的熔化汽化的边缘不能严格控制，熔体的溅射也不能控制，因而切割硅片的边缘不十分锐利，表面不平整的深度约为 50 μm。

传统硅片切割采用高速旋转刀片或金刚石在硅片上先预置切痕，然后按切痕方向将其掰开。由于刀片有一定厚度，采用这种方法导致原材料浪费；其次划片会产生裂痕、碎片等问题，特别是在划线交叉点上，刀片损伤严重，成品率低。近年研究人员试验采用低能级紫外激光替代钻石刀来切割微芯片。切割硅片时，激光装置的特殊光学系统将超短波激光聚焦成直径只有几微米的激光束，利用这种能量聚集在特定空间和时间内的激光照射待加工硅片上，可以直接在材料内部打出一串紧密相邻的细小孔眼，这种被“钻”孔的材料可以很容易被“掰开”，获得理想的微芯片。使用该方法进行的整个切割过程都在电脑控制下自动进行，快速而精确。其次由于激光在蓝宝石、硅片上打出的孔径极其细小，基本不会造成芯片材料的浪费。

第三节　高压水射流切割

一、水射流切割工艺特点

高速水射流切割是一种可与激光、等离子体、电子束加工方法媲美的新型切割加工工具。与热切割相比，高压水射流切割具有以下特点：

(1) 高压水射流切割仅在射流滞止点(射流中心线与被切割平面的交点)及其附近产生局部加热效应，切割过程产生的热量少，工件的温升低，切口的温度低于 100 ℃，同时水射流强烈冷却；因此，在高压水射流切割过程中工件不会产生热影响区或热变形，不会发生金相组织和性能的变化。

(2) 不会产生附加应力变形。高压水射流切割与工件无机械接触，不会像机械加工那样对工件产生附加应力，因而变形小，对薄壁件的切割尤其有利，提高了切口质量和尺寸精度。

(3) 高压水射流切割为非接触式切割，不会产生如机械切削加工那样刀具磨损现象。

(4) 高压水射流切割不会产生有害烟尘、金属蒸气和挥发物，不会对环境产生污染，切割过程中产生的磨料粉尘和切割金属碎屑被水流冲刷进入水槽。

(5) 高压水射流切割的喷嘴孔径小于 0.5 mm，切口宽度窄而整齐，纯水切割其割口为 0.1～

1.1 mm，加砂切割其割口在 0.8～1.8 mm 之间，割口光滑垂直无斜度，无须再进行二次加工，提高材料利用率，降低生产成本。

(6) 工作介质成本低，射流工作介质一般是水，成本低廉。

(7) 加工能力强，应用范围广，可以加工不同材质的工件及某些难以用传统加工方法切割的材料。可以切割所有金属材料，各种非金属材料，如玻璃、石棉板、碳钎维复合材料、陶瓷、大理石等。

高压水射流对部件的耐磨损性能要求高，由于水喷射的流速达到 2～3 倍的音速，压力高达 500 MPa 以上，很多零配件像喷嘴、砂管、密封圈等易磨损，寿命低。目前高压泵和阀体的寿命可达 6 000 h，喷嘴的寿命可达 2000 h。

二、高压水射流切割原理

水射流切割是利用增压装置（增压器或高压泵）将净水加压到几十或数百兆帕（100～400 MPa）的超高压，从喷嘴小孔（0.05～0.5 mm）中喷出形成高速水射流，射流速度可达 1 000 m/s 以上（约为音速的 3 倍），对切割靶进行冲击，使其界面产生破碎、坑蚀和微裂纹，由于高速水射流不断地冲击材料，导致裂纹扩展（靶物劈裂、剥离），蚀坑加深，同时又存在表面径流的冲刷和剪切，将切下的碎屑带走，形成切缝。

高速射流作用在静止的物体上，形成一个很大的作用力。假定被切割工件的表面平整，高压水射流水束入射角为 90 度，即射流垂直冲击工件表面。高速射流对工件表面的作用力有两种：射流滞止压力和冲击压力。

滞止压力 P 由伯努利方程给出：

$$P = 1/2P_0v^2$$

式中：P_0 为射流的密度；v 为射流的速度。

射流到达固体表面后发生碰撞的一瞬间，由于射流压缩的作用，对固体接触界面产生非常高的冲击动压力 P'：

$$P' = P_0C_0v$$

式中：C_0 为射流在液体中的声速，在水中约为 1 500 m/s。

当射流速度 775 m/s 时，产生的滞止压力为 300 MPa，而产生的冲击压力为 1 162.5 MPa，冲击动压力约为射流滞止压力的 4 倍。

高速水射流对工件表面的冲击作用发生在受射流冲击的一个很小的圆内，根据材料和射流属性不同，可以从不同的视角分析和解释材料的破坏机制。

脆性材料的破坏是由射流冲击诱导的拉应力引起的。在材料的屈服强度小于射流碰撞力的情况下，高速射流撞击工件表面，形成以撞击点为中心的放射状裂纹，在没有破坏的中央区周围形成环形裂纹，环形裂纹的外径与射流直径相同。增加射流速度，该区域破坏程度增加，直到变成一个凹坑。如果材料屈服强度大于射流碰撞力，一次碰撞不会出现明显的可见环形裂纹，但多次重复碰撞后，由于材料的疲劳，同样可产生环形裂纹。由于射流连续不断地冲击材料，又存在表面径流的冲刷和剪切，破碎的材料不断被水流带走，材料发生剥蚀，逐步深入，造成材料的切割和穿透。

塑性材料的破坏主要不是拉伸应力破坏，而是在射流切应力作用下的塑性流变引起的。在射流的碰撞下，塑性流变先发生在射流中心处，造成固体表面的近似半球形压痕，压痕随着碰撞速度次数的增加而加深。当射流的碰撞压力大于材料的屈服极限时，固体材料发生塑性流动，从而形成塑性破坏。材料在高压水射流冲击下产生坑蚀的同时并伴随裂纹和压力波的出现。在碰撞区，一定的碰撞能量被材料所吸收，导致材料破碎，其余则转化为应力波形式传播。最大剪应力超过材料极限强度时，立刻导致材料的穿透破坏、蚀坑和裂纹，同时连续射流的滞止静压力作用于初始凹坑和裂纹中，于是导致裂纹扩展，蚀坑增大，从而有更多的材料被冲刷挖掘出来。随着喷嘴与工件相对移动形成切槽。射流压力不足时，产生的剪应力不足以使裂纹扩展，则仅产生小的蚀坑。

所以，固体材料的破坏只有当射流所产生的碰撞压力大于或等于该材料的临界破坏应力(极限强度)时才会发生。

三、水射流切割分类

在实践中发现在水射流中加入磨料可以大幅度提高水射流的切割能力。其原因在于磨料的密度较大，可以使水射流动能更大，冲击力更为集中，同时磨料表面锋利的尖刃可以对切割靶物进行微切削。含有磨料的水射流的切割情况就像砂轮片切割一样，只不过这里砂轮的基体被代之以水射流。

加砂水射流切割机制是借助水射流的动能加速磨料，利用磨料和水的动能冲击和切削材料的过程，也就是说水射流切割过程是三者共同作用的结果：一是固体粒子和水射流的冲蚀作用；二是水射流中磨料沿工件界面的剪切作用；三是磨料对切割面微磨削加工。可以说水射流切割是大量磨料粒子对切割面微磨削切割的累积效应。

纯水型水射流切割是仅仅利用洁净水增压后从喷嘴中喷出高速水射流束进行切割，水压在20～400 MPa，切割加工能力低，多应用于切割软基质材料。

根据磨料加入位置的不同，可以将其分为后混式磨料水射流及前混式磨料水射流。后混式磨料水射流通过增压装置先行生成高压水射流后再将磨料加入。后混式磨料水射流切割头结构简单，只要在纯水型射流切割喷嘴上附加一个进砂管、混砂室、磨料水射流喷管即可。为了保证磨料的均匀混合，一般采用气动送料，在传输距离较短时也可以直接利用高速水射流经过一个密闭空间(混砂室)的卷吸作用(产生的负压)，将细砂混入高速水流中，再通过一个小孔喷管(磨料水射流喷管)而形成一束细砂射流。磨料水射流的动能由于射流的质量变化而提升数倍($\rho_{水}=1g/cm^3$，$\rho_{砂}=4g/cm^3$)，切割效果大大提升。后混式磨料水射流系统具有结构简单、管路磨损小、磨料适用范围宽等优点，但磨料混合效率低、磨料难以直接回收使用。前混式磨料水射流切割预先将磨料和纯净水混合后再一起加压，经管道输送至切割头，高压水携带磨料一同从喷嘴孔中向外喷射。这种将磨料与水混合制备成悬浮浆后再一起增压的方式，磨料的混合效率达到最大，具有切割能力强、磨料可回收使用的优点；但同时存在着设备、管路、喷嘴磨损大缺点，一般仅用于粒度很小、硬度很低的磨料，同时由于砂在加压泵中和管路中磨损和阻碍作用而使其工作压力较低。前混式磨料水射流，磨料也可以在高压水产生后再通过压力罐加入，这种方式高压泵磨损较小，可以达到较高的压力；但当压力罐中的磨料用完后再向压力罐添加磨料较为麻烦，难以实现长时间连续工作。

四、切割头和喷嘴

纯水型和加砂型切割头和喷嘴组件的基本结构如图6-8所示。纯水型水射流切割头结构简单，喷嘴为直筒型。喷嘴孔径$\phi=0.05\sim0.5$ mm。后混式加砂型射流切割头由切割枪体、宝石喷嘴(水喷嘴)、进砂管、混砂室以及砂喷管(磨料水射流喷嘴)等几部分组成。其中宝石喷嘴材质和孔径大小与纯水型喷嘴相同。磨料水射流喷管孔道承受高速运动的磨料的磨损，使用宝石、碳化钨等硬质金制造。同时磨料水射流喷嘴孔道采用两段式结构，上段为锥度缓慢变化的圆锥体，下段直筒形孔道，孔道长度很长。磨料水喷射管孔径$\phi=1.0\sim2.0$ mm。前混式加砂型射流切割头，其高压水与磨料混合后一起经管道输送至切割头，磨料对管道、喷嘴磨损大，尽管切割水压力较低，喷嘴必须采用宝石、碳化钨硬质合金材料制造。喷嘴孔道也是二段式结构，但圆锥体段较短。喷嘴孔径较大，水压35 MPa时，喷嘴孔径$\phi=2.0\sim3.0$ mm。

制造喷嘴的材料主要有金刚石、宝石(红宝石、蓝宝石)、陶瓷、硬质合金、不锈钢以及优质碳素钢等。其中人造金刚石具有最高的硬度和耐磨性，但是其高压化学稳定性差，制造成本极高，采用普通机械不能加工，只能采用激光、超声波特种加工方法，且加工时可能会发生高温转变(金刚石在1 400℃时碳化)，因而金刚石喷嘴使用不广泛。红宝石具有其他材料无可比拟的硬度(莫氏9级)、耐磨性、耐高温(在1 200 ℃仍能正常工作)和化学稳定性，而被广泛地应用于水射流切割喷嘴。工业红宝石是氧化铝的单晶。红宝石喷嘴的加工工艺为：首先用环氧树脂与聚酰胺混合物(质量比1:1.5)

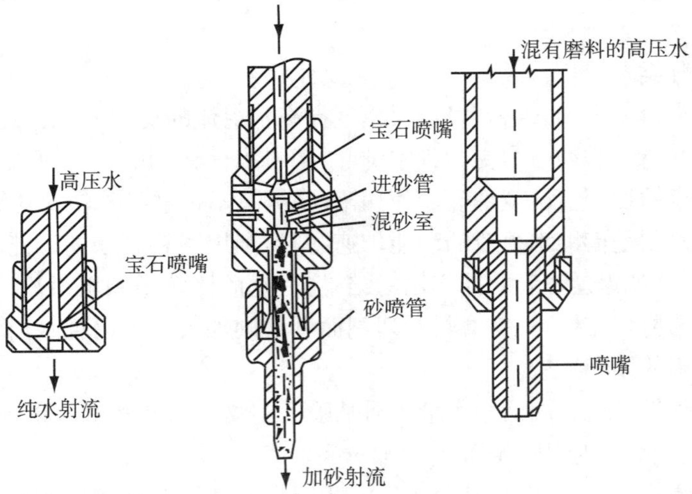

图 6-8　水射流切割喷嘴基本结构

把宝石黏在玻璃上，在切割机上进行切片、切条、制坯（对于轮廓尺寸较大的坯料，为降低成本也可采用多晶宝石）。其次加工小孔。宝石喷嘴小孔加工有 3 种方法：研磨法、超声加工和激光加工。研磨法是一种传统的方法，效率极低，质量难以保证；超声加工可用于红宝石打孔，但因存在变幅杆和超声头尺寸制约，孔径加工受限制，且超声工具磨损严重，喷嘴加工也不理想；激光加工效率高，工件装夹方便，最小孔径可达 ϕ0.04 mm，公差达 0.02 mm，因此通常采用激光机打孔。最后进行扩孔和后处理。由于激光打的孔不够光滑，而且孔壁有烧焦层，需要在扩孔机上进行粗扩孔和精扩孔。

五、高压水射流切割工艺

（一）水射流切割工艺参数

水射流切割过程中，高速水射流对工件表面施以很大的静压力和冲击力。材料在连续不断的高能量水流的冲击下被去除，所以水压、流速、射流直径以及切割头与工件间距离等参数都会对切割加工产生影响 。在磨料水射流切割过程中，射流中单个颗粒的作用是切割加工的基本单元。磨料颗粒的类型、尺寸粒度、硬度、几何形状以及磨料流量对于磨料水射流切割过程都有重要影响。X. G. Hu 和 A. W. Momber 等研究了磨料水射流对钢筋混凝土材料的冲蚀作用。试验发现，磨料浓度增加时，磨料射流对混凝土的冲蚀作用加快；当流速保持相对恒定时，冲蚀速度和磨料浓度之间呈线性关系；但在流速较低的情况下，磨料浓度对混凝土冲蚀速度的影响则非常微弱。流速越快，磨料浓度变化对冲蚀速度的影响越显著。这一结论对研究其他材料的磨料水射流切割具有指导作用。

其他参数还包括材料厚度、工件几何形状、材料的可加工性、切割速度等。切缝宽度与被加工件材质、厚度和使用喷嘴直径等参数有关。一般而言，纯水射流切割，割口宽度 0.1～1.1 mm；磨料射流切割，割口宽度 0.8～1.8 mm；金属材料磨料水射流的切割极限厚度 50～75 mm。据国外报道，水射流切割厚度甚至可达 125～150 mm。

（二）工艺参数对加工质量的影响

1. 射流压力对切割深度的影响

影响射流冲击力主要因素有射流压力、射流流量、喷嘴移动速度以及喷嘴到工件的距离。水压是水射流切割的一个重要参数。在一定的结构和喷嘴尺寸下，压力主要影响射流的速度。水压越大，水射流的速度就越高，其动能也就越大，磨料动能增加，射流切割能力就越大，因此，切割深度就越大。在特定的条件下，存在最小临界值，当水压小于该值时，射流不具有切割能力。将压力－切割深度关系曲线延伸到与压力坐标轴相交，就得到最小切割压力。切割深度与射流压力呈线性关系(见图 6-9)。随着射流压力的增加，切割深度明显增大，因此在许可的范围内尽量地增加系统压力以增强切割效果；但是压力增加会给系统密封、零部件抗磨损带来一系列的困难。

2. 磨料参数对切割深度的影响

磨料射流之所以表现出巨大的切割能力，其最重要原因就在于射流中含有高硬度、高耐磨性的磨料颗粒。磨料硬度低切削能力弱，但磨料性能对加工表面质量的影响不明显，而磨料的尺寸对加工表面质量的影响则较为明显，磨料尺寸越大，加工面越粗糙。

(1) 磨料粒径对切割深度的影响见图 6-10。决定磨料水射流切割作用的是磨料水射流总的冲击力和微切削作用，以及水射流的冲蚀作用。磨料粒径较小时，由于磨料浓度一定，尽管磨料射流中的颗粒数量多，速度高，但因质量轻，具有的动能低，因此对材料的冲蚀能力较弱，切割深度较小；反之，颗粒粒径过大，因为磨料浓度一定，射流中的颗粒数减少，而且由于惯性及流体阻力的作用，大颗粒的加速度减慢，导致其切割能力下降，所以粒径太大时，切割深度也会减小。磨料水射流切割，切割深度随磨料粒径的增加呈先增加而后减小的规律，存在一个最佳的粒径值，其使磨料射流既具有足够多的磨料颗粒数，又具有足够大的动能。

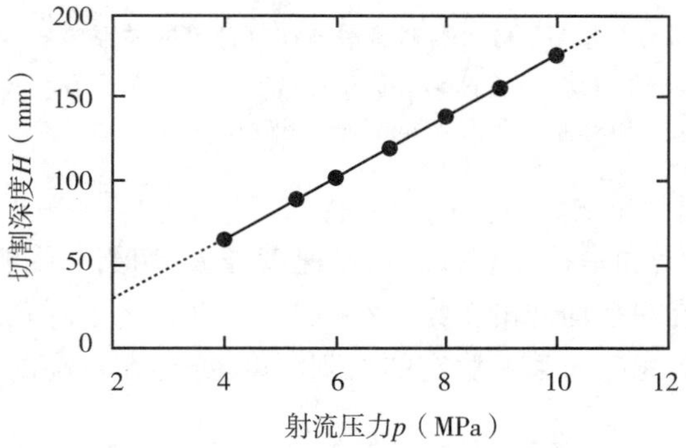

图 6-9　射流压力度与切割深度的关系

(注：试验中射流压力 p 分别取 4,5,5.5,6,6.5,7,7.5,8,9,10 MPa 十个等级。其他试验条件：切割速度 $v=0.48$ m/min，切割靶距 $L=35$ mm，磨料流量 $Q=6.6$ kg/min，磨料粒径 $D=0.212$ mm。)

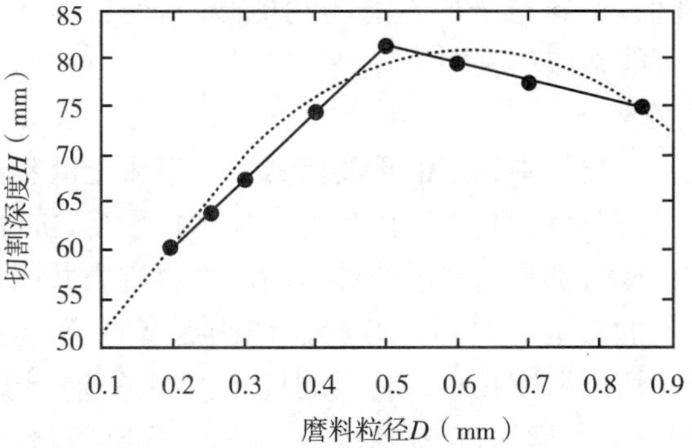

图 6-10　磨料粒径与切割深度的关系

(注：试验中磨料粒径 D 分别取 0.180,0.212,0.250,0.300,0.355,0.425,0.500,0.600,0.710,0.850 mm 十个等级。其他试验条件：水压 $p=6$ MPa，切割速度 $v=0.91$ mm/min，靶距 $L=120$ mm，磨料流量 $Q=4.0$ kg/min。)

(2) 磨料流量对切割深度的影响　磨料流量和切割深度两者关系呈凸曲线形状，也即存在一个最佳磨料流量值。磨料流量从小到大递增时，切割深度增大，曲线呈上升趋势如图 6-11 所示。因为磨料流量增大，单位时间内喷嘴喷出的磨料数量增多，对混凝土冲击频率增强，切割深度随之增大。

当磨料流量超过某个界限时，由于磨料水射流的总动能是一个固定值，磨料颗粒过多，单个颗粒具有的动能减小，磨料流速相对降低。其次磨料密度太大，导致磨料颗粒之间产生干涉，流动阻力增大，导致射流能量损失，削弱了磨料对混凝土的冲击能力。所以磨料流量增加到一定值后，增大磨料流量，切割深度反而下降。在一定范围内，磨料流量增加，切割深度相应增加；但当磨料流量达到一定值后，切割深度随磨料流量增加反而下降。

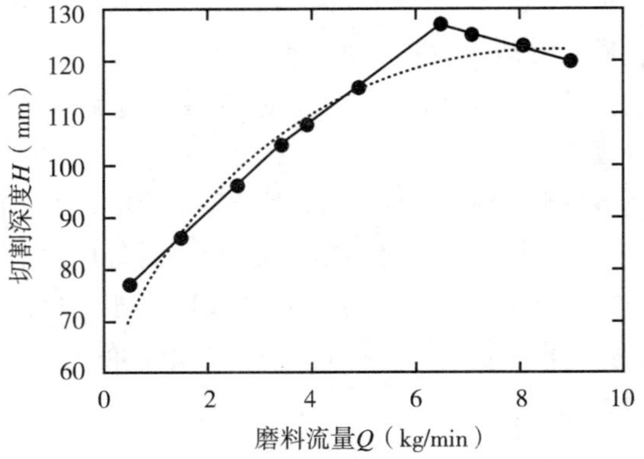

图 6-11　磨料流量与切割速度的关系

（注：试验中磨料流量 Q 分别取 0.5，1.6，2.4，3.1，4.0，5.2，6.6，7.0，7.7，7.8 kg/min 10 个等级。其他试验条件：水压 $p=8$ MPa，切割速度 $v=1.26$ mm/min，靶距 $L=90$ mm，磨料粒度 $D0.85$ mm。）

3. 切割速度对切割深度的影响

切割深度随切割速度的增加呈指数衰减。切割速度增大，切割深度明显下降，且切割表面质量降低。因为随移速度增加，射流的平均冲击压力减小，切割深度随之下降；但当移动速度进一步增大时，切割深度的减小并不明显，最终趋向某一稳定的切割深度，亦即在较高的移动速度下仍保持一定的切割深度。

4. 切割靶距对切割深度的影响

切割靶距是喷嘴到物料之间的距离。高压磨料水射流切割混凝土时发现，在靶距由小到大的变化过程中，存在一个最佳靶距(极限值)，超过这个极限值时，随着靶距的增大，切割深度急剧减小，且切割表面质量降低。这是由于随着喷嘴靶距的增大，射流中卷吸的环境介质增多，导致射流平均速度下降，磨料水射流的集束性降低，磨料粒子所具有的动能减小，对混凝土表面的冲蚀力也随之减小。因此，在允许的条件下，应尽可能地减小靶距。

5. 材料性能对切割深度的影响

被切割材料的力学性能是影响切割深度的重要因素。对混凝土磨料水射流切割的破坏力学机制进行分析得知，在磨料水射流切割过程中，材料内聚力表现为抗形变、抗分离，因此从材料表面裂纹形成、扩展到颗粒从块体材料上分离，都是磨料射流冲击力和材料抗力共同作用的结果。其中混凝土试件抗压强度对切割深度有一定的影响，抗压强度越大，切割深度越小。这是因为试件的抗压强度增大，其抗冲蚀的能力增加，因而切割深度减小。物料的抗压强度是选择切割最佳压力的先决条件，物料抗压强度大，所选择的切割压力应增加，移动速度应减小，以提高磨料射流的切割深度。

六、水射流切割应用

超高压水射流几乎可以切割任何材料，但在工程应用上还是有所选择的。超高压水射流切割的用途主要有 3 个：一是切割那些热切割无法加工的材料或易产生粉尘的材料，如大理石、瓷砖、玻璃、水泥制品等；二是切割可燃性材料，如塑料、布料、聚氨酯、木材、皮革、橡胶以及钢板等，因为水射流切割加工，被切割材料的物理、机械性能几乎不发生改变；三是切割易燃易爆材料，如弹药、炸弹和易燃易爆环境内的切割，这是其他任何切割方法无法替代的。

工业中使用的超高压水射流切割有两种形式：一是纯水切割。当水压在 100 MPa 以上时，可切割任意形状的软质材料——食品、海绵、橡胶、皮革、纤维、塑料、纸张类和纺织纤维等，其割缝为 0.1～1.1 mm 。其二是加磨料（常用 60～100 目的石英沙和氧化铝等）射流切割，其割缝为 0.8～1.8 mm。磨料水射流切割优势在于可切割硬质脆性材料、热敏感材料和热切割难以加工材料，如硬质合金、模具钢、淬火钢、钨钼钴合金、耐热合金、耐蚀合金、钛合金、白口铸铁、碳纤维复合材料、蜂窝结构材料、陶瓷、石料、混凝土、玻璃等工程材料。高压水射流切割除用于材料切割外，还可以用于清洗、破碎、表面毛化和强化处理。

高压水射流切割几乎适用于所有工业领域，如汽车制造、飞机制造、机器制造、模具制造、核电工业、舰船、兵器、金属加工业、混凝土、石材加工、陶瓷、造纸、橡胶、纺织和皮革加工、电子工业、食品、医疗、林业等行业中。如汽车内部装饰材料(如汽车地毯、仪表板、顶篷等)的切割以及汽车后架、车轮罩和隔热材料切割；桥梁、水电工程等大量使用钢筋混凝土结构的切割；建筑物上切割、开孔、破碎作业；挖掘铺设电缆或煤气管道的沟槽，破碎公路路基等。

常见材料水射流切割速度如表 6－14 所示。

表 6－14　常见材料水射流切割速度

材　料	板厚(mm)	水压(MPa)	喷嘴孔径(mm)水/磨料	切割速度(mm/min)
碳素钢	12 50	350	0.25/0.76	0.4 0.1
不锈钢	13 25	350	0.25/0.76	0.4 0.2
钛	3.2 6.4	350	0.25/0.76	0.8 0.6
铝	12 100	350	0.25/0.76	0.6 0.12
球墨铸铁	15	350	0.25/0.76	0.4
叠层纸	12	309	0.25	3.5
玻璃纸	0.3	343	0.10	120
石膏板	15	294	0.15	20
玻璃棉	30	343	0.17	150
橡胶	15	377	0.17	12
硅橡胶	12	377	0.12	3
硬质橡胶	19	309	0.25	6
布料	20	309	0.18	3
纤维织物	20	377	0.20	6
皮革	1	343	0.15	30

第四节　切割自动化

一、CNC 数控切割

1. 数控切割机械

数控切割机机主要由机械、CNC 控制装置、切割能源(电源或高压水发生装置或激光发生器)以及运动控制系统、切割枪等组成。从机械结构上看,数控切割机有十字悬臂梁型、轻型门架、龙门型几种形式,大型切割装备普遍采用龙门架型结构。为了提高生产率和切割过程稳定性,数控切割正向着自动化、柔性化(FMC)和无人化方向发展。国外数控切割机制造公司在龙门架上安装一个机械手,研制成功五轴门式的专用切割控制系统,该系统可以切割出各种空间轨迹,利用特殊的跟踪探头,在切割过程中控制切割运行轨迹。

激光切割、精细等离子弧切割和水射流数控切割机采用精密机械结构。龙门型切割机包括高刚度门架,高精度三维伺服驱动装置,割炬升降、旋转、角度调节机构以及水电气管线拖动机构等几部分。机器门架由横梁和两侧支撑立柱(两个端架)组装固定在一起。横梁采用箱式结构,具有高刚性、低惯量。门架纵向(x)移动采用齿轮齿条传动。纵向(x)导轨采用高精度精磨导轨,经准直调试紧固在带支座的混凝土或钢架基础上,并配有高度、横向调节机构,以保证导轨直线度、平行度和导轨工作面平面度。纵向的驱动系统装在端架的立柱内,同步双驱动设计使门架移动十分平稳。等离子弧切割机的导轨采用敞开式安装,立柱底部安装前后两个滚动轮可沿导轨滚动,前后端装有导轨刮屑器以清除杂物;而激光或水射流精密切割机,门架纵向移动导轨和机械臂横向移动导轨以及机械臂升降导轨或丝杠均安装防护罩,保证机构运行平稳和运行精度。立柱底部两侧装有导向作用的偏心夹紧轮。为确保机器的导向精度,机臂在横梁上的横向(y)移动和上下升降(z)采用齿轮齿条传动或丝杠螺母传动,使用高精度线性导轨或高精度丝杠;割炬升降也采用丝杠螺母传动或齿轮齿条传动。精密加工的齿轮和齿条保证了机器的纵、横向传动精度并消除了间隙。机器驱动采用高精度速度位置伺服、力矩伺服电机驱动系统以及位移测量补偿装置,从而保证了机器在连续运动中的高精度。

2. 数控切割机控制系统

国际上主流的数控切割控制系统有 3 种:德国西门子 840 D、日本 FUNAC 和法国 NUM 等系统。其中,西门子凭借在数控系统及伺服驱动方面的专业设计与不懈探索,为数控机床自动化提供日臻完美的数字控制系统。SINUMERIK 系列数控具有模块化、开放性以及规范化的结构,适用于各种控制领域不同机器的操作、编程和监控的需求。施耐德电气的子公司 NUM 是欧洲第二大数控系统制造商,主要产品有 NUM1020/1040,NUM1020M,NUM1020T,NUM1040M,NUM1040T,NUM1060,NUM1050 等。FANUC 公司在数控机床、机器人控制方面也有自己的品牌数控产品,如 F00,F100, F110, F120, F120, F150。3 大厂商产品在机床制造、数控切割机制造工业中被广泛使用。

美国海宝 EDGEII 数控系统为火焰/等离子切割机开发的专用控制系统,抗干扰性好;配置 380 mm(15 in)高清晰度彩色液晶显示屏、WINDOWS XP 界面、60 G 硬盘、256 MB RAM 和 USB2.0 输入接口,具有切割图形预览及图形轨迹动态放大/缩小功能,自动跟踪当前图形切割位置。可用 47 个宏库,可扩展生成 250 多个不同切割图形,接受 EIA、RS－274K 或 ESSI 代码零件程序,与多种程序格式兼容,具有钢板校正、拐角自动加减速控制、镜像功能、旋转功能、移动功能、走到穿孔点断点记忆功能、割缝偏差自动补偿功能。

澳大利亚 FastCAM 自动编程套料软件是专门为数控切割机开发,在计算机上使用的画图编程套料软件,主要由 4 个模块组成,包括 FastCAM 绘图模块、FastNEST 套料模块、FastPATH 编程模块以及 FastPLOT 校验模块。其主要功能包括 CAD 画图、DXF/DWG 优化处理、交互式套料、自动编程以及切割模拟校验和成本计算；针对包括火焰、等离子、激光和水刀等数控切割机，用于任意形状零件的绘图、编程、套料、校验和数控切割过程控制。

国内一些数控切割机制造商在自动化、多功能和可靠性方面多年的探索，开发出热切割的专用数控系统，形成具有自主特点的数控软件。国内开发的控制器结构形式分两种：一种是 CNC + 工控机主板，将一块工控机主板插入传统的 CNC 机器中，工控机主要用作实时控制，CNC 主要用作以坐标轴运动为主的实时控制；另一种是工控机 + 运动控制板，将运动控制板插入工控机的标准插槽中作实时控制用，而工控机主要作非实时控制。

控制软件具有下列特点：

(1) 采用图形输入方式，比代码输入更加直观，操作快捷方便；

(2) 中文界面，适合中国用户；

(3) 输入方式多元化，所有调控指令化；

(4) 利用自动套料编程软件，提高板材料利用率。

3. 工程数控切割机系统

(1) 激光切割系统　典型的激光切割系统由激光器、机器人或五轴激光移动机械、数控工作台、工艺夹具、CNC、计算机控制系统、焊接切割气体、循环冷却水系统组成。

割炬高度跟踪系统采用电容式位移传感器或红外激光位移传感器，非接触式高度传感器反馈控制切割头高度，实现高度跟踪调节。先进的激光机床采用了高精度交流伺服电机驱动，实现了切割头三轴的高速精确运动。

龙门式飞行光路具有刚性好、精度高特点，CO_2 激光切割通常采用龙门架结构(见图 6 - 12)。采用飞行光路的切割机，由于光束发散角、切割近端和远端时光程长短不同，聚焦前的光束尺寸有一定差别。入射光束的直径越大，焦点光斑的直径越小。为了减少因聚焦前光束尺寸变化带来的焦点光斑尺寸的变化，国内外激光切割系统的制造商提供了一些专用的装置供用户选用：①在 CO_2 激光器的输出端加一平行光管进行扩束处理，扩束后的光束直径变大，发散角变小，使在切割工作范围内近端和远端聚焦前光束尺寸接近一致；②在切割头上增加一独立的透镜移动机构，它与控制割炬到材料表面距离的 z 轴是两个相互独立的机构，当机床工作台移动或光轴移动时，光束从近端到远端 F 轴也同时移动，使光束聚焦后光斑直径在整个加工区域内保持一致；③控制聚焦镜(金属反射镜聚焦系统)的水压，若聚焦前光束尺寸变小而使焦点光斑直径变大时，自动控制水压改变聚焦镜曲率使焦点光斑直径变小；④飞行光路切割机上增加 x、y 方向的补偿光路系统，即当切割远端光程增加时使补偿光路缩短，反之当切割近端光程减小时，使补偿光路增加，以保持光程长度一致。

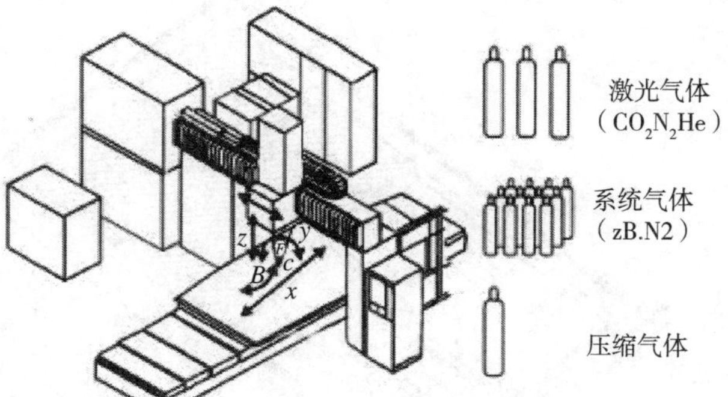

图 6 - 12　激光龙门数控切割机

(2) 水射流切割机　一台超高压水射流切割机床由高压水射流发生器(增压装置)、水刀切割头、数控切割平台、CNC 控制器系统以及计算机、控砂辅助装置等组成。增压装置是水射流切割机床的心脏，数控系统则是水射流切割机床的大脑。其中数控切割机采用刚性龙门架结构，具有极好的稳定性，即使在高速运动状态也不允许产生震动和变形；机床采用双交流伺服电机驱动，高精度丝杠和精磨导轨传动，保证零件加工的高精度；采用高性能水射流切割的专用数控系统，不仅图形绘图、预览、编程、程序调试校验等功能完备，而且三轴联动控制，具有强大的网络通信功能；菜单式操作，简单易学，保证设备具有极高的可靠性。在 PC windows 操作环境下控制机器和高压泵，防护系统能有效地防水、防砂，使机器经久耐用，自动润滑系统使设备维护操作简化。

(3) CNC 水下等离子切割机　水下等离子切割机主要由龙门架、切割平台、水床、CNC 控制系统、等离子弧切割电源等几个部分组成。通过龙门架的纵向移动与割炬在横梁上的横向移动的协调联动，原则上可以完成任意形状钢板件的切割。龙门架在轨道上的移动采用交流伺服电机同步双向驱动与高精度齿轮齿条传动装置，以保证切割过程的运行稳定性和高精度。轨道的两端设有缓冲装置及限位开关。龙门架横梁上设有两个割炬，其中一个为主动割炬，另一个为从动割炬，采用环状不锈钢带与主动割炬相连接(与环状钢带的内、外带片相固定)，通过伺服电机、齿轮齿条驱动割炬，则可实现从动割炬与主动割炬同向运动或逆向运动。切割头设高度感应装置以及割炬升降调节机构，自动地控制割嘴至钢板表面的距离，并保持恒定以保证引弧可靠性。操纵台设在龙门架一端，随龙门架沿轨道纵向移动，便于操作者观察切割工作情况。

切割机采用了 CNC 装置，只要将切割零件的形状、尺寸、编辑程序输入 CNC 储存器，工作时调出程序即可自动按程序完成全部切割工作。操纵台上设有显示屏，用以显示切割图形、运行程序，操作十分直观。

切割工作台可设一个或两个大水床(见图 6－13)。水床包括水床座、气箱、栅格平台及阀门、管路等，采用 8～10 mm 钢板焊制而成。空气箱如同没有盖的盒子，开口朝下倒扣在水床底部，和水床相对固定，栅格平台放在空气箱上面。切割时，工件放在栅格上，通过向空气箱注入压缩空气，将气箱内的水压出，水床水位上升淹没栅格和工件；切割完成后，打开控制伐，将气箱内空气排放出去，栅格上部的水就流回气箱中，工件露出水面。由于通过阀门控制水床充气或排气来实现水位的上升或下降，水位升降过程迅速。在进行水下切割时，水位高于工件表面，割炬喷嘴浸入水中对工件实行切割，水可吸收切割时产生的大部分粉尘、弧光和噪声，有效地保护了环境和操作者的安全。通过对水位的调节还可实现半浸式或水上切割。抽风排气装置同样也是一种安全保护措施，用于抽排剩余的切割烟尘。两个水槽可以交替工作，即其中一个水槽工作时，另一个水槽在为下一次切割作准备。采用双槽式结构，可以有效地提高设备的利用率和生产效率。水槽有专门设计的特殊供排水机构，它能在十几秒钟内使钢板浸在水下 80 mm 深处，同样也能在十几秒钟内使钢板露出水面，因此水的涨落时

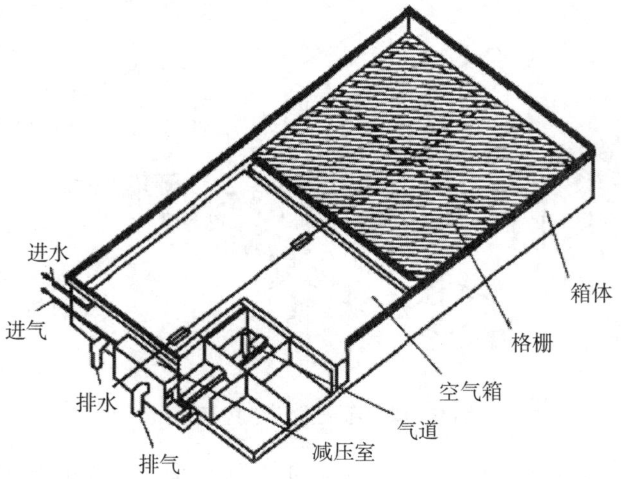

图 6－13　水床结构

间并不影响生产效率。

普通等离子电源输出电流<200 A，切割厚度可达 50 mm 以下；水射流式等离子电源输出电流最高可达 1 000 A，切割厚度可达 130 mm 以下；精细等离子电源输出电流最高可达 100 A，切割厚度可达 12 mm 以下，其中精细等离子割缝宽 0.65～0.75 mm，与数控切割机配合可达 ±0.2 mm 的切割精度。

二、机器人切割

（一）机器人切割特点

机器人切割在材料加工领域尤其在汽车制造业中广泛应用于结构件、内衬材料的切割。机器人由于高度柔性不仅可用于切割各种几何形状的平板结构件以及方形、圆形和其他形状的孔槽，而且可以切割加工三维形状结构件。

机器人切割系统特点：①机械结构有龙门架悬挂式和座式两种形式。②机器人切割系统运动形式分为：ⓐ机器人位置固定，动工件——需要配备物料吊装、搬运、上料、下料、传输系统，定位夹持、测量、切割、工件出料、废料搬运等辅助工序；占用很大工作场地。ⓑ工件不动，机器人移动；需要增加机器人台车移动机构；配备物料搬运吊装、定位夹持、测量系统、工件出料、废料搬运等工序。③机器人进行二维或三维形状切割、开坡口、打孔等操作，需使用多关节机器人（多轴）。④割炬比焊炬重，需使用负荷能力（10 kg）以上的机器人。⑤机器人切割可用在线示教编程（机器人）或离线编程（机器人）。所谓离线编程即用户通过调用图形库切割程序，输入新的数据形成新的程序或者采用 CAD/CAM 生成新的切割图形文件，经编译程序转换为机器人切割运行轨迹文本，然后下载至机器人控制器。

使用工业机器人进行切割操作，①用户可以采用机器人编程专用的指令、格式编辑切割程序；若采用 CAD/CAM 生成的切割图形文件则必须通过编译程序转换为机器人能够识别的数据文本，也即切割图形文件——机器人运行轨迹转换；②精确地确定物料在机器人坐标系中位置，必须解决机器人坐标系－工具坐标系－世界坐标系（物料位置）转换；③物料变形、在工作台上位置变化严重影响工件切割尺寸精度以及工件三维形状尺寸测量控制，必须使用工装夹具夹持物料进行定位，通过传感器在线检测物料的位置、形状、切割工件的尺寸；④及时地将用户编辑的程序下传给机器人控制器，或者将传感器在线检测的数据信号上传给计算机进行数据处理，必须解决机器人控制器－计算机之间数据信息通信，物料工件位置、形状在线检测，工件位置精确定位，夹持，切割轨迹位置确定。

（二）机器人切割系统结构

1. 工业机器人

亦即可编程的机械手。机器人采用 5 轴或 6 轴机器人。机器人腕关节装配防碰撞传感器，防止机器人在运行中误动作损坏割炬。每一种型号机器人都有一个有效工作范围的限制。在生产线机器人手臂可达性取决于切割机的结构形式：座式机器人切割机切割范围受机器人臂长限制（约 1.5 m），龙门架悬挂式机器人臂有效工作范围可达 2 倍的臂长 3 m×3 m 以上。机器人每个轴都有安全防护装置，防止机器人在高速运动中撞击其他物体，损坏机械臂。机器人能够实现以下编程方式：键盘手工编程；示教再现；通过 RS232（RS485）以太网接口和移动 USB 实现程序传输。一般机器人控制器有以太网接口，可以接入工厂的局域网，实现对机器人加工程序的管理和上传下载数据信息。机器人控制系统可以存储数千个程序，对不同型号、形状的工件可以调用存储在机器人控制器中的相应的程序进行切割。

2. 控制系统

机器人切割控制系统的关键是机器人、传感器、伺服电机驱动器、切割电源、行程开关等与工控机（或 PLC）之间的协调工作。控制系统的核心是工控机（或 PLC）。切割集成控制系统主要任务是如何在工控机（或 PLC）与系统各个对象之间进行信息交流，规划系统信息流和控制流，负责分配系统各个对象对各种状态和信息进行处理和响应，实现多个控制对象的协调控制。

3. 机器人作业模块

机器人的动作控制采用示教再现或离线编程(OLP)实现。机器人控制器通过现场总线与工控机(或PLC)以及其他设备通信以实现协调作业。控制系统对机器人切割过程状态进行动态实时监控和响应,并具有程序中断、断点数据自动记录和从断点恢复执行任务的功能。

在机器人切割系统中,工控机(或PLC)实现对机器人的启动、停止以及运行状态监测、动作的控制,在线调用(读写)和下载机器人加工程序;工控机(或PLC)也可以通过现场总线(profibus)对伺服电机进行控制实现物料或工件的传输,包括运行启停、正反转、速度调节、多段速度切换等;同时,工控机(或PLC)通过现场总线实时采集机器人以及伺服电机的工作状态在人机界面上显示出来,切割工件的加工数据也可以采集写入存储器。

4. 操作平台控制模块

操作平台运动控制方式有两种:①操作平台驱动作为机器人外部轴控制,其伺服控制算法包含在机器人的控制算法中,可实现操作平台与机器人联动,可用于复杂的空间(曲线)形状切割;②工控机(或PLC)主使控制方式,操作平台的伺服驱动器与工控机(或PLC)模块相连,伺服控制算法在工控机(或PLC)程序中实现,结构简单、程序更改方便,主要用于实现简单空间形状的切割。

5. 物料定位控制模块

传动系统将物料移动到机器人工作范围内(或机器人移动至切割作业范围),工装夹具负责将物料固定在工作平台上,定位系统通过测量装置精确地计量和控制工作平台上物料移动距离,保证工件切割(长度、宽度)尺寸精度以及切割孔槽位置尺寸精度。双工位机器人切割系统允许在一个工位进行机器人切割的同时,操作者在另一个工位进行物料的吊装或定位。如果不用定位系统,在操作者装卸工件时就不得不停止下机器人工作。工控机(或PLC)通过I/O接口控制气动液动夹具的电磁阀,控制夹具的开/合,实现对物料的夹紧或释放。工件测量控制有两种形式:①测量小车。测量小车采用交流伺服电机驱动,精密齿轮齿条副或丝杠螺母副传动,精密位移传感器检测物料与传感器间的距离,通过工控机对物料工件移动距离进行控制(动工件)。②机器人作为测量机械手。工控机(或PLC)通过I/O接口、现场总线从机器人控制器读取机器人相对于物料移动距离(动机器人)。

6. 切割电源控制模块

激光、等离子弧电源是一个独立的单元,对切割过程和切割参数的控制是一个复杂的过程。电源控制模块向外提供了I/O接口,借助于现场总线或信号电缆与工控机(或PLC)相连,实现对激光、等离子电源的启动/停止控制。等离子弧切割控制还包括引弧、熄弧、断弧处理等功能。切割参数控制包括等离子气体设定、切割电流、电压设定、等离子气体和保护气体调节等,激光切割控制包括穿孔、移动、停止等,切割参数控制包括激光功率、焦点位置、移动速度、保护气体、侧吹气体等调节。

(三)机器人切割工程应用

1. 船用型钢机器人切割系统设计

在造船工业中,要像汽车工业那样普遍使用机器人存在许多挑战和障碍:首先,船舶制造单件生产模式,使用型材的品种(角钢、球扁钢、工字钢等等)规格繁多,船体采用分段制造,各个分段型材加工尺寸千差万别;其次,原材料和部件的尺寸精度低,轧钢厂生产的普通型材的尺寸精度低于机器人自动加工允许范围,型钢在存储、运输、装卸的过程中又极易发生弯曲变形。

使用传统的数控切割机和示教再现型机器人进行型钢切割加工,对型钢变形量控制相当严格,所能允许的变形量仅为:长度方向直线度±2 mm/12 m,平面度±2 mm/12 m,宽度±1.0 mm/12 m。采用传统的示教再现型机器人切割显然不可行。少数造船工业发达国家为了将机器人引入造船工业,曾尝试采用以下几种方法:

(1) 造船厂在备料工段安装轧机,矫正型钢尺寸偏差,机器人在平直的型钢上进行划线、切割加工。

(2) 在机器人划线、切割工位上安装夹持顶锻装置，在型钢需要进行划线、切割作业的地方局部矫正型钢，使机器人在平整的型钢上作业。这种方法可以减小构件最终尺寸误差，但不能消除尺寸偏差。

(3) 在生产线上安装位移传感器，检测型钢形状、位置、尺寸，使机器人的运行程序适应型钢的实际形状，通过补偿算法，在线修正机器人的运行轨迹，实现构件几何尺寸的精确切割。

早期设计的机器人型钢加工自动化生产线不具备补偿由于型钢弯曲变形引起的构件加工形状尺寸误差，因此基于标准型钢上设计的加工图形数据就不能用于变形后的型钢加工。上海交通大学、江南船厂提出了基于型材变形量测量，通过补偿算法，补偿加工图形因型材变形引起的坐标误差，使得被加工的型钢在拉直装配焊接后，其加工图形的位置坐标等于在标准型钢上的设定值。所开发的型钢切割系统的技术关键是：

(1) 基于 ROBWARE 在 Windows NT 操作系统下构建计算机和机器人间通信平台；

(2) 将切割加工图形分解为基本图形，用图形要素坐标来描述基本图形，构建型钢数据库及加工图形数据库；

(3) 计算机编辑机器人运行程序以及加工图形 CAD 文件，通过系统编译器(T2Robot)来实现图形文件到机器人语言的转换，控制机器人进行划线、切割操作；

(4) 用激光位移传感器对型钢进行检测，构建型钢 3 D 模型；

(5) 计算机对型钢的测量数据处理、补偿运算转化为型钢加工图形的坐标，经计算机与机器人控制器间实时通信，传送补偿后的数据，控制机器人运行轨迹，实现在线补偿。

2. 型钢切割系统结构

型钢切割系统可分为 4 个子系统：工业机器人系统、等离子划线与切割系统、辅助设备系统及通信与控制系统(见图 6－14)。

图 6－14　机器人型钢切割系统硬件

型钢切割系统的硬件包括：

(1) 一副 14 m 长精密导轨，安装在箱形基座上。

(2) 一个可沿导轨双向移动的驮载机器人的平板台车，采用 3 kW 交流伺服电机驱动。机器人台车伺服驱动可选配通用交流伺服电机或采用机器人外部轴驱动，采用外部轴驱动系统则很容易解决机器人移动零点设置、移动距离计量、积累误差补偿、空间轨迹割炬姿势规划等难题。

(3) 一个 IRB2400/16 kg 六轴机器人和 S4 型控制器，机器人手臂末端安装夹持割炬气爪(夹具)。工业机器人是该系统的主要设备，机器人系统可以通过 ethernet 接口与计算机进行通信。

(4) 在移动平板车上安装两个夹持割炬的支架(割炬库),夹持划线炬、切割割炬。

(5) 一个用于型钢边缘和高度测量的激光位移传感器,安装在机器人手臂上。

(6) 一个型钢切割加工操作台,其与机器人基座导轨平行放置。

(7) 等离子弧切割电源 Max200 和划线电源 ArcWriter 以及用于型钢划线等离子炬、型钢切割的等离子炬和控制系统,等离子弧划线和切割引弧信号由计算机通过 I/O 接口和控制系统 PLC 来控制。

3. 系统通信与控制软件

型钢机器人自动划线、切割生产线的控制系统由计算机、服务器、机器人控制器、PLC 等组成。工业控制计算机是系统的核心,通过网络线与系统各部分进行通信来控制和监测整个系统。控制系统结构如图 6－15 所示。

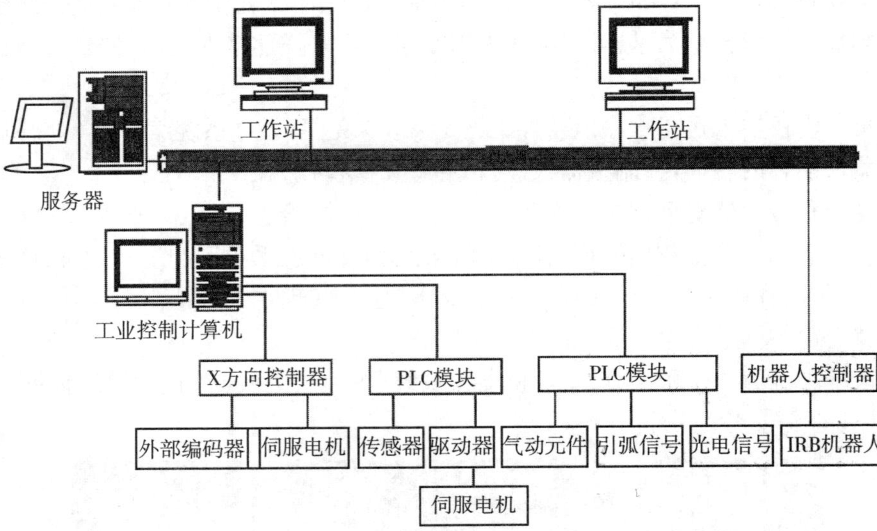

图 6－15 控制系统结构

计算机与外部通信硬件接口包括 485 串行通信口、I/O－32 口、网络适配器。其的功能包括:

(1) 通过以太网与文件服务器通信,共享系统资源,获取划线和切割任务;也可以直接在本地机上通过用户语言描述输入,创建加工任务。

(2) 通过以太网与机器人控制器通信,控制机器人运行操作和监控机器人的状态。

(3) 通过 485 总线与机器人台车的伺服电机控制器通信,控制 x 方向伺服驱动电机;通过内、外部编码器获取机器人当前的行走位置,监视电机运动状态。

(4) 通过 I/O 板与 PLC 连接,控制割炬库夹枪气爪的开合,机器人手臂气爪的开合,等离子弧引弧、熄弧,监测工作台的光电行程开关信号、气爪开合状态以及其他辅助设备状态。

文件服务器和工作站主要用于资源共享和数据库系统管理。与划线、切割相关的数据库包括型钢数据库、型钢加工图形数据库、划线和切割历史记录数据库,主要承担着文件服务功能和数据库服务器功能。系统型钢图形元素 CAD 模型数据库是基于网络的 SQL(structured query language)数据库系统。图形元素 CAD 模型以标志文件名保存在服务器 SQL 数据库中,工业计算机可以从服务器上获得目标型钢图形元素 CAD 模型数据,并按流程对型钢图形元素进行自动划线和切割操作。网络集线器则用于连接工控计算机、服务器、工作站和机器人计算机。

将通用工业机器人用于变形型钢自动加工:首先采用传感器对型钢的形状、位置进行在线检测,获得型钢实际形状、位置的三维空间尺寸数据,按一定的规则进行补偿计算,转化为机器人坐标系中型钢加工图形的坐标数据;其次通过计算机与机器人控制器之间的适时数据通信,以控制机器人臂端移动轨迹，从而实现对变形型钢加工图形坐标的在线补偿。

据此，型钢加工系统的控制软件包括以下几个部分：

（1）型钢切割图形CAD建模及图形元素快速输入　针对船用型钢加工的特点，按照用户的意图快捷输入型钢切割图形要素，构建型钢加工信息，即型钢图形元素CAD模型。设计友好的人机对话界面，进行快捷和方便的型钢图形元素的输入。型钢的参数、切割和划线图形及文字等信息都可以通过对话框来进行输入。系统设计了型钢切割划线信息预览功能，以便于校验输入的型钢信息。

（2）型钢机器人自动划线切割系统的机器人离线编程　传统的示教再现型机器人在示教后运动轨迹固定不变，不能适应加工图形的尺寸变化、位置和形状偏差大的型钢划线、切割的加工。借助于型钢位置、形状在线检测、即时计算以及计算机与机器人之间实时通信，实现机器人执行切割操作轨迹偏差的在线补偿。具体通信方法是：计算机生成机器人语言后，即时下载到机器人控制器内存，机器人再执行程序。

（3）型钢数据库、图形数据库和划线、切割生产数据库构建　船用型钢机器人自动划线、切割系统的数据库包括型钢数据库、加工图形数据库和划线、切割生产数据库：型钢数据库保存各种型号、规格的型钢参数是型钢CAD建模的基础；图形数据库保存系统的加工信息，便于快捷地检索、修改和输入图形加工信息；划线、切割生产数据库记录生产加工信息，用于统计、安排生产。

（4）型钢工件位置和变形检测　每根型钢的变形几乎是不同的，且放在工作台上的位置也有一定偏差；图形要素补偿主要是指对加工平面内型钢位置偏差和变形的补偿，确保划线、切割图形在$x-y$平面内位置精度。型钢位置偏差和变形激光检测原理如图6－16所示：机器人移动，通过安装在机器人手臂末端激光位移传感器对型钢腹板和翼板形状和位置进行检测。在此过程中，由计算机读取$x-y$方向上机器人的运动位置数据及相应的型钢的型钢外形数据，读入计算机，作为型钢边缘曲线拟合与

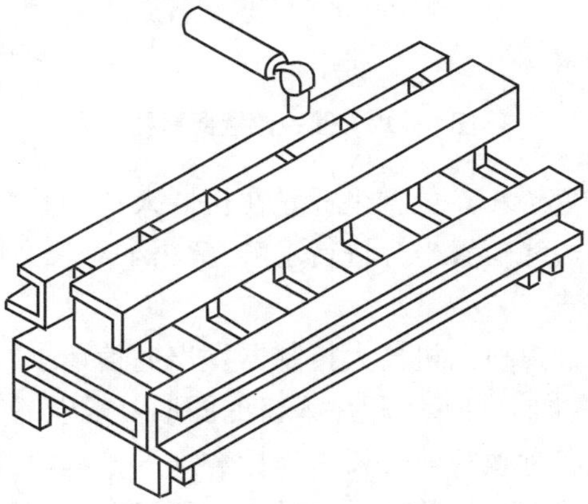

（a）腹板检测

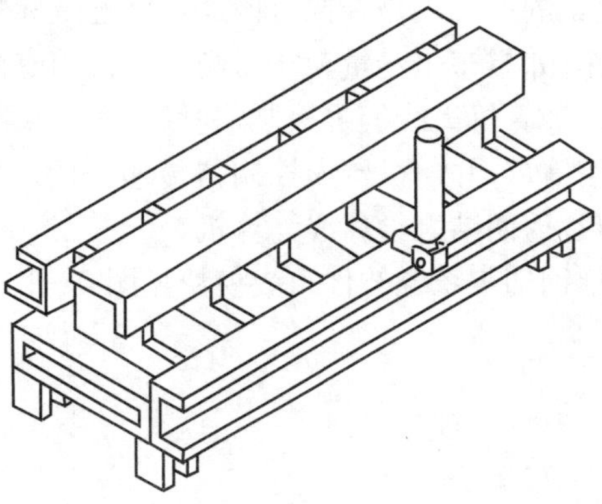

（b）翼板检测

图6－16　型钢形状位置检测原理图

补偿的数据源。

(5) 型钢边缘变形的补偿算法　型钢外形和位置数据读入计算机后，计算机对其进行必要的数据处理，根据补偿规进行补偿运算，将补偿计算后获得的新的机器人执行加工操作运行轨迹的坐标再传送到机器人控制系统。

从几何图形分析角度出发，任何复杂的平面图形都可以分解为直线和圆弧，而直线可以用两个端点、圆弧可以用圆弧上的3个点来描述，称之为图形要素；因此，图形位置要素补偿，即将复杂图形分解为圆弧和直线，分别对表征圆弧、直线的位置要素的坐标进行补偿。下面以圆的位置要素(x_0, y_0)补偿为例，介绍圆心位置要素补偿算法。补偿后坐标为(x_0', y_0')。图6-17(a)表示标准工件示意图，图6-17(b)为变形且斜放的工件示意图。在变形型钢的边缘，曲线长为x_0处找点$A(x_t, y_t)$，过A点作切线AB，在AB的垂线上找点O'使$AO'=y_0$，O'就是经位置补偿后得到的实际圆心位置。当切割完毕并校正工件后，O'位置将与O位置重合。因此，$x-y$平面内的检测与补偿问题就是测量型钢边缘曲线，并求得切割图形的实际位置。

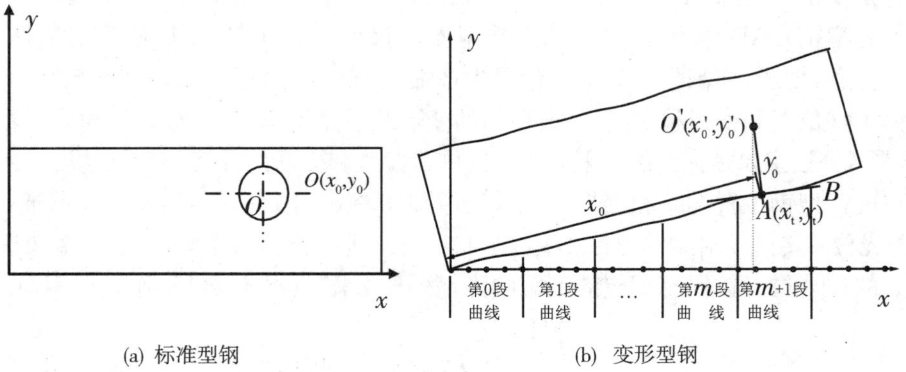

图6-17　圆的位置要素补偿

求解O'点坐标，必须首先确定A点位置坐标。在机器人切割系统中，通过激光位移传感器检测和采用分段拟合的方式对型钢边缘位置坐标进行求解，解决了对长型钢拟合误差较大的缺陷，确保了加工图形位置精度要求。

(6) 补偿数据在线传输　计算机向机器人控制器发出通信请求，并传递经补偿后的型钢加工图形要素的坐标数据，同时给基本加工图形子程序入口的图形要素坐标变量赋值。

在机器人控制系统中设置各种执行轨迹要素坐标数据的子程序模块，当机器人获得经补偿后的数据及相应轨迹子程序模块的要素坐标数据后，机器人主程序检测各执行轨迹坐标数据子程序模块输入口的布尔变量，根据布尔变量的值决定是否执行该运行轨迹坐标数据子程序：如布尔变量为"1"，机器人则执行相应的子程序操作；如果布尔变量为"0"，则不进行相应操作。

机器人执行运行轨迹坐标由计算机离线编程控制，利用机器人系统中的控制器和计算机数据通。计算机先向机器人系统发出通信请求，并向机器人控制器传递补偿后的图形坐标数据及其他所需参数，而机器人控制器通过信息应答返回结果给离线计算机。

(7) 系统控制软件结构　型钢切割系统软件组成模块见图6-18。

4. 型钢切割系统性能指标

型钢最大长度≤12m；

工件最大厚度≤50 mm；

工件最大宽度≤500 mm；

切割速度($\delta=20$ mm)≥2 m/min；

划线速度≥12 m/min；

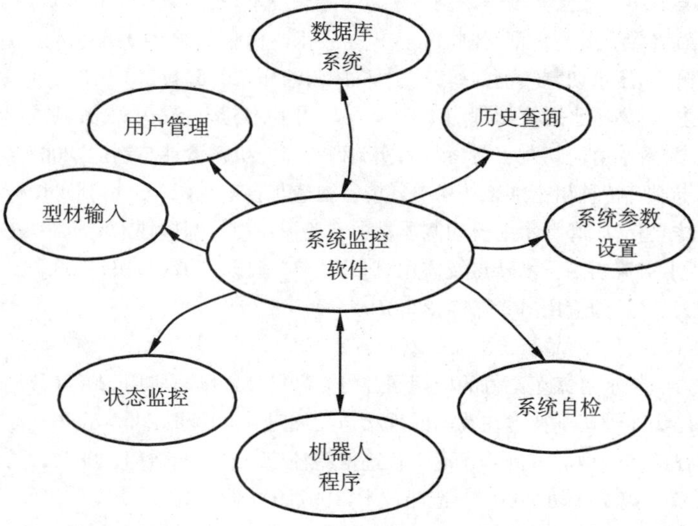

图 6-18　型钢切割系统软件组成模块

空程速度≥18 m/min；

坡口角度±35 度，精度≤±2 度；

划线、标记线宽≤1.5 mm；

型钢最大挠度≤30 mm；

局部最大翘曲≤10 mm/m；

系统运行定位精度≤1.0 mm。

基本功能：端切(直线、折线、曲线型钢端头形状切割)及坡口加工，流水孔、安装孔切割，安装线、逆直线画线和船型、分段、件号、日期标注。

标准型钢加工能力：30 根/班 。

参考文献

[1] 殷浩澍. 高新切割技术在我国造船工业中的应用及发展[J]. 电焊机，2004(2)：2-5.
[2] 山口义博，加端哲也，藏冈一浩. 用旋转气流控制切割断面的钢板高速高精度等离子切割[J]. 机械工人，2005(5)：30-34.
[3] 梁桂芳. 水再压缩等离子弧切割的工艺特性与切割参数[J]. 机械工人，1995(4-5)：26-27.
[4] 齐治民. 水下等离子切割水台的制作[J]. 电焊机，2006(7)：19-35.
[5] 宗朝晖，孙周明. 水下等离子弧切割技术研究[J]. 机车车辆工艺，2001(2)：4-6.
[6] 殷浩澍. 长寿命氧等离子弧切割技术及其在造船厂中应用[J]. 造船技术，1997(10)：34-37.
[7] 刘永祯. CO_2 激光切割工业应用[J]. Net laserhome，2007(9).
[8] 杨苏庆，周骥平. 激光切割板材的关键技术[J]. 机械制造与研究，2007(12)：68-70.
[9] 吉智，窦春雨. CO_2 激光切割若干质量控制因素与对策研究[J]. 江苏煤炭，2003(2)：29-30.
[10] 马建忠，杨海波. 浅析影响激光切割质量的几个因素[J]. 石油机械，2003(8)：23-24.
[11] 宋艳庆，邓金娥. 影响激光切割板材质量的因素与工艺参数探讨[J]. 机械产品与科技，2003(3)：19-21.
[12] 邓德圣，刘建华，胡席远. 氧助散焦激光切割厚板的稳定工作条件[J]. 激光技术，2003(3)：178-181.
[13] 林刚. 氧气在钢材激光切割中的作用[J]. 低温与特气，1997(14)：33-35.
[14] 谢小柱，李力钧. 激光切割金属厚板新技术[J]. 激光技术，2005(3)：251-254.
[15] 周岩，刘晓胜，张显奎. 激光切割石英的切向裂纹研究[J]. 激光杂志，2003(4)：73-74.
[16] 鄢铨，李力钧. 激光切割板材表面质量研究综述[J]. 激光技术，2005(3)：270-274.

[17] 袁明权,凌宏芝.石英玻璃薄板激光精密切割技术[J].激光技术,2006(4):406-408.
[18] 王光富,王广昌.水射流导引激光精密切割[J].光电子技术与信息,2000(4):43-44.
[19] 王洪伦,龚烈航,姚笛.高压水切割喷嘴的研究[J].机床与液压,2005(4):42-43.
[20] 李明毓,杨立新,何志勇.高压水射流切割加工技术及应用[J].公路与汽运,2007(1):128-130.
[21] 阴妍,鲍久圣,段雄.磨料水射流切割工艺参数的实验研究[J].机械设计与制造,2007(4):107-109.
[22] 雷玉勇,万霞.高速水射流特种精密加工技术[J].精密制造与自动化,2003(增刊):138-142.
[23] 杨林,张凤华,唐川林.超高压磨料水射流切割质量的实验研究[J].制造技术与机床,2004(5):72-75.
[24] 陈光明.数控超高压水射流切割技术特点及应用[J].机床与液压,2007(8):64-68.
[25] 陈波.水刀在金属加工领域的应用[J].焊接,2006(9):29-33.
[26] 李良福.水射流切割设备[J].产品与技术,2002(4):71-73.
[27] 宫平,李华.超高压力磨料水射流切割机的应用研究[J].高科技纤维与应用,2002(6):34-36.
[28] 孔德杰,张光先.数控等离子切割技术在我国的现状与发展[J].电焊机,2005(1):6-7.
[29] 姚舜,王宏杰,黄海谷,等.型钢加工机器人运行轨迹偏差补偿[J].中国造船,2004(12):104-107.
[30] 时川.HT4001水射流等离子弧切割机[J].造船技术,1997(9):36-38.
[31] 王连仲,崔永元.国内外数控等离子切割技术发展趋势[J].机械工人,2002(5):15-16.
[32] 陈光明.数控超高压水射流切割技术特点及应用[J].机床与液压,2007(8):64-68.
[33] 曲道奎、徐方.提高大型激光加工机器人精度的方法[J].机器人,2003(3):270-274.
[34] 罗维平.大型三维激光切割机的自动控制系统[J].机床电器,2000(5):2-4.

第七章　钎焊先进技术

第一节　钎 焊 概 述

一、材料钎焊基本原理

钎焊是利用熔点比母材低的钎料和母材一同加热，在母材不熔化的情况下，钎料熔化并润湿及填充两母材连接处的间隙，形成钎缝；在钎缝中，钎料与母材相互溶解和扩散，冷却凝固形成牢固的结合，从而将母材连接在一起。

钎焊与熔焊在许多方面相似，但也有其不同点：首先，钎焊时母材不熔化，而只有钎料熔化；其次在钎焊接头中，钎料的成分和性能与母材有着明显的差别；此外，钎焊是靠熔化的钎料在毛细管作用下填充接头的间隙，而熔焊时却没有这些现象。钎焊与熔焊相比，由于钎焊加热温度较低，焊件的组织和机械性能变化较小，变形不大，接头平整光滑，外表美观，可连接不同的材料，生产率高。然而，钎焊也有明显的缺点，就是钎焊接头的强度较低，同时钎焊工件表面状态及装配间隙要求比熔焊高。

（一）钎焊接头的形成过程

钎焊时，钎焊接头的形成过程一般是：母材及钎料加热到钎焊温度，钎料熔化后流入接头的间隙，此时熔化的钎料与母材发生相互作用，形成新的合金，钎料在钎缝中冷却和结晶，形成钎焊接头。

显然，上述过程不是截然分开的，而是交叉进行的。但分析整个过程可知，得到牢固接头的关键，首先是熔化的钎料能很好地流入接头的间隙；其次是钎料流入间隙后与母材的相互作用及随后的冷却结晶，形成牢固的接头。为此，下面对这两个过程进一步分析，以便了解和研究钎焊接头形成过程的规律性。

1. 熔化钎料的填缝原理

为了得到良好的钎焊接头，钎料必须完全填满钎缝。钎缝的间隙是比较小的，钎焊时钎料是在毛细管作用下在钎缝间隙内流动，因此钎料的填缝作用取决于它的毛细管性质。虽然在高温下钎料的行为比较复杂，但可通过经典的毛细管作用原理加以说明。

把直径很小的管子插入液体中，液体会自动沿着管子上升到高于液面的一定高度，但也可能会下降得比原液面低（见图 7－1）。这种现象称为毛细管作用。液体在毛细管作用下，上升或下降的高度 h 可由下式确定：

$$h=\frac{2\sigma\cos\theta}{g\rho r} \tag{7-1}$$

式中：σ 为液相与其相之间的表面张力；ρ 为液体的密度；r 为毛细管的半径；g 为重力加速度；θ 角为润湿角，它的大小反映液体润湿固体的情况。

在液体润湿固体的情况下，则 $\theta<90$ 度，$\cos\theta>0$，由公式（7－1）液体在毛细管中上升；如果液体不润湿固体，则 $\theta>90$ 度，$\cos\theta<0$，即液体在毛细管中下降。

把这经典的原理推广到描述间隙很小的两平板母材之间液态钎料的流动情况，用两板之间的间隙 D 代替毛细管的半径 r，可得到

$$h=\frac{2\sigma\cos\theta}{g\rho D} \tag{7-2}$$

式中：$\cos\theta$ 表示液态钎料润湿母材的能力，通常称为润湿系数。

从式（7－2）中可以看出，两平板之间间隙 D 的大小对液态钎料在间隙中上升的高度有很大的影

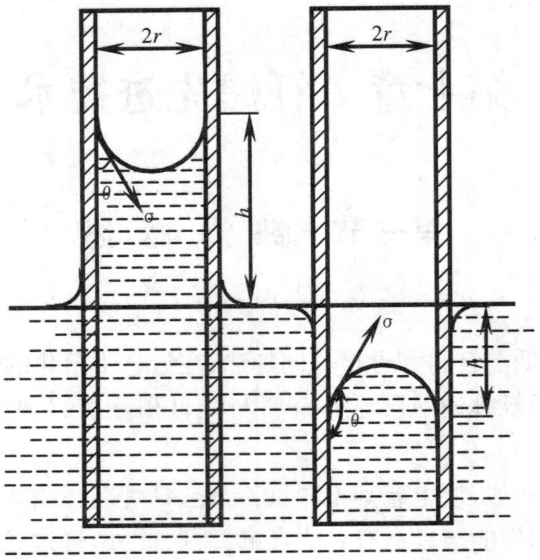

(a) 湿润　　(b) 不湿润

图 7-1　毛细管现象

响——在润湿的情况下，两者成反比例，即随着间隙的减小，上升高度增大。因此，钎焊时要使液态钎料填满间隙，必须在接头设计及装配时保证小的间隙。但是应该指出，钎焊时钎料与母材或多或少地发生相互作用，此时毛细管现象比较复杂，不能一概认为间隙越小越好；特别是对于与母材相互作用强的钎料，接头间隙应取比作用弱的钎料大些。

从式(7-2)还可看出，只有液态钎料能润湿母材，即 $\cos\theta$ 为正值，h 才为正值，液态钎料才能流入钎缝；θ 角越小，h 值越大，液态钎料填充的间隙愈长。反之，如果液态钎料不润湿母材，$\cos\theta$ 为负值，h 为负值，液态钎料将不能流入钎缝。故液态钎料能否流入接头间隙取决于其对母材的润湿性。

从大量实践的经验发现，影响钎料润湿性的因素有下列几方面。

(1) 钎料和母材成分的影响　钎料和母材成分对润湿性的影响很大。一般说来，当液态钎料与母材在液态或固态下均不发生作用，则它们之间的润湿性很差。如果液态钎料能与母材相互溶解或形成化合物，钎料便能够较好地润湿母材。例如，银和铁互不作用，银在铁上的润湿性极差；银在 1 000 ℃时稍熔于镍(约 3%)，所以银能润湿镍；而银在 779 ℃时能溶解于铜(约 8%)，故银在铜上的润湿性良好。又如铅与铜及钢都互不作用，故铅在铜及钢上的润湿性是很差的；但铅中加入能与铜及钢形成固溶体及化合物的锡后，钎料的润湿性改善，含锡量越高，润湿性就越好。由此，对与母材互不作用而润湿性差的钎料，可加入能与母材形成共同相的第三物质，改善对母材的润湿性。

(2) 钎焊温度的影响　钎焊温度升高，有助于提高钎料对母材的润湿性。但是钎焊温度太高，钎料的润湿性太好，往往发生钎料流散现象。更重要的是温度过高，钎料对母材的熔蚀加重。所以必须合理地选择钎焊温度。

(3) 金属表面氧化物的影响　金属表面氧化物的存在，妨碍了钎料的原子与母材直接接触，使液体钎料团聚成球状，形成不润湿现象。所以钎焊时必须充分去除金属表面的氧化物。

(4) 钎焊母材表面状态的影响　钎焊母材表面的粗糙度，对与它相互作用较弱的钎料的润湿性有明显的影响。钎料在粗糙表面的润湿性比在光滑表面上好，促进了钎料沿钎焊面的流布；但钎料与母材相互作用很强烈时，则表面粗糙所引起的这种作用因这些槽迅速被液体钎料所溶解而表现不明显。

钎料对母材的润湿性是钎料的重要工艺性能指标，因此常用下列方法评定：

将一定体积的钎料(及钎剂)安放在母材上，在规定的钎焊温度下保持一定的时间，冷却后测量流

布面积 A，以流布面积 A 的大小作为评定标准，流布面积越大，钎料的润湿性越好。或冷却后截取钎料的横剖面，测量钎料的润湿角 θ，以 θ 角的大小作为评定标准，θ 角越小，润湿性越好。还可将上两项合并，即以钎料的润湿角 θ 的余弦与流布面积 A 的乘积 W 代表润湿性，$W = A\cos\theta$，W 称为润湿指数，W 值越大，润湿性就越好。

钎料填充毛细间隙的能力可根据液体钎料在垂直或倾斜安置的母材板构成的缝隙之间上升的高度来衡量，一般认为上升高度愈高及填充的间隙愈大，则钎料充满间隙能力愈好。

2. 钎料与母材的相互作用

钎焊时，熔化的钎料在填缝过程中与母材发生相互作用，这种作用归结为两种：一种是固态的母材向液态的钎料溶解；另一种是液体钎料向固态母材扩散。这两种作用对钎焊接头性能的影响是很大的。

(1) 母材溶解于液态钎料　钎焊时，如果钎料和母材在液态下是能够相互溶解的，则钎焊过程中母材就溶于液体钎料。例如，在 Cu 散热器浸入液态 Sn 钎料中进行钎焊时发现，随着钎焊次数增多及钎焊温度升高，液态钎料中的铜量增加。又如用 Cu 钎料或 Ag 钎料钎焊钢时，钎缝中的钎料中常含有一定量的铁。这些都说明溶解作用在钎焊过程中是存在的。

溶解作用对于钎焊接头的影响有利也有弊。如果母材向钎料发生适当的溶解，表层溶于钎料中，相当于在表面产生“清理”作用，使母材以纯净的表面与钎料直接接触，有利于提高润湿性。其次，有些母材元素溶于钎料中，能对钎料成分起合金化作用，可提高钎焊接头的强度。例如，锡的抗拉强度只有 14 MPa，而用锡钎焊铜的接头可达 57 MPa。特别是当母材溶于液体钎料形成固溶体时，使钎料具有良好的强度和塑性。例如，用铜基钎料钎焊铜及铜合金，铝基钎料钎焊铝及铝合金时就是如此。但是，当钎料与母材能形成化合物时，在钎焊过程中，母材溶入钎料后即会形成化合物（脆性相），使钎缝的强度和塑性都降低，甚至还促使钎缝产生间隙腐蚀。有时一些母材溶于钎料后，使液态钎料黏度增大，流动性变差，造成钎料填缝性能变坏。如果母材溶于钎料过多，还会出现“熔蚀”缺陷，即由于母材过分溶解而出现凹陷，在严重的情况下，可能引起熔穿，特别在钎焊薄板时，更值得注意。

母材向钎料的溶解作用，同它们之间的状态图有密切的关系，母材及钎料的成分决定了它们之间相互作用的特点。此外，钎焊加热温度、保温时间、间隙大小、钎料数量也有影响。一般说来，对于一定的钎料和母材，温度越高，保温时间越长，间隙越大，钎料越多，溶解作用也进行得愈强烈。但不同的母材及钎料，各个因素的影响程度有所不同。

(2) 钎料向母材的扩散　钎焊过程中，在母材溶解于液态钎料的同时，也出现钎料向母材的扩散。例如，用黄铜钎焊铜时，在接近液体钎料的母材中，发现有锌在铜中的固溶体。与此类似，用锡钎料钎焊铜和铜合金时，在母材与钎料的交界面上发现有金属间化合物形成。这都证明在钎焊时发生钎料向母材的扩散过程。

如果扩散过程形成的是固溶体，则强度和塑性都较好，对钎焊接头没有不良影响；如果形成的是化合物，则由于化合物硬而脆，使钎焊接头变脆，对质量不利；如果形成的是共晶，由于共晶熔点低，较脆，故钎缝性能不如固溶体。

综上所述，钎焊时钎料与母材相互溶解、扩散的结果，形成了钎缝。一般情况下，钎料和母材是通过各晶粒彼此之间相互作用的形态结合，即钎焊时，在钎料与母材之间产生晶间结合形式。这与一般熔焊不同。熔焊是在连接的金属和焊缝金属之间以共同晶粒的形体相结合，即晶内结合。但是应该指出，在钎焊的某些特定情况下，也可能出现晶内结合，即当钎料和母材是同种金属成分，具有共同相时，钎缝中钎料金属的晶粒形成和生长，好像是在母材晶粒上连续长出来。例如用 Al-Si 钎料钎焊铝，用黄铜钎料钎焊铜时，都可以看到最明显的交互结晶——晶内结合。

(二) 材料的钎焊性

随着现代工业发展的需要，大部分金属及其合金都被用作钎焊的母材，非金属材料如石墨、陶瓷、玻璃等钎焊也得到应用。因此，研究材料的“钎焊性”具有很重大的意义。

材料的钎焊性是指材料在钎焊时形成接头的能力。与焊接过程的焊接性一样，钎焊过程的钎焊性也包括两个概念：原则钎焊性和工艺钎焊性。工艺钎焊性由用一定方法得到牢固的钎焊接头的可能性来决定；而原则钎焊性则取决于钎料与母材界面上所进行的物理与化学过程。这些过程进行的结果就形成了不可分离的钎焊接头。

1. 原则钎焊性

前面已经指出，钎焊的特征是在钎料与母材之间主要造成晶间结合，这种结合可以有两种基本形式。

(1) 第一种形式是钎料与母材发生化学作用形成中间化合物薄层。例如，用锡钎焊铁和铜时，钎料与母材发生化学作用的结果，在它们之间产生一层极薄的 $FeSn_2$，Cu_6Sn_5，$Cu_{31}Sn_8$ 等类型的化合物晶粒，即钎缝是利用母材的晶粒与化合物之间相互作用，以及化合物晶粒与钎料的晶粒之间的相互作用进行结合的。化合物一般具有高的硬度和低的塑性，因此当钎焊接头中存在连续的相当厚的化合物层时，会显著降低钎焊接头质量。但钎焊时若能控制加热温度不致很高，钎焊时间很短，从而形成不连续的极薄一层化合物，钎缝的性能并不会受到什么影响。

(2) 另一种形式是钎料和母材的晶粒直接相互作用。这时晶粒可能是同类的，也可能是异类的。前者晶粒的结晶晶格相同，后者具有不同结晶晶格。这种形式的出现又分两种情况：一种是钎料与母材既不发生化学作用，也不互相溶解。例如，用铅钎焊铁，铅既不溶解于固态的铁，也不溶解于液态的铁，而且也不会和铁形成化合物。又如，用铅钎焊铜以及用银钎焊铁时也是如此。这时，钎料与母材的晶粒是借直接的相互作用来结合的，其间并没有任何中间化合物层。另一种情况是钎料与母材虽不起化学作用，但可以相互溶解。例如用铜钎焊铁，铁会部分溶解到液态铜中去，铜也会少量扩散到交界层固态铁的晶粒里去。这时，钎料和母材之间有一定的界限，没有化合物形成。

如上所述，这两种形式都可以清楚地看出，钎料与母材的边界并不存在同时属于钎料及母材的共同晶粒，它们之间仅有“晶间”的性质。

但是应该指出，在钎焊的某些情况下，也可能出现晶内结合，即钎料与母材是以交互结晶的形式来结合的。这种情况在钎料与母材具有相同的金属基体，或在钎料的液态层中形成以母材金属为基础的固溶体的情况下发生。这时钎料液体层的结晶由母材金属的晶粒上开始。例如，用黄铜钎焊铜时，可以看到未完成的铜晶粒直接长到黄铜中去；又如用铝硅钎料钎焊铝时也发生这种现象。这种钎焊时的交互结晶只在母材能够在液体钎料中溶解时才发生。

由上述可见，从原则上来讲，要把钎料钎焊起来，在钎焊条件下，就需要在钎料与母材交界处形成晶间或晶内结合，如果不存在晶间或晶内结合，就不可能实施钎焊。

2. 工艺钎焊性

工艺钎焊性是指用一定的钎焊方法，能否得到牢固的钎焊接头的各种性质的总和。

尽管原则钎焊性指出了材料能否进行钎焊的可能性，但实际钎焊时，由于加热规范、钎剂及气氛、被钎焊工件的结构形式等钎焊工艺特殊性，却会引起一系列的不良后果，有时甚至不采用特殊的钎焊方法就不能进行钎焊，这表示不同的材料有不同的工艺钎焊性。同时，各种材料在钎焊时的工艺钎焊性不能照搬焊接时的工艺焊接性。

工艺钎焊性主要表现在下列几方面。

首先，钎焊接头的毛细管作用的能力是工艺钎焊性主要内容之一。前面已讨论过，钎焊接头毛细管作用取决于钎料对母材的润湿性，而润湿性受钎料与母材的成分、钎焊温度、金属表面氧化物、母材表面状态等影响。此外，毛细作用还取决于接头的间隙。要使液态钎料填满间隙，必须在接头设计和装配时保证一定的间隙，间隙的大小与钎料同母材有无合金化、钎焊温度、时间、钎料的安置等有直接关系。

其次，各种金属钎焊的难易问题，很大程度与去除钎焊前和钎焊过程中母材及钎料上所形成的氧化膜的可能性有密切关系。例如，铜和镍的氧化膜稳定性差，容易还原及去除，即用活性较差的钎剂或要求不高的保护气氛就可进行钎焊；而含铬不锈钢及铝等形成稳定性较大的氧化物，故很难还原及去除。

钎焊时的加热规范对母材的组织及性能的影响也是工艺可钎焊性的内容。例如，用铝硅共晶钎料钎焊 2A50 锻铝，由于铝硅共晶的熔点高于 2A50 锻铝的固相线温度，因而在钎焊加热时会使 2A50 锻铝发生过烧，从而降低它的强度及塑性。因此，用铝硅共晶钎料钎焊 2A50 锻铝时钎焊性是不好的；如改用熔点较低的铝铜硅共晶作为钎料，就可避免以上缺点，这样铝铜硅共晶作为钎料钎焊 2A50 的钎焊性较好。

此外，工艺钎焊性随着钎焊方法、钎焊工件的形状与尺寸等而改变。例如，黄铜用火焰钎焊可得到满意的结果，但用真空钎焊却不好，而钛的钎焊却正相反。即使同一金属，可能在具有一定形状、尺寸采用某一钎焊方法时，钎焊性不好，但在具有另一形状尺寸时，采用另一种钎焊方法时，钎焊性就有可能改善。

钎焊时钎料在母材上的润湿性很大程度上决定了钎焊工艺的特性，因此，在确定许多材料的钎焊性时，经常以钎料对它们的润湿性作为依据。

二、钎焊技术发展动态

钎焊虽然是一种古老的连接方法，但近几十年来，随着现代工业发展的需要，钎焊获得了迅速的发展。无论在钎焊过程本质探讨、新钎料和钎剂的发明、新钎焊工艺的研究、钎焊过程自动化的进一步推广和完善，都取得了很大的进展。钎焊对基体材料不会造成熔焊带来的损伤，在新材料和非金属材料的连接上发挥着非常重要的作用，因此在焊接技术迅速发展的今天，钎焊已成为应用最广泛的连接技术之一。特别是近年来，国外的钎焊材料、钎焊设备的不断进入我国市场，一方面使我们更深入地了解到国外钎焊的最新研究成果，同时又促进了我国钎焊技术的研究和发展。

（一）环保型钎焊材料和技术的开发

随着现代工业化进程的发展，保护人类生存的环境问题越来越受到人们的关注，各行业已将绿色主题提到相当高的地位上来。钎焊行业在这样的大环境下，积极开发符合绿色环保要求的钎焊技术。主要体现在电子组装中无铅软钎焊技术和硬钎焊中推广无镉的银钎焊。

自从人们对锡铅钎料含有的铅有害影响的认识日益深刻，许多轻纺工业产品、生活用品、用具已经严格禁止使用含铅钎料。进入 21 世纪，在电子行业全面实现无铅软钎焊的要求日益迫切，无铅软钎焊技术作为电子组装行业新兴技术及未来的发展方向，拥有极大的应用价值和市场空间。目前，世界范围内已开发出的无铅钎料合金成分专利 600 多种，但这绝不是用无铅钎料替代现有的锡铅钎料这么简单，还必须结合钎料自身的物理、化学性能的变化，探讨其在连接性能方面的变化，进而分析现有设备、工艺条件的改善方向。而焊点在长期服役条件下的可靠性问题，也将带来一些新的变化。

银钎料是非常重要的一类钎焊材料，是家用电器、电机、电气电子、五金等行业必不可少的连接材料。由于镉能显著降低银钎料的熔点而且有助于提高银钎料的流动性和润湿铺展性，所以含镉的银钎料（Ag-Cu-Zn-Cd 系）在制造业中广泛应用。但 20 世纪 60 年代以来，人们开始认识到镉的毒性，各国都制定了相关的措施来预防镉对人体产生的危害，全球钎料工作者都在关注镉的替代问题，寻求合适的解决方案。目前替代银镉钎料主要的研究体系是 Ag-Cu-Zn 系和 Ag-Cu-Sn 系、Ag-Cu-Zn-In 系、Ag-Cu-Zn-Ga 系。虽然仍面临很多问题需要解决或完善，但是含镉的银钎料的替代是大势所趋。

（二）电弧钎焊的发展

与普通电弧熔化焊相比，作为新一代电弧钎焊的氩弧钎焊，电弧热量集中，对薄板及薄壁容器进行钎焊变形量很小，焊接热影响区小，操作方便，节能高效又易于实现自动化，同时又因其电弧特有的去除氧化膜作用，带电离子、电子的冲击活化作用，钎焊时可不用钎剂，从而克服钎剂对母材的腐蚀负作用，焊后不用清洗，在生产中得到了广泛应用。如德国奥迪汽车车身框架及零部件制造使用MIG钎焊和等离子弧钎焊，美国福特公司也使用MIG电弧钎焊连接以镀锌钢板材料的汽车车门、车身以及车门铰链与车身的连接。各国汽车公司都认为该工艺在薄板连接中具有广泛的应用前途。

除汽车行业外，电弧钎焊在机电、建筑、石化、航空等领域大量用于镀层钢板的连接、薄壁件和异种材料的焊接上。

（三）高能束钎焊的拓展

高能束钎焊是利用高能量密度的束流如电子束、激光束等作为钎焊能源，其功率密度比通常的电弧焊的功率密度高一个数量级以上。

近年来，电子束作为一种加热热源在焊接领域的应用不断拓展。电子束钎焊就是一种由电子束焊衍生出来的，利用电子束高效可控的加热特性来实现材料钎焊连接及修复的新型工艺手段。它综合电子束加工与真空钎焊的优点，具有高温停留时间短、大大减少钎料对母材的熔蚀、输入能量精密可控、对能量输出路径可任意编辑等优点。此外，真空条件下施焊，可以保证对被焊工件表面的保护，防止元素的氧化、烧损及被焊工件表面的腐蚀等。

电子束钎焊作为一种高效的焊接方法已在特殊材料、军用结构、重要部件及空间领域得到了应用。如俄罗斯利用电子束钎焊技术实现了对苏－27飞机的管板结构热交换器的制造。此外，利用电子束钎焊技术可实现碳－碳复合材料、立方氮化硼与碳钢基体的连接。利用高能电子束局部加热钎焊陶瓷材料，有选择地加热被焊工件，使陶瓷之间预置的环形钎料熔化、铺展并充分填隙，与真空炉加热相比有效地缩短了加工时间。

激光焊接是当今先进的制造技术之一。激光软钎焊技术在微电子焊接和封装方面具有重要的应用价值。采用激光软钎焊，由于局部加热，元件不易产生热损伤，热影响区小，因此可以在热敏元件附近施行钎焊；用非接触式加热熔化，不需要任何辅助工具，可在双面印刷电路板上双面元件装配后加工，重复操作稳定性好，聚焦性好，易实现多工位装置的自动化。所以，自从1974年首次提出激光软钎焊方法以来，激光软钎焊技术不断发展，已得到了广泛的应用。

采用激光的硬钎焊技术也获得应用。如以CO_2激光为热源，$CuSi_3$焊丝为钎料，采用激光钎焊技术代替熔化焊及电弧钎焊技术钎焊镀锌钢板，在焊接速度、热输入控制、焊接柔性化及钎焊质量上具有优势。

（四）铝及铝合金钎焊

铝及其合金的钎焊问题是近年来研究最多、发展较快的研究领域之一。因为各种空调器、加热器的散热部件都是用纯铝或铝合金制造的，而在国防工业上各种强化铝合金的应用也正以极高的发展速度增长，这些铝合金的应用前提首先是要解决钎焊问题，并有配套的钎料作保证。

在过去20多年中，铝合金真空钎焊得到迅速的发展，其中重要的原因就是铝合金真空钎焊具有许多优点：根除了焊前和焊后的复杂清理工作，操作简化，避免了因钎剂造成的夹渣，因在结构中不残留钎剂而保证其耐腐蚀性，生产效率高等；但目前仍存在设备复杂、生产成本较高等问题。今后发展的难点和关键主要在于研制熔点较低、具有一定机械性能和耐腐蚀性能的低熔点钎料。此外，一些特殊铝合金的钎焊工艺，比如铝合金与钛合金、铝合金与陶瓷的异种材料真空钎焊工艺仍需深入研究。

为了去除铝合金散热器等构件生产中繁琐的复合钎料板加工工序，近年来发展了一种新型的铝接触反应钎焊技术。常用Si作为中间层材料与铝母材的冶金反应产生液相实现连接。但许多工艺问题仍需进一步探讨。

（五）特殊材料的钎焊

在许多特殊材料连接技术中，钎焊技术因其具有许多优点，显示了良好的前景。

TiAl 基合金具有质量轻、耐高温等优点，在航空航天、军用战机和民用汽车的高温部件中具有广泛的应用前景。TiAl 基合金实用化要求解决其连接问题，而其本质脆性使得钎焊技术成为实现 TiAl 基合金连接，特别是与其他材料连接的重要方法。目前可用来钎焊 TiAl 合金的钎料有 Ag 基、Ti 基和 Al 基三大类。由于 TiAl 合金的性质比较活泼，主要在惰性气体保护和真空保护中用感应加热，红外加热和炉中辐射加热等方法进行钎焊。但目前的 TiAl 钎焊技术研究还存在很多不足。在今后需针对 TiAl 合金的专用钎料的开发，对接头界面结构进行控制，进而达到提高接头强度的目的；解决热循环对 TiAl 合金母材组织性能的影响仍需不断探讨。

陶瓷基复合材料(CMCs)是一种新兴的热结构材料，具有密度低、耐高温、抗氧化、热强度保持率高以及断裂韧性高等优点，在未来的航空、航天发动机等领域具有广阔的应用前景，在涡轮燃气电站和核能反应堆等民用领域的市场潜力更大。而解决陶瓷基复合材料自身及其与金属的连接工艺，是实现其推广应用的关键。由于 CMCs 继承了陶瓷的化学性能以及高硬度、高模量和低线膨胀系数等物理性能，即 CMCs－金属连接与陶瓷－金属连接在材料组配上有许多相似之处，因此活性金属钎焊法是有发展潜力的连接方法之一。利用活性金属，如 Ti 等，易于与 SiC、Si 反应生成碳化物、硅化物或共晶合金实现连接，但高温活性钎料尚有待进一步开发。

第二节 无铅软钎焊技术

铅是有毒的物质，进入人体后在骨骼中积累并且不易排出，因此许多轻工业产品、生活用具已经严格禁止使用含铅钎料。进入 20 世纪，在电子行业全面实现无铅软钎焊的要求日益迫切，电子整机行业的无铅化发展是国际信息产业工业发展的必然趋势。欧盟 WEEE 和 RoHS 两项指令正式发布，自 2006 年 7 月 1 日起，全面禁止铅在电子产品中的使用。我国信息产业部也要求在 2006 年 7 月 1 日开始全国实现电子信息产品的无铅化。但由于目前能应用的无铅软钎料较高的熔点，较差的润湿性使电子组装中的无铅软钎焊技术不是简单地用无铅钎料代替现有的锡铅钎料问题，还得考虑由于钎料自身的物理、化学性能的改变引起连接性能的变化，进而要改变现有设备及工艺条件，同时评估由此带来的焊点在长期服役条件下的可靠性问题。波峰焊和回流焊作为目前最为先进群焊工艺，主要用于印刷电路板组装。在转向无铅化工艺的过程中，它们也面临着最多的挑战，其相应的设备、工艺参数等都必须重新制定。

一、无铅软钎料

事实上，无铅软钎料存在并应用多年了，只是以前没有给以足够的重视和比较系统全面分析而已。

对无铅软钎料基本要求应包括：熔化温度应接近 Sn-Pb 共晶温度，且熔化温度间隔宜小；要有较好的润湿性或钎焊工艺性能，好的润湿性可以减少焊接缺陷、提高钎焊生产率；良好的物理力学性能，如强度、抗蠕变性能，热疲劳抗力、金属学组织的稳定性，满足电子产品的可靠性要求。此外，还应有良好的电导、热导等性能；化学性能也很重要，使钎焊接头有良好的抗腐蚀性能；无铅钎料不应包含新的有毒成分；钎料成本要低，以利于推广应用。

近十多年来，国内外已研究开发出多种无铅钎料合金、专利就涉及几百种。它们的基本组成是以 Sn 为基体，通过 Sn 与母材金属之间形成金属间化合物来保证无铅钎料的润湿和实现连接，加入 Ag，Cu，Sb，Bi，Zn 等元素组成合金。代表性的无铅软料见表 7－1。

目前市场上广泛实现无铅替代的是 Sn-Cu，Sn-Ag 二元合金系及 Sn-Ag-Cu 三元合金系或以此为基础的更多元合金钎料。Sn-Cu 钎料主要用于波峰焊，Sn-Ag-Cu 系钎料主要用于再流焊。

表 7-1 无铅软钎料及其特点

种类	规格	熔点(℃)	特点
Sn/Cu 系列	Sn 99.3-Cu	200～227	高强度,焊接性好;浸焊;力学性能略差,但制造成本较低
	Sn 99-Cu	200～227	
	其他合金比例	200～230	
Sn/Ag 系列	Sn 96.5-Ag	221	蠕变特性、强度、耐热疲劳、力学性能方面等优于 Sn/Pb 共晶焊料。以拉伸强度为例,前者可达后者的 1.5～2 倍;但就浸润性而论,Sn/Ag 系焊料则比 Sn/Pb 共晶焊料稍差些。一般情况下,Sn/Pb 的浸润展宽系数在 90%以上,而 Sn/Ag 焊料的浸润展宽系数为 70%～80%
	Sn 95-Ag	221～245	
	其他合金比例	220～245	
Sn/Ag/Cu 系列	Sn 95.6-Ag-Cu	217	合金成分的熔点低,具有相当好的物理和机械性能;好的可靠性;可焊性也很好
Sn/Sb 系列	Sn 99-Sb	232～240	高强度,焊接性好
	Sn 99-Sb	234	
Sn 系列	Sn 100	232	针对工艺品的焊接
Sn/Zn 系列		195～200	容易因氧化致使浸润性变差;保存性较差;结合界面强度低
Sn/Bi 系列		140～180	熔点低,对于那些耐热性差的电子元器件焊接有利;Sn-Bi 系无铅焊锡的保存稳定性也好,可使用 Sn/Pb 焊锡大体相同的助焊剂在大气中焊接,润湿性没问题。但焊料因偏析引起的熔融现象,造成耐热性变差;当 Bi 得出大晶粒析出时容易造成强度下降
Sn/Ag/Cu/Sb 系列		217	可供更高的强度,有更高的疲劳寿命,润湿性好;浸焊

实际上,目前人们仍然不知道 Sn-Ag-Cu 三元合金准确的共晶点,因而在诸多 Sn-Ag-Cu 合金中,目前关注最多的是欧盟推荐的 Sn-3.8 Ag-0.7 Cu,美国 NENI 推荐的 Sn-3.9 Ag-0.6 Cu 以及日本 JEITA 推荐的 Sn-3.0 Ag-0.5 Cu。这些合金钎料的基本性能如表 7-2 所示。

表 7-2 推荐的 SnAgCu 钎料合金的基本性能

合金	屈服极限(MPa)	抗拉强度(MPa)	延伸率(%)
Sn-3.8 Ag-0.7 Cu	40	50	35
Sn-3.9 Ag-0.6 Cu	38	48	39
Sn-3.0 Ag-0.5 Cu	37	45	36

二、波峰焊

(一) 波峰焊工艺简介

波峰焊是当前印刷电路板生产中应用最广泛的方法。波峰焊时,由一泵动系统产生一个稳定、连续和缓缓外溢的波浪状或涌泵状液态钎料波峰,并使印刷电路板沿某一方向穿过波冠(见图 7-2),使板的底部与热的钎料波峰接触,此时,波即向板提供热量和所需的钎料,在毛细作用和辅助的轻微波压作用下，就可以得到优良可靠的软钎焊接头。

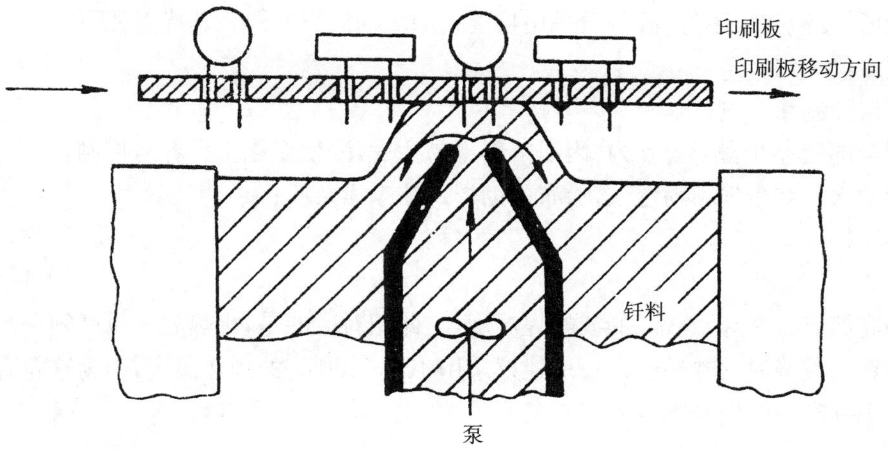

图 7－2　波峰焊的基本原理

一般而言，波峰焊工艺分为 4 个工艺步骤：

(1) 向印刷电路板的焊接面涂覆助焊剂，主要有发泡和喷雾两种方式。

(2) 预热。主要达到两个目的：一是使印刷电路板及其上面的电子元器件缓慢升温，从而避免直接接触高温波峰焊带来的热冲击；二是蒸发液体助焊剂中溶剂，避免在接触高温波峰时造成炸锡、气孔等问题。

(3) 焊接。如图 7－2 所示，在很短的时间内(一般为 2～5s)完成。

(4) 冷却。熔化态的钎料凝固形成焊点。

（二）无铅波峰焊

相对于传统的 Sn-Pb 合金的波峰焊，无铅钎焊系统的主要特点是无铅软钎料熔点的升高导致钎焊温度的升高，以及无铅钎料中合金元素 Sn 含量的升高导致无铅钎料的易氧化和对设备的腐蚀性加强。

1. 助焊剂的涂覆

对于无铅波峰焊来说，免清洗助焊剂和水溶性助焊剂的使用同无铅钎料一样，是环境保护的需要而产生的新型助焊剂。表 7－3 为 3 种不同助焊剂的物理参数的比较，分别代表传统的松香基助焊剂、免清洗助焊剂和水溶性助焊剂。

表 7－3　不同助焊剂的物理参数

物理参数	产品牌号		
	Flux1(Rosin)	Flux2(No-clean)	Flux3(Water soluble)
成　分	树脂松香(30%～40%)；异丙醇(50%～60%)	脂肪酸(1%～5%)；二甲基戊二酸(1%～5%)；异丙醇(90%～100%)	二羟基酸(1%～5%)；tetra-glyme(1%～5%)；脱离子水(90%～95%)
固体含量(%)	40	2.2	3.5
密度(25 ℃，g/cm³)	0.898±0.005	0.799±0.003	1.012±0.003
pH	酸性	3.4	2.4

从表 7－3 中可以看出，相对于传统的松香基助焊剂，适用于无铅焊接的免清洗助焊剂和水溶性

助焊剂，其固体含量明显降低，一般在2%～5%，这就对助焊剂涂覆系统提出了更高的要求。

目前广泛应用的助焊剂涂覆方式有发泡和喷雾。由于适应于无铅化的免清洗助焊剂和水溶性助焊剂的固体含量低，发泡效果不好，故一般采用喷雾式助溶剂涂覆方式。其优点如下：

(1) 助焊剂涂覆均匀；

(2) 可以严格控制涂布量；

(3) 助焊剂全部储存在密封容器内，因而溶剂不易挥发，浓度变化小且容易控制；

(4) 空气中的水分和尘埃不易混入，涂布的助焊剂洁净无杂质；

(5) 环保性能好。

2. 预　热

无铅钎料的高熔点必然导致较高的波峰焊温度，与此相对应的是，预热温度也必须调高从而减小印刷电路板进入钎料波峰时的热冲击。一般建议采用150～160 ℃的预热温度，因为这符合预热温度比波峰焊稳定小100 ℃左右的基本原则。

3. 波峰焊接

由于无铅钎料的熔点相对与传统的Sn-Pb钎料熔点明显升高，如目前最为常用的Sn-0.7 Cu、Sn-3.5 Ag，Sn-Ag-Cu系列无铅钎料的熔点比传统的Sn-Pb钎料高出30～40 ℃，故对无铅波峰焊接推荐钎料槽(锡炉)温度为260～270 ℃。

喷口结构对波峰焊质量的影响尤为重要。无铅钎料的润湿性较弱，需要较高的钎焊温度和较长的浸锡时间，从而决定了无铅波峰焊喷口的结构要改变，目前多采用湍流波和镜面波的双波峰喷口结构。

由于无铅钎料的钎焊温度比传统Sn-Pb合金钎料高30～40 ℃，另外无铅钎料中Sn的含量大幅度提高，一般都在95%以上，造成波峰焊时无铅钎料对钎料槽和喷口的腐蚀加强，导致传统的不锈钢材料制造的钎料槽及其泵的叶轮、流道和喷口等内部构件显著腐蚀。目前国内广泛采用钛合金材料来代替。

4. 冷　却

由于无铅钎料的钎焊温度较高，印刷电路板焊后残余热量较高，为了防止金属间化合物的长大和焊点晶粒的细化，提高焊点的可靠性，防止电子元件的热劣化，无铅波峰焊焊后必须强制冷却。

目前广泛应用的冷却方式是采用强制自然风冷却，其冷却速度为3～4 ℃/s，基本上可以满足一般印刷电路板的焊接要求。另外一种冷却方式是采用强制冷源冷却，其冷却速度可达8～10 ℃/s，对于表面组装比较复杂的印刷电路板或多层板、混装板，建议采用这种冷却方式。

5. 氮气保护

无铅钎料的润湿性比传统的Sn-Pb钎料要差，同时从残渣腐蚀性和环保的角度考虑不能使用活性太强的助焊剂。为了提高无铅钎料的润湿能力，增强钎焊性，采用氮气保护是一种比较理想的方法。氮气环境中可以显著降低无铅钎料的润湿角，提高钎料的润湿能力，另外可以大大降低无铅钎料的氧化，保证焊接过程的稳定性。氮气保护的另外一个作用是在保证良好的润湿性前提下，可以减少助焊剂的使用量，节省成本并减少印刷电路板表面残留物，降低缺陷率。无铅波峰焊推荐的氮气保护纯度如表7-4所示。

表7-4　无铅波峰焊设备不同区域需要氮气纯度

区　域	氮气中氧的体积分数(%)
助焊剂涂覆区域	<0.1
预热区入口	<0.05
预热区出口	<0.015
波峰区域	<0.005

三、再流焊

（一）再流焊工艺简介

再流焊与表面组装技术（SMT）是密切不可分的。表面组装技术是当代最先进并已获成熟应用的电子产品组装手段，它将片状式元件（无引线或仅有为安装时固定用的引线）在印刷电路板上不用通孔就直接焊到其表面上的方法。表面组装技术极大地提高了印刷电路板的组装密度和电信号传输速度，从而促使电子产品飞快地向着体积更小、功能更强、响应速度更快的方向发展。

再流焊使用的连接材料是钎料膏（又称锡膏），通过印刷或滴注等方法将锡膏涂覆在印刷电路板的焊盘上，再用专用设备——贴片机在上面放置表面贴装元件，然后加热使锡膏熔化，使其再流动，从而实现连接，这也是再流焊（又称回流焊）名称的来由。各种再流焊方法以其加热方式不同来区别。最早的再流焊方法是气相再流焊、其热源是饱和蒸汽的汽化潜热，目前这种方法已经很少应用。目前在印刷电路板的组装中应用最广泛的是红外再流焊、强制热风对流再流焊或者是这两种加热方式的结合。至于激光再流焊，由于不属于群焊工艺，只用于微电子焊接和封装。

典型的红外再流焊机如图 7－3 所示。这类设备一般有 8～20 个可以独立控制的热辐射板，每个板内装有监测温度的热电耦。红外辐射板从顶部和（或）底部对放在传送带上行进中的印刷电路板加热钎焊。为了去除钎料膏中的易挥发成分，需要对印刷电路板逐渐加热，经过适当的预热时间之后，再使其升高到软钎焊所需要的再流温度，然后再冷却下来，完成整个软钎焊过程。

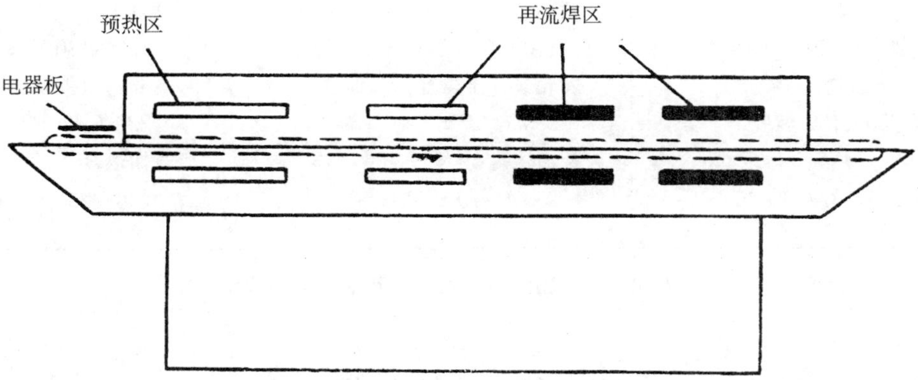

图 7－3　用于 SMT 的红外再流软钎焊系统示意图

一般情况下，SMT 工艺包括 3 个阶段：印刷锡膏、贴片和再流焊。焊锡膏是由钎料合金粉末与助焊剂按照一定比例均匀混和而成的浆状固体。锡膏的一个重要特性是其黏度具有流变特性。将焊锡膏涂覆于焊盘表面的最常用方法是印刷，滴注法由于其效率较低，只是在特殊场合应用。

（二）无铅再流焊

无铅再流焊最主要的技术难点在于工艺窗口很窄。由于电子元器件的耐热性能的限制，再流焊的峰值温度一般不能超过 245 ℃。在传统的 63 Sn－37 Pb 的锡铅钎料的情况下，钎料的熔点仅为 183 ℃，因此有一个 62 ℃左右的较宽的工艺窗口；但是在无铅钎料的情况下，如 Sn－3.5 Ag 或 Sn-Ag-Cu 合金，钎料的熔点为 221 ℃左右，此时仅有一个 24 ℃左右的很窄的工艺窗口。

面对无铅钎料的高熔点、低润湿特性，无铅化对再流焊设备加热方式提出了新的要求。只采用红外辐射加热，在大热容和小热容元件之间将产生很大的温差。此时，如果配合以温度介于两者之间的热风对流，一方面可以冷却温度过高的小热容元件，另一方面可以进一步加热温度过低的大热容元件，从而有效地减少温差。因此，单纯红外辐射加热的再流焊设备基本上不能用于无铅再流焊。强制热风对流或强制热风对流＋红外辐射的加热方式对无铅再流焊是必需的。

典型的无铅再流焊工艺曲线如图 7－4 所示。温度随时间的变化可分为 4 个阶段：①预热阶段；

②温度保持阶段；③再次升温至峰值温度；④冷却。该曲线的特征就是快速预热升温和随后的长时间的温度保持。这是为了快速蒸发助焊剂体系中的溶剂而需要快速地预热升温；随后的长时间的温度保持则是为助焊剂中的活性部分提供足够的发挥作用的时间。

对于工艺窗口很窄的再流焊，氮气保护更是有助于实现良好的焊接，即氮气保护有助于促进润湿，形成饱满的焊点。

无铅再流焊工艺中，高的焊接温度通常使金属间化合物生长较快，因此焊后的快速冷却也很重要，通过高的冷却效率来控制液相线以上时间，继而控制金属间化合物的厚度。

J-STD-020B	IEC60068－2－582CD	JEITA 推荐
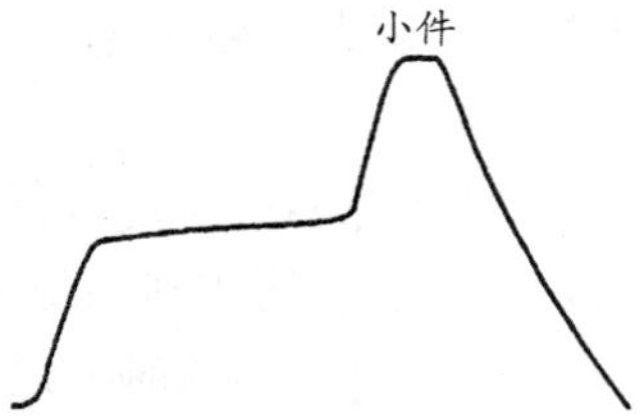	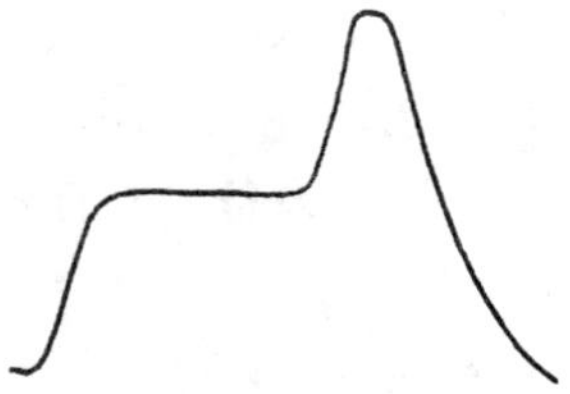	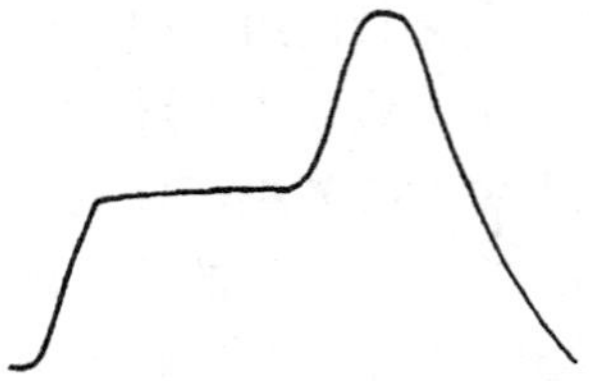
预热 150～200 ℃/60～180 s 液相线以上温度 217 ℃/50～150 s 最高温度 250＋0/－5 ℃/20～40 s	预热 150～180 ℃/60～120 s 液相线以上温度 230 ℃/25±5 s 最高温度 250 ℃/10±～1 s	预热 150～180 ℃/90～120 s 液相线以上温度 220 ℃/30～60 s 最高温度 240～250 ℃/10 s

图 7－4　几个国际组织推荐的无铅回流焊温度曲线

第三节　电弧钎焊技术

一、电弧钎焊的特性

电弧钎焊是以电弧的热量熔化钎料和加热母材的一种钎焊方法。所用的电弧可以是碳弧、原子氢弧、氩弧及等离子弧等。过去电弧钎焊常用碳弧，但近年来随着惰性气体保护焊的迅速发展，惰性气体保护电弧钎焊已代替碳弧钎焊。根据电极采用的材料不同，惰性气体保护钎焊可分为非熔化极惰性气体保护电弧钎焊（TIG 电弧钎焊）和熔化极惰性气体保护电弧钎焊（MIG 电弧钎焊）。

（一）电弧钎焊工艺特点

电弧钎焊在整个钎焊过程中，当小电流时，母材基本不熔化，其焊接性质属于钎焊，而在大电流时，母材有少量熔化，其焊接性质则属于钎接焊。

与普通电弧熔焊相比，电弧钎焊的填充金属是熔点低的钎料焊丝，电弧温度低，对母材的热输入小，小电流下母材基本不熔化，钎料本身具有较好的流动性，自动填充母材的对接间隙。这在对接焊接薄板时，操作简便，变形小，不易产生烧穿等焊接缺陷，且能较容易实现单面焊双面成形。电弧熔焊与电弧钎焊接头形貌对比如图 7－5 所示。

与普通的钎焊方法相比，电弧钎焊具有以下特点：与炉中钎焊和真空钎焊相比，不需要整体加热，钎焊后变形也很小，对装配间隙不敏感，并且加热时间短，消耗小，成本低；与火焰钎焊相比，加热区

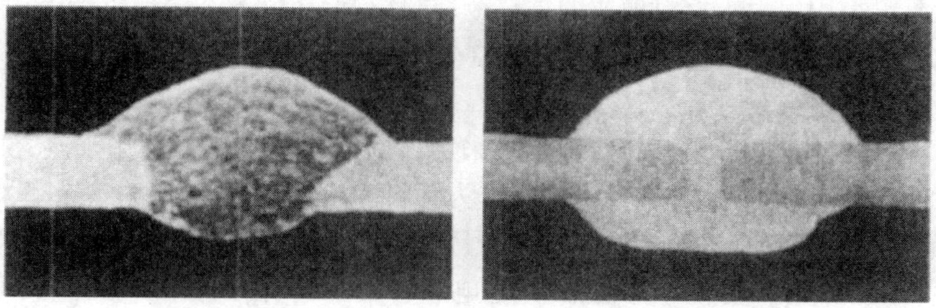

(a) 电弧焊效果　　(b) 电弧钎焊效果

图 7-5　电弧焊与电弧钎焊焊接接头形貌对比

窄，加热更为集中，热输入量小，热影响区窄，钎焊后变形小，尤其是对薄壁工件，钎焊效果更为显著，电弧钎焊不会产生母材元素烧损现象。

电弧钎焊还具有节能高效的特点。由于氩气流对电弧具有压缩作用，热量较集中，加热升温速度快，钎焊接头在高温停留时间短，母材金属不易产生晶粒过大并使热影响区变窄，其组织与性能变化也较小，钎缝成形美观，冷却速度快，钎焊接头强度较高；在钎焊镀锌钢板时，可防止锌层的严重破坏及锌的蒸发，钎焊缝耐腐蚀性能好。

对于电弧钎焊，当电极接正极，母材接负极时，因其特有的“阴极雾化”作用，能破碎和清洁钎缝表面的氧化膜；当电极接负极，母材接正极，又因阳极斑点电离、高温蒸发以及等离子电弧柱的热激发和易挥发污染物的蒸发作用具有净化效果：因此电弧钎焊一般不需用钎剂，免除了钎剂的腐蚀作用，不需要焊后清洗。

（二）钎缝形成特点

电弧钎焊时，电弧热源作用下的熔滴在形成钎缝过程中既有别于熔焊时熔池金属所发生的物理-化学过程，又与普通炉内整体加热-保温钎焊有所不同。

电弧钎焊时钎缝的形成是在一非均匀热场作用下完成的，这与普通的钎焊大不相同。焊丝（即钎料）在电弧高温作用下发生熔化，随即穿越弧柱，滴淌在电弧辐射加热到一定温度的固态母材表面。此时液态熔滴为了形成致密的钎缝金属，必须能较好地满足与固态母材间有较小的界面张力，以利于液态钎料能够迅速在母材表面润湿铺展。与普通整体加热钎焊不同的是，其液-固界面温度的不均匀性使液态钎料不像整体加热钎焊那样沿钎缝流布及铺展，而仅在母材上电弧加热温度超过钎料熔点范围内，电弧活性斑点高温蒸发及斑点雾化去膜范围内铺展。在电弧钎焊时，电弧的压力对熔滴的润湿铺展起到决定性的作用。随着电流的增加，熔滴的高度变小，铺展半径相应增加。这样形成的钎缝，在外表面与熔焊相似，与母材交界剖面则与普通钎焊相同。

二、TIG 电弧钎焊技术

TIG 电弧钎焊是在惰性气体保护下，采用非熔化的钨或钨合金作为电极，在钨极与工件间形成电弧，送进钎料焊丝并熔化，形成填充金属，将母材连接起来。保护气体常用氩气，故又常称氩弧钎焊。

与普通钎焊方法比较，TIG 电弧钎焊电弧热量集中，工艺简便，费用低廉，速度快，变形小，钎焊接头性能好，因此，在电机、电器、热交换器、镀锌薄板件的制造及修复上获得广泛的应用。

（一）电机铜接头钎焊操作

TIG 电弧钎焊，最初在电气设备及仪表零件的钎焊上获得应用。例如，用铜磷类（BCuP）钎料钎焊电机的定子及转子绕组，装配间隙为 0.10～0.20 mm，钎料渗入深度可达 8 mm。由于电弧温度高而且热量集中，操作时必须防止过热，因此，钎焊操作时除选择合适的电流外，还要求熟练控制电极的角度。此外，在钎焊带有绝缘材料的工件时，电弧产生的热可能破坏接近钎焊处的绝缘材料。为了防止电弧热的作用，可采用由耐火材料做成的挡热板；同时要求钎料不应含有如锌、镉等易蒸发的组分，因为在电弧的热作用下，这些组分会蒸发和烧损。

（二）异种金属钎焊操作

在异种金属的焊接上，TIG 电弧钎焊也常被采用。例如 TIG 电弧钎焊用于热交换器的铜管与钢或不锈钢管板的焊接。此时选用硅锰青铜焊丝作为钎料。施焊时，由于铜的热导率大，并且为了避免钢或不锈钢板的熔化，电弧应稍偏于铜的一侧，而且电弧在铜侧停留时间长于钢侧。应避免在管材预热不足的情况下添加焊丝形成假焊。收弧时，把电弧移出焊缝，在钢板上收弧。典型的 TIG 电弧钎焊工艺参数见表 7－5，钎焊接头力学性能见表 7－6。

表 7－5　TIG 电弧钎焊工艺参数

试件形式	钎接电流（A）	电弧电压（V）	氩气流量（L/min）	钨极直径（mm）	焊丝直径（mm）
板　状	110～120	14～16	8～10	3	2
管－管板	100～105	14～16	8～10	3	1.2～2

表 7－6　异种金属钎焊接头力学性能

母　材	抗拉强度（MPa）	冷弯角（°）	密封性
T2＋Q235	230	90，无裂纹	无泄漏
T2＋316 L	215～230	90，无裂纹	无泄漏

（三）镀锌钢板钎焊操作

近年来，TIG 电弧钎焊也常用于钎焊镀锌钢板，这时可采用熔点为 1 035 ℃的 $CuSi_3$（硅青铜）焊丝。由于钎料自身的耐蚀性能好，硅又能减少锌的蒸发，镀锌层的烧损少，钎焊接头周围不会发生涂层的断裂。

镀锌薄板的 TIG 电弧钎焊时应以小角度将钎料棒送入接头中，非常短的电弧指向钎料棒上，不需用钎焊熔剂。用这种工艺可以焊出致密的焊缝。

三、MIG 电弧钎焊技术

MIG 电弧钎焊是在惰性气体保护下，采用钎焊丝作为电弧的一个电极，在钎焊丝与工件间形成电弧，钎焊丝连续送进并熔化，形成填充金属，将母材连接起来。

MIG 电弧钎焊同 MIG 焊一样，可以焊各种类型接头及全位置焊接，即使在立向下、立向上和仰焊的情况下，也能获得令人满意的效果，焊接速度同样可达到 MIG 焊的水平（100 cm/min）。

（一）钎焊工艺参数

MIG 电弧钎焊要求线能量输入不能过大，否则会造成被焊工件局部熔化而不能形成钎焊接头，故采用较低的热输入是获得良好钎焊接头的必要条件。

采用熔化极脉冲保护焊是获得低热输入量最合适的方式。在富氩保护气体环境下焊接时，通过选择合适的基值和峰值电流参数可以控制短路过渡，选择到最佳参数时，恰好每个脉冲使一粒金属熔滴从焊丝脱离，进入钎焊接头。

MIG 电弧钎焊主要有以下工艺参数：焊接电流（平均电流）、脉冲频率、脉宽比、基值电流、电弧电压、焊丝干伸长度、钎焊速度、焊丝直径和保护气体流量等。其中基值电流、脉冲频率、脉宽比、焊丝直径和保护气体流量等在焊前已经固定。焊丝的干伸长度可以根据所焊工件的位置和焊接电流进行调整，而且电弧钎焊采用的铜合金焊丝，电阻很小，焊丝的干伸长度对钎焊影响不大。所以钎焊时主要调节的工艺参数为钎焊电流（即送丝速度）、电弧电压和钎焊速度。通常采用的工艺参数归纳如表7－7 所示。

表 7-7 MIG 电弧钎焊焊接参数选择范围

材料	板厚(mm)	钎焊电流(A)(A)	电压(V)	钎焊速度	气体流量(L/min)	喷嘴间距(mm)	校正电压(V)
碳钢	1	45～60	18～20	45～80	10～12	8～11	55～65
	2	55～80	18～22	18～22	10～15	10～12	60～75
	3	80～120	19～22	19～22	15～20	11～14	70～85
不锈钢	1	45～60	18～20	18～20	8～15	8～11	55～65
	2	50～70	18～21	18～21	8～15	10～13	60～75
	3	70～90	19～22	19～22	15～20	11～15	70～85

（二）保护气体的选择

在 MIG 电弧钎焊中，通常都采用纯 Ar 气体作为保护气体，因为惰性气体的存在减少了氧化。然而，采用脉冲电流 MIG 电弧钎焊镀锌钢板时，当镀锌层厚度>15 μm 时，使用短路电弧或电弧很短的射流电弧，也推荐在 Ar 气中加入少量的 O_2 或 CO_2 的混和气体，这样电弧稳定性更好，并可得到表面平滑和向母材平缓过渡的焊缝。

（三）MIG 电弧钎焊设备

MIG 电弧钎焊可采用普通的 MIG 焊机来焊接，钎缝机械性能也能满足要求，但钎缝外观不平滑，飞溅也较大。为了满足采用低功率的 MIG 电弧钎焊，要求电源在低功率下能提供特别稳定的电弧。如果有很灵敏的弧长反馈控制就可在很低的基值电流下保持稳定的短弧。

为了获得较好的焊缝，MIG 电弧钎焊要求焊接电源可提供很灵活的参数选择. 对于众多的的各种型号的焊丝在脉冲焊时有很多过渡形式，要求有大量连续可调参数(约 30 个参数)。然而这么多参数调节就使得电源操作起来非常困难，因此，要求将各种焊丝及其对应的保护气体所需得焊接参数预先程序化，这样就可以协同操作，使焊机对每个焊工来说都很容易使用。实际上，对于各种不同母材、焊丝及保护气体所需的最佳参数，在设备制造时，有些生产厂家(如奥地利 FRONIUS 公司)就已经为用户做好了，这些经验参数都储存在 EPROM(储存模块)中形成一个数据库，使用者只需要直接在焊接电源上选择就可以了。

铜基钎焊丝不同于碳钢焊丝，它较软，这对送丝机有特殊要求：送丝时不能让焊丝有任何损伤；接触压力不能太大；装上合适的四轮驱动可提供足够的送丝力，通常采用的是光滑的半圆槽送丝轮；焊丝能够准确顺利地送入导丝管，且送丝软管是特氟隆制成地塑料管，保证送丝畅通。

（四）MIG 电弧钎焊的典型应用

MIG 电弧钎焊技术近年来应用范围越来越广，在汽车、机电、建筑、航空航天、空间技术、核工业、微电子、石油化工等领域得到了日益广泛的应用。下面是几种典型的应用。

1. 镀层钢板焊接上的应用

随着近年带镀层钢板(如镀锌板)在工业上应用增多，镀层板和铝、镁一同作为最具有前景的材料越来越被人们所重视，如大量的镀锌薄板用于汽车制造业、建筑业、通风和供热设施以及家具制造等领域。镀锌成为重要的钢铁防腐蚀方法，不仅仅是因为锌可在钢铁表面形成致密的保护层，还因为锌具有阴极保护效果，当镀锌层破损，它仍能通过阴极保护作用来防止铁质母材腐蚀，这种保护效果可延伸到 1～2 μm 无保护层的区域，因此镀锌可以有效地保护板材的切口和冷加工造成的微裂纹以及近焊缝的锌烧损区，防止这里开始生锈。但锌的熔点约为 420 ℃，挥发温度 906 ℃，这不利于焊接。普通熔焊的高温电弧(3 000～4 000 ℃)必然促使大量锌的蒸发，从而导致各种焊接缺陷，甚至影响电弧的稳定性，并破坏了锌层的抗腐蚀功能。因此，焊接镀锌板材最好减少热输入量。

电弧钎焊采用低熔点的青铜焊丝代替碳钢焊丝，焊接时热输入量低，母材不会熔化，同时锌的蒸发降至最低，提高了焊缝的抗腐蚀能力（青铜焊缝也耐腐蚀），从而确保了镀锌板更好、更有效的焊接。通常 $CuSi_3$，$CuSi_2Mn$ 焊丝可用于 MIG 电弧钎焊镀锌板材。实际工作中，$CuSi_3$（硅青铜）焊丝应用最广，它的优点是焊缝硬度低，焊后机加工容易。焊丝的流动性很大程度上取决于硅的含量，当<3.2% Si 时，硅含量越高，熔池流动性越好，这可满足小间隙的接头。表 7－8 为 MIG 电弧钎焊镀锌钢板的典型工艺参数。

表 7－8 用短路过渡熔化极气体保护电弧焊钎接镀锌钢板的典型工艺参数

接头形式	焊缝形式	板厚 (mm)	焊丝		电弧电压 (V)	焊接电流 (A)	行走速度 (mm/s)
			直径 (mm)	送进速度 (mm/s)			
对接	I形坡口	1.6	0.8	107.9	18	110	7.6
T形	角焊缝	1.6	0.8	118.4	19	130	7.6
角接		2.0	1.14	67.7	16	150	6.8
接头	外侧角接头	1.6	0.8	107.9	18	100	5.9
	上的角焊缝	2.0	1.14	63.5	16	140	7.6
搭接		1.6	0.8	110	18	110	7.6

对于其他镀层钢板，MIG 电弧钎焊也获得推广应用，如采用 $CuAl_8$（铝青铜）焊丝钎焊包铝钢板，采用 $CuSn_6$（锡青铜）焊丝钎焊镀锡钢板。此外，$CuAl_8Ni_2$，CuSn 焊丝也可焊接各类镀层钢板。

2. 薄壁件焊接上的应用

适用于薄壁件的焊接方法虽然很多，如 TIG 焊、脉冲 MIG 焊、气焊、电阻焊、等离子弧焊和普通钎焊等，但使用起来还不甚理想。TIG 焊效率不高，脉冲 MIG 焊也难以实现在很小的电及热输入的状态下工作，因此极少应用于 0.8 mm 以下的钢板的对接。气焊效率低且焊缝质量不高，电阻焊不适宜对接接头，等离子弧焊设备、工艺较复杂，应用范围受到一定限制。普通钎焊则存在对接头的间隙、工件表面状态等都要求严格等问题。而 MIG 电弧钎焊由于电弧加热集中，热输入量小，对薄壁件进行钎焊时变形量很小，焊接热影响区小，操作方便，节能高效又易于实现自动化，从而确保了薄壁件更好、更有效地焊接。

使用传统的脉冲 MIG 钎焊方法，采用小电流的短弧焊操作，可实现 0.8 mm 厚度的薄壁件的对接。若改用正极法（工件为正极、焊丝为负极）进行 MIG 电弧钎焊，在小电流（15 A）下采用短路过渡与颗粒混合过渡方式，不片面追求“一脉一滴”的所谓理想的射滴过渡形式，实现电弧稳定燃烧，由于热输入极小，可以实现留有较大对接间隙（0.5 mm）的薄件（0.3～0.5 mm）的焊接。

近年来发展的几种超薄板 MIG 焊方法也可以用于 MIG 钎焊。一种是变极性 MIG 焊接工艺——冷焊（CP）工艺，用于 MIG 电弧钎焊可显著提高焊接速度，减少对母材的热影响。其利用特有的焊接波形，正负极在焊丝上不停地交替变换。在正极性时母材处于清理阶段，对母材的热输入要控制，在脉冲相时熔滴无飞溅过渡到母材，在负极性时电弧围绕焊丝端部，热输入给焊丝，焊接熔池处于冷却状态。这种控制变极性脉冲电弧钎焊，获得了稳定的焊接电弧及熔滴过渡过程。由于采用特殊电流波形保证了良好的间隙填充覆盖能力和优良的焊接效果，可用于 0.2～2 mm 薄壁件焊接。

使用一种有效的控制电弧能量的新型 MIG 焊方法——“冷弧焊”（coldarc），电弧钎焊薄壁件，也可得到性能优良的接头。该方法通过对焊接过程中电弧电压和电流进行精确的控制和调节，降低短弧焊过程中电弧重燃时出现的局部能量高峰，使电弧稳定，同时又能显著地降低电弧能量。特别是当焊缝间隙很大时，采用常规的电弧钎焊难以焊接，"冷弧焊"却可以焊出理想的焊缝。如板厚 0.8 mm 的镀锌钢板，间隙 4 mm 的接头，采用 ϕ1 mm 的 $CuSi_3$ 硅青铜丝，进行"冷弧焊"电弧钎焊，在电流为 50 A，电压 13.5 V 规范下，可得到满意的焊缝。"冷弧焊"是通过对电源的电气控制来实现，既可用于手工全自动焊，也可用于手工半自动焊。

"冷金属过渡"(CMT)技术是 MIG 焊的一种革新技术，该方法是在短路过渡的基础上开发的，普通的短路过渡过程是：焊丝熔化形成熔滴，熔滴同熔池短路，短路桥爆断，短路时伴有大的电流(大的热输入量)和飞溅。而 CMT 过渡方式正好相反，在熔滴短路时，数字化电源输出电流几乎为零，同时焊丝的回抽运动帮助熔滴脱落，消除了飞溅产生的因素。CMT 的特点是送丝的运动同熔滴过渡过程相结合，整个焊接系统的闭环控制包含焊丝的运动的控制，焊丝的运动同熔滴过渡过程相结合，在焊接过程中实现冷－热交替焊接。由于热输入极低，不用背衬就可以 MIG 电弧钎焊薄板和超薄板(可达 0.3 mm)，焊接变形小，同时具有良好的搭桥能力，间隙装配要求低，焊接速度高，钎焊镀锌板可达到 150 cm/min。

目前，电弧焊接技术大量应用在薄壁件的连接及表面修复上，在减小工件变形和熔透，保证焊接质量和焊缝美观等方面，有着极具前途的应用前景。

3. 异种材料焊接上的应用

使用常规的熔焊方法进行异种材料的焊接，往往由于界面容易形成脆性化合物相，同时由于热物理性能不匹配产生残余应力，使得异种材料连接困难，而且还影响到接头组织、性能和力学行为。而电弧钎焊是通过填充特种的钎料，母材不熔化(或者只有一种熔点低的金属熔化)，避免了上述问题的发生，保证了焊接质量，同时操作方便灵活，不受工件形状限制，因此电弧钎焊在异种材料的连接上得到了广泛的应用，如前面已述的用青铜焊丝电弧钎焊铜与钢或不锈钢。此外，用银基钎料电弧钎焊硬质合金与钢，用铝基钎料电弧钎焊铝与钢、铝与钛等也获得工业上的应用。

第四节　电子束钎焊技术

一、电子束钎焊特点

钎焊广泛应用于飞机、运载火箭、卫星、载人飞船、航天飞机等动力系统精密构件焊接制造，其中航天发动机推力室喷注器的是一种典型结构(见图 7－6)。两端法兰与中间支架采用真空电子束焊接，而薄壁毛细管－法兰的连接以往都采用真空炉钎焊。法兰与毛细管材料为 1Cr18Ni9Ti，法兰板厚3 mm，最细的毛细管直径只有 0.6 mm，壁厚仅仅 0.15 mm。采用 BNi2 钎料真空炉辐射加热钎焊，接头解剖发现毛细管壁不同程度地存在溶蚀现象。分析其原因，在于真空辐射炉加热钎焊不能快速升温和降温，工件在高温停留时间长；或炉温均匀性差，控制精度低，导致薄壁毛细管壁发生溶蚀、溶穿。其次，高温停留时间长，造成钎料漫流，毛细管堵塞，毛细管变形；钎料组分向母材的过度扩散，在毛细管壁中生成大量脆性相，管壁变脆，导致早期疲劳失效等严重质量事故。更具危险的缺陷在于，常规的无损检测(检漏、打压、外观检查等)手段却无法发现这种缺陷，更不能判断缺陷的严重程度。

针对喷注器此类接头壁厚差异大的精密构件焊接，上海交通大学姚舜等人开发了一种新的扫描电子束钎焊技术，解决了热源温度场可控性，提高了焊接过程稳定性和接头可靠性。

真空电子束钎焊是一种利用散焦电子束对工件进行局部扫描加热达到钎料熔点，钎料流动填满接头缝隙，从而实现连接的一种新型焊接方法。钎焊过程中，受控电子束按照预先编辑的轨迹对接头进行扫描加热，所有工艺过程参数如束流、加热时间、聚焦电流、以及扫描轨迹、扫描幅值等均可精确控制，并能够实时显示、在线调节，整个过程仅需几十秒到几分钟的时间。

与真空炉钎焊相比，真空电子束钎焊具有以下优点：

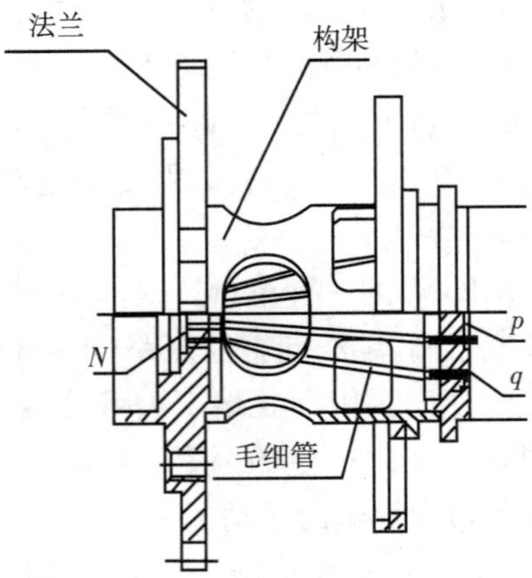

图 7-6　某推力室喷注器结构示意图

(1) 真空电子束钎焊过程中工件局部受热，被焊部位升温迅速，高温停留时间短，可减少或避免薄壁构件因整体受热而产生缺陷，提高产品质量，降低热输入对产品的不利影响。

(2) 电子束扫描加热路径可通过工控机任意编辑规划，适用于各种复杂形状焊缝的钎焊连接。例如，对于毛细管数不等、毛细管分布不同的管板接头构件，可编辑不同形状的电子束扫描轨迹，以保证每根毛细管周围的温度场均匀一致。

(3) 电子束能量输入精确可控，尤其适合于薄、小、精密零件的钎焊，而且钎焊工艺重复精度高、稳定性好，精密零件的焊接性能具有良好的一致性。

(4) 钎焊过程在真空中进行，不需要钎剂，无污染、氧化，焊后无须清洗、加工。

(5) 与真空炉辐射加热钎焊相比，真空电子束钎焊大大降低了能源消耗，节约了生产制造成本，并且整个钎焊过程可实现全自动控制，减少人为因素对产品质量的干扰。

二、电子束钎焊的开发与应用

1. 扫描电子束设备研制

三菱电子 Kyuzo Arakawa, Masao Kikuchi 等研制一套具有电子束偏转系统的商用电子束钎焊加工设备，用于 IC 行业陶瓷材料封装。在真空条件下连续不间断地输送零件，每一焊接周期可加工 16 件芯片，全部过程只需 13 s，生产效率高。Keitel Steffen、Sobisch Gotz 等研制一套电子束自由编程控制的柔性化扫描偏转系统，用于材料相变硬化、表面重熔、表面涂覆等加工。捷克 Jan Dupák 等人研制成功基于计算机控制的小功率电子枪，可实现任意形状的电子束扫描轨迹控制，甚至连卡通图案都可通过该系统扫描刻画。

2. 电子束钎焊

T. E. Voth 和 S. E. Gianonlakis 等人采用高能电子束局部加热钎焊陶瓷材料，有选择地加热被焊工件，使陶瓷和陶瓷盘之间预置的环形钎料熔化、铺展并充分填隙，与采用真空炉加热相比有效地缩短了加工时间。Yang P 和 Turman B. N 等人对真空电子束钎焊陶瓷材料的微观组织及机械性能进行了比较深入的研究，试验表明，真空电子束钎焊可获得等强接头，而电子束钎焊时间仅需普通钎焊方法的 1/3。

NASA Lewis 研究中心的 Margaret L. Tuma 博士等人开发了一种电子束钎焊工艺，用于钎焊 0.38 mm(0.015 in)直径的蓝宝石光纤与长 6.35 mm(0.25 in)直径 1.4 mm(0.059 in)的白金，采用金基丝状钎料和紫铜工装，用电子束(1 mA, 55 kV, 10^{-4} Torr)局部加热，对蓝宝石光纤不产生热影响，整个钎焊时间只需约 5 s。美国麻省理工 Goodman D. L, Birx D. L 等人利用高能电子束(HEEB)对碳－碳复合材料钎焊，以及复合材料与高温合金的钎焊连接工艺和机制进行了深入研究，获得了高强度的钎焊接头。

波兰学者 Jan Felba 及 Kazimierz P 等人利用真空电子束为热源，对立方氮化硼(CBN)与碳化钨接头采用活性钎料钎焊试验，获得了高性能的超硬切割刀具；白俄罗斯的 Igor L. Pobol，Alexey A. Shipko 等人则对真空电子束钎焊过程中立方氮化硼与钎料金属间的界面反应进行了研究。

哈尔滨工业大学张秉刚等人提出了真空电子束"熔钎焊"的概念，他们对 QCr0.8 与 1Cr21Ni5Ti 偏铜电子束焊接接头的组织和力学性能进行了研究，认为随电子束离对接中线铜侧距离的增加，接头熔接状态得到改善，当铜侧偏移距离达 0.8～1.0 mm 时，会形成焊缝组织成分均匀化的"熔钎接头"。

航空工艺研究所刘方军等人对某型号热交换器不锈钢管－板结构钎焊进行了探索，通过计算机编程，实现了大面积电子束扫描加热。试验采用中压(60kV)电子束设备，自制束流控制系统和BNi－2钎料，获得了焊接质量优良的结构件。

国外学者对真空电子束钎焊的研究与应用大多集中在利用其能量密度高、热输入量少、工件受热影响小等特点上，或者仅利用了电子束的偏转功能，对电子束扫描轨迹的控制研究则侧重于表面重熔、刻蚀等，上海交通大学、航空 625 所国内学者所进行的研究则是借助于扫描偏转线圈将电子束点热源转化为面热源进行钎焊加热。

真空扫描电子束钎焊技术结合了计算机、自动控制以及先进的材料加工理念，成为一种高精度、高质量、高效率的制造技术，为航天航空工业提高产品零部件的快速制造能力、质量可靠性和柔性化生产提供一种新的工具。

电子束扫描控制装置的核心是在电子束行进路径上附加二对偏转线圈。通用电子束焊机的扫描线圈安装在电子枪内部，电子束偏转角度有限，一般偏转线圈的线包绕组也承受不了长时间大电流的工作环境，因此通用电子束焊机不具备电子束的大范围扫描加热功能。需要对通用电子束焊机进行改造，在电子枪出口处加装两对特制的电子束扫描偏转线圈，同时配以工控机、PLC 程序控制器、LabVIEW 虚拟仪器(virtual instruments)等。为了适应扫描电子束钎焊(SEBB)的工艺对温度控制的要求，通常还需要双色红外测温仪，构建扫描电子束钎焊温度闭环控制系统。

三、扫描电子束真空钎焊系统

扫描电子束钎焊(SEBB)控制系统包括通用电子束焊机、工控机、NI 数据采集卡、基于 LabVIEW 虚拟仪器的信号产生及放大系统、温度测量与反馈系统等等，基本结构如图 7－7 所示。

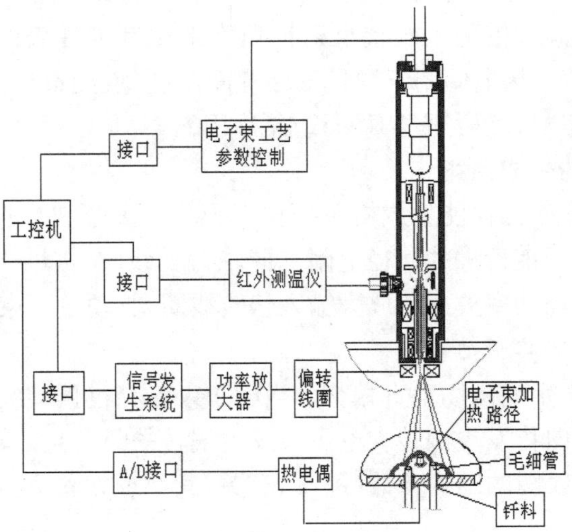

图 7－7 扫描电子束钎焊控制系统原理图

（一）真空钎焊系统硬件

1. 主　机

由电子枪、真空室、工件传动系统、操作台等组成。电子枪加速电压为 60 kV，阴极采用直热式发卡型结构，由 0.05 mm 厚钨片采用模具压制成形，阴极发射面积为 1.2 mm×1.2 mm，其特点在于阴阳极同轴度高，束斑直径小，更换阴极灯丝后可保证束斑重复精度误差小于 0.2 mm。

2. 高压电源

包括中频逆变电源、高压油箱以及电缆等。电子枪高压由中频逆变电源输入到高压油箱，经变压器升压、高压硅堆整流、电容滤波后输出至电子枪阴极和栅极。

3. 真空系统

包括由分子泵、旋片式机械泵、罗茨泵、扩散泵等 5 个真空泵机组及电磁阀、气动阀、真空管路等构成的真空机组，以及真空控制和监测装置。

（二）控制系统

控制系统包括工控机、PLC 控制器、高压电源控制系统、阴极加热电源的控制系统、束流控制系统、聚焦电源控制系统、传动控制系统以及函数发生器、功率放大器等辅助系统。

1. 工业控制计算机

工控机(IPC)是整个系统的核心中枢。一方面，工控机经由 PLC 控制电子束钎焊的工艺参数(包括束流、聚焦电流、加热时间、上升下降斜率等等)以及电子束自动钎焊过程，同时，通过数据采集卡及相应的软件编辑，输出特定形状的电子束扫描轨迹，并经功率放大器驱动偏转线圈，以控制电子束沿设定的轨迹扫描加热待焊工件；另一方面，红外测温仪和热电偶检测电子束扫描加热区域的温度，经 I/O 卡转换成电信号后传输给计算机，与程序设定阈值进行比较、分析，按一定的控制规律给电子束束流控制系统和函数发生放大系统下达相应的指令，从而实现对工件温度的实时控制。

2. PLC 控制器

PLC 通过输入/输出通道与继电器、接触器、传感器、指令开关、行程开关以及电子束焊机各控制回路的 I/O 端口相连接控制机械泵、罗兹泵、扩散泵、分子泵、电磁阀、中频逆变电源、高压电源，按照设定逻辑程序实现对电子束钎焊过程的控制。

3. 温度信号采集系统

双色红外测温仪(美国 Reteck 公司的 Thermalert Marathon MR1S)安装在电子枪观察镜口上，通过反射镜检测工件正面温度，借助于调整反射镜角度来控制工件表面测量点位置，检测结果通过 RS232 通信口直接输入 IPC。热电偶用于测量工件背面温度(点测量)，热电偶的检测结果通过 A/D 转换将模拟量转变为数字信号，然后通过 RS232 输入 IPC。

四、电子束扫描轨迹的生成系统

通用电子束焊机函数发生器仅能生成简单扫描图形——正弦波、三角波、矩形波、锯齿波、圆等。扫描电子束控制系统，在电子束行进的路径上附加同轴偏转线圈，借助于 LabVIEW“虚拟仪器”编辑形成电子束扫描图形信号，经功率放大器放大输入偏转线圈，驱动电子束沿设定轨迹运动。

（一）电子束偏转线圈及其驱动

两对电子束偏转线圈产生的磁场垂直相交。当电子束流穿过偏转线圈时，由于受到 x、y 方向磁场的作用，电子束的运动方向将发生偏转。电子束发生偏转的距离与偏转线圈励磁电流(i)的大小和电子束流(I)大小以及偏转线圈的结构参数(W,L)有关，其原理如图 7-8 所示。

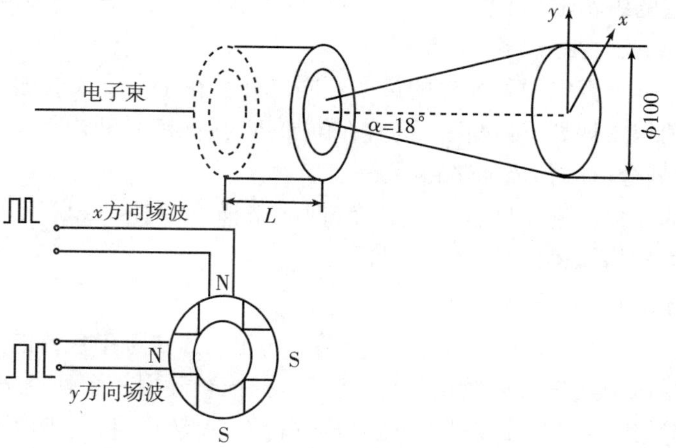

图 7-8　电子束偏转示意图

作用在电子束流上的电磁力 F 的大小可用以下数学方程式表征：

$$\phi=\frac{Wi}{\frac{l_0}{\mu_0 s_0}+\frac{l_m}{\mu_{Fe}s_{Fe}}}\cong\frac{Wi}{\frac{l_0}{\mu_0 s_0}} \tag{7-1}$$

$$B=\frac{\phi}{s_0}=\frac{Wi\mu_0 s_0}{l_0 s_0}=\frac{\mu_0 Wi}{l_0} \tag{7-2}$$

$$F=\frac{\phi}{s_0}\cdot I\cdot L=\frac{\mu_0 Wi}{l_0}\cdot I\cdot L \tag{7-3}$$

式中：ϕ 为磁通；W 为偏转线圈匝数；i 为励磁电流；μ_0 为导磁率；l_0 为磁路长度；B 为磁感应强度；s_0 为磁路截面积；F 为磁场电磁力；I 为电子束束流；L 为线圈长度；

由式(7-1)可见，当激励线圈匝数、线圈长度确定后，调节激励电流大小，即可调节作用在电子束流上的电磁力 F，激磁电流越大，电磁力越大，电子束偏移距离越大。

（二）功率放大器

LabVIEW 虚拟仪器产生扫描控制信号的功率不足以直接驱动电子束偏转线圈，系统另加一级功率放大器进行驱动。电子束偏转线圈至少需要两对绕组以产生 x-y 方向磁场，因此功率放大器也至少需要两路，且功率放大器的性能指标必须与前级产生扫描信号函数的数据采集卡和后级电子束偏转线圈相匹配。

（三）虚拟仪器及 NI 数据采集卡

控制系统采用 IPC、数据采集卡以及 Labview 编程软件来代替传统的函数发生器，生成各种扫描图形，实现电子束“任意扫描路径”的轨迹规划。

所谓虚拟仪器实际上就是一种基于计算机的自动化测试仪器系统。虚拟仪器通过软件将计算机硬件资源与仪器硬件有机地融合为一体，从而把计算机强大的计算处理能力和仪器硬件的测量、控制功能结合在一起，通过软件实现对数据的运算、处理、存储、分析和显示。

LabVIEW(Laboratory Virtual instrument Engineering)是一种图形化的编程语言，是 NI 公司推出的虚拟仪器开发平台软件。它们能够以其直观简便的编程方式、众多的源码级的设备驱动程序、多种多样的分析和表达功能支持，为用户快捷地构筑自己在实际生产中所需要的仪器系统创造了基础。

扫描电子束系统选用 NI 6040E 型数据采集卡，它适用于 PCI 总线计算机，是一种多功能的模拟、数字输入/输出通道和计时的 I/O 板卡，具有 12 位 ADC 及 16 路模拟量输入、12 位和 16 位 DAC 及电压输出、8 条 TTL－兼容的数字 I/O 线和两个 24 位的计数器/定时器。通过 NI 6040E 采集卡，可以实现电子束扫描轨迹的编辑输出、电子束工艺过程监控、钎焊温度信号采集处理等等一系列功能。

（四）电子束扫描轨迹的生成

电子束扫描加热区别于真空辐射加热的最大不同之处就在于电子束的加热路径可以根据工件加热需要进行扫描路径的编辑规划，可仅仅对接头部位加热，在一定时间内使其达到钎焊温度，针对特定的接头形式，设计规划合适的扫描加热路径。

电子束在工件上的扫描轨迹，可以用一条二维曲线来描述，利用 LabVIEW 提供的强大功能，在直角坐标系下建立描述扫描轨迹的参数方程，即

$$\begin{cases} x_i = \phi(t_i) \\ x_i = \phi(t_i), \quad i = 0,1,2,\cdots,n-1 \end{cases} \quad (n\text{ 为扫描轨迹中包含的点数})。 \tag{7-4}$$

通过对其坐标分量函数式进行离散化处理，将连续扫描轨迹用一系列点来描述，由工控机计算出各点数据值后，用二维数组存储在计算机中；然后再进行 D/A 转换，将代表电子束扫描轨迹的数组通过 NI 数据采集卡的模拟量输出通道输出，经功率放大器驱动电子束扫描线圈。将计算机发出的两路模拟信号传送给偏转线圈的同时，通过模拟量输入通道，将工控机所要输出的模拟信号再采集回来，经 A/D 转换后合成，并在计算机屏幕上实时显示出来。这样在焊接加工之前就可以对扫描轨迹进行初步配置，以减少实时调节时间，提高效率。图 7－9 显示几种 LabVIEW 编辑的电子束扫描轨迹，其中(a)为计算机屏幕显示编辑图形；(b)为实际电子束扫描轨迹。

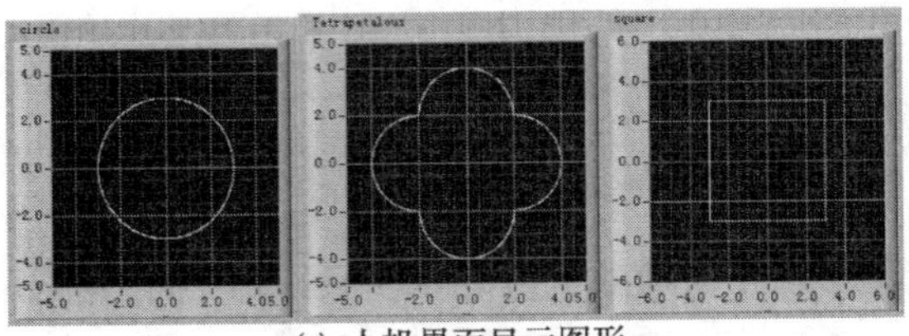

(a) 人机界面显示图形

(b) 实际扫描轨迹照片

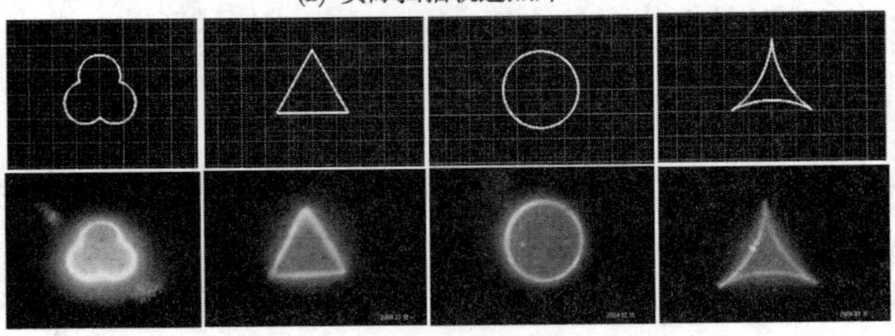

(c) 几种特殊的扫描图形和扫描轨迹照片

图 7－9　虚拟仪器生成的图形及实际扫描轨迹

（五）工件加热温度曲线

为了校验工件实际加热温度，系统采用两套温度测量装置。一套是热电偶与 $x-y$ 记录仪测温系统，将焊在试板背面的热电偶丝通过真空插头引出到工作室外，与记录仪连接，以记录测量被焊工件指定监测点的实际温度，试板下支柱架空结构使热耦不接触其他物体，保证了测量精度不受干扰；另一套是双色红外测温系统，安装在电子枪观察镜位置，用以测量试板正面钎焊区域的平均温度，作为系统温度采样信号反馈给工控机，以实现温度场实时控制。

图 7-10 红外测温仪实时记录的一个工件热循环温度曲线，其中最值得关注的参数是最高加热温度 t_{max}（℃）和高温停留时间 t_H（s）。使用 BNi2 钎料条件下，试验设定的最高温度阈值为 1 050 ℃，由图可见，工件在电子束加热作用下，温度逐渐升高，至设定温度后自动切断束流，但由于热惯性作用，温度仍然上升了几度，然后迅速下降。整个钎焊过程持续 1 min 左右，高温停留时间只有 12 s。

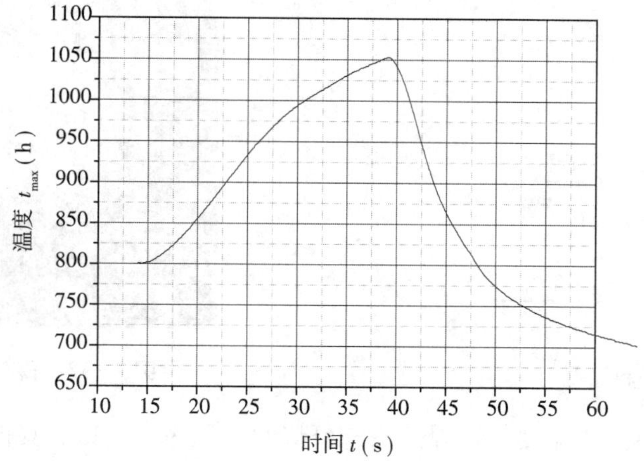

图 7-10 记录的工件加热温度曲线

五、毛细管板扫描电子束钎焊试验

（一）试样材料及尺寸

试验用的毛细管尺寸 ϕ0.6 mm×0.15 mm×20 mm；管板尺寸 ϕ40 mm×3 mm，三根毛细管均布在直径 ϕ6 mm 的圆上，管孔直径 ϕ0.6±0.01 mm；毛细管和管板材质为 1Cr18Ni9Ti 不锈钢。选用 Cr-Fe-B-Si-Ni 系 BNi-2 合金作钎料。试样管板尺寸见图7-11。

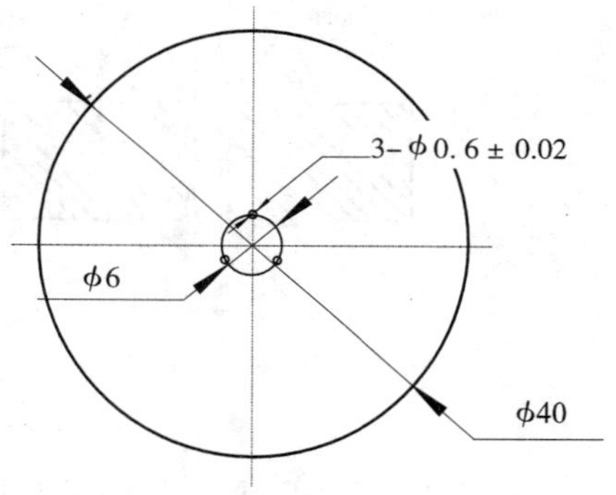

图 7-11 结构尺寸示意图

（二）钎焊接头制备

管板试样的毛细孔用电火花加工，用绞刀去毛刺，通止规测量内孔直径，精确到 0.01 mm，毛细管在与管板装配前也用千分尺进行直径测量，确定接头间隙的准确数值。用金相砂纸打磨毛细管接头的氧化层，丙酮清洗后，与试板装配在一起，毛细管露出管板上表面大约 1 mm。

为了保证实验条件的一致性，每一份钎料的质量都须用光电分析天平精确称量，然后用黏结剂水溶液将粉末状钎料调和成糊状钎料膏，涂覆在管板接头下表面，在毛细管根部堆成圆台形烘干待用（见图7-12）。

试样的电子束扫描钎焊采用三瓣梅花形扫描图形，图 7-13 为电子束实际扫描加热轨迹和毛细管周围温度分布。由图中可以看出，加热过程中，扫描轨迹上的温度高于毛细管周围的温度，3 根毛细管周围的温度均匀一致。

（三）SEBB 质量因子对钎焊接头的影响

电子束钎焊主要参数有束流、加热时间、扫描幅值以及束流上升斜率等。几个参数与电子束输入的功率或功率密度分布密切相关，对钎焊温度场、钎料润湿铺展填缝性能起到决定性的作用，其次钎料预置量、接头装配间隙以及管板孔内表面加工状态对钎焊接头也有重要影响。考察某一质量因子的影响，是在其他参数保持不变，仅仅改变单一工艺参数条件下，对一组试件进行焊接。每个质量因子的影响，测试数据不少于 4 点，即需要 4 个钎焊试样。所有试件焊后都经过线切割、热镶嵌、抛光等工序制成金相试样，然后用 LEICA GZ6 光学显微镜进行宏观金相分析，用 JGX-1 工具显微镜测出

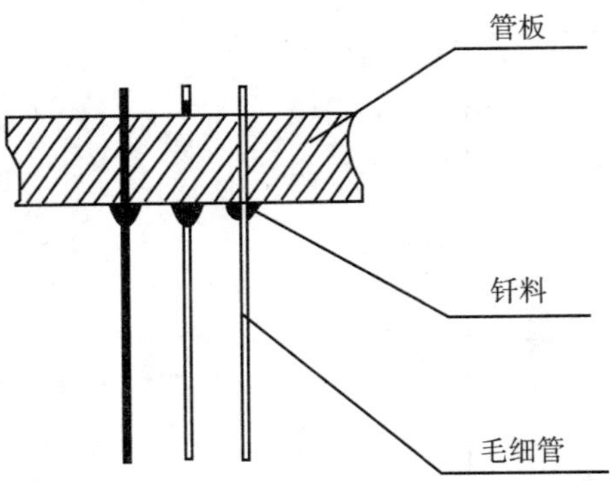

图 7-12　管板接头钎料涂覆

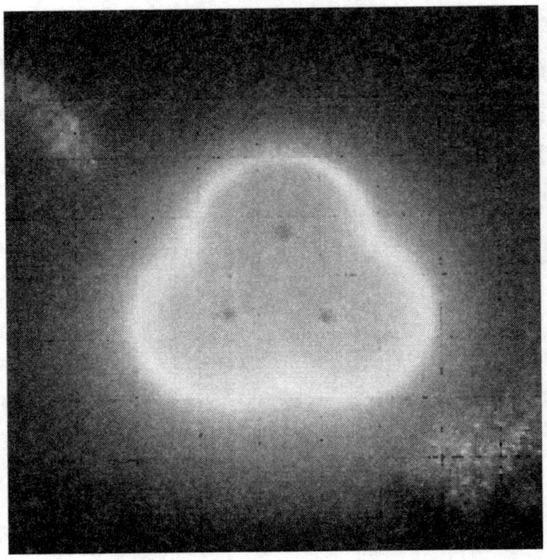

图 7-13　梅花图形及实际扫描轨迹

各试样的钎脚高度和钎料扩散深度。钎焊接头与钎脚尺寸见图 7-14。其他工艺参数：真空度 $2\times10^{0}\sim5\times10^{-1}$ Pa，加速电压 60 kV，最高钎焊温度控制在 1 100 ℃以下。SEBB 质量因子与接头钎脚高度 H、毛细管壁钎料扩散深度 D 间的关系曲线如图 7-15 所示。

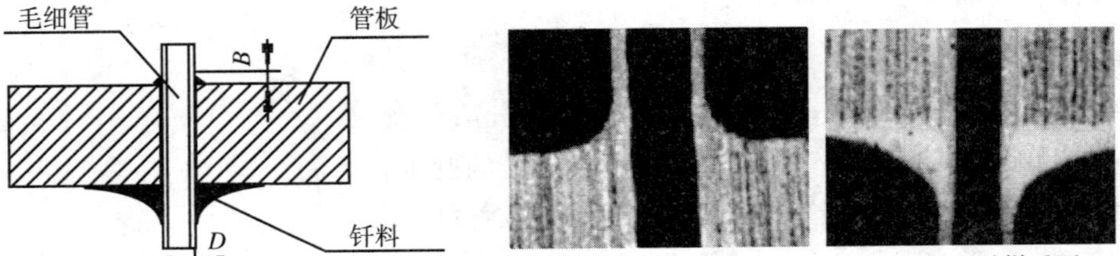

(a) 22#试样正面　(b) 22#试样反面

图 7-14　接头及钎脚尺寸示意图

由图 7-15 SEBB 质量因子对钎脚高度 H、钎料扩散深度 D 影响的关系曲线，可以得出以下几点结论：

(1) 钎脚高度 H 与钎料扩散深度 D 相对于同一质量因子具有相同的变化趋势，但钎脚高度的变化速度较快。

(2) 随着束流、加热时间、钎料量的增加，钎料向毛细管壁的扩散深度略有增加，而接头钎脚高度则显著增大；随着束流上升时间和电子束扫描幅值增加，扩散深度稍有降低，但钎角高度则显著减小。

(3) 接头间隙在 0.008～0.023 mm 范围内，钎脚高度随着间隙的增大而显著增大；当间隙≥0.029 mm 时，钎脚高度变化不大；钎料的扩散深度随间隙的增大而增大。

(4) 试板管孔经电火花加工后未经任何处理而直接装配钎焊的试件，其钎脚高度最低；酸洗后再用铰刀铰孔的试件，钎脚高度最高；仅经酸洗的试件钎脚高度居中。接头表面状态对钎料扩散深度的影响不明显。

(5) 若电子束束流、加热时间以及聚焦电流增大，接头温度场的最高温度随之升高，高温停留时间延长，导致钎料中合金元素向毛细管壁的扩散量增加；而束流上升时间的延长、扫描幅值的增大则使接头温度场最高温度降低，高温停留时间缩短，而导致扩散深度降低。钎脚高度随着束流、加热时间、聚焦电流、钎料量的增加而迅速增大，则是接头温度升高导致液态钎料毛细填缝能力增强的结果。

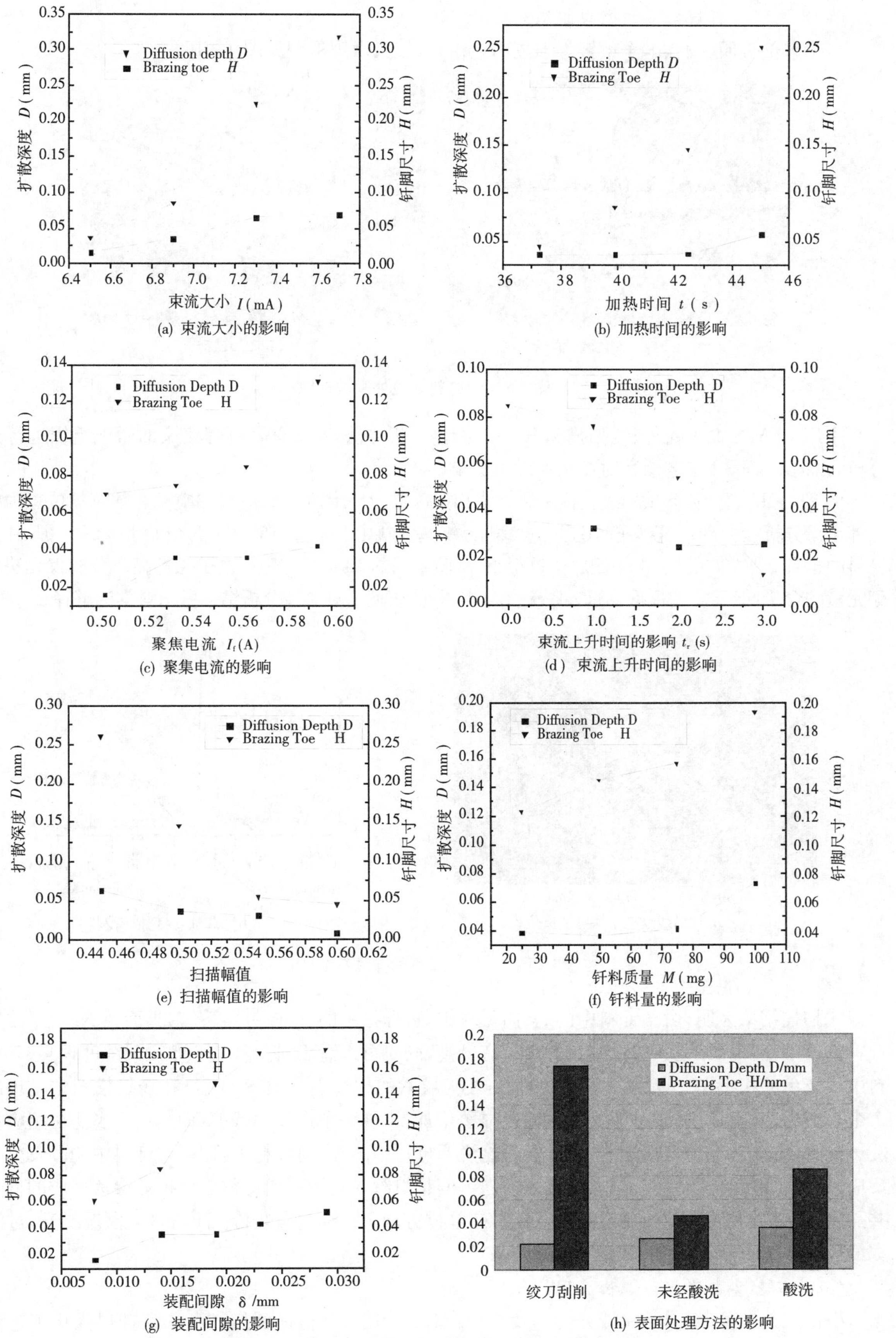

(a) 束流大小的影响

(b) 加热时间的影响

(c) 聚集电流的影响

(d) 束流上升时间的影响

(e) 扫描幅值的影响

(f) 钎料量的影响

(g) 装配间隙的影响

(h) 表面处理方法的影响

图 7－15 钎焊质量因子对钎脚高度及扩散深度的影响

（四）电子束钎焊接头的微观组织

接头解剖表明，扫描电子束钎焊形成冶金结合，接头微观形貌见图 7－16。

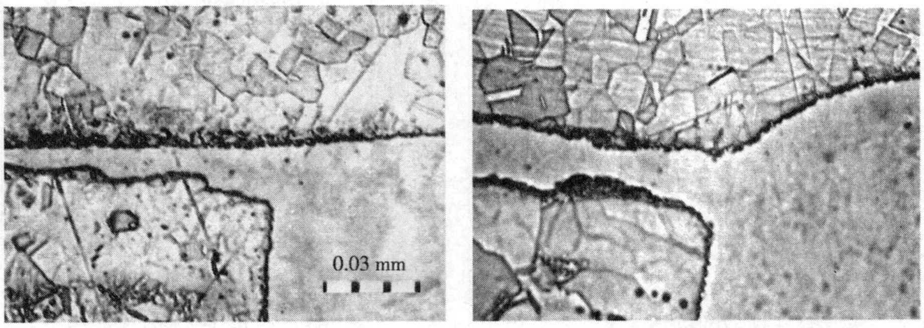

（a）12#试样　　（b）22#试样

图 7－16　钎料堆放处微观形貌

采用 EPMA 电子探针、线扫描和 EDAX 能谱分析方法，对 SEBB 钎焊接头的微观组织进行详细分析，以揭示 SEBB 工艺参数对接头组织的影响。

图 7－17b 显示 12＃试样线扫描结果。线扫描位置为(a)图中黄线，(a)图中标有数字的位置为电子探针定量分析检测点。需要强调说明一点，硼是镍基钎料中非常重要的一种合金元素，试验中所用 BNi_2 钎料中含有 3%左右的硼，由于硼原子量很小，试验采用的 EPMA－8705 电子探针显微分析仪无法检测硼元素的含量，但不影响根据 Ni-Cr-B-Si 合金相图、扩散理论对能谱分析结果做出科学的解释。

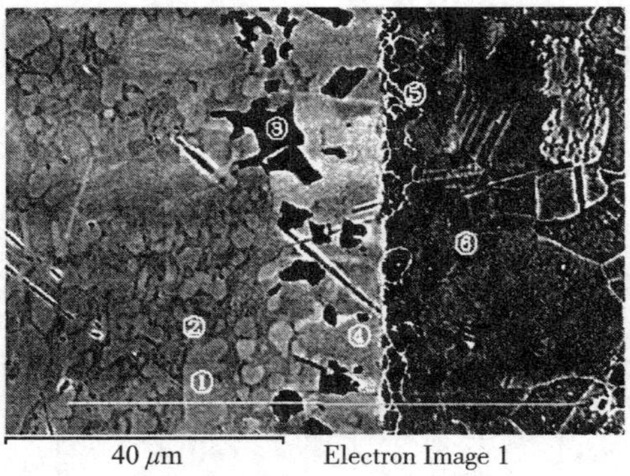

（a）扫描线及电子探针能谱位置

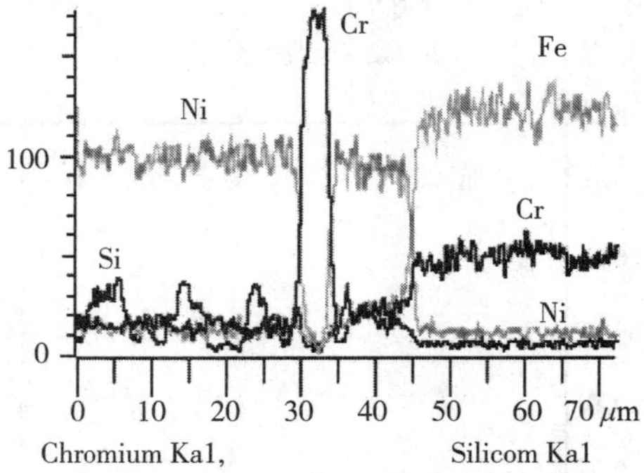

（b）EPMA线扫描结果

图 7－17　12＃试样线扫描

线扫描结果表明，由于钎料中的 Ni 向母材扩散，母材中的 Fe 向钎料溶解，界面区 Ni 元素浓度比钎料有所下降，而 Fe 元素浓度则比钎料稍有升高；同时可以看出，钎料区中 Ni 元素浓度很高，其中钎料中浅灰色的相①中 Si 元素含量较少，而细小斑纹状的相②则富集 Si 元素，在线扫描图中呈现出一个个小的峰值；在黑色相③处 Cr 元素浓度显著增加，出现一个最高的峰值，而 Ni、Si 浓度在相应位置陡然减少，浓度曲线出现很陡的一个波谷，这说明母材中的 Cr 向钎料中溶解，与钎料中的硼发生化学反应，形成了硼化铬脆性相；母材近缝区的白色网状组织⑤是钎料向母材晶界扩散渗透形成的低熔点共晶物。从线扫描图像看，在过渡区从钎料向母材方向 Ni、Si 含量陡降，而 Fe、Cr 含量跃升，过渡区宽度大约 5 μm。

（五）工艺参数优化与工程应用

根据工艺试验、有限元模拟分析以及钎焊试样的解剖分析，得到扫描电子束钎焊优化工艺参数范围：加速电压 60 kV，束流 6.5 mA，加热时间 40 s，钎料质量 25 mg，聚焦电流 564 mA，装配间隙

0.013 mm，表面状态酸洗。将此参数用于姿控发动机喷注器毛细管板接头的扫描电子束钎焊，焊接模拟试件见图 7－18。制模拟结构件通过气密检测，冲击、疲劳振动地面力学性能试验，各项性能达到设计指标。

图 7－18　采用优化工艺参数的模拟焊接试件

电子束扫描模式可控（分束）、电子束能量输入可控以及扫描轨迹可编辑，为电子束焊接、电子束钎焊、材料表面热处理、材料改性以及特殊材料加工提供了可行性（见图 7－19）。可以预见可控扫描电子束具有下列工程应用前景：

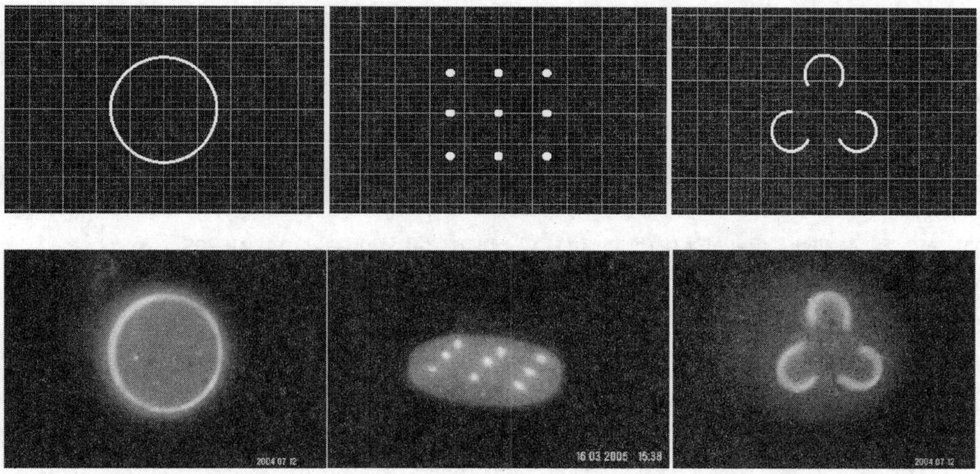

图 7－19　可控扫描电子束的工程应用前景

（1）横向多线程扫描，模拟多束流，实现多熔池焊接；

（2）纵向串列分段扫描，用于热敏感材料预热、焊接、回火复合工艺，消除焊缝裂纹；

（3）对称分布点连续扫描，实现构件对称焊接，降低焊接变形；

（4）局部点扫描或连续扫描还可以用于工模具的刃口、孔局部热处理及表面改性。

参考文献

［1］马鑫，何鹏．电子组装中的无铅软钎焊技术[M]．哈尔滨：哈尔滨工业大学出版社，2006.

［2］张启运，庄鸿寿．钎焊手册[M]．北京：机械工业出版社，1999.

［3］林三宝，宋建岭．电弧钎焊技术的应用及发展[J]．焊接，2007(4)：19－21.

［4］孙小松，乔培新，龙伟民．用熔化极氩弧钎焊方法焊接 0.5 mm 以下薄壁件的研究[J]．电焊机，2001，31(1)：24－25.

[5] 王宇，于治水，李晓泉. 薄板电弧钎焊钎缝成形及界面现象[J]. 新技术，新工艺，新材料，2000(2)：45 - 46.
[6] 毛崇慈，李国亮. 铜与钢、不锈钢氩弧钎焊的研究[J]. 焊接，1994(1)：6 - 8.
[7] 杨修荣. 超薄板的 CMT 冷金属过渡技术[J]. 焊接，2005(12)：52 - 54.
[8] 朱培兰，朱宏. 真空钎焊技术在机载雷达天、馈线焊接生产中的应用[J]. 现代雷达，1998(2)：95 - 99.
[9] 李兴福. 电子束焊接使 F - 22 机身减重 90 kg[J]. 航空工艺技术，1998(3)：15.
[10] 邱惠中. 先进钎焊技术在航天器上的应用[J]. 宇航材料工艺，2000(3)：11 - 14.
[11] 周万盛. 火箭发动机推力室钎焊技术的发展[J]. 航天工艺，1997(1)：31 - 36.
[12] KYUZO ARAKAWA，MASAO KIKUCHI. An Electron-Beam Processing Machinefor Micro-Scale Welding and JoiningApplications[J]. Mitsubishi Electric ADVANCE，1997(12)：25 - 26.
[13] KEITEL STEFFEN，SOBISCH GOTZ，HANTKE ANDREAS. Shaping of deflection figures of electron beam equipment[J]. Schweissen und Schneiden/Welding & Cutting，1998，50(8)：150 - 154.
[14] JAN DUPÁK，IVAN VLČEK，MARTIN ZOBAČ. Electron gun for computer-controlled welding of small components[J]. Vacuum，2001 (62)：159 - 164.
[15] VOTH T E，GIANOULAKIS S E，HALBLEIB J A. Thermal response of ceramic components during electron beam brazing. American Society of Mechanical Engineers[J]. Heat Transfer Division，(Publication) HTD，1996，323(1)：185 - 192.
[16] YANG P，TURMAN B N. Braze microstructure evolution and mechanical properties of electron beam joined ceramics[J]. Materials Chemistry and Physics，2000 (64)：137 - 146.
[17] GOODMAN D L，BIRX D L. High energy electron beam processing experiments with induction accelerators[J]. Nuclear Instruments and Methods in Physics Research ，1995(99) ：775 - 779.
[18] JAN FELBA，KAZIMIERZ P FRIEDEL. Electron beam activated brazing of cubic boron nitride to tungsten carbide cutting tools[J]. Vacuum，2001(62)：171 - 180.
[19] IGOR L POBOL，ALSXEY A SHIPKO，IRINA G NESTERUK. Investigation of contact phenomena at cubic boron nitride-filler metal interface during electron beam brazing[J]. Diamond and Related Materials，1997(6)：1067 - 1070.
[20] 郭光耀，刘方军，韩瑞清. 电子束扫描控制系统[J]. 焊接学报，2003，24(1)：91 - 93.
[21] 李少青. 航空器件电子束真空钎焊工艺研究[D]. 上海：上海交通大学，2002.
[22] 梁智. 不锈钢毛细管板结构真空电子束钎焊温度场模拟[D]. 上海：上海交通大学，2004.
[23] 李少青，张毓新，梁智，等. 真空电子束钎焊工艺研究[J]. 焊接技术，2004，33(155)：27 - 29.
[24] 印有胜. 镍基钎料的钎缝脆性及其影响因素[J]. 焊接学报，1997，18(3)：134 - 140.
[25] LIU PENG，LI YAJIANG，WANG JUAN，et al. Vacuum brazing technology and microstructure near the interface of Al/18 - 8 stainless steel[J]. Materials Research Bulletin，2003(38)：1493 - 1499.
[26] 张新平，史耀武，任耀文. 镍基非晶态及晶态钎料真空钎焊母材溶解模型特性研究[J]. 航空材料学报，1995，15(4)：35 - 40.
[27] 路文江，慕建堂，陈学定. 镍基钎料接头中硼的扩散行为[J]. 甘肃工业大学学报，1996，22(2)：11 - 16.

第八章 高效电弧焊接技术

在工业化国家中，约有50%的国民经济总产值来自与焊接相关的工厂。随着工业生产的发展和市场竞争的日趋激烈，各生产厂家为增强市场竞争能力，越来越强烈地要求提高生产效率，降低产品成本。焊接作为工业生产的重要环节，其效率的提高对总的生产率提高有着举足轻重的作用。

提高焊接生产效率主要包括两个方面：一是以提高焊接材料的熔化速度为目的的高熔敷率焊接，即要求在单位时间内熔化更多的焊接材料，主要用于厚板焊接，熔敷速率可达30 kg/h；二是以提高焊接速度为目的的高速焊接，它的基本出发点是在提高焊接速度的同时提高焊接电流，以维持焊接线能量大体上保持不变，主要用于薄板的焊接，最常见的焊接速度为普通 CO_2焊的3～8倍。

从目前研究和应用情况看，提高焊接熔敷率和焊接速度有以下途径：

(1) 利用保护气体的不同匹配使最高焊丝熔化速度大幅提高从而提高焊接熔敷率。如 TIME 焊、LINFAST 焊接等；

(2) 采用复合多热源提高焊接效率，如多丝气保护焊(Tandem 焊)、多丝埋弧焊、激光复合焊等；

(3) 利用活性元素独特作用提高电弧熔深能力，减少焊缝截面尺寸，提高焊接效率，如 A-TIG 工艺、A-LASER 工艺；

(4) 采用焊接电源的特殊输出波形提高焊接速度，如 Lincoln 公司的 RapidArc™焊接速度可达2.5 m/min。

目前，国际上对高效 MAG 焊的定义为：按 DVS－No. 0909－1 制定的标准，即对于直径 1.2 mm 的焊丝，送丝速度超过 15 m/min，或熔敷率大于 8 kg/h 的 MAG 焊称为高效 MAG 焊。某些高效 MAG 焊的最高熔敷率可达 20 kg/h。

第一节 不同保护气体高熔敷率 MAG 焊接技术

为了提高 MAG 焊的生产效率，可采用多元保护气体、新型电子焊接设备、超常焊接参数、焊丝的改进和多电弧焊接等多种途径实现，其中采用多元保护气体途径方法提高熔敷率国际上先后出现了 TIME，RAPID ARC，RAPID MELT 和 LINFAST 等焊接方法。

一、TIME 焊接技术

(一) TIME 焊接工艺及特点

TIME 焊接工艺(transfer ionized molten energy process)是由 Canada Weld Process 公司的 J. Church 在 1980 年研究成功的。这种新的高性能焊接工艺 20 世纪 80 年代首先应用于日本和加拿大。1990 年 6 月在维也纳焊接商贸博览会上，TIME 焊接工艺被首次引入欧洲。同年，Fronius 公司在欧洲市场接管了这项专利技术。

TIME 工艺仍为 MAG 焊范畴的方法，但与普通 MAG 不同的是：其一，保护气体为 Ar (65%)＋He(26.5%)＋CO_2(8%)＋O_2(0.5%)；其二，采用大干伸长。采用此保护气体成分在高送丝速度下可以实现稳定焊接，突破了传统 MAG 焊电流极限。

四元保护气体混合起到相互补充的作用，He 具有高电离能，可提高弧压和电弧能量，电弧挺度好，熔深大等作用；Ar 电离能较低，保证电弧燃烧稳定，维弧容易；CO_2分解成 CO 和自由氧，使电弧冷却，促使弧压增高并具有清洁作用；O_2的存在有利于电弧的稳定，同时能够降低熔池的表面张力，改善润湿性。各种保护气体综合作用的结果，能够增加电弧电压，提高射流过渡临界电流值，以便在大电流下得到稳定的熔滴过渡方式，同时还能保证焊缝成形良好。

采用上述混合气体保护，再辅以合适的干伸长(长度可达35～40 mm)，能够显著提高焊丝熔化速度，而且TIME焊接一般采用ϕ1.2 mm或ϕ1.6 mm的细焊丝，在500～700 A的大电流下进行焊接，使焊丝干伸长上的电阻热增大，送丝速度突破了MAG焊最高速度15 m/min的限制，送丝速度最高达50 m/min，大大提高了熔敷效率(熔敷效率是传统MAG焊的3倍)。表8-1、表8-2比较传统MAG焊与TIME焊的区别。

表8-1 传统MAG焊与TIME焊不同点

焊接方法	保护气体	焊丝干伸长(mm)	送丝速度(m/min)
传统MAG焊	Ar，CO_2，O_2	10～15	2～16
TIME焊	0.5%O_2，8%CO_2	20～35	2～50
	26.5%He		
	65%Ar		

表8-2 传统MAG焊与TIME焊性能比较

焊接方法	焊丝直径(mm)	许用最大电流(A)	最高送丝速度(m/min)	最大熔敷率(g/min)
传统MAG焊	1.2	400	16	144
TIME焊	1.2	700	50	450

TIME焊接工艺与传统的MAG焊工艺相比具有明显的优点：

(1) 大幅度地提高了焊丝熔敷率　传统MAG焊采用直径1.2 mm的低碳钢焊丝，许用最大电流为400 A，最高送丝速度为16 m/min，熔敷速度最高可达144 g/min；而TIME工艺采用直径1.2 mm的低碳钢焊丝，许用电流高达700 A，最高送丝速度为50 m/min，熔敷速度最高可达450 g/min。

(2) 改善熔敷金属和焊接接头的质量　由于熔滴在有良好保护性的弧柱内进行短距离、挺直的射流过渡，所以熔敷金属不受空气侵害和其他污染。加拿大研究人员用TIME工艺对潜艇用钢HY80进行了全位置焊接试验。结果表明，在熔敷金属中磷的含量为MAG焊时的60%～70%，硫的含量为MAG焊时的65%～80%，焊件的低温韧性得到明显改善。例如，16 mm厚的HY80平焊焊件在-29 ℃下进行冲击试验，结果表明接头的动态撕裂能可达1 300 J。

(3) 焊接工艺性能好　由于熔滴能进行短距离、挺直性好的射流过渡，故可不受重力的影响进行全位置焊接。

(4) 焊缝平滑美观，余高小，飞溅小　当采用逆变式TIME电源焊接时，其熔滴直径在0.05～0.4 mm的范围内。由于电弧挺度好，熔滴呈稳定的轴向射流过渡，飞溅量可降至0.3 g/min，同时熔滴很小，其热量小，因而不会粘在焊件表面上，节省了焊后清理的时间。由于飞溅量大大减少，过渡到焊缝中的熔敷金属量大大增加，节省了焊丝用量，降低了焊丝成本。采用四元保护气体降低了熔池的表面张力，使熔池成形良好，减小了焊缝余高。

随着TIME研究的深入，新成分的保护气体不断涌现，如德国LINDE公司推出的LINFAST焊接工艺，特别是二元或三元保护气体也能获得优质的焊缝。

（二）TIME 焊接设备

TIME 焊工艺需配以专用高性能焊接电源，其外特性应为恒压型，并具有电压反馈校正功能，以保证弧压的变动量不大于 0.2 V。此外，因 TIME 焊气体中含有 He，弧压高达 48 V，故电源的输出电压较高，最好采用逆变式电源，并按 100% 负载持续率来设计。送丝装置的电动机功率需要适当增大，一般取 250 W，该装置除应能在 0.5～50 m/min 的范围内进行调节外，还应具备输送速度偏差的反馈校正功能。TIME 焊比传统 CO_2 焊和 MAG 焊的电弧热大得多，所以不论导电嘴还是喷嘴都需要采用水冷方式。图 8-1 所示为 Fronius 公司生产的 TIME W/F++ 焊枪，具有双冷却水通路，导电嘴可调节干伸长。另外，由于送丝速度快，要求焊丝表面具有较好的光洁度，以增加电导率，减少送丝波动性。

目前，TIME 焊接设备除奥地利公司生产的 TIME 高速 MAG 焊机外，针对 TIME 焊接设备还很少。图 8-1 是 Fronius 公司生产的 TIME 高速 MAG 焊机。TIME 5000 是在工业领域大幅度提高生产效率的背景下产生的数字化 TIME. 焊接设备，它是以 MAG 焊为基础的一种新工艺，在焊接质量明显改善的同时将熔敷效率提高了 2～3 倍。TIME 5000 可以满足各种不同的焊接要求，应用范围很广，适用于小型车间到大型船只以及潜水艇制造等领域。

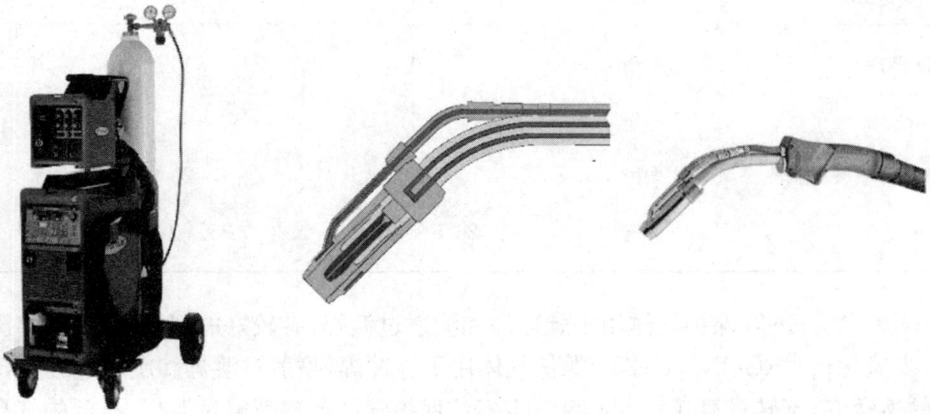

图 8-1 TIME 焊机和焊枪

（三）TIME 焊接应用

TIME 焊工艺主要用于焊接低碳钢和低合金钢，还应用于细晶结构钢（抗拉强度达到 890 N/mm²）、高温耐热材料（13 CrMo 44）、低温钢、特种钢（装甲板）、高屈服强度钢（HY80）等材料。

目前，TIME 焊工艺主要应用领域有造船业、钢结构工程、汽车制造业（对焊接接头抗冲击性能有需求的地方）、机械工程（TIME 焊工艺最适用的领域，大多数情况下都需要大焊接量，经常遇到长焊缝）、罐结构（主要用于自动焊，焊接环焊缝和纵向焊缝，按焊接材料厚度不同焊速可达2～3 m/min）、军工产品（可焊接坦克装甲板和潜艇）。

二、LINFAST® 焊接工艺及其特点

虽然 TIME 焊性能卓越，但它相对昂贵的保护气体是否是实现高熔敷焊接的必要条件成为焊接研究的热点之一。为此，国内外焊接工作者为了降低富含 He 的 TIME 工艺成本，试图采用二元或三元混合气体获得稳定的高效焊接工艺，通过研究得出了其他焊接保护气体成分可成功替代 TIME 焊保护气体成分的研究结论。在这方面比较有代表性研究结果是德国 LINDE 公司推出的焊接工艺。

LINFAST®焊接工艺的基本原理是在保护气体的选择上除了具有保护功能之外，还要使得焊接电弧的形态以及熔滴过渡过程得到有效的控制，从而实现稳定的熔滴过渡过程，满足提高焊接效率、改善焊接质量的要求，即通过慎重添加活性气体组元 CO_2、O_2 使电弧类型得到控制。

LINFAST®根据不同焊接规范区间和不同应用场合选择不同的保护气体，以降低气体的成本。例如，在较低的送丝速度范围 15～20 m/min 区间内，LINFAST®采用 82%Ar + 18%CO_2 气体，CO_2 气体的加入可以提高焊接电弧的挺直度，使电弧收缩，熔深加大，同时对焊缝金属还有清洁作用。如果为了提高焊缝的熔深，则可以加入 20%～30%的 He（CORGON He30）。但在送丝速度20～30 m/min 的范围内出现电弧不稳定现象，为避免电弧不稳定可通过改变保护气体成分来实现稳定焊接，如 CORGON He25S、CORGON He25C 等保护气。保护气体 CORGON He25C 是为焊缝气孔要求极高（无气孔）的情况开发的，这种气体因较高的 CO_2 含量，在送丝速度高达 27 m/min 的情况下，能获得可靠稳定喷射过渡电弧，由于电弧的旋转在消除侧壁未熔合缺陷的应用方面有优势。保护气体 CORGON He25S 是为送丝速度超过 20 m/min（焊丝直径 1.2 mm）时，能得到绝对稳定的旋转电弧而又同时能避免产生高速短路电弧开发的。另外，采用该保护气体焊接不再有飞溅，在焊缝表面只有少量焊渣。常用的高效焊接 LINFAST®保护气体如表 8-3 所示。

表 8-3　常用的高效焊接 LINFAST®保护气体成分

气体类型	Ar	He	CO_2	O_2
CORGON He30	平衡	30	10	0
CORGON He25S	平衡	25	0	3.1
CORGON He5C	平衡	25	25	0
TIME II	平衡	26.5% He	25% CO_2	2% O_2

其中 CORGON He30 保护气体用于脉冲焊和喷射过渡焊，有较好的焊接润湿性，熔深增大，小变形，少飞溅，少氧化；CORGON® He25S 保护气体用于脉冲焊、喷射过渡焊和旋转过渡焊，焊缝成形性好，有较高的熔敷率，旋转过渡；CORGON® He25C 保护气体高速喷射过渡焊，有低的气孔形成率，较高熔深。图 8-2 为不同保护气体的 MAG 焊接 LINFAST®焊缝成形情况。图 8-3 为 Tandem 焊 LINFAST®焊缝成形。图 8-4 为 CORGON He25S 保护气体与 TIME 焊焊缝成形对比试验，图中右焊缝用 CORGON He25S 保护气体使电弧旋转稳定后得到的焊缝截面，左焊缝用 TIME 焊工艺，由于保护气体中含有 CO_2，电弧处于旋转电弧和高速喷射过渡电弧之间的混合过渡区，因此焊缝截面稳定性差，试验的送丝速度 26 m/min，焊接速度 75 cm/min。图 8-5 为 LINFAST®焊接的应用。

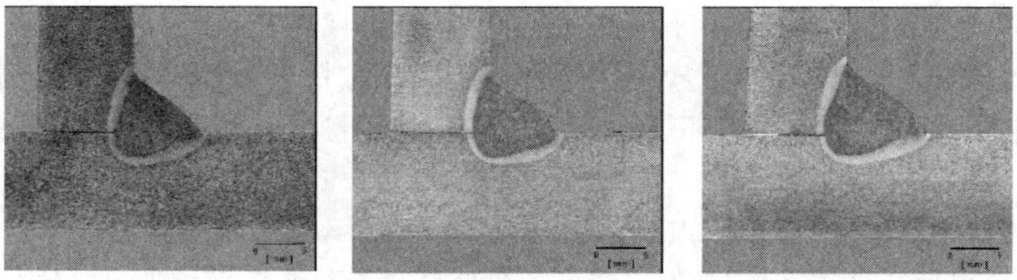

保护气体：	CORGON He30	CORGON He30C	CORGON He30S
熔滴过渡：	喷射/脉冲过渡	喷射过渡	旋转过度
送丝速度：	17 m/min	22 m/min	24 m/min
焊接速度：	80 cm/min	100 cm/min	80 cm/min

图 8-2　不同保护气体的 MAG 焊接 LINFAST®焊缝截面

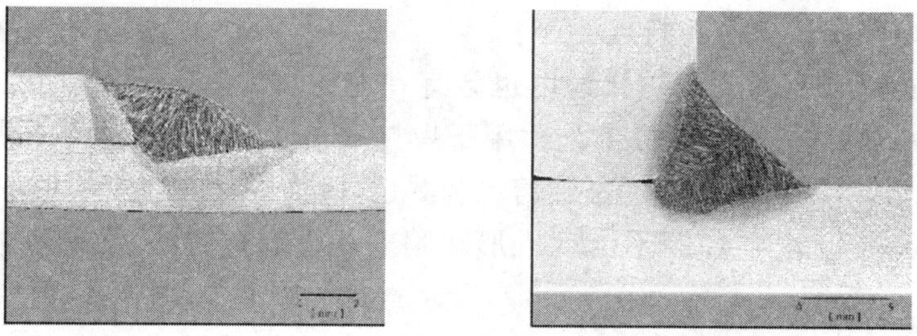

保护气体：CORGON He30
焊接工艺：2.5 mm厚搭接接头
焊接速度：2.8 m/min

CORGON He30
10 mm厚角焊缝
2 m/min

图 8－3　Tandem 焊 LINFAST® 焊缝成形

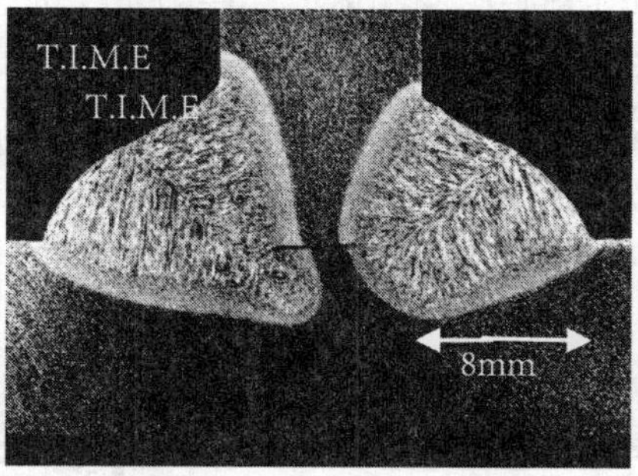

图 8－4　CORGON He25S 保护气体与 TIME 焊焊缝成形对比试验
（送丝速度 26 m/min，焊接速度 75 cm/min）

（a）采用CORGON He30保护气Tandem焊在船厂中应用　　（b）CORGON 30保护气和CORGON He30S保护气的应用

图 8－5　LINFAST® 焊接的应用

三、RAPID MELT 焊接工艺及其特点

RAPID MELT 焊接工艺是瑞典 AGA 公司研究的一种新的焊接工艺方法，与 TIME 焊接方法相似，它也是通过改变保护气体成分来改变焊接电弧的物理特性，在保证焊接质量的前提下使焊接熔敷效率得到很大的提高。与传统的 MIG/MAG 焊接方法相比较，RAPID MELT 大大扩展了传统 MIG/MAG 焊接规范区间，使焊接生产效率得到提高。采用 MISON8（92% Ar/8% CO_2/300×10^{-8}NO）气体保护进行的 RAPID MELT 焊接试验，焊丝的熔敷效率从传统的射流过渡的 8 kg/h 提高到 10～20 kg/h，其中添加的 NO 减少焊接过程中产生的臭氧。RAPID MELT 通过合理匹配送丝速度、电弧电压、保护气体和焊丝干伸长度等焊接规范参数，可实现不同的熔滴过渡形式，从而获得较高的熔敷效率。

四、RAPID ARC焊接工艺及其特点

通过改变保护气体成分，对提高焊接速度也会有一定的作用。RAPID MELT焊接法适用于焊接厚板，而RAPID ARC是一种短弧焊工艺适用于焊接薄板。RAPID ARC采用高速送丝、大干伸长、低电压和低氧化性气体MISON8，增强了熔池润湿性，因而焊缝与母材过渡平滑，并且焊缝平坦，可在1～2 m/min的焊接速度下焊缝不出现成形缺陷。这种焊接方法已成功地在欧洲市场上得到应用。

五、不同保护气体成分高效焊接熔滴过渡形式

（一）高效MAG焊熔滴过渡类型

在常规MAG焊中，随着焊接电流的提高，熔滴过渡形式从短路过渡、滴状过渡向喷射过渡转变，在保证焊缝成形良好的前提下，喷射过渡的极限电流为400 A。

在高熔敷率MAG焊中，通过综合利用多元保护气体的物理特性和适度加大焊丝伸出长度，在超常规MAG焊的高电流和高电压范围内可极大地提高焊丝的熔化速度，同时熔滴的过渡也发生质的变化，其基本形式为：普通喷射过渡、高速短路过渡、旋转喷射过渡和高速喷射过渡（见图8-6）。

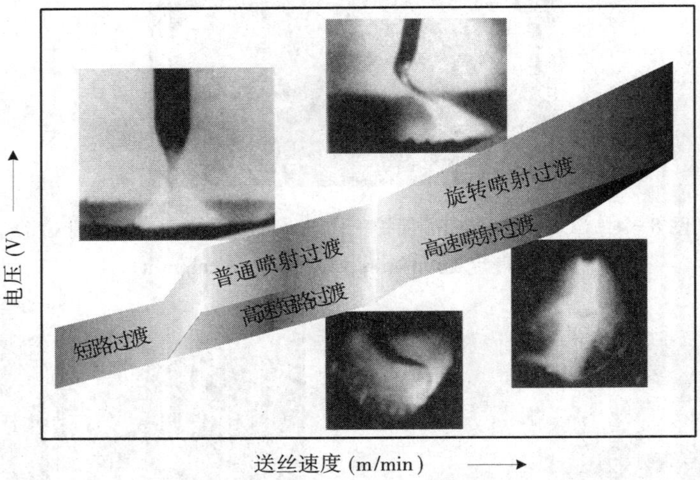

图8-6　MAG焊和高效MAG焊熔滴过渡电弧形式

1. 普通喷射过渡电弧

在高速焊领域，喷射过渡电弧的送丝速度在15～20 m/min的范围内。

2. 高速短路过渡电弧

高速短路过渡电弧是在送丝速度处于10～20 m/min的范围内通过降低焊接电压，同时增加干伸长得到的。由于干伸长增加到了40 mm，因此焊丝端头出现软化，并开始旋转，与焊丝轴线的偏离量为1～2 mm。旋转的焊丝端头在焊缝的两边产生周期性的短路过渡，如图8-6所示。

3. 高速喷射过渡电弧

高速喷射过渡以熔滴轴向过渡为特征，送丝速度超过了20 m/min。熔滴尺寸与焊丝直径大致相等。与熔滴在电弧中一滴一滴地过渡相比，这个工艺最好。如图8-7所示，熔滴分离过程以相同的方式重复。狭小、集中、耀眼的等离子束（见图8-7(a)）是高速喷射过渡电弧（high-performance spray Arc，HP-SpA）的特征。当软化了的焊丝端头下降后，电弧长度减小而等离子柱变宽（见图8-7(b)），随后在熔化的熔滴与焊丝固体端头之间形成液体小桥。液体小桥在收缩力的作用下不断压缩，使电弧变得较宽（见图8-7(b～d)）。当焊丝端头与熔滴之间的小桥小到一定程度时，在小桥的周围形成了等离子体（见图8-7(d)）。在小桥断开的瞬间，高速喷射过渡电弧（HP-SpA）重新引燃，重新形成窄小、集中的等离子射束（见图8-7(e)）。由于其很深但很窄的熔透形状，焊缝根部不能完全被熔化金属填满。

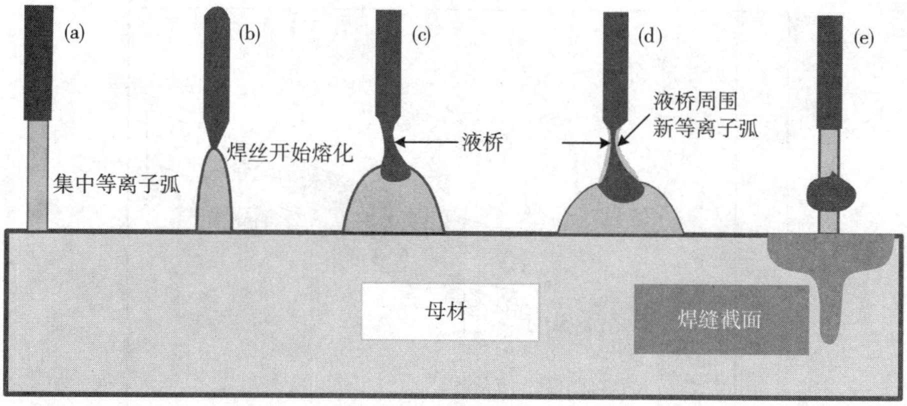

图 8-7 高速喷射熔滴过渡电弧形式

4. 旋转喷射过渡电弧

如果焊丝端头被大电流软化并被电弧力偏转，就产生了旋转电弧（见图 8-6）。对直径 1.2 mm 的焊丝，要求送丝速度达到 25 m/min 或更高，等效的最小焊接电流大约为 450 A。焊丝自由端与焊丝轴线的总偏离量达几个毫米，在焊接过程中，可用肉眼观察到。

（二）不同保护气体成份高效焊接熔滴过渡形式

TIME 焊接[Ar（65%）+ He（26.5%）+ CO_2（8%）+ O_2（0.5%）]有 3 种熔滴过渡方式，如图 8-8 所示，有短路过渡（送丝速度小于 6 m/min）、喷射过渡（送丝速度在 9～25 m/min）和旋转射流过渡（送丝速度大于 25 m/min）等，可以焊接各种板厚的工件。

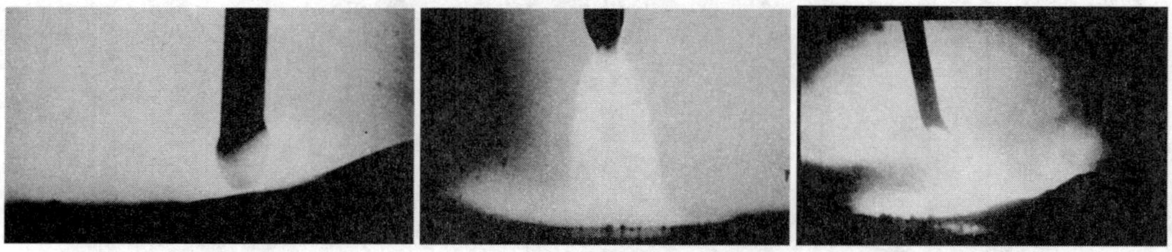

（a）短路过渡　（b）喷射过渡　（c）旋转射流过渡

图 8-8 3 种熔滴过渡方式

德国 LINDE 公司高熔敷率 MAG 焊熔滴过渡研究结果如图 8-9 所示，在每两种电弧类型之间存在过渡区，该区电弧不稳定。例如，作为过渡区电弧（处于短路过渡电弧和喷射过渡电弧之间，送丝速度 6～8 m/min），因熔滴过渡不稳定将产生大量飞溅，因此，在实际应用中应避开该区；送丝速度处于 20～30 m/min 的高速焊区间存在类似的情况，喷射过渡电弧、旋转电弧及高速喷射电弧在该区间都有可能出现，它们之间将不断转换从而造成焊缝截面形状不一致。试验结论在送丝速度 20～30 m/min的范围内避免电弧不稳定只可能通过改变保护气体成分来实现。

如图 8-10 所示，含 8%～18%CO_2的保护气体（如 TIME 和 CORGON He30）适用于送丝速度为 15～20 m/min、焊接速度较低、焊缝质量要求不高的情况。加入 20%～30% He 可优化焊缝过渡及熔池形状，在这个范围内，无论是手工焊焊枪还是自动焊焊枪都能在稳定的喷射过渡电弧和高速短路过渡电弧下操作；但当送丝速度达 20 m/min 时，观察到电弧不稳定现象出现；在这种情况下，可通过采用新型的保护气体解决此问题。如图 8-10 所示，保护气体 CORGON He25C 是为焊缝气孔要求极高（无气孔）的情况开发的。这种气体具有较高的 CO_2 含量，在送丝速度高达 27 m/min 的情况下，能可靠获得稳定喷射过渡电弧。如图 8-11 所示，保护气体 CORGON He25S 是为送丝速度超过 20 m/min（焊丝直径 1.2 mm）时，能得到绝对稳定的旋转电弧而又能避免产生高速喷射过渡电弧

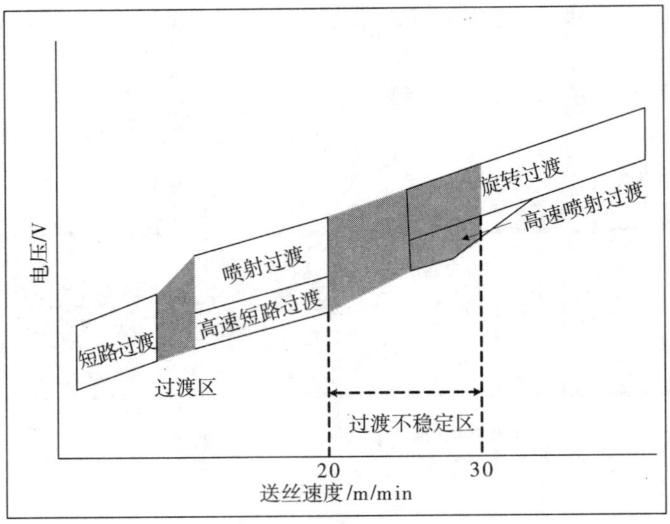

图 8-9　高速焊电弧稳定区和不稳定区

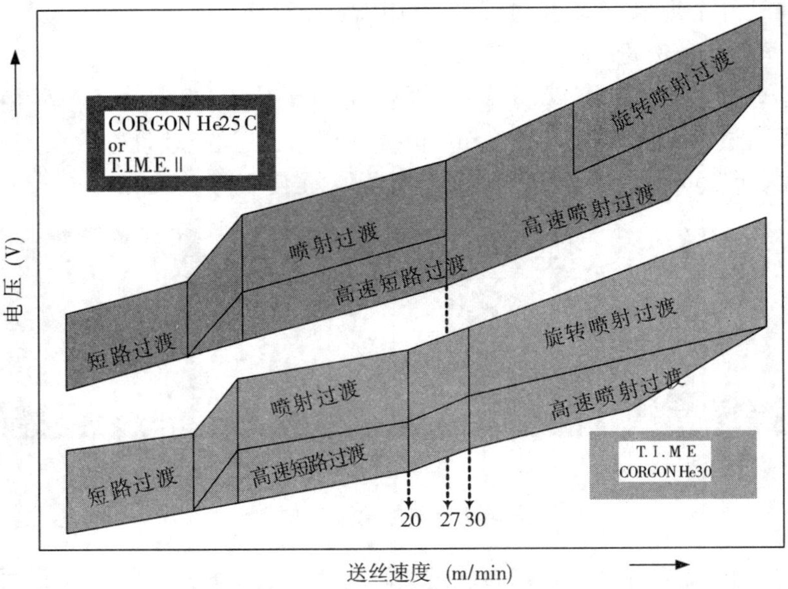

图 8-10　TIME,CORGON He30 与 CORGON He25C,TIME Ⅱ
不同保护气体电弧稳定区间

开发的,采用该保护气体焊接飞溅少。

日本研究人员在混合气体的配比成分对熔滴过渡形式的影响规律方面做了很多工作。他们对 Ar、CO_2、He 三元混合气体的配比成分对熔滴过渡形式的影响规律进行了大量的工艺实验,得到了 ($Ar+CO_2+He$) 三元混合气体在相同焊接参数、不同配比成分情况下的熔滴过渡形式图(见图 8-12)。所用的焊接参数如下:

(1) 焊接电流 500 A;

(2) 焊接电压 38～44 V;

(3) 送丝速度为 30 m/min;

(4) 干伸长为 25 mm;

(5) 焊丝直径 1.2 mm。

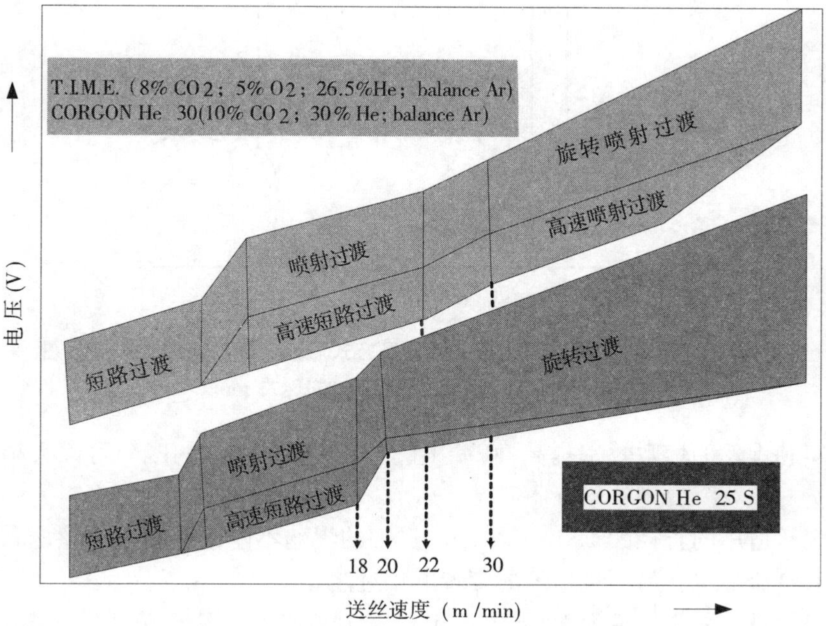

图 8-11　CORGON He25S 保护气体电弧稳定区

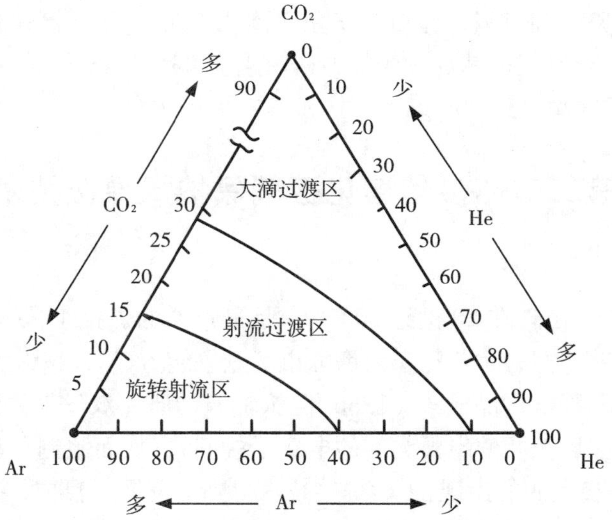

图 8-12　($Ar+CO_2+He$)三元混合气体熔滴过渡形式图

由图 8-12 可以看出，以 Ar 和 CO_2 混合气体做保护，CO_2 配比成分在 15%～28%之间，熔滴过渡形式为射流过渡。当 CO_2 配比成分小于 15%时，熔滴过渡形式为旋转射流过渡。当 CO_2 配比成分大于 28%时，熔滴过渡形式为大滴过渡；以 Ar 和 He 混合气体做保护，He 配比成分在 60%～90%之间，熔滴过渡形式为射流过渡。当 He 配比成分小于 60%时，熔滴过渡形式为旋转射流过渡。当 He 配比成分大于 90%时，熔滴过渡形式为大滴过渡。图 8-13 给出了 $Ar+CO_2+He$ 三元混合气体和 $Ar+CO_2$ 二元混合气体保护时得到的旋转射流过渡的示意图。两种旋转射流过渡截然不同：前者熔滴过渡过程比较稳定，有一定的旋转半径，熔滴向斜下旋转方向旋转；而后者不同，旋转方向不确定，熔滴过渡过程很不稳定。可以说在上述条件下，无氦保护气体所得到的旋转射流过渡形式很不稳定。

六、高效 MAG 焊焊接材料

目前提高熔敷效率的手段中，应用最为广泛的是采用药芯焊丝代替实芯焊丝进行焊接，采用金属

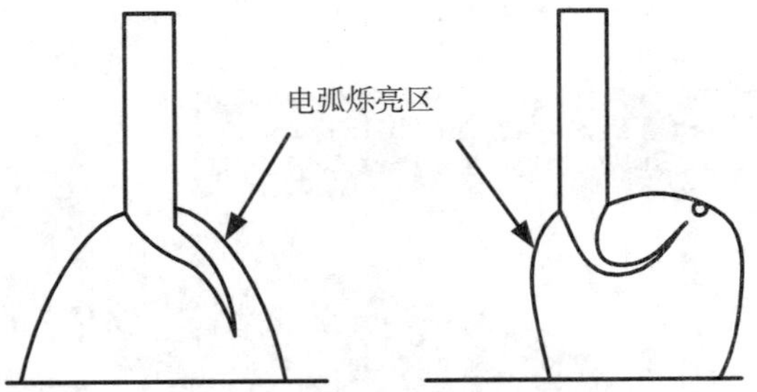

(a) $Ar+CO_2+He$ 三元混合气体　(b) $Ar+CO_2$ 二元混合气体

图 8-13　混合气体对旋转射流过渡方式影响的高速摄影照片示意图
(500 A,43 V,1.2 mm,干伸长:25 mm)

粉芯焊丝可比实芯焊丝的熔敷效率提高 50%以上。调整保护气体的成分可以大幅度地提高焊丝的熔敷效率。

(1) 实芯焊丝适用的直径为 1.0～1.2 mm,过细的焊丝不能适应高速送丝;而直径大于 1.2 mm 的焊丝即使在大电流下也不易产生稳定的旋转电弧过渡。

(2) 药芯焊丝可以采用直径为 1.2～1.6 mm。金属粉芯和造渣型药芯焊丝均可以高焊接参数实现高效 MAG 焊。尤其是金属粉芯焊丝,由于金属粉的填充率高达 45%,所以采用直径 1.6 mm 的金属粉芯焊丝,以焊接电流 380 A 和焊接电压 38 V 的焊接参数焊接时,其熔化率高达 9.6 kg/h。金属粉芯焊丝的熔滴过渡相似于实芯焊丝。药芯焊丝可以常规喷射过渡和高速短路过渡形式焊接,但不可能产生旋转电弧过渡。金红石药芯焊丝的最高送丝速度可达 30 m/min,碱性药芯焊丝送丝速度的上限为 45 m/min,熔化率最高可达 20 kg/h。

第二节　多丝熔化极气保护焊焊接技术

一、概述

熔化极气保护焊接最早出现在 20 世纪 50 年代,是最重要的焊接工艺方法之一。随着工业生产的发展和市场竞争的日趋激烈,各生产厂家为增强市场竞争能力,越来越强烈地要求提高焊接速度和熔敷效率以提高生产效率,降低产品成本。1955 年,人们开始研究双丝气体保护焊,可是当时由于焊接电源技术比较落后,无法解决相邻电弧之间的电磁干扰问题,从而限制了该项技术的应用,但随着 20 世纪 90 年代数字化焊接电源的出现,多丝焊接技术得到了发展。目前,多丝气保护焊接工艺作为提高焊接效率的重要途径之一受到国内外焊接工作者的高度重视。

多丝焊接的工艺多种多样,有单电源供电和多电源供电、共熔池和单熔池、三丝和双丝同时送进,研究的出发点和角度也多种多样:有研究丝材摆放位置或丝材之间的距离对焊接质量的影响的;有结合焊接电源对比研究熔敷率和焊接效率。

目前,多丝气保护焊接方法主要有 Tandem 焊接技术、双丝(多丝)气保护焊接技术、双丝气电焊、三丝气保护焊等方法。

二、Tandem 焊接技术

(一) 基本原理

如图 8-13 所示,Tandem 焊接技术将两根焊丝按一定的角度放在一个特别设计的焊枪里,两根焊丝分别经各自绝缘的导电嘴由各自的电源供电,所有的参数都可以彼此独立,这样可以灵活控制电弧。Double-wire 双丝焊接工艺是两个焊丝共用一个导电嘴,采用同样或相近的焊接参数,无法独自调节,电弧的稳定性差。

由于采用绝缘的双导电嘴，因此可以分别采用直流电流和脉冲电流的电弧类型，一般有以下 4 种匹配形式：①脉冲电流与脉冲电流（最常用的类型）；②脉冲电流与直流电流（可获得大的焊接速度和间隙容忍度）；③直流电流与脉冲电流（可获得深熔深）；④直流电流与直流电流（较少采用）。

在最常用的脉冲电流与脉冲电流配合中可分为：①同频率同相位；②同频率相位差 180 度即一个电极峰值时另一电极处于基值阶段，它们之间相位差为 180 度，这是最常用的 Tandem 焊接电流波形匹配；③不同频率、相位任意。图 8 - 14 和图 8 - 15 分别为 Tandem 焊脉冲电流同频率相位差 180 度时电流波形示意图和熔滴过渡高速摄影图。

在 Tandem 焊接中，引导弧熔化母材电流稍大，跟随弧填充熔池，电流稍小，同时跟随弧延长了熔池脱气的时间，减少了焊缝气孔的敏感性。

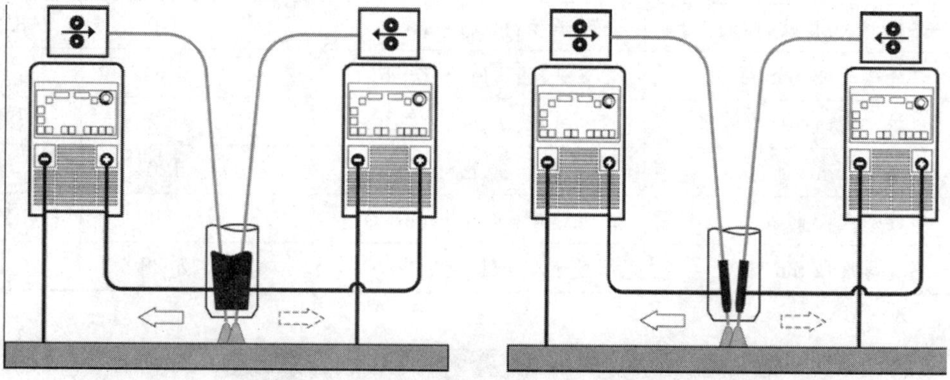

图 8 - 13 Double-wire 焊接（左）和 Tandem 焊接（右）示意图

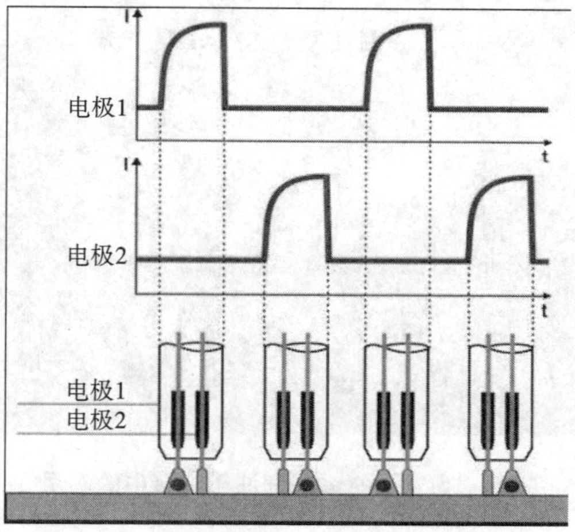

图 8 - 14 Tandem 焊接脉冲电流与脉冲电流配合相位差 180 度焊接波形示意图

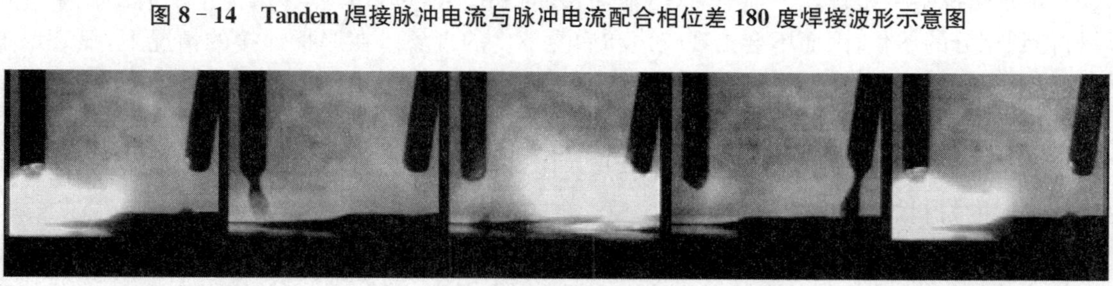

图 8 - 15 Tandem 焊脉冲电流与脉冲电流配合相位差 180 度熔滴过渡高速摄影图

（二）Tandem 焊工艺特点

（1）提高焊接速度 2～3 倍 两根焊丝总电流大幅度的增加，而且双电弧之间互相加热，产生了强烈的热效应，提高了焊丝的熔化速度和熔敷率。在平板焊接的情况下，焊接速度显著提高。焊接条件相同下，采用CLOOS公司焊接设备，GMAW单丝焊和双丝焊在焊接速度和熔敷率方面的比较见表8-4。图8-16为Tandem焊在油箱焊接中的应用。

表8-4 MIG/MAG单丝焊和双丝焊应用特性比较

产品名称		焊接参数	焊接方法	
			单丝焊	双丝焊
汽车油箱	材料：铝	焊丝直径：d(mm)	1.2	1.0+1.0
	板厚：2 mm	焊接速度：v(cm · min^{-1})	55	130
	焊缝形式：搭接，环缝	送丝速度：v(cm · min^{-1})	4.6	8.2+6.1
	焊缝厚度：2.5 mm	熔敷速度：v(kg · h^{-1})	0.84	1.82
空气净化器	材料：不锈钢	焊丝直径：d(mm)	1.2	1.0+1.0
	板厚：1 mm	焊接速度：v(cm · min^{-1})	120	290
	焊缝形式：3板接头	送丝速度：v(cm · min^{-1})	11	19+14
	焊缝厚度：2 mm	熔敷速度：v(kg · h^{-1})	5.28	11.88

图8-16 Tandem焊在油箱焊接中的应用

(2) 增加熔深 两根焊丝一前一后，熔池加长，面积增大，母材暴露在熔池下的时间比单丝焊要长，母材得到充分的熔化，因而不会出现咬边和润湿不良的现象。在厚板焊接的情况下，显著增加了熔深。

(3) 提高了焊缝的韧性 由于两根焊丝是以交替脉冲的方式向母材传输热能，加之焊速的提高，因而向焊缝的热输人减小了，大大降低了母材焊接区域的热变形，增强了焊缝的韧性，特别适合于铝等热敏感性大的材料焊接。

(4) 降低了焊缝的气孔敏感性 因为熔池面积增大，气体的析出时间变长，加上双电弧的作用增加了搅拌熔池的频率，这样就使得渗透到液态金属中的气体在金属冷却之前浮出熔池，双丝焊能显著减少焊缝中的气孔现象。

(5) 电弧稳定，熔滴过渡受控。

（三）焊接设备

Tandem 焊接设备最基本配置包括两台焊接电源、电源同步协调器、送丝机、Tandem 焊枪及一些辅助等设备。对于 Tandem 焊接设备，不仅需要两台焊接电源而且电源之间需协调控制。国外对 Tandem 焊接工艺研究已比较透彻，并取得较大的进展，一些公司已研究出双丝 MIG/MAG 焊接设备并投入市场，如德国的 CLOOS 公司、奥地利的 Fronius 公司和美国的 Lincoln 公司。

图 8－17 为 Fronius 公司生产的 TimeTwin Digital 4000 Tandem 焊接设备，是 DSP 控制的全数字焊接电源，具有现场总线便于机器人和电源、电源与电源之间的通信。通信采用 LHSB(Local High Speed Bus)总线，传输速率达 10 Mb/s。用于 Tandem 焊接的 Fronius 公司生产 Robacta Drive Twin 推拉式焊枪，具有拉丝电机特别适用于软及细的焊丝(见图 8－18)。

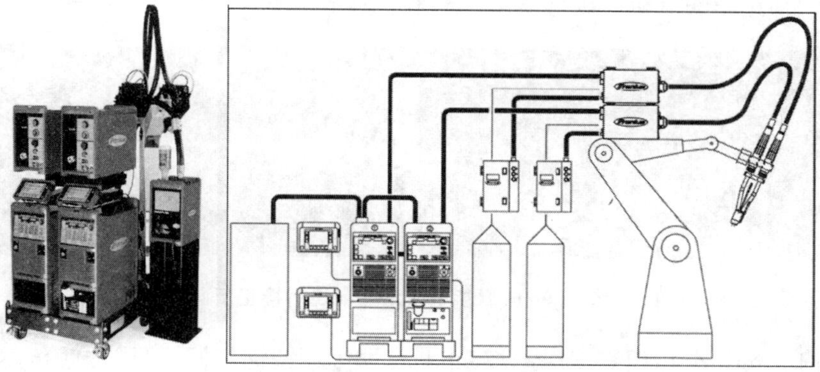

图 8－17 Fronius 公司生产的 TimeTwin Digital 4000 Tandem 焊接设备

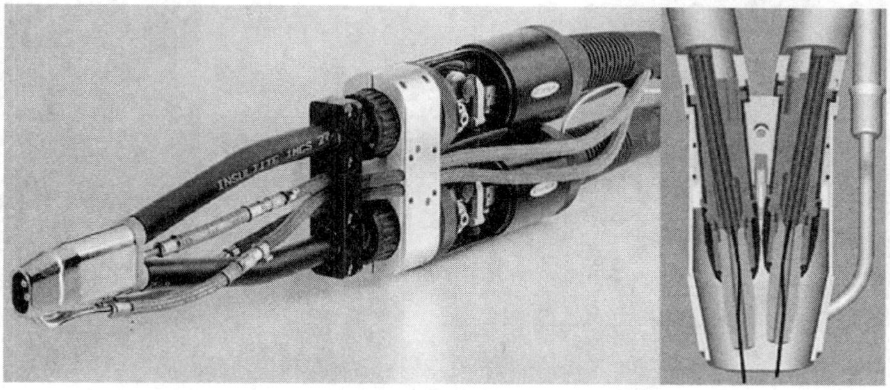

图 8－18 Tandem 焊 Robacta Drive Twin 推拉式焊枪

（四）Tandem 焊应用

Tandem 双丝气体保护焊是一种高效、高速、适应性强、节能的焊接工艺。和普通的气体保护焊相比，其焊接效率提高 3～6 倍，焊接速度提高 2～3 倍；与 TIME 焊相比焊接速度可提高 1 倍，碳钢焊接最高焊接速度可达 7 m/min。在中厚板焊接时熔敷率可达到 30 kg/h，在焊接要求控制线能量的低合金高强钢应用中是代替埋弧焊的最佳工艺。

该工艺可以焊接碳钢、低合金钢、不锈钢、铝等各种金属材料，是一种高速高效的先进焊接技术，广泛应用于造船、汽车、管道、压力容器、机车车辆、机械工程等行业。由于具有很高的焊接速度，所以这种焊接一般通过机器人和自动焊实现。

虽然该技术已经得到广泛应用，但还存在着许多理论和应用问题，如两根焊丝的倾斜角度、焊丝之间的理想间距、理想的干伸长度、熔敷率与焊接参数之间的关系、熔滴过渡特性、多参数之间互相影响与优化匹配等，都尚待广大的科研工作者进一步地探索。

德国克鲁斯公司在 20 世纪 70 年代采用双丝 MIG 焊接工艺，90 年代又开发 Tandem 焊接工艺。使用克鲁斯 Tandem 工艺焊接 2～3 mm 薄板时焊接速度可达 6 m/min，焊接 8 mm 以上厚板时，熔敷效率可达 24 kg/h，在焊接要求控制线能量的低合金高强钢等材料时是替代埋弧焊的最佳工艺。图 8-19 所示是德国克鲁斯(CLOOS)公司 Tandem 双丝高速高效焊接技术用于平面分段流水线拼板对接焊的实际焊接效果图。使用 Tandem 双丝焊拼板工艺试验表明：

(1) Tandem 焊接工艺能满足船厂提出的拼板焊接的生产要求；

(2) Tandem 焊接工艺对组对时预留间隙、母材种类的适应性较强；

(3) Tandem 焊接工艺热输入低(特别适应于低合金钢)、变形小，减少焊后处理成本；

(4) Tandem 焊接工艺效率高、焊接速度快；

(5) Tandem 焊接工艺是船厂拼板中比较理想的焊接工艺。

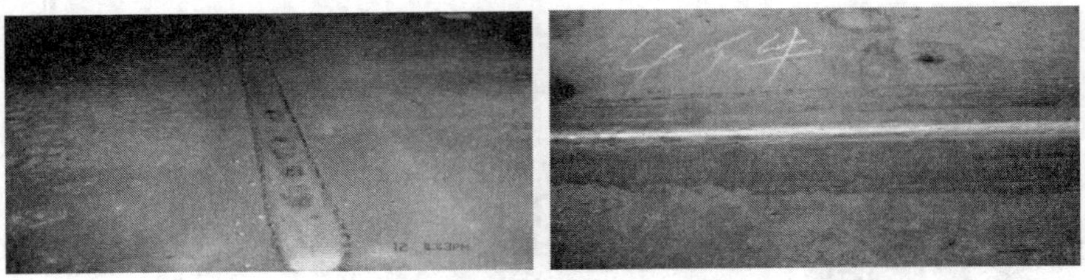

图 8-19　20mm 厚钢板 Tandem 焊对接正反面成型

图 8-20 为 Fronius 公司用 CrNi 焊丝 Tandem 焊接不锈钢容器，采用接触传感器跟踪焊缝，双边 Tandem 焊接方法焊接，板材厚度 5 mm，焊接速度可达 240 cm/min。

图 8-20　Tandem 焊接在不锈钢容器焊接中的应用

图 8-21 为 Fronius 公司 Tandem 焊接技术在输气管道工程中的应用，焊接速度可达 130 cm/min，

图 8-21　Tandem 焊接在管线钢焊接中的应用

熔敷速率 12 kg/h，母材材料为 X100，焊丝材料为 Mn_3NiMo，通过采用此技术焊接时间为原焊接时间的 1/12，大大提高了焊接效率。

图 8-22 为 Fronius 公司 Tandem 焊接技术在轨道车辆制造中的应用，母材材料为 ALMgSi 0.7，焊丝材料为 AlMg 4.5 Mn 0.7，焊接速度可达 250 cm/min，熔敷速率 7 kg/h。图中采用龙门架式双 Tandem 焊接形式。

图 8-22　Tandem 焊接在轨道车辆铝合金焊接中的应用

三、双丝（或多丝）气保护焊接技术

以实现高速度、高熔敷率、高质量焊接工艺为目标，国内外在多丝多弧气保护焊接工艺方面开展了广泛而深入的研究。

（一）双丝串联 MAG 高速焊接

如图 8-23 所示，在双电极 MAG 高效焊接方法中，每根焊丝各接一套送丝系统、焊接电源和保护气构成独立的电弧-电源系统，其焊接工艺规范参数分别可调以满足各种焊接要求。在焊接时沿焊接方向，两把焊枪呈纵向排列，焊枪之间的间距及相对角度可调。此焊接方法由于焊枪间距的不同，可产生两个独立的熔池，也可共熔池。

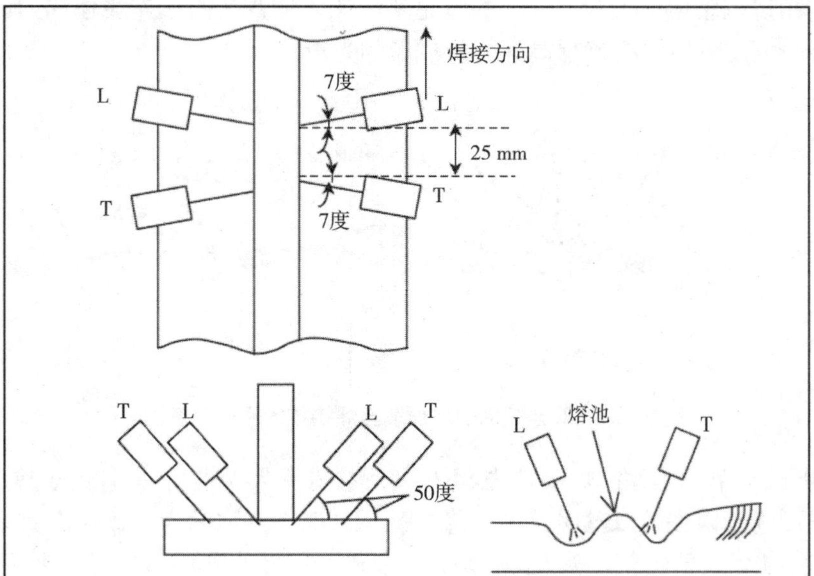

图 8-23　双丝串联 MAG 焊接原理示意图

目前在船厂平面分段生产线中，纵骨的焊接一般采用门架式多电极(10～20)双面双丝串联单熔池高速 MAG 自动角焊，所使用的焊丝为直径 1.6 mm 耐底漆性较好的药芯焊丝(如 MAX－200S、MAX－200H)，其焊接速度可以达到 1.6 m/min 以上。国内的沪东中华造船、外高桥造船有限公司、江南造船等企业从日本相继引进了双电极 MAG 焊接流水线。图 8－24 所示为双串联 MAG 焊(16 电极)在纵骨角焊接中的应用。

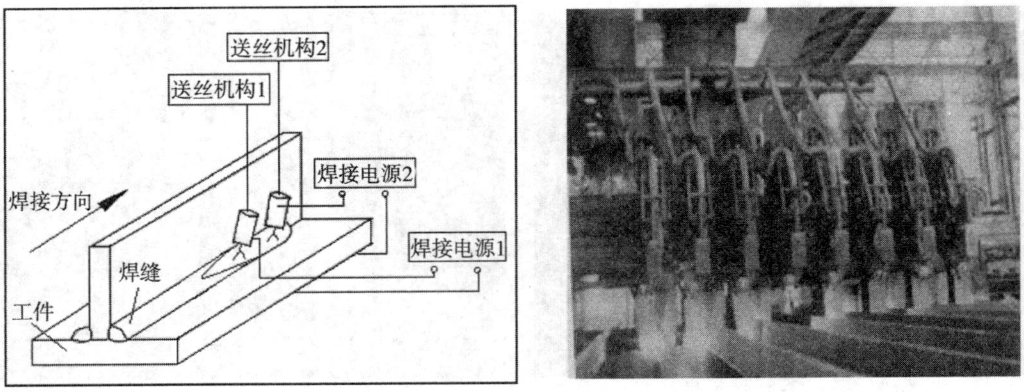

图 8－24 双面双丝串联高速 MAG 焊接在纵骨焊接中的应用(16 电极)

(二) 双丝气保护焊＋单热填丝的三丝焊接工艺

当双丝串联单熔池高速 MAG 自动角焊进一步提高焊接速度，由于电弧相互之间的干扰形成不稳定的熔池导致焊缝成形差、气孔多，为此日本神户制钢开发了双金属极电极明弧＋单填丝的三丝焊接工艺，通过中间焊丝(DCEN)的填入一方面减小引导弧(DCEP)和跟随弧(DCEP)之间的电弧干扰，另一方面中间焊丝的加入冷却了熔池，从而增加了熔池黏度提高了熔池的稳定性；同时配合神户制钢研制用于高速焊的 MX－200H 药芯焊丝，焊接速度可达 2 m/min，具有良好的焊缝成形和抗气孔性。

图 8－25 为此工艺原理示意图，沿焊接方向第一电弧为引导弧，拖后的第二电弧为跟随弧，填充丝在两弧中间。引导弧与跟随弧设计成一直线，可以做相对的偏移微调，引导弧与跟随弧各有转动轴，可分别调整转角以调整熔池行为。中间的填充丝设计成位置与两弧连线偏移，其距离可微调，以充分起控制熔池流动行为的作用，确保高速焊缝成形的光滑性。

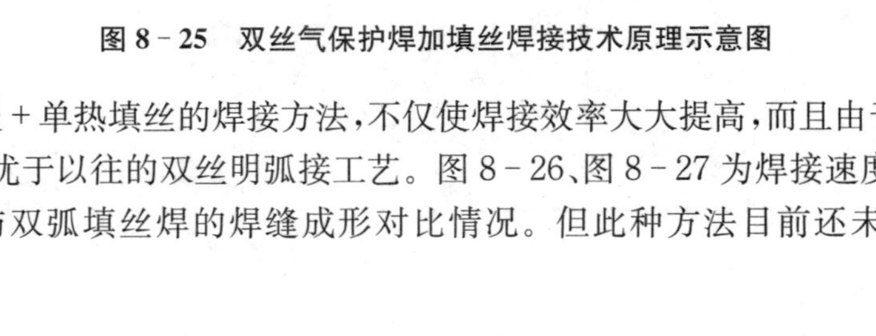

图 8－25 双丝气保护焊加填丝焊接技术原理示意图

采用双明弧电极＋单热填丝的焊接方法，不仅使焊接效率大大提高，而且由于热丝对双明弧熔池的影响，使焊缝成形优于以往的双丝明弧接工艺。图 8－26、图 8－27 为焊接速度为 2.0 m/min 时传统的双丝明弧工艺与双弧填丝焊的焊缝成形对比情况。但此种方法目前还未见国内的相关应用报道。

焊接工艺	焊缝成形
传统工艺 (V=2.0m/min)	
双弧加填丝焊 (V=2.0m/min)	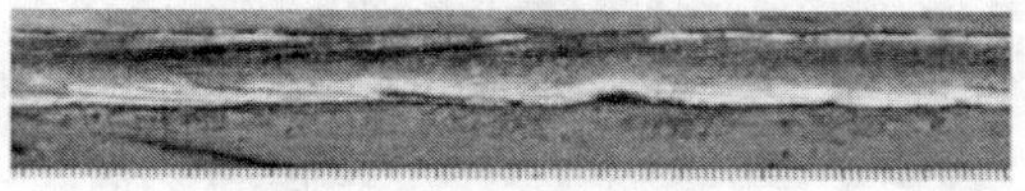

图 8-26　传统工艺与双弧填丝焊的焊缝成形对比

焊缝外形	焊缝横截面
引导弧:560 A-38 V;跟随弧:440 A-36 V;填入丝(DCEN)电流 80 A;焊接速度 2.0 m/min	

图 8-27　双丝气保护焊+单热填丝的三丝焊接工艺焊缝照片

(三) 三丝熔化极气保护焊接工艺

日本的藤村告史开发的三丝焊接系统如图 8-28 所示。采用电流相位控制的脉冲焊接,焊丝电弧在三条焊丝上轮流燃烧,在保证电弧挺度的同时通过调节各焊丝之间的位置关系及其焊接方向的夹角来改变能量分布;采用多丝焊接时,作用于熔池的电弧力比较分散,有利于高速焊接时保持熔池平静,从而使焊接过程稳定从而减少咬边及驼峰等成形缺陷。该方法采用同一个焊炬同时输送多条焊丝,各焊丝之间相互绝缘,可采用药芯焊丝和 100% CO_2 保护,也可采用实芯焊丝和 80% Ar+20% CO_2 保护,焊接焊速可以达到 1.8 m/min。

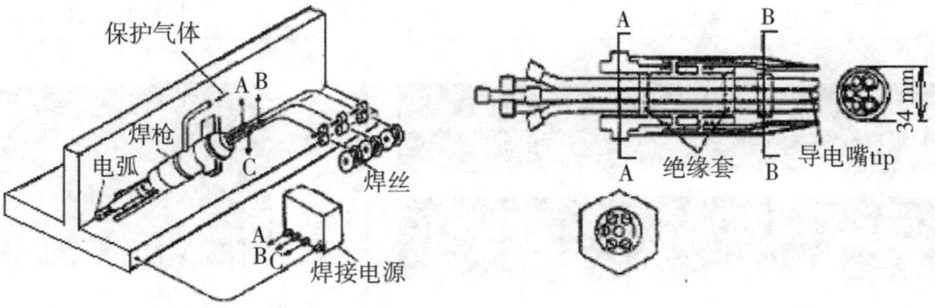

(a) 焊接系统组成　　(b) 焊枪结构

图 8-28　三丝焊接示意图

上海交通大学为提高造船企业平面分段生产流水线纵骨双丝角焊接最大焊接速度,研究开发了高速三丝熔化极气保护焊接新工艺,即 3 根焊丝纵向排列分别为引导焊丝、中间焊丝和跟随焊丝,每根焊丝各接一套送丝系统、焊接电源和保护气,构成独立的电弧-电源系统,其焊接工艺规范参数分别可调以满足各种焊接要求。文献证明当引导焊丝(DCEP)/中间焊丝(DCEN)/跟随焊丝(DCEP)或引导焊丝(DCEN)/中间焊丝(DCEP)/跟随焊丝(DCEN)的极性组合时,焊接过程稳定,焊缝外观表面光洁,左右对称,起渣容易,飞溅小,无气孔,满足船规的要求;同时试验证明了通过选用合适的焊接电流组合和焊接速度可以使焊接速度达到 1.8 mm/min，焊脚长度达 5～8 mm。此焊接新工艺可广泛用于角焊缝的高速焊接应用场合，如图 8－29 所示。

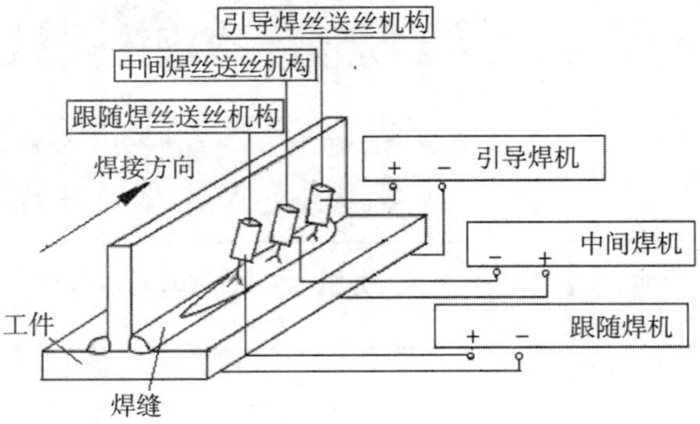

图 8－29　三丝熔化极气保护高速 MAG 焊接示意图

图 8－30 所示为三丝熔化极气保护高速 MAG 焊接工艺的示意图。三丝都为熔化极气体保护焊接方法，每根焊丝各接一套送丝系统、焊接电源和保护气，构成独立的电弧－电源系统，其焊接工艺规范参数分别可调以满足各种焊接要求。焊缝成形如图 8－31 所示。

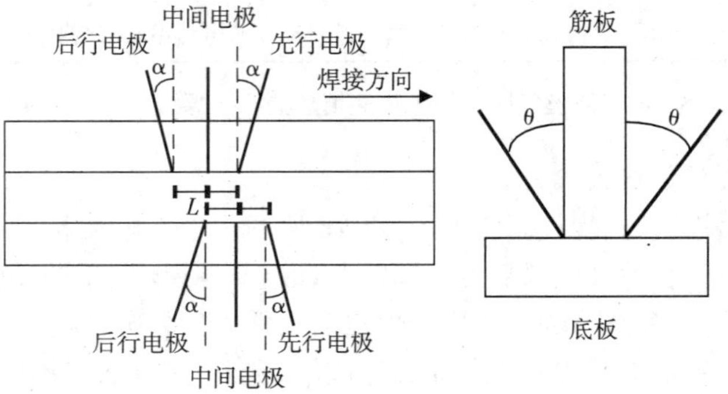

图 8－30　三丝熔化极气保护焊焊枪空间位置参数示意图(角焊)

<table>
<tr><th>焊缝外形</th><th>焊缝横截面</th></tr>
<tr><td>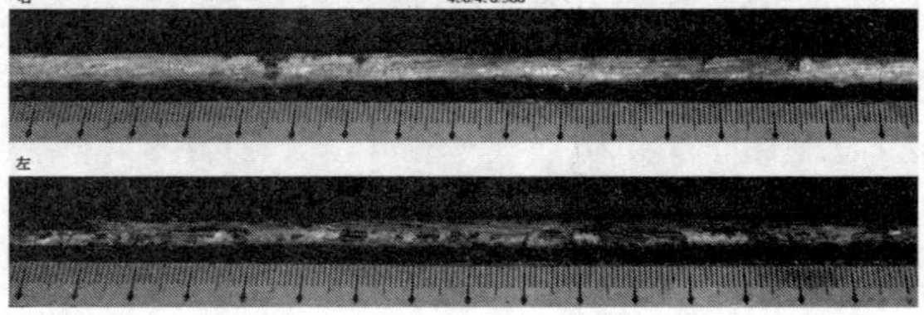</td><td>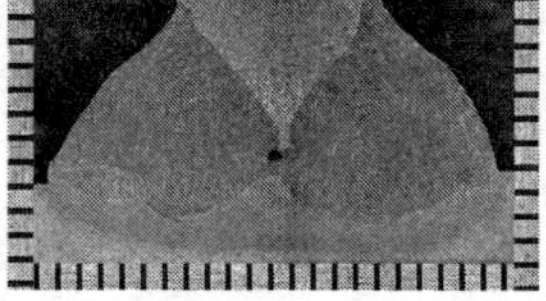</td></tr>
<tr><td colspan="2">引导弧(DCEP)：450 A；中间弧(DCEN)：300 A；跟随弧(DCEP)：350 A；焊接速度 1.8 m/min</td></tr>
</table>

图 8－31　三丝熔化极气保护焊焊接工艺焊缝照片

四、双丝气电立焊

近年来，造船工业需求量的增大，特别是大厚度(50 mm 以上)材料焊接的出现，气电焊接工艺得到了越来越广泛的应用。相比传统的焊接分段合拢(例如手工电弧焊、药芯焊接或活性气体保护焊)，气电立焊尤其适用于各种大厚度船板焊接及船舶高效焊接组装。采用双丝气电立焊高效焊接技术加摆动装置可以确保超厚钢板的熔深，可采用更细的焊丝直径，并可获得更小的热输入(见图 8－32)。

为了提高电弧稳定性，焊机采用略下降外特性电源，且在焊接时一电极为正极性，而另一电极为

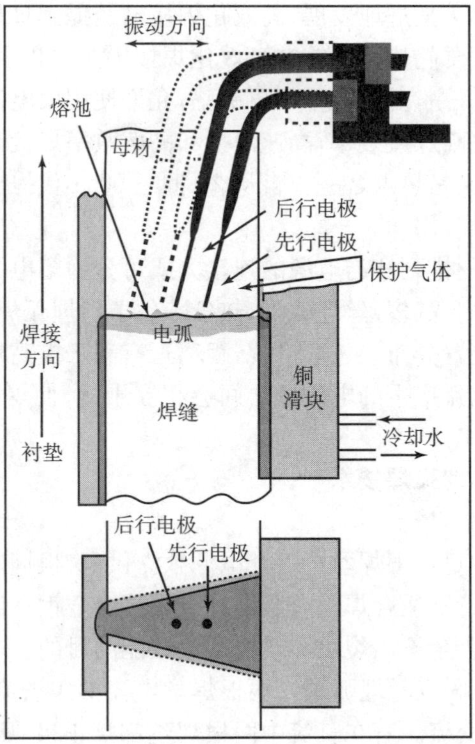

图 8-32　双丝气电立焊

负极性。这种双丝气电立焊主要应用于垂直位置的整体船舱侧板、货舱和分段合拢组装长焊缝(>1 m)、大厚钢板的集装箱船分段焊接中。双丝气电立焊可提高生产率和熔覆率,减少船体变形、降低焊材的消耗、减少劳动力并可降低焊工恶劣的工作条件(见图 8-33)。

图 8-33　双丝气电立焊在船舶制造中的应用

第三节　多丝埋弧焊技术

一、概述

埋弧焊作为最早获得应用的机械化焊接方法,是焊接生产中应用最广泛的工艺方法之一。由于焊接熔深大,生产效率高,机械化程度高,因而特别适用中厚板长焊缝的焊接,在造船、锅炉、压力容器、化工、桥梁、起重机械、工程机械、冶金机械以及海洋结构、核电设备等制造中都是主要焊接生产手段。

进入21世纪,科学技术突飞猛进地发展,高效化焊接已经提到日程,埋弧焊接高效化已是国内外焊接加工技术研究和应用的重要趋势。以前在高效化焊接中主要以材料焊接方面的问题居多,随着冶金业的进步,焊材的可焊性提高,对线能量不再敏感,允许使用大电流焊接。另外,焊接过程机械化与自动化水平的提高也要求提高焊接效率,高速焊接和高熔敷率焊接是今后焊接技术的发展方向,而双丝、多丝高速高效埋弧焊接又是热点之一。自从20世纪50年代提出双丝埋弧焊技术以来,它在工业生产中已得到越来越广泛的应用。

目前,按多丝埋弧焊的焊丝排列和与电源的连接方式可分为多电源串联双丝(多丝)埋弧焊、单电源串联双丝埋弧焊、单电源并列双(多)丝埋弧焊、热(冷)丝填丝埋弧焊等多丝埋弧焊焊接技术。这类方法的关键在于各路焊丝的位置分布。一般来说,距离近有利于提高热源的能量密度,提高热源的利用率;但是距离过近,则各路电弧产生的电磁场之间会相互干扰,使焊接过程变得不稳定;另外,还需注意焊剂的耐高温问题。

二、多电源串列双(多)丝埋弧焊技术

(一) 双电源串联双丝埋弧焊

双电源串列双丝埋弧焊中每一根焊丝由一个电源独立供电,根据两根焊丝间距的不同,方法有单熔池法和多熔池法两种:前者特别适合焊丝合金堆焊或焊接合金钢;后者能起前弧预热,后弧填丝及后热作用,以达到堆焊或焊接合金不出裂纹和改善接头性能的目的。

图8-34所示为双电源串联双丝埋弧焊。两根焊丝电流的组合有:或一根是直流,一根是交流;或两根都是直流;或两根都是交流。若在直流中两根焊丝都接正极,则就能得到最大的熔深,也就能获得最大的焊接速度;然而,由于电弧间的电磁干扰和电弧偏吹的缘故,这种布置存在缺点。最常采用的布置或是一根导前的焊丝(反极性)和跟踪的交流焊丝,或是两根交流焊丝。

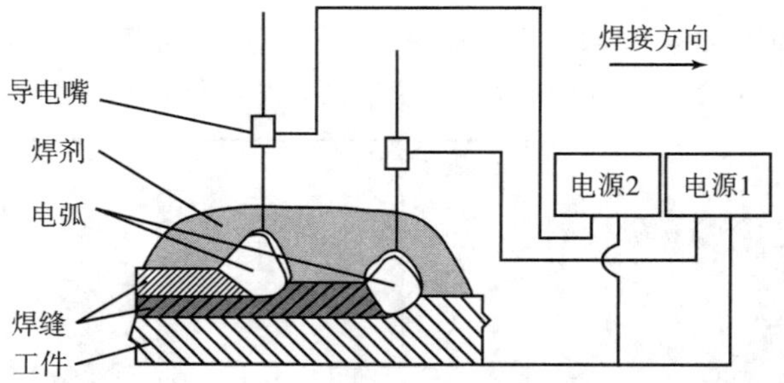

图8-34 多电源串列双丝埋弧焊示意图

直流/交流系统利用前导的较大电流较小电压配合获得较大的熔深,来提供较高的焊接速度,而较小电流较大电压配合的交流电弧,将改善焊缝的外形和表面光洁度。虽然交流电弧对与工件相联系的电弧偏吹敏感性较低,但围绕两种或更多交流电弧的区域,能引起取决于电弧之间的相位差的电弧偏转。

双(多)丝埋弧焊焊丝的间距对熔池的形态影响很大。如图8-35所示,当两丝间距很小时,两焊丝在一个熔池和一个弧坑中(见图8-35(a)),因间距过小易出现两电弧干扰严重从而电弧不稳定;当距离增大(见图8-35(b)),两丝同样在一个熔池一个弧坑内,电弧稳定熔池波动小,焊缝成形良好,一般双丝焊采用此方法(间距一般在15~25 mm);当间距进一步增大,两丝在一个熔池内但在两个弧坑内(见图8-35(c)),由于电弧的吹力使熔池中间形成凸起,对电弧的稳定性不利;当间距再进一步增大到一定距离时,形成了两个独立的熔池如图8-35(d)所示,此时无法体现双丝焊的交互作用,成为两个独立的焊道。这种工艺在国内外的制管厂、压力容器、钢结构行业得到了广泛的应用。

(二) 三丝埋弧焊技术

三丝埋弧焊采用独立电源供电,电源采用直流反接+交流+交流(见图8-36),可避免直流+直

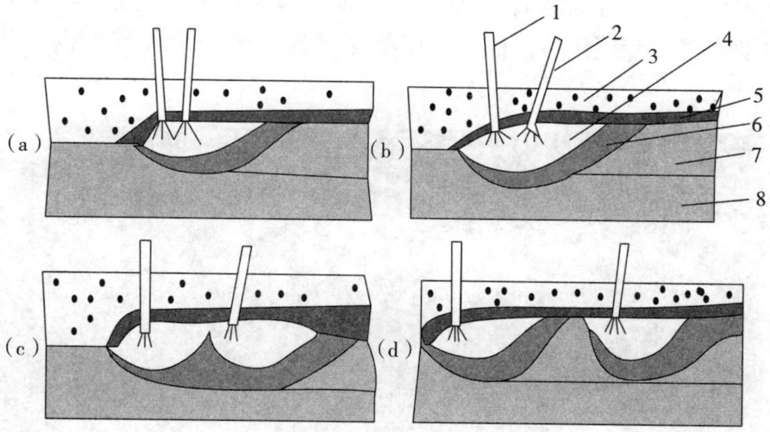

图 8-35 焊丝间距与熔池形态关系

1、2. 焊丝，3. 焊剂，4. 电弧空腔，5. 渣壳，6. 熔池，7. 焊缝，8. 母材。

流组合电弧磁偏吹现象，减少气孔、夹渣、焊偏等缺陷出现概率；同时，也克服了交流组合时对焊材碱度的限制，有利于电弧稳定焊接，提高接头的抗裂性能，并可达到深熔的目的。若3根丝选用直流电源组合易产生电弧磁偏吹；选用交流电源组合，虽然可以减小电磁力的作用，但交流电弧稳定性差，对焊剂的碱度反应较为敏感，要使焊缝良好成型，就得考虑降低焊剂的碱度，若焊剂碱度过低，焊缝整体性能下降，焊缝抗裂性能变差，韧性和塑性下降，不适用于高强钢焊接。

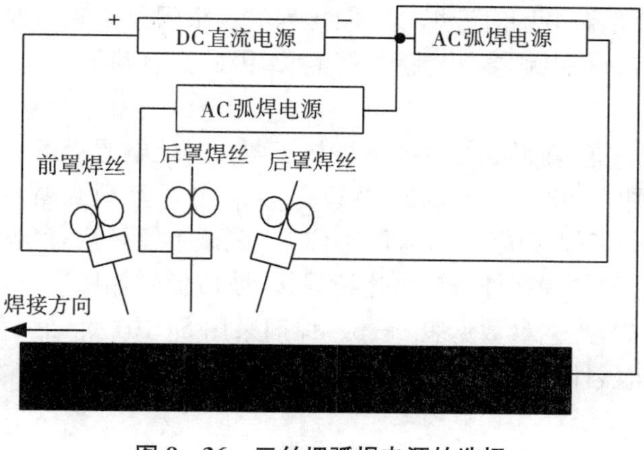

图 8-36 三丝埋弧焊电源的选择

一般前导焊丝采用大电流、低电压保证良好的熔深，跟踪焊丝采用小电流、大电压以得到光洁的焊缝表面，中间焊丝的焊接规范在上述两者之间。

焊丝纵列排列，采用单熔池。其原因为：①电弧扩展面积大，有效消除坡口边缘的未熔合，不易形成梨形焊道，减少焊缝根部热裂纹的产生概率，且在焊缝的成型外观上，可有效减少咬边和焊缝表面的鱼鳞；②借助于多电弧共同作用于同一个熔池时较强的搅拌作用，降低了气孔产生的可能性，同时冶金反应更加充分。

但三丝埋弧焊由于焊接线能量相对较大，应充分考虑线能量对母材的影响，应用于对输入敏感性不大或韧性较好的母材焊接上。上海冠达尔钢结构有限公司通过合适的电源组合、合理的焊接工艺与参数和相配套的焊接材料选择，运用三丝埋弧焊技术焊接大厚度(70 mm)Q345GJC 低合金钢(钢结构应用)。试验结果表明，三丝埋弧焊的焊缝质量稳定，焊接接头的强度和韧性能够满足母材的匹配要求，可达到厚板高效、高质量的焊接要求。

多丝埋弧自动焊是船舶行业主要的高效焊接技术之一，其主要应用于拼板平直焊缝的焊接。埋弧焊的焊接质量和焊缝外形较好，我国各大船厂在平面分段装焊流水线上引进了先进的三丝、四丝等不同型号的埋弧自动焊机和专用工装。图 8－37 为某造船厂平面分段流水线 FCB 法三丝埋弧自动焊机。

图 8－37　FCB 法三丝埋弧自动焊机在船厂平面分段流水线中的应用

（三）五丝埋弧焊技术

五丝埋弧焊采用 5 个电源分别对沿焊接纵向排列的 5 根焊丝单独供电，焊丝在焊剂层下的一个共有熔池内燃烧。由于五丝焊电弧多、电流大、熔池长，因此具有热输入大、熔敷效率高、冶金反应充分、焊接速度快等优点。

一般五丝埋弧焊是在三丝埋弧焊的基础上添加了两个 AC 电源焊丝而构成，即 DC-AC-AC-AC-AC 混合电源配置（见图 8－38）。国内某钢管公司采用五丝埋弧焊的焊接工艺对 X52（厚度 22.2 mm）管线钢厚板进行了焊接试验。钢板经 JCO 工艺成形管坯后，经预焊、内焊和外焊 3 道焊接工序焊接。预焊采用混合气体焊在外坡口内连续焊接，坡口形式如图 8－39 所示。内焊采用四丝埋弧焊，外焊采用五丝埋弧焊，工艺参数见表 8－5。焊剂采用 SJ 101 烧结焊剂。图 8－40 为焊缝横断面的实物照片。焊缝的机械性能见表 8－6、表 8－7，满足标准要求。此技术在管线钢生产中已得到广泛应用。

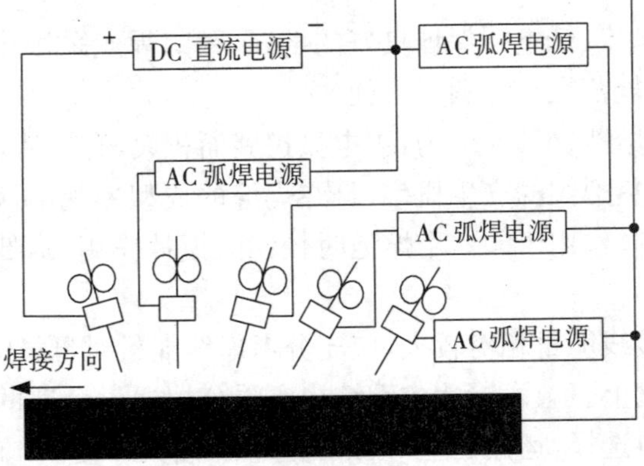

图 8－38　五丝埋弧焊系统

表 8-5　内焊四丝、外焊五丝埋弧焊工艺参数

焊丝			焊接电流(A)	电弧电压(V)	焊接速度(m/min)	热输入(kJ/cm)
位置	牌号	直径(mm)				
内焊 1 丝	H08C	4.8	1 200	33	1.75	43.4
内焊 2 丝	H08C	4.8	1 000	36		
内焊 3 丝	$H10Mn_2$	4.0	800	38		
内焊 4 丝	$H10Mn_2$	4.0	600	40		
外焊 1 丝	H08C	4.8	1 200	33	1.75	51.5
外焊 2 丝	H08C	4.8	1 020	35		
外焊 3 丝	H08C	4.0	820	36		
外焊 4 丝	$H10Mn_2$	4.0	720	38		
外焊 5 丝	$H10Mn_2$	4.0	650	40		

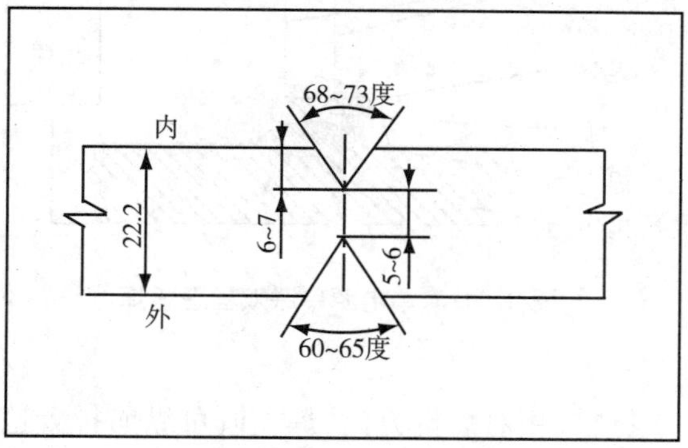

图 8-39　焊缝坡口形状与尺寸

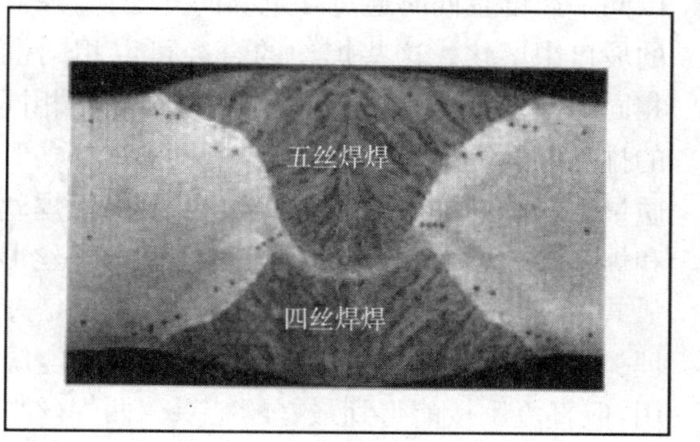

图 8-40　焊缝横断面实物照片

表 8-6　焊缝金属拉伸性能

试验类型	抗拉强度(MPa)		屈服强度(MPa)		断面收缩率(%)
	实测值	标准值	实测值	标准值	
焊缝横向拉伸	565,570	≥455	535,530	≥359	66.61
全焊缝拉伸	635,610				

表 8-7　焊缝金属冲击韧性(0 ℃)

缺口位置	冲击功(J)				
	1	2	3	平均	标 准 要 求
焊缝中心	108	126	122	119	单个试样≥27J， 3 个试样平均值≥36J
熔合线	216	218	246	227	
热影响区	240	212	220	224	

注：试样尺寸 10 mm×10 mm×55 mm。

三、单电源串联双丝埋弧焊技术

图 8-41 所示在单电源串联双丝埋弧焊中，两丝通过导电嘴分接电源正负两极，母材不通电，电弧在两焊丝之间产生，即两焊丝是串连的。两焊丝既可横向排置也可纵向排置，两丝之间夹角最好为

45度。焊接电流和两焊丝与工件之间的距离是控制焊缝成形和熔敷金属质量最重要的因素，焊接电流越大，则熔深越大；增大两丝与工件之间的距离，可获得最小的熔深和热输入。另外，电弧周围的磁场和电弧电压也影响焊缝成形，因为两焊丝中的电流方向是相反的，电弧自身磁场产生的力使电弧铺展；焊接电压在20～25 V时，电弧稳定性和焊缝成形均较好。根据实际应用，既可用直流电源也可用交流电源。

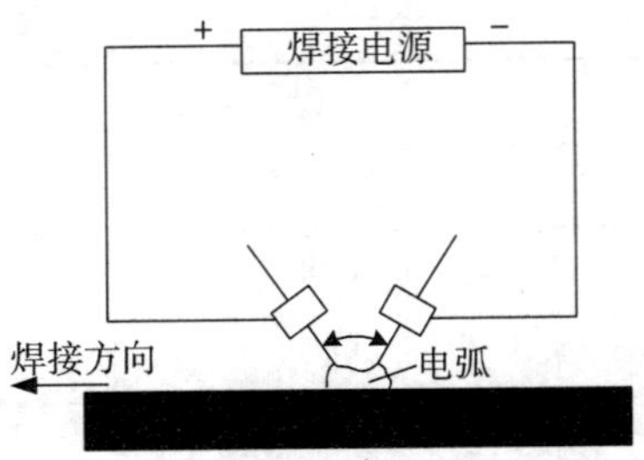

图8-41 单电源串联双丝埋弧焊

这种焊接工艺熔敷速度是普通单丝埋弧焊的2倍，对母材热输入少，熔深浅，熔敷金属的稀释率低于10%，最小可达1.5%（普通单丝埋弧焊最小稀释率为20%），因此特别适合于在需要耐磨耐蚀的表面堆焊不锈钢、硬质合金或有色金属等材料。这种方法在实际生产中应用不广，在国内还未见这方面的研究报道。

四、单电源并列双(多)丝埋弧焊技术

如图8-42所示，该方法实际是用两根较细的焊丝代替一根较粗的焊丝。两根焊丝共用一个导电嘴，以同一速度且同时通过导电嘴向外送出，在焊剂覆盖的坡口中熔化。这些焊丝的直径可以相同也可以不相同；焊丝的化学成分可以相同也可以不相同。焊丝的排列以及焊丝之间的距离影响焊缝的成形及焊接质量，焊丝之间的距离及排列方式取决于焊丝的直径和焊接参数。由于两丝靠得比较近，两焊丝形成的电弧共熔池，并且两电弧互相影响，这也正是并列双丝埋弧焊优于单丝埋弧焊的原因。交直流电源均可使用，但直流反接能得到最好的结果。两焊丝平行且垂直于母材，相对焊接方向，焊丝既可纵向排置也可横向排置或成任意角度。

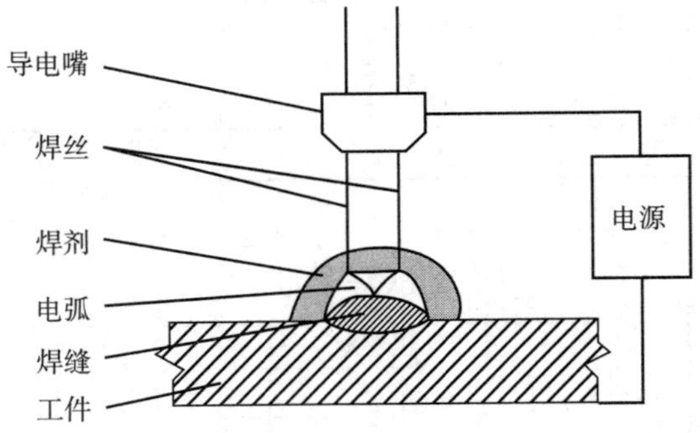

图8-42 单电源串联双丝埋弧焊

单电源并列双(多)丝埋弧焊的优点：

(1) 能获得高质量的焊缝，这是因为两电弧对母材的加热区变宽，焊缝金属的过热倾向减弱。

(2) 平均焊接速度比单丝焊提高150%，焊接速度的提高意味着热输入量的减少，这对有些要求限制热输入量以控制焊缝性能和焊接变形的场合有应用价值。

(3) 焊接设备简单，这种焊接方法在很多方面可以和串列双丝埋弧焊的焊速和熔敷率相似，而设备的投资费用仅为串列双丝埋弧焊设备的一半，这种工艺很容易推广到多丝焊。

(4) 导电嘴一般为双丝共用和三丝共用，也可以用多丝，可用较小的焊丝直径。焊丝可以沿着焊接方向排成直线或成矩形，或与焊接方向成某个角度，也可以采用其他方式。图8-43给出了常用的焊丝排列形式。

(5) 与相同焊接条件下的单丝埋弧焊相比，熔敷率有明显提高。熔敷率的大小与所使用的焊丝数目成正比。图8-44给出了不同焊丝数目和极性的情况下，焊接电流与熔敷率之间的关系。

五、热丝填丝埋弧焊技术

早在20世纪60年代末到70年代初，美国、英国等国家就已相继开始研究热丝填充的方法，最早是为了提高TIG焊效率，随着在TIG焊上的成功应用后又发展到埋弧焊中。

热丝填丝埋弧焊具有如下优点：

(1) 热丝被加热到近于熔点温度熔入埋弧焊熔池，因而可大幅度提高埋弧焊效率，一般可提高熔敷速度50%以上；

(2) 热丝先靠电阻热加热，加热范围小，能耗少，相对能耗率与提高熔敷速度之比小于0.3:1；

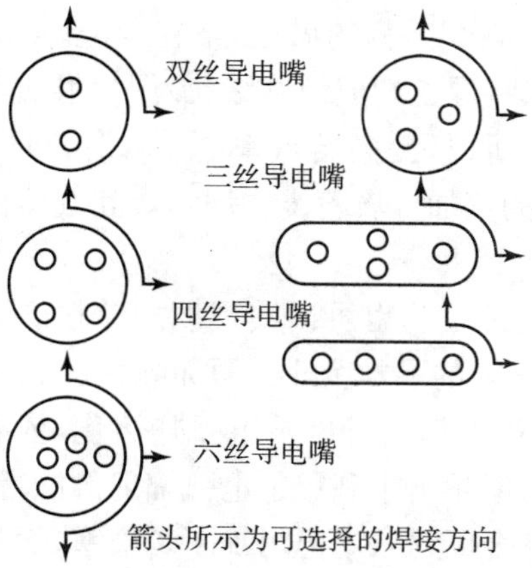

图 8-43 共用导电嘴中焊丝的可排列方式

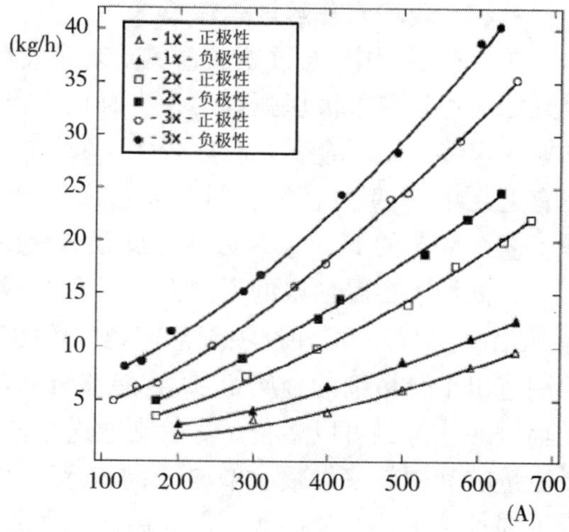

图 8-44 焊丝数目和极性对熔敷率的影响

(3) 热丝的填充相对降低了熔池的温度，故焊缝热影响区小，接头力学性能优良；

(4) 因为不存在其他双丝焊所存在的两电弧相互干扰问题，又具有熔敷率高、焊接质量好等优点，热丝填丝埋弧焊在国内外研究和应用都较多。

热丝填丝埋弧焊可以只用一个电源，也可以用两个电源。图 8-45 所示为双电源热丝填丝埋弧焊，这是一种可以提高焊接时填充金属熔化量进而提高焊接效率及劳动生产率的好方法，特别适宜于焊接厚度在 20 mm 以上开坡口的工件。

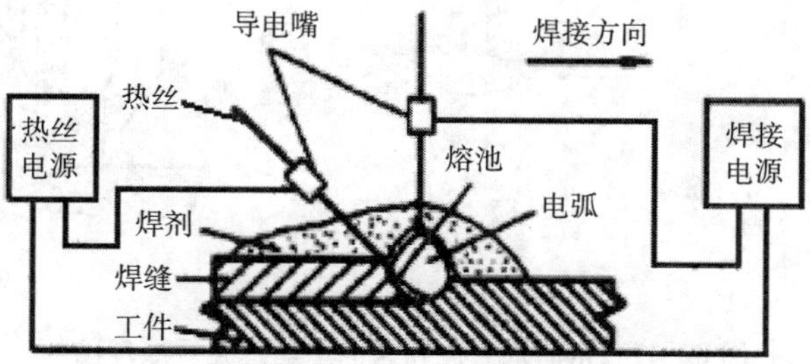

图 8-45 双电源热丝填丝埋弧焊示意图

单电源热丝填丝埋弧焊方法是利用电源的一个分流回路对辅助焊丝导电部分预热而提高其熔化速度，因而可在不增加电源设备和功率的情况下，大大提高热利用效率和生产率(见图 8-46)。对比手工焊接及单丝埋弧焊接，单电源热丝填丝埋弧焊比单丝埋弧焊可提高效率 1.52 倍，比手工焊接可提高熔敷率 2.36 倍；它的耗电量最少，焊接材料的损失率最小，而焊接成本主要取决于焊接工时、材料消耗和耗电量，因此将大大降低焊接成本；同时，由于温度场热循环的改变，会使焊接质量有很大的提高。

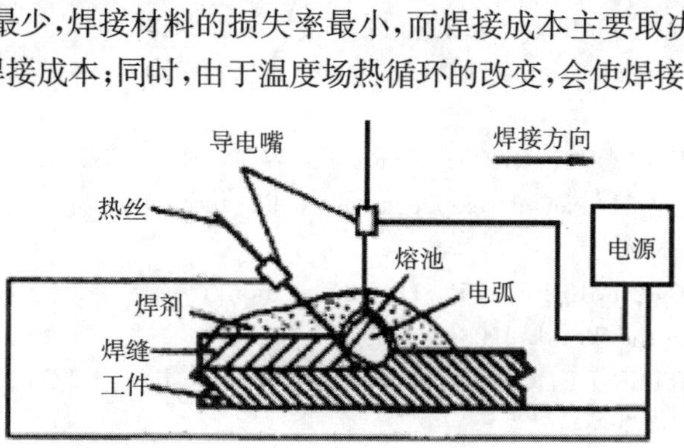

图 8-46 单电源热丝填丝埋弧焊示意图

六、金属粉末多丝埋弧焊技术

在焊接过程中，通过填加金属粉末或大颗粒金属以求获得较高熔敷率的做法，早在30多年以前就开始应用于单电极埋弧焊了。当时是将金属粉末或金属颗粒(将焊丝切成精细颗粒)作为附加填充物熔入焊缝。由于金属颗粒度较大，只能靠电弧加热才能熔化，所以，提高熔敷率的效果并不明显。只有近几年，当引入精细金属粉末之后，才出现了具有众多优点的填加金属粉末的埋弧焊和气体保护焊工艺。瑞典的 Hoganas 公司在此领域获得了极大成功。

根据加入金属粉末的不同方式开发出不同的埋弧焊工艺，这种工艺也可以实现填加铁粉的埋弧焊(见图8-47)。促使这项工艺成功应用的决定性因素是金属粉末的晶粒大小。Hoganas 公司成功地制造出十分精细的金属粉末，它能够被电弧力推开，因此这种粉末不仅可以被电弧热熔化，依靠电弧辐射的热量也可以熔化。尽管在输送粉末时有部分质量损失，但是由于利用了电弧辐射的能量，电弧能量的利用效率大幅度增加，粉末浪费量也减少了。使用上述金属粉末不但增加了熔敷率，而且改善了焊接接头的力学性能。但是由于金属粉末过细，在气流的作用下即可受力飘走，所以这种方法很少应用于熔化极气体保护焊；而且此类方法虽然能提高熔敷率，但金属粉末和导电嘴的加工制作工艺过于复杂，成本昂贵，不具有普遍实用性，限制了工艺的应用范围，所以不可能成为一种普遍应用的高熔敷率焊接工艺，从全方位提高焊接。

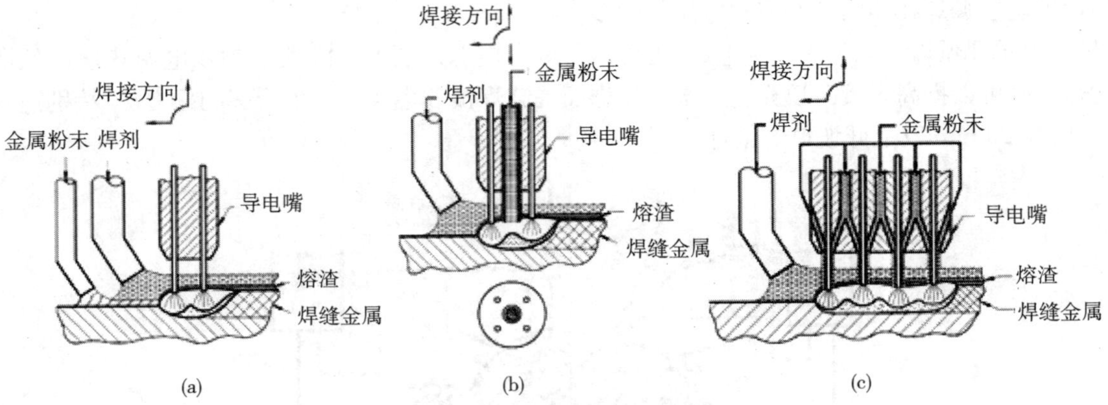

图8-47 带附加金属粉末的多丝埋弧焊原理图

参考文献

[1] 陈裕川. 高效 MAG 焊的新发展(上)[J]. 机械工人(热加工)，2001:3-5.
[2] 徐鲁宁，殷树言，卢振洋，等. TIME 焊工艺特点及其发展现状[J]. 焊接，1998(9):2-7.
[3] 池梦骊. 由 HAG 脱颖而出的 TIME 焊接新工艺[J]. 焊接技术，1994:46.
[4] Olsson R, Stemvers M, Stares I. High-speed welding gives a competitive edge[J]. Welding Review International, 1995(8).
[5] HEROLD H, IRMER W, PROBST R, ZWICKERT H, WODARA J, STREITENBRGERM, SCHAFER G, SCHUSTER J, PASCHOLD R, New developments in welding technology [J]. Schweissen und Schneiden (Germany), 1996, 17(5):297-300.
[6] KAMMERHUBER CH, SOMMERFELD R. High Deposition MAG Welding: Used For Welding Bridges and Structures[J]. Welding in the World, 1996(38):337-343.
[7] MATTHE WS J R, PORTER J F, CHURCH J, et al. An Evaluation of TIME. Welding of HY80 Plate[J]. Welding Journal, 1991(2):35-41.
[8] 包晔峰. LINFAST®概念的高速 MAG 焊[J]. 国外机车车辆工艺，2001(4):1-5.
[9] 山本英幸. ハイマク溶解法の开发[J]. 溶接技术，1990,38(2):68-73.

[10] 张红兵，黄石生，周漪清，等. 双电弧共熔池气保押技术特点与发展现状[J]. 电焊机，2004，34(11)：25－27.
[11] 刘超英，黄石生. 多丝焊接装备的现状与发展趋势[J]. 肇庆学院学报，2005，26(5)：33－36.
[12] TIM MOREHEAD. Automatic Multiwire GMAW Multiplies Productivity[J]. Welding Journal，2003(6)：40－43.
[13] 魏占静. 先进的 TANDEM 高速、高效 MIG/MAG 双丝焊技术[J]. 机械工人(热加工)，2002(5)：22－37.
[14] 周业基. 我国造船高效焊接与自动化的发展[J]. 广船科技，2001，72(2)：9－13.
[15] HIROSHI ARITA，TOMOKAZU MORIMOTO，SHIGEO NAGAOKA. Technical Development of Advanced 3－Electrode MAG High Speed Horizontal Fillet Welding Process[C]. // H Hackl. Proceeding of the IIW Intemational Conference. Qubec City，Canada：IIW，2006(87)：－101.
[16] MASAYUKI NAGAMI，TETSUYA HASHIMOTO. Trends in Development of Flux-Cored Wires for Gas-Shielded Arc Welding Technical Development Dep[J]. Electric Welding Machine，2007(6)：11－18.
[17] 藤村浩史. 高速アグ溶接法[タイムブロセス]の开发[J]. 溶接技术，1990，38(2)：74－85.
[18] 华学明，马晓丽，吴毅雄，等. 一种新型的高速三丝熔化极气保护焊接工艺研究[J]. 焊接学报，2008，29(12)：109－112.
[19] MARCUS VON BUSCH. 气电焊在造船业的应用[J]. 电焊机，2007，37(6)：4－10.
[20] 李鹤岐，王新，蔡秀鹏，等. 国内外埋弧焊的状况[J]. 2006，36(4)：1－6.
[21] 霍光瑞，朱丙坤，姚润钢. 双丝埋弧焊工艺参数与焊道成形关系研究[J]. 热加工工艺，2007，36(15)：27－36.
[22] 林文彬，葛玉宏，吕世俊，等. X70 直缝钢管四丝埋弧焊焊接工艺试验[J]. 焊管，2002，25(4)：21－24.
[23] 李富强. 16Mnq 直缝焊管双丝埋弧焊的工艺研究[J]. 焊管，2000，23(2)：16－19.
[24] 张绍庆. 双丝埋弧焊在螺旋焊管中的应用[J]. 焊管，1998，21(6)：21－41.
[25] MAGNUSSON D J，THRELFO R C. Longitudinal welding of line pipe with a three arc submerged arc process [J]. Welding Journal，1969，48(3)：198－203.
[26] 韩彬，邹增大，曲仕尧，等. 双(多)丝埋弧焊方法及应用[J]. 焊管，2003，26(4)：41－44.
[27] 高国兵，费新华，虞明达，等. 三丝埋弧焊技术在厚板焊接中的应用[J]. 施工技术，2008，37(5)：154－159.
[28] 李东，黄克坚，董春明. 厚壁直缝钢管五丝埋弧焊工艺的开发与应用[J]. 焊管，2007，30(3)：34－36.
[29] TUSEK，J. Raising Arc Welding Productivity[J]. Welding Review International，1996，15(8)：102－105.
[30] LYTLE A R，Frost E L. Submerged melt welding with multiple electrodes in series [J]. Welding Journal，1951，30(2)：103－110.
[31] ASHTON T. Twin-arc submerged-melt arc welding [J]. Welding Journal，1954，33(4)：350－355.
[32] 何德孚，华大龙，陈立功，等. 单电源双丝埋弧自动焊研究[J]. 电焊机，2004(12)：156－160.
[33] HINKEL J E，FORSTHOEFEL F W. High current density submerged arc welding with twin electrodes [J]. Welding Journal，1976，55(3)：175－180.
[34] TUSEK J，SUBAN M. High-productivity multiple-wire submerged-arc welding and cladding with metal-powder addition[J]. Journal of Materials Processing Technology，2003(133)：207－213.
[35] 龙红，杨志军，王钰玮，等. 铬钼珠光体耐热钢制压力容器的热丝埋弧焊[J]. 压力容器，2000，17(5)：48－49.
[36] 李桓，张宝红，孙国夫，等. 热丝填充埋弧焊原理及应用[J]. 焊接学报，1998，19(1)：25－28.

第九章　表面堆焊技术

第一节　概　　述

堆焊是利用焊接的方法在工件表面堆敷一层具有一定性能材料的工艺过程，表面堆焊能充分发挥材料的性能优势，增加零件的耐磨、耐热和耐蚀等方面的性能，达到节约用材和延长零件使用寿命的目的。表面堆焊在机械、冶金、汽车、石化、电力、轻工等行业，如发动机曲轴、烟气机主轴、叶片、涡轮盘、工模具的修复方面得到广泛应用，具有重大的经济效益和社会效益。

一、表面堆焊基本特点和原理

表面堆焊的最大优点是能充分发挥材料的性能优势，达到节约用材和延长零部件使用寿命等目的。由于堆焊合金与母材大多属于异种材料，并且还要求充分发挥表面堆焊合金的性能，所以材料堆焊有如下特点：

（1）堆焊层的合金成分　这是决定堆焊效果的主要因素。针对不同的工作条件和磨损类型，只有采用合适的堆焊合金才能达到预期的使用要求。

（2）尽量降低稀释率　这是制订堆焊工艺的重要出发点。稀释率是表示堆焊焊缝中含有母材金属的百分率。堆焊层一般含有较多的合金元素，而零件的基体往往采用普通碳钢或低合金钢，因此。为了获得具有理想使用性能的表面堆焊层成分，必须尽量减少母材在堆焊金属中的熔入量，即降低稀释率。

（3）提高堆焊生产率　堆焊零部件往往数量大，堆焊层合金所需要的堆敷金属量大，应选用和研制生产率较高的堆焊方法和堆焊工艺。

（4）堆焊合金与基体金属之间的匹配　为防止堆焊时或焊后热处理以及零件使用过程中堆焊接头产生过大的热应力和组织应力，从而使堆焊层开裂甚至产生剥离现象，往往要求堆焊合金和基体金属最好有相近的线膨胀系数和相变温度等热物理性能。

二、表面堆焊分类

表面堆焊方法的发展也随着生产发展的需要和科技进步而发展。目前已有很多种堆焊方法。按实现堆焊的条件，常用堆焊方法有：

（1）电弧堆焊，包括等离子弧堆焊、埋弧自动堆焊、气体保护堆焊、振动电弧堆焊、手工电弧堆焊等。

等离子弧堆焊是利用等离子弧高温加热的一种融化堆焊方法。等离子弧热量集中，温度高，因此，具有堆焊层性能好、工件熔深浅、堆焊层稀释率低、成型规则、加工余量小等一系列优点，且易于实现机械化和自动化。

振动电弧堆焊是采用细焊丝并使其连续振动的堆焊方法，能在小电流下保证堆焊过程的稳定性，零件受热小，热影响区较小，能获得薄而平整的、硬度较高的堆焊合金层。

（2）激光熔敷堆焊可以实现热输入的准确控制，涂层厚度大，热变形小，成分和稀释率可控性好，可以获得组织致密、性能优越的堆焊层，成为国内外研究的热点，近年来得到了迅速发展。

（3）氧－乙炔火焰堆焊火焰温度低，堆焊后可保持堆焊材料中硬质合金的原有性能，是目前耐磨场合机械零件堆焊常采用的工艺方法。

三、表面堆焊应用现状和前景

表面堆焊技术作为焊接领域中的一个重要分支。就其应用范围而言，表面堆焊可用于制造新的部件，也可用于修复表面损坏的部件，以恢复其使用性能，广泛应用于汽车、拖拉机、冶金机械、矿山机械、煤矿机械、动力机械、石油化工和建筑设备、运输设备以及工具模具及金属工件的制造与维修中。

（1）零部件的修复　机器设备零部件，例如轴类、工模具、农机零件、轧辊、采掘机件等，经过一段时间运行后总会发生磨损、腐蚀等，使其工作性能和工作效率下降，甚至失效。利用堆焊方法能很快将这些零部件修复起来继续使用，起到延长设备使用寿命的作用，修复所花费用比制造或购买新机件的费用低得多。因此，广泛采用堆焊工艺修复旧零件，对节约材料、节省资金、弥补配件短缺、缩短制造周期等具有重要的意义。

（2）制造新零件　堆焊不仅可以修复旧的金属零件，而且可以在金属工件表面形成复合层，使其具有特殊的性能，从而达到延长工件使用寿命、降低成本和改进工件设计的效果。通过在金属材料上堆焊异种合金可以制成具有综合性能的双金属机器零件。这种零件的基体和堆焊合金层由于具有不同的性能，能够满足两者不同的性能要求。例如，水轮机的叶片，基体材料为碳素钢在可能发生汽蚀部位堆焊一层不锈钢，使之成为耐汽蚀的双金属叶片；在金属模具的制造中，基体要求强韧，选用价格相对便宜的碳钢、低合金钢制造，而刃模要求硬度高、耐磨，采用耐磨合金堆焊在模具刃模部位，可以节约大量贵合金的消耗，大幅度提高模具的使用寿命。如采用马氏体钢丝材 CrNiWMoNb 堆焊合金作为表面工作层，修复压铸模，可以大大提高其耐热疲劳性，延长使用寿命，修复断裂模具，可使模具获得充分利用；在塑料成型模具上进行堆焊，可以获得具有良好耐蚀、耐磨和优异的加工性能。

另外，随着计算机技术的不断发展，为了提高及稳定堆焊质量，已开始建立堆焊专家系统，可根据零件磨损程度和磨损形式及母材成分来确定母材是否适宜堆焊，是否需要过渡层以及选择堆焊材料和确定堆焊工艺。

第二节　电弧表面堆焊技术

一、手工电弧表面堆焊

（一）手工电弧堆焊的特点

手工电弧堆焊具有使用设备简单、可靠、操作方便灵活、成本低等优点，适宜于现场堆焊，可以在任何位置焊接，特别是能通过堆焊焊条获得满意的堆焊合金等优点。手工电弧堆焊的不足是生产效率低、劳动条件差、稀释率高。手工电弧堆焊主要用于堆焊形状不规则或机械化堆焊可达性差的工件。

手工电弧堆焊所用焊条的药皮主要有铁钙型、低氢型和石墨型。焊丝多以冷拔焊丝为主，也可用铸芯或管芯。手工电弧堆焊时，一般通过调节焊接电流、焊接电压、焊接速度、运条方式以及弧长等工艺参数控制熔深以达到降低稀释率、保持电弧稳定、使堆焊层质量均匀的目的。

手工电弧堆焊是将焊条和工件分别接到焊接电源的两极，通过电弧引燃后焊条和工件熔化，在零件缺陷处形成一层熔覆金属层的一种堆焊方法。

（二）手工电弧堆焊设备

手工电弧堆焊设备一般有交流弧焊电源、直流弧焊电源和逆变弧焊电源等。逆变弧焊电源是随着电子技术发展而发展起来的新型焊接电源。它是将电网输送来的交流电通过整流电路整流成直流，再通过由电子开关元件组成的逆变电路将直流电变成高频交流电，然后再通过高频变压器将电压降压到适合焊接所需的电压，最后直接输出交流方波电压或通过整流变成直流输出。在逆变电源中，流过变压器的是高频电信号，由于其频率高，从而使变压器铁心的尺寸减小，整个逆变电源体积变小，质量减轻，因此，特别适宜用作流动工作场合的电源。为使焊接电弧能够在要求的焊接电流上稳定燃烧，手工弧焊电源应具有一定的空载电压和下降外特性。手工电弧堆焊所使用的电源与手工电弧焊电源相同。

手工电弧堆焊焊条在堆焊过程中，焊条和被焊金属在电弧高热作用下，局部熔化，在被焊金属上形成了一个椭圆形充满液体金属的凹坑，这个凹坑称为熔池。焊条药皮受热分解和产生一定量的保护气体和熔渣，以保护电弧区和熔池母材金属，防止有害气体进入液态金属中；焊条金属熔化以熔滴形式向熔池中过渡；在熔池中，液态金属、气相、熔渣之间进行着复杂的物理化学反应，起精炼熔池金属的作用；熔池冷却后形成焊缝。

由此可见，焊缝是由焊条金属和被焊金属一起熔化冷却后形成。焊条不但影响电弧的稳定性，而且直接影响焊缝金属的化学成分和力学性能，因此，焊条的优劣是决定手工电弧堆焊焊缝质量的主要因素。

（三）手工电弧堆焊工艺

手工电弧堆焊工艺主要包括堆焊前焊件表面是否需要进行清理及清理程度；焊条在堆焊前的烘干及清理要求；堆焊工艺参数的选择及必要的预热、保温和层间温度的控制等。

（1）焊前准备　堆焊前工件表面进行粗车加工，并根据要求预留加工余量，以保证堆焊层加工后有3 mm以上的高度。严格清除表面的铁锈、油污等。堆焊工件表面不得有气孔、夹渣、包砂、裂纹等缺陷。

（2）焊条的选用　根据表面堆焊构件的技术要求，如工作温度、压力等级、工作介质以及对堆焊层的使用要求，选择合适的堆焊焊条。有些焊条虽不属于堆焊焊条，但有时也可用于堆焊，如碳钢焊条、低合金钢焊条、不锈钢焊条和铜合金焊条等。

（3）电源种类和极性　在焊条牌号确定之后，根据焊条药皮的类型选择电源种类和极性。如果堆焊一般结构钢工件，对堆焊层性能要求不高，并采用酸性堆焊焊条时，应选用交流弧焊电源；当堆焊零件要求比较高，又要求采用碱性低氢型堆焊焊条直流弧焊电源，则采用反极性接法，即焊条接正极、工件接负极。

（4）焊条直径及焊接电流　为提高劳动生产率希望采用较大直径的焊条和较大的焊接电流，但要根据实际情况把焊条直径和焊接电流控制在一定范围内。增大焊接电流能提高生产率。但电流过大，稀释率增大，易造成堆焊合金成分偏析和堆焊过程中液态金属流失等焊接缺陷；而电流过小，易造成夹渣、末焊透等缺陷，且降低生产率：所以应适当选择焊接电流。

（5）堆焊层数　堆焊层数是以保证堆焊层高度满足设计要求为前提。对于较大构件时需要堆焊多层。堆焊第一层时，一般采用小电流，或者保持堆焊电流不变，提高堆焊速度。堆焊最后一层时，要注意焊道的成形和平整度，以满足堆焊后机械加工的尺寸要求。

（四）手工电弧堆焊应用实例

1. 不锈钢管内壁的手工焊堆焊工艺

有一不锈钢管内壁，采用D822堆焊焊条堆焊，D822堆焊焊条含碳量高，焊层金属淬硬倾向大，易产生焊接裂纹及剥离。

堆焊基层材料为：1Cr18Ni9Ti，ϕ 70 mm × 6 mm × 65 mm；焊接材料为：D822堆焊焊条，ϕ3.2 mm×350 mm。

堆焊设备采用ZX7－400逆变电源，直流反接，一台焊接变位器和一台电阻加热炉。堆焊主要工艺参数见表9－1。

表9－1　堆焊主要工艺参数

焊接电流 (A)	电弧电压 (V)	焊接速度 (cm/min)	焊条直径 (mm)	变位器转速 (r/min)
105	22～25	28～64	3.2	1.6

由于D822堆焊焊条含碳量高，采用了预热和热处理工艺措施，预热和热处理工艺过程在电阻加

热炉中进行，规范参数见表 9-2。

表 9-2 预热和热处理规范

预热温度(℃)	热处理温度(℃)	保温时间(h)
200～350	680～710	恒温 1

ϕ70 mm×6 mm×65 mm 不锈钢管内壁堆焊技术：焊前将工件在电阻加热炉中预热到 200～350 ℃，安装在焊接变位器上，变位器带动工件旋转，一边转一边焊接，变位器做匀速转动(116 r/min)，工件与水平线成 30 度的夹角，焊条与水平线成 70～75 度的夹角，焊接电流为 105 A，焊接速度 28 cm/min，电弧电压 22～25 V。

由于是匀速转动，工件有一定的倾斜度，施焊时焊条药皮向低的一侧流淌，可以避免夹渣现象的产生。焊接过程中前层的焊缝金属冷却后，后层的焊缝金属叠压在前层焊缝金属的边缘上，得到了工件内壁层比较均匀、平滑过渡一次成型的堆焊金属层。高度平均高度约 4～4.5 mm(含有一定的机加工余量)。

焊后的工件回送到电阻加热炉中做 680～710 ℃、保温 1 h 的高温回火处理，以降低热影响区的硬度，使淬硬组织得到改善。

2. 50 Mn 弯道堆焊工艺

50 Mn 是优质碳素结构钢，其化学成分及力学性能如表 9-3 所示，多在淬火与回火后应用。金相组织为回火马氏体，硬度、强度、弹性均较高，由于含碳量及合金元素含量较高，因此结晶温度区间较大，偏析也较严重，致使具有较高的热裂敏感性，为此堆焊应采用低碳焊条，且严格控制 P、S 含量。其次，较高的含碳量及合金含量，冷裂敏感性也较大，宜采用小线能量，减少高温停留时间。由于强度级别较高，软化也较严重，焊接热源应集中。

表 9-3 50 Mn 的化学成分及力学性能

钢号	化学成分(质量%)							力学性能(N/mm²)	
	C	Si	Mn	P	S	Cr	Ni	σ_b	σ_s
50 Mn	0.48～0.56	0.17～0.37	0.70～1.00	≤0.035	≤0.035	0.25	0.25	≤645	≤390

(1) 堆焊方法　由于现场修复弯轨可达性差，采用了机动灵活、成本低的手工电弧焊堆焊。手工电弧焊稀释率 15%～25%，熔敷率为 0.45～2.7 kg/h。

(2) 焊前准备　焊件表面的清理(去除油污、灰尘，清除裂纹等)。

第一层用不锈钢焊条 A402 过渡，在母材表面获得塑性良好的过渡层，防止剥离。

耐磨层采用 HDS-60C 高温耐磨焊条，堆焊层含 C，Cr，Mn，W，B，Ti，Mo，V 等多种合金元素，具有良好的热硬性、耐磨性。焊前焊条需在保温桶中经 300 ℃烘干 1 h。

(3) 焊接参数

根据磨损情况堆焊 2～3 层；

焊条直径：ϕ=4.0 mm；

焊接电流：I=120～160 A；

焊接速度：V=6～8 m/h。

为减小稀释率，应尽量采用小电流、快焊速、窄焊道，焊条摆动宽度不超过焊条直径的 2 倍，严格控制搭边量约为 1/3 焊道宽。焊接过程中，轻敲焊缝表面，以减少焊件的残余应力。为控制焊接变形，采用分断跳焊的方式，通过运条减小熔深，控制母材的稀释率，焊后采用表面覆盖沙土的方式缓冷，防止开裂。

3. 齿轮的堆焊修复

一般齿轮基本材料为20CrNi或18CrMnTi。堆焊修复齿轮所用的焊条有两种：一种是采用碱性低氢型结构钢焊条，堆焊后进行表面渗碳、淬火来提高表面硬度；另一种是采用耐磨堆焊焊条，堆焊层不经热处理即可得到较高的硬度。采用耐磨堆焊焊条堆焊修复周期短、工艺简单。

齿轮的堆焊修复分以下两种情况。

（1）齿轮全面磨损进行全齿修复　堆焊修复工艺要点如下：

焊前表面去除油污利铁锈等，并将齿尖打磨光滑，使齿面露出金属光泽，同时检查齿面不能有裂纹、尖角或凹坑。

焊前进行780～840 ℃退火，保温2 h，然后随炉冷却。

选用直径ϕ3.2 mm的J506或J707，J857低合金高强度钢焊条。焊前应烘干焊条。采用直流反接，电流为90～120 A。

从齿根起沿齿宽方向上堆焊数道至齿顶。

退火消除应力和机械加工。

进行渗碳淬火，以提高表面硬度。渗碳温度为800～860 ℃，渗碳保温25 h，然后出炉除垢、淬油冷却。淬火温度为750 ℃，油温为35～40 ℃，冷却液为柴油加少量机油。最后进行低温回火消除内应力，回火温度为180－220 ℃，保温1.5 h。

（2）局部掉齿修复工艺　堆焊修复工艺要点如下：

焊前表面处理，用砂轮除去损坏的磨损层及油污和铁锈等，使表面露出金属光泽。

用直径3.2 mm的碳钢焊条J507或J506堆焊底层，堆焊至齿高的2/3，再用堆焊焊条D217A或D172堆焊表层，最后在刨床上进行齿形机械加工。

二、等离子弧表面堆焊

等离子弧堆焊的主要优点是生产效率和质量高，尤其是涂层的结合强度和致密性均高于火焰和一般电弧堆焊。采用非转移弧的等离子弧堆焊时，工件不必接电源，这是等离子弧堆焊获得广泛应用的一个重要原因。

（一）等离子弧堆焊的特点

等离子弧是由特殊结构的等离子体发生器产生的，用于堆焊的等离子弧是由特制的等离子枪体产生的。等离子弧与一般电弧的最大区别在于等离子弧在喷嘴内受到“压缩”，而一般电弧是自由电弧。在热压缩、机械压缩和电磁压缩效应的作用下，使电弧受到强制压缩而产生等离子弧。不同应用条件下对等离子弧的性能有不同的要求，可以通过喷嘴结构、离子气种类和流量的选择以及电能的输入条件加以控制。

等离子弧堆焊有如下几方面的优点：

（1）等离子弧温度高、热量集中　等离子弧具有压缩作用，中心温度可达1.6万～3.2万K，而钨极氩弧焊为0.9万～1万K。由于等离子弧温度高、热量集中，被加工材料不受其熔点高低的限制。等离子弧的温度为手工电弧温度的2.5～5.5倍，而其能量密度则为手工电弧的10～100倍。在正常规范下，等离子弧的温度和最大能量密度较其他堆焊热源为高，因此等离子弧堆焊可以堆焊各种难熔金属合金，生产率高，热影响区及变形小。

（2）等离子弧热稳定性好　等离子弧中的气体是充分电离的，所以电弧更稳定。等离子弧堆焊电流和电弧电压相对于弧长在一定范围内的变化不敏感，即使在弧柱较长时仍能保持稳定燃烧，即没有自由电弧易飘动的缺点。

（3）等离子弧具有可控性　可以在很大范围内调节热效应，除了改变输入功率外，还可以通过改变气体的种类、流量以及喷嘴结构尺寸来调节等离子弧的热能和温度。等离子弧射流的刚柔度及电弧的刚柔度，可以通过改变电弧电流、气体流量和喷嘴压缩比等来调节。

等离子弧气氛可以调整，通过选择不同的工作气体可以获得惰性气氛、还原性气氛和氧化性气氛。

等离子弧堆焊温度高，热量集中，可以堆焊难熔材料并提高堆焊速度。由于堆焊材料的送进和等离子弧的工艺参数是分别独立控制的，所以熔深和表面形状容易控制。改变电流、送丝（粉）速度、堆焊速度、等离子弧摆动幅度等就可以使稀释率、堆焊尺寸在较大范围内变化。

等离子弧堆焊的原理是利用联合型等离子弧为热源，以粉末状合金作填充金属将零件表面以及堆焊材料同时熔化使两种金属相互混合构成熔池，随后经过熔池冷凝结晶形成堆焊层。图 9－1 是等离子弧堆焊原理图示。

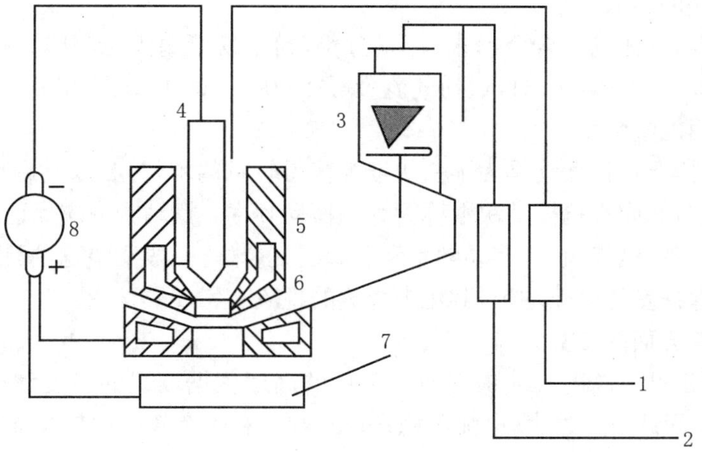

图 9－1　等离子弧堆焊原理示意图

1. 工作气体，2. 送粉气体，3. 送粉器，4. 钨极，5. 焊枪，6. 粉末，7. 工件，8. 堆焊电源。

图中，钨极和焊嘴之间形成非转移弧，起着过渡形成和稳定转移弧以及预热粉末的作用；钨极和零件之间建立的电弧称为转移弧，起着熔化粉末和工件表面以形成熔池的作用。

研究表明，在等离子弧堆焊过程中引入外加磁场，能有效地控制硬质相的形态及分布，从而使堆焊层的硬度提高、耐磨性增强。这是因为外加纵向磁场促使电弧旋转，改变弧柱等离子流和电流密度的径向分布，影响母材的加热熔化和焊缝成形；通过电磁搅拌的作用，改变焊接熔池液态金属结晶过程中的传质和传热过程，从而改变晶粒的结晶方向，提高焊缝的力学性能。

在一定的磁场强度范围内，随着磁场强度增强，作用于熔池的电磁力也随之增大；熔池中的液态金属受洛仑兹力的作用，绕焊接电弧中心轴旋转，作复杂的循环运动，磁场对熔池的搅拌作用也随之增强，使得结晶前沿存在着较强的液相流动，从而使枝晶折断；同时，高温金属流对结晶前沿的冲刷作用提高了熔池中熔融金属的平衡结晶温度，使结晶区域浓度过冷程度减少，从而使得结晶线前沿的稳定性提高，促进了均匀扩散，细化凝固组织的作用效果。但当磁场强度和焊接规范不相匹配时，电磁搅拌效果变差，反而降低堆焊层质量。因此，在一定的磁场范围内，电磁搅拌可以改善堆焊层金属的结晶形态，细化晶粒，促使堆焊层组织分布均匀化，从而提高堆焊层金属的硬度和耐磨性。

（二）等离子弧堆焊工艺

1. 堆焊前工件的处理

在堆焊之前应对工件表面进行除油污、除锈处理，如存在渗碳层或疲劳层也应除去，堆焊前工件最好经过机械加工以获得形状规整的清洁的表面。

2. 堆焊工艺

影响等离子弧堆焊质量的因素很多，归纳起来主要是以下 3 组工艺参数：一是等离于弧热源方面的参数；二是送丝或送粉速率方面的参数；三是焊枪与工件相互位置方面的参数。由于拔制焊丝比较困难，等离子弧堆焊目前常用合金粉末作为堆焊材料。现以粉末等离子堆焊为主，叙述堆焊工艺。

1）热源方面的参数

（1）电弧电流　不管是转移还是非转移，其电流都是表征等离子热量的，因此它是影响工艺的主要因素。在其他因素固定的情况下，若电流过小，则温度低，堆焊层结合不良，焊道成形不好，且粉末飞散较多；反之，电流过大，则熔深加大，熔合比提高，也影响堆焊层的成分组织与性能。

（2）离子气流量　离子气是用来压缩电弧的，它的大小影响电弧的刚性：若流量过小，不但电弧温度不高，且电弧也不稳定；反之，流量过大，则离子弧的穿透力过大，熔深加大，熔合比加大，影响堆焊层质量。离子气流量一般取 300～500 L/h 为宜。

2）送粉速率方面的参数

送粉气流量　送粉气体输送合金粉末，流量过小，粉末易堵塞焊枪喷嘴；流量过大，对电弧有干扰。通常送粉量为 20～100 g/min 时，送粉气流量可在 400～600 L/h 间调节。

3）堆焊技术方面的参数

焊道宽度与焊枪摆幅焊枪摆动是为了一次堆焊获得较宽的堆焊层，摆动幅度一般依据堆焊层宽度的要求而定。单位时间内焊枪摆动次数称为焊枪摆动频率。摆动频率应保证电弧对堆焊面的均匀加热，避免焊道边缘出现“锯齿”状。摆动频率和摆幅要配合好，一般摆幅宽，摆频要适当减慢，摆幅窄摆频可适当加快，以保证基体受热均匀，避免未焊透的现象。

4）枪与工件位置方面的参数

（1）喷嘴端面距工件的高度　喷嘴端面距工件的高度根据堆层的厚度和电弧电流的大小来确定，通常在 6～10 mm 间调节。过大，电弧不稳；过小，则不利于有效地加热合金粉末。

（2）电极缩入长度　电（钨）极缩入的长度，是钨极尖端到喷嘴外端面的距离。它直接影响等离子弧的压缩程度和电弧的稳定性。等离子弧堆焊时，电极内缩长度一般为 3～4 mm。

（三）等离子弧堆焊实例

1. 钴基合金粉末等离子弧堆焊

钴基合金具有良好的抗高温、耐腐蚀、抗磨损等综合工艺性能和显著热硬性特点，被广泛应用在耐高温、耐磨损的场合，如高温高压电站阀门和其他技术性能要求较高的阀门密封面上。阀门密封面等离子弧堆焊钴基合金的注意事项如下：

（1）根据堆焊工件的结构刚性和材质，合理选择预热温度和焊后保温措施；

（2）钴基合金粉末的熔点稍高，应合理选择堆焊电流、工件转速、焊枪摆动频率和幅度，以保证熔化及表面成形；

（3）钴基合金粉末密度较大，使用自重式送粉器，应根据粉末粒度合理调整送粉气体流量，以得到适宜的送粉量，保证堆焊质量；

（4）钴基合金粉末堆焊时，易在熄弧处出现火口裂纹，应选择适宜的电弧衰减斜率和时间，待衰减到电流较小时再切断电弧。

2. 镍基合金粉末等离子弧堆焊

阀门密封面堆焊用镍基合金粉末的化学成分是以镍为基，含有一定量的 Cr，B，Si 元素，即 Ni-Cr-B-Si 系自熔性合金粉末。

镍基合金具有良好的耐磨损、耐腐蚀和抗氧化性，综合性能良好。镍基合金还具有良好的抗擦伤性能，特别是高温下的耐蚀性，常代替钴基合金应用在电站蒸汽阀门和内燃机进排气阀或受到强腐蚀介质的腐蚀磨损、工况比较恶劣的阀门密封面制造上。

镍基合金粉末等离子弧堆焊的工艺性能良好，与钴基合金相比熔点低，液态金属流动性好。堆焊时要根据其特点合理选择工艺参数。为了防止裂纹，减少应力和变形，应采取相应的焊前预热、焊后保温措施。

3. 铁基合金粉末等离子弧堆焊

铁基合金粉末以价格低、主要性能良好等特点被广泛应用在使用温度低于 450 ℃工作介质(主要是水、汽、油等弱腐蚀介质)的中温中压阀门密封面制造上。

阀门堆焊用铁基合金粉末主要有两大类型:一类是 Cr-Ni 铁基合金;另一类是 Cr-Mn 铁基合金。这两类铁基合金粉末的综合工艺性能良好,堆焊时可与基体低碳钢材料形成良好的冶金结合层,工艺参数可调范围较大。

这两类铁基合金粉末各有工艺特点,Cr-Mn 铁基合金粉末与 Cr-Ni 铁基合金粉末相比,熔点稍低,液态金属流动性好。

三、埋弧自动表面堆焊

埋弧自动堆焊是指利用埋弧堆焊的方法在零件表面堆敷一层有特殊性能的金属材料的工艺过程。由于电弧在焊剂层下形成,金属凝固较晚,促使熔渣、金属及气体之间的反应更加完全,能较好地清除熔池中的非金属杂质和气体,可以得到化学成分相近的堆焊层。

(一) 埋弧自动堆焊的特点

在自动埋弧堆焊过程中,堆焊工件和焊丝在堆焊电弧的高温作用下被局部或全部熔化。为了保护熔融金属免受周围气体影响、保存堆焊电弧的热量和防止金属飞溅,一般采用细颗粒焊剂覆盖在堆焊区上。堆焊电弧使颗粒状焊剂部分熔化,维持堆焊电弧在熔融焊剂所形成的弹性外壳的空间中燃烧。由于埋弧堆焊过程是连续进行的,采用大直径焊丝时可以使用较大的堆焊电流,因此自动埋弧堆焊的生产率比手工电弧堆焊高得多。自动埋弧堆焊能比手工电弧堆焊能更有效地保护熔融金属不受空气影响,提高堆焊金属的质量。

埋弧自动堆焊的电弧在焊剂层下进行,无飞溅和电弧辐射,劳动条件好,焊丝熔化形成的堆焊层平整光滑,易于实现机械化和自动化,生产率高,堆焊层成分稳定。但埋弧堆焊的热量输入较大,堆焊熔池大,稀释熔池大,稀释率比其他电弧堆焊方法高。埋弧堆焊需要焊剂覆盖,只能在水平位置堆焊,适用于形状规则且堆焊面积大的工件。图 9-2 是等离子弧堆焊原理图示。

(二) 埋弧自动堆焊的设备

埋弧堆焊的实质与一般埋弧焊接没有本质区别,埋弧自动堆焊与一般的埋弧自动焊大致相同,所采用的设备也完全是自动埋弧焊的设备。

工件夹持在堆焊机床上,可按所需转速旋转。堆焊机头(包括送丝机构和焊剂箱)固定在堆焊机床横拖板上,并以一定的速度沿工件的轴向移动。堆焊电源的正极接在焊丝导管上,负极与工件相接。送丝机构使焊丝均匀地送进。焊剂经软管均匀流向焊丝端部,并覆盖电弧。落下的焊剂和被除渣刀刮下的渣壳通过筛子收集到焊剂箱内,再可使用。

(1) 堆焊电源　适合埋弧自动堆焊的电源有硅整流器、晶闸管电源和逆变电源等。

(2) 送丝机构　埋弧自动堆焊是通过改变送丝进给速度来调节焊接电流的,因此要求送丝机构的送丝速度能在一定范围内实现无级调节,而且能够稳定在每一个速度上。根据不同的工件选择焊丝,当焊丝直径为 1.5～2.2 mm,相应的送丝速度为 1～3 m/min。

(3) 堆焊机床　对于埋弧自动堆焊机床,精度和刚度无特殊要求,只需保证可靠得运动要求即可。机床的转速要求能在 0.3～10 r/min 范围内作无级调速,堆焊螺距为 2.3～6 mm/r,并能夹持所修复的零件(机床的中心距和中心高有一定的要求)。

(三) 埋弧自动堆焊工艺参数

埋弧自动堆焊的工艺参数主要是指堆焊电流、电弧电压、堆焊速度、焊丝直径及焊丝送进速度等,在堆焊工作中,这些工艺参数对堆焊焊道形状和尺寸有很大的影响。

(1) 堆焊电流　随着堆焊电流的增大,电弧下面的堆焊熔池的液体金属被挤出很多,电弧可以进一步潜入未熔化的基体金属,使基体金属的熔透深度显著增加。

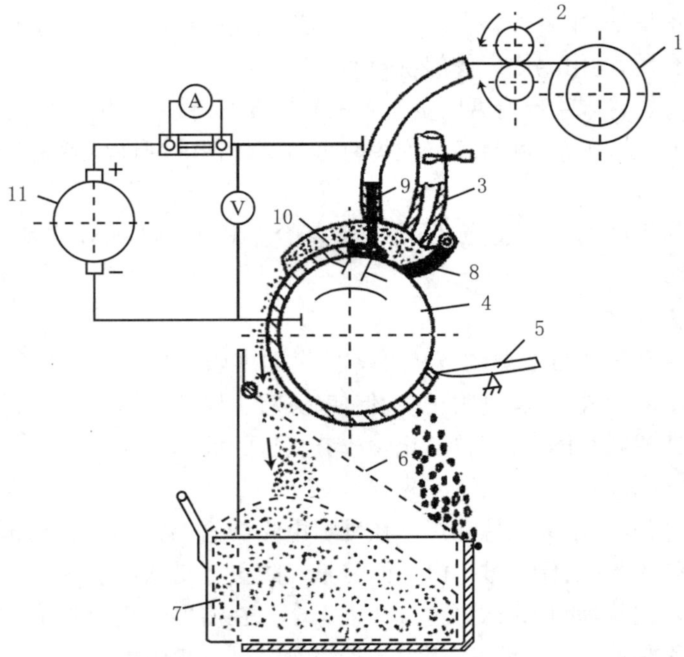

图 9－2　埋弧自动堆焊原理示意图

1. 焊丝盘，2. 送丝滚轮，3. 焊剂软管，4. 工件，5. 除渣刀，6. 筛网
7. 焊剂箱，8. 焊剂档板，9. 焊丝导管，10. 焊剂，11. 堆焊电源。

(2) 电弧电压　电压过低，起弧困难，堆焊中易熄弧，堆焊层结合强度不高；电压过高，起弧容易，但易出现堆焊层高低不平，脱渣困难，影响堆焊层质量。当采用 ϕ1.2～2.2 mm 焊丝堆焊时，其工作电压的变化范围常在 22～30 V 之间，且因焊丝的含碳量而异，焊丝含碳量高，电压当取高值；反之则取低值。

埋弧自动堆焊电压随着电弧长度的变化而变化。当电弧长度增大时，电弧电压升高，则电弧作用于工件的面积增大；反之，当电弧长度减小时，电弧电压降低，电弧的活动性减小，作用于工件的面积也减小。

(3) 堆焊速度　堆焊速度一般为 24～36 m/h。堆焊速度对焊缝形状尺寸的影响如下：

堆焊电弧以较慢的速度(＜20 m/h)移动时，会在堆焊焊缝的单位长度上堆敷很多的堆焊金属。此时，熔池水平面的提高也使电弧坑的水平面提高，减小基体金属的熔透深度，加大堆焊焊缝的宽度。当堆焊速度极小时(＜1 m/h)，基体金属得不到熔透，堆焊层金属会从堆焊工件的表面剥落下来。

在中等堆焊速度范围(20～40 m/h)内改变堆焊速度时，堆焊焊缝的熔透深度实际上是不变化的，而堆焊焊缝的宽度却随着堆焊速度的增加而减小。

在较大的堆焊速度范围(＞50 m/h)内，当堆焊速度增加时，电弧在基体金属单位长度上的作用时间减少，作用在堆焊焊缝上的电弧热也减少，所以堆焊焊缝的熔透深度和宽度都相应地减少。当堆焊速度提高到 80～100 m/h 时，即产生基体金属未熔化区域。

(4) 焊丝直径　在其他工艺参数保持稳定地条件下，若焊丝直径增大，堆焊电弧的弧柱直径增大，熔池范围扩大，使堆焊焊缝的宽度增加，熔池深度及堆高量则减少；反之，焊丝直径减小时，电流密度增加，加强了电弧吹透力，大大提高了堆焊焊缝的熔透深度，但熔宽和堆高量减小。焊丝直径对堆焊焊缝熔透深度是有影响的。当堆焊电流 600 A 时，用直径 6 mm 焊丝堆焊，熔透深度为 4 mm；而用直径 2 mm 焊丝堆焊时，熔透深度达 10 mm，比较粗焊丝增加了 1 倍多。随着焊丝直径的减小，电弧深深潜入基体金属。因此，电弧波动很小，得到的堆焊焊缝窄而深。当堆焊电流 600 A 时，采用直径 2 mm 及 6 mm 焊丝堆焊，所得到的堆焊焊缝的熔宽相差 4.5 mm。

改变焊丝截面形状，当焊丝截面为矩形时，可称为带极埋弧堆焊，该方法的效率更高。

（5）堆焊螺距　焊丝的纵向移动速度应使相邻的焊道彼此重叠 1/3 左右，以保证堆焊层平整，无漏焊。堆焊螺距可以焊丝直径的倍数来确定。

在堆焊小直径零件时，存在两个困难：一是渣壳不易冷却，脱渣困难；二是熔化金属由于冷却慢未凝固，随工件转动时而流失。为解决脱渣困难和加快熔化金属的凝固，一方面选用脱渣好的焊剂，另一方面在工艺上采用两次“走刀”的堆焊法（即相当于机械加工中车双头螺纹）。

（6）焊丝后移量　为不使熔池中的液态金属流失，并延长渣壳对堆焊层的保温时间和渣壳冷却时间，易于除渣。焊丝应从焊件的最高点向零件旋转的反方向移一个距离，后移量一般随工件直径大小不同而取工件直径的 8%左右。

（四）埋弧自动堆焊实例

1. 在冶金工业中的应用

冶金工业中多数耐磨零部件在高温和交变载荷条件下工作，要求耐磨表面具有良好的高温强度、耐热疲劳性能及耐磨性能。目前，埋弧堆焊已用于热轧辊、型钢轧辊、支撑辊的堆焊制造与修复。

1）开坯辊堆焊工艺

开坯辊是轧钢生产线中第一道轧辊，是将厚钢坯按一定形状开坯成所需板坯的工作辊。带钢开坯辊孔型较复杂，工作环境恶劣，要求辊面具有足够的热强性，很高的耐磨、耐热和耐冲击能力。

开坯辊采用的材料大多是高碳合金铸钢材料，某一开坯辊材质为 ZG70Mn2，其化学成分见表 9-4，属高碳钢，焊接性较差，材料的韧性和塑性也较差。

表 9-4　开坯辊化学成分（质量%）

C	Mn	Si	Cr	Ni	S	P
0.67～0.75	1.4～1.8	0.17～0.37	0.25	0.25	≤0.035	≤0.035

辊面工作面硬度要求为(42～47)HRC；非工作面硬度为(37～43)HRC。选择的焊接材料其热膨胀系数与母材接近，同时根据开坯辊工况条件，工作辊辊面必须具有良好的耐磨性能、红硬性和一定的抗冲击能力及抗热裂性和脱碳能力等要求。工作面与非工作面采用了不同的药芯焊丝，其化学成分见表 9-5。

表 9-5　焊丝的化学成分

项　目		化学成分（质量%）									
		C	Mn	Si	Cr	Mo	W	V	S	P	Fe
工作面	最小	0.20	1.20	0.15	6.00	1.20	1.00	0.50	0	0	余
	最大	0.35	1.80	0.35	6.80	1.60	1.50	0.90	0.03	0.03	余
非工作面	最小	0.20	1.10	0.15	3.10	1.45		0.40	0	0	余
	最大	0.32	1.50	0.35	4.00	1.65		0.65	0.03	0.03	余

2）开坯辊堆焊工艺

（1）预热　预热的主要目的是降低堆焊过程中堆焊金属及热影响区的冷却速度，降低淬硬倾向并减少焊接应力，防止母材和堆焊金属在堆焊过程中发生相变导致裂纹产生。预热温度的确定需依据母材以及堆焊材料的碳含量和合金含量而定。

堆焊过程中应控制预热及层间温度高于 Ms 点，避免堆焊金属发生马氏体相变及淬回火效应。由于开坯辊的母材及堆焊材料的合金含量均相对偏高，再加之开坯辊的尺寸及堆焊厚度均较大、焊接应力较大，故应尽量提高预热和层间温度，将预热温度定为 400～450 ℃，层间温度控制在 450 ℃左右。

预热升温速度 30～50 ℃/h，预热保温时间按辊直径方向 0.01～0.02 h/mm 来确定，最好在炉内进行，在焊接过程中要采取保温措施。

(2) 堆焊工艺　采用埋弧自动堆焊方法，堆焊工艺是保证堆焊层质量的重要环节，堆焊工艺参数指所采用的焊接电源极性、焊丝直径、焊接电流、焊接电压以及堆焊速度等。堆焊工艺规范的大小主要取决于辊子直径的大小、焊丝直径和焊丝合金元素含量见表 9-6。

表 9-6　堆焊工艺规范参数

焊接极性	焊丝直径(mm)	焊接电流(A)	焊接电压(V)	焊接速度(mm/min)
直流反接	3.2	300～380	27～31	250～450

(3) 焊后热处理　轧辊堆焊完毕后，在保持层间温度的情况下，使轧辊在堆焊设备上(同时旋转)，保持 1～2h，确保轧辊温度均匀化。轧辊缓冷到比堆焊金属 Ms 温度至少低 38 ℃左右，保持几个小时，使轧辊芯部和外部温度均匀一致，降温速度在 38 ℃/h 左右。轧辊缓冷方式采用保温材料包裹或放进珍珠岩坑缓冷，最好进密闭的电炉中进行。开坯辊堆焊工艺根据堆焊层的合金体系回火温度定在 550±10 ℃。

获得的堆焊层金相组织为碳化物+亚共晶组织上弥散分布着大量的碳化钨和钼的化合物。碳化钨和钼的化合物的熔点都很高，使堆焊层的耐磨性和红硬性大大提高。另外，铬的加入有利于阻止晶间的腐蚀，提高堆焊层的抗氧化能力。对堆焊层进行宏观金相检查未发现有裂纹、气孔、夹渣和未融合等缺陷。

2) 热轧支撑辊的堆焊修复

轧辊的堆焊修复工艺是：轧辊的准备→工件预热→堆焊→冷却与消除内应力→表面加工→着色探伤检测辊面、超声波探伤检查堆焊结合层是否有热裂纹的情况。

轧辊堆焊前用车削加工除去表面的全部缺陷，保证有一个致密的金属表面。对大型旧轧辊堆焊修复前，要进行 550～650 ℃退火，消除疲劳应力。

由于轧辊的材质和表面堆焊用的材料均是含 C 量和合金元素比较高的材料，加之轧辊直径比较大。为了防止裂纹和气孔，并改善开始堆焊时焊层与母材的熔合，减少焊不透的缺陷，必须在堆焊前对轧辊预热。预热温度应在 Ms 点以上(马氏体开始转变温度 200 ℃以上)，从开始堆焊到堆焊完毕，层间温度不得低于预热温度的+50 ℃。加热方法可采用炉子、气体或感应加热，要求加热均匀。

轧辊的堆焊采取了埋弧堆焊，堆焊层的硬度和耐磨性是由焊丝材料和焊剂中所含的合金元素来决定的。堆焊的目的不仅是修复轧辊尺寸，更重要的是通过堆焊提高堆焊层的耐热耐磨性能及使轧辊母材与堆焊层的接合强度。

根据轧辊母材选择适当的焊丝焊剂。对于焊丝的选择，要优先从成分上考虑焊材和母材的焊接接合性能，其次是考虑使堆焊层材料强度优于母材。

某热轧支撑辊工作层的化学成分见表 9-7。

焊剂分为两类：熔炼焊剂和烧结焊剂。熔炼焊剂分为酸性、碱性焊剂两种：前者氧化性强，使焊丝中的碳、铬元素烧损大，而硅、锰元素则过渡到堆焊层金属中去；后者氧化性弱，对堆焊金属成分影响不大，国产的有焊剂 260、431 等。烧结焊剂是由各种原料粉末用水玻璃结合而成的小颗粒，可以加入所需要的材料成分，能灵活而稳定地向焊接金属内渗合金，调整堆焊金属化学成分，降低有害杂质的含量,细化金属组织。烧结焊剂不仅可以减少易烧损的有用元素,而且还可以从焊剂中渗透有用的元素到堆焊金属中去。两种焊剂的比较见表 9-8。

表 9-7 某热轧支撑辊工作层和芯部的化学成分(%)

	C	Si	Mn	P	S	Cr	Mo	Ni
工作层	0.6～0.9	0.4～0.8	1.5～2.2	Max0.035	Max0.035	1.5～2.0	0.2～0.5	<0.6
芯 部	0.25～0.6	0.4～0.8	0.5～1.0	Max0.035	Max0.035			

表 9-8 堆焊材料焊丝、焊剂化学成分(%)

焊接材料		化学成分							
焊丝	焊剂	C	Si	Mn	P	S	Cr	W	V
30CrMnSi	431	0.11	1.23	1.70	0.16	0.07	0.60		
3Cr2W8Si	260	0.07	0.52	0.42	0.03	0.023	1.82	8.10	0.14
3Cr2MnSi	烧结 102	0.28	0.80	0.84	0.15	0.28	2.18		
3Cr2W8V	烧结 104	0.28	0.32	0.26	0.016	0.016	3.45	6.10	0.25

堆焊完成后,要把轧辊均匀地加热到焊前的预热温度。若轧辊表面比内部冷却快,会引起收缩而造成应力集中,形成表面裂纹,因此需要缓慢地冷却,冷却速度与加热速度大致相等。

不同的堆焊材质其热处理规范不同。焊后要立即进行 310～320 ℃的回火处理,然后粗磨,再经探伤检查,合格后送精磨。

在轧辊的堆焊时,轧辊母材化学成分相匹配的焊丝、焊剂的选择是堆焊成功的基础。选择烧结焊剂能获得表面平整、脱渣良好、堆焊层质量性能均匀的堆焊层。因轧辊堆焊的工作层厚度较厚,在堆焊过程中间进行一次消除焊接应力的处理,以保证最终堆焊层不会出现焊接过渡层的热裂纹及堆焊层硬度梯度过大,避免出现表面硬度分布不均,在堆焊过程回火热处理是一个保证质量的重要过程。采用 H3Cr2W8V 焊丝和烧结焊剂对该热轧支撑辊成功修复表明,堆焊方法是修复报废轧辊重要手段之一。

3) 中厚板大型支撑辊堆焊修复

某轧机支撑辊材质选用了锻钢 70 Cr3Mo,尺寸为 ϕ1 800 mm×2 700 mm。由于生产任务加大,难轧钢种增加,支撑辊肩部出现大面积剥落的失效现象,对该支撑辊进行堆焊修复,选用了多头埋弧堆焊技术。

支撑辊堆焊修复工艺如下:

先对支撑辊辊身、辊颈探伤,以检测表面和内部有无裂纹、夹杂等缺陷,以及裂纹、夹杂缺陷的深度,确定能否堆焊修复和轧辊的车削加工量。按工艺要求单边切下不小于 50 mm 的淬硬层,加工成焊接坡口形状,保证堆焊层的厚度。对加工后的辊面及焊接坡口再进行探伤,以确认辊子不存在缺陷。

将轧辊进入加热炉预热,预热温度为 400～500 ℃,缓慢升温(30～40 ℃/h)。在加热过程中,支撑辊不停地缓慢旋转,使得加热温度均匀。轧辊达到设定预热温度后,保温一定时间,以保证辊芯温度达到所要求的预热温度。

对于辊芯含 C 量高的轧辊堆焊,必须采用过渡层材料,这是为了避免从辊芯向堆焊金属过渡层形成裂纹,该轧机支撑辊材堆焊层分为 3 层。

(1) 打底层 用焊接性能好、强度高的低碳钢焊丝,使其与基体有良好的融和性和抗裂纹性能。打底层焊丝化学成分的质量分数(%):C≤0.10;Cr≤0.20;Si≤0.07;Mn 0.8～1.10;S≤0.03;P≤0.03。

(2) 过渡层 由于打底层硬度较低,在打底层与工作层之间堆 3 层硬度,强度介于两者之间的过渡层，过渡层焊丝($wt\%$)：C 0.20～0.25；Cr 1.10～1.20；Si 1.20～1.50；Mn 2.50～3.00；S≤1.50。

(3) 工作层　选用含碳量较低、合金含量较高的焊丝，以提高工作层的强度和耐磨性。工作层焊丝($wt\%$)：C 0.20～0.30；Cr 5.00～6.00；Si 0.34～0.5；Mn 2.00～3.00；Mo 3.00～4.00；S≤0.02；P≤0.03；Ni 3.00～4.00；V 0.20～0.30。工作层的硬度为 HSD50～60。

堆焊过程在预热炉内进行，边保温、边堆焊。堆焊层达到要求尺寸后上车车平，辊身尺寸为 ϕ1 801 mm，留单边 0.5 mm 磨削余量。

堆焊修复的锻钢支撑辊具有交货周期短、投资少、耐磨性好、辊耗低、板凸度小、边部应力集中小等优点。修复后的支撑辊各项性能优于原基体材料，解决了支撑辊局部或大面积剥落问题，延长了支撑辊的使用寿命。

2. 在电力工业中的应用

埋弧自动堆焊可用于堆焊电力工业中的耐磨、耐腐蚀部件，如电厂的磨煤辊、高压阀门密封面等。

磨煤辊是用于研磨煤粉的耐磨部件，由于煤中含石英等坚硬杂质，故磨辊表面需经受强磨料磨损，要求堆焊金属不仅要具有高硬度，还需含有大量碳化物才能满足磨损要求。国内外通用的耐磨材料为高铬铸铁合金，堆焊金属成分为 C3%～5%，Cr20%～32%，其他成分小于 5%。

某磨煤机装有 3 台磨辊装置，在磨碗盘上方呈 120 度分布，磨辊与磨碗盘衬板之间保持一定的间隙。由于煤粉被直接吹入锅炉燃烧系统，所以磨煤机的制粉能力即为锅炉的燃烧量。为了充分燃烧，煤粉有一定的颗粒细度，同时要求磨煤机碾磨时间的足够长，即碾磨连续工作能力强，选择堆焊型磨辊。

堆焊型磨辊有 RP 型、HP 型和 MPS 型等，都是复合型堆焊辊。要提高磨辊的耐磨性，就必须提高硬面层中较软的基体硬度，以抵抗塑性变形能力。一般母材基体采用 ZG230－450，经机械加工后，进行埋弧自动堆焊。

堆焊材料为 SH103 ϕ3.2，SH903 ϕ3.2，GS526－S ϕ3.2；熔炼焊剂 SSD107 和改进型 SSD107，获得了优良的脱渣性和焊道成形。堆焊规范为 $I=450$～500 A，$U=28$～32 V，$V=50$ m/h，堆焊设备采用 MZ－1000 型埋弧焊机。

3. 在石化工业中的应用

随着石油化工行业压力容器对耐高温、耐腐蚀、抗氧化及硫化氢腐蚀等要求的不断提高，为了降低设备制造成本，减少贵重及稀有金属的使用量，在设备部分表面大面积堆焊耐腐蚀层已在设计制造或维修中被大量采用。某换热器管板(16 MnR/00 Cr17Ni14Mo2)耐蚀层，采用了埋弧带极堆焊技术。

由于埋弧带极堆焊的线能量输入较大，为了降低焊缝金属受到母材金属的稀释作用以及碳的迁移，避免在过渡区产生脆性的组织，选用高铬镍的 25－13 型不锈钢材料在低碳钢或低合金结构钢母材上堆焊一层过渡层，

管板耐蚀层埋弧带极堆焊技术如下：

管板材料：16 MnR，厚 170 mm，正火状态；

堆焊区域直径：1 500 mm；

过渡层堆焊材料：H309L(H00Cr24Ni13)；60 mm×0.5 mm 焊带；焊剂 SJ303，烘干温度 300 ℃；

面层堆焊材料：H316L(00Cr17Ni14Mo2)；60 mm×0.5 mm 焊带；焊剂 SJ316，烘干温度 300 ℃；

堆焊厚度：11 mm (3＋8)。

基层待堆焊面经 100%渗透探伤合格后，用火焰将基层材料 16MnR 预热至 150 ℃，过渡层堆焊厚度 3 mm；过渡层堆焊完后，立即入炉进行 450 ℃、4 h 的消除应力热处理，检验合格之后，进行面层的堆焊。面层堆焊前预热至 100 ℃，面层堆焊厚度 9～10 mm，堆焊 3 层，钢带伸出长度 30 mm。从中心向外焊，不同方向各焊 2 道，两焊道之间搭接宽度 8～10 mm，层与层之间互错 90 度，带极堆焊工艺

参数见表 9－9。

表 9－9　带极堆焊工艺参数

焊接层数	焊接方法	焊材牌号	焊材规格(mm)	电流种类及极性	焊接电流(A)	电弧电压(V)	焊接速度(mm/min)
1	SAW	H309L	60×0.5	直/反	650～720	30～32	150
2	SMAW	A302	ϕ4.0	直/反	140～160	24～26	160
3	SAW	H316L	60×0.5	直/反	650～720	30～32	150
6	SMAW	A022	ϕ4.0	直/反	140～160	24～26	160

带极堆焊焊不到的边缘部位，用手工电弧焊堆焊。堆焊完后不再进行热处理。

在管板堆焊中采用带极埋弧堆焊技术能极大地提高劳动效率，同时也保证了堆焊的质量。焊接时应控制焊接线能量，减小母材熔深，尽可能降低熔合比，避免稀释率过高；同时选用高铬镍的焊接材料作为过渡层，有利于降低焊缝金属受到母材金属的稀释。

四、气体保护熔化极表面堆焊

气体保护堆焊的实质是：用保护性气体在堆焊区造成一个厚而遮蔽的气体保护层，以避免熔化金属受到外界大气的侵入和氧化。图 9－3 为气体保护堆焊原理示意图。

气体保护堆焊属于明弧焊一类，它可以用手工、自动或半自动方式来完成。根据所使用的电极，它可以分为熔化极气体保护堆焊和非熔化极气体保护堆焊两种。前者，堆焊的热量是由作为电极之一的焊丝与工件之间产生电弧并熔化焊丝所产生的；后者，是在电极与焊件之间产生电弧，电弧的热量将焊丝和基体金属熔化，以形成堆焊熔池。

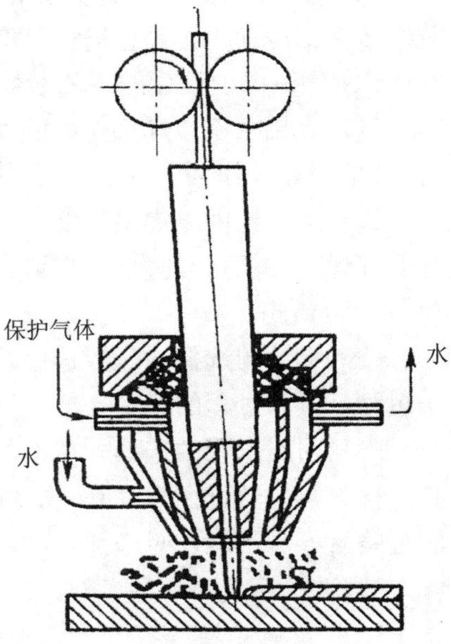

图 9－3　气体保护堆焊原理示意图

（一）气体保护堆焊的种类和特点

根据保护气体的种类，气体保护堆焊主要有钨极氩弧堆焊、CO_2气体保护堆焊以及富氩气体保护堆焊。

(1) 钨极氩弧堆焊的特点　钨极氩弧堆焊采用惰性气体保护，焊接过程中基体金属与填充金属中的合金元素不易氧化烧损。氩气不溶于金属，避免了堆焊层中出现气孔等缺陷。非熔化极惰性气体保护氩弧堆焊的特点是保护效果好、可见度好、电弧稳定、飞溅少。手工钨极氩弧堆焊时，工件吸热少、熔深浅、堆焊层形状易控制、可进行全位置堆焊，变形小。钨极氩弧堆焊的合金元素过渡系数高，但缺点是熔敷效率低、保护气体贵，不适宜于大批量生产；宜堆焊小而质量要求高，且形状较复杂的零件。如在汽车叶片上堆焊很薄的钴基合金等，热丝钨极氩弧堆焊可提高堆焊效率。

(2) CO_2气体保护堆焊的特点　这种堆焊以 CO_2 为保护介质来防止堆焊过程中氧、氮等气体的侵入，以获得良好的堆焊层。CO_2气体保护堆焊的焊层质量较好，抗锈、抗裂能力强；CO_2能抑制氧的有害作用，施焊中对油、锈不甚敏感；CO_2还有冷却作用，工件热影响区小，变形也小；CO_2气体价格便宜，故生产成本低。

（二）CO_2 气体保护堆焊的设备与电源

CO_2气体保护堆焊的设备由堆焊电源、焊枪、送丝机构、控制系统、焊枪运行机构及工件运行机构、供气系统及机架等部分组成。

(1) 堆焊电流　CO_2气体保护堆焊所用焊丝直径一般为1.6 mm以下,采用等速送丝,短路过渡。对电源外特性的要求是:能使电弧自调节,有足够的灵敏度;熔滴短路过渡时,确保电弧电压变动小,以保持堆焊过程的稳定,故一般采用平硬的外特性电源。此外,电源还必须有良好的动特性,即短路电流的增长速度要合适;要有足够的短路峰值电流、足够的空载电压恢复速度。

CO_2气体保护短路过渡堆焊,可以用专用电源,如果无专用电源,也可由弧焊直流电源按平硬外特性加以改装。CO_2气体保护堆焊常用硅整流式直流电源或逆变式焊接电源,如NBC－250,NBC1－300型等。

(2)焊枪　焊枪是向熔池和电弧区输送保护气及将电流输送到焊丝端部并引导焊丝送向熔池的机具,还要保证堆焊时与被堆焊表面的夹角合适,为此,一般都装在具有一定长度和弯度的送丝导管上。它有半自动鹅颈式、半自动手枪式和自动式等。

(3) 送丝机构　CO_2气体保护堆焊的送丝机构,宜采用等速送丝,要求送丝速度均匀、稳定并能在一定范围内无级调速,以满足不同直径焊丝和堆焊工艺参数的要求;结构要紧凑、灵活可靠,送丝机构由送丝软管和减速机构所组成。

(三) 气体保护堆焊工艺

手工钨极氩弧堆焊的工艺参数包括堆焊电流,电弧电压、氩气流量、喷嘴直径、钨极直径及伸出长度、填充焊丝直径等。堆焊工艺参数应根据基体和堆焊材料、堆焊层的几何尺寸等合埋地选择。

氩弧堆焊的填充焊丝要均匀地加入熔池中,不能扰乱氩气流。焊丝端部应始终处于氩气保护区内,以免氧化。堆焊完毕和切断电弧后,不应立刻将焊炬抬起,必须在3～5s内继续送氩气,直到钨极及熔池区稍冷却后再停止输送氩气,并抬起焊炬。

CO_2气体保护堆焊的工艺参数主要包括焊接电流、焊接速度极性的选择和焊接回路电感等。

(1) 焊接电流　焊接电流的大小主要根据焊丝的直径和熔滴过渡的形式来选择。焊接电流太大时,飞溅严重,熔深大,熔合比高,并易产生气孔等缺陷;电流过小,成形不良,或熔接不好。

(2) 焊接速度　焊接速度影响堆焊成形及堆焊的高度与宽度。焊速过快,破坏气体的保护作用,降低堆焊层性能;焊速太慢,焊道宽度加大。CO_2气体保护堆焊时,焊接速度不宜超过30 m/h,一般为20～30 m/h。

(3) 极性的选择　一般选用直流反接,即堆焊件接负极,焊丝接正极。这样可使飞溅减少并有利于短路过渡和过程的稳定。

(4) 回路电感的选择　在细丝短路过渡时,回路电感值是影响焊接过程稳定性及焊缝熔探的主要因素。当焊丝直径为0.6～1.2 mm时,回路电感值取0.05～0.40 mH比较合适。电感值过大,熔滴短路后电流不能及时增强,成形不好;反之,短路电流增强过快,造成细颗粒飞溅。

(四) 气体保护堆焊实例

1. 钨极氩弧堆焊实例

铝青铜阀门密封面的堆焊

阀门材料为lCrl8Ni9Ti奥氏体不锈钢,密封面为铝青铜材料,采用钨极交流氩弧堆焊工艺。

(1) 焊前准备　待堆焊表面需经车削加工,表面不得有气孔、裂纹、夹渣、包砂等缺陷。根据密封面要求的宽度,车削时划出两条基准线供堆焊时参考。

选用直径4 mm钨极,选用内径14 mm的陶瓷喷嘴。

(2) 堆焊操作及工艺参数　利用高频引弧器引弧,钨极不与工件接触。

(3) 堆焊　喷嘴与工件表面保持一定角度,尽量采用短弧堆焊,以增加保护效果。

(4) 熄弧　熄弧时为了防止弧坑疏松、缩孔和裂纹缺陷,接头处应加快堆焊速度及焊丝填加频率。待弧坑填满后,缓慢地将电弧拉长而熄弧。熄弧后焊炬喷嘴依然对着焊道,利用滞后关闭的氩气保护待冷却的熔池及钨极不受氧化。

2. 小直径管子的内表面TIG自动堆焊

适应核能工业和化学工业的发展，在高温有应力腐蚀环境下工作的压力容器如加氢反应器、核能容器，用堆焊双金属复合层来取代奥氏体系不锈钢，即在碳钢或低合金钢管的内表面堆焊奥氏体不锈钢，使之具有优良的耐蚀性。

内直径50 mm以上管子内壁自动TIG堆焊工艺技术，举例如下：

合金钢母体管的化学成分见表9-10。

表9-10　化学成分含量(*wt*%)

化学成分	C	Si	Mn	P	S	Ni	Cr	Mo	V
含　量	0.11	0.31	0.83	0.012	0.004	0.15	1.23	0.48	0.004

在选择钨极惰性气体保护脉冲电弧焊所用的焊接材料时，除考虑稀释率外，还应注意微量杂质对电弧特性的影响。此外，铁素体含量的调整、含Cr和含Nb量以及含C量的规定等都与焊丝的化学成分有关，选用焊丝(表9-11)。

表9-11　焊接材料的化学成分(*wt*%)

化学成分	C	Mn	Si	P	S	Ni	Cr	Nb	Co	Cu	N
第1层	0.018	1.95	0.71	0.002	0.002	12.35	25.17		0.02	0.02	0.014
第2层	0.024	2.06	0.75	0.006	0.008	10.09	19.76	1.01	0.04	0.02	0.01

从防止融合不良的因素出发，采用了随焊丝摆动的步进机构。

(1) 焊机　由脉冲电弧电源、焊炬、摆动机构、送丝机构和管子旋转装置构成。为提高熔敷效率，第一层和第二层施焊沿圆周方向螺旋状地进行连续堆焊。

(2) 堆焊规范　表9-12所示为双层堆焊规范，对焊接过程中的层间温度的调节，采取了自管外进行喷水冷却的方式。

钨极惰性气体保护脉冲电弧堆焊规范见表9-12。

表9-12　钨极惰性气体保护电弧堆焊规范

堆焊材料	第1层	309 L(相当)
	第2层	347 L(相当)
焊丝直径(mm)	1.2	
层数	2	
保护气体	Ar	
堆焊厚度	5 mm(两层)	
参数	第1层	第2层
平均电流(A)	180～220	195～220
平均电压(V)	14～18	14～18
堆焊速度(mm/min)	17～19	17～19
堆焊方向	同一方向	
预热及层间温度	100～150 ℃	
其他	采用了摆动机构和步进机构	

最终得到的堆焊金属的化学成分如表 9－13 所示。

表 9－13 堆焊金属的化学成分(质量分数%)

化学成分	C	Ni	Cr	Nb	N
第 1 层	0.033	9.2	18.3		0.047
第 2 层	0.028	9.52	18.79	0.93	0.037

钨极惰性气体保护脉冲电弧堆焊，用于堆焊小直径管子，在焊接中能观察到电弧现象和焊道形状；仅改变电弧强度就可轻易的控制稀释率；焊接线能量低，故焊接变形小；因无焊渣，表面修整容易。

3. 熔化极气体保护堆焊的实例

1) 大型止回阀阀体密封面堆焊

止回阀可利用流体压力来开启和保持在开启的位置，并利用重力的作用来关闭，阀门的密封性是阀门最重要的质量指标。

某一旋启式止回阀，其阀体基体材料为铸铁，直径有 75～500 mm 不同的规格。由于铸铁本身材质硬度和耐磨性都比较差，旋转轴与阀体密封面经常摩擦，阀体密封面容易磨损，使阀体密封性越来越差，导致阀体不能正常工作。为了延长其寿命，降低工程的建设和维护成本，通常的解决办法是在阀体密封面上堆焊一定厚度的耐磨层。

2) 熔化极气体保护焊堆焊工艺

用焊丝作为堆焊阀门密封面的材料，可以得到熔深浅、堆焊金属成分稳定、质量容易保证的焊层。一般堆焊阀门密封面用的焊丝应满足以下几个要求：

(1) 堆焊金属应满足密封面性能要求，如抗擦伤，抗腐蚀，并具有一定的硬度和减磨作用等。

(2) 从冶金角度考虑，要求堆焊金属对基体金属有较好的结合性能，也就是与基体金属互溶，形成固溶体、化合物、共晶体等结合形式，或与基体金属浸润，并在基体金属表面具有良好的铺展能力。

(3) 具有一定的抗拉强度和塑性变形能力，可拉拔成丝或具有良好的脱模能力，不粘砂，可浇铸成丝，所含夹杂质最少。

常用的阀门堆焊焊丝有黄铜焊丝、钴基合金焊丝、铁基合金焊丝、镍基合金焊丝、铝青铜焊丝。

在各类堆焊合金中，镍基合金的抗金属－金属间摩擦磨损性能最好，具有很高的耐热性、抗氧化性、耐腐蚀性，而且易于熔化，有较好的工艺性能，使它比其他金属更适合用于阀体密封面的堆焊。

选择了镍基焊丝，成分如表 9－14 所示。焊丝直径 1.2 mm。

表 9－14 镍基合金焊丝成分(质量分数%)

镍	铁	锰	硅	铜	碳	硫	其他
>90.00	<0.4	<3.5	<3.5	<2.5	<1.5	<1.5	<1.00

选择合理的堆焊工艺参数是保证堆焊质量的重要措施。制定焊接工艺时，需要选定焊接电流、电弧电压、焊接速度、焊丝直径、保护气体流量、喷嘴直径、焊丝伸出长度等。热处理工艺参数包括焊前预热和层间温度以及焊后热处理规范等，堆焊工艺参数根据焊件和堆焊金属材料以及堆焊后的几何尺寸合理地选择。

熔化极气体保护堆焊，具有熔敷效率高、成本较低、容易实现自动化控制等优点，但稀释率也较高(为 15%～20%)。由于高合金成分焊丝的加工受到限制，因此实心焊丝的熔化极气体保护堆焊，主要用在要求合金含量较低的金属与金属摩擦磨损类型的零件上。

CO_2气体保护电弧堆焊具有前述的优点，特别是它的成本比手工电弧堆焊和埋弧自动堆焊都低，并有一定的保护作用,可适用于全位置堆焊,故其应用很广,是一种很有前途的堆焊方法。目前主要用于堆焊低碳钢和低合金高强度钢。

五、振动电弧表面堆焊

(一) 振动电弧堆焊特点

振动电弧堆焊是一种复合技术,它在普通电弧堆焊的基础上给焊丝端部加上了振动。其特点是熔深浅,堆焊层薄而均匀,工件受热小,堆焊层耐磨性好,生产率高,成本较低,因而在农机修理方面得到广泛应用。

振动电弧堆焊的原理示意如图 9-4 所示。

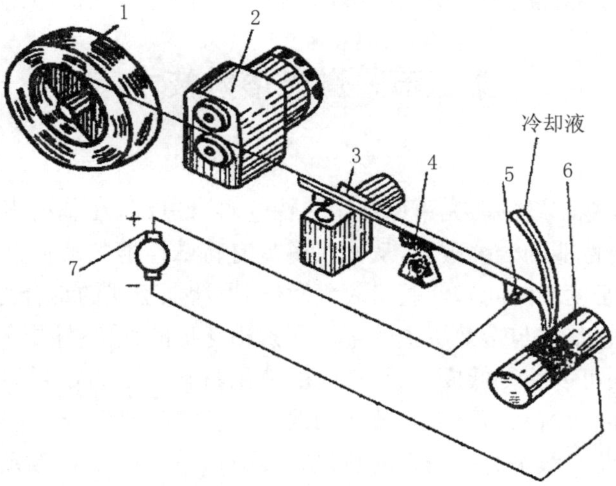

图 9-4 振动电弧堆焊原理示意图

1. 焊丝盘，2. 送丝机构，3. 振动器 4. 导向管，5. 导电嘴
6. 堆焊工件，7. 堆焊电源。

堆焊时,焊丝通过送丝机构匀速送入导电嘴,其间振动器起振动焊丝的作用。由于焊丝按一定频率(每秒 100 次左右)和振幅(1.0～2.5 mm)振动,焊丝端部与工件间产生接触——脉冲放电过程而熔化,从而实现堆焊。为了防止焊丝熔化和焊嘴黏上及焊嘴上结渣,需向焊嘴供给少量冷却液;为了控制工件的温度及堆焊层的硬度,可在堆焊后的适当部位喷射冷却液(水或水溶液)。为了实现弧区保护,可以用一定压力的水蒸气向弧区喷射,隔绝空气,不使氮、氧侵入熔化金属,这就是水蒸气保护振动堆焊。还有用其他保护气体实现熔剂层下的振动堆焊的。

(二) 振动电弧谁焊的设备

振动电弧堆焊的设备包括电源、机头、机床、水蒸气发生器、电控装置及附属设备等。

(1) 电源　一般采用直流电源。它要求必须要有平硬的外特性和良好的动特性。

(2) 机头　机头是振动焊丝的振动器,它可将焊丝以一定速度送入堆焊区。机头的振动方式分电磁式和机械式两种。振动电弧堆焊机头型号有 ADZ-300,NU-300-1,ZO2 及 GT-71 等。

(3) 机床　堆焊机床是用来夹持工件并使它按需要的转速转动的机具。堆焊机头相对工件还要有一定的纵向移动。堆焊机床可以设计为专用,也可用旧机床改装。我国专门生产的振动堆焊机床型号有 ADZ-300,它的改进型有 NU-300-1。

(三) 振动电弧堆焊实例

振动堆焊广泛用于汽车、拖拉机磨损零件的修理,也可用于其他机械磨损零件的修理。例如,拖拉机的台车轴、摆动轴、后轴、凸轮轴、曲轴、支重轮、引导轮缘、驱动轮等零件的磨损,均可用振动堆焊方法修理。汽车的后轴钢套、十字节轴、凸轮轴、羊角、曲轴等零件也可用这种堆焊方法修理。

1. 拖拉机摆动轴的振动堆焊

拖拉机摆动轴的材料为20号钢，经渗碳淬火，淬火层深度大于2.4 mm，硬度为58HRC。摆动轴的工作磨损量达2 mm时，还可反转使用，再磨损2 mm后应进行焊修。

摆动轴磨损的特点是偏磨，且磨损量大，因此修复是首先应消除偏磨。当偏磨量大于3 mm以上时，应采用低碳钢焊条堆圆，然后进行车削。

2. 拖拉机转向节轴的振动堆焊

拖拉机转向节轴总成由转向节轴和半轴配合装配在一起，两者都要用45号钢制成。转向节轴的磨损部位为键齿和与轴套配合的轴颈部分，这些磨损部分可用振动电弧堆焊方法修理。

修理键齿时，由于这个部位磨损一般较严重，应先将键齿部分切削加工掉，然后再堆焊。

第三节　激光熔敷技术

一、激光熔敷特点

激光熔敷是指利用高能密度的激光束所产生的快速融凝过程，在基材表面形成与基材相互熔合的且具有完全不同成分与性能的合金敷层，从而获得具有特殊性能的表面薄层的一种方法。激光熔敷通过控制辐射量(功率密度和时间)，使基材表面微熔，以增加敷层的结合力；同时，又可以尽量减少基材的熔化层厚度，以防止基材与熔敷层中的金属元素相互扩散，改变涂层的成分和性能。

采用激光熔敷的方法可以获得低成本、高性能的使用材料。更为重要的是利用激光熔敷可以对现有材料进行有效的表面改性，从而可以有效地为保护设备的前期投资，利用较小的成本对设备实现高质量的改进，因而在工业实践中有很诱人的前景。美、日、英等国家对激光熔敷的研究和应用都给予了极大的重视。我国20世纪80年代初开始对激光熔敷进行研究以来，一直是热点，其在工程中的应用也日益广泛。

由于激光有极高的加热和冷却速度，一般可达到$10^4\sim10^8$℃/s，从而熔敷层可出现微晶、非晶及其他一些非常高的、热平衡相图上不存在的亚稳态相，这些相往往有较好的性能或者能够影响激光熔敷组织的性能。

激光熔敷可以将高熔点的材料熔敷在低熔的基材表面，且材料的成分亦不受通常的冶金热力学的限制，因此，所采用的熔敷材料的范围相当广泛。总之，激光表面熔敷技术的特点有：

(1) 非接触式加工。激光是利用强光束加热工件，不需要接触工件。

(2) 热量输入可以控制，即通过控制加工的输出功率、光斑直径的大小和扫描速度来控制输入基体中的热量。

(3) 可以实现局部加工和处理。激光表面强化过程中表面温升和冷却速度快，在强化区附近的热影响区小，对未强化基体的组织变化影响小。

(4) 能量密度大，可以实现短时间处理，生产效率高。

(5) 易于和计算机配合实现自动化。

(6) 利用激光对零件表面淬火时，激光加热和冷却速度快，零件的热影响区小，淬火后零件变形小，后加工量小。

(7) 激光熔敷时，熔敷层与基体为冶金结合，结合强度高。

(8) 修复后，几何形状变形小。

(9) 熔敷层硬度很高，表面具有良好的耐磨、耐热、耐蚀性能。

除此之外，从微观角度，激光熔敷层还有以下特点：

(1) 非平衡相的形成　在快速凝固的条件下，平衡相的析出可能被抑制，而析出非平衡的亚稳定相。

(2) 细化凝固组织 大的冷却速度不仅可细化枝晶，而且由于形核速率的增大而使晶粒细化，随着冷却速度的增大，晶粒尺寸减小，获得微晶乃至纳米晶。因此，如果在比较合理的工艺条件下，激光熔敷层的组织要比等离子喷焊组织细小得多。

(3) 非晶态的形成 当冷却速度极高时，结晶过程将被完全抑制，获得非晶态的固体。

激光熔敷技术涉及光、机、电、计算机、材料、物理、化学等多门学科领域，是跨学科的高新技术，已成为材料表面改性、新材料制备和拓宽传统材料应用范围的重要手段之一，在信息、能源、航空航天、汽车、新材料制备和生物医学等领域展示了广阔的应用前景。

二、激光熔敷设备

(一) 激光器

激光器是由工作物质、激励源和光学谐振腔3大部分组成的，它是产生激光的器件。加工用激光器必须具备一定的功率、较好的光束质量和稳定的输出。激光器按激光工作物质的形态可分为固体、气体、离子和准分子激光器等，按激光的振荡输出方式又可分为连续、重复脉冲和脉冲激光器。选用激光器，即选择激光器的种类、功率和工作方式等，取决于加工形式、加工尺寸以及材料的种类。激光熔覆主要使用CO_2激光器、Nd:YAG激光器、半导体激光器等。

(二) 导光系统

国内外针对不同处理对象分别设计出矩形积分反射镜、点状振动扫描反射镜和透射式或透反射式的导光系统。国内已有适于kW级CO_2激光器的宽带熔覆扫描转镜。

(三) 供料设备

激光熔覆材料的添加方法主要有两种，即预置涂层法和同步送料法。预置涂层法是利用某种方法(如黏结剂涂覆、热喷涂、火焰喷涂、等离子喷涂、电镀等)，在基材表面预置一层熔覆材料，然后用激光束使其熔化并与表面微熔的基材一同快速冷却而获得与基材良好冶金结合的熔覆层。此种方法多用于粉末态熔覆材料。同步送料法则是在激光辐照基材的同时，将待熔覆的材料送入激光熔池，从而在基材表面形成设计的熔覆层。送入的材料可以是粉末材料，也可以是丝材甚至板材。

预沉积式的主要优点是操作简单，粉末可用黏结剂涂于基材上。常用黏结剂有硝酸纤维素溶液、醋酸纤维素溶液、轻甲基纤维素纳溶液等。但这种方式由于合金粉末层与基体材料之间的热阻很大，不利于基体表面的熔化，同时会发生合金元素的蒸发。由于粉末本身的绝热性能，必须有一定的激光能量才能熔化表面的合金层，当熔敷面到达合金粉末层与基体金属的交界面时，基材才开始熔化，但此时原先已经熔化了的粉末开始凝固，这就导致了熔敷层与基体间的结合力较弱，并且要精确控制基材的熔化数量造成困难。

同步沉积法不仅易于控制和调节工艺参数，而且具有比预置涂层法耗能少、对激光能量吸收率高等特点，加之在实现涂层和基材间的冶金结合以及在材料熔点相差很大的情况下实现熔敷具有明显的优越性。

(四) 工艺反馈系统

通过自动化精确实时的过程控制方法和设备，保证激光熔覆工艺和质量的稳定性、重复性和可靠性，根据反馈调节激光系统动作，实时显示，自动报警，实现在线控制。

三、激光熔敷工艺

(一) 激光熔覆工艺参数及其对熔覆层尺寸的影响

工艺参数主要有激光功率、激光扫描速度、激光光斑直径，在直接送粉法中还有送粉速率等。激光熔覆工艺参数对熔覆层尺寸参数有显著影响。熔覆层宽度的变化主要是受激光热影响区范围的影响。激光功率越大，热影响区越大，宽度越大；但功率不能过高，过高会使基板产生微裂纹甚至破裂。随扫描速度的增大，熔覆层宽度变小，且呈直线关系，但斜率很小。随扫描速度的增大，熔覆层厚度增加。光斑直径和送粉速率主要影响熔覆层厚度和熔覆层宽度。在控制工艺参数时，应根据设备能力，以传热分析数理模型为指导，结合熔覆材料和基材的特点，通过具体试验确定最佳工艺参数组合。

在激光熔敷中，熔凝表面的形貌大致可分为3种类型，即正常熔化的表面、临界熔化的表面和不充分熔化的表面。正常的熔化表面呈波纹状，特别是CW-CO_2激光工艺进行熔敷，这种波纹状特征更为明显。其特点是波纹具有大致相等的间距，并向光束扫描的方向弯曲。不充分熔化表面和临界熔化表面属激光熔敷中的缺陷表面。当激光输入的能量使表面刚好熔化时，称为临界熔化状态。此时由于表面张力过大，熔层呈现开始聚集收缩的状态，熔凝后表面波纹粗大，熔道边缘不整齐，如进一步减少激光输入能量，熔层就会处于不完全熔化状态，熔液与基体材料的润湿性变差，表面张力过高，致熔液聚集，严重时可形成断续的泪滴状表面。通过提高光束的功率密度或减小扫描速度可消除这种不正常表面形貌。功率密度和交互作用时间是影响凝固表面质量的两个重要参数。采用高功率密度和较短的交互作用时间，表面粗糙度随激光功率和扫描速度的减小而下降，在低激光功率和高扫描速度条件下，熔凝表面均呈凹凸不平。

（二）激光熔池成分均匀化

在激光溶敷的过程中，熔池存在的时间是极为短暂的。在极短的时间内所完成的溶质元素在整个熔深范围内的迁移过程，用普通的溶液扩散理论是难以解释的。有关的研究认为，在激光熔敷中，质量的传递主要是靠对流，而扩散的作用甚微，只能使熔质富集区周围很小的区域内成分均匀。由于对流传质的作用，成分分布在宏观上应是均匀的，仅有微区的成分起伏，其范围不超或24 μm。CO_2激光的熔深通常在几微米至几毫米之间，熔化的时间相对较长，对流混合也更充分，适于较厚层的激光熔敷，可以获得宏观成分相对均匀的熔敷层。激光功率、扫描速度和激光光斑直径影响熔敷层成分均匀性，其中扫描速度和光斑直径实际的影响最为强烈，其所起的作用几乎为激光功率的2倍。

扫描速度和光斑直径实际上决定了光束与熔池的交互作用时间。显然，增加了交互作用时间也就是增加了熔池存在的时间，因而有利于成分的均匀化。提高激光功率密度可增加对流的强度从而有利于成分的均匀性。需要说明的是，熔敷层的均匀性除受激光工艺参数的影响外，还与材质自身的性质有关。

（三）激光熔敷层的应力状态、裂纹与变形

在激光熔敷中，激光与材料的交互作用时间很短，是一个快速加热快速冷却的过程。在快速加热和快速冷却的过程中形成的熔敷层与基材间很大的温度梯度会在快冷中造成材料收缩不一致，它们互相牵引形成了熔敷层的内应力。熔池内的熔液快速冷却凝固，体积收缩，但受到周围基材的限制，因此，熔敷层的应力一般为拉应力，这种残余应力可通过加工前预热或加工后加热予以消除或减少。在熔敷层局部应力超过材料的强度极限时就会产生裂纹。裂纹往往会在熔敷层的枝晶界、气孔、夹杂物等处或易于产生应力集中的地方产生。裂纹按其产生的位置可分成三类：熔敷层裂纹、界面基材裂纹和扫描搭接区裂纹。一般来说，熔敷层的抗裂性能优于基材时，裂纹易在界面基材内产生，反之则裂纹易在熔敷层产生。对于铸铁类基材，由于基材会内存在的较多气孔，基材中石墨导热引起的热应力，其裂纹往往出现在基材中及界面上。而钢和铁为基材时由于自身韧性较好，气孔也较少，因此不易产生裂纹，裂纹主要会发生在熔敷层内。从工艺角度出发，对工件预热及后热处理会减少裂纹出现的概率。从熔敷材料的角度出发，B、Si、C含量的增加，高硬度硼化物、碳化物的含量增大，脆性增加，裂纹倾向大。

在激光熔敷的过程中，熔凝层内存在的拉应力容易引起基材变形，向熔凝面弯曲，使内部应力相平衡。某些基材自身存在内应力也是产生变形的一个重要因素。这种变形对工件是不利的，可采用下面方法控制或减小基材的变形：

（1）采用热处理法消除基材的内应力；

（2）熔敷层尽可能选择薄一些；

（3）在允许的情况下可采用预热或后热工艺；

(4) 采用预应力拉伸、预变形或夹具固定等方法。

(四) 激光熔敷层的气孔及控制

激光熔敷层的气孔多为球形,主要分布于熔敷层的中下部。从应力角度看,少量的气孔可以有效地防止应力集中导致裂纹,但气孔过多则易成为裂纹的萌生地和扩散通道,必须有效地对其进行控制保证熔敷层质量。气孔主要是由于激光熔化过程中所生成的气体在熔层快速凝固的过程中来不及逸出而形成的。

其中最主要的成因来自熔液中碳与氧发生反应及金属氧化物被碳还原而产生的气体。对于自熔性合金,虽然含有硅、硼等可以与金属氧化物优先反应进行脱氧、造渣,但由于加热的时间很短,脱氧造渣反应不充分,熔液中仍有部分氧或氧化物,在高温下与碳发生造气反应。WC-Co 系合金反应性气孔主要是 WC 溶解或分解提供了碳源与氧反应而形成的,比自熔性合金的造气反应更为剧烈,因而气孔也越易形成。因此,为了消除、减少气孔的产生,对于粉末材料、基体材料应防止氧化在加工前烘干去湿,熔敷层应尽量薄,熔池存在的时间应尽量延长,以使气体逸出。

(五) 激光熔覆材料

如上所述,激光熔覆技术一般是在低级材料上涂覆一些具有某类功能的特殊材料,其材料体系包括两方面:基体材料和覆层材料。已经开发的基材主要有碳钢和合金钢、铸铁、镍基高温合金、铝合金、钛合金、镁合金及超级合金;熔覆材料按成分主要可分为自熔性合金材料和复合材料两大系列,材料形式以粉末居多。自熔性合金粉末主要有铁、镍、钴基自熔性合金粉末;复合粉末包括自粘结、硬质耐磨、耐蚀、耐高温复合粉末等。

按涂层的功能类型,目前激光熔覆的涂层材料体系包括:

1. 耐磨涂层

钴基、镍基、铁基自熔合金熔覆后均有较好的耐磨性,其中尤以镍基自熔合金价廉且有一定的耐蚀性和高温自润滑作用而备受重视。在自熔合金中加入 WC,TiC,SiC,B_4C 等高熔点的超硬陶瓷颗粒形成复合涂层,可大大提高涂层的硬度和耐磨性。

2. 耐蚀涂层

以 Ni 基自熔合金和不锈钢为基的含 SiC,B_4C 等复合涂层具有良好的耐腐蚀能力。此外,通过激光熔覆的快速凝固过程获得的非晶态合金具有很好的电化学“钝化”作用,非常适合作耐蚀涂层。

3. 热障涂层

作为热障涂层材料应具备的性质,最重要的是具有低的热传导系数和高的热膨胀系数。含 SiO_2,ZrO_2,Al_2O_3等氧化物陶瓷粒的金属基复合涂层或纯陶瓷涂层用作热障保护层是目前激光熔覆研究中的热点之一。为了解决纯陶瓷涂层中的裂纹及与金属基体的高强结合,使用中间过渡层并在陶瓷层中加入低熔点高膨胀系数的 CaO,SiO_2,TiO 等,以松弛应力。

4. 抗氧化涂层

抗高温氧化涂层在火箭发动机的高温部件等高科技领域有着广泛的应用前景。激光熔覆中研究较多的是 MCrAIY 系列合金涂层。

5. 生物涂层

以激光熔覆生物涂层的研究主要集中在 Ti 基合金、不锈钢等金属表面羟基磷灰石、氟磷灰石以及含 Ca,Pr 生物玻璃陶瓷材料的熔覆。

四、激光熔敷实例

(一) 激光熔敷在烟机轮盘上应用

催化裂化装置能量回收机组是炼油厂最关键设备之一。催化裂化装置能量回收机组中的烟机经过几年的运行后,二级轮盘榫齿部分冲刷严重,冲刷沟痕最深处达 10～12 mm。采用了激光熔敷技术对该轮盘进行修复。

激光熔敷修复程序为：

(1) 修复准备　烟机轮盘硕大沉重，在激光实验台上制作了可手工操作进退的支座，从而形成了进退、转动调整自如的操纵系统。针对轮盘材质成分，防止熔敷中出现微细裂纹，选择与基体材料成分相近粉末作为底层填料，而硬度较高而又耐磨的粉末作为表层填料，对边角缺陷部位采用海绵金属箔作为填料。

(2) 修复轮盘　在实施轮盘的激光熔敷修复过程时，先在损伤最深部位充填底层填料粉末。每层厚度约1 mm。采用CO_2激光器逐层从首至尾扫描照射熔敷粉末，照射功率为800～820 W，照射时间为1～3 s，直至将损伤部位填平。然后，填一层表层填料粉末，重复进行。打光熔敷层表面，对明显可见的裂纹缺陷，利用激光熔敷修复，填平熔敷料。如此重复多次，直至目测未见明显宽、长裂纹为止。

(3) 修整棒槽及缺陷　将熔敷后的轮盘置于大型立式磨床上，对熔敷表面进行磨削，便之达到轮盘原始榫槽的厚度尺寸，并保证熔敷部位与盘体的过渡圆角光滑、平整。

用激光熔敷修复的烟机转子运行了近两年后，未见熔敷部位产生新的损伤。节约了修理费用。

(二) 利用激光熔敷技术修复齿轮轴

某硫酸车间进口SO_2风机配备一对备用大小齿轮，由于长期暴露在具有腐蚀性的SO_2烟气中，现场环境恶劣，存放时间过长，其中大齿轮轴的两支撑轴颈处严重锈蚀，深度为1 mm，推力面锈蚀深度为0.5 mm，锈蚀面积为整个轴颈面，经过现场鉴定，确认已无法正常使用。无损探伤检测以及对材质进行化验分析，判定为轴颈腐蚀失效，而轴颈强度储备系数仍可满足使用要求。运用激光熔敷方法对锈蚀的进口SO_2风机增速箱大齿轮轴轴颈和齿面进行了成功修复。

(三) 齿轮轴激光熔敷修复

对锈蚀的大齿轮连同小齿轮一并进行数据检测(轴颈外形公差尺寸、椭圆度、锥度、转子弯曲度、硬度等)。

采取机械清理方式，将轴颈原锈蚀层及疲劳层通过车削去除。

在进行激光熔敷前，对零件进行无损检测。检测后，对轴颈材质进行化验分析。

根据齿轮轴的工艺参数及工况条件确定激光熔敷工艺。

依据本体材质情况来选择激光熔敷工艺合金材料。

设定激光熔敷工艺参数，如光斑、速度、焦距等，并进行激光熔敷处理。

熔敷后进行机械精加工(车、磨加工)，以恢复原始尺寸和精度。

在激光熔敷工艺修复完成后，最后再对工件进行一次无损检测，确认各项数据是否在正常范围内。

在进口SO_2风机增速箱大齿轮轴轴颈和齿面经激光熔敷工艺方法修复后，换上修复好的齿轮，并服役原工况环境，经过一段时间的使用，运行平稳，振动值及其他各项指标经检测，达到了预期的效果。

(四) 激光加工处理技术在冶金备件修复中的应用

某钢厂利用激光熔敷技术对四辊破碎机报废工作辊进行修复，熔敷材料为Ni60和WC(35%)复合材料，设备为5 kW横流CO_2激光器。处理前将熔敷复合材料加热至500～700 ℃，预热1 h，熔敷层厚度2.5 mm。

熔敷材料中Ni60的熔点为1 027 ℃，主要化学成分($wt\%$) C 0.8，Ni 60，Cr 16，B 2～3；硬度HRC60。WC熔点1 040 ℃，硬度HRC70。基体材料ZG35CrMnSi。

工作辊激光熔敷处理后，实测表面硬度达HRC62以上，经使用寿命提高了2.5倍，而激光熔敷处理成本低于单件工作辊制作成本，经济效益十分显著。如果曲轴或光轴磨损，配合表面尺寸达不到要求时，也可采用激光熔敷技术进行处理，通过机械加工使工件达到配合公差尺寸要求，并可提高工件的机械性能。

（五）模具的激光修复

1. 激光修复系统的组成

修复系统主要由硬件设备和制造过程软件组成。硬件设备包括激光器、数控系统及工作台、送粉装置、光路系统、水冷装置、保护气系统和在线控制所涉及的数据采集装置。软件系统包括制造零件成型软件、数据通信和在线控制软件。激光器发出的激光经数控机床 z 轴（垂直工作台）反射镜后，进入三维光束成形聚焦组合镜，再进入同轴送粉工作头，组合镜和工作头都固定在机床 z 轴上，由数控系统统一控制。载气式送粉器将粉末均匀输送到分粉器的同轴送粉工作头上，模具位于数控工作台 $x-y$ 平面上，根据 CNC 指令，工作台、组合镜和送粉头按给定的 CAD 程序运动。同时加入激光和粉末，逐层熔敷。在温度检测和控制系统作用下，使模具恢复原始尺寸。为保证熔覆材料（金属粉末）和基体（模具）材料实现冶金结合，以及模具的尺寸精度、表面光洁度和材料性能，需将高功率激光束变换成强度均匀分布的圆形光束。光斑尺寸可调（光路系统），并配有水冷系统和光束头气体保护系统，同时需重点考虑同轴送粉装置和现场控制系统的设计。

2. 模具修复过程的控制

采用横流连续波 5kWCO_2激光器，光束模式为多模，光斑直径为 4 mm，对基体材料为 5CrMnMo 钢的模具进行了修复。Ni 合金粉流动性好，与基材相结合后表面光洁，价格适中，选用了 Ni60 镍基合金粉末作为熔覆材料。

在激光功率 $P=1$ kW～2 kW，扫描速度 2 mm/s～4 mm/s 范围内均可得到较理想的激光熔覆层。

从熔覆层组织可以看出，激光与粉末材料相互作用充分，稀释率适中，在熔覆层内各层间组织与层内组织稍有差别，层内组织均匀细小致密，层间组织较粗大。由此可知，激光修复可以在相当宽的范围内获得组织均匀、细小致密和性能优异的修复层。

如果激光功率 $p>5$ kW，且扫描速度<1 mm/s，基体因加热温度过高而被烧损，表面出现折皱以及气孔等质量问题。此外，若加热温度过低无法充分熔化，也难于达到修复模具的目的。扫描速度过大时出现熔覆层不连续现象，其结合强度不够。稀释率随扫描速度的增加，呈减小的趋势，而随送粉量的增大使稀释率有增加的趋势。

（六）高速冲磨设备激光熔敷

当今我国高速冲磨设备发展很快，已广泛应用于黑色及有色金属选矿厂、水泥厂、热电厂以及煤炭、化工等部门。叶轮片是该类设备的重要组成部分，叶轮片工作部件作高速旋转，将送入的矿料粉碎。由于工况条件十分恶劣，叶轮片的磨损相当严重，一般在几日至十几日内叶轮外端两角就会被磨掉，并使磨损区快速向中心发展从而导致整个叶轮失效，大大降低生产效率。采用激光熔敷技术，叶轮片的抗磨性得到了强化。

叶轮片快速磨损失效的根本原因在于其表面硬度相对较低，缺乏硬质相点。因此，在材料选择方面，加入高硬质相点，提高其抗磨料磨损、抗冲击磨损是解决问题的关键；支撑硬质相的基体硬度亦不能太低，以免造成冲击粒子选择性磨损；强化材料还应具有一定的耐蚀性。选用流动性好、浸润性优良的 NiO_2 粉末，成分为 0.8%C，4.2%Si，3.8%B，16%Cr，Fe<5%余量为 Ni，粒度为 140～320 目。依据激光熔敷工艺参数对熔敷层的影响来指导叶轮片激光熔敷工艺参数的选择。选用 Ni-WC 粉末（KF-56），成分为 11%～13%Ni，2.2%～2.8%C，其余为 W，作为叶轮片熔敷材料，使叶轮片表面具有高硬度、良好的耐磨性能及一定的耐腐蚀性。采用同步反向送粉法，送粉与熔敷同步进行，粉末靠自身重力送到基体表面，在熔敷过程中，当基体表面只有少量粉时受激光照射熔化，然后被熔化或接近熔化的粉粒覆盖。这种方法可保证基体不上浮到涂层表面，熔敷层的稀释率较低。

（七）叶轮片激光熔敷

Ni-WC粉末属于复合型WC粉末，粉末中的WC具有高硬度、耐高温磨损性能，作为黏结相可增强熔敷层与基体的结合强度和韧性，使合金的熔点降低，流动性、浸润性、抗氧化性、耐蚀性提高；WC作为高硬质点分散在熔敷层中，激光熔敷后可获得高性能的硬质合金层，与NiO_2粉末相比Ni-WC粉末更适合于叶轮片的工况要求。

在叶轮片实际熔敷中，分别采用同步送粉激光单道搭接和宽带扫描两种方式进行Ni-WC激光熔敷加工。考虑到叶轮片实际工况，应适当增加熔敷层厚度以延长使用寿命。叶轮片熔敷工艺参数为：单道时，激光功率$P=1.8$ kW，扫描速度$V=4.5$ mm/s，送粉率$M=10$ g/min，搭接量1 mm；宽带时，激光功率$P=3.5$ kW，扫描速度$V=2.5$ mm/s，送粉率$M=30$ g/min，扫描宽度17 mm，搭接量6 mm。叶轮片基材ZGMn13两种方式熔敷均获得了良好的效果。又采用预置WC颗粒，同步送NiO_2粉末宽带扫描熔敷的方法，由于预置的WC颗粒较大，在熔敷的过程中熔化量少，多以原始状态存在抵抗煤料中硬质粒子的冲击，经试验，同样获得了很好的效果。

（八）激光熔敷在热轧辊强化中的应用

热轧辊是热轧钢铁制品生产的重要部件，其寿命长短不仅与产品的成本密切相关，而且直接决定钢铁制品的质量，尤其是表面质量和板型；同时由于热轧辊服役过程中承受强烈的力和热的作用，因此热轧辊是一个极易损坏的部件。为提高热轧辊寿命，可以从改换热轧辊材料（热轧辊高速钢化）、陶瓷化以及对热轧辊进行表面处理等方面着手解决。某钢铁公司带钢厂精轧多台NiCrMo无限冷硬白口铸铁热轧辊进行激光熔敷镍基合金，取得一定的效果。

（九）白口铸铁热轧辊的激光熔敷

对NiCrMo无限冷硬白口铸铁精轧热轧辊表面性能的要求主要是：没有裂纹、夹杂、气孔等宏观缺陷存在，保证所轧带钢制品表面质量；较高的室温及高温硬度，良好的耐高温磨损性能；较好的耐疲劳性能和抗高温氧化及耐热腐蚀性能；较好的抗冲击性能，适中的韧塑性。但是由于白口铸铁热轧辊含有较高碳含量，因此激光熔敷易开裂。

NiCrMoBC合金由于Ni无固态相变Cr可无限固溶于γ-Ni，产生固溶强化；同时Cr的加入还能提高基体抗高温氧化和耐腐蚀性能；Si，B，C加入可生成硅化物、硼化物和碳化物硬质相，产生弥散强化和沉淀强化，提高合金的耐磨性；SI，B还可以脱氧，共同生成熔点低、黏度小、易上浮的熔渣，覆盖于熔敷层表面，防止夹渣与气孔。因此，NiCrMoBC合金具有较高的高温强度、较好的耐高温磨损性能、热疲劳抗力和抗高温氧化腐蚀性能以及好的强韧性。另外，由于Ni与Fe具有相近的热膨胀系数，因此，激光熔敷层的热应力较低，有利于防止涂层开裂，可见，NiCrMoBC合金对白口铸铁热轧辊来说是一种良好的激光熔敷涂层材料。采用合适的激光工艺参数以及辅助热处理在ϕ315 mm×500 mm白口铸铁热轧辊上利用激光熔敷技术，制备出了无宏观裂纹、气孔、夹杂存在的镍基合金涂层，现场轧制后表面也无宏观缺陷存在。激光熔敷处理的白口铸铁热轧辊，按磨损量计寿命提高了28.7%～37.4%。

（十）铸铁表面激光熔敷镍基合金涂层

铸铁是一种重要的工程材料，但在某些环境中，用铸铁制造的部件往往耐磨性较差，耐蚀性不高。为了提高铸铁的耐磨性，以35%WC和不含WC的镍基合金粉末为原料对铸铁表面进行激光熔敷处理，改善了其表面性能，以最大限度地发挥其性能潜力。

基体材料为灰口铸铁，涂层材料分别为镍基自熔合金和镍基碳化钨粉，颗粒尺寸为150目。采用QH2/h型氧－乙炔火焰喷枪将自熔合金粉喷涂在经预处理的灰铸铁表面，而后用MJ－4型横流连续CO_2激光器进行重熔。工艺参数为：功率1 kW，光斑直径1.5 mm，扫描速度5～6 mm/s。

经激光处理后的灰铸铁基体表层呈半圆弧形，熔化区深度0.5～1.0 mm，宽度2.0～3.0 mm，铸铁原始组织为珠光体＋片状石墨组织。激光处理后表面迅速熔化和冷却，转化为不同粗细的针状马氏体与残余奥氏体组织，表面显微硬度由原始的 HV230 明显提高。

铸铁表面激光处理的熔化区尺寸与所选激光参数有关：当激光扫描速度和光斑直径不变时，激光熔化区宽度和深度随激光功率的增大而增大，马氏体的粗细也随之改变；若激光功率和光斑直径保持不变，则激光熔化区宽度和深度随扫描速度的增加而降低，马氏体的相对大小则变化较小。

灰铸铁表面喷涂 35%WC 和不含 WC 颗粒的镍基合金粉末，经激光处理后，从表层至 1.4 mm 深处显微硬度比基体高很多，比仅喷涂而未经激光处理的镍基涂层（HV241）也高许多，且硬度最高处不在涂层表面而在距表面 0.2 mm 处。分析认为造成这一现象的主要原因是 WC 相在涂层中分布不均匀，表层 WC 分布较少；这可能与喷涂和激光处理中 WC 颗粒的沉降作用有关。

在同等磨损条件下，铸铁基体和未经激光处理的涂层部有同一方向大量成排的犁沟切削，而经激光处理的涂层则呈现不规则的硬相质点剥落时的划痕和数量很少的微切削磨损；而且从划痕百分比可明显看到，经激光处理的涂层比未经激光处理的涂层的切削深废和切削量明显减少和降低，含 WC 硬质相的复合涂层的耐磨性能明显高于不含 WC 质点的涂层和铸铁基体。这可归因于涂层中弥散分布的 WC 质点增大了复合材料的整体硬度，因而对微切削过程起到抑制的作用，从而大大提高了材料表层的耐磨性能。耐磨性试验表明，普通灰铸铁磨损后的失重率为 6.72%；而经喷涂含 WC 的 Ni 基粉并经激光处理后，磨损失重率仅为 0.12%，耐磨性提高了 50 多倍。

镍的熔点为 1 430℃，但由于镍合金粉内 B，Si 和 Co 的存在使合金粉末的熔点下降（形成较低的共晶温度）为 950～1 200 ℃，而基体灰铸铁的熔点则在 1 200～1 300 ℃，喷涂时在界面与涂层之间形成新的低熔点化合物（低于复合粉和基体的熔点），因此激光熔覆时熔化先从结合界面处开始。在涂层内，已知 WC 颗粒的熔点为 2 755～2 800 ℃，且 WC 颗粒与镍基合金粉有良好的浸润性，因此在激光熔敷时，由于镍基合金的低熔点而形成一个个包覆良好的 WC 颗粒，先从结合界面处熔化，有利于形成牢固的界面结合，磨损时涂层不易剥落，使材料的耐磨性得到提高。

经同样条件激光处理后，添加 WC 颗粒比未加 WC 颗粒试样表面的硬度和耐磨性均明显提高，其中原始铸铁基体的硬度和耐磨性均为最低；添加 WC 颗粒的镍基合金涂层经激光处理后，其最高硬度值处于次表面。

五、激光熔覆的发展方向

激光熔覆技术作为拓宽和延伸传统材料应用领域和开发、制备新材料的手段之一，具有广阔的应用前景；但由于其开发、研究的时间短，试验条件差，理论研究相对滞后，熔覆设备一次性投资大等问题，制约了熔覆技术的发展。以下几方面是当前应着重解决的问题：

（1）建立接近实际的熔池中的能量、动量和质量传输模型，通过数值分析来得到熔池中的定量信息，以期进一步理解激光熔覆技术的相变规律，研究激光熔覆对材料力学，耐蚀性、高温蠕变及摩擦磨损性能的影响。

（2）激光熔覆处理要求大功率激光束具有稳定性，对光斑的能量均匀分布要求较高。激光熔覆涂层时，硬质相粒子与黏接相粒子间在密度、粒度等方面差异较大而带来的固态流动性差的问题，对熔敷用的材料有特殊要求。激光设备在生产中长期使用的稳定性和可靠性也尚需进一步地开展研究工作。

（3）研究熔敷工艺（激光功率、扫描速度、光斑直径等）、熔敷材料、基体性能等参数对激光熔覆质量的影响，以便找到最佳的熔敷工艺参数，合理的设计熔敷层成分。激光熔覆当前存在的主要问题是熔敷层表面不平整，后续机加工量较大，且合金层与基体的交界处易出现裂纹和孔洞等缺陷，给实际应用带来很大的困难。这就要求从理论和工艺上研究其原因，摸索出最佳的激光处理工艺参数和准确合理地设计熔覆层成分。

（4）结合大功率激光器的开发和激光光学系统的设计，解决大面积熔敷的工艺问题，进一步提高熔敷层的表面质量，提高使用性能，简化工序，提高生产率，降低能耗，节约贵重材料。

参考文献

[1] 郦振声,杨明安.现代表面工程技术[M].北京：机械工业出版,2007.
[2] 曹晓明,温鸣,杜安.现代金属表面合金化技术[M].北京：化学工业出版社,2007.
[3] 赵文轸:金属材料表面新技术[M].西安：西安交通大学出版社,1992.
[4] 曲敬信,汪泓宏.表面工程手册[M].北京：化学工业出版社,1998.
[5] 王顺兴,田保红,李全安.激光熔敷技术在排气门和模具上的应用研究[J].中国表面工程,2000,49(1):41－43.
[6] 王茂才,吴维叟.先进的燃气轮机叶片激光修复技术[J].燃气轮机技术,2001,14(4):53－56.
[7] 黄庆南,万明学,申秀丽,涡轮叶片锯齿冠激光熔敷的应用研究[J]. 燃气涡轮试验与研究,2002,15(2):50－53.
[8] 张来启,陈光南,杨王玥,等.激光熔凝和熔敷在热轧辊强化中的应用[J].天津工业大学学报,2003,2(5):69－71.
[9] 李会山,杨洗陈,王云山.模具的激光修复[J].金属热处理,2004,29(2):39－41.

第十章　焊接先进技术在生产中的应用

第一节　发电设备焊接新技术与应用

一、脉冲埋弧焊接技术及其在锅炉膜式水冷壁制造中的应用

（一）脉冲埋弧焊技术简介

1. 概述

脉冲埋弧焊是利用焊接电流周期性的变化，提高焊接速度、改善焊缝成形且获得较大熔深的一种先进的焊接方法。上海锅炉厂有限公司首次将脉冲埋弧焊技术用于水冷壁管屏制造，取得了非常良好的效果，大大提高了水冷壁拼排的生产效率，值得推广应用。

2. 脉冲埋弧焊技术特点

埋弧焊是当今生产效率较高的机械化焊接方法之一，具有生产效率高、焊缝质量佳和劳动条件好等优点，至今仍然是工业生产中最常用的一种自动电弧焊方法，在造船、锅炉、化工容器、桥梁、起重机械及冶金机械制造业中应用最为广泛。

在锅炉膜式水冷壁管屏制造中，每台锅炉管子与扁钢之间的角焊缝长度达几十万米，焊接工作量大，通常采用两种最常用的焊接技术——埋弧自动焊和双面 CO_2 气体保护焊（MPM）。两种焊接工艺各有优缺点。采用埋弧焊接工艺，管子与扁钢之间能获得更大的熔深，焊接质量更为可靠，且劳动条件好。但常规的直流埋弧焊提高焊接速度后，焊缝会产生咬边、夹渣、气孔等缺陷，同时，由于增大速度后，热输入量下降，熔深难以满足锅炉水冷壁制造标准要求。管子与扁钢角焊缝焊接采用脉冲埋弧焊技术，能很好地解决由于提高焊接速度后带来的咬边、夹渣及熔深等问题。

目前，脉冲埋弧焊技术在上海锅炉厂有限公司得到了广泛应用，并取得了良好的效果，因此，该技术正被逐步推广到锅炉行业的其他生产厂家。

3. 脉冲埋弧焊技术工作原理

脉冲埋弧焊是利用 MK－03 电弧焊脉冲发生器产生脉冲信号，将脉冲信号作为给定信号，使埋弧焊电源输出相应脉冲波形焊接电流的焊接方法。其特点是焊接电流是周期性变化的，脉冲频率、脉冲比等参数可调节。

周期性变化的焊接电流可有效地解决提高焊接速度后焊缝产生的咬边等缺陷，下面从熔池振荡的角度来解释这一机制。

焊接熔池中，作用其上的力有液体本身的重力 G、熔滴对熔池的冲击力 F_m、电弧对熔池的作用力 F_b、熔池液态金属与母材及电弧气体成分的表面张力合力 F_σ，还有固体母材对熔池的支持力等。在电弧稳定燃烧、熔滴过渡平稳的情况下，熔池的自身重力和支持力均假设保持不变，其力学模型如图 10－1 所示。

作用在熔池的电弧力 F_b，主要指电磁力，其计算公式如下：

$$F_b = \int_0^{2\pi}\int_{r_0}^{R_0} \frac{I}{r} \cdot I \cdot \frac{d\theta}{2\pi} \cdot dr = I^2 \cdot \frac{R_0}{r_0} \qquad (10-1)$$

式中：r_0 为电弧与熔池接触的半径；R_0 为熔池半径；(r,θ) 为以熔池中心为极点，以熔池表面上任一起始于熔池中心的射线为极轴的极坐标。

由公式（10－1）可以看出，在电弧稳定燃烧和熔滴过渡稳定的条件下，作用在熔池上的电磁力与焊接电流的平方成正比。脉冲埋弧焊中，电流是作周期性变化的，因此，作用在熔池的电磁力随焊接

电流的变化作周期性变化。

在脉冲埋弧焊中，当脉冲处于峰值期间时，熔化的焊丝多，熔滴对熔池的冲击力相对较大；当脉冲处于基值期间时，情况则相反，熔池受到的冲击力相对较小：因此，作用在熔池上的熔滴冲击力 F_m 也是周期性变化的。

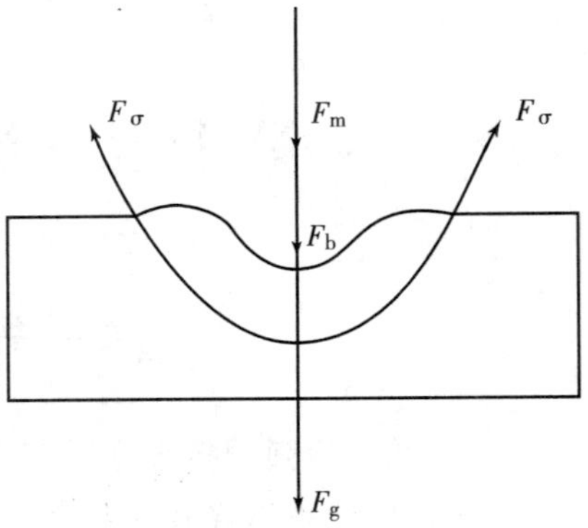

图 10-1 熔池金属受力简图

同样，脉冲峰值期间焊接热输入量大，熔池温度较高，焊缝液态金属表面张力合力 F_σ 较小，更有利于熔池液态金属在焊趾处的润湿和铺展；脉冲基值期间则恰好相反。

综上所述，脉冲埋弧焊过程中，由于焊接电流的周期性变化，作用于熔池的电磁力、熔滴对熔池的冲击力以及表面张力合力等都作周期性变化，使熔池形成有规律的振荡，这种有规律的振荡，增强了熔池的搅拌，使熔池边缘的液态金属温度升高，温度场变得相对均衡，熔池表面张力系数减小，液态金属和母材能更好地润湿、铺展；同时，周期性变化的电弧力、熔滴冲击力和表面张力合力作用下的熔池振荡将熔池金属有效地向金属过渡不到的部位排挤，增加了熔池与母材的接触面积：因此，可有效地消除由于焊接速度提高引起的咬边、夹渣、气孔等缺陷。

（二）脉冲埋弧焊设备特点及设备组成

1. 脉冲埋弧焊设备特点

采用脉冲埋弧焊拼接水冷壁管屏，生产效率高，焊接质量优良，且能降低焊接材料成本。下面主要从上述三方面对脉冲埋弧焊技术的特点与常规的直流埋弧焊进行比较。

(1) 提高焊接速度　采用常规的直流埋弧焊拼接膜式水冷壁管屏，提高速度后，容易产生咬边、气孔等缺陷，因此，在生产过程中，焊接速度一般不可超过 1.1 m/min。采用脉冲埋弧焊技术后，在满足焊缝成形及熔深考核要求的基础上，焊接速度可大大提高。表 10-1 为上海锅炉厂有限公司膜式壁车间 1 600×4 Lincoln DC 600 拼排生产线，采用脉冲埋弧焊与常规直流埋弧焊的焊接速度比较。由表 10-1 可知，采用脉冲埋弧焊后，焊接速度可达 1.40 m/min，提高 15%～25%。

表 10-1 水冷壁制造中脉冲与直流埋弧焊的焊接速度比较

管子材料与规格	扁钢材料与规格	脉冲埋弧焊焊接速度 (m/min)	常规直流埋弧焊焊接速度 (m/min)
13 CrMo 4-5 ϕ42.4×5.6	13 CrMo 4-5 6.0×79.6	1.30～1.40	1.05～1.10
SA 213-T 12 ϕ48.3×6.3	SA-387 Gr 12 CL 1 6.4×18.4	1.26～1.38	1.00～1.10

(2) 改善焊接质量　焊接速度的提高必须在焊接质量得到保障的基础上才有实际意义。事实证明，使用脉冲埋弧焊拼接的水冷壁管屏，其焊缝质量比直流埋弧焊质量更优良，表现在：焊缝比较饱和，咬边和气孔的出现率大大减少；焊缝宽度 K_1 与熔深 $\alpha_1+\alpha_2$ 均比采用直流埋弧焊的焊缝大，未焊透部分 C 较小。图10-2 为焊缝熔深考核标准简图。对厚度 $t=6$ mm 的扁钢，考核要求为 $b\geqslant 2.0$ mm，$\alpha_1+\alpha_2\geqslant 6$mm，$C\leqslant 1.8$ mm。图 10-3 为采用脉冲埋弧焊拼接的角焊缝宏观检测照片。图中管子规格为 ϕ51.0×6.5，20 g；扁钢规格 6.0×13.0，Q 235-A。焊接速度 1.32～1.38 m/min。

(3) 降低生产成本　600 MW 锅炉水冷壁中，扁钢厚度为 $t=9.5$ mm 的拼排焊缝总长度约为 15 万米。按企业标准考核熔深质量，未焊透尺寸 C 应不大于 $0.3\,t$（t 为扁钢厚度）。在采用常规直流埋弧焊时，为确保拼排焊缝质量，对 $t=9.5$ mm 的扁钢四角需开 2.5×45 度坡口。

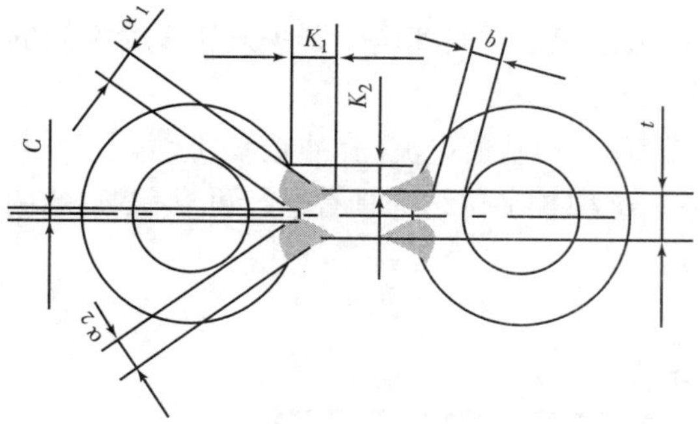

图 10－2　标准简图

图 10－3　管屏角焊缝宏观照片

采用脉冲埋弧焊进行水冷壁拼排，由于焊接平均电流增大，热输入量亦增加，使焊缝熔深较常规直流埋弧焊要更大。基于这一原因，对 $t=9.5$ mm 不开坡口扁钢进行了拼排焊接试验。试验证明，采用脉冲埋弧焊拼接管屏，9.5 mm 扁钢不开坡口同样能满足熔深考核要求。图 10－4 为 $t=9.5$ mm 不开坡口扁钢焊缝宏观照片。

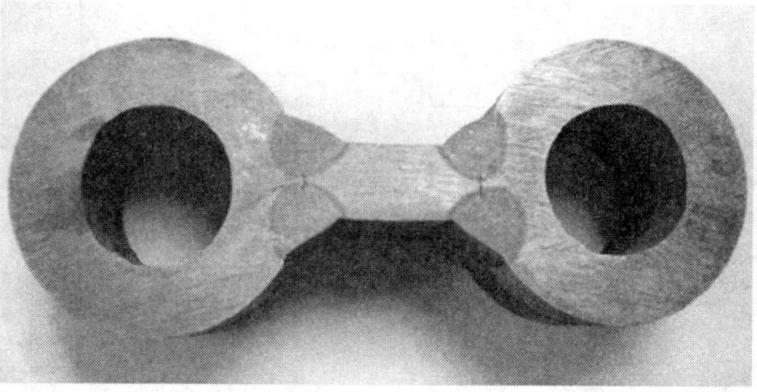

图 10－4　厚度 t=9.5 mm 不开坡口扁

由于 9.5 mm 扁钢不再开坡口，拼排焊时可节约原坡口面所需的焊接材料，同时也可节省扁钢坡口加工所需费用。

2. 脉冲埋弧焊设备组成

脉冲埋弧焊设备主要由两部分组成。其一为直流埋弧焊电源，在上海锅炉厂有限公司使用的埋弧焊电源是 Lincoln DC 600。Lincoln DC600 在 100％暂载率下，额定输出电流为 600 A，额定输出电压 44 V。第二部分为 MK－03 型电弧焊脉冲控制器。图 10－5 中顶部安装的 4 个黑色方盒即为 MK－03 控制器。埋弧焊电源为标准设备，不做过多叙述，本文将主要对 MK－03 控制器设备情况进行介绍。

图 10－5　MK—03 脉冲控制器

1）MK－03 工作原理　MK－03 脉冲电流控制器是一套以单片机为核心的程序控制系统，可生成频率可调、脉宽比可调的脉冲控制信号，将峰值及基值电流给定通过高速电子开关发送至受控制的电源外接端板，并以遥控电流给定的方式控制电源的输出电流。

MK－03 包括 3 种输出控制形式，脉冲电流诸参数（峰值电流、基值电流、脉冲频率、脉宽比）可分别调节，并且采用数码管监视脉冲参数和控制器运行状态。这种数字化结构具有运行可靠，参数的调整快捷、准确等优点。

该控制器的功能原理图如图 10－6 所示。

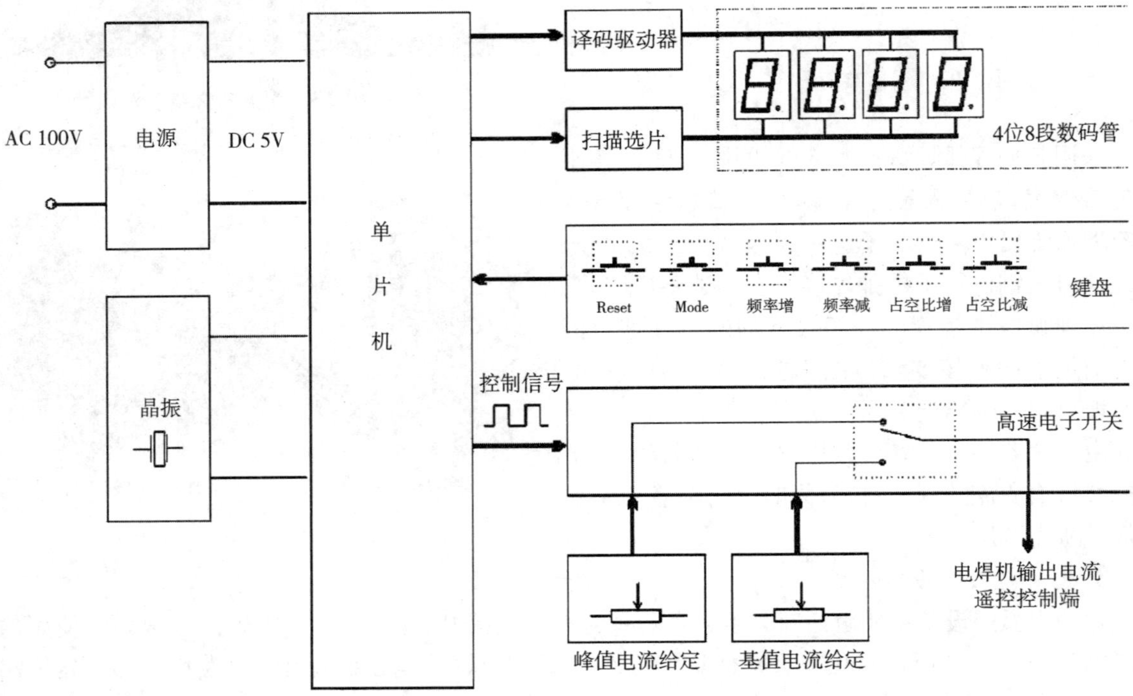

图 10－6　MK－03 控制器功能原理图

2）MK－03 的功能设计　MK－03 脉冲电流控制器可实现如下主要功能：

（1）峰值－基值脉冲焊接电流的控制输出　控制器根据已设定的脉冲参数，向电焊机发送峰值电流控制信号和基值电流控制信号，使埋弧焊电源在焊接电流输出端形成符合相应频率和脉宽比要求的脉冲焊接电流。

将这种电流控制输出方式命名为控制模式 1（MODE 1）。

（2）恒定峰值焊接电流的控制输出　该控制器可以始终向埋弧焊电源发送峰值电流控制信号。这样便于生产、试验中对峰值电流的调节、给定进行校准，以及在其他焊接参数不变的情况下单独比较峰值电流的焊接效果。

将这种电流控制输出方式命名为控制模式 2（MODE 2）。

（3）恒定基值焊接电流的控制输出　该控制器可以始终向埋弧焊电源发送基值电流控制信号。与 MODE 2 的作用类似，这便于生产、试验中对基值电流的调节、给定进行校准，以及在其他焊接参数不变的情况下单独比较基值电流的焊接效果。

将这种电流控制输出方式命名为控制模式 3（MODE 3）。

（4）4 位八段数码管直观地表示出脉冲控制器的运行状态　利用 4 位八段数码管，对控制器的工作参数及工作状态进行监视。其中前两位表示脉冲频率，设计范围是 0.1～99 Hz；后两位表示脉冲脉宽比，设计范围是 5％～95％。

此外，利用脉宽比数码管(第3，4位)的两个空闲小数点，监视脉冲控制器的脉冲输出端，以这两个小数点位的组合显示，直观地表示出脉冲控制器的运行状态(参见上述的3种焊接电流控制输出状态)。小数点位的组合显示具体如下：

MODE 1：第3、4位数码管小数点根据实际脉冲控制参数交替闪亮；

MODE 2：第3位数码管小数点常亮；

MODE 3：第4位数码管小数点常亮。

3）MK－03性能参数　MK－03脉冲控制器的主要性能参数如下：

频率设计调节范围：0.1～99 Hz；

频率设计调节分辨率：0.1 Hz(0.1～10 Hz)，1 Hz(10～99 Hz)；

脉宽比设计调节范围：5%～95%；

脉宽比设计调节分辨率：1%(5%～95%)。

焊接电流基值和峰值给定通过2个10 kΩ/2 W电位器可调节。

（三）脉冲埋弧焊技术的实际应用

上海锅炉厂有限公司2004年引入脉冲埋弧焊技术，2005年正式用于产品生产，在膜式水冷壁制造中的应用经历了焊接试验、产品试生产和正式生产3个阶段，目前已经转化为比较成熟的焊接应用技术，是第一家将脉冲埋弧焊技术用于水冷壁管屏制造的厂家。3年来，采用脉冲埋弧焊进行拼接的水冷壁焊缝达1 000余万米，其产品按扁钢厚度分类主要有6.0 mm，6.4 mm，9.5 mm和11 mm，扁钢材料主要有Q 235－A，15 CrMo，12 Cr1MoV，SA－387 GR 12和SA－387 GR 22等。管子规格不等，材料主要有20 g，15 CrMoG，12 Cr1MoVG，SA－213 T 12，SA－213 T 22，SA－213 T 23和SA－213 T 91等。膜式水冷壁管子与扁钢角焊缝采用脉冲埋弧焊技术，不仅焊接质量优良，且能提高焊接速度，大大缓解了因水冷壁拼排生产能力不足而带来的压力，提高了生产效率。同时，对9.5 mm扁钢采取不开坡口进行焊接，节约了焊接材料和扁钢坡口加工成本。

2004年，上海锅炉厂有限公司向国家专利局申请了膜式水冷壁管排采用脉冲埋弧焊技术的国家发明专利。

目前，上锅公司膜式车间的多条埋弧焊拼排生产线，共20余台Lincoln DC 600电源全部配备了脉冲控制器，生产过程中，除特殊结构或特殊材料的水冷壁拼接外，均采用脉冲埋弧焊进行焊接。

由于脉冲埋弧焊在上海锅炉厂有限公司的成功应用，无锡太湖、无锡东马、张家港特种锅炉厂公司也相继引入脉冲埋弧焊技术，进行水冷壁管屏生产。

二、热丝TIG焊接技术及其在锅炉部件制造中的应用

（一）热丝TIG焊接技术简介

1. 概述

热丝TIG焊实际上是一种高效率的钨极氩弧焊焊接方法。一直以来，为大家所熟悉的钨极氩弧焊在焊接过程中，填入熔池的焊丝为常温状态，需要电弧和熔池的温度将焊丝熔化，因此焊接的效率较低。随着工业发展的需求，国外研究机构率先实现了通过外加电源对填入熔池的焊丝进行加热，使之在进入熔池之前达到熔融状态，进而提高熔敷效率。根据国内外大量资料介绍，目前较普遍采用两种加热方式加热焊丝，一种采用高频感应加热焊丝，另一种采用电阻热的原理加热焊丝。本文着重介绍电阻加热热丝TIG焊的工作原理、特点及其应用。

(1) 热丝TIG焊接技术工作原理　热丝TIG焊是在普通冷丝TIG焊的基础上，在焊丝进入熔池之前由加热电源通过导电块对其通电，并与工件形成回路，即在焊接过程中，钨棒、焊丝与工件之间分别形成两个独立的回路(见图10－7)：一套主电源作用于钨棒与工件之间，在焊接过程中始终维持着稳定的电弧；另一套辅助电源作用于焊丝与工件之间，使焊丝与工件接触后，形成一个回路。根据焊丝的电阻、焊丝伸出长度及辅助电源所加载的电流值，产生一定量的电阻热，使焊丝在进入熔池之前，焊丝端部

的温度接近熔点。

热丝 TIG 焊时，由于流过焊丝的电流所产生磁场的影响，电弧产生磁偏吹而沿焊缝作纵向偏摆。早期热丝 TIG 焊接设备较多的采用交流电源加热填充焊丝，以减少磁偏吹。

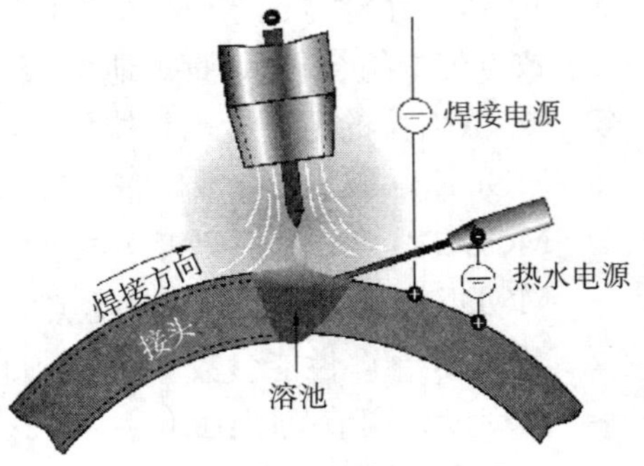

图 10-7 热丝 TIG 焊工作原理

随着焊接电源的不断改进，为了获得稳定的焊接过程，主电源还可采用低频脉冲电源。在基值电流期间，填充焊丝通入预热电流，脉冲电流期间焊丝熔化。这种方法可以减少磁偏吹，脉冲电流频率可以提高到 100 Hz 左右。一种更为理想的方法是用一台焊接电源来替代焊接电源和附加预热电源。采用一台高速切换的开关电源，以很高的开关频率来熔化和预热焊丝，获得两者统一(见图 10-8)。

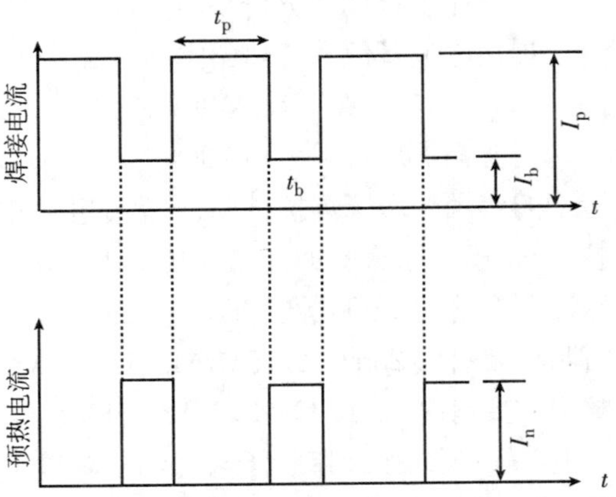

图 10-8 热丝 TIG 脉冲氩弧焊电流波形

由于热丝 TIG 焊的填充焊丝在进入熔池之前，焊丝端部的温度基本接近熔点，所以在进入熔池时被液化所需的热能大大减少了，同时送丝速度也可大幅度提高，因此熔敷效率被迅速提升。据测算，焊丝送进熔池时的温度可达 600～700 ℃，送丝速度最快可达 12m/min 左右，热丝 TIG 焊的熔敷金属填充率约为 1.5～10 kg/H (见图 10-9)。

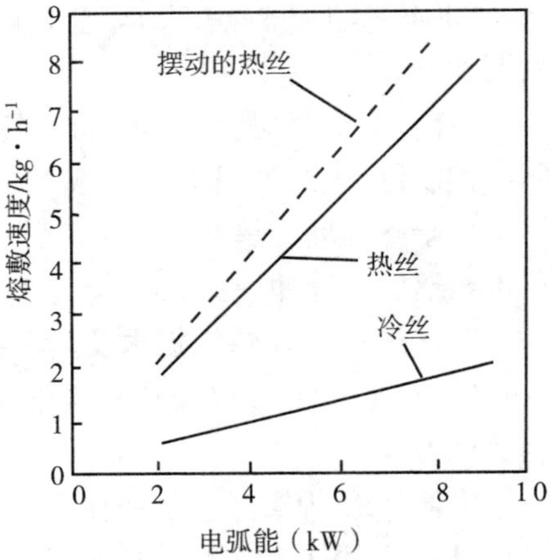

图 10-9 冷丝和热丝 TIG 焊可允许的熔敷速度

(2) 热丝 TIG 焊接技术特点　热丝 TIG 焊接技术已成功用于碳钢、低合金钢、不锈钢、镍和钛等材料的焊接。对于铝和铜，由于电阻率小，要求很大的加热电流，从而造成过大的电弧磁偏吹和熔化不均匀，所以不推荐采用电阻热热丝 TIG 焊接，可采用高频感应加热热丝 TIG 焊接。

对于管径大、壁厚厚的管子可采用窄间隙热丝－TIG 焊，其焊接效率明显提高。

热丝 TIG 对接焊尤其适用于高合金材料的同种钢接头及异种钢接头的焊接，不仅保证了焊接质量，而且还有效提高了焊接效率。

热丝 TIG 焊接对坡口清理及坡口加工精度要求较严格，否则易在焊缝中产生气孔，出现未焊透或焊穿等缺陷，降低焊接质量。

热丝 TIG 焊既拥有冷丝 TIG 焊的焊接质量，又拥有 MIG 焊的焊接速度，是一种高效质优的焊接方法。

(二) 热丝 TIG 焊接设备特点及组成

1. 管子转动热丝 TIG 焊接设备特点及组成

1) 设备组成　目前，国内外锅炉制造行业中对于锅炉受热面管系直管接长普遍采用管子自动焊接生产线，生产线布局示意图见图 10-10。通常采用多道连续焊接的方式生产焊接不同长度的管子，最长可达 80 m 以上，其生产工艺流程见图 10-11。该生产线上最主要的焊接工艺设备目前主要有 TIG/MIG 组合焊接和热丝 TIG 焊接。管子转动热丝 TIG 焊焊接设备是近年来新兴的焊接设备，已为越来越多的锅炉制造企业采用。

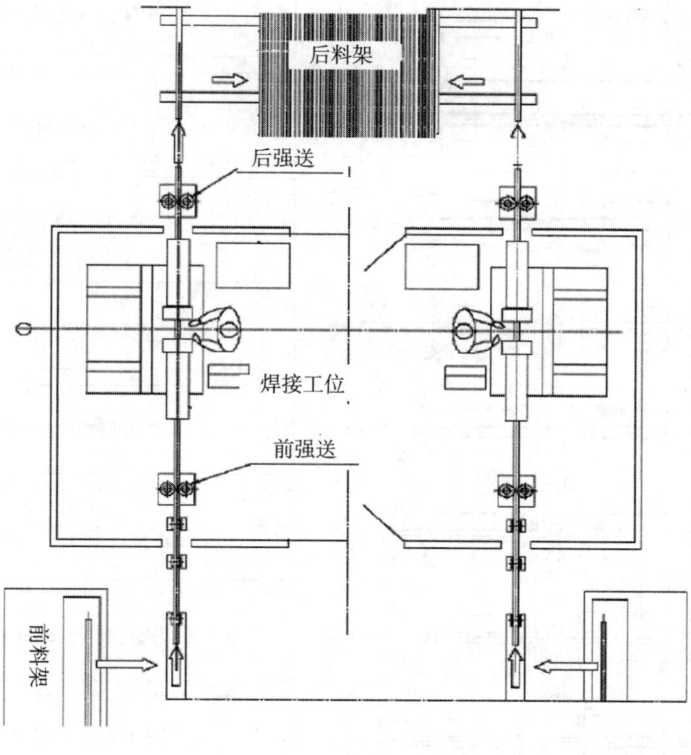

图 10－10　生产线布局示意图

管子转动热丝 TIG 焊焊接设备主要由机床部分、焊接模块、焊接电源和外置水冷系统这 3 大部分组成，设备组成示意图见图 10－12。

2）设备特点　管子转动热丝 TIG 对接焊设备已较为广泛地在锅炉行业中得到应用。该类设备的工作示意图如图 10－13 所示。其中影响热丝 TIG 焊的焊接参数按其特点可以分为两大类，即焊接工艺参数和机械参数。

焊接工艺参数主要有：焊接电流、焊接电压、热丝电流、送丝速度、焊接速度、摆动速度和摆动宽度等。

机械参数主要有：焊丝伸出长度 L_2、焊枪倾斜角度 α、送丝枪与焊枪之间夹角 β、钨棒伸出长度 L_1、钨棒与焊丝间距离 L_3、偏心距 F。

改变上述任一参数将会改变焊缝的成型及焊接质量。

2. 窄间隙热丝 TIG 焊接设备特点及组成

对于锅炉产品中的集箱和管道环缝对接，由于其直径较大、壁厚较厚，过去一般均采用埋弧自动焊接技术。随着锅炉产品的不断升级换代，集箱、管道材料也从碳钢、低合金逐步向高合金钢（SA－335 P 91、SA－335 P 92 等）过渡，为了在提高焊接效率的同时，确保焊接质量，国外有关公司开发研制了窄间隙热丝 TIG 焊接设备。

上海锅炉厂有限公司采用的窄间隙热丝 TIG 焊接设备为法国 POLYSOUDE 公司制造，其设备由焊接电源系统、热丝电源系统、焊接机头、工件驱动系统、悬臂或十字操作机构、电气控制系统等组成。

1）焊接电源　焊接电源采用热丝 TIG 专用逆变电源，调节范围 15～600 A。465 A 时，暂载率为 100%，可加低频脉冲，也可不加脉冲。脉冲焊接时，脉冲电流、基值电流、脉冲宽度/脉冲时间、基

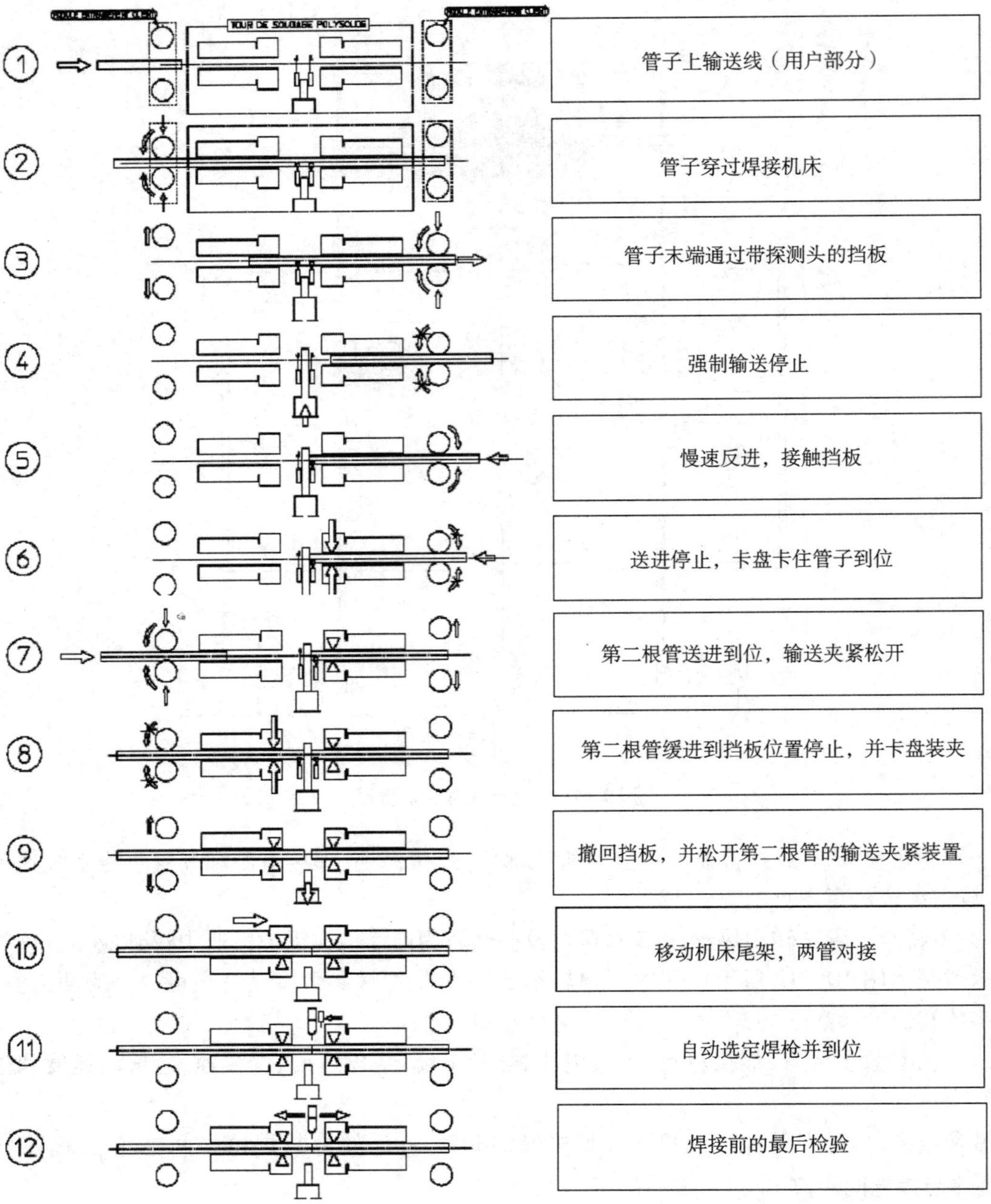

图 10－11　生产线工艺流程示意图

值时间(脉冲频率)等参数均可分别调整。其热丝电源可采用交流和直流电源两种方式,为避免交流热丝方式因电弧偏吹而导致的电弧热丝不稳定,一般采用直流脉冲热丝方式。送丝时,热丝 TIG 焊采用焊接电流、热丝电流交替协同脉冲,以避免相互影响。填充焊丝端部始终在熔池内,以保证热丝电流的回路稳定。热丝电源工作电压一般为 1.5～5 V,过高的热丝电压易产生电弧,影响焊接电弧的稳定。

2）焊接机头　焊枪位于滚轮架上方 12 点左右位置,直式水冷焊枪,由外置式冷却控制箱自动控制冷却,冷却后水温不大于 50 ℃。焊接用钨极为 $\phi 3.0/\phi 3.2/\phi 4.0$ 的铈钨极,焊枪或钨极能摆动且摆动频率、摆动宽度、摆动两端停留时间可根据实际需求调整,焊丝摆动与电弧摆动同步。电弧建立方式采用高频引弧或低电流接触引弧,引弧成功率为 99%以上。换层时钨极能根据 AVC 装置的反

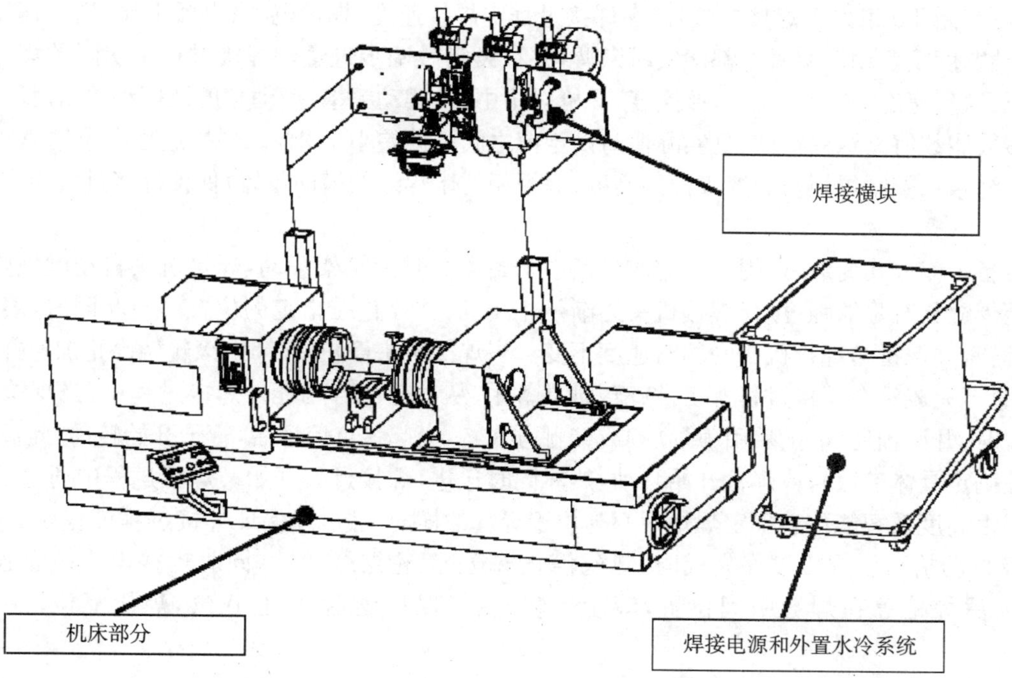

图 10-12　管子转动热丝 TIG 焊焊接设备组成示意图

馈信号自动调整到预定高度，AVC 信号采样频率可根据需求调整。当钨极烧损时能方便更换。钨极相对焊枪喷嘴可调节。送丝系统能手动送丝、退丝，手动送、退丝速度可调，且焊接过程中按预定送丝速度送进，可在焊接过程中调节送丝速度，且调节的送丝速度增减量可预先设定。

3）操作机构　操作机构由轨道车和十字操作架组成，轨道车可以沿轨道移动，行程 0～24 m，横臂置于立柱上并能沿立柱上下移动，横臂伸长与工件距立柱中心距相配套。横臂相对于立柱的垂直行程范围根据专机需求，满足工件范围。焊接机头置于横臂前十字拖板上，并能沿横臂长度方向移动，机头相对横臂可上下左右移动，上下移动范围满足工件要求，左右移动范围为大于 100 mm。立柱、横臂、机头的移动均由电机带动，且可用电气手轮微调。焊接过程中轨道车与轨道、横臂与立柱、横臂与机头之间的相对位置可锁定。

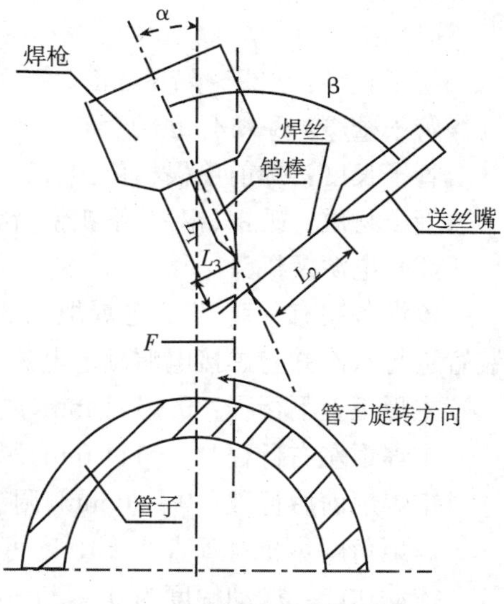

图 10-13　热丝 TIG 直管对接焊

4）工件驱动系统　工件驱动系统采用卡盘式及滚轮架方式驱动工件，双驱动或单驱动的结构。在管子直径小于 300 mm 时采用卡盘加从动滚轮架的方式驱动管子，在管子直径大于 300 mm 时采用双驱动主动滚轮架加从动滚轮架的方式驱动管子。滚轮架具有工件装配时的调节功能，操作简单省力，可有效减少焊接时管子的挠度对焊接质量的影响。滚轮架驱动系统主要完成对工件的支撑和转动。如双驱动时两主动轮必须同步转动，两个滚轮架（一主、一从）在上下、左右方向均能调整以满足集箱筒身装配要求，滚轮架转动可机动也可手动。滚轮架具有上、下、左、右零位标尺，并具备机械防窜功能。焊接过程中滚轮架与轨道锁定。

5）电气控制系统　所有焊接参数包括预热电流、焊接电流（脉冲电流、基值电流、脉冲时间、基值时间）、电弧电压、送丝速度、焊接速度、摆动频率、摆动宽度、摆动停留时间、预通气时间、热丝电流、热丝电压、电流衰减、收弧电流、滞后停气时间、焊枪提升高度以及焊接接头搭接量等参数可按焊接层次预先设置、存储(50组以上焊接参数)。在焊接过程中焊接速度、焊接电流、电弧电压、送丝速度、摆动频率、摆动宽度及摆动停留时间都能实时微调,并且设定微调步进量。焊接过程中实际的焊接电流、电弧电压、送丝速度、热丝电流、焊接速度、焊枪对中中心、摆动频率、摆动宽度及摆动停留时间等重要的焊接参数能数值显示并存储,且实际值与设定值之间的偏差小于2%。焊接过程中通过AVC自动控制及焊缝跟踪控制焊炬与焊缝表面的高度、焊炬相对于焊缝的横向位置,保证焊接过程稳定和侧壁熔合。

该设备工作方式为装、点焊自动完成。其中开始点焊时滚轮架不动,焊接机头自动爬坡焊接,爬坡焊接至焊缝具有足够强度后,焊接机头逐渐停止爬动,并停止在指定的位置。与此同时,滚轮架开始启动旋转,并保持与焊接机头的相对速度不变。当焊接机头停止旋转时,滚轮架停止加速并保持匀速转动,直至完成整个焊接过程。工件旋转时具备主、从动轮配合功能。焊接过程中,当焊枪调整到设定位置时,开始预通气,随后引弧(高频或接触方式)。当起弧点熔透后,管子开始转动(此过程一般通过试验确定具体参数),或焊枪开始移动,热丝同时送进,焊接过程开始。焊接过程中通过AVC反馈控制焊炬高度及智能传感确定焊炬中心与位于焊缝的横向位置,以保证焊接过程的稳定。焊缝换层时钨极自动抬高。焊接过程完成时,热丝停止输送,滚轮继续转动,同时焊接电流按预设衰减。电弧熄灭后焊枪停在焊缝中间位置,滚轮停转,氩气保护延迟,停止送气,焊枪复位,焊接过程完成。

(三) 热丝TIG焊接技术的实际应用

1. 热丝TIG焊接技术在锅炉受热面管子制造中的应用

1) 设备规格及技术参数

(1) 工　件

管子直径:ϕ32~ϕ76 mm;

管子壁厚:3~14 mm;

管子长度:焊前单根料长:0.15~12 m,焊后总长(生产线长度)60~80 m;

管子材质:碳钢、钼钢、铬钼钢、铬钼钒钢,奥氏体不锈钢及其异种钢。

(2) 电源及机头

该设备装有一套TIG主焊炬和3把可适用于3种不同焊材的送丝焊炬。主焊炬由循环水冷却装置进行水冷并与焊接电源额定电流相匹配。

主焊炬上下行程:0~111 mm,调节方式为电动;

主焊炬左右行程:0~111 mm,调节方式为电动;

主焊炬前后行程:0~20 mm,调节方式为手动;

焊炬角度:相对垂直线±10度可调;

摆动功能:摆动幅度为0~111 mm,两端停留时间为0.0~1.0 s,两端停留时间分别可调,摆动速度为0~2 500 mm/min;

焊丝直径:ϕ1.0 mm;

送丝速度:360~7 929 mm/min(脉冲及DC);

保护气体:主焊炬采用工业纯Ar;送丝焊炬无气体保护;

保护气预通气时间:0~15 s或更长;

保护气滞后停止时间:0~20 s或更长;

送丝滞后时间:0.0~15 s或更长,调节单位为0.1 s;

夹头旋转滞后时间:0.0~15 s或更长,调节单位为0.1 s;

起始电流时间:0.0~9.9 s,调节单位为0.1 s;

起始电流:15~50 A或更高;

电流上升(斜率)时间：0.1～5.0 s,调节单位为 0.1 s;
接头搭接量：0.0～9.9s 或更长,调节单位为 0.1 s;
摆动滞后时间：0.0～25s 或更长,调节单位为 0.1 s;
衰减电流：10～50 A,调节单位为 1 A;
衰减电流时间：0.0～25 s 或更长,调节单位为 0.1 s;
旋转滞后停止时间：0.0～25 s 或更长,调节单位为 0.1 s;
送丝滞后停止时间：0.0～25 s 或更长,调节单位为 0.1 s;
电弧电压(AVC)自动调节,灵敏度分 7 档可编程调节,无振荡;
管子中心线离地高度：约 960 mm;
焊机中心线可上下调节 ± 50 mm,调节方式焊前电动,调节速度为 100 mm/min;
焊接电源输入：三相,AC,380 V ± 10%,50 Hz;
焊接电源：原装进口 TIG 专用逆变电源,调节范围 15～600 A,465 A 时暂载率为 100%,带脉冲功能,可根据需要调节脉冲频率、峰值电流、基值电流;
热丝电源：直流电源 140 A;
焊枪保护气体流量：最大流量 30 L/min;
钨极直径：ϕ4.0 mm 的铈钨;
焊道层数：每层单道;
焊接速度：管子转速 0.12～6 r/min。

2）焊接工艺及规范参数

(1) 设备制造商推荐的直管热丝 TIG 对接坡口型式如图 10－14、图 10－15 所示。经试验验证,这种坡口能获得良好的内外壁成形,保证焊接接头的焊接质量;但由于该坡口角度大,需较多的熔敷金属,增加了焊接工作量。

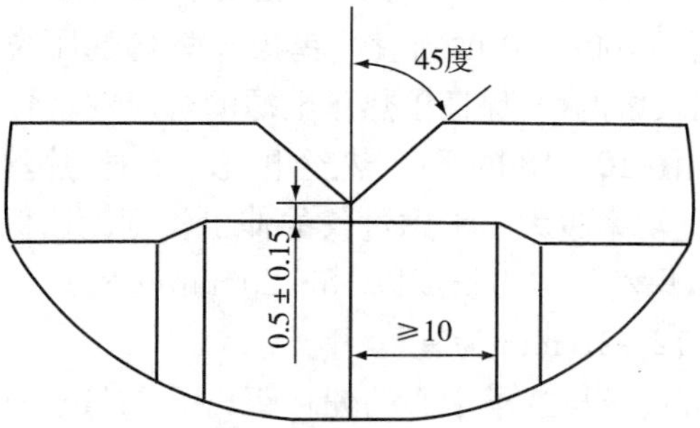

图 10－14　适用于 $\delta \leqslant 7$ mm

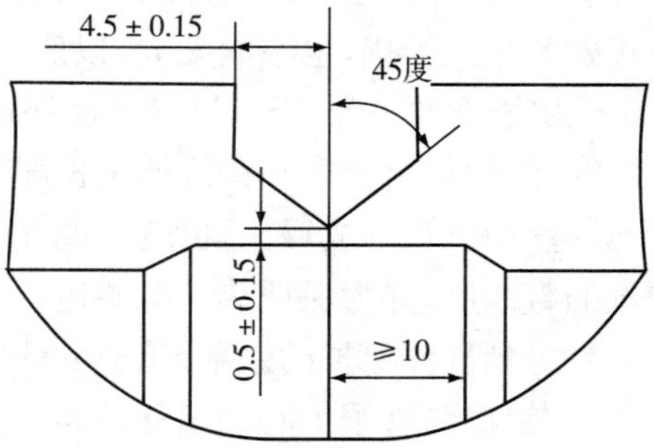

图 10－15　适用于 $\delta > 7$ mm

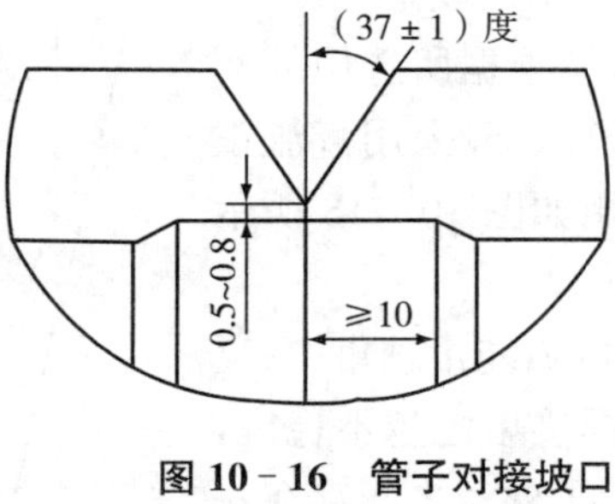

图 10－16　管子对接坡口

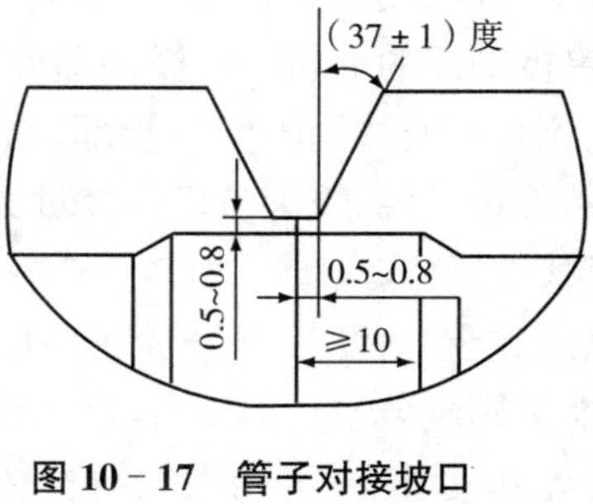

图 10－17　管子对接坡口

根据以往 TIG/MIG 焊接经验,笔者对热丝－TIG 焊焊接坡口进行了改进,改进后的坡口形式见

图 10－16、图 10－17 和图 10－18。试验结果发现在焊接试样管时，这几种坡口均能获得较满意的焊缝成形。产品对接焊时，由于管子长，直线度偏差和坡口加工精度等问题，采用图 10－16 所示的焊接坡口型式焊接，很难获得稳定的良好的焊缝内壁成形，主要缺陷为未焊透和焊穿；而采用图 10－17 和图 10－18 所示的焊接坡口型式焊接时，可获得满意的焊缝内壁成形。但是应用图 10－17 所示的焊接坡口型式焊接时，在加料过程中容易将坡口撞坏，而焊工又无法采用砂轮修磨撞坏的坡口以满足焊接，必须重新机加工方可使用；而图 10－18 所示的焊接坡口既能保证接头焊接质量，又适当减少了熔敷金属量，经试验，最终选定图 10－18 所示的坡口型式。

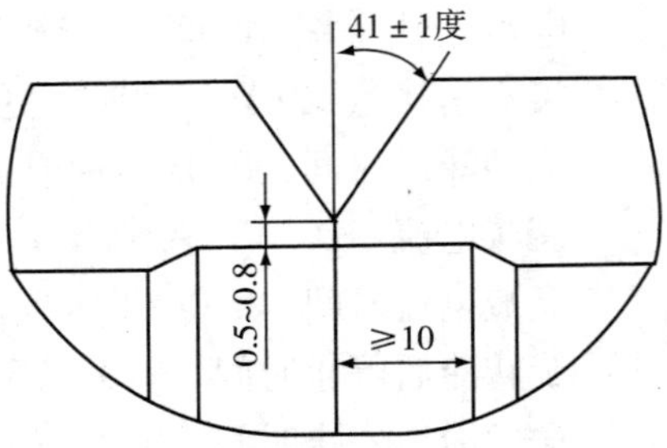

图 10－18　管子对接坡口

(2) 焊接工艺规范参数：影响热丝 TIG 焊的焊接参数按其特点可以分为两大类，即焊接工艺参数和机械参数。焊接工艺参数主要有：焊接电流、焊接电压、热丝电流、送丝速度、焊接速度、摆动速度和摆动宽度等。机械参数主要有：焊丝伸出长度 L_2、焊枪倾斜角度 α、送丝枪与焊枪之间夹角 β、钨棒伸出长度 L_1、钨棒与焊丝间距离 L_3、偏心距 F。

① 焊接工艺参数　对于直管热丝 TIG 对接焊来说，焊接规范需与管子的规格，材料相匹配。

对于高合金材料、不锈钢以及异种钢材料的焊接，其焊接材料宜选用脉冲电流，脉冲频率、峰值电流、基值电流的设定均与所焊材料类别息息相关。

热丝电流与送丝速度、焊接材料的合金成分之间又有着密不可分的关联关系。

焊接速度、焊接电压、是否摆动、摆动参数等与焊接电流之间匹配得当与否将直接影响焊接接头内在与外在的质量。

总而言之，合适的焊接规范必须建立在大量焊接试验的基础上，只有通过焊接试验与焊接评定才能得出准确的焊接工艺规范参数。

② 钨极－焊丝夹角及距离　钨极－焊丝夹角如图 10－13 的 β 角。β 角既不能太小，以免热丝和焊接磁场相互干扰，也不能太大，以影响焊丝准确送入熔池，60～90 度为宜。钨极－焊丝的距离以 3 mm 为宜(见图 10－13)，这样既能保证输出焊丝正好进入熔池，又保证了热丝电源的稳定性。

③ 焊丝伸出长度和钨极伸出长度　焊丝伸出长度如图 10－13 的 L_2。热丝电流一定时，热丝热量与焊丝伸出长度成反比，也就是说，L_2 越长，所需的热丝功率越大。考虑过长的伸出长度无法保证焊丝的直线度，并为保证热丝电源运行的稳定，经过试验，焊丝的伸出长度以 15～20 mm 为宜。

考虑到气体保护的效果，钨极的伸出长度 L_1 一般以 12～18 mm 为宜。

④ 钨极与管子中心的偏移距离　如图 10－13 所示，钨极与管子中心的偏移距离 F 与管子直径成正比。因此，F 的大小须要根据所焊管子的直径做调整，以保证在不焊穿的前提下获得全熔透焊缝，保证根部焊缝质量；同时，也可防止因 F 太大而导致熔池重力沿管子当前焊缝表面的切向分量大于熔池表面张力而下淌形成缺陷。

⑤ 钨极端部的形状　钨极端部形状是重要的工艺参数，应根据所选用的不同焊接电流种类而选用不同的端部形状。对热丝 TIG 焊来说，一般采用直流正接，即工件接正极，钨极为负极。经过大量实践验证，推荐采用如图 10－13 所示的钨极形状与尺寸。

⑥ 焊枪倾斜角度 α　焊枪倾斜角度 α(见图 10－13)越小电弧能量越集中；反之，电弧能量则越分散。但 α 角越小，电弧和气流越不稳定，焊接熔池越不稳定，熔深大且焊缝成形差。α 角太大则容易产生缺陷。α 角还与管子外径之间存在一定关系，需要通过大量焊接试验进行确定。

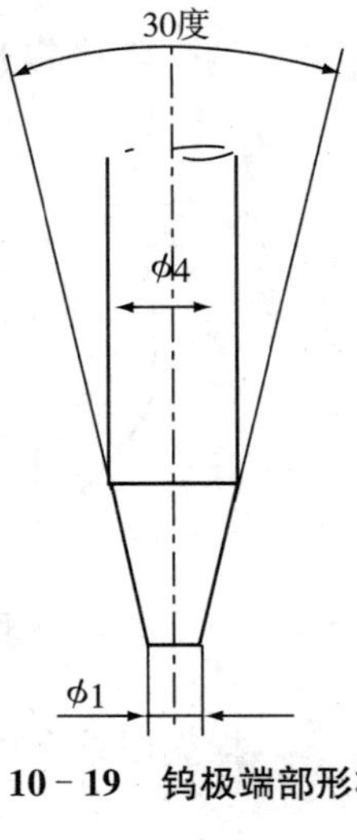

10－19　钨极端部形状

2. 窄间隙热丝 TIG 焊接技术在锅炉集箱制造中的应用

1）设备规格及技术参数

(1) 工　件

管子外径：ϕ190.7～ϕ920 mm；

管子最大壁厚：160 mm；

管子最大长度：18 000 mm；

工件最大质量：30 t。

(2) 电源及机头

焊接电源输入：三相，AC，380 V±10%，50 Hz。

焊接电源：原装进口 TIG 专用逆变电源，调节范围 15～600 A，465 A 时暂载率为 100%，可加低频(10～20 HZ)脉冲，也可不加脉冲。

热丝电源：直流电源 140 A。

电流递增时间：0.1～99.9 s。

电流衰减时间：0.1～99.9 s。

保护气体：纯氩。

TIG 焊枪：水冷焊枪，容量 350 A；暂载率为 100%。

焊枪保护气体流量：最大流量 30 L /min。

钨极直径：ϕ3.0 mm、ϕ3.2 mm、ϕ4.0 mm 的铈钨。

焊丝直径：ϕ1.0 mm、ϕ1.2 mm。

焊枪移动调节范围：上下：0～300 mm；左右：0～100 mm；焊接时横向最大跟踪范围 130 mm。

焊枪角度调节范围：－5 度～＋10 度。

摆动频率：0～100 周/min。

摆动控制精度：±0.1 mm。

摆动宽度：0～20 mm。

摆动两端停留时间：0～1 s(左右侧停留时间可分别调整)。

预通气时间：0.1～99.9 s。

气体延迟时间：0.1～99.9 s。

送丝速度：0～8 000 mm/min。

焊丝角度调节范围：根据工艺试验固化；根据需要可以调节焊丝的上下高度。

热丝滞送时间：0.1～99.9s。

送丝速度递增时间：0.1～99.9s。

弧压控制精度：±0.1V。

收弧搭接时间：0.1～99.9s。

焊缝横向、纵向跟踪精度应满足焊接质量要求。

焊道层数：每层单道。

(3) 工件驱动系统

工件驱动可选单驱动或双驱动，需操作简单、装配时调整方便。

支撑轮最大支撑质量：30 t。

滚轮中心距地面距离：大约 500 mm。

滚轮转速：0～3 r/min。

滚轮架的滚轮径向跳动精度(无负荷时)：±0.1 mm。

同步驱动精度：设备厂家应提供数据。

(4) 立柱和横臂

立柱沿轨道行程：18 000 mm。

横臂伸长应与工件距立柱中心距相配套。

立柱垂直行程范围:能适应外径 190.7～920 mm 集箱焊接。

横臂旋转角度:±90 度。

2) 焊接工艺及规范参数

(1) 焊接坡口形式　窄间隙热丝 TIG 焊坡口的选择,既要考虑到焊根打底质量,又要考虑到焊接过程中的坡口收缩及对窄间隙机头坡口可达性的影响。合适的坡口钝边可以保证焊透及根部成型。坡口根部与坡口角度的过渡一般选择圆弧过渡,以避免角度过渡时尖角的应力集中。圆弧过渡的 R 太小容易引起应力集中,R 太大在第二、三层焊接时容易焊穿根部。坡口角度应根据坡口的收缩情况确定,以保证焊缝宽度变化与焊接工艺参数相匹配。

焊缝坡口及焊接试样实物图如下:图 10－20 为典型的窄间隙热丝 TIG 焊坡口;图 10－21 为焊接坡口装配情况;图 10－22 为实物焊缝照片;实物焊缝根部照片见图 10－23。

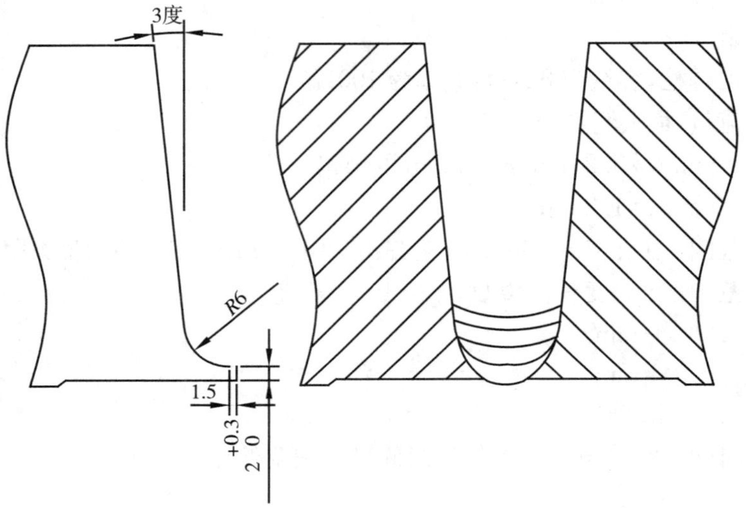

图 10－20　窄间隙热丝 TIG 焊接坡口

图中可以看到,环缝的焊缝金属表面鱼鳞均匀,保护效果好,焊缝呈乳白色;焊接收弧的衰减正常,收弧良好;焊缝与侧壁熔合良好且圆滑过渡;根部均匀焊透,成型美观。经我国多家大型锅炉压力容器制造企业对所采用窄间隙热丝 TIG 焊接方法焊接试样的测试,试样机械性能参数均为优良。

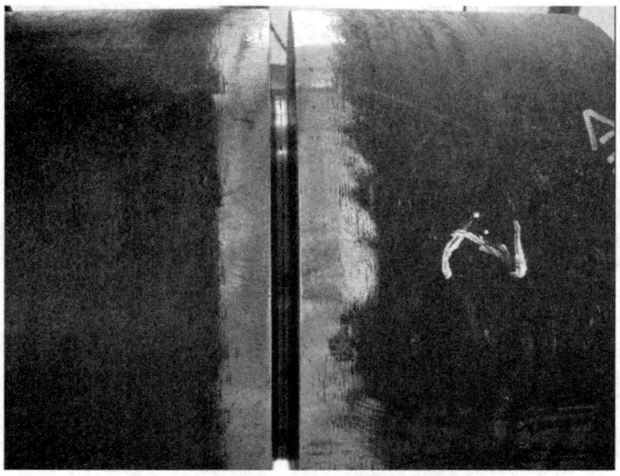

图 10－21　焊接坡口装配示意图

图 10－22　焊缝照片

图 10－23　根部照片

（2）焊接工艺规范参数　焊接工艺规范参数主要包括钨极－工件夹角、钨极－焊丝夹角和距离、钨极与工件中心偏移距离、钨极伸出长度、焊丝干伸长度和焊接规范等。

① 钨极－工件夹角　钨极－工件夹角如图 10－24 的 θ 角。θ 角越小电弧能量越集中；反之，电弧能量则越分散。但 θ 角越小，电弧和气流越不稳定，焊接熔池越不稳定，熔深大且焊缝成形差。θ 角太大则容易产生缺陷。通过试验，θ 以 10～20 度为宜。

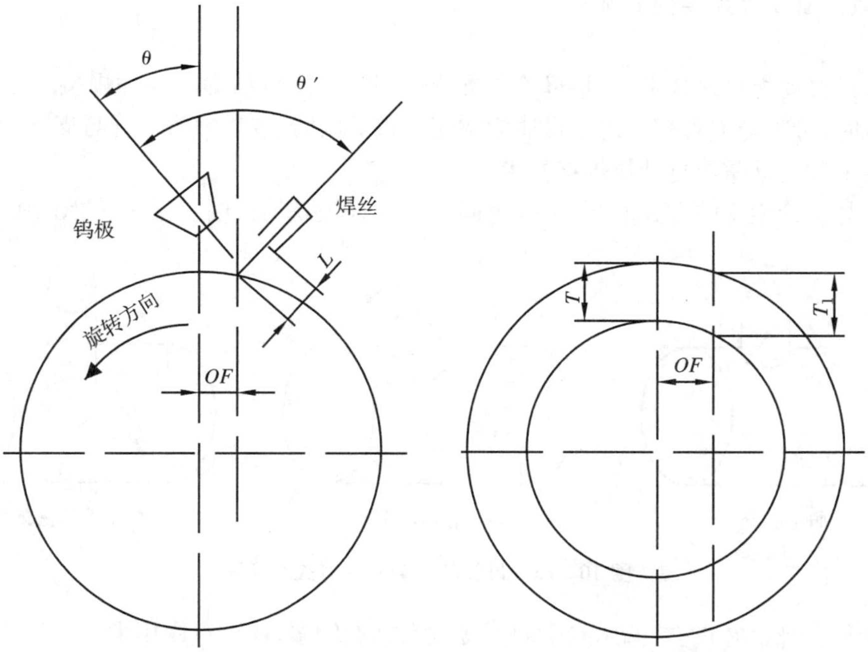

图 10－24　焊接姿态示意图

② 钨极－焊丝夹角及距离　钨极－焊丝夹角如图 10－24 的 θ' 角。θ' 角既不能太小，以免热丝和焊接磁场相互干扰，也不能太大，影响焊丝准确送入熔池。钨极－焊丝的距离以 2～3mm 为宜，这样既能保证输出焊丝正好进入熔池，又保证了热丝电源的稳定性。θ' 在 60～90 度为宜。

③ 焊丝干伸长度和钨极伸出长度　焊丝干伸长度如图 10－24 的 L。热丝电流一定时，热丝热量与焊丝干伸长度成反比，也就是说，L 越长，所需的热丝功率越大。考虑过长的干伸长度无法保证焊丝的直线度，并为保证热丝电源运行的稳定，经过试验，焊丝的干伸长度以 16～20 mm 为宜。

考虑到气体保护的效果，钨极的伸出长度一般以 5 mm 为宜。

④ 钨极与管子中心的偏移距离　如图 10－24 所示，钨极与管子中心的偏移距离 OF 处钝边厚度 T_1 与管子直径成反比。因此，OF 的大小有时需做调整以保证在不焊穿的前提下熔透该位置钝边的有效厚度 T_1，保证焊接质量；同时，也可防止 OF 太大而导致熔池重力沿管子当前焊缝表面的切向分量大于熔池表面张力而下淌形成缺陷。因此，不同规格的管子在不同的钝边厚度下，需经过试验确定钨极与管子中心的偏移距离。

⑤ 钨极端部的形状　钨极端部形状是重要的工艺参数。应根据所选用的不同焊接电流种类而选用不同的端部形状。对热丝 TIG 焊来说，一般采用直流正接，即工件接正极，钨极为负极。其端部的形状如图 10－25。在小电流焊接时，小直径钨极和小的锥角 α 容易引弧，且电弧稳定；在大电流焊接时，增大锥角可避免尖端过热熔化，减少钨极损耗。

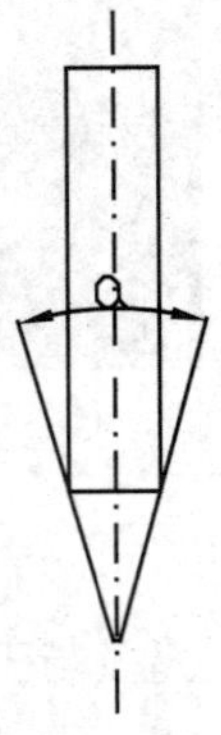

图 10－25　钨极端部

⑥ 焊接规范　合适的焊接规范必须建立在大量焊接试验的基础上，只有通过焊接试验与焊接评定才能得出准确的焊接工艺规范参数。对窄间隙热丝 TIG 焊来说，焊接规范需与焊接坡口相匹配。

对打底层和过渡层，应根据钝边厚度采用合适的脉冲电流规范，在保证熔透的同时不焊穿。填充层的焊接规范电流比打底层和过渡层有所加大，在控制热输入量的同时提高熔敷效率。在填充层的最后一层适当减小电流和送丝速度，保证焊缝表面成型平滑，为最后的盖面层提供有利条件。

三、马鞍形埋弧自动焊接技术及其在锅炉汽包小管座制造中的应用

（一）马鞍形自动焊焊接技术简介

1. 概述

所谓马鞍形自动焊焊接技术，是指母管与支管焊接时采用自动焊的一种焊接工艺技术。由于母管与支管焊接时，母管与支管相交的相贯线为空间马鞍形曲线，故通常将母管与支管采用自动焊方法焊接的焊接技术称为马鞍形自动焊焊接技术。

根据母管与支管相交的方式不同，可分为同芯正交、偏芯斜交、偏芯正交（见图 10－26）。

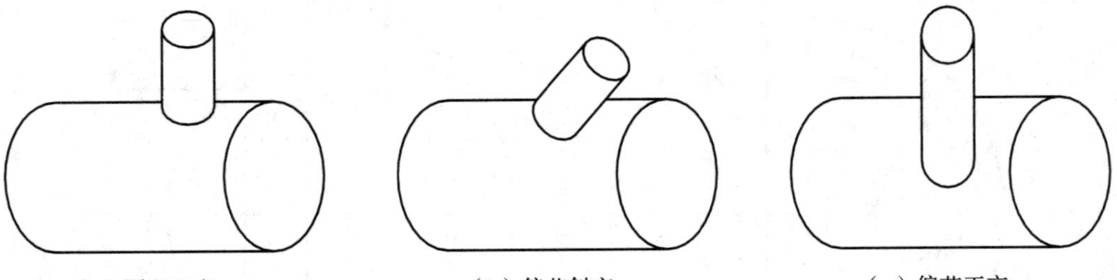

（a）同芯正交　（b）偏芯斜交　（c）偏芯正交

图 10－26　母管与支管相交方式示意图

由于母管与支管偏芯正交、偏芯斜交的焊接技术难点较多，故工程应用中一般采用同芯正交的结构形式。对于母管与支管同芯正交的结构形式，国内外均已开发出专用焊接设备，即管座马鞍型自动焊焊接设备；母管与支管偏芯正交、偏芯斜交的结构形式，在实际工程应用中，目前仍主要采用手工焊。

根据母管与支管自动焊焊接所采用的焊接工艺不同，可将马鞍形自动焊焊接技术分为马鞍形埋弧自动焊焊接技术及马鞍形气体保护自动焊焊接技术。

2. 马鞍形自动焊焊接技术的应用与发展

在母管上用自动焊进行接管（支管）焊接，最初目的是开发用于集箱上的接管焊接。20 世纪 80 年代，随着电子和传感技术的发展，各种高水平的集箱接管自动焊设备相继问世，大大地推动了生产的发展和集箱接管焊接技术水平的提高。

1985年后，为了推动生产的发展，提高国内集箱焊接的技术水平，国内有关企业先后从德国和日本等国引进了先进的集箱接管专用自动焊设备。1987年，武汉锅炉厂从德国BABCOCK公司引进了一套集箱接管埋弧自动焊设备。1989年，上海锅炉厂引进了一套日本KUSAKABEKIKAI公司制造的集箱接管气体保护自动弧焊机器人系统，哈尔滨锅炉厂也先后从日本KUSAKABE KIKAI公司引进了两套集箱接管气体保护自动弧焊机器人系统。1991年，上海锅炉厂又与郑州机械研究所联合开发了全焊透坡口形式的集箱接管气体保护自动焊设备。由于种种原因，除武汉锅炉厂从德国BABCOCK公司引进的集箱接管埋弧自动焊设备在生产应用中获得成功外，上海锅炉厂、哈尔滨锅炉厂无论是引进的集箱接管气体保护自动弧焊机器人系统，还是与郑州机械研究所联合开发的全焊透坡口形式的集箱接管气体保护自动焊设备均未在生产应用中获得成功。

汽包管座自动焊设备问世较晚。国内外均将汽包管座的应用范围定位于与汽包筒体呈同芯正交的大接管，大接管的直径范围通常为ϕ300～1 000 mm。国内各大锅炉厂所使用的汽包大管座自动焊设备均由国内自主开发，首台汽包大管座自动焊设备由上海锅炉厂与郑州机械研究所联合开发，并成功应用于生产。从20世纪80年代后期开始，对于汽包上的下降管及给水管等大管座，上海锅炉厂均采用马鞍形埋弧自动焊设备及焊接工艺并一直使用至今，其工艺已相当成熟。

为进一步推进汽包管座焊接技术的水平，尤其是提高汽包小管座（本文所述小管座直径通常为ϕ100～168 mm）的焊接质量和效率。2003年，上海锅炉厂有限公司与北京中电华强焊接工程技术有限公司联合开发研制了适用于汽包小管座的马鞍形埋弧自动焊设备，填补了国内外汽包小管座马鞍型埋弧自动焊焊接技术的空白。

3. 马鞍形自动焊焊接技术工作原理

马鞍形焊缝（本文仅叙述正交马鞍曲线）是接管（支管）与筒体（母管）两柱面正交的相贯线，是一条三维空间曲线，其水平面投影为一圆周曲线，而在高度方向上对应于不同的角度θ（马鞍曲线上的某个点P），存在相应的落差h，通常称之为马鞍落差（见图10－27）。

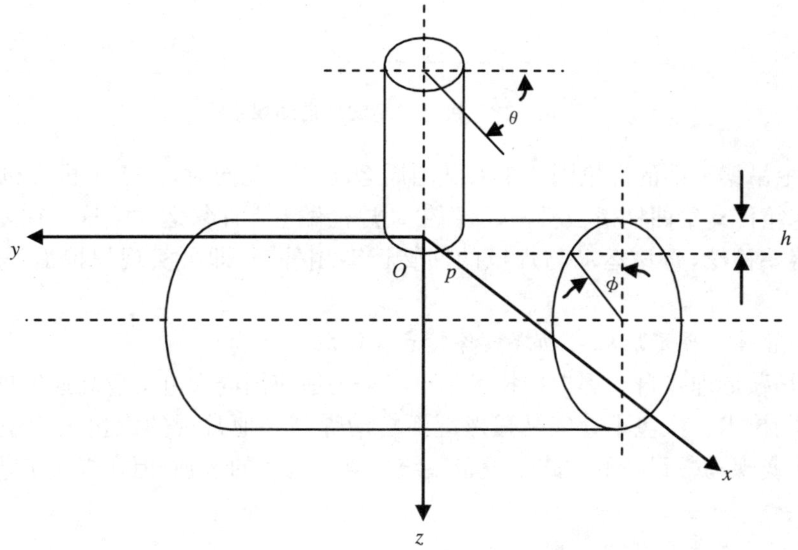

图10－27　马鞍落差示意图

马鞍曲线可用如下方式求得：

$$\begin{cases} x = R\sin\phi : z = R(1-\cos\phi) \\ x = r\sin\theta : y = r(1-\cos\theta) \end{cases} \tag{10-2}$$

式中：R为母管半径；r为支管半径。

联解以上两式并消去 ϕ，可得

$$\begin{cases} x = r\sin\theta \\ y = r\cos\theta \\ z = R\left[1 - \sqrt{1-(i\sin\theta)^2}\right] \end{cases} \tag{10-3}$$

式中：$i=r/R$，即支管与母管的直径比。

由方程组(10－3)可看出马鞍曲线有如下特征：

(1) 在 xOy 平面上的投影是一个圆。

(2) 马鞍曲线在 z 轴方向呈周期性变化，每隔 180 度重复一次。

由上述特征可知，马鞍形焊缝的运动轨迹可分解为两个运动：一个是绕 z 轴旋转的圆周运动，一个是沿 z 轴方向的上下运动。马鞍形自动焊就是指焊接过程中，焊炬自动完成上述两个合成运动，其跟踪方法主要可分为机械跟踪和数控跟踪。目前国内用来焊接该类焊缝的焊接设备基本为机械跟踪，其运动系统的构成大致类似。图 10－28 所示为比较典型的机械跟踪焊接运动系统。整个系统是通过三爪卡盘定位安装在工件上，当系统工作时，回转电机旋转，带动焊接主机的运动系统回转，也带

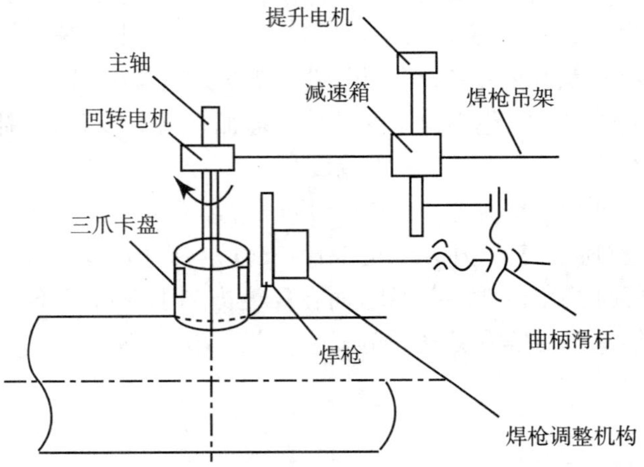

图 10－28　机械式马鞍形自动焊系统

动了位于主机焊枪吊架下端的焊枪围绕工件做圆周运动。与此同时，位于主机焊枪吊架上的提升电机转动，通过减速箱传动给曲柄滑板机构，从而带动焊枪做上下往复运动。这一往复运动可作为补偿运动，实现马鞍落差补偿，将该运动与焊枪的回转运动相叠加，即可实现焊枪沿焊缝做马鞍形轨迹运动。

(二) 汽包小管座马鞍形埋弧自动焊设备特点及组成

汽包小管座马鞍形埋弧自动焊焊接技术是近年来为适应国内火电行业高速发展需要而开发出的一项新的焊接工艺技术。汽包小管座马鞍形埋弧自动焊与其他常规的汽包大管座(如下降管，给水管)埋弧自动焊从实现马鞍跟踪的方式及设备系统本身并无大的区别，但在焊接工艺上有一定的不同和各自的特点。

1. 汽包小管座马鞍形埋弧自动焊设备特点

汽包小管座马鞍型埋弧焊与其他常规的汽包大管座埋弧自动焊相比有如下特点：

(1) 由于汽包小管座的直径比较小，通常为 ϕ100～168 mm，所以每一焊道的焊接时间相对比较短。为了确保在下一道焊接之前焊接操作工有足够的时间清除焊渣，要求焊剂必须具有良好的脱渣性，另外焊接速度也不宜过快。

(2) 小管座的壁厚较薄，尤其是根部最薄处通常仅为 3 mm，焊接时稍不注意根部就会焊穿，因此，根部焊时必须注意控制焊接规范参数，防止根部焊穿。

(3) 小管座的焊接坡口形式通常为骑式(汽包大管座的焊接坡口形式通常为插入式)，小管座的壁厚与汽包本体的壁厚相差很大，坡口较小，坡口形状较复杂，焊接位置多变，因此，汽包小管座焊接时容易出现夹渣、根部焊穿、侧壁未熔合等焊接缺陷。

2. 汽包小管座马鞍形埋弧自动焊设备组成

汽包小管座马鞍形埋弧自动焊的型号为 MZMA 300，该焊机系统主要由焊接主机、焊接电源、控制箱、送丝机、焊剂回收装置及平衡吊组成(见图 10-29)。

图 10-29　MZMA300 马鞍形埋弧焊机

(1) 焊接主机　焊接主机(见图 10-30)为汽包小管座马鞍形埋弧自动焊系统的核心部分，焊接主机通过减速电机经离合器驱动一套马鞍运动形成机构，带动焊枪调整机构实现对马鞍形焊缝的跟踪、焊接。焊接电缆和控制电缆分别通过集流机构接至控制箱和焊枪上，可实现连续多圈焊接。通过焊枪架可实现焊枪的上、下、左、右及角度的调整。通过三爪卡盘，可快速地把主机夹持定位在被焊接管的端部。

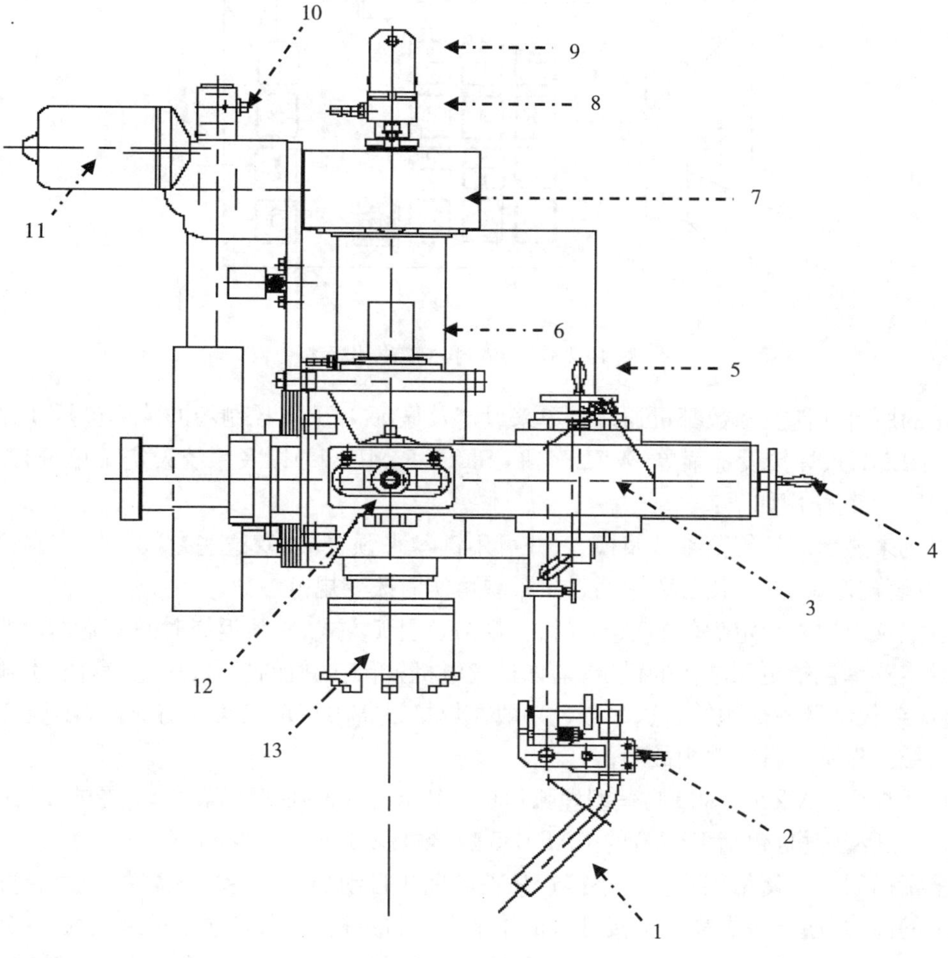

图 10-30　焊接机头示意图

1. 焊枪，2. 焊枪调整机构，3. 十字滑架，4. 水平调节手轮，5. 上下调节手轮，6. 提升电机，7. 集流机构，8. 回转电机，9. 机头吊板，10. 送丝机构，11. 送丝电机，12. 马鞍运动机构，13. 三爪卡盘。

焊接主机的工作原理如下：

焊接主机即(机头)通过三爪卡盘(13)定位、夹紧在待焊接管的管端上。当机头工作时，回转电机(8)旋转，驱动整台焊机的运动系统回转，也带动了位于机头十字滑架(3)下端的焊枪调整机构(2)及焊枪(1)围绕工件做圆周运动。与此同时，位于焊机头上的提升电机(6)转动，通过减速箱传动给马鞍运动机构(12)，从而带动焊枪做上下往复运动。这一往复运动可作为补偿运动，实现马鞍落差补偿，将该运动与焊炬的回转运动相叠加，即可实现焊炬沿焊缝做马鞍形轨迹运动。

通过主机系统可实现：①焊炬垂直调节行程 400 mm；②焊炬水平调节行程 170 mm；③焊炬角度调节范围 ±5 度；④焊丝直径 ϕ1.2mm，ϕ1.6mm。

(2) 控制箱　MZMA 300 马鞍型埋弧焊机所配用的 PEH 控制箱能予置、显示焊接规范参数，并控制过程程序、驱动送丝电机和行走电机。其控制面板如图 10－31 所示。

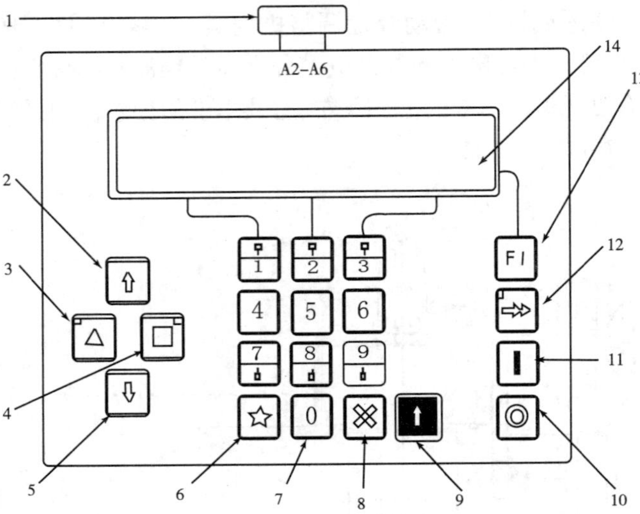

图 10－31　PEH 控制箱操作面板

控制箱的所有功能及参数都可通过菜单来设定及显示。PEH 控制箱的菜单包括 3 部分，即主菜单(MAIN MENU)、焊接设定菜单(WELDING SETUP MENU)以及系统设定菜单(PRESET SYSTEM MENU)。其作用如下：

主菜单用来显示焊接规范参数及模式，并可用键盘来预置/改变这些参数。焊接前，通过主菜单共可预置 10 套规范参数，焊接过程中通过主菜单可实时改变规范参数。

焊接设定菜单用来设定焊丝的种类、材料、规格及引弧方式、收弧返烧时间等基本参数。

系统设定菜单包括更深层次的设定，诸如送丝电机、行走电机的型号、速比、直径、引弧特性、收弧程序、焊接电缆长度及截面积等。这些参数一般在焊接设备出厂前已设定好，建议不要任意变动，不然会引起系统工作不正常或出现故障。

(3) 埋弧焊机　MZMA 300 马鞍型埋弧焊机系统采用 ESAB 埋弧焊机，它是在 MZMA1 000 型基础上改进的新型焊机，包括 ESAB 的 LAF 635 焊接电源、PH－A 6 控制箱。

(4) 平衡吊架　平衡吊架是汽包小接管马鞍形埋弧自动焊系统专门配置的助力装置，其作用是节省操作工的体力，便于每焊完一个接管借助于平衡吊将主机方便、轻松地吊运至另一接管。该平衡吊由机身、平衡臂及电机传动装置组成。机头悬吊在平衡臂端部，由四联杆机构及转轴作平移及转动，点动电机可作升降运动。机头由人工推动，被吊物可被轻松地推动，在作业区内的任意位置停留，并通过电机使其升降，实现主机的移位(见图 10－32)。机身可固定在地基上或合适的平台上，也可固定在移动推车上。

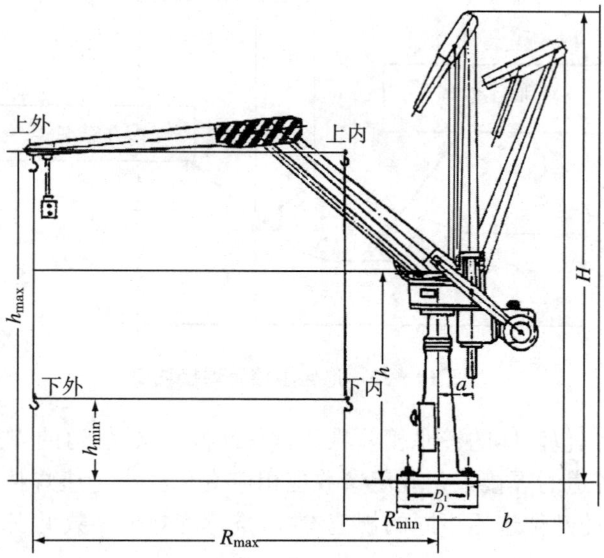

图 10－32　平衡吊架示意图

其主要技术参数如下：①最大起吊质量 100 kg；②起吊高度范围 0～2 000 mm；③最大回转半径 2 500 mm；④回转角度 345 度；⑤电机功率 0.75 kW。

整套汽包小接管马鞍形埋弧自动焊系统使用方便，可用于焊接：①接管外径 ϕ 100～ 300 mm；②接管高度 100～400 mm；③接管壁厚 10～65 mm；④接管最小间距 100 mm；⑤最高预热温度 250 ℃；⑥马鞍落差 0～50 mm。

（三）汽包小管座马鞍形埋弧自动焊焊接技术的实际应用

自汽包小管座马鞍形埋弧自动焊设备研制开发成功以来，上海锅炉厂有限公司已采用此设备及技术焊接了数百台汽包上的小接管。实际生产应用表明：采用小管座马鞍形埋弧焊设备及技术焊接的汽包接管角焊缝，焊缝外观成形美观，焊缝内在质量可靠、稳定，且焊接效率得到成倍提高，同时焊工的操作条件也得到了极大地改善。

1. 汽包小管座马鞍形埋弧自动焊焊接工艺及规范参数选择

（1）焊接坡口形式　为保证汽包的安全运行，通常要求汽包小管座角焊缝采用全焊透的坡口形式，小管座马鞍形埋弧焊焊接坡口的形式非常关键。坡口设计的基本原则如下：①所设计的焊接坡口应使焊接过程中焊炬可达性良好，层与层、道与道之间应便于焊炬随时调整；②所设计的焊接坡口应使焊接过程中便于清渣，便于熔渣浮出，便于焊工操作并有利于提高生产效率；③所设计的焊接坡口既要加工方便又要保证全焊透。

图 10－33 是典型的汽包小管座马鞍型埋弧焊的坡口形式。

（2）焊接材料　焊接材料的选择既要考虑到使用性（与母材的匹配性），又要考虑到工艺性和经济性。目前国内各大锅炉厂的汽包本体材料基本为 13 MnNiMo 54 或 SA－299，小管座的材料基本为 SA－106 B 或 20 G。由于汽包小管座的材料均为碳钢，管座的直径相对较小，在采用埋弧自动焊进行焊接时，所选用的焊丝应具有良好的通用性，焊剂应具有良好的脱渣性。基于以上特点，通过大量试验，最终实际生产采用 H10 Mn 2 焊丝及 SJ 101 焊剂。H 10Mn 2 焊丝具有强度适中，性能稳定的优点，而 SJ 101 焊剂具有良好的脱渣性，H 10 Mn 2＋SJ 101 组合具有性能稳定、工艺良好的优点。

（3）焊接工艺规范参数　汽包小管座马鞍形埋弧自动焊焊接工艺规范参数与常规的汽包大管座埋弧焊有较大的不同。汽包大管座通常为插入式，大管座与汽包筒体的壁厚均很厚，焊接时，各层、各道的焊接位置基本一致，因此，大管座焊接时各层、各道的焊接工艺规范参数基本相同。而汽包小管

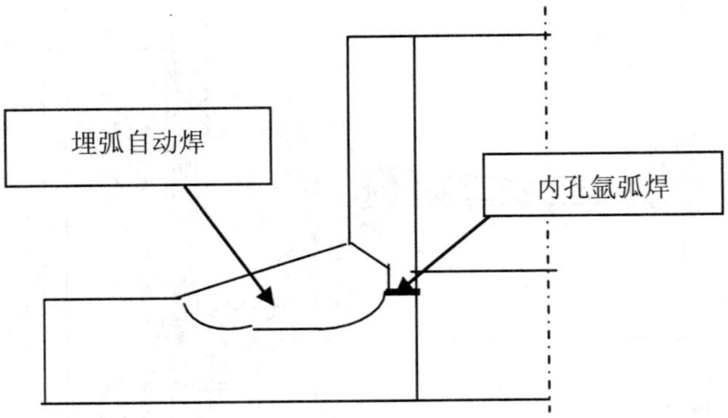

图 10-33 泡包小接管焊接坡口

座通常为骑式，小管座与汽包筒体的壁厚相差悬殊，焊接时，各层、各道的焊接位置一直发生变化。因此，小管座焊接时各层、各道的焊接工艺规范参数也相应变化。小管座焊接时一般可分为打底层、中间层和盖面层，根据不同的部位选用不同的规范参数，推荐的规范参数见表 10-2。

表 10-2 汽包小管座马鞍形埋弧自动焊焊接规范参数

焊　层	焊接方法	焊丝直径（mm）	电流（A）	电压（V）	焊接速度（mm/min）
1（内壁）	内孔氩弧焊（内壁）		160～180	10～20	78～84
2（外壁打底层）	埋弧焊（外壁）	1.6	175～185	26～27	310～330
3（外壁中间层）	埋弧焊（外壁）	1.6	200～250	26～28	200～250
4（外壁盖面包层）	埋弧焊（外壁）	1.6	180～200	26～27	280～320

2. 汽包小管座马鞍形埋弧自动焊实际焊接操作程序

汽包小管座马鞍形埋弧自动焊焊接操作程序如下：

（1）将平衡吊架的吊勾放入机头吊板的吊孔内，通过平衡吊将主机（机头）吊至接管处。

（2）将主机的三爪卡盘放置在待焊接管内壁并夹紧。

（3）调整好马鞍运动机构的相位后锁紧。

（4）根据接管直径及筒体直径确定马鞍落差量，其计算公式为马鞍落差量 $S=1/2(D-\sqrt{D^2-d^2})$；然后调整偏心滑块机构的偏心量（S/2），通过试转修正调节好马鞍落差量。

（5）通过 PEH 控制箱设定焊接参数。

（6）通过摇动水平调节手轮、上下调节手轮以及焊枪角度调节手轮，调整焊枪至合适的位置及合适的角度。

（7）通过 PEH 控制箱进行点动送丝，使焊丝端对准并轻轻接触起焊点，然后添加焊剂。

（8）按 PEH 控制箱上的启动键，开始焊接。每焊完一圈，通过调节手轮来调整焊枪的位置（排焊道），直至焊完。

（9）按 PEH 控制箱上的停止键，停止焊接。

（10）通过平衡吊架将主机吊至下一个待焊接管处并重复程序（1）～（9）直至全部接管焊妥。

四、集箱环缝自动焊接技术及其应用

（一）集箱环缝自动焊接技术简介

1. 概述

本文所述的集箱环缝自动焊接技术是指在普通钨极氩弧焊（TIG）工艺和普通埋弧焊（SAW）工艺的基础上，在焊接机械和自动程序控制上作了增加和改进而发展起来的一种焊接工艺。其焊接原理与手工钨极氩弧焊（TIG）工艺和普通埋弧焊（SAW）工艺基本相同，主要差别在于集箱环缝实现了焊接过程的自动化。

集箱环缝自动焊接技术既有普通钨极氩弧焊（TIG）工艺易实现单面焊双面成型的优点，又兼有普通埋弧焊工艺焊接效率高、焊接质量稳定的优点，所以在电站锅炉集箱、管道环缝自动焊接中得到了很好的应用。

集箱环缝自动焊接系统设计的焊接参数范围比较宽，能够适应各种规格、直径、各种材料环缝的焊接需要，不仅减轻了焊工的劳动强度，而且提高了焊接自动化和机械化水平。

集箱环缝自动焊接技术采用的是细丝埋弧焊，其焊接线能量相对较小，特别适合高合金钢（如P 91、P 92 钢）的焊接，焊接质量稳定，焊接接头力学性能（特别是焊缝金属的冲击韧性）相对较高。

2. 集箱环缝自动焊接技术工作原理

本文所述的集箱环缝自动焊接技术的工作原理是将两根集箱本体直接放置在焊接滚轮架上，通过调整焊接滚轮架以保证集箱焊接坡口的错边及集箱本体的平直度均在要求范围内。焊接坡口的装配不采用传统的定位焊，而是在集箱本体不动的情况下，TIG 焊焊接机头沿集箱本体圆周局部（约1/3圆弧）转动来实现平、立位置的环缝自动打底焊接；待 TIG 焊打底焊缝长度达到 1/3 圆弧时，TIG 焊焊接机头停止转动，焊接滚轮架开始转动，完成集箱环缝的第一层（2/3 圆弧）打底焊缝的焊接。以后的环缝焊接，则采用细丝窄间隙埋弧焊（NG－SAW）。细丝窄间隙埋弧焊可设定每层焊缝的焊接道数，并且在焊接过程中每完成一道焊缝后机头自动转动导电杆，调整焊丝角度实现自动排道。根据设定的焊接规范参数，该焊接设备可自动完成整个集箱环缝（TIG 打底＋SAW 焊妥）的焊接工作。

（二）集箱环缝自动焊接设备特点及设备组成

1. 集箱环缝自动焊接设备特点

集箱环缝自动焊打底焊缝采用钨极氩弧焊（TIG）在非氧化性气氛中焊接，具有对焊缝保护效果好、焊接过程稳定、焊缝金属纯净、易实现单面焊双面成型的特点。改变传统钨极氩弧焊采用手工或焊接小车在被焊工件表面焊接，采用专用的氩弧焊机头，在不进行点固焊的情况下，直接对集箱环缝坡口进行打底焊接（加丝），保证了打底焊缝的成形和焊接质量。环缝打底焊后的焊接则是采用传统的埋弧焊（SAW）工艺及专用的焊接机头，即在充分利用埋弧焊焊接效率高特点的同时，采用相对比较细的焊丝焊妥整个集箱环缝。由于整个焊接过程实现了自动化，并且采用细丝埋弧焊工艺，确保了集箱环缝的焊接质量及焊接接头的力学性能。

集箱环缝焊接规范参数可根据集箱的直径分别进行预置和分段控制，系统焊接规范参数设置完成即可自动完成钨极氩弧焊（TIG）打底焊接和其余埋弧焊（SAW）焊接。

集箱环缝自动焊接技术主要表现为：

（1）钨极氩弧焊（TIG）高频引弧，脉冲电流，熔透性好，熔池稳定，打底焊缝的焊接质量良好；

（2）埋弧焊（SAW）可自动连续焊接，焊接速度快；

（3）采用窄间隙焊接坡口，焊接热影响区小，减少焊接变形量；

（4）省时、省力、省材，焊缝的合格率高；

（5）焊接参数可根据集箱直径的变化调节，方便灵活，数字化重复精度高；

（6）由于整个焊接过程实现了自动化，减轻了焊工的劳动强度，提高了焊接自动化和机械化水平；

(7) 集箱环缝的装配、根部焊缝打底焊及焊缝盖面焊妥在同一工位一次完成，改变了集箱装配、焊接的往返吊运，节省了装配辅助时间，提高了车间生产场地的利用率。

2. 集箱环缝自动焊接设备组成

集箱环缝自动焊接设备主要由焊接滚轮架、焊接操作架、TIG焊机、SAW焊机及控制系统组成（见图10－34～图10－35）。

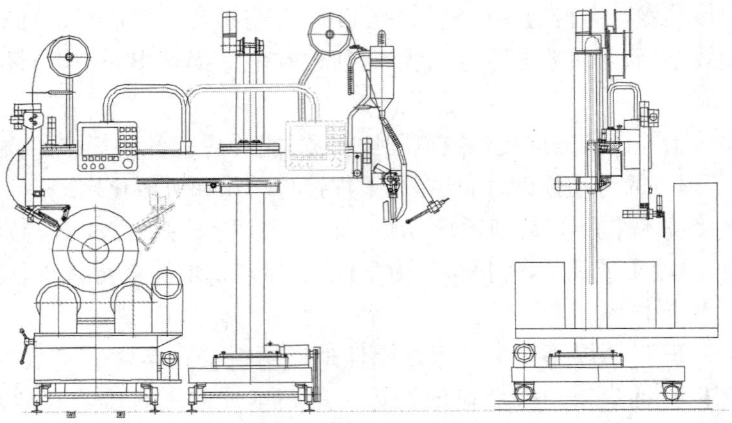

图10－34 集箱环缝自动焊设备示意图

图10－35 集箱环缝自动焊设备

1）焊接滚轮架 集箱环缝自动焊设备设有两组焊接滚轮架。滚轮架放置于轨道上，可根据集箱的长度移动。每组焊接滚轮架由主动和从动两个滚轮架组成。其中从动滚轮架的滚轮可作横向微调，调整待焊集箱的中心轴线，以控制集箱在滚轮转动时的轴向窜动，满足集箱的细丝窄间隙埋弧焊（NG－SAW）的焊接。

两组主动滚轮架采用交流伺服驱动，同步控制，以保证集箱本体同步转动（见图10－36）。

2）焊接操作架 焊接操作架由地车、立柱和安装在立柱滑座内的横臂组成。

横臂两端分别布置两个十字电动滑架：一个十字电动滑架布置自动氩弧焊（TIG）机头及运动机构；另一个十字电动滑架布置细丝窄间隙埋弧焊（NG－SAW）机头和普通埋弧焊（SAW）机头及运动

图 10-36　焊接滚轮架

机构，并且可根据不同的焊接工艺需要通过转动立柱和滑座带动横臂作升降及伸缩运动，使焊接机头到达焊接部位，实现各种焊接工艺的需要(见图 10-37)。

图 10-37　焊接操作架

(1) 地车　地车放置于轨道上，带动焊接操作架沿集箱轴线方向运动，使焊枪到达所需的焊接位置。

(2) 立柱　立柱坐落在地车旋转支承机构上，通过旋转支承机构可以 180 度转动，分别使固定在横臂两端的 TIG 焊及 SAW 焊机头到达焊接位置。立柱加设气动定位锁紧装置以实现快速定位。立柱上有升降滑座，由电机驱动通过双排链带动升降滑座使横臂作升降运动。

(3) 横臂　横臂安装在立柱升降滑座内。横臂两端分别安装氩弧焊(TIG)机头及运动机构和埋弧焊(SAW)机头及运动机构，由滑座带动横臂作升降及伸缩运动，并通过立柱转动，使焊枪到达焊接部位。

① 氩弧焊(TIG)机头及运动机构　横臂的一侧安装有氩弧焊(TIG)机头及运动机构(见图 10-38)。

图 10-38　氩弧焊(TIG)机头及运动机构

运动机构由3个交流伺服电机通过三轴运动卡控制水平(x轴)、垂直(z轴)及旋转(θ轴)的三维运动带动氩弧焊(TIG)机头沿集箱本体圆周局部(约1/3圆周)转动来实现平、立位置的环缝自动打底焊接。

在θ轴旋转机构上还装有一个交流伺服运动轴,用于焊接过程弧长(AVC)控制。

为了检测集箱工件的圆心,在运动机构的x及z轴方向上各装有一个激光探测头。通过激光探测头测出工件的最高点及侧面的坐标后,根据输入集箱工件半径、焊枪长度及起始角度,由PLC自动计算出集箱工件圆心坐标,即能确定焊枪的起始坐标(x_o、z_o、θ_o)。

② 埋弧焊(SAW)机头及运动机构　横臂另一侧安装有埋弧焊(SAW)机头及运动机构(见图10-39)。

图 10-39　埋弧焊(SAW)机头及运动机构

运动机构由两个交流伺服电动驱动的用作焊接导电杆对位及焊缝跟踪的十字电动滑架(y、z轴),一个用作焊缝自动排道的焊枪回摆机构(AC伺服),以及由一个电机切换、SAW_1(细丝)及SAW_2(粗丝)切换的两组垂直电动升降滑架组成。

为了适应工件直径偏差及轴向窜动以保证 SAW_1 时焊枪在焊缝中的位置，运动机构还有一套焊缝跟踪机构，包括探头、位移传感器、升降（AC 伺服）及横向（手动）调整机构。

3）TIG 焊机　TIG 焊机由 TIG 焊接电源、窄间隙 TIG 焊枪、冷却水箱及送丝机等组成（见图 10 -40）。

图 10 - 40　控制柜、焊接电源及冷却水箱

（1）焊接电源　焊接电源选用美国飞马特 400 GTW 逆变式脉冲电源，采用遥控模式，两个隔离传感器直接测出焊接过程中电流及电压值，通过 A/D 及 D/A 模块在触摸屏上设定、显示脉冲电流及电弧电压参数。

（2）窄间隙 TIG 焊枪　窄间隙 TIG 焊枪为扁平式设计，厚度 12 mm，可以插入窄间隙坡口内进行打底焊。焊枪有良好的冷却及气体保护，保证长期工作及焊缝的焊接质量。

（3）冷却水箱　冷却水箱型号为 TC - 900，是一种循环式冷却水箱，由泵、换热器、水箱等部分组成。

（4）送丝机构　为了保证送丝速度稳定，采用四驱动送丝机构由交流伺服电机精确驱动，可正、反转。

4）SAW 焊机　SAW 焊机由埋弧焊电源及控制器、焊丝送丝机、窄间隙焊接导电杆、焊剂斗及焊接坡口跟踪装置等组成。

（1）焊接电源及控制器　焊接电源及控制器选用 ESAB LAF 1 000 焊接电源及 PEHA 2 - A 6 控制器，该配置采用数控技术实现数字设定、显示、规范存储等功能。

（2）焊丝送丝机　焊丝送丝机选用 ESAB A 2 送丝机头，为永磁电机，带测速装置。

（3）窄间隙焊接导电杆　窄间隙焊接导电杆安装在送丝机头上部。导电杆下部呈 10 度角度，由交流伺服电机带动导电杆转动，实现焊接过程中的自动排道，以解决窄间隙坡口两侧壁未熔合问题。

（4）焊接坡口跟踪装置　焊接坡口跟踪装置由激光位移传感器、探头及电机十字滑架通过 PLC 完成坡口的两维跟踪，保证窄间隙焊接过程的正常。

其工作原理：采用激光位移传感器作为跟踪传感器，激光束沿着焊缝横向扫描，分别检测焊缝底部中心及坡口左上棱角的高度，经数据处理后，驱动 z 轴及 y 轴，实现对焊缝高度及坡口边缘的跟踪。该系统的最大跟踪坡口深度可达 350mm 左右。

5）控制系统　控制系统是集箱环缝自动焊设备的核心，分设在控制柜及操作屏内。

（1）控制柜　控制柜内有一套 PLC、10 台 AC 伺服驱动器、一台交流变频器、15 V 及 24 V 直流稳压电源、伺服变压器以及空气开关、继电器等。其中 PLC 是一种多 CPU 的新型 PLC，可以配置多轴运动卡及多种转换模块，最大程度满足对焊接过程、参数及运动的精密控制。

(2) 操作屏 在横臂上装有悬挂式可转动的操作屏。包括触摸屏、薄膜键、操作开关、按钮以及指示灯。作为人机对话界面的触摸屏可以直接用手触摸屏幕来选择工作模式、设定规范参数、控制运动，同时也能显示过程状态。触摸屏薄膜键、操作开关、按钮以及主画面见图 10－41、图 10－42。在触摸屏主画面上可以选择帮助画面、参数设置、监控画面以及规范存储调用 4 个分画面，每个分画面又可分设若干个子画面。

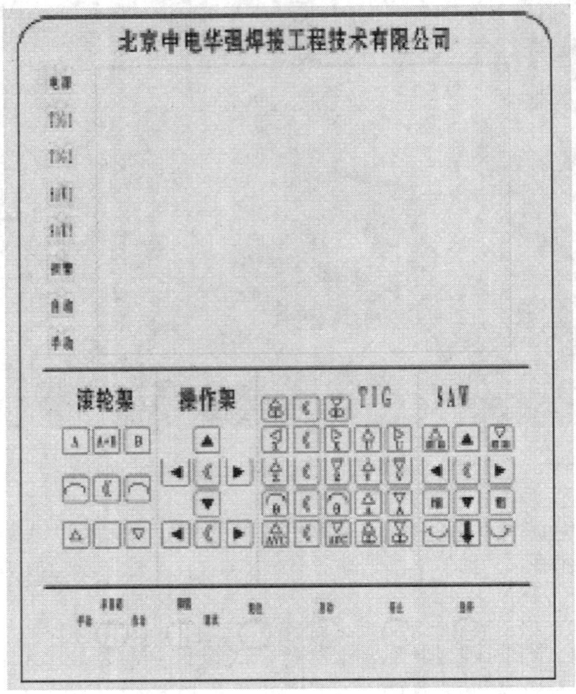

图 10－41 触摸屏薄膜键、操作开关、按纽

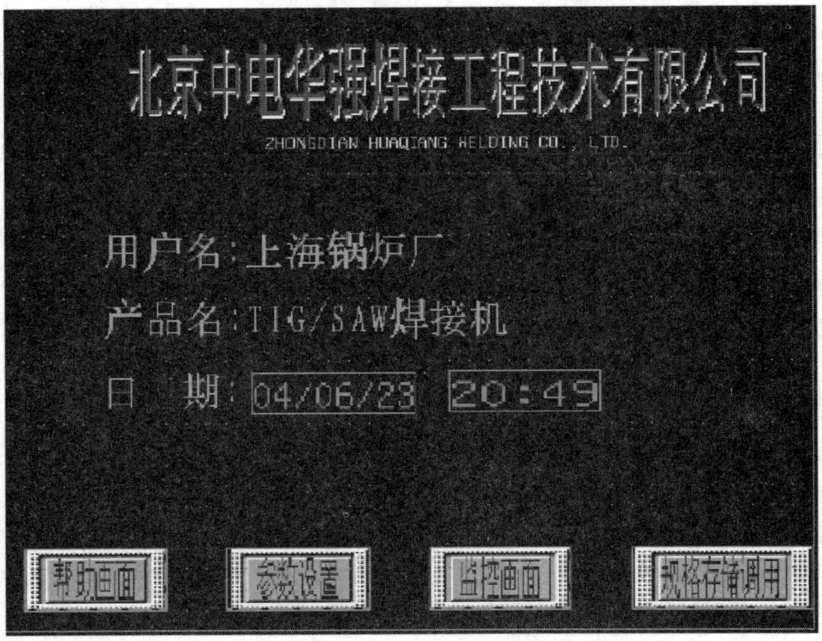

图 10－42 触摸屏主画面

（三）集箱环缝自动焊接技术实际应用

1. 集箱环缝自动焊接技术实际应用

（1）集箱环缝自动焊设备主要技术参数

集箱直径：219～838 mm；

集箱壁厚：16～120 mm；

集箱长度：单根管 1～12 mm，焊后总长(max)：25 m；

集箱材料：碳钢、合金钢及不锈钢；

焊前预热温度：≤300 ℃。

（2）焊接操作架主要技术参数

规格：2m×2 m；

驱动电机：0.75 kW；

小车行走速度：0.2～2 m/min(交流变频)；

横臂升降电机：0.18 kW(交流抱闸)；

横臂升降速度：1 m/min；

横臂伸缩电机：0.18 kW(交流电机)；

横臂伸缩速度：1 m/min；

交流伺服电机：200 W×2（x、z 轴联动，z 轴带抱闸），
200 W×2(焊缝跟踪，z 轴带抱闸)，
100 W×1(θ 轴带抱闸)，
100 W （跟踪补偿)，
100 W （AVC)，
100 W （排焊道)，
3.5 kW×2(滚轮架)。

（3）焊接滚轮架主要技术参数

承重：60 t(30＋30 t)；

驱动电机：3.5 kW×2(交流伺服)；

线速度：40～1 000 mm/min；

上下的调节范围：100 mm；

最小标高(至地面)：800 mm。

（4）TIG 焊机主要技术参数(见图 10－43)

焊接电源型号：400 GTSW；

脉冲电流：5～300 A；

基值电流：5～300 A；

收弧电流：5～300 A；

脉冲周期：0.2～2 s；

送丝速度：0～3 000 mm/min；

预通气：0～9.9 s；

预热时间：0～9.9 s；

延迟送丝时间：0～9.9 s；

AVC 延时时间：0～9.9 s；

搭接时间：0～9.9 s；

衰减时间：0～9.9 s；

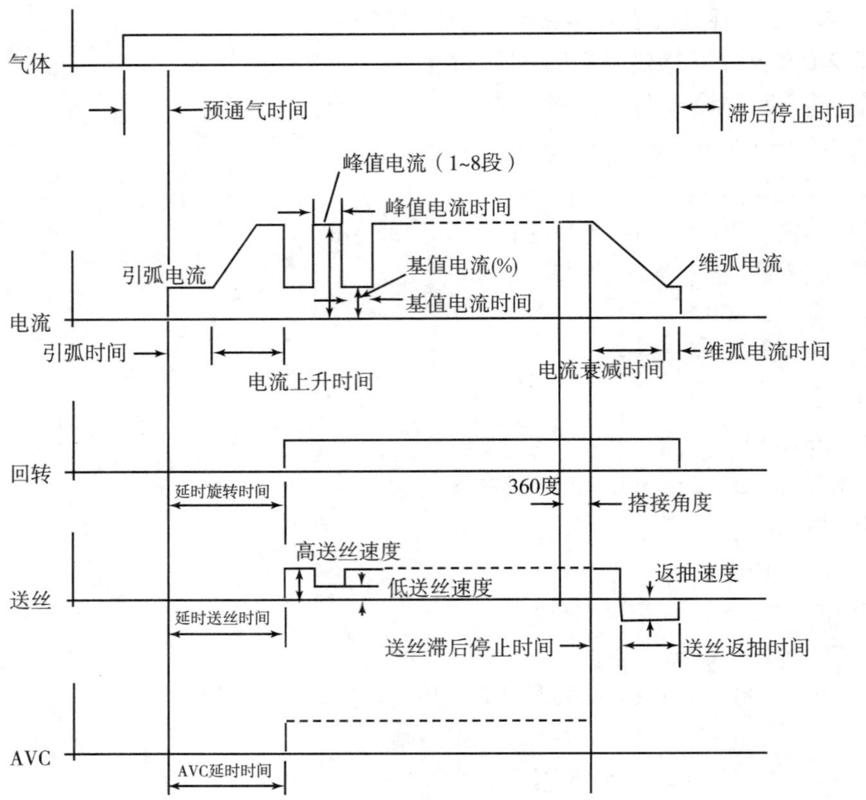

图 10-43　焊接参数时间程序图

气体滞后停止：0～9.9 s；

填丝直径：1.0/1.2 mm。

(5) SAW 焊机主要技术参数；

焊接电源型号：LAF 1 000 + PEH + A 2 + A 6；

填丝直径：1.6 或 2.0（窄间隙）;3.0 或 4.0（常规）。

(6) 冷却水箱主要技术参数

型号：TC 900；

容量：9.46 L。

(7) 控制系统主要技术参数

PLC-CPU：Q 02 HCPU；

电脑触摸屏：A 970 GOT-SBA。

2. 集箱环缝自动焊接工艺

集箱环缝焊接所有的焊接参数设置及焊接动作都是在电脑触摸屏上进行设置完成的。在自动焊接过程中，焊接规范参数的设置准确性、焊接坡口的加工精度对焊缝的焊接质量影响相当大。

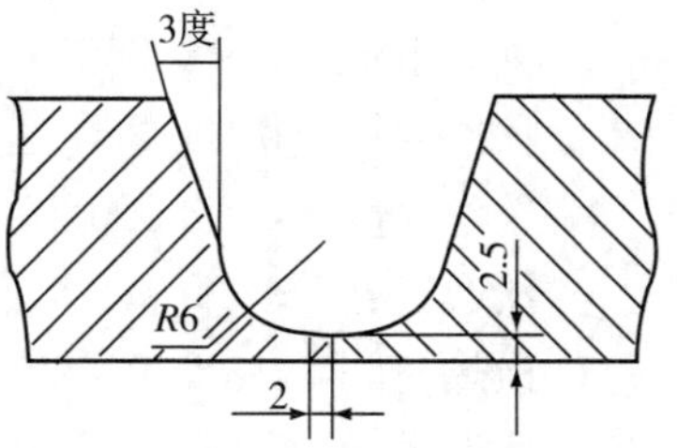

图 10-44　集箱环缝焊接坡口形式

1）集箱环缝焊接坡口　见图 10-44。

2）集箱环缝的自动焊接　集箱环缝焊接装配时，不采用传统的点固焊，而是直接将集箱本体放置在两组滚轮架上，两段集箱轴线找正后，调整两根集箱本体焊接坡口的错边量、坡口圆周方向的间隙及集箱本体的平直度，以满足集箱环缝焊接。

(1) 自动氩弧焊(TIG)打底焊接

① 集箱圆心检测　根据集箱本体半径和管壁厚度参数输入电脑及 TIG 焊运动机构的 z 轴上的二维激光束分别检测集箱本体上、侧表面的(x 轴、z 轴)坐标，由 PLC 自动计算出集箱本体相对坐标系及集箱本体圆心的坐标；根据原先设定的焊枪长度及起始焊接的角度，自动计算出焊枪的焊接起始三维坐标(x_o，z_o和 θ_o)。

② 自动氩弧焊(TIG)打底焊接　集箱本体自动氩弧焊(TIG)打底焊，工件不动，自动氩弧焊(TIG)机头根据设定的参数和自动计算出焊枪的焊接起始三维坐标(x_o，z_o和 θ_o)，焊枪自动地在集箱 300 度的位置定位。焊接时，焊枪通过三轴数控联动及电弧 AVC 控制功能，始终围绕集箱本体作等速圆弧切线运动，随着集箱本体的位置变化，焊枪角度的转动始终保持与集箱本体圆心作向心运动。自动氩弧焊(TIG)的焊接位置是在立、平焊位置交替进行，待集箱本体打底焊焊至设定的集箱本体圆弧总弧长 1/3 后，即大约在集箱 60 度的位置时，自动氩弧焊(TIG)机头停止运动。此时焊接滚轮架开始转动，在焊枪不动地情况下完成集箱本体的其余 2/3 圆弧长度的打底焊，并且根据设定，可保证有一定的搭边量(搭边量一般为 10 度的弧长)。在立、平焊位置自动氩弧焊(TIG)打底焊时，根据对 1/3 弧长焊接位置，可设定 10 段不同的焊接规范参数，确保根部焊缝的成形及焊透，确保根部焊缝的焊接质量。

(2) 细丝窄间隙埋弧焊(NG－SAW)焊接　集箱本体自动氩弧焊(TIG)打底焊后，将焊接操作架的横臂转动至细丝窄间隙埋弧焊(NG－SAW)机头，采用细丝窄间隙埋弧焊(NG－SAW)焊妥集箱环缝。

细丝窄间隙埋弧焊(NG－SAW)焊时，可设定每层焊缝的焊接道数(一般为每层两道焊)，并且在焊接过程中，在完成一道焊缝和设定搭接角度焊接后，机头自动转动导电杆(带角度)，调整焊丝角度实现自动排道。随着焊缝高度的增加，焊接导电杆则根据原先设定的提升量，自动提升焊接导电杆，保证每层焊缝焊接中的焊丝干伸长度基本一致。焊接过程中根据跟踪系统测得的数据，可以纠正集箱本体轴向窜动，根据设定的焊接规范参数，自动完成集箱环缝的焊接工作。

另外，该焊接设备还能适应普通双 V 型坡口的焊接，可在自动氩弧焊(TIG)打底后，采用细丝窄间隙埋弧焊(NG－SAW)焊几层，再采用普通埋弧焊(SAW)焊妥。

3. 集箱环缝自动焊实际应用

为了使集箱环缝自动焊接工作站投入生产应用，在焊接工艺试验，确定适合焊接工作站焊接的集箱环缝焊接坡口型式、焊丝直径、焊剂型号及焊接模式组合等参数的基础上，根据锅炉产品制造标准的要求进行了焊接工艺评定试验，其试验结果符合相关标准的要求。在此基础上笔者又进行了焊接试生产，并且已经逐步扩大至各种材料、各种规格集箱的焊接生产。具体焊接情形和焊接质量情况如图 10－45～图 10－49 所示。

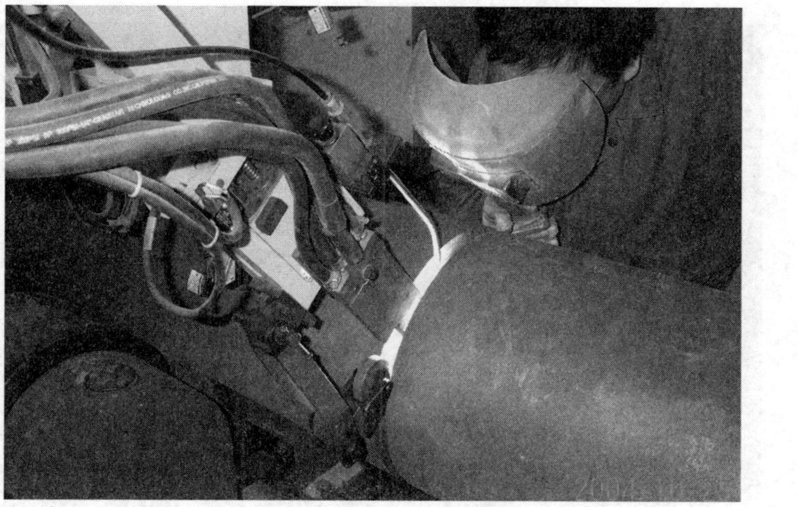

图 10－45　TIG 焊焊接情形

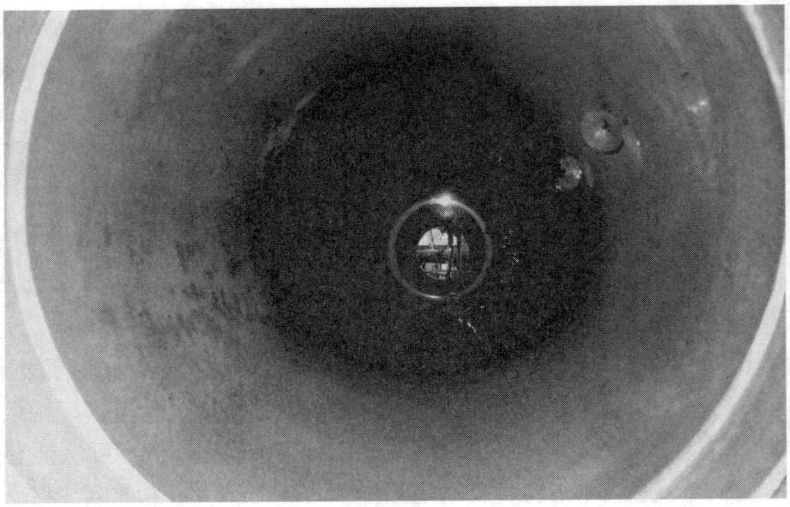

图 10 - 46　根部打底焊情形

图 10 - 47　集箱环缝打底焊缝的表面焊接质量

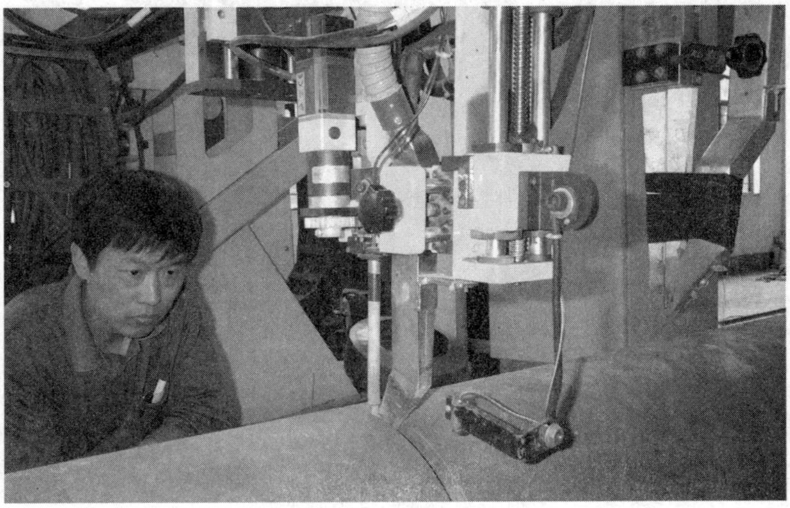

图 10 - 48　SAW 焊焊接情形

图 10-49 集箱环缝表面焊缝的焊接质量

五、内孔氩弧焊接技术及其在锅炉汽包管座制造中的应用

（一）汽包管座内孔氩弧焊焊接技术简介

1. 概述

汽包是锅炉产品中一个非常重要的部件，汽包的焊接质量将直接影响整台锅炉的安全运行。汽包管座内孔氩弧焊设备就是根据电站锅炉汽包的结构特点、汽包管座角焊缝的坡口形式及焊接质量要求，为确保汽包管座角焊缝的焊接质量尤其是打底焊缝的焊接质量而开发的一种专用焊接设备。

2. 汽包管座内孔氩弧焊焊接技术的应用

由于管座内孔氩弧焊具有的优点，所以在电站锅炉和工业锅炉的汽包、集箱管座角焊缝内孔打底焊的焊接中得到了广泛的应用。由于其焊接主要是通过焊接电弧对焊接坡口钝边母材自熔，不添加焊丝，所以适合各种材料的焊接。

管座内孔氩弧焊焊接系统设计的焊接参数范围比较宽，能够适应各种规格直径管座角焊缝内孔氩弧焊打底焊接。

管座内孔氩弧焊焊接系统是在 TIG 焊基础发展起来的，同样适应各种焊接位置的管座角焊缝内孔氩弧焊打底焊接。

3. 汽包管座内孔氩弧焊焊接技术工作原理

汽包管座内孔氩弧焊工艺是在普通钨极氩弧焊工艺的基础上，将原手工钨极氩弧焊的手工焊枪改为内孔氩弧焊机头，并对焊接控制进行改进而发展起来的一种焊接工艺方法，由手工控制焊枪改为采用可编程序控制器对焊接机头进行全过程自动程序控制。其焊接技术工作原理与手工钨极氩弧焊基本相同，主要差别在于内孔氩弧焊实现了焊接过程的自动化。

（二）汽包管座内孔氩弧焊焊接技术特点及设备组成

1. 汽包管座内孔氩弧焊焊接技术特点

汽包管座内孔氩弧焊工艺利用钨极氩弧焊在非氧化性气氛中焊接，具有对焊缝保护效果好、焊接过程稳定、焊缝金属纯净、易实现单面焊双面成型的特点。它改变了传统钨极氩弧焊采用手工或焊接小车在被焊工件表面及在可视条件下的焊接，将特制的内孔氩弧焊机头直接插入管座内孔，在不添加焊丝的情况下，沿管座圆周坡口内壁对角焊缝进行打底焊接；克服了手工钨极氩弧焊的手工操作手势而致使焊接速度不均匀、焊缝成形不良的不足，保证了管座角焊缝打底焊缝的均匀性及根部焊缝（外壁）的良好成形，而且还保证了打底焊缝表面（内壁）的成形圆滑，最终保证了管座角焊缝打底焊缝的焊接质量。

根据管座角焊缝的焊接特点，汽包管座内孔氩弧焊机头设计得轻便灵活、结构简单、维护方便、工作可靠，提高了焊缝的焊接质量和劳动生产效率，降低了劳动强度和生产成本。

焊接规范参数可根据管座的直径分别进行预置和分段控制，管座内孔氩弧焊系统焊接规范参数设置完成即可自动完成打底焊缝的焊接。可以实现恒流焊接和脉冲焊接。

汽包管座内孔氩弧焊焊接技术主要表现为：

(1) 高频引弧，脉冲电流，熔透性好，熔池稳定，焊接质量良好；

(2) 连续焊接速度快；

(3) 电弧密集，焊道冷却速度快，热传导距离有限，热影响区小，焊接变形小；

(4) 省时、省力、省材，产品合格率高；

(5) 可根据管径的变化，焊接参数调节方便灵活，数字化重复精度高。

2. 汽包管座内孔氩弧焊设备组成

汽包管座内孔氩弧焊设备主要由焊接机头、可编程序控制箱、焊接电源和循环冷却水箱等 4 部分组成。内孔氩弧焊焊接系统组成如图 10－50 所示。

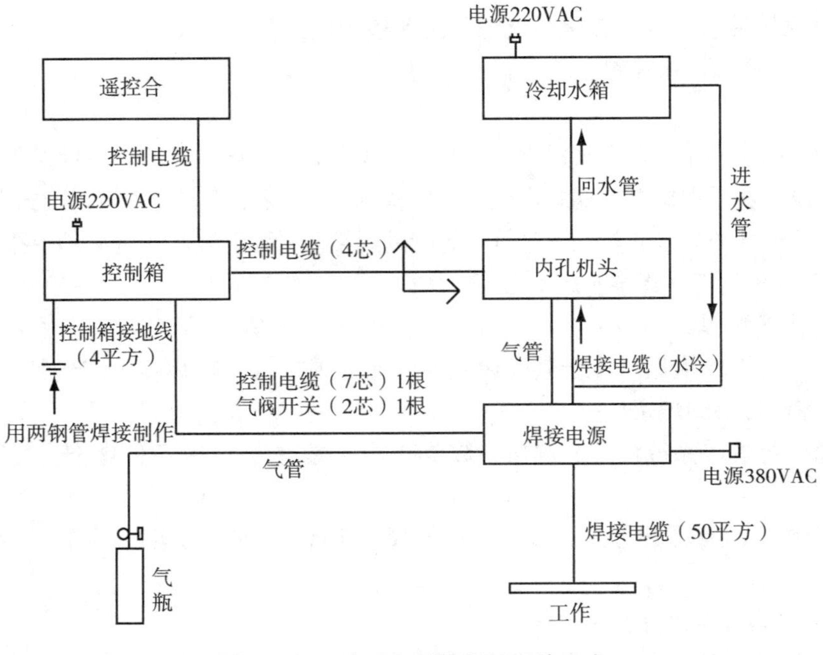

图 10－50　内孔氩弧焊焊接系统组成

1) 焊接机头　管座内孔氩弧焊，主要是通过焊接机头来实现内孔氩弧焊打底焊接，所以焊接机头是焊接设备的主要部件。焊接机头由蜗轮蜗杆减速装置、陶瓷喷嘴(分流罩及钨极)、管座定位套、管座高度调节机构、焊接电缆(水、气、水冷)、导电系统、绝缘系统、循环水冷系统等八部分组成。内孔氩弧焊焊接机头如图 10－51，图 10－52 所示。

(1) 蜗轮蜗杆减速装置　通过调节直流电机的转速对蜗轮蜗杆减速装置和中心轴(导电杆)在不同管座内径的焊接旋转速度调节，实现中心轴的转速无级调速。

图 10－51 焊接机头照片

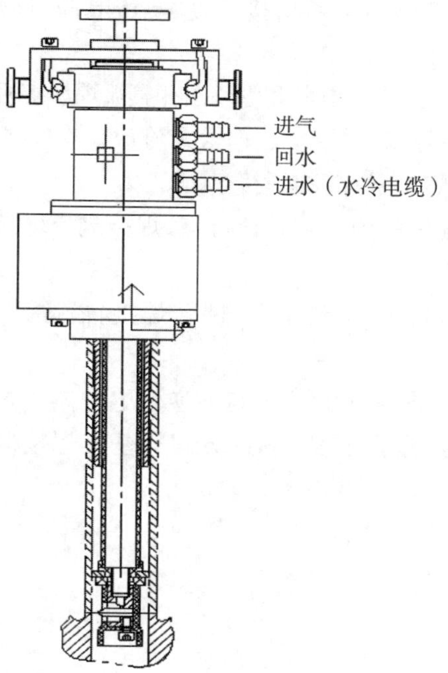

图 10-52　焊接机头示意图

(2) 陶瓷喷嘴　陶瓷喷嘴由分流罩及钨极组成。通过内六角螺钉的调整即可调整钨极的伸出长度和更换钨极；内六角螺钉旋下，即可更换喷嘴。陶瓷喷嘴如图 10-53 所示。

(3) 管座定位套　管座定位套是将焊接机头座于被焊管座上，对钨极与管座内壁中心进行定位，确保在焊接过程中钨极与管座内壁距离在一定的范围内。管座定位套可根据不同的管座内径规格进行选用。管座定位套如图 10-54 所示。

(4) 管座高度调节机构　管座高度调节机构主要是通过调整旋转手轮，使中心轴（导电杆）轴向上下移动，调整钨极顶尖至焊接坡口的缝隙，确保打底焊缝的焊接质量。

(5) 焊接电缆　焊接电缆带有水、气、水冷管路，确保焊接设备的连续工作。

(6) 导电系统　焊接电源由水冷电缆接到焊接机头集流鼓，并经由两个较大的碳刷接至转动的中心轴（导电杆）上传递到导电杆的钨极。

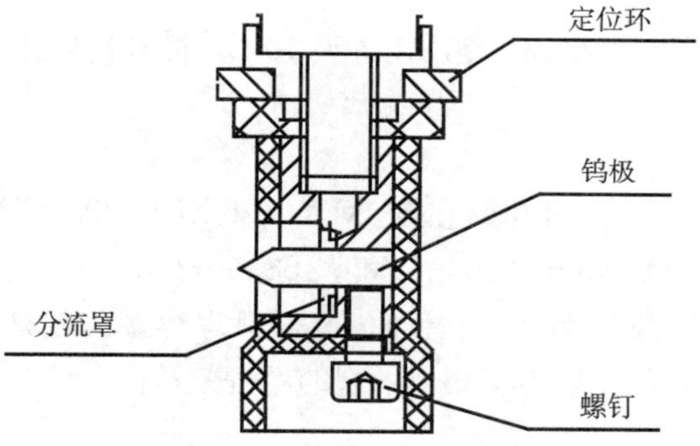

图 10-53　陶瓷喷嘴示意图

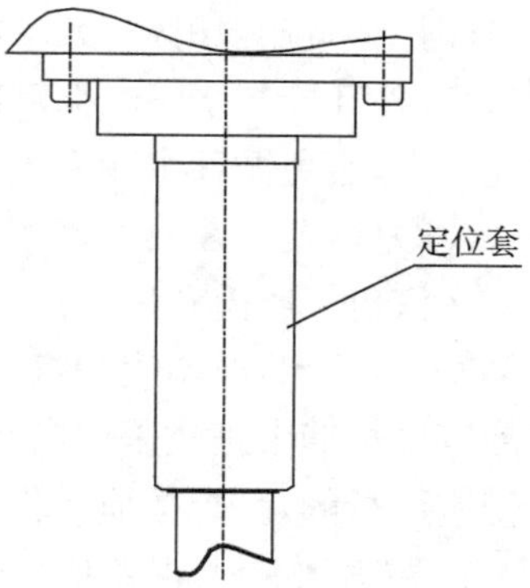

图 10-54　管座定位套示意图

(7) 绝缘系统　由于 TIG 焊接采用高频引弧，所以机头与工件之间必须具有良好的绝缘性能，保证一定的安全距离。焊接机头的导电部位和机壳必须绝缘。焊接机头内部采用聚四氟乙烯材料绝缘，中心轴与导电嘴部位采用陶瓷护套绝缘，保证焊接设备在焊接过程中的起弧稳定性。

(8) 循环水冷系统　由于管座内孔氩弧焊固有的特点，其焊接过程中是在一个相对比较狭小的密闭空间中进行焊接，所以其焊接导电杆的设计及与焊缝的距离受到一定的限制。焊接机头的中心轴与导电杆又是在管座的内孔，在焊接过程中中心轴与导电杆的散热条件相对较差，温度的上升速度较快，而且焊接时产生的热量将会通过中心轴传递到焊接机头，使焊接机头的温度升高，损坏焊接机头的绝缘性能，焊接机头的温升也将会影响工人的正常操作，并引发其他部件的机械故障，所以采用强制水循环冷方式对焊接机头进行冷却。冷却水经由集流鼓到中心轴再到中心轴的端部，后再经集流鼓回到冷却水箱，带走导电杆部位的热量，使焊接机头的温度不超出各电器元件的使用温度，保证焊接系统能稳定地连续工作。

2) 可编程序控制箱　可编程序控制箱主要由可编程序控制器（PLC）、Eview 506 L 触摸屏、直流电机驱动板和遥控盒等组成。可编程序控制箱（除基本焊接规范参数外）主要实施对焊接全过程中进行程序控制，其主要包括预通气时间、起弧、预热、电流上升、回转焊接、搭接长度、电流衰减、停焊、滞后停气、反转归零等焊接参数的控制。

控制箱后部有4个航空插头分别连接220 VAC电源、遥控合、焊接电源和管座内孔氩弧焊焊接机头。

程序控制参数均通过控制箱前面板的Eview 506 L触摸屏对焊接参数输入及修改。全部参数输入及修改后，按"启焊"钮即可自动完成管座角焊缝内孔氩弧打底焊缝的焊接过程。

遥控合上设有急停、手动/自动、启焊、停焊、在焊接过程中的中心轴转速增减、焊接电流增减等功能，便于焊工在焊接过程中实时调整。

按"启焊"钮开始焊接，系统会自动完成"预通气、起弧、预热、电流上升、回转焊接、搭接、电流衰减、停焊、滞后停气、反转归零等焊接的全过程。

3）焊接电源　汽包管座内孔氩弧焊的焊接电源采用飞马特400 GTS脉冲逆变电源。通过焊接电源控制面板上各按钮，可设置基值电流、峰值电流、脉冲频率、脉宽比、脉冲方式等基本焊接规范参数，满足管座内孔氩弧焊的焊接要求。

焊接电源主要技术参数为

（1）焊接电流：5～400 A；

（2）暂载率：300 A　60%，三相50 Hz；

（3）基值电流：5～300 A；

（4）峰值电流：0～400 A；

（5）脉冲频率：10～100次/分钟可调；

（6）脉宽比：0%～100%。

4）循环冷却水箱　循环冷却水箱选用TWECO　TC 900型水箱，容量为10 L。循环冷却水使用纯净水，避免循环水冷系统积水垢而堵塞失效。

（三）汽包管座内孔氩弧焊焊接技术的实际应用

在汽包管座内孔氩弧焊工艺试验成功的基础上，上锅公司开始在50 MW、125 MW、300 MW、600 MW和CFB电站锅炉汽包管座（ϕ133mm×12mm、ϕ159 mm×20 mm和ϕ168 mm×15 mm）角焊缝的打底焊缝中正式采用内孔氩弧焊焊接技术。实际应用证明：汽包管座内孔氩弧焊焊接工艺方法是切实可行的，且焊接质量稳定、可靠，焊接效率也大幅提高，取得了相当可观的经济效益。

1. 汽包管座内孔氩弧焊设备主要技术参数

（1）管座内径：ϕ109 mm，ϕ119 mm，ϕ138 mm；

（2）管座高度：160～200 mm；

（3）管座钝边厚度：3～3.25 mm；

（4）接管壁厚：4～20 mm。

2. 汽包管座内孔氩弧焊坡口形式

汽包管座内孔氩弧焊坡口形式如图10-55所示。

3. 汽包管座内孔氩弧焊焊接工艺规范参数

（1）钨极直径：ϕ4.0 mm，伸出长度可调；

（2）机头转速：0.05～0.5 r/min无级可调；

（3）机头耐热温度：≤150 ℃；

（4）内保护气体流量：4～10 L/min；

（5）外保护气体流量：5～6 L/min；

（6）保护气体预通气时间：3～4 s；

（7）焊接电流递增时间：4～10 s；

（8）焊接电流衰减时间：8～13 s；

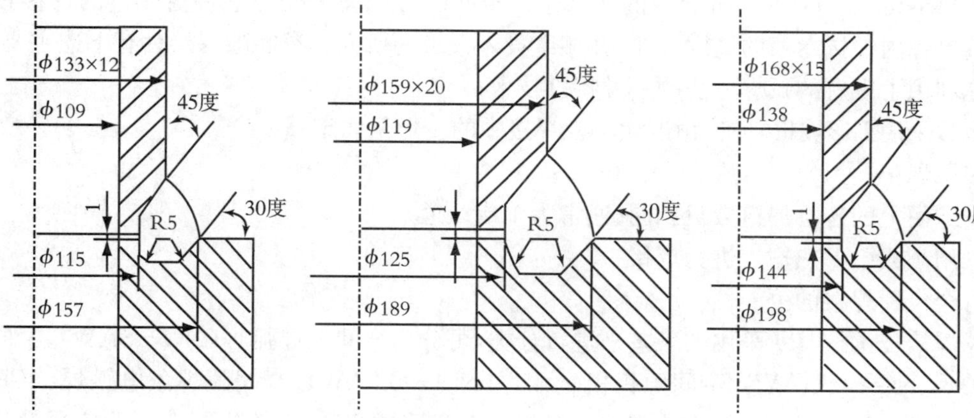

图 10-55 管座内孔氩弧焊坡口形式

(9) 保护气体滞后时间：3～5 s；
(10) 基本电流时间：0.4 s；
(11) 基值电流：50～70 A；
(12) 脉冲电流时间：1.0 s；
(13) 峰值电流：160～220 A；
(14) 焊接线速度：75～90 mm/min；
(15) 钨极与工件间距离：1.5～2.0 mm；
(16) 钨极与焊缝中心距离：1 mm。

4. 汽包管座内孔氩弧焊应用实例

通过对锅炉汽包管座角焊缝的焊接工艺评定试验，汽包管座内孔氩弧焊焊接工艺已在上海锅炉厂有限公司生产的所有锅炉汽包管座焊接上得到了应用。其应用实例如表 10-3。

表 10-3 汽包管座内孔氩弧焊应用实例

锅炉类型	零件名称	主体材料	主体规格
50 MW 锅炉汽包	筒体	19 Mn6	ϕ1 600×100
	管座	20 G 或 SA-106 B	ϕ133×12
125 MW 锅炉汽包（CFB 锅炉）	筒体	BHW 35	ϕ1 600×92
	管座	20 G 或 SA-106 B SA-106 B(CFB 锅炉)	ϕ133×12， ϕ168×15(CFB 锅炉)
300,600 MW 控制循环锅炉汽包	筒体	SA-299	ϕ1743×210
	管座	20 G 或 SA-106 B	ϕ159×20
300 MW 自然循环锅炉汽包	筒体	BHW 35	ϕ1 743×145
	管座	20 G 或 SA-106 B	ϕ159×20

六、窄间隙焊接技术及其在汽轮机转子制造中的应用

(一) 窄间隙焊接技术简介

1. 概述

自 1963 年 12 月《铁时代》杂志上首次刊发由美国 Battelle 研究所开发的窄间隙焊接技术以来（术语“窄间隙焊接”于 1966 年 5 月第一次出现在《British Welding Journal》杂志上。由美国 Battelle

研究所R P Meister和D C Matin合写的文章中)，窄间隙焊接技术作为一种更先进的焊接技术立即受到了全世界各国焊接专家的高度关注，并相继投入大量的研究。窄间隙焊接具有下述主要特征：

(1) 是利用了现有的弧焊方法的一种特别技术；

(2) 多数采用I形坡口，坡口角度大小视焊接中的变形量而定；

(3) 多层焊接；

(4) 自下而上的各层焊道数目相同(通常为1或2道)；

(5) 采用小或中等热输入进行焊接；

(6) 有全位置焊接的可能性。

窄间隙焊接技术按其所采用的工艺来进行分类，可分为窄间隙埋弧焊(NG-SAW)、窄间隙熔化极气体保护焊(NG-GMAW)、窄间隙钨极氩弧焊(NG-GTAW)、窄间隙焊条电弧焊、窄间隙电渣焊及窄间隙激光焊等。每种焊接方法都有各自的特点和适用范围，汽轮机制造行业应用最为广泛的是窄间隙埋弧焊和窄间隙氩弧焊。

2. 窄间隙焊接技术的应用与发展

窄间隙埋弧焊出现于20世纪80年代，很快被广泛应用于工业生产，它的主要应用领域是低合金钢厚壁容器及其他重型焊接结构。窄间隙埋弧焊的焊接接头具有较高的抗延迟冷裂能力，其强度性能和冲击韧性优于传统的宽坡口埋弧焊焊接接头，与传统埋弧焊相比总效率可以提高50%～80%，可节约填充金属35%～50%，焊剂55%～65%。除此之外，常规埋弧焊具有的优点窄间隙埋弧焊同样具有:高的熔敷速度，提高了生产效率；低的飞溅和电弧磁偏吹，能获得焊道形状好、质量高的焊缝；降低操作工人的劳动强度，改善工作环境；设备相对简单。

氩弧焊基本不产生飞溅和熔渣，由于电弧的稳定性高，也很少产生明显的焊接缺陷，并已经实现了全位置焊接的商业化应用。这一方法的缺点在于工作效率低。为了提高工作效率，现在已经开发并应用了热丝氩弧焊焊接技术，同时窄间隙氩弧焊可以通过对大厚壁工件坡口尺寸优化设计大大减少焊接量，从而弥补了传统氩弧焊工作效率低的缺点。氩弧焊在惰性气体氩气的保护下，可以焊接易氧化的非铁金属及合金、不锈钢、高温合金、钛及钛合金以及难熔的活性金属(如钼、铌、锆)等。

(二) 汽轮机转子窄间隙焊接设备组成

1. 汽轮机转子结构特点

汽轮机转子是汽轮机组的最核心部件之一，其制造成本和周期直接关系到整个机组的成本和周期。

汽轮机转子有整锻转子、焊接转子和套装转子3种结构形式。焊接转子是由多个较小的锻件拼焊而成的，因此转子的选材及结构形式更为灵活。用焊接转子替代整锻转子，可以有效提高转子的使用性能，缩短采购周期，降低采购成本，是汽轮机制造不可或缺的重要技术之一。由于转子工作时高速旋转，承受较高的温度和应力，其性能必须保证长期安全可靠，所以对于转子焊接方法和工艺的选择要求非常严格。

2. 汽轮机转子焊接工艺选择

埋弧焊具有焊接质量稳定、焊接效率高、工作强度低以及工作环境较好等诸多优势，是一种可以用于转子拼焊的工艺方法。但是常规的埋弧焊方法要求焊接坡口有较大的角度和宽度，对于转子这种壁厚较大的工件而言，必然会增大焊缝金属的填充量和热输入量，进而导致较大的焊接收缩和变形，这对于转子的动平衡和尺寸控制是很不利的。尤其是大容量汽轮机的低压焊接转子，由于焊接坡口的壁厚较大，这一问题十分突出。采用窄间隙埋弧焊技术可以很好地解决的这一问题。

由于窄间隙坡口窄小，两坡口面接近平行，金属填充量少，焊接变形小，焊接效率很高。但窄间隙对其焊接设备、焊接材料以及焊接工艺的要求较高。由于汽轮机转子只能采取单面焊接，为了保证良好的焊缝根部质量和根部焊道的反面成形，一般采用窄间隙氩弧焊打底，并填充到一定厚度再采用窄间隙埋弧焊焊接剩余部分。

3. 汽轮机转子窄间隙焊接设备组成

转子窄间隙焊接设备包括窄间隙热丝氩弧焊系统(法国 POLYSOUDE 公司提供)和窄间隙埋弧焊系统(瑞典 ESAB 公司提供)。窄间隙氩弧焊系统又包括 PC 600 焊接电源、NG－150 窄间隙焊枪、强制水冷系统、可视监视系统以及辅助系统如升降平台、水平旋转平台等(见图 10－56)。

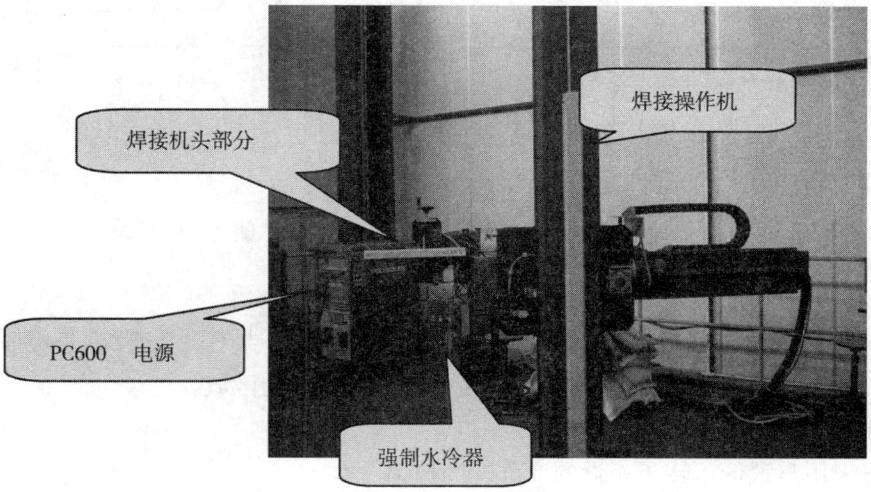

图 10－56　TIG 窄间隙系统主要组成

窄间隙埋弧焊系统主要有横转台、AF－1 000 焊接电源、焊接行走小车、焊剂输送和回收系统等(见图 10－57)。

图 10－57　窄间隙埋弧焊系统

(三) 窄间隙焊接技术在汽轮机转子制造中的应用

1. 转子形状及尺寸

图 10－58 所示为上海电气电站设备有限公司上海汽轮机厂(以下简称 STC)自主设计开发的某 600 MW 机组汽轮机低压焊接转子,额定转速为 3 000 r/min,设计最高温度不超过 365 ℃,最大直径 1 550 mm,长度 7 160 mm,质量约 42 t。

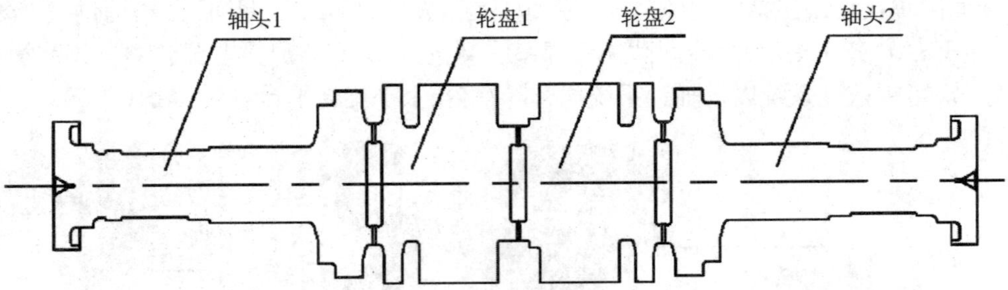

图 10－58 低压焊接转子结构示意图

2. 转子焊缝位置

该转子由轴头 1(电机端)、轴头 2(调阀端)及两个轮盘组成，共有 3 条焊缝，焊缝厚度 150 mm，通过结构优化设计，焊缝位置选择在工作温度和工作应力都较低的区域。

3. 转子材料

转子材料采用整锻低压转子相近的 3.5 NiCrMoV 钢。

4. 焊接坡口形式

坡口设计成根部适合氩弧焊打底上面适合埋弧焊填充的窄间隙坡口形式，如图 10－59 所示。

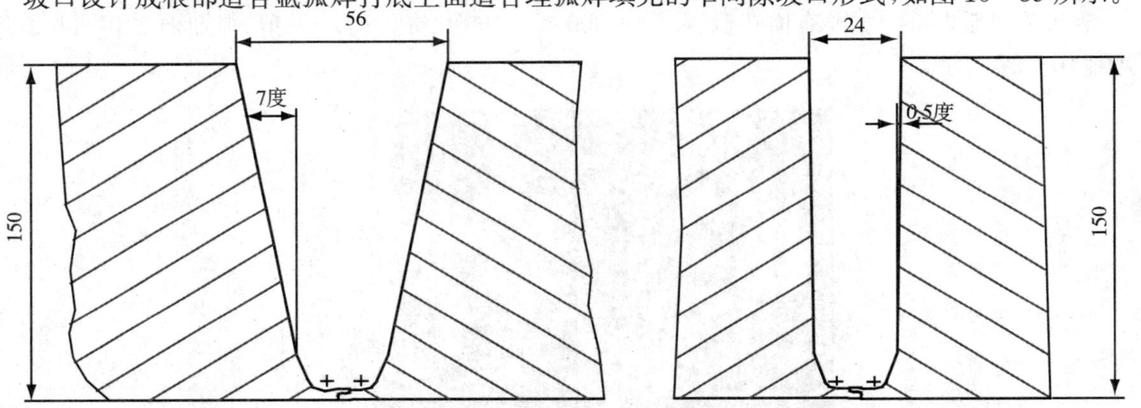

(a) 原转子焊接坡口　(b) 窄间隙转子焊接坡口

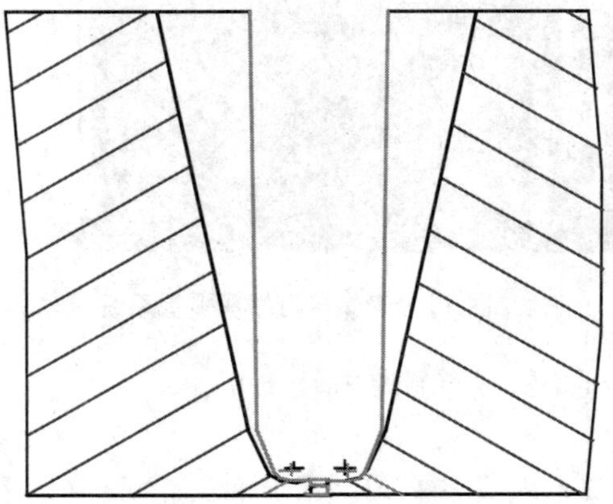

(c) 两种坡口叠加

图 10－59 焊接坡口形式

由图 10－59 可以看出窄间隙坡口比传统的坡口窄了很多，而且坡口越深减小的就越多。

5. 背面保护

为了保证打底焊道的背面成形和焊缝质量，须对坡口背面实施有效的保护。STC 原来的转子焊接结构采用从转子一端的叶轮端面钻孔将背面氩气通入转子内腔，从转子另一端的叶轮通气孔导出。新的焊接转子因分段件质量大，叶轮截面厚度很大，不适合采用原来的背氩保护方式，而是采用了在坡口根部钝边处钻 $\phi 3$ 孔的形式通背氩（见图 10－60）。

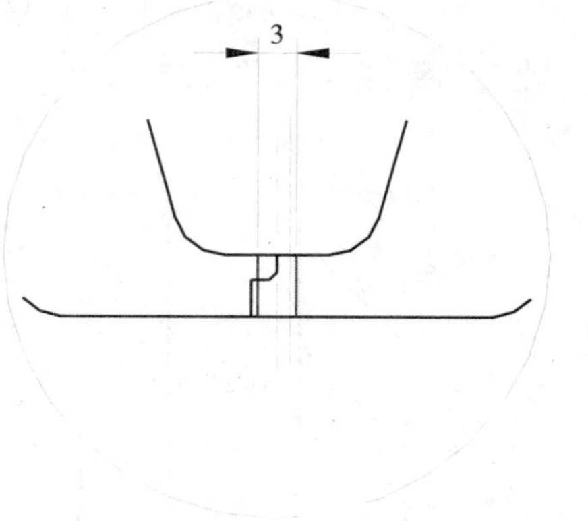

图 10－60 充氩孔

6. 焊接

（1）装配 首先安装下轴头，校调同心度和水平度，同心度要求 ±0.1 mm，平面度控制在0.05 mm以内，之后将各叶轮按照顺序依次在立转台上装配，坡口接头采用过盈配合。

（2）预热 采用工频感应加热，预热时即可充背氩（见图 10－61）。

图 10－61 转子预热

（3）窄间隙 TIG 焊打底 窄间隙 TIG 焊打底时，钨极位于根部坡口中间，采用脉冲电流焊接，打底焊道使坡口钝边部分全部熔透。

（4）TIG 填充 打底焊道厚度仅为 5 mm 左右，为了增加转子打底焊缝的牢度和转子整体刚度，需要将氩弧焊焊缝厚度加厚到 12 mm 以上，同时防止转子从立转台上翻到横转台时转子产生弯曲变形以及埋弧焊时可能出现焊穿的情况。TIG 焊接时焊道的布置见图 10－62。

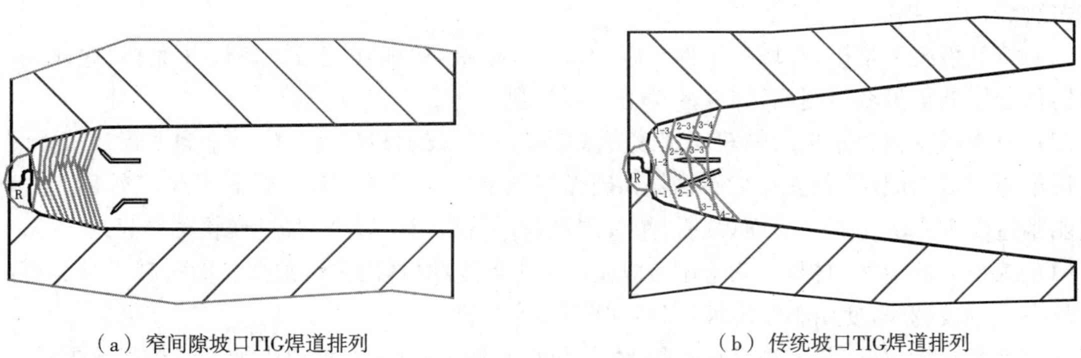

（a）窄间隙坡口TIG焊道排列 （b）传统坡口TIG焊道排列

图 10－62 TIG 填充

(5) SAW 填充

转子由立转台翻身装夹到横转台上，采用窄间隙埋弧焊工艺将坡口填满，焊接工程中采用表面温度计监测温度(见图 10－63)。

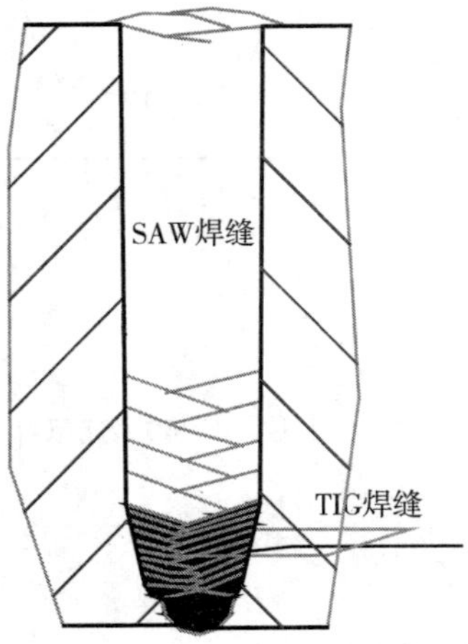

(a) SAW焊缝排列

(b) 埋弧焊焊接

图 10－63 SAW 填充

7. 焊后热处理

在专用井式炉中进行热处理除应力，热处理温度根据转子锻件原始性能热处理规范确定。

该转子在 2006 年焊接已完成，UT、MT 检查及残余应力水平测试均达到技术要求。

第二节 船舶建造焊接新技术与应用

一、双丝埋弧焊技术与应用

(一) 概述

埋弧焊是一种高效焊接方法，对于厚板而言，它的生产效率远高于手工电弧焊和 CO_2 气体保护焊。随着船舶结构的发展如大型油船、大型集装箱船等，母材用钢板也越来越厚，这就需要埋弧焊技术在原有的基础上再进一步提高生产率。经过多年的生产实践，研制与开发了有相当一部分高效埋弧焊接方法并在生产中获得应用并日趋完善。提高埋弧焊焊接效率的方法有 6 种：

(1) 增加焊丝数，由单丝改为多丝(双丝、三丝、四丝)，焊接时多个电极电弧同时燃烧，一个焊程完成多层焊，大大提高了生产效率。

(2) 将丝极改为带极，在堆焊工件时以钢带作为电极，电弧在钢带下燃烧并漂移，这样在单位时间内熔敷金属的重量获得提高，焊缝的焊道宽而美观。

(3) 对中厚钢板原来采用的双面焊改为单面焊，利用反面衬垫托住熔融金属并形成背面焊缝，从而实现单面焊双面成形，免去了工件翻身和碳弧气刨清根、打磨等工序，提高了生产效率。这种方法在船舶制造中被广泛应用。单面焊的衬垫有焊剂衬垫、铜衬垫、焊剂铜衬垫、软衬垫等。

(4) 减小熔敷金属面积，一般采用 I 型坡口或小角度坡口，由于熔敷金属面积减小从而提高焊接生产效率。钢板越厚，使用小角度坡口(窄间隙)效率越高。

(5) 提高熔敷速度，其方法有预热焊丝、加长焊丝伸出长度、在坡口中加入铁粉或碎焊丝等。

(6) 上述几种方法的组合，例如船舶拼板中应用双丝焊剂铜衬垫单面焊，三丝、四丝焊剂铜衬垫单面焊，双丝窄间隙埋弧焊等。

（二）双丝埋弧焊的特点

双丝埋弧焊是用两根焊丝前后按一定的间距排列，前丝电弧形成的熔池尚未完全凝固时，后丝电弧就跟着加热和熔化，形成一个下窄上宽的达到要求的焊缝。双丝埋弧焊的特点如下：

（1）与单丝埋弧焊相比，提高生产效率1倍以上。单丝埋弧焊不开坡口的板厚为14 mm，否则易造成未焊透缺陷，而双丝埋弧焊不开坡口的板厚可达22 mm。相同板厚、相同坡口的对接焊缝，双丝埋弧焊层数少于单丝埋弧焊的一半，清理焊渣的工作量也随之减少。双丝埋弧焊焊接厚板，可用粗焊丝，大电流，这样又进一步提高了生产率。

（2）双丝埋弧焊的焊缝抗裂性好。由于双丝之间的距离为30～80 mm，按纵列式排列，在前丝熔池尚未凝固前，后丝电弧再次对前丝熔池加热和熔化，前后两根焊丝既不是形成两个完全独立的熔池，也不组成一个共同熔池，可称为“一个半熔池”。一个半熔池形成一个上宽下窄的焊缝形状，这促使焊缝柱状结晶方向变为往上（见图10－64），同时偏析杂质成分上浮，有效地消除单丝埋弧焊焊缝中心由低熔点杂质偏析形成的脆弱面常会导致产生热裂纹，从而提高了焊缝中心的抗裂性。

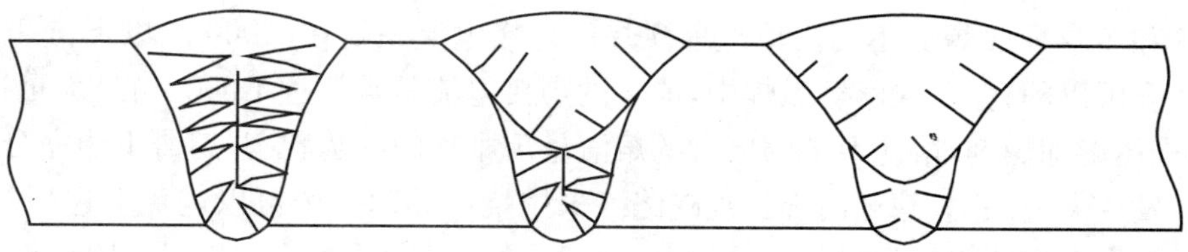

图10－64　双丝埋弧焊焊缝的结晶

双丝埋弧焊一般仅适用于平对接或倾斜度不大的位置及平角焊位置焊接；焊接时不能直接观察电弧与坡口的相对位置，容易产生焊偏及未焊透，不能及时调整工艺参数；焊接设备比较复杂，维修保养工作量比较大；仅适用于直的长焊缝和环形焊缝焊接。

（三）双丝埋弧焊的焊接电源

双丝埋弧焊采用两个单独的焊接电流，一个电源供给一根焊丝。有3种供电方式：前丝采用直流电源、后丝采用交流电源或同时采用直流电源或交流电源（见图10－65）。

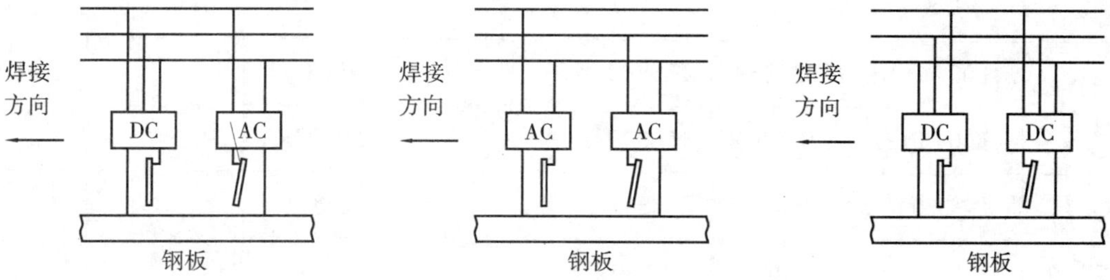

图10－65　双丝埋弧焊电源的供电方式

国产MZ－2×1 600型双丝埋弧自动焊机是采用前丝直流，后丝交流。目前我国船厂采用的双丝焊方法主要是串联式的，即二根焊丝一前一后沿焊缝纵向排列，因而所使用的双丝埋弧焊机的机头是专用的，其外型如图10－66所示。

图 10－66　双丝埋弧焊机外形

（四）双丝埋弧焊的焊丝和焊剂

双丝埋弧焊使用的焊丝和单丝埋弧焊的焊丝基本相同，只是焊丝直径可以扩大到 6.4 mm。双丝埋弧焊的焊剂和单丝埋弧焊的不同。单丝埋弧焊的焊接电流一般在 1 000 A 以下，这时用熔炼焊剂（HJ 431）是完全可以的；但在双丝埋弧焊中，前丝的焊接电流常常超过 1 000 A，最大可达 1 400 A 以上，这时如仍采用熔炼焊剂，熔池上部的熔融的熔渣呈现剧烈的翻腾状态，熔渣不能完全覆盖住弧光，在焊缝中经常发现夹渣缺陷，甚至出现裂纹缺陷。采用烧结焊剂完全可以避免上述现象。碳钢和低合金钢双丝埋弧焊常用的焊丝牌号为 H 08 MnA 和 10 Mn 2，可配用 SJ 101、SJ 102、SJ 301。双丝埋弧焊用的焊丝和焊剂的性能见表 10－4 所示。由于烧结焊剂容易吸潮，因此对于用塑料、玻璃布、牛皮纸袋装的焊剂，焊前必须焙烘 2 h，温度为 300～350 ℃。而对铁皮箱密封的焊剂，则开箱后应立即使用。焊剂在大气中存放时间不得超过 10 h，否则应焙烘后才可使用。

表 10－4　双丝埋弧焊用焊丝和焊剂的性能

牌　号		SJ101	SJ102	SJ301	SJ402	SJ501	SJ501M	SJ601
成分类别		氟碱型	氟碱型	硅碱型	锰硅型	铝钛型	铝钛型	
碱　度		1.8	3.5	1.0	0.7	0.5～0.8	0.5	1.8
熔敷金属力学性能	配用焊丝牌号	H 08 MnA	H 08 MnA	H 08 MnA	H 08 A	H 08 A	H 08 A	HOCr 21 Ni 10
		H 10 Mn 2	H 10 Mn 2	H 08 MnA		H 08 MnA		
	屈服强度（MPa）	≥360	≥400	360	≥400	≥300	≥400	≥290
		≥400	≥450	≥400		≥400		
	抗拉强度（MPa）	450～550	490～560	460～560	480～650	≥415～550	500～600	550～700
		500～600	540～660	530～630		500～600		
	延伸率（%）	≥24	≥24	≥24	≥22	≥24	≥24	34
		≥24	≥24	≥24		≥22		

（五）双丝埋弧焊的操作要点

1. 焊前焊丝的定位

焊前按工艺要求测量和调整如焊丝的间距和倾角，同时调整好焊丝伸出长度，对接焊时应将焊丝对准坡口中心。

双丝埋弧焊的前丝采用直流反接，并垂直于钢板，可以获得较好的熔深。后丝采用交流电，并向后倾斜 20 度，可以改善焊缝的表面成形。对接焊时两丝间距取 30 mm 如图 10－67 所示。适当改变焊丝间距和焊丝倾角，可以改变熔深和焊缝的外形。

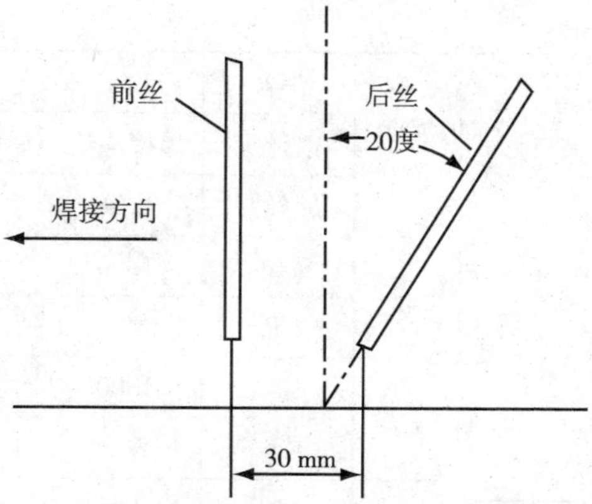

图 10－67　双丝埋弧焊前、后丝的位置

2. 引弧

双丝埋弧焊不是两根焊丝同时引弧的，而是前丝先引弧，待电弧稳定燃烧并向前行进 30～50 mm 后，后丝在前丝形成的尚未凝固的熔池表面引弧。

3. 焊接

焊接过程中焊工要关注前后焊丝的焊接电流和电弧电压，特别是前后不要搞错。前后丝的焊接速度是相等的。

4. 熄弧

双丝埋弧焊应重视熄弧，不正确的熄弧操作会引起夹渣、边缘未熔合等缺陷。双丝埋弧焊既不是同时引弧，也不是同时熄弧。前丝电弧到达熄弧板再焊过约 80 mm 处熄弧，让后丝跟上达到该处也熄弧。

5. 对接焊缝双丝埋弧焊工艺参数

对接焊缝双丝埋弧焊工艺参数见表 10－5 所示。从表中可以看出前丝的焊接电流较大，这是为了获得较深的熔深；后丝的电弧电压较高，这是为了获得较宽的焊缝宽度，使焊缝成形良好；焊反面焊缝的焊接电流和电弧电压略大于正面焊缝，这是为了确保焊透。

表 10－5　对接焊缝双丝双面埋弧焊工艺参数（焊丝直径 5 mm）

坡口形式	板厚(mm)	焊丝 前丝 L 后丝 T	正面焊缝 焊接电流(A)	正面焊缝 焊接电压(V)	正面焊缝 焊接速度(m/h)	反面焊缝 焊接电流(A)	反面焊缝 焊接电压(V)	反面焊缝 焊接速度(m/h)	坡口反面处理
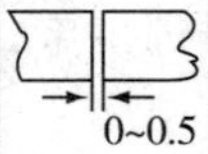 0~0.5	18	L	1 100	36	40	1150	38	40	
		T	760	40		800	42		
	20	L	1 200	36	38	1200	38	38	
		T	760	40		800	42		
	22	L	1 250	40	37	1250	40	37	
		T	780	44		800	44		
	23	L	1 250	40	37	1280	40	37	反面刨槽深 3～5mm
		T	780	44		800	44		
	24	L	1 300	38	35	1300	40	34	
		T	800	44		800	45		
	26	L	1 300	38	35	1300	40	34	反面刨槽深 5～6mm
		T	800	44		800	45		

（续表）

坡口形式	板厚/mm	焊丝 前丝L 后丝T	正面焊缝 焊接电流(A)	正面焊缝 焊接电压(V)	正面焊缝 焊接速度(m/h)	反面焊缝 焊接电流(A)	反面焊缝 焊接电压(V)	反面焊缝 焊接速度(m/h)	坡口反面处理
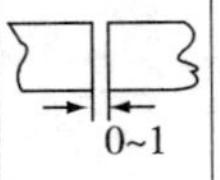	28	L	1300	38	35	1320	40	32	反面刨槽深6～8mm
		T	800	44		800	45		
	29	L	1300	38	34	1350	40	32	反面刨槽深8～10mm
		T	800	44		800	45		
	30	L	1300	38	34	1350	40	32	反面刨槽深10～12mm
		T	800	44		800	45		
	32	L	1300	38	34	1350	40	32	
		T	800	44		800	45		
	33	L	1300	38	34	1350	40	32	
		T	800	44		800	45		
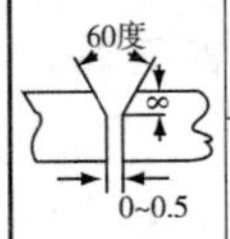	34	L	1300	40	32	1350	40	32	反面刨槽深6～8mm
		T	800	45		800	45		
	36	L	1300	40	32	1350	40	32	反面刨槽深10～12mm
		T	800	45		800	45		
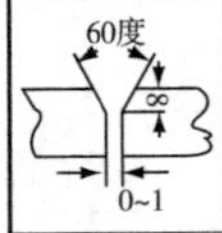	38	L	1320	40	32	1350	40	32	
		T	800	45		800	45		
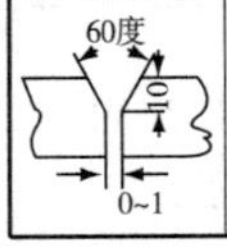	40	L	1320	40	32	1350	40	32	
		T	800	45		800	45		

二、焊剂垫单面埋弧焊焊接技术与应用

（一）概述

焊剂垫单面埋弧焊(region flux backing)法是沪东造船厂在20世纪80年代末学习日本三井千叶船厂的经验，在消化、吸收国外焊接新技术的基础上，经两年多时间的试验与研究而形成的，它使焊剂垫装置国产化成功并于1990年9月通过了ZC(中国船级社)认可，先后应用于4.75万t船双层底内底板的大拼板和6.8万t双底双壳油船的内底板、外板及甲板等的大拼板焊接。生产实践证明，本工艺与单丝双面埋弧自动焊相比，不但提高了焊接效率，且焊缝质量好，加速了内场拼板的装焊进度，有明显的经济效益。

（二）焊剂垫单面埋弧焊(RF)法的原理及特点

焊剂垫单面埋弧焊(RF)法的原理如图10-68所示。

以热固化焊剂(RF-1)作为衬垫衬托在钢板接缝下面，利用软管充气将带有热固化衬垫焊剂和下敷焊剂的焊剂槽上升，使热固化衬垫焊剂紧贴焊件接缝反面。焊接时电弧将焊件熔透，并加热了热固化焊剂，当加热到80～120 ℃(约在电弧前方20 mm)后，热固化焊剂发生脱水缩合反应而固化，强制熔融金属反面成形，从而获得正面焊接两面成形的焊缝。

焊剂垫单面埋弧焊(RF)的特点如下：

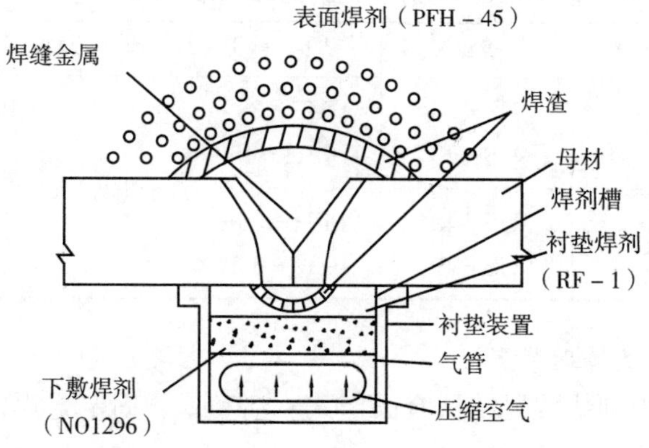

图 10－68 焊剂垫单面埋弧焊（RF）法的原理

（1）单面焊接两面成形，采用双丝焊接可适用于 16～22 mm 板厚，焊缝长度可达 6～12 m，焊接效率可提高 3～4 倍。

（2）由于热固化焊剂的功能，使焊缝反面成形美观，不易出现反面焊缝咬边、焊瘤等缺陷，不需要焊件翻身，车间可免除高大起重设备，也可节省碳刨工作量和节约焊接材料、电能，提高工作场地的利用率。

（3）对坡口的精度要求比较低，对两钢板的板厚差、错边等适应能力较强，有利于形成船舶建造中的平面分段流水线工位，加速拼板的装焊效率。利用钢板自重，确保焊剂垫紧贴反面接缝，因此无须压力架装置。

（4）焊缝的力学性能优良，并借鉴终端裂缝防止方法中的弹性熄弧板的作用，使本工艺的应用较日本现有水平有所提高和创新。

（三）焊剂垫单面埋弧焊使用的焊材

该焊接工艺方法使用的焊接材料主要包括焊丝、3 种焊剂，还可加铁粉。

1. 焊丝

焊接时对焊丝无特殊要求，可采用双面焊所用的焊丝，只要焊丝的性能和母材钢号相配。单丝焊的直径一般选用 5 mm，双丝焊的直径目前大多选用 4.8 mm。船舶建造中主要采用焊剂垫双丝单面埋弧焊工艺。

2. 焊剂

焊剂有 3 种：表面焊剂、衬垫焊剂和下敷焊剂。

（1）表面焊剂是为了在大电流下获得较好的焊缝表面成形。采用烧结焊剂。

（2）衬垫焊剂是该工艺方法中的关键材料。在焊剂中加入具有热硬化特性的酚醛树脂、铁粉和脱氧剂。焊剂未固化前呈粉状，能使焊剂紧贴钢板，加热固化后使焊缝反面强制成形。焊后焊剂热固化结成渣块，不能重复使用。下敷焊剂是为了减少衬垫焊剂的消耗，在衬垫焊剂下敷设非热固化焊剂。

（3）铁粉主要用于焊剂垫单丝单面埋弧焊。焊接前在焊缝的坡口中敷撒不同厚度的铁粉，通过调整铁粉在坡口内的撒布量（坡口大铁粉撒布量大、坡口小铁粉撒布量小）可以弥补破口的不均匀度，使在同一焊接工艺参数下获得比较均匀的焊缝反面成形；铁粉熔化后进入焊缝，提高了熔敷效率，同时降低了背面成形对熔深变动的依赖程度，使焊接规范，坡口精度的允许范围相对变得宽松。铁粉通常是纯铁粉，铁含量的质量百分数不低于 99.2%。

目前国内船厂中使用较多的焊接材料是日本神户制钢所生产的焊丝、表面焊剂、衬垫焊剂及下敷焊剂，其牌号与母材的匹配见表 10－6。

表 10-6 焊剂垫单面埋弧焊用的焊接材料

母材钢种	船用等级	焊丝	表面焊剂	衬垫焊剂	下敷焊剂	铁粉
普通低合金钢	A-E	US-36 US-43	MF-38 PFH-45	RF-1	NO.1.296	RR-5
δ_S为 490MPa 高强度钢	A-D	US-43 US-43	PFH-55E PFH-60A			

（四）焊剂垫装置结构及辅助装置

焊剂垫单面埋弧焊的焊剂垫装置结构有固定式和活动式。固定式焊剂垫装置结构如图 10-69 所示。

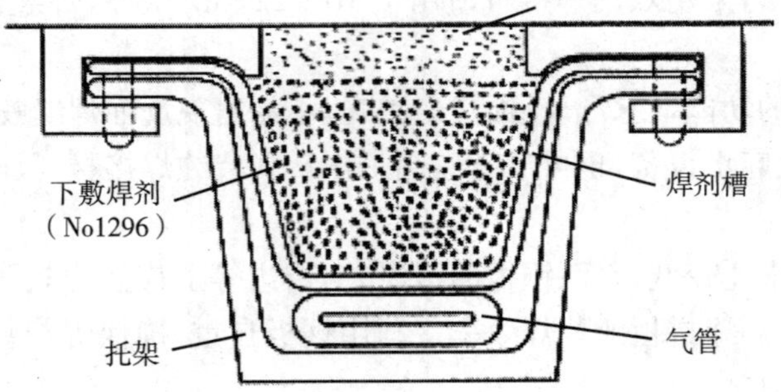

图 10-69 固定式焊剂垫装置

它由焊剂槽、气管和托架组成。焊剂槽用耐热橡胶制成，气管用一般的消防水龙带制成。固定式焊剂垫装置用于焊缝之间即钢板宽度固定不变的列板拼板工作。而在实际焊接生产中，列板拼板平行焊缝的间距是有变化的，为了适应这种工作情况，拼板列板和焊剂垫装置两者必须有一是可移动的。沪东造船厂所采用的是可移动式的焊剂垫装置(见图 10-70)。

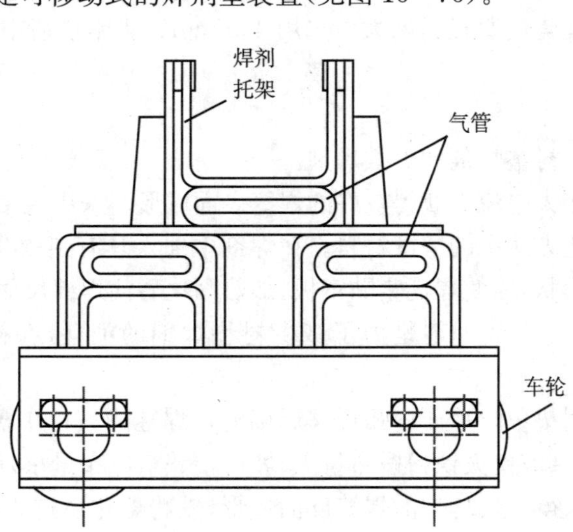

图 10-70 移动式焊剂垫装置

该装置包括上支承、中支承和下支承 3 大部件，长度为 12 m。在上支承下端装有 2 根气管，用于使上支承钢梁整体上升，并紧贴工件；然后利用其上端的一根顶紧气管，使装有衬垫焊剂和下敷焊剂的橡皮槽受压上顶，确保衬垫焊剂紧贴接缝中心。整个上支承坐落在中支承的横向导轨上，并可利用滚轮进行人工调节长度方向的角度，保证衬垫焊剂处于中心位置。下支承为中支承的依托，并带有6只滚轮，在焊接不同板列宽度时可利用电动机进行横向位移调节。由于焊接工位设置两套间距可调的焊剂垫装置，适用于板宽为1 800～2 200 mm拼板焊接，而且添加焊剂时可同步进行。因此在一个周期内可同时或分开焊接两条焊缝，以此节省列板的位移时间。

焊剂垫装置是RF法焊接的关键装置，在焊接过程中无须压力架固定工件，而是利用板列自重和焊剂垫装置的气顶压力的平衡作用，使衬垫焊剂完全紧贴接缝，以保证反面焊缝的良好成形，达到单面焊双面成形的目的。为此，焊剂垫装置上、下端气管的气顶压力的选用相当重要。上支承的下端气管压力不但使其本体缓慢上升一定距离，直至与工件接缝表面保持线接触状态，而且要克服上端气管在顶紧时的反作用力。若压力过高会将工件上顶，相反，则不能贴紧，所以必须使上述3种作用力保持在相对平衡状态。通过反复试验，沪东造船厂确定了上下端气管的工作压力，这也是RF法工艺焊剂垫装置研制成功的关键所在。在RF法焊接过程中还应有一台焊剂敷设小车的辅助装置，用来敷设衬垫焊剂和下敷焊剂。撒布铁粉可以在焊机机头上装一个铁粉撒布漏斗，使铁粉撒得高度均匀，达到一定的尺寸(10～20 mm)。焊工应备有一把带有网筛的小铲，用于消除固化的衬垫焊剂。已固化的衬垫不能再次使用。对于热固化焊剂是不能用烘烤来去除水分的，一旦焊剂吸潮而变色，就只能报废。同时还需要焊剂可变刮板器、焊接电缆夹持器以及焊接设备固定架等实用性较强的辅助装置。它们也是提高焊接效率和确保焊缝质量以及减轻焊工劳动强度的有力手段。

(五) 焊剂垫单面埋弧焊工艺参数

焊剂垫单面埋弧焊分为单丝法和双丝法，其一般的工艺参数如表10－7和表10－8所示。在船厂焊接过程中通常应用焊剂垫双丝单面埋弧焊技术。

表10－7　焊剂垫单丝单面埋弧焊工艺参数

板厚(mm)	V形坡口角度(度)	装配间隙(mm)	焊丝直径(mm)	焊道顺序	铁粉高度(mm)	焊接电流(A)	电弧电压(V)	焊接速度(m/h)	工件倾斜(度)
9.0	50＋5	0～4	5	1	9.0	720～740	34～36	18～20	0
12	50＋5	0～4	5	1	12	800～820	34～36	18～20	0
16	50＋5	0～4	5	1	16	900～920	34～36	15～17	3.0
19	50＋5	0～4	5	1 2	15 0	850～870 810～830	34～36 36～38	15～17 15～17	0
19	50＋5	0～4	5	12	150	850～870 810～830	34～36 36～38	15～17 15～17	3.0
22	50＋5	0～4	5		150	850～870 850～870	34～36 36～38	15～16 12～13	3.0
25	50＋5	0～4	5	1	15	1 200～1 300	45～47	12～13	0
32	50＋5	0～4	5	1	25	1 500～1 600	52～53	12～13	0

表 10－8　焊剂垫双丝单面埋弧焊的工艺参数

板厚(mm)	坡口要求			焊丝	焊丝直径(mm)	焊接规范			衬垫焊剂厚度(mm)	铁粉高度(mm)	气管压力(MPa)		焊丝间距(mm)
	坡口角度	纯边(mm)	间隙(mm)			焊接电流(A)	电弧电压(V)	焊接速度(cm/min)			下气管	上气管	
16	55 度 Y	6	0	前	4.8	1 100～1 150	30～32	60	8～10	10	0.2～0.3	0.08～0.1	100～120
				后	4.8	820～840	36～38						
18	55 度 Y	6	0	前	4.8	1 130～1 160	30～32	55	8～10	12	0.2～0.3	0.08～0.1	100～120
				后	4.8	820～840	36～38						
20	55 度 Y	6	0	前	4.8	1 150～1 200	30～32	53	8～10	14	0.2～0.3	0.08～0.1	100～120
				后	4.8	840～850	38～40						
22	55 度 Y	7	0	前	4.8	1200	30～32	48	8～10	15	0.2～0.3	0.08～0.1	100～120
				后	6.4	950～1 000	40～42						

从表 10－8 中可以看出，焊剂垫双丝单面埋弧焊的主要焊接规范参数包括焊接电流、电弧电压、焊接速度、两丝间距、主丝倾角、气管空气压力、焊剂层高度以及焊缝终端部位处理等 7 个方面。

1. 前后丝焊接电流

焊剂垫双丝单面埋弧焊时为了确保正、反面焊缝一次成形，应严格控制前丝焊接电流和后丝焊接电流。其中反面的焊缝成形质量对前丝焊接电流的选用正确与否关系甚大。若电流过大，使反面焊缝成形过高和过宽；反之，则焊缝不易成形。前丝电流主要取决于纯边的高度，当焊接 16～22 mm 范围内的对接缝时，其纯边高度基本保持在 6 mm，仅 22 mm 板选用 7 mm。因此焊接电流的变化值不大，试验结果一般控制在 1 100～1 200 A 范围内，而随着板厚的增加，主要以降低焊接速度来确保一定的焊缝堆积高度。后丝的焊接电流主要是保证正面焊缝的良好表面成形，同时要控制好与第一层焊缝的熔合比关系；但电流不宜过大，否则由于重熔而破坏反面焊缝成形。一般控制在 820～1 000 A 范围内。

2. 前后丝电弧电压

前丝电弧电压对反面焊缝成形有直接影响，在坡口角度和纯边尺寸一定的情况下，电弧电压过高，焊缝金属浮在上面，露不出底面，使反面焊缝不成形；反之，电弧电压过低，反面焊缝窄而高，甚至出现成形不佳。前丝电弧电压一般控制在 30～32 V 范围内，后丝电弧电压主要影响表面焊缝的高度和宽度。为了获得较大的熔宽，选用较高的电弧电压，其控制范围为 36～42 V。

3. 焊接速度

焊接速度大小主要应与焊接板厚、前后丝的焊接电流值相匹配。在焊接电流与其他工艺参数基本确定后，就要依靠焊接速度来保证焊缝有足够的填充金属，并使反面焊缝成形良好。焊接速度过慢会使前丝熔化量堆积较高，反而影响熔深，导致反面焊缝产生内凹。焊接速度过快，则使焊缝填充减少，而出现正面焊缝平坦等现象。一般焊接 16～22 mm 板厚时焊接速度应控制在 48～60 cm/min 范围内。同时也应指出，当焊缝坡口宽度、深度变化时，也可以调节焊接速度控制焊缝的成形。

4. 前后丝间距及焊丝倾角

前后两丝间距和焊丝倾角是焊剂垫双丝单面埋弧焊(RF 法)的重要工艺参数，它们直接影响焊缝的形状系数和力学性能。两丝间距过大，前丝焊缝的熔渣处于半凝固状态，易造成后丝电弧不稳定，甚至产生拉渣现象，使焊接过程不能正常进行，并会使上层焊缝的熔深减少，焊缝形状系数和力学性能降低，甚至因焊缝冷却和结晶条件变差，而使底层焊缝产生热裂纹；反之，两丝间距过小，导致下层焊缝过多的重熔，使反面焊缝出现内凹现象。

试验证明，两丝间距在 100～125 mm 范围内最佳。另外，焊丝伸出长度和前焊丝的前倾角也必须加以控制。倾角通常为 7～10 度，后丝垂直。前焊丝的伸出长度为 25～30 mm，后焊丝伸出长度 35～40 mm。前焊丝的前倾角主要是确保反面焊缝能稳定成形，具体数值如图 10－71 所示。

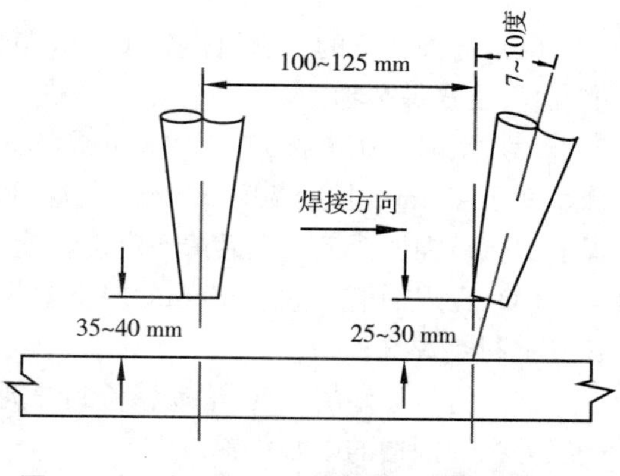

图 10－71 焊剂垫双丝单面埋弧焊两丝的位置

5. 焊剂垫承托的空气压力

焊剂垫单面埋弧焊要控制上、下气管的承托空气压力。下气管空气压力必须保证焊剂垫装置贴近母材接缝处，但不能使钢板上移，其压力为 0.2～0.3 MPa。上气管的空气压力直接和反面焊缝成形有关，压力过大会使反面焊缝产生内凹，压力过小会使反面焊缝的余高和熔宽显著增加(见图 10－72)，压力一般控制在 0.08～0.10 MPa 范围内。

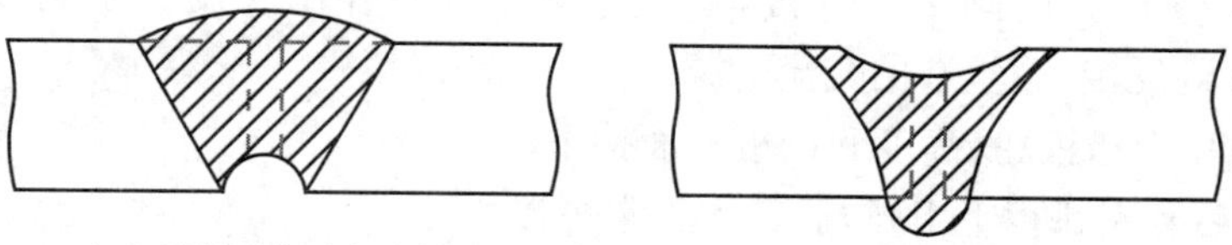

(a) 承托压力过大(内凹)　　(b) 承托压力过小

图 10－72 焊剂垫承托压力对焊缝成形的影响

应该强调的是上、下气管通气的先后操作程序：先开通压力为 0.2～0.3 MPa 的下气管，这时将焊剂垫托架缓慢上升，直至贴近钢板接缝下表面；然后再开通压力为 0.08～0.10 MPa 的上气管，使橡皮槽内的下敷焊剂和衬垫焊剂上升，使衬垫焊剂紧贴接缝处。如果上述操作程序逆向进行，在焊剂垫托架还未完全贴近钢板接缝下表时，上气管一通气就将橡皮槽内的焊剂向外溢出，焊接工作就无法进行。

6. 焊剂层高度和铁粉高度

焊剂垫单面埋弧焊焊剂分衬垫焊剂和下敷焊剂，焊前先后敷设在橡皮槽内。焊剂层的添加采用专用的半自动焊剂添加小车，一次完成两种焊剂的堆积高度，其中下敷焊剂的高度为 90 mm 左右，衬垫焊剂的高度 8～10 mm，下敷焊剂在不受潮的前提下，可不必更换。再次焊接时，只需要去除衬垫焊剂渣块后，适当平整下敷焊剂高度，再用小车添加衬垫焊剂到规定的堆积高度即可。表面焊剂层高度为 25～40 mm。铁粉高度通常填满坡口与钢板表面持平。

7. 焊缝终端部位的处理

对焊缝终端部位的处理借鉴日本在船厂使用的弹性熄弧板，其作用是一方面将弧坑引出焊缝，另一方面则通过各种参数条件的控制，使大于 8 m 长的对接焊缝的终端产生裂缝的部位得到控制，并采用反面碳刨后手工焊少量修补方法，使小于等于 8 m 长的对接焊缝的终端裂纹得到清除。

(六) 焊剂垫单面埋弧焊船厂焊接实例

1. 产品结构和材料

某船厂拼装一平面分段，由 5 张钢板并列拼接而成，板的材质为船用 E 级钢，属低碳钢，板厚为 19 mm。采用焊剂垫双丝单面埋弧焊。拼板接缝开坡口 55 度角度，留纯边 6 mm，间隙 0～1 mm(见图10－73)。

焊接材料：焊丝 US－43×2 丝；表面焊剂 PFH－45；衬垫焊剂 RF－1；下敷焊剂 NO. 1 296；铁粉

RR-5,系日本神户制钢所产品。

2. 焊接工艺过程

(1) 清理坡口的正、反面各 20 mm 范围内的铁锈、氧化皮、油污及水等杂物。

(2) 用 E5015(结507)3.2 mm 焊条进行定位焊,定位焊缝厚度 4～6 mm,长度 30～50 mm,间距 300～500 mm;同时焊上引弧板和熄弧板。焊后清除定位焊缝的焊渣。

(3) 在焊剂槽内敷上 90 mm 厚下敷焊剂,在其上敷 8～10 mm 衬垫焊剂。

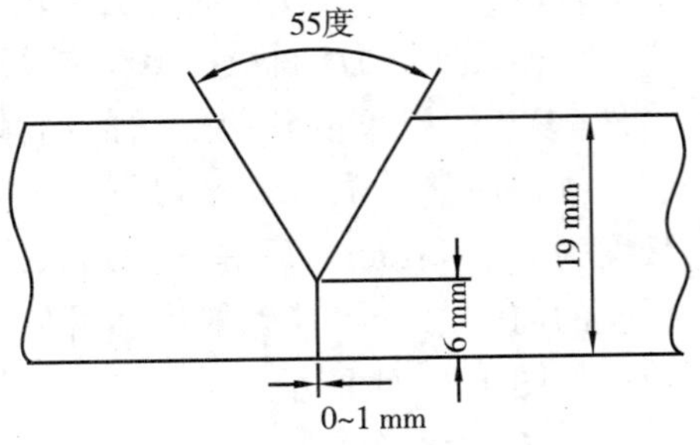

图 10-73　19 mm 板焊剂垫双丝单面埋弧焊的坡口

(4) 将装配好的板列,滚动移位到焊剂垫装置上方,并使接缝处在焊剂槽的中心位置。

(5) 接通下气管,压力为 0.2～0.3 MPa,焊剂槽缓慢上升,直至贴近接缝下缘。

(6) 接通上气管,压力为 0.08～0.10 MPa,使衬垫焊剂紧贴在接缝处。

(7) 将双丝埋弧焊(选用日本 SWT-24 型双丝埋弧焊机)调整好 2 根焊丝的位置,双丝间距为 100～120 mm,前丝倾角为前倾 7～10 度,后丝垂直。焊丝伸出长度分别为 25～30 mm 和 35～40 mm。前丝选用直流反接,后丝选用交流电源。

(8) 在 V 形坡口上撒铁粉,高度和钢板表面持平。

(9) 前后丝先后到引弧板上引弧,后转入正常焊接。

(10) 参照表 10-9 焊接工艺参数进行焊接。

(11) 每道焊缝焊后,移去焊机和焊件,用带网筛的小铲子,将固化衬垫焊剂形成的焊渣去除(见图 10-74)。该焊渣不能再次使用。其上铺上衬垫焊剂,供下次使用。

表 10-9　19 mm 板焊剂垫双丝单面埋弧焊的工艺参数

板厚及坡口	焊丝	焊丝直径(mm)	焊接电流(A)	电弧电压(V)	焊接速度(cm/min)	衬垫焊剂厚度(mm)	下气管压力(MPa)	上气管压力(MPa)	焊丝间距(mm)	焊丝倾角(°)	焊接电源
19 mm,V 型,坡口 55 度,钝边 6 mm,间隙 0～1 mm	前	4.8	1140～1180	30～32	54	8～10	0.2～0.3	0.08～0.10	100～120	前倾 10	直流
	后	4.8	830～845	37～39						0	交流

备注:焊丝 US-43×2,表面焊剂 PFH-45;
衬垫焊剂 RF-1,下敷焊剂 N0.1296。

(12) 用同样的工艺焊接拼板平面分段的其余 4 条焊缝。

(13) 对焊缝做超声波探伤,按比例对焊缝进行射线探伤。

(七) 应用效果

(1) 本工艺方法的应用使平面分段流水线拼板工位充分显示其优越性,解决内场拼板装焊速度跟不上生产发展需要之矛盾。

(2) 采用焊剂垫单面埋弧焊,使焊接效率提高 3～4 倍,而且无须翻板,节约大量碳刨和焊接工时,并节省工作场地,加速板列焊接的周期。

(3) 本工艺在消化吸收国外新焊接技术的基础上使焊剂垫装置国产化,既可节省外汇又较为实

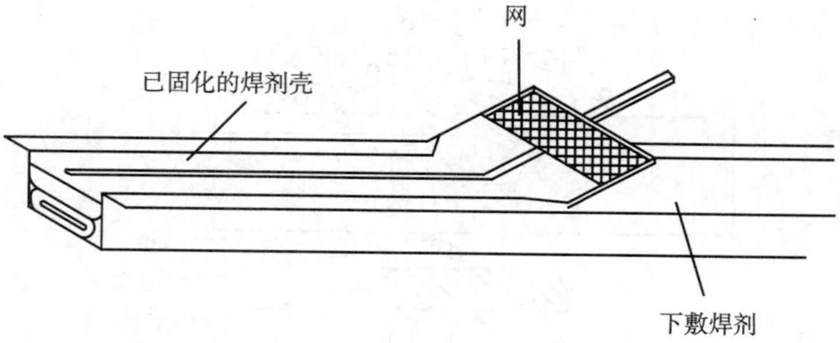

图 10-74 焊后固化焊剂的去除方法

用,贴近船厂实情,达到国外同类焊接技术水平。

(4) 本工艺已在船厂推广应用,并在生产实践中借鉴终端裂缝防止方法中的弹性熄弧板,较日本现有水平有所提高和创新。

三、焊剂铜衬垫多丝单面埋弧焊接技术与应用

(一) 概述

随着船舶建造的吨位越来越大,在船体建造中,大量采用了平面分段建造法;但由于板厚和接缝长度的增加,分段的质量和面积也增加,为分段翻身封底焊带来很大困难。国外许多船厂,尤其是日本各船厂在船体平面分段拼板焊接中广泛采用单面自动焊技术,并逐步发展为二丝、三丝、四丝等埋弧焊自动焊高效焊接技术。在我国,早在 20 世纪 50 年代沪东造船厂已开始研究电磁平台单面焊工艺,到 1966 年终于研制成功压力架(6 m)长单面埋弧焊工艺及装备,并在生产中获得应用,提高了焊接生产效率;但当时因该装置压紧能力有限,只能适用于焊接厚度为 4～8 mm 的拼板接缝。为了探索较厚板材的单面焊工艺,在 1970 年又研制成双丝滑块水冷铜衬垫式单面焊工艺及装备,可以适用于厚度小于或等于 20 mm 的拼板焊接;但该装备焊机质量大,操作技术复杂及对大于 14 mm 的板厚压紧力不足。随着船舶建造的批量和吨位的逐年增长,针对上述的问题,沪东造船厂在引进和消化吸收日本焊剂铜衬垫多丝单面埋弧焊工艺的基础上,开展了国产 FCB 法压力架式双丝、三丝等单面自动埋弧焊工艺试验,并于 1985 年 10 月获中国船舶检验局(ZC)的认可,1986 年 1 月,在 42 000 t 散货船的建造中得到了推广应用。

生产实践表明,这种工艺及装备能提高焊接生产效率和经济效益,保证焊缝质量,同时为大型船厂船体建造平面分段流水线生产提供了条件。

(二) 焊剂铜衬垫单面埋弧焊的原理及特点

如果说 RF 法是在焊剂垫法和铜衬垫法的基础上进行改进的一种单面焊方法,那么 FCB(Flux Copper Backing)法则是在 RF 法的基础上的进一步改进。

FCB 法的基本原理是在铜板上撒布厚度均匀的衬垫焊剂,并用压缩空气软管等顶升装置把上述敷好焊剂的铜板压紧到焊缝背面,从正面进行焊接而形成背面焊道的一种单面埋弧焊焊接方法(见图 10-75)。

在 FCB 法中,与铜板背面直接接触,形成背面焊道的是衬垫焊剂,因此,与焊剂法一样不易产生毛刺、咬口等缺陷。另外,焊剂下的铜板既不与熔融金属直接接触,也不受电弧作用,故不必用水冷却铜板,衬垫的顶升机构也较简单。由于焊剂层下有铜板,因此可以控制背面焊道的大小(特别是余高),能使用大电流,对于坡口精度及焊接条件的变化允许范围也较宽。改进型的铜衬垫截面形状如图 10-76 所示,它可以适用于不同厚的接头,因而兼有 RF 法的优点。

FCB 法通常用双丝或多丝焊机进行焊接。厚度在 25 mm 以下的钢板用双丝焊一个焊程就可完成焊接。厚度更大的钢板宜采用三丝、四丝焊,其焊接接头的质量和生产效率都较好。无论是双丝、

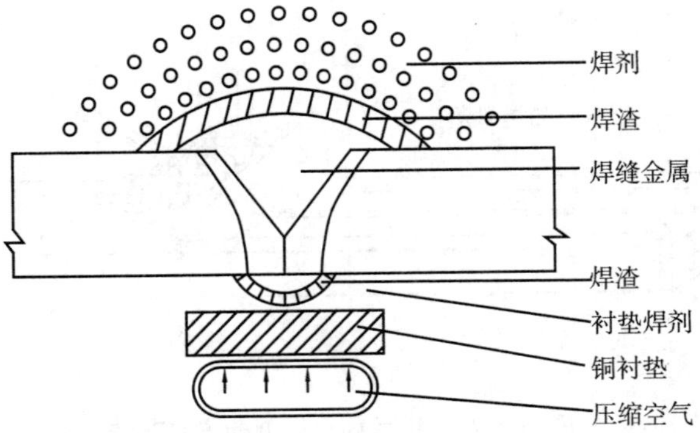

图 10－75 焊剂铜衬垫单面埋弧焊(FCB 法)的原理

三丝、四丝焊，第一丝常采用直流电源，其他几丝可采用交流电源。先行焊丝采用直流电源，为了形成较好的熔深形状和稳定的背面焊道。

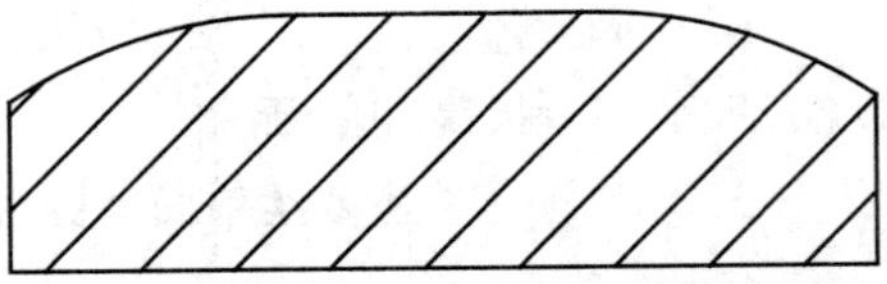

图 10－76 改进型的铜垫板截面形状

(三) FCB 法与 RF 法的技术特性比较

FCB 法与 RF 法的不同技术特性如表 10－10 所示。

(四) FCB 法专用焊接材料

FCB 法所用的焊接材料有焊丝、表面焊剂、衬垫焊剂。目前我国船厂应用的焊接材料以日本神户制钢株式会社和日铁溶接工业株式会社两家的产品为主，其性能基本相同(详见表 10－11～表 10－12)。

表 10－10 FCB 法与 RF 法技术特性比较

技术特性	FCB 法	RF 法
使用焊接电源	DC-AC DC-AC-AC 或 AC-AC-AC	DC-AC DC-AV-AC
坡口型式	Y 型	V 型
适用板厚(mm)	10～35	10～30
坡口精度	与双面焊基本相同	比 FCB 法精度要求高
板厚差适应性	改进型铜垫板适应性好	适应性良好
余高均一性	较好	一般
大电流适应性	好	较好
焊接规范要求	较宽松	比 FCB 法略严
焊剂耗量	一般	较多
焊接位置	平对接拼板	平对接拼板和圆筒纵缝及环缝的焊接

表 10－11 神户制钢的焊材组合

适用钢种	焊丝牌号	表面焊剂	衬垫焊剂	备　注
普低钢	US－43	PF 1－45	PF1－50 R 或 MF－IR	MF－1P 最适用于板厚在 20 mm 以下的钢板 TMCP 钢是一种热控轧钢，有较高强度，可焊性与普低钢相同
490 MPa 级高强钢	US－43 US－43	PF1－50 PF1－53		
TMCP 钢	US－36	PF1－55 E		

表 10-12 日铁溶接工业的焊材组合

适用钢种	焊丝牌号	表面焊剂	衬垫焊剂
普低钢	Y-A	NSH-1,NSH-50	NSH-1R
	Y-C Y-A	NSH-50	NSH-1 R
490 MPa 级高强钢	Y-A	NSH-50	NSH-1 R
	Y-C Y-A	NSH-50	NSH-1R
490 MPaE 级高强钢	Y-E Y-A	NSH-55	NSH-1 R
低温钢	Y-3 NT	NSH-55 L	NSH-1 R

其中 PF 1 系列表面焊剂中含有铁粉，故其熔敷效率高。衬垫焊剂 PF1-50 R 含有热固化树脂，在电弧热作用下很快固化或板状物，从而阻挡焊剂和熔融金属的流动，也防止了焊瘤的形成；这种焊剂的耐火温度较高，因此焊接时焊剂的熔化量也少，使得焊渣均匀而不致造成咬边缺陷。使用 PF1-50 R 焊剂时需严防受潮，因为这种焊剂是不能焙烘的。

（五）FCB 法焊接设备

焊剂铜衬垫单面埋弧焊设备组成非常简单，有一个气压衬垫装置和铜衬垫板，利用原有的单丝或双丝、三丝等埋弧焊机就可进行焊剂铜衬垫焊接工作。目前我国船厂多数是引进 FCB 法整套设备，有 STT 公司、日本神户制钢和新日铁公司等制造的 FCB 法装置，适用于板厚 12～35 mm，板宽 2 000～3 000 mm，板长 16 000 mm 的大拼板单面焊接工位。这些设备能实现焊接过程自动化控制，焊前将焊件板厚的焊缝长度设定输入，焊接时会自行选定最佳的焊接工艺参数，从而获得优质的焊缝。整套焊接设备主要由门架式台车，衬垫装置，衬垫焊剂敷设及回收装置，二丝、三丝或四丝埋弧自动焊机，焊接电源及控制装置等组成。

1. 门架式台车

门架式台车由台车移动装置、拼板移位装置及电磁铁组等组成。台车移动装置可根据焊缝的间隙进行台车的移动。拼板移位装置可将拼板分段进行移位，在衬垫装置的两侧装 22 个电磁铁，靠磁力将拼板的接缝固定。

2. 衬垫装置

衬垫装置由铜垫板、空气软管、升降装置及微调装置等组成。铜垫板上表面不是一个平面，而是在两边缘开有槽，这样不仅可焊相同板厚的对接焊缝，也能焊接不同板厚的对接焊缝。其衬垫板的固定位置如图 10-77 所示。

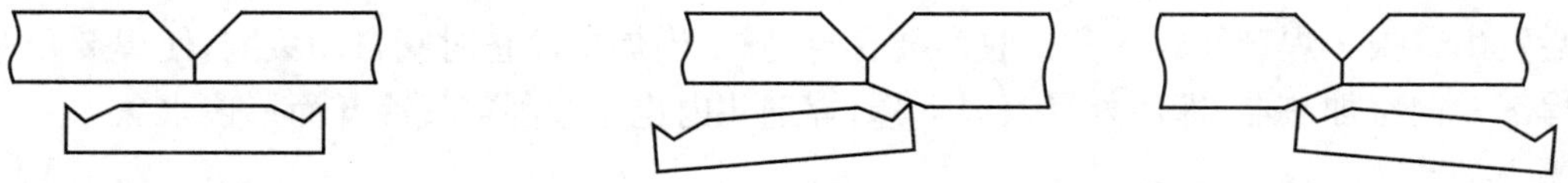

（a）相同板厚的铜垫板位置　（b）有板厚差的铜垫板位置

图 10-77 铜垫板的固定位置

在铜垫板的下放设置 2 根空气软管，压缩空气通入软管，两软管并列向上顶升，使焊剂铜衬垫紧贴接缝反面。升降装置可使焊剂铜垫板升降、下降焊剂铜垫板，留出作业空间，以便衬垫焊剂敷设在铜垫板上或被回收。升降的行程为 300 mm。

微调装置的作用是使拼板焊缝和铜衬垫的中心线保持一致。它设置在衬垫装置纵向的两端，由电动机驱动微调装置，横向移动铜衬垫，使铜衬垫中心线和接缝重合，微调的范围为±10 mm。

3. 衬垫焊剂敷设和回收装置

该装置的作用是焊前在铜垫板上敷设一定高度的衬垫焊剂，焊后粉碎衬垫焊剂形成的焊渣并予以回收，但不能利用。

4. 三丝埋弧自动焊机

三丝埋弧自动焊机由3套焊丝给送装置、3套焊丝导向装置、3只焊丝盘、滑车、控制台以及焊剂输送循环装置等组成。焊接时将3根焊丝送入电弧区域熔化成熔敷金属，并将电弧沿着焊接方向自动前行，构成焊缝。

每套焊丝给送装置都可以独立工作，分别调节焊丝给送速度。可选用焊丝直径为3～6.4 mm，分别由3只容量为150 kg的焊丝盘供给。

焊丝导向装置如图10-78所示。

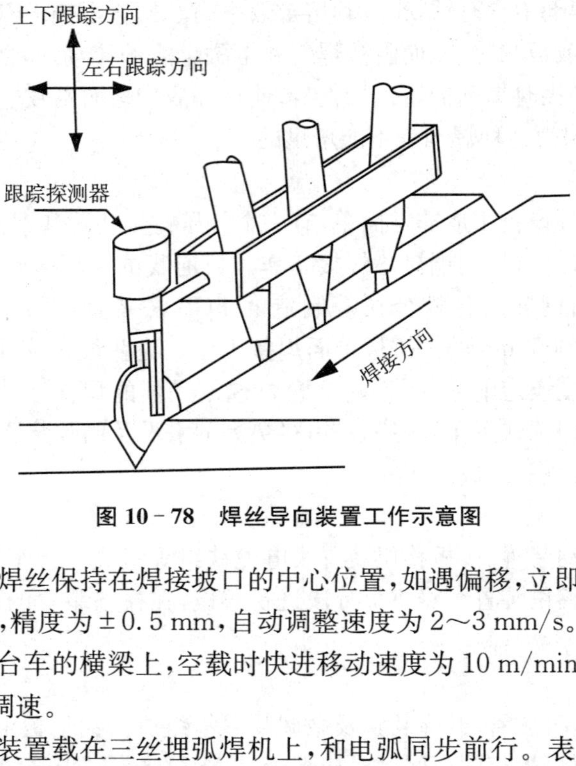

图10-78 焊丝导向装置工作示意图

跟踪探测器作用是使焊丝保持在焊接坡口的中心位置，如遇偏移，立即从跟踪探测器发出信号对焊丝进行上下和左右调整，精度为±0.5 mm，自动调整速度为2～3 mm/s。

滑车是悬挂在门架式台车的横梁上，空载时快进移动速度为10 m/min，焊接时移动速度为300～1 500 mm/min，可以平滑调速。

表面焊剂敷设和回收装置载在三丝埋弧焊机上，和电弧同步前行。表面焊剂灌入110 L的大焊剂斗，借助重力在坡口及其两侧敷设表面焊剂。用鼓风机回收未被熔化的焊剂，重新送入焊剂斗，并分离出易吸潮的焊剂粉末。还配置上限和下限的位面检测器，当斗内焊剂超过上限位面或低于下限位面时会发出警报。焊剂斗吸入和回收口装有自动阀，当焊接停止时阀自动关闭，使焊剂和外界空气隔离。焊剂斗内有加热器，即使外界气温下降，焊剂斗内也不会因空气冷却而形成水珠。

5. 焊接电源

三丝埋弧焊采用的交-交-交弧焊电源。由于每根焊丝有时需要使用很大的电流，对于一台额定焊接电流为1 000 A、负载持续率为60%的交流弧焊变压器显然是不能适应的，必须用两台焊接电源并联供电，所以该设备采用6台KRUMC-1 000型交流弧焊电源，每台电源的额定输入容量为58 kVA，额定焊接电流为1 000 A。

6. 控制装置等

控制装置设置在三丝埋弧自动焊机的左侧，在控制面板上设有电流表、电压表、转换开关、焊接启动与停止开关、应急停止开关、操作电源开关及接触式配电盘等。

整套焊接设备还设有集控台、输送机操作箱、A 与 B 操作台、焊机微动控制箱等各类控制装置。此外，还有气动控制装置、控制铜衬垫板的升降。

（六）焊剂铜衬垫单面埋弧焊(FCB)法的工艺参数

1. 焊剂铜衬垫单丝单面埋弧焊

适宜于板厚在 14 mm 以下的不开坡口 I 形对接。为了保证焊透和反面成形通常选留 1～5 mm 的间隙，焊丝直径选用 3～4 mm。其工艺参数如表 10－13 所示。

从表中可看出随板厚的增大，间隙略有加大，焊接电流也相应增大；但焊接电流并不和板厚成正比。要焊透和熔敷金属的增加还可以借助于焊接速度的减慢而获得。

2. 焊剂铜衬垫多丝单面埋弧焊的工艺参数

(1) 焊剂铜衬垫多丝单面埋弧焊的焊丝位置如图 10－79 所示

从图中可知，焊剂铜衬垫双丝单面埋弧焊的焊丝位置是前丝(L)向前倾斜 5 度，这是为了避免熔融金属向前淌，改善反面焊缝的成形；后丝(T)垂直于焊件。焊剂铜衬垫三丝单面埋弧焊的焊丝位置也是前丝(L)向前倾斜 5 度，中丝(T_1)垂直，后丝(T_2)向后倾斜 5 度，这是为了获得较大的熔宽，改善正面焊缝的成形。焊剂铜衬垫四丝单面埋弧焊的焊丝位置。如图 10－80 所示，其前丝(L)前倾斜 15 度，第二根丝(T_1)垂直，第 3 根丝前倾斜 5 度，第 4 根丝后倾斜 10 度。

表 10－13　焊剂铜衬垫单丝单面埋弧焊工艺参数

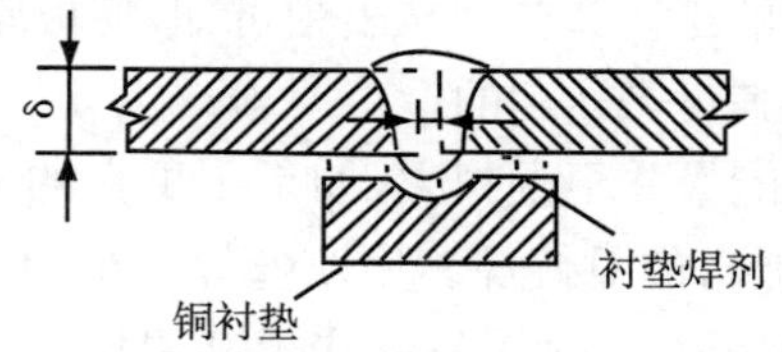

板厚 δ(mm)	装配间隙 b(mm)	焊丝直径 φ(mm)	焊接电流(A)	电弧电压(V)	焊接速度(m/h)
3	1～2	3.0	380～420	27～29	46～47
4	2～3	4.0	450～500	29～31	40～41
5	2～3	4.0	520～560	31～33	37～38
6	2～3	4.0	550～600	33～35	37～38
7	2～3	4.0	640～680	35～37	34～35
8	3～4	4.0	680～720	35～37	31～32
9	3～4	4.0	720～780	36～38	27～28
10	4～5	4.0	780～820	38～40	27～28
12	4～5	4.0	850～900	39～41	23～24
14	4～5	4.0	880～920	39～41	21～22

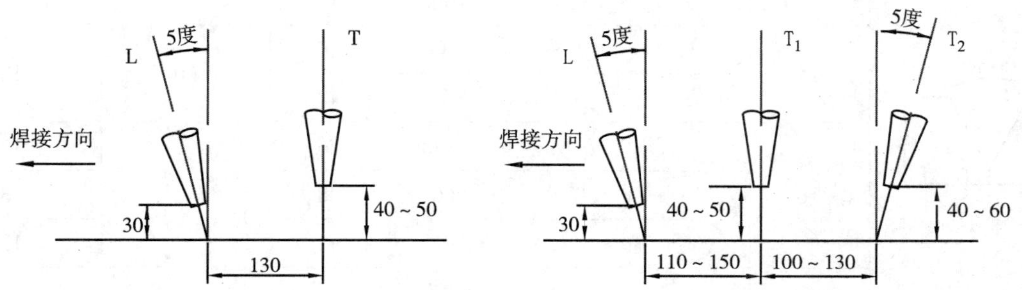

(a) 双丝焊　　(b) 三丝焊

图 10－79　焊剂铜衬垫多丝单面埋弧焊的焊丝位置

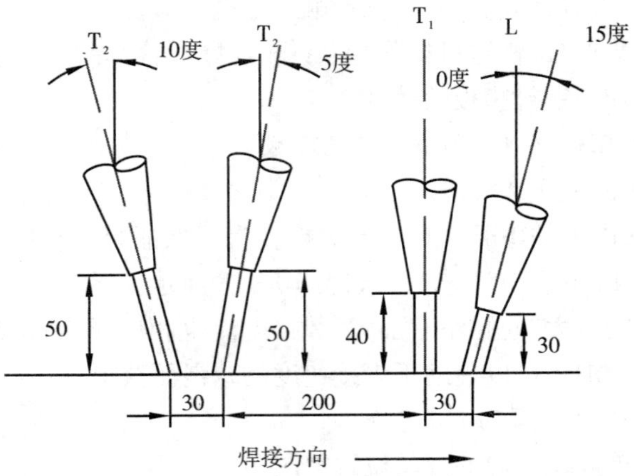

图 10－80　焊剂铜衬垫四丝单面埋弧焊的焊丝位置

（2）焊剂铜衬垫多丝单面埋弧焊工艺参数

多丝焊的主要工艺参数是指焊丝直径，多丝的电流、电弧电压、焊接速度以及两焊丝间的距离等。多丝焊多用于 V 形坡口对接，间隙为 0，如果间隙过大焊缝反面成形不易控制，甚至焊穿与铜垫板粘住。焊缝坡口为 50～60 度，钝边为 3～5 mm。焊丝常选前丝为 4.8 mm 直径，中丝和后丝选 6.4 mm 直径。前丝选用大电流、低电压，以保证根部焊透和反面焊缝成形良好。后丝选用小电流、高电压，以求得较宽的熔宽。表 10－14 示出二丝、三丝的工艺参数。从表中可知，随板厚的增加，焊接电流增加极少，需要增加的熔敷金属是借助于降低焊接速度来达到的。

从表 10－14 中可算出焊接线能量并不是很大，如果用更大的接线能量，即增加焊接电流和减慢焊接速度，板厚 25 mm 以下 V 形坡口的对接焊缝用双丝焊一个焊程就可以完成。目前，我国大多数船厂在应用焊剂铜衬垫三丝单面埋弧焊。为了进一步提高焊接生产效率，大连造船厂在平面分段拼板工位上采用了四丝焊，其焊接工艺参数如表 10－15 所示，焊接 16 mm 板 V 形坡口焊缝焊接速度从三丝的 60 cm/min 提高到 150 cm/min。

表 10－14　焊剂铜衬垫双丝、三丝单面埋弧焊的工艺参数

坡口形式	板厚 (mm)	焊丝位置	焊丝直径 (mm)	焊接电流 (A)	电弧电压 (V)	焊接速度 (cm/min)	焊丝间距 (mm)
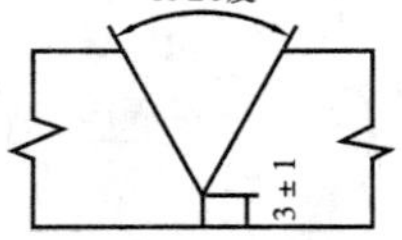	11	L	4.8	1 000	26	64	130
		T	6.4	700	42		
	12	L	4.8	1 000	26	62	130
		T	6.4	700	42		
	14	L	4.8	1 100	26	60	130
		T	6.4	850	42		
	16	L	4.8	1 100	26	60	130
		T_1	6.4	800	38		130
		T_2	6.4	700	44		130
	18	L	4.8	1 100	26	66	130
		T_1	6.4	800	38		
		T_2	6.4	700	44		

（续表）

坡口形式	板厚（mm）	焊丝位置	焊丝直径（mm）	焊接电流（A）	电弧电压（V）	焊接速度（cm/min）	焊丝间距（mm）
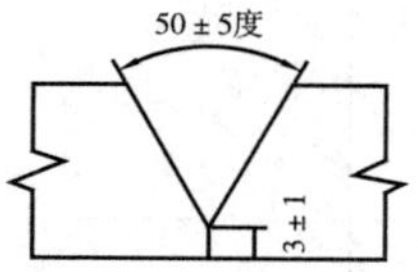	19	L	4.8	1 250	26	62	130
		T_1	6.4	900	42		
		T_2	6.4	830	44		130
	20	L	4.8	1 250	26	60	130
		T_1	6.4	900	42		
		T_2	6.4	900	44		130
	22	L	4.8	1 250	26	56	130
		T_1	6.4	900	42		
		T_2	6.4	940	44		130
	23	L	4.8	1 250	26	54	130
		T_1	6.4	900	42		
		T_2	6.4	960	44		130
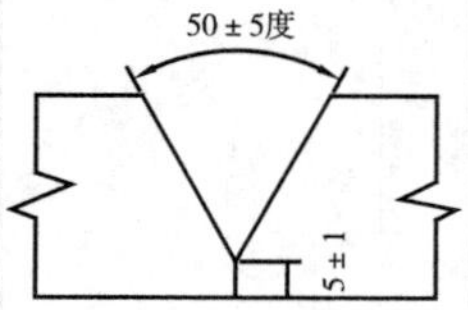	24	L	4.8	1 350	26	59	130
		T 1	6.4	1 000	42		
		T_2	6.4	930	45		130
	26	L	4.8	1 350	26	55	130
		T_1	6.4	1 000	42		
		T_2	6.4	970	45		130
	28	L	4.8	1 350	26	50	130
		T_1	6.4	1 000	42		
		T_2	6.4	1 050	45		130
	30	L	4.8	1 350	26	45	130
		T_1	6.4	1 100	42		
		T_2	6.4	1 150	45		130

注：电流和电压允许波动范围：电流±30 A，电压±1 V。

三丝：L 为前丝，T_1 为中丝，T_2 为后丝。

表 10－15 焊剂铜衬垫四丝单面埋弧焊的工艺参数

坡口形式	板厚 (mm)	焊丝 位置	焊丝直径 (mm)	焊接电流 (A)	电弧电压 (V)	焊接速度 (cm/min)	焊丝间距 (mm)
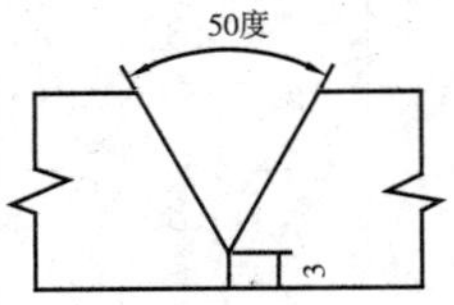	14	L T_1 T_2 T_3	4.8 6.4 6.4 6.4	1 700 1 300 750 700	35 40 40 45	150	6～7
	16	L T_1 T_2 T_3	4.8 6.4 6.4 6.4	1 700 1 300 750 700	35 40 40 45	150	6～7
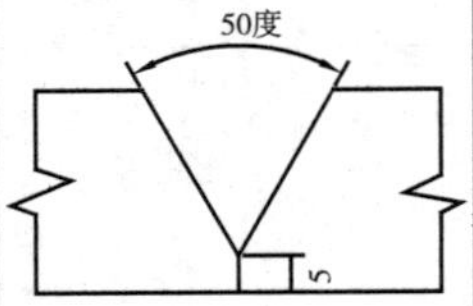	18	L T_1 T_2 T_3	4.8 6.4 6.4 6.4	1 700 1 400 700 650	35 40 40 45	100	6～7
	20	L T_1 T_2 T_3	4.8 6.4 6.4 6.4	1 700 1 400 750 750	35 40 40 45	100	6～7
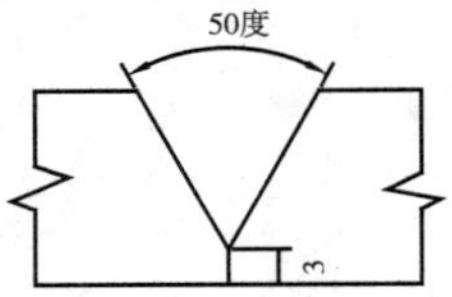	23	L T_1 T_2 T_3	4.8 6.4 6.4 6.4	1 700 1 400 1 000 900	35 40 40 45	90	6～7
	25	L T_1 T_2 T_3	4.8 6.4 6.4 6.4	1 700 1 400 1 050 950	35 40 40 45	90	6～7

注：1. 四丝焊用焊接材料：焊丝 Y－A、表面焊剂 NSH－50、衬垫焊剂 NSH－IR(日铁焊材)。
2. 四丝焊的焊丝间距：$L-T_1=30$ mm，$T_1-T_2=200$ mm，$T_2-T_3=30$ mm。

(七) 焊剂铜衬垫单面埋弧焊船厂焊接实例

1. 产品结构及材料

某船厂拼板平面分段宽 10 m，长 12 m，由 5 张 2 m×12 m 钢板组合而成，板厚 30 mm，材质为船用 DH36 钢，属船用高强度结构钢。采用焊剂铜衬垫三丝单面埋弧焊，坡口形式如图 10－81 所示。焊丝是 US－43，背面衬垫焊剂是 PF1－50R，表面焊剂是 PF1－50。

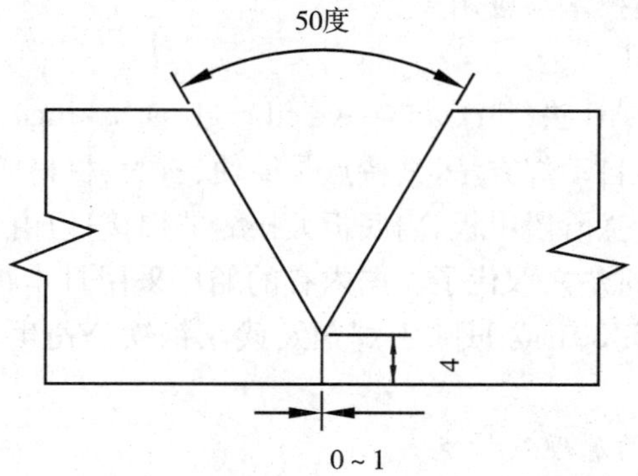

图 10－81　30 mm 板厚焊剂铜衬垫三丝单面埋弧焊的坡口

2. 焊接工艺

(1) 清理坡口及其两侧各 20 mm 范围内的油、锈、漆等污物。

(2) 用 E5015(结 507)4 mm 直径焊条(焊前 250℃焙烘 2h)或用 CO_2 气保护半自动焊 H08Mn2SiA 焊丝，焊丝直径为 1.2 mm 进行定位焊。定位焊缝长度约 80 mm，间距 300～350 mm，厚度 6～8 mm，并在每条接缝两端装焊上 150 mm×300 mm 的引、熄弧板，该板的坡口和产品相同。

(3) 在铜衬垫上铺设背面衬垫焊剂 PF1－50R，厚度 7～8 mm。

(4) 将装配好的平面分段移到铜衬垫上，接缝对准铜衬垫，启动气动装置，使焊剂铜衬垫紧贴。

(5) 将焊接机头移到接缝的端部调整三丝之间的距离和倾角，前丝前倾 5 度，中丝垂直，后丝后倾 5 度，焊丝间距 $L-T_1$ 为 150 mm，T_1-T_2 为 130 mm。

(6) 按表 10－16 的工艺参数，预先设置焊接电流、电弧电压、焊接速度。

表 10－16　30 mm 板厚焊剂铜衬垫三丝单面埋弧焊的工艺参数

板厚及坡口形式	焊丝位置	焊丝直径 (mm)	焊接电流 (A)	电弧电压 (V)	焊接速度 (cm/min)	衬垫焊剂厚度(mm)
板厚 30 mm，V 形坡口，坡口角度 50 度，钝边 5 mm，间隙 0～1 mm	L(前)	4.8	1350	25～27	45	7～8
	T_1(中)	6.4	1100	41～43		
	T_2(后)	6.4	1150	44～46		

(7) 将焊丝调整到引弧端部，操作前丝引弧，启动焊接电源和小车，继后中丝、后丝引弧，进行正常焊接。

(8) 焊接过程中关注焊接电流和电弧电压，观察坡口间隙变化，适当调整焊接电流和电弧电压；同时关注指示灯，及时调整焊丝位置，使之对准焊缝，避免焊偏。

(9) 焊到接缝未端的熄弧板上，前、中、后焊丝相继熄弧。

(10) 应用相同的工艺，焊接第二、第三、第四条对接焊缝完成整个分段拼板焊接。

(11) 焊后清渣，外观检验合格后，对每条焊缝的首、中、尾 3 部位各取 400 mm 焊缝段进行超声波探伤。如发现焊缝有缺陷，可用 E5015(结 507)焊条进行修补。

四、软衬垫单面埋弧焊接技术与应用

（一）概述

软衬垫单面埋弧焊简称 FAB 法(flux adhesive fiberglass baking)。FAB 是 1968 年日本神户制钢所开发研制的一种单面埋弧自动焊方法，其特点是简便、省力、材料成本低廉，主要应用于曲面钢板的拼接以及船体建造中船台合拢阶段甲板、内底板大接缝的焊接；但由于其在焊接时会产生一定的气味对人体有影响，随之用陶瓷衬垫来取代了。国内有的船厂采用日本神户制钢所生产的 FAB－1 型软衬垫配以国产 H08A 焊丝、SJ301 或 HJ431 焊剂及武汉钢铁公司生产的铁粉，也获得了合格的焊接质量。

（二）软衬垫单面埋弧焊的原理及特点

FAB 法的基本原理如图 10－82 所示

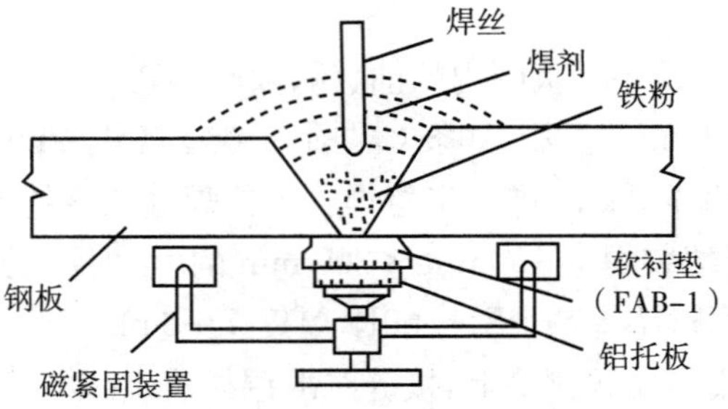

图 10－82　软衬垫单面埋弧焊(FAB 法)基本原理

其特点是：①可实现单面焊双面成型，生产效率明显提高，经济效益显著；②由于软衬垫是可挠的，所以它可以焊接曲面焊缝；③软衬垫紧贴钢板接缝是靠衬垫上的两面胶带及支撑衬垫的简单工具，不需要气垫装置、压力架等复杂设备，使用方便。FAB－1 型衬垫结构如图 10－83 所示。

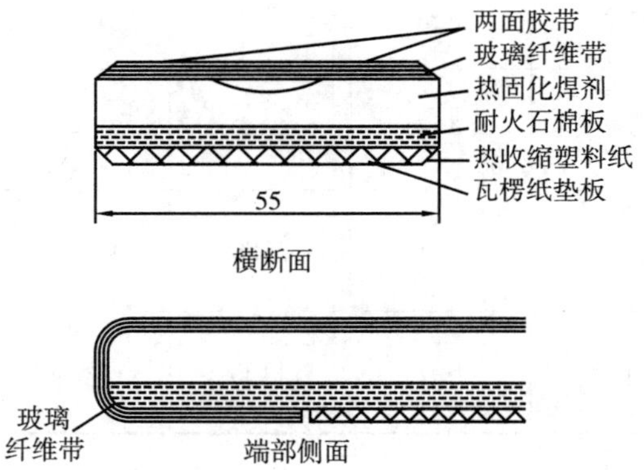

图 10－83　FAB 软衬垫的结构

衬垫各部分的功能是：玻璃钎维布使衬垫与钢板紧密接触，能适应不同厚度钢板相连接时的板厚差以及由于装配误差形成的错边现象；固体焊剂层控制背面焊缝的高度；耐火石棉板隔热防止衬垫被熔穿；瓦楞纸垫板使衬垫与钢板的接触压力均匀化；热收缩塑料纸用来包装衬垫，防止吸潮。

软衬垫单面埋弧焊的焊接材料有焊丝、软衬垫、表面焊剂、铁粉。日本神户制钢所推荐的配套焊材及适用母材钢种如表 10－17 所示。

表 10-17　软衬垫单面埋弧焊配套的焊接材料

适用母材钢种	船级社认可	焊丝	焊剂	软衬垫	铁粉	备注
低碳钢	2 级	US-43	PF1-45	FAB-1	RR-2	日本神钢产品
	3 级	US-36	MF-38			
		US-36	PF1-42E			
低碳钢及 σ_b 为 490MPa 高强度低合金钢	3 级及 3Y 级	US-36	PF1-52E			
		US-43	PF1-50			
		US-49	MF-38			

（三）FAB 法施工要领

前面提及了 FAB 法的原理及特点，由于实际施焊情况下通常会遇到坡口精度，作业环境都不太好，虽然 FAB 方法的装备比较简单，但若技术管理不严格，焊工操作不熟练就不能保证焊接质量和效率，因此一定要严格执行以下施工要领：

1. 坡口准备

FAB 法在采用单丝进行焊接时，板厚 12 mm 以下可以不开坡口，留 1～2 mm 间隙就可实现单面焊双面成形的要求。板厚在 16 mm 以上通常采用双丝焊，坡口角度为 50±3 度，钝边为 0，间隙标准为 2.5～3.5 mm，允许范围 0～5 mm，板厚差为 0～2 mm。要防止间隙大而引起焊穿。对于坡口及其两侧 20 mm 范围内的铁锈、油漆及油污等应予以清除。

2. 定位焊

FAB 法在坡口内的定位焊要求薄而匀，由于船台分段装配时往往应力较大，定位焊的焊肉太薄往往会在施焊途中造成定位焊道破断，所以定位焊时要求使用强度较高的碱性低氢焊条，如 J506(E5016)，J507(E5015)。焊条直径以 4 mm 为宜。焊条在使用前必须进行烘烤，以免在定位焊时在焊缝中产生气孔，标准的定位焊尺寸为 50～80 mm，间距为 200～300 mm，定位焊缝厚度不高于 6 mm。

3. 引弧，熄弧板

在厚板单面埋弧焊时在接缝的首尾端很容易产生纵向裂纹，称之为终端裂纹。钢板的厚度增大和强度提高，裂纹倾向性越敏感。在接缝首尾焊上拘束固定焊缝，可以防止终端裂纹的产生。在施工中通常取两块工艺板(称引弧板、熄弧板)板厚与工件相同，尺寸为 200 mm×200 mm，与工件连接一侧开30～40 度坡口角度，用焊条电弧焊或 CO_2 气体保护焊焊满坡口，使工艺板和工件牢固连接。然后在工件接缝两端正式坡口内焊接拘束固定焊缝，长度应不小于 450 mm，厚度为 2/3 的板厚，多层焊接，每层焊缝由下至上相应减短 50 mm，呈阶梯形。接缝首尾端的拘束固定焊缝如图 10-84 所示。有一定长度的拘束固定焊缝和工艺板拉住两钢板阻止横向分离，这样焊接的拉伸应力就不会使焊缝产生纵向裂纹。

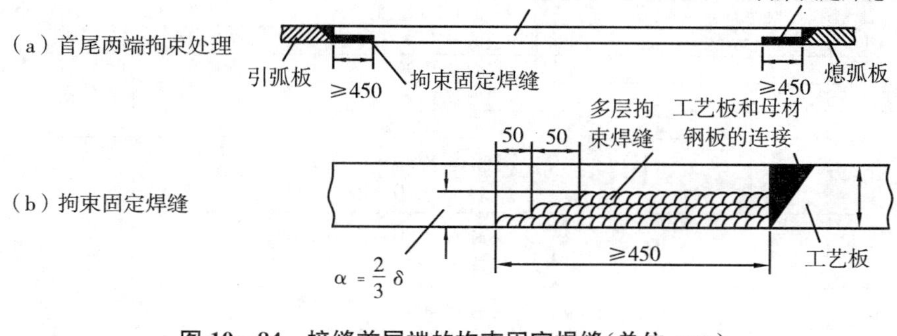

图 10-84　接缝首尾端的拘束固定焊缝(单位：mm)

4. 软衬垫(FAB软衬垫)的装贴

先剥取热收缩塑料纸，将软衬垫中心线对准坡口中心，并用两面胶带粘住接缝背面，然后用支撑工具或支撑物将软衬垫固定。可用磁力马或L形马，也可用弹簧杆或竹片等将软衬垫定位好。定位时需用板厚为2～3 mm，宽度40～50 mm，长1.5～2m的铝板或钢板做托硬衬，用磁力马装贴软衬垫，磁力马的距离为300～500 mm，如图10－85(a)所示。软衬垫接长时，必须使两软衬垫紧紧靠拢，同时在软衬垫连接处加放玻璃钎维带垫片，以防软衬垫连接处漏渣或烧穿。图10－85(b)为软衬垫连接处加放垫片的方法。若发现局部有错边现象，可用木锤在衬垫反面敲击，使软衬垫与钢板紧贴。

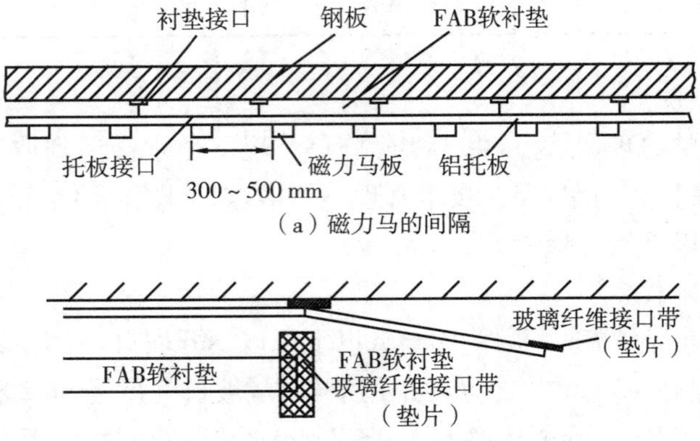

（a）磁力马的间隔

（b）衬垫接口的装帖

图10－85　软衬垫的装贴

5. 铁粉的撒布

FAB法所使用的铁粉基本是纯铁粉其中含有一定量的脱氧剂，铁粉撒布在坡口内的目的可以弥补坡口的不均匀性，以便在同一个焊接规范下获得均一的背面焊缝成形；可以防止电弧在接近衬垫的地方发生，防止烧穿，保证电弧稳定，防止熔化金属前淌而造成未熔合。可以增加熔敷率，提高焊接效率。铁粉盛放于密封的铁皮桶内，随拆随用，要防止吸潮。铁粉不能烘干，一旦浸水，只能废弃。在现场施焊时，尤其要注意焊缝间隙对背面成形的影响最大。所以，在撒布铁粉之前，要将各段间隙测量出来，用石笔标在钢板表面，然后根据间隙的不同对撒布量进行调整。间隙与铁粉撒布量的对应数据如表10－18所示。在撒布铁粉时，要从焊缝开始端撒起，要避免将铁粉撒到坡口两侧，否则，铁粉混入焊剂，会造成工艺性恶化。

表10－18　间隙与铁粉撒布量

板　厚 (mm)	间　隙 (mm)	铁粉高度 (mm)	焊　接　规　范 电流(A)×电压(V)×焊速(cm/min)	备　　注
12	0～1	12	850×34×33	单丝焊电极直径5 mm
	2～3	12	800×34×30	
	4～5	12	750×34×27	
19	0～1	11	990×40×24	直流
	2～3	15	990×40×22	
	4～5	18	990×40×20	
25	0～1	11	(前丝)990×35×27 (后丝)840×38	双丝焊焊丝直径5 mm
	2～3	15	(前丝)990×35×25 (后丝)840×38	
	4～5	18	(前丝)990×35×23 (后丝)840×38	

6. 电极的配置

电极的配置及定位对焊缝的成形有较大的影响。FAB法单丝埋弧焊时，焊丝的位置是向焊接方向前倾5～7度(见图10-86)。

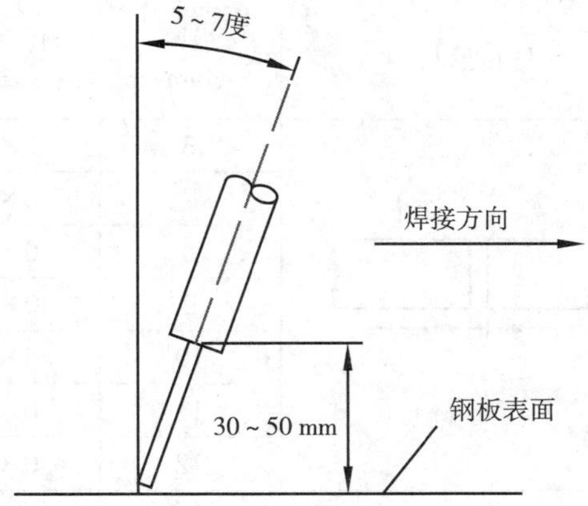

图10-86　软衬垫单丝单面埋弧焊的焊丝位置

焊丝前倾是防止熔化铁水前淌，使反面成形良好。

FAB法双丝单面埋弧焊，前丝也是向前倾5～7度，后丝垂直于钢板，若后丝倾斜，则焊缝成形不良。两丝的间距宜为65～70 mm。前丝伸出长度以导电嘴末端离钢板高度30～50 mm。后丝的导电嘴末端离钢板高度40～60 mm(见图10-87)。

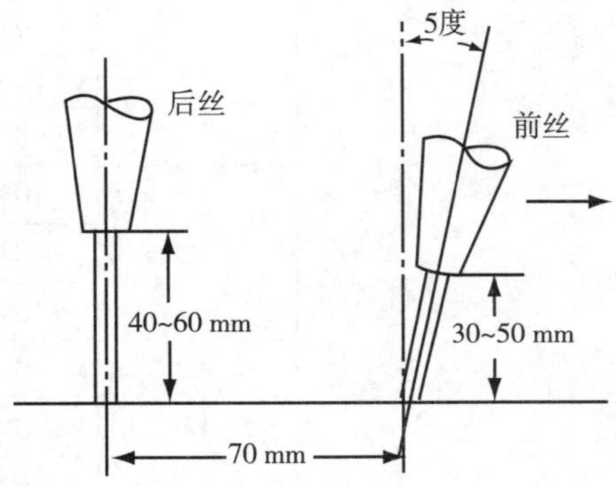

图10-87　软衬垫双丝单面埋弧焊的焊丝位置

焊件在水平位置时，焊丝应处在坡口的中心线上，焊丝的最大偏移量不超过2 mm。当焊接横向倾斜的接缝时，应将焊丝置于坡口的下侧，焊丝中心和坡口中心偏差以2～4 mm为宜。焊件横向倾斜角度应不大于7度(见图10-88)。

(四) 软衬垫单面埋弧焊的工艺参数

软衬垫单丝单面埋弧焊的工艺参数如表10-19所示。软衬垫双丝单面埋弧焊的工艺参数如表10-20所示。由表可知，焊接电流不仅跟板厚及坡口形状有关，板厚增大，焊接电流增大，而且与焊件倾斜角度有关。当焊接纵向倾斜接缝时，由于熔融金属量多，不能采用下坡焊，只能采用上坡焊。纵向倾角越大，反面焊缝越宽，为此纵向倾角每增加3度，焊接电流要减小50～60 A，焊接速度减慢2～3 cm/min。表中有倾斜的焊接工艺参数都是指上坡焊。而焊件横向倾斜在7度以下时，对反面成形几乎是没有影响。

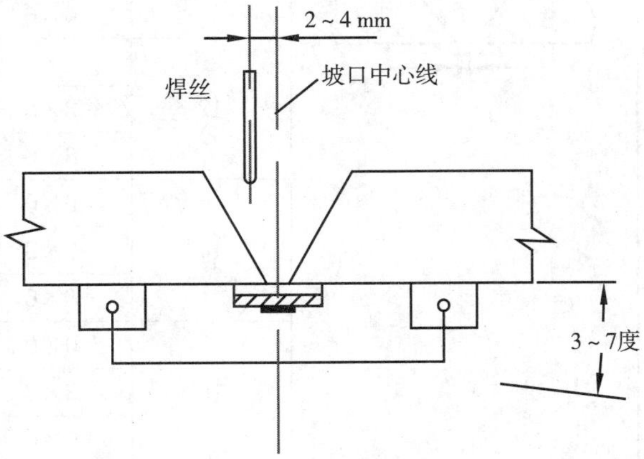

图10-88　焊接横向倾斜接缝时焊丝的位置

焊接时要时刻关注电流表、电压表的读数，及时调整焊接工艺参数使其预定控制在电流±30 A、电压±3 V、速度±10%的范围内。最佳的办法是在施焊1～2 m后，将背面的衬垫揭下，确认背面成形的好坏，调节焊接电流，这样可以防止大面积缺陷的出现。焊接过程中随间隙变化也要随时调整工艺参数：当间隙小于标准值2 mm时，则前后丝焊接电流应增加30 A，同时焊接速度增加1 cm/min；当间隙大于4 mm时，则前后丝焊接电流应减小30 A，而焊接速度减慢2 cm/min。电弧电压可保持不变。

在焊接过程中一旦断弧，在弧坑处会出现缩孔，必须用碳弧气刨将其清除，然后才可继续焊接。

表 10－19 软衬垫单丝单面埋弧焊工艺参数

坡口形状	板厚(mm)	倾斜角度(纵×横)(度)	铁粉填充高度(mm)	焊接电流(A)	电弧电压(V)	焊接速度(cm/min)
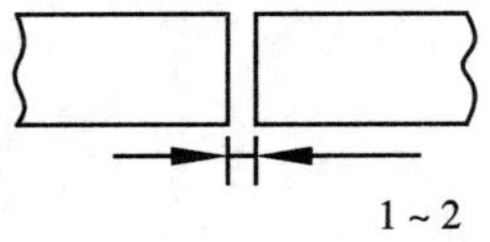	6	0×0	6	700	34	50
	7	0×0	7	750	34	47
	8	0×0	8	800	35	45
	9	0×0	9	850	35	40
	10	0×0	10	900	35	38
	11	0×0	11	930	36	36
	12	0×0	12	950	36	34
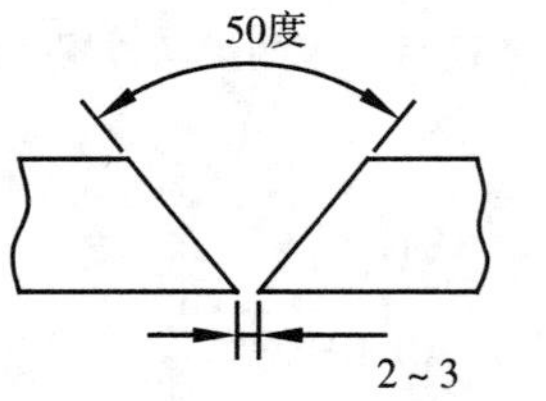	9	0×0	9	700	33	33
		3×3	9	650	33	31
		6×6	9	600	33	29
	10	0×0	10	730	33	31
		3×3	10	680	33	29
		6×6	10	630	33	27
	12	0×0	12	800	34	28
		3×3	12	750	34	26
		6×6	12	700	34	24
	14	0×0	14	850	35	26
		3×3	14	800	35	24
		6×6	14	750	35	22
	16	0×0	16	900	36	24
		3×3	16	850	36	22
		6×6	16	800	36	20
	12	0×0	10	830	35	33
		3×3	10	780	35	31
		6×6	10	730	35	29
	14	0×0	12	890	36	30
		3×3	12	0	36	28
		6×6	12	790	36	26
	16	0×0	14	950	38	28
		3×3	14	900	38	26
		6×6	14	850	38	24
	18	0×0	15	970	40	24
		3×3	15	920	40	22
	19	0×0	15	1000	41	22
		3×3	15	950	41	20

注：焊剂牌号：DF1－45；焊丝牌号：US－43；焊丝直径：4.8 mm；铁粉牌号：RR－2；
软衬垫牌号：FAB－1。

表 10－20　软衬垫双丝单面埋弧焊工艺参数

坡口形状	板厚（mm）	倾斜角度（纵×横）（度）	铁粉填充高度（mm）	层数	焊丝	焊丝直径（mm）	焊接电流（A）	电弧电压（V）	焊接速度（cm/min）	焊丝间距（mm）
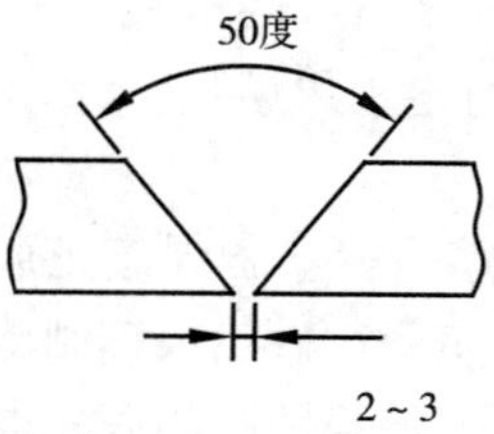	16	0×0	14	1	L T	4.8 4.8	920 600	35 36	33	70
	16	3×3	14	1	L T	4.8 4.8	875 550	35 36	31	70
	16	6×6	14	1	L T	4.8 4.8	820 500	35 36	29	70
	20	0×0	15	1	L T	4.8 4.8	950 650	35 38	29	70
	20	3×3	15	1	L T	4.8 4.8	900 600	35 38	27	70
	20	6×6	15	1	L T	4.8 4.8	830 550	35 38	33	70
				2	L T	4.8 4.8	500 500	36 36	35	100
	24	0×0	15	1	L T	4.8 4.8	950 600	35 38	30	70
				2	L T	4.8 4.8	550 500	36 36	32	100
	24	3×3	15	1	L T	4.8 4.8	900 550	35 38	28	70
				2	L T	4.8 4.8	550 550	36 36	32	100
	24	6×6	15	1	L T	4.8 4.8	850 550	35 38	26	70
				2	L T	4.8 4.8	500 500	36 36	32	100
	25	0×0	15	1	L T	4.8 4.8	950 600	35 38	30	70
				2	L T	4.8 4.8	600 600	36 36	32	100
	25	3×3	15	1	L T	4.8 4.8	900 550	35 38	28	70
				2	L T	4.8 4.8	550 550	36 36	32	100
	25	6×6	15	1	L T	4.8 4.8	850 550	35 38	26	70
				2	L T	4.8 4.8	500 500	36 36	30	100

注：L－前丝，T－后丝。

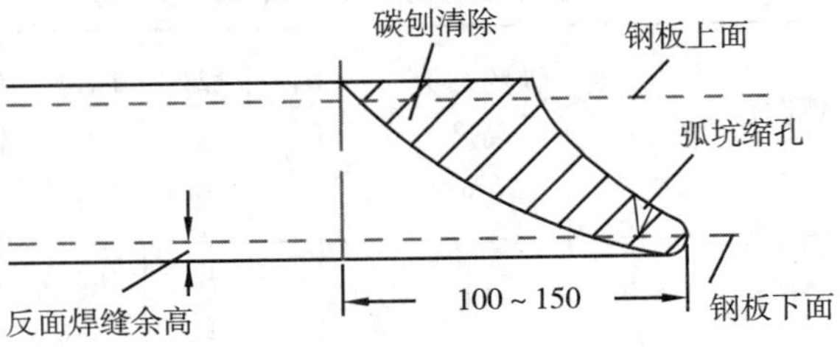

图 10－89 弧坑缩孔的清理

焊接结束时，当前丝焊到拘束固定焊缝时，要开始减小焊接电流 100 A。在前丝焊到拘束固定焊缝 100 mm 处时，切断前丝电流，而后丝要焊到熄弧板终端才熄弧。

（五）FAB 法焊接缺陷的产生及防止对策

1. 始端裂缝

始端裂缝产生的原因在于引弧板到母材的熔深不连续性，它是一种凝固时的收缩裂纹。其防止方法在引弧板上刨出沟槽，或带坡口的引弧板。启弧时，电流略低些，启弧后迅速转入正常施焊规范，以期获得连续的熔深，这样才能防止收缩裂缝的出现。

2. 焊接过程中发生的高温裂缝

单面焊高温裂缝多沿焊缝轴线出现，其形成的原因在于低熔点共晶成分的偏析。要防止高温裂缝的产生，就必须限制树枝状晶的生长，防止低熔点共晶成分的偏析，或者在偏析带凝固之前使其再次被溶解，使低熔点共晶成分在向熔渣中净化的同时分散。具体对策在单道焊时要使用单丝焊，坡口角度要大于 45 度，采用确保焊缝两面都具有良好成形的焊接规范。在双丝焊时，两电极的距离为 60～80 mm，使先行电极形成的低熔点共晶偏析带在完全凝固以前即被后行电极再熔化。

3. 气　孔

气孔发生的原因在于焊剂的吸潮，钢板上的油、水、锈以及定位焊道上的熔渣等。若焊道正面出现气孔，要检查电压是否过高，焊剂铺得是否太薄使电弧外露，坡口里的油、锈是否用砂轮或钢刷清除等。定位焊后，若遇霜、雪、雨、露天气，则在焊接施工前用火焰烘烤，除去水分。坡口两则的底漆厚度在 20 μm 以下时对气孔倾向没有影响，超过 20 μm 则易出现条状气孔。在熔渣壳内面出现异常的空洞时，说明焊缝内部已有缺陷产生，应立刻检查以上提出的各项防止气孔的要点。

4. 钢板内面的熔穿

熔穿大都是从 FAB 衬垫的接口处发生的，若 FAB 软衬垫粘贴不牢，压力不够，接口处间隙过大就会出现熔穿；所以在贴衬垫时，若遇错口，应用木棰敲击衬垫使其贴牢，然后用磁力马板压紧。另外，若电流过大也容易出现焊穿，应对焊接电流规范进行调节。

5. 满溢，焊瘤，熔宽不均

反面焊缝的满溢，多出现在有错边或反面焊道过窄的情况下。对于前者应使衬垫紧密接触，对于后者应将焊接电流上调 50 A 左右。

反面的焊瘤也多出现在衬垫的接口处，其防止办法与防止熔穿一样。

反面焊道严重宽窄不均是由于坡口内的锈及切割后的氧化铁黑皮过厚造成的，所以焊前坡口内的清磨十分重要。

6. 单面熔敷过多或过少

反面熔敷过多有两种情况，一是余高过高，二是熔宽过宽。前者多是由于衬垫压力不足造成的，后者是由于焊接电流过大所致。一般情况下 FAB 法的焊接反面成形较为扁平。对于熔敷过少亦有两种情况：一是焊缝过于扁平，其原因在于焊接规范不适；二是电流过大或过小，应对焊接规范、坡口型式进行调整。

7. 反面焊缝凹坑

这种情况多出现在双丝焊的情况下。后丝电流过大或电压过低，也即电弧不稳定就会出现这种现象，所以应对焊接规范再作调整。另外，定位焊过厚也会出现此种缺陷，所以要降低定位焊道的余高。

8. 背面焊缝咬边

FAB法焊接过程中有时在背面焊缝会出现咬边，这种咬边一般不是尖锐型的，圆滑型的较为常见，其原因在于焊道过宽，应对焊接规范及坡口形状进行检查。

9. 表面焊道凸起或焊道过宽

表面焊缝余高过大而凸起多是由于焊接规范不合适、坡口过于狭小、电压过低、焊剂过厚、焊剂导管偏离焊缝轴线所致。

焊道过宽是由于电压过大、速度过小。这些虽不是严重缺陷，但有时会伴随出现夹渣及未熔合等缺陷。

10. 焊接过程中电弧不稳

造成电弧不稳的原因是定位焊的熔渣未清除，导电嘴磨损送丝时焊接电流、电压波动大造成电弧不稳、电焊机出故障，二次线接触不良等。

（六）软衬垫单面埋弧焊(FAB法)的实例

大型船舶的底部是由若干底部分段在船台上合拢而成，在船台上需要焊接底板和内底板的纵缝和横缝。对于内底板的纵缝和横缝，上面是空间开敞的货轮或机轮，接缝下面是双层底轮，高度有限，且有纵横构架，工作条件差，为了提高效率改善焊工的作业环境，采用软衬垫双丝单面埋弧焊。图10-90所示的是我国某船厂内底板的纵缝在船台上合拢的双丝FAB法焊接实例。内底板材质为船用D级钢，板厚为20 mm，坡口角度为50度，间隙为1～3 mm如图10-91所示。

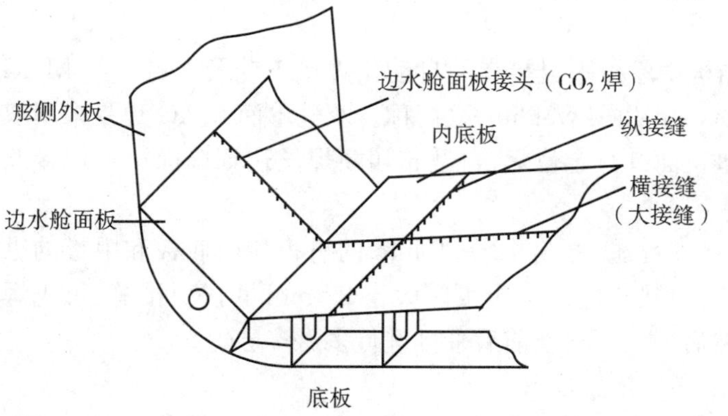

图10-90 底部分段内底板对接缝

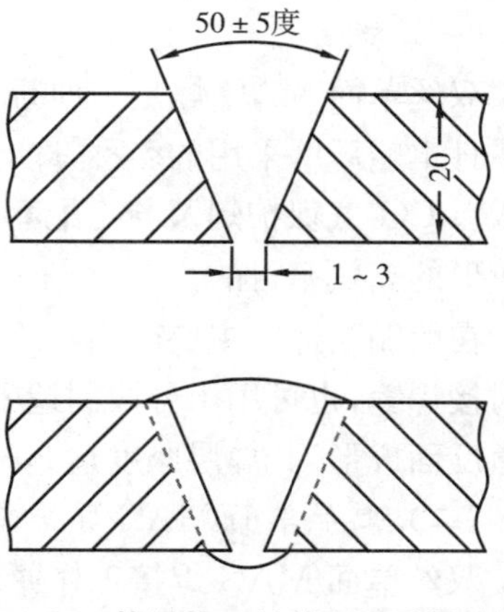

图10-91 软衬垫双丝单面埋弧焊的坡口

软衬垫双丝单面埋弧焊用的焊接材料如表10-21所示

表10-21 内底板纵横软衬垫双丝单面埋弧焊用的焊接材料

母材钢种	前丝		后丝		表面焊剂牌号	软衬垫牌号	备注
	牌号	直径(mm)	牌号	直径(mm)			
D级钢	US-43	4.8	US-43	4.8	PF1-45	FAB-1	焊接材料均系日本神钢产品

软衬垫双丝单面埋弧焊实船焊接工艺如下：

(1) 清理内底纵缝坡口两侧各 20 mm 范围的锈、油、漆等污物。

(2) 用“Ⅱ形马”对内底纵缝进行定位，焊条用 E5015(结 507)。

(3) 焊工进入双层底舱内，用 FAB－1 软衬垫两面胶带将软衬垫黏贴在接缝的反面。用 L 形马和木楔或毛竹片撑住，使软衬垫紧贴钢板反面。支撑点间距小于 200 mm。在衬垫连接处应加强支撑。

(4) 选定焊接方向，船台是倾斜的，内底板纵缝也是倾斜的，焊接方向应选定上坡焊，以确保焊透。

(5) 焊前调整好前丝和后丝的位置，前丝倾角为 5 度，后丝垂直，两丝间距为 70 mm，焊丝伸出长度分别为 35 mm 和 45 mm。

(6) 坡口中填充铁粉，铁粉高度和钢板表面持平。

(7) 按表 10－22 的焊接工艺参数进行埋弧焊，由于是上坡焊，焊接电流偏小，焊速略小。

表 10－22　内底板纵接缝软衬垫双丝单面埋弧焊的工艺参数

钢种	板厚	坡口角度（度）	间隙（mm）	焊丝直径（mm）	焊丝	焊接电流（A）	电弧电压(V)	焊接速度（cm/min）	铁粉高度（mm）	焊丝间距（mm）	焊丝伸出长度（mm）	焊丝倾角（度）	备注
船用D级	20	50	1～3	4.8	L前	900	35	27	20	70	35	前倾 5	日本神钢焊材
					T后	600	38				45	0	

(8) 要重视引弧和熄弧操作要点。

(9) 焊后按比例对内底板纵缝进行射线探伤。

五、双丝单面 MAG 焊焊接技术与应用

(一) 概述

双丝单面 MAG 焊是一种新颖的船舶结构中厚板平对接焊的自动化焊接工艺及设备。此 MAG 焊系日本船厂所采用的名称，即 metal arc gas shielded welding 之简称。双丝单面 MAG 焊是采用双丝双弧 CO_2 气保护焊及与之配套的陶瓷衬垫正面进行定位焊，再散布切断焊丝达到单面单道焊接双面成形的高效率目的。

在船舶建造中主要应用于总组船台(船坞)阶段板厚为 12～22 mm 的拼板如内底板和甲板的纵横对接焊缝，也可用于分段制造中的拼板平直对接焊缝。对于板厚大于 22 mm 的拼板接缝，可先焊一道反面成形，其焊层厚度达 20～22 mm，然后采用两根丝前后平排进行多道多层焊。

(二) 双丝单面 MAG 焊接工作原理及设备简介

双丝单面 MAG 焊接工作原理是：焊接接头开 V 型坡口，坡口作 0～3 mm 无间隙装配直接定位焊，其背面贴上黏贴型陶瓷衬垫。坡口中预先散布切断焊丝颗粒，它的作用是提高熔敷金属量，同时也降低坡口间隙偏差的敏感性。焊缝装配示意图如图 10－92 所示。然后在接头正面采用双电极自动行走的焊接小车，两根电极前后相隔 250～320 mm 并可分别相对于焊缝作径向摆动，进行双丝双

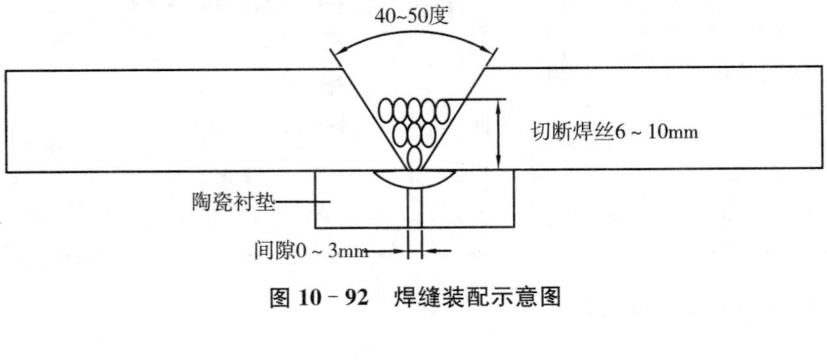

图 10－92　焊缝装配示意图

熔池 CO_2 自动焊接。前行电极使用直径 1.6 mm 实芯焊丝，可获得较深的焊接熔深，又通过摆动电极对熔池的搅拌作用调整背面焊缝使之成形良好，并使坡口两侧母材焊透，坡口中原先的定位焊缝全部熔入形成背面焊缝。后行电极用直径 1.6 mm 药芯焊丝通过电极摆动调节表面焊缝宽度，表面成形的焊渣能起到对焊缝的保护作用，获得焊缝表面成形美观的效果。

双丝单面 MAG 焊机全套设备包括：一台焊机本体(DEW－1 型)，两台 CO_2 气保护焊接电源(KH600 型)，一台循环冷却水箱，磁性导向轨道(至少两根)，相应连接的气、水管道以及两根控制电缆和焊接电缆。焊机本体的结构示意图如图 10－93 所示。双丝单面 MAG 焊接工艺参数如表 10－23 所示。适用的焊材：

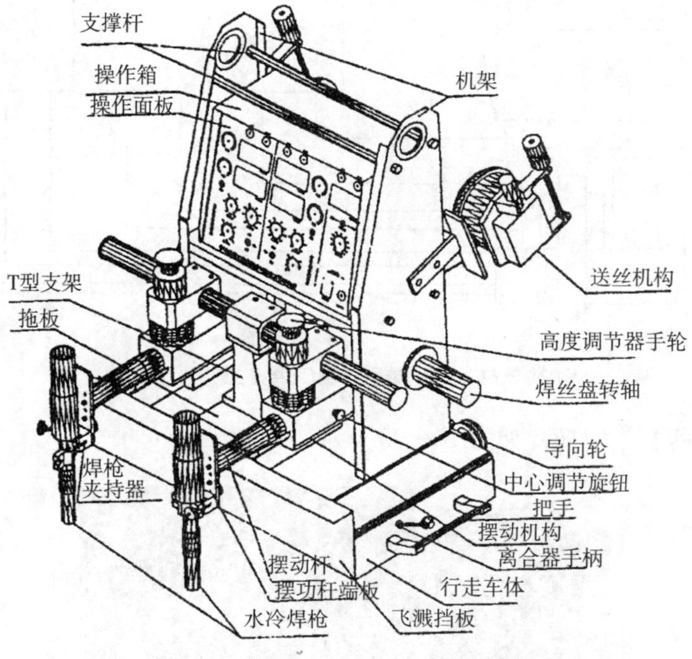

图 10－93　双丝单面 MAG 焊机本体结构示意图

表 10－23　双丝单面 MAG 焊接工艺参数

项　目	参　数					
板　厚	12 mm		16 mm		22 mm	
电极	先行电极	后行电极	先行电极	后行电极	先行电极	后行电极
焊丝直径 ϕ(mm)	1.6	1.6	1.6	1.6	1.6	1.6
焊丝种类	实芯	药芯	实芯	药芯	实芯	药芯
焊接电流(A)	480	400	500	420	540	450
电弧电流(V)	40	35	40.5	35.5	41.5	36.5
切断焊丝高度(mm)	6		8		10	
焊接速度(cm/min)	45		40		25	
电极摆动　频率 f(次/分钟)	120	90	110	80	90	60
电极摆动　摆幅宽(mm)	2～3	3	3	5	5	7
电极摆动　两端停顿(%)	30	25	30～35	30	35～40	37.5
热输入(kJ/cm)	25.6	18.7	30.4	22.4	53.8	39.4
气体流量(L/ min)						

前丝为 YM－55H 实芯焊丝，后丝为 SF－1 药芯焊丝，填充切断焊丝为 YK－CM 切断丝，要求直径为 1.0 mm，长度为 1 mm。衬垫为带有(1.2 mm 宽×1.5 mm 深)槽型陶瓷衬垫，衬垫表明覆盖有玻璃纤维带。

双丝单面 MAG 焊接工艺设备组成如图 10－94 所示

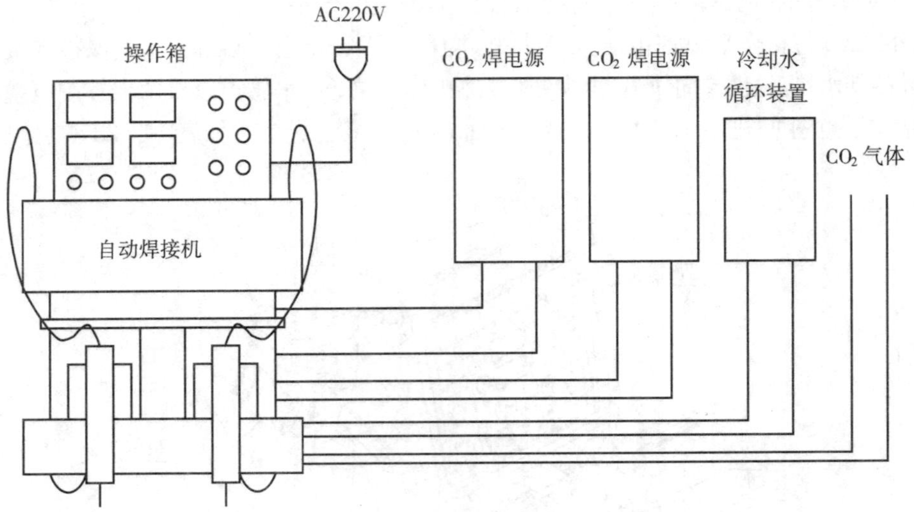

图 10－94　双丝单面 MAG 焊接工艺设备组成

双丝单面 MAG 焊接实时照片如图 10－95 所示

图 10－95　双丝单面 MAG 焊接实事照片

（三）双丝单面 MAG 焊与混合焊的经济效益对比

在船舶建造中，板厚 12～22 mm 的船台内底板和甲板的纵横对接缝的焊接原先大多采用 CO_2 半自动单面焊工艺，使拼板反面焊缝成形，再用 CO_2 半自动焊接工艺焊 1～2 层，使焊层厚度达 8～10 mm，然后再在其上面使用埋弧自动焊工艺，根据板厚不同，确定焊接层数。通常称这种焊接工艺为 CO_2 半自动焊＋埋弧自动焊的混合焊接工艺(简称混合焊)。虽然它对提高船体合拢的焊接效率起到一定的作用，但采用更新颖的双丝单面 MAG 焊新工艺具有显著的经济效益值得大力推广应用。其经济效益对比优势如下：

(1) 双丝单面 MAG 焊工艺使用后，不需要用“Π”形马固定焊缝，可直接在坡口内进行定位固定板缝，简化了装配工作。

(2) 双丝单面MAG焊和混合焊两种工艺对坡口的要求均为40～45度V型坡口，其不同之处是双丝单面MAG焊的间隙要求为0～3 mm，而混合工艺要求间隙为6～8 mm。由此可知双丝单面MAG焊所消耗的焊接材料比混合焊少。

(3) 节约装配用的"Π"型马钢材一条船约10 t左右。

(4) 装配时间可节省20%。

(5) 焊接效益相比，双丝单面MAG焊是混合焊的8倍以上，这样大大缩短船体总组、船台(船坞)建造周期，可减少劳动力的投入。

(6) 节约船台火工校正工作量。

(7) 焊接工艺简便，不需要配两种焊接设备和两套焊接工班子，且焊接质量保证。

第三节 建筑钢结构焊接新技术与应用

一、钢结构在一些领域里的不可替代性

(一) 建筑物采用钢结构的优越性

1. 传统的概念

从1885年美国芝加哥市建造世界上第一幢钢结构楼房算起，建筑钢结构这个行业已经有120多年历史了。现今，在世界上许多城市都矗立着一些钢结构的高楼大厦，并且它们的数量还在像雨后春笋一样快速地增长着。

传统的概念认为，建筑物采用以焊接为主，栓－焊为辅联结的。同采用砼结构相比，钢结构有4个优点：①强度高；②质量轻；③能经受冲击；④建造快。

2. 近来的新认识

建筑物采用钢结构至少还有4个好处：

(1) 建筑钢结构即使遭到了类似战争这样不可抗拒因素的破坏，其断裂碎片仍可重炼成钢，再轧成材，100%地再生利用，不会成为废品。

(2) 从开采矿石、洗选矿石、冶铸成铁、再炼成钢、轧制成材、割制成块、焊接成件，到安装成结构，钢结构在这整个过程中所排放的二氧化碳的总量只有砼结构从采石、粉碎、烧制成水泥、搅拌成浆、轧筋、支模、浇筑砼、养护到折模的整个过程中所排放的二氧化碳总量的65%。

(3) 建筑钢结构可以造得很高。建筑同样使用面积的建筑物，钢结构所占用的土地面积、所破坏的植被面积比砼结构小。

(4) 建筑钢结构造得快，它所耗用的劳动力比砼结构要节约。

可以认为，建筑钢结构是一个资源节约型的产业，是一个绿色环保型的产业。因此钢结构在我国已由限制使用、合理使用、推广使用发展而成鼓励使用的产业了。

3. 钢结构的不可替代性

钢结构至少在下列6个方面能起到其他结构无法替代的作用：

(1) 建筑方面　高度达到或超过100 m的楼房，或其他高耸结构(如电视发射塔)，或重型厂房，以及跨度达到或超过60 m的建筑物(如飞机检修库、候机大厅、火车候车大厅、候船大厅、体育场馆、大卖场等)，必须采用钢结构。

(2) 桥梁方面　大跨度的桥梁非钢结构莫属。

(3) 船舶方面　巨轮大舰无一不是钢结构。

(4) 能源方面　水力发电、火力发电、风力发电、核能发电的电站框架，输配电构架，石油、天然气的贮罐和管道，都毋庸争议地采用钢结构。

（5）起重方面　各类起重机的机架无一例外地采用钢结构。

（6）军工方面　导弹、火箭、卫星的发射架，战时的临时浮桥，军港的吊架等，非用钢结构不可。

二、钢结构的焊接方法拾遗

建筑钢结构构件的联结方法，多半以焊接为主，栓－焊为辅。因此严格地说，建筑钢结构应理解为栓－焊结构。

建筑钢结构所采用的焊接方法已在第八章《高效电弧焊接技术》中详细论述，因此，本节略去通常的药皮焊条手工电弧焊 SMAW、气体保护焊（实芯焊丝气体保护焊 GMAW 和药芯焊丝气体保护焊 FCAW）、埋弧焊 SAW（单丝埋弧焊和多丝埋弧焊）的介绍，以免赘述之嫌；但论述 5 种建筑钢结构行业专用的焊接方法，名之谓拾遗。

（一）熔化咀电渣焊

1. 使用场合

超高层建筑的箱型柱的断面除主要由两块翼板和两块腹板组成外，为保证足够的刚性和抗扭能力，在其与梁相连接的那个部位，以及两根梁中间那个部位，在箱型柱内设置了隔板（见图 10－96）。

翼板同隔板之间的焊接，在组成［ 型后，由气体保护焊完成（见图 10－97）

另一块腹板装上去后，两块腹板与隔板之间的焊接采用熔化咀电渣焊。

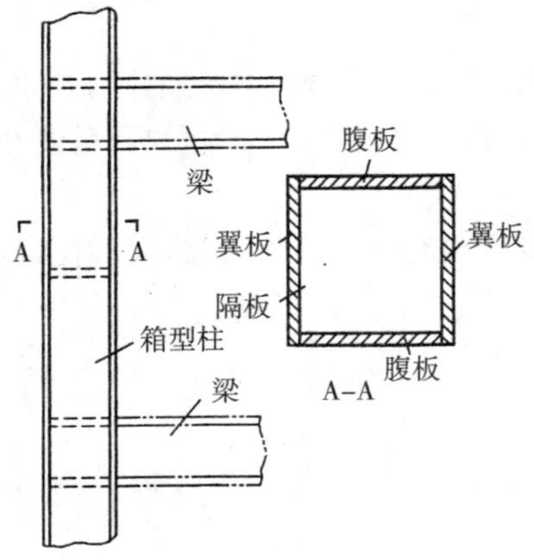

图 10－96 超高层建筑中的箱型柱

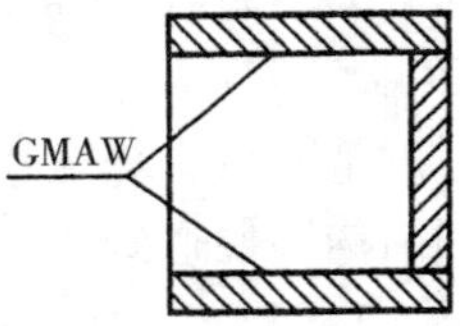

图 10－97 翼板同隔板的焊接

2. 原理

图 10－98 以对接为例，组装工件时装上贴板，同工件作定位焊；装上铜质的引弧装置（见图10－100）和引出器（见图10－101）在焊道底部（即引弧装置内）放置一定量的助焊剂。往焊道里插入熔化咀，靠熔化咀夹头夹住，借助送丝轮把丝盘上的焊丝导入熔化咀。在焊丝和工件之间施加一定的电压，让焊丝同引弧装置接触，并随即引燃电弧。电弧的热量将助熔剂和熔化咀药皮一起熔化成渣池，渣池的热量将焊丝、熔化咀和工件一起熔化成熔融金属。随着焊丝的不断送进，熔融金属不断提升，并不断凝固成焊缝金属。

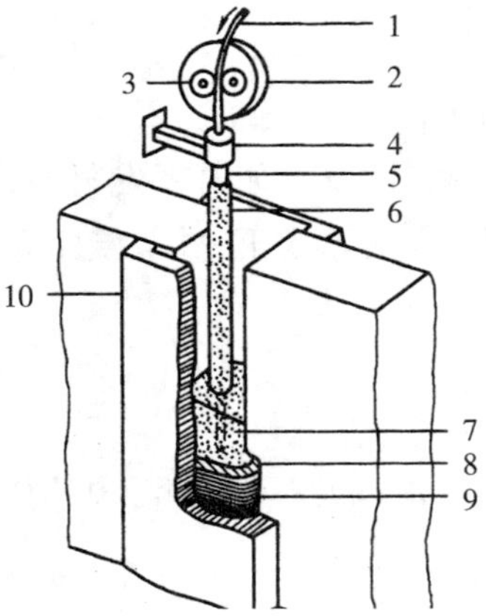

图 10－98　管状熔化咀电渣焊原理示意图

1. 焊丝，2. 丝盘，3. 送丝轮，4. 熔化咀夹头，5. 熔化咀，6. 熔化咀药皮，7. 熔渣，8. 熔融金属，9. 焊缝，10. 贴板。

3. 操作步骤

1）焊前准备

（1）设置焊道　把隔板做得窄一些，在两端留出焊道，并在其两侧装焊贴板；同时在焊道顶端和底部的翼板上各钻一个小孔（见图 10－99）

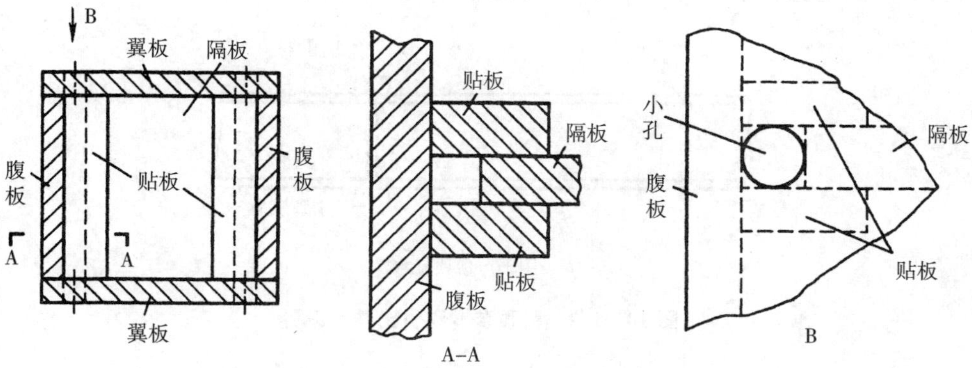

图 10－99　焊道装置

（2）安装装置和引出器　引弧装置用紫铜车成，其形状示于图 10－100，其中尺寸 $d \geqslant$（隔板厚度＋4）mm，$D=(1.25\sim1.6)d$。

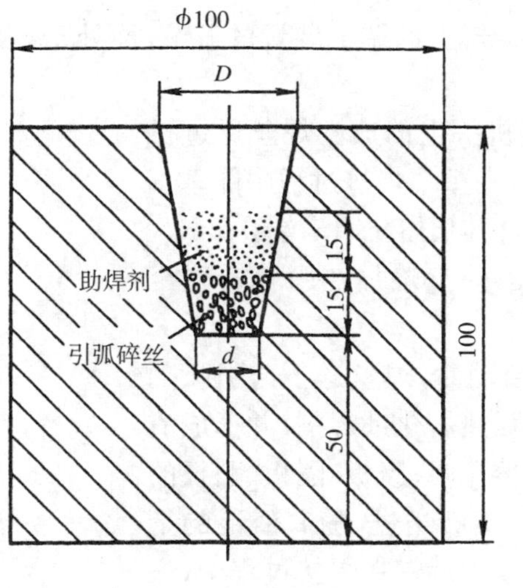

图 10－100　引弧装置

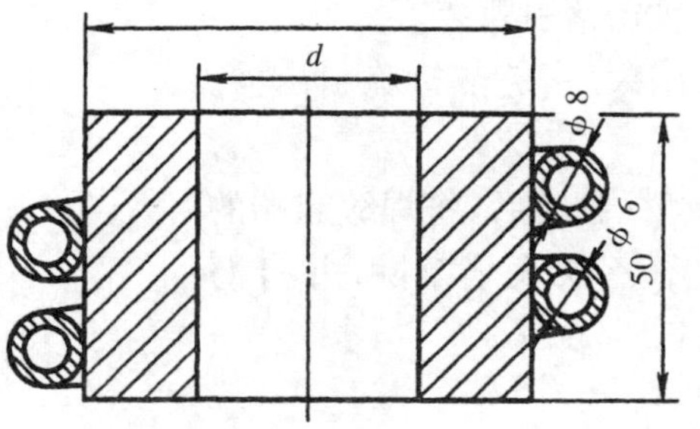

图 10－101　引出器

引出器也用紫铜车制而成(见图 10-101)。其外盘绕紫铜管两圈,借束节接自来水,使之在焊接过程中流通不止。其内径 d 与引弧装置的尺寸 D 相匹配。

先在引弧装置的凹部撒放高约 15 mm 的粒度为 ϕ1mm×1 mm 的引弧剂,即碎丝在撒放高约 15 mm的助焊剂;然后在将整套引弧装置置于焊口下端,用手电筒从焊道上端照光找正,并用千斤顶向上顶紧;引出器安置在焊道上端,用卡马与楔块固定(见图 10-102)。

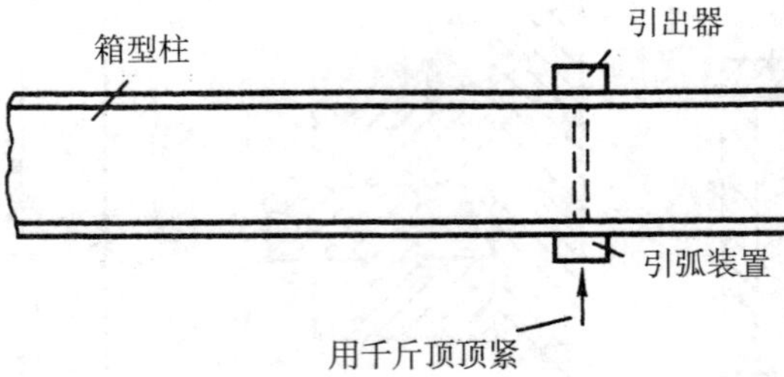

图 10-102 引弧装置和引出器的设置

2) 焊接(见图 10-103)

(1) 插入熔化咀 所谓熔化咀实质上是一根管状焊条,即外部涂敷药皮的管子,管长 1 000 mm 或 700 mm。

先将熔化咀的支持端插入焊机机头的夹持口内,再转动并徐徐放下机头,将熔化咀送入焊道直至其底端,距引弧装置里的助焊剂表面约 10 mm。

熔化咀应通过焊机机头夹持器上的调节装置的调节,而处于焊道中心,并须使用手电筒仔细检查,确保无误。

(2) 导入焊丝 装在焊机机头上的成卷焊丝通过机头上的专用调节机构矫直,确认在整个焊接过程中能垂直向下输送后,方可导入熔化嘴,并伸出熔化咀末端 5 mm。

③ 加热引弧装置 用氧乙炔火焰加热引弧装置至 70～90 ℃。

④ 焊接 熔化咀电渣机启动后,焊丝送下与引弧剂短路,随即熔化而发生电弧,电弧热熔化助焊剂,并形成渣池;利用渣池的电阻热将焊丝、熔化咀、腹板、隔板、贴板的边缘一起熔化,形成熔池;焊丝不断送进,随着渣池的上升,熔池也不断上升,徐徐凝固成焊缝。在焊接过程中,根据渣池深度适时地从焊口上端添加助焊剂。

(5) 拆除引弧装置 熔池上升到离焊道下端 50～100 mm时,松下千斤顶,并用木锤击落引弧装置。

(6) 焊缝终端清理 焊接结束后,趁热拆除引出器。焊缝冷却后再打磨光洁。

(7) 焊缝起端清理 待箱型柱翻转后,将焊缝起端的熔融金属和熔渣的混合物,用氧乙炔火焰割除,并打磨光洁。

参考用焊接参数见表 10-24。

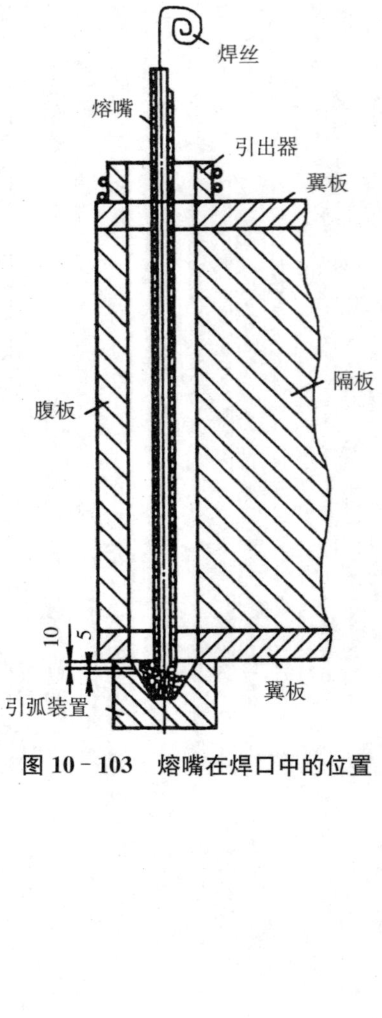

图 10-103 熔嘴在焊口中的位置

表 10－24　箱形柱熔化咀电渣焊的焊接参数

序号	示　图	渣池深度 h(mm)	助焊剂添加量 W(g)	焊接电流 I(A)	焊接电压 U(V)	焊接速度 v(cm/min)	焊接热输入 E(kJ/cm)
1	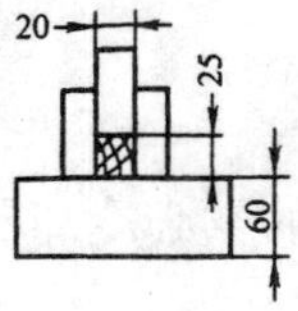	45	56	410	35	2.45	351
2	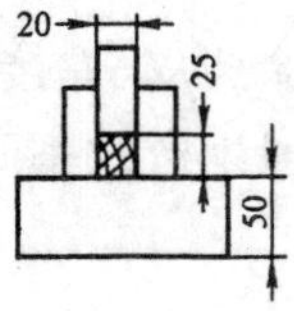	45	56	400	33	2.31	343
3	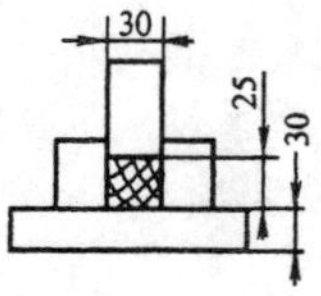	35	66	410	31	1.41	541
4	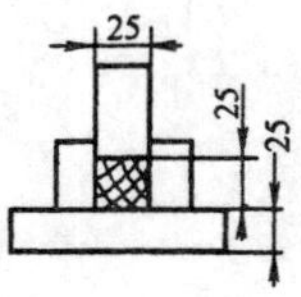	35	55	380	30	1.67	410
5	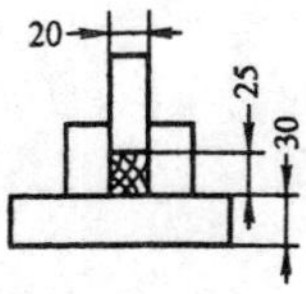	44	55	395	31	1.8	408
6	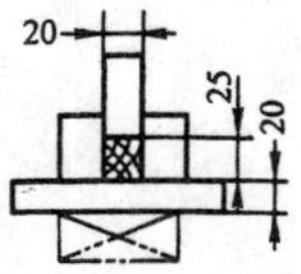	35	44	380	31	1.88	376
7	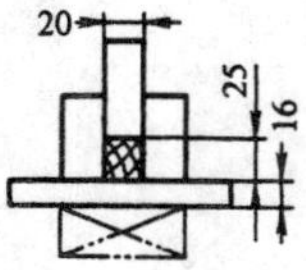	35	44	390	30	2.05	343
8	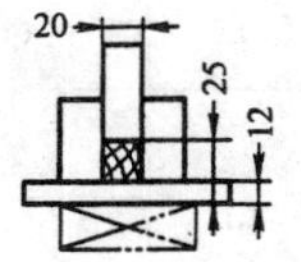	35	44	370	26	2.25	257

表中的焊接电流和焊接电压数据是焊接过程进行到一半时测定的。焊接开始时电压应提高1 V，电流调小10 A；待到焊缝完成3/4时，电压应降低1 V，电流升高10 A。

焊接过程中添加的助焊剂不能过多，也不能过少。正确的添加量可按下式计算：

W = 焊道截面积×渣池深度×助焊剂体积质量。

式中：渣池深度为35～45 mm；助焊剂体积质量为2.5 g/mm^3。

放置引弧剂(碎丝)是为了便于引燃电弧，用的是H08MnA焊丝。

表中序号6、序号7和序号8因为箱形柱的腹板较薄，为防止烧穿用铜质的空心冷却器，其下端进自来水，热水从上端流出。

(一) 非熔化咀电渣焊(见图10-104)

非熔化咀电渣焊是熔化咀电渣焊的改进技术。前者的非熔化咀的外表不涂药皮，焊接时不断上升，自身不熔化。由于它用的电流密度高，焊接速度大，焊接热输入小，所以不但生产效率高，而且焊接质量好。

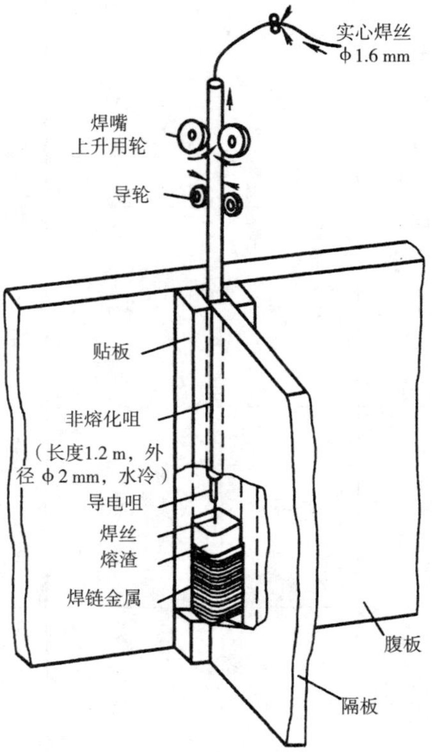

图10-104 非熔化咀电渣焊方法示意

表10-25列出了供参考用的非熔化咀电渣焊的焊接参数。

表10-25 非熔化咀电渣焊的焊接参数

接头形状	焊丝	焊剂	工艺参数		
			电流 I(A)	电压 U(V)	送丝速度 v(m/min)
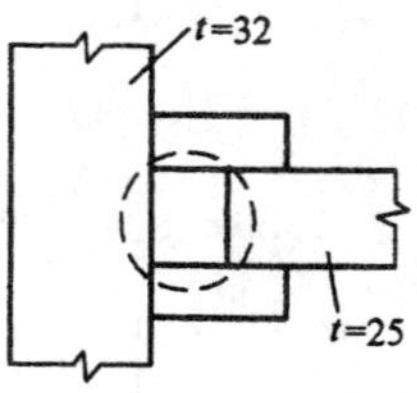	YM-55A ϕ1.6 mm	YF-15	300	42～44	8

表 10－26 列出了熔化咀电渣同非熔化咀电渣的比较数据。

表 10－26　箱形柱的两种电渣焊

方　法	非熔化咀电渣焊	熔化咀电渣焊
坡口形状	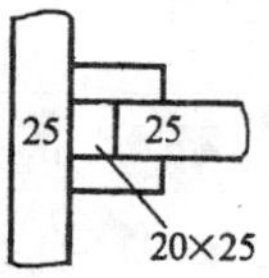	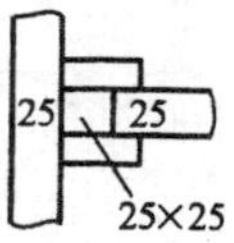
熔化咀类型	非熔化咀	熔化咀 ϕ10 mm
焊　丝	中高 Mn－0.2%Moϕ1.6 mm	中高 MnO－0.5%Moϕ2.4 mm
焊　剂	中性 MnO－SiO_2 型熔炼焊剂	中性 Mn－SiO_2 型熔炼焊剂
焊接参数	380 A,44 V,4 cm/min	400 A,41 V,2.2 cm/min
焊接热输入	250 kJ/cm	450 kJ/cm

（二）旋转晃动的非熔化咀电渣焊

近年来又对非熔化咀电渣焊作了改进，增设了一套小机构，让非熔化咀在焊接过程中每 20 s 旋转并稍稍晃动一次，从而保证焊道的每一个角落都焊透。

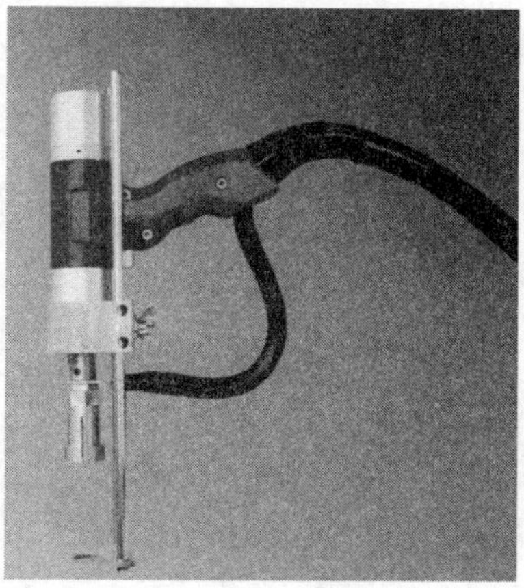

图 10－105　栓钉焊枪

（三）栓钉焊

1. 原理和过程

栓钉焊又称螺柱焊。先在钢构件上打好样冲孔，再往栓钉上套瓷环，然后用焊枪（见图 10－105）夹持栓钉，使栓钉顶端的铝质引弧珠对准样冲孔，并把栓钉调整到其中心线垂直于钢构件表面位置[见图 10－106（a）]，再启动栓钉焊机，使引弧珠同钢构件短路，随之，焊枪会稍稍拉起栓钉，引燃电弧[见图 10－106（b）]。随着主电流的进入，电弧热量大大增加，将栓钉底端和钢构件的局部熔化，形成熔池。随即焊枪自动将栓钉朝前挤推，最后在栓钉和构件之间凝固成焊缝[见图 10－106（c）]。

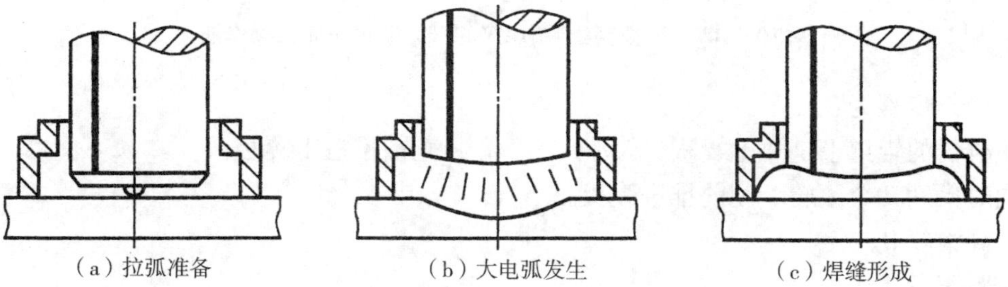

（a）拉弧准备　　（b）大电弧发生　　（c）焊缝形成

图 10－106　栓钉焊过程

2. 参考用焊接参数 （见表 10－27）。

表 10－27 栓钉焊的焊接参数

栓钉规格 (mm)	电流 I(A)		时间 t(s)		伸出长度 l(mm)		提升高度 h(mm)	
	穿透焊	非穿透焊	穿透焊	非穿透焊	穿透焊	非穿透焊	穿透焊	非穿透焊
ϕ13		950		0.7		4		2.0
ϕ16	1 500	1 250	1.0	0.8	7～8	5	3.0	2.5
ϕ19	1 800	1 550	1.2	1.0	7～9	5	3.0	2.5
ϕ22		1 800		1.2		6		3.0

（四）H 型钢组装、焊接、变形矫正一体式操作法

建筑钢结构件的断面，往往呈 H 形、T 形、十字形、箱形和圆形等式样，而被采用得最多的是 H 形。H 形断面的构件往往就被称作 H 型钢，它是由 3 块钢板（上翼板、腹板和下翼板）组成的。这 3 块钢板之间的焊接接头是 T 接接头，可以是开坡口焊透的，也可以是不开坡口不焊透的。传统的 H 型钢制作方法是组装、焊接和变形矫正这 3 道工序依次各自进行的，然而这里介绍的操作方法则是把这 3 道工序综合在一起，一气呵成（见图 10－107）。

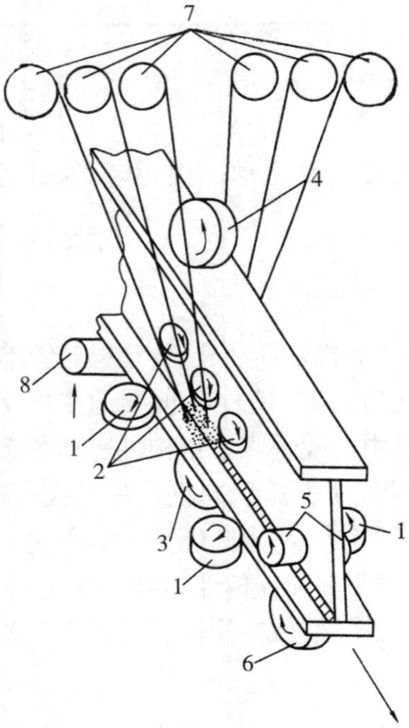

图 10－107 H 型钢组装、焊接、变形、矫正一体式操作法

具体的操作步骤为：

(1) 在机器的辊道上铺放上翼板，借助 4 个滚轮 1，朝前推进上翼板。

(2) 同时借助 6 个滚轮 2 朝前推进腹板。

(3) 托高滚轮 3。

(4) 压紧滚轮 4。

(5) 接通焊接电源，使 6 盘焊丝 7 在 T 接头两侧，按照(1)～(3)的顺序依次引弧，在两侧各焊出 3 个焊道（参见图 10－108）。

(6) 与(5)同步，顶起滚轮6，压下2个滚轮5，对T型钢作变形矫正。如此操作若干次，T型钢的组装、焊接和矫正便告结束。

(7) 吊下T型钢。

(8) 在机器的辊道上铺放下翼板，在其上倒扣T型钢。再按(1)～(6)的步骤操作若干次，H型钢焊接完成。

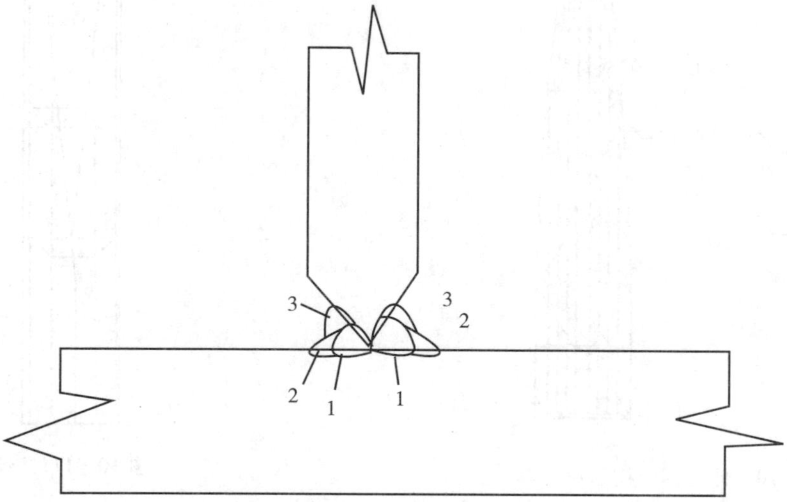

图10－108 多道T接的焊道布置

三、近年来国内建筑钢结构的新成就拾零

(一) 上海环球金融中心

钢结构工程已经封顶，即将完全建成的上海环球金融中心(见图10－109)，坐落在上海市浦东新区陆家嘴金融贸易区内，是一幢多功能的摩天大楼，地上101层，地下3层，主楼建筑面积为37.73万 m^2。该楼以其屋顶高度492 m和人可到达的高度，被认为是当今世界上最高的超高层建筑。

图10－109 上海环球金融中心

该楼设计成内筒外框的型式。

内部的核心筒由钢骨和砼构成。

外边的钢结构框架，由竖在楼的每个角落的巨型柱、连接巨型柱的带状桁架，以及巨型斜撑组成(见图10－110)。巨型柱、带状桁架的杆件和巨型斜撑都选用箱型断面，全由厚钢板组成。

全楼设置若干道伸臂桁架，每道高约3层楼(见图10－111)。

伸臂桁架架设在钢结构框架同核心筒之间，一端同巨型柱连接，另一端埋在核心筒周边的环状桁架连接(见图10－112)。伸臂桁架的杆件也采用箱型断面，其钢板厚度达到甚至超过100 mm，主要用料为DIMC－460。

由巨型柱、带状桁架、巨型斜撑和环状桁架共同组成的钢结构框架，既能承担该楼的大部分重力载荷，又能抵抗来自风和地震的侧向载荷；伸臂桁架把钢结构框架同核心筒联结起来，更大大地提高了该楼抗侧向载荷的能力。

上海环球金融中心用钢6.7万 t。

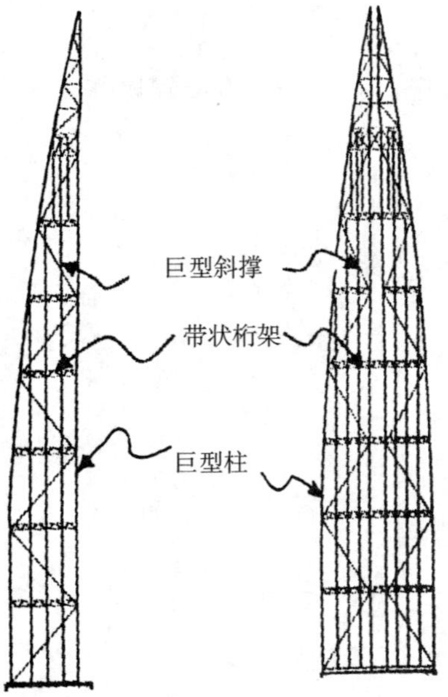

图 10－110　外框钢结构示意

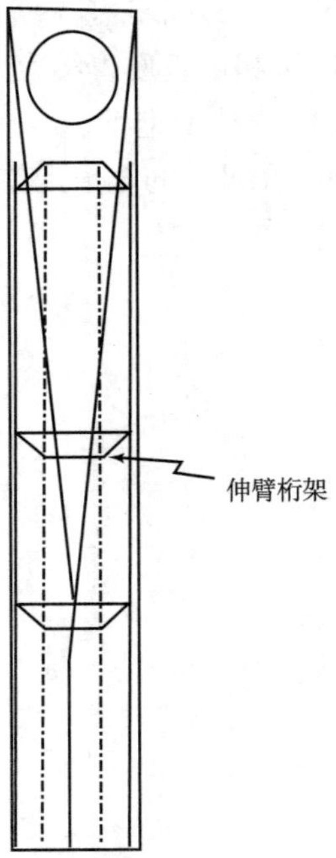

图 10－111　伸臂桁架的设置

（二）铁路上海南站

已在使用的上海铁路南站(见图 10－113)，是一个

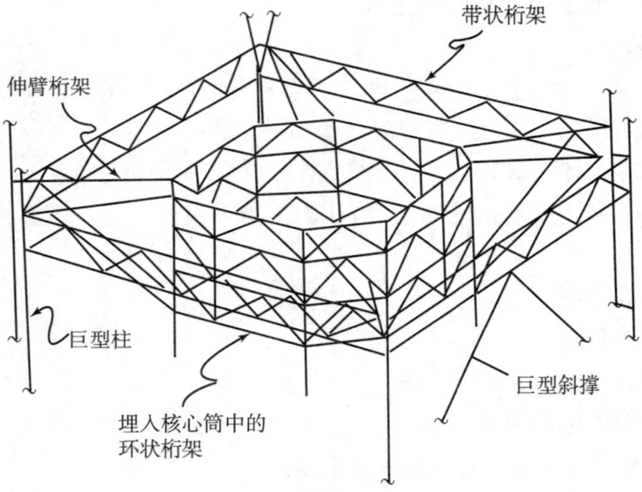

图 10－112　伸臂桁架联结钢结构框架和核心筒

呈直径 278 m、安装钢结构的投影面积大于 6 万 m^2 的圆形大空间。圆形给来往旅客带来的是大空间感，使他们心情舒畅，而不感压抑。

南站是一个钢结构工程，用钢量达 7 500t。钢结构由①柱子、②大梁、③中心内压环、④组合檩条桁架、⑤外侧拉杆、⑥下层经向索、⑦上层稳定索和⑧下层环向索等组成。图 10－114 显示的是它近似于 1/18 的一瓣。

现分述其前 4 个主要构件如下：

(1) 柱子共 54 根，沿内外两个圆周分别竖立，内柱 18 根，外柱 36 根。18 根内柱围成的 100 多平方米的范围内再无一柱，旅客的大空间感即因此而造成。图 10－115 所示系外柱的顶端，可见柱子的主要用料是 ϕ650 钢管。

图 10-113 铁路上海南站

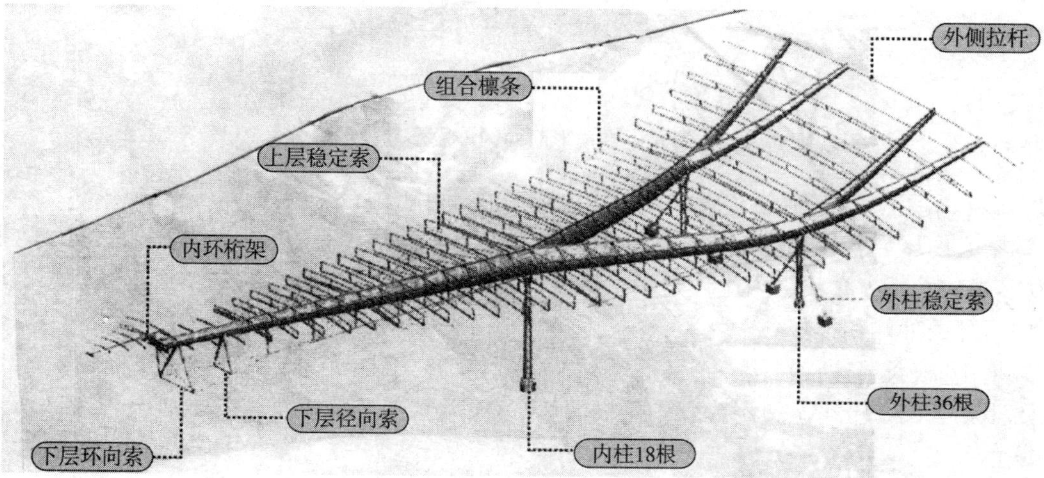

图 10-114 近似于 1/18 的瓣的钢结构示意

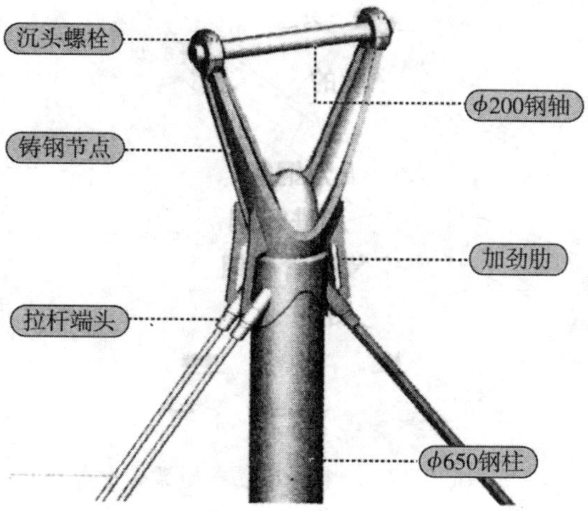

图 10-115 柱子的顶端

(2) 大梁是异形、变截面、分叉式的。图 10-116 显示了它的大小不断变化的橄榄形的断面，从图 10-114 上则可了解到它的分叉状况。这里必须再次讲述它是变截面的，其高度从里到外分别为 1.36 m、3.56 m、2.46 m 和 0.98 m；其用料 8～40 mm，厚薄不等。从侧面看，大梁呈起伏波浪式，总体是沿径向稍稍朝下倾斜，但延伸到檐口时却又微微翘起。

18 根大梁的内端支撑在内压环上。第一个分叉搁在 18 根内柱上端如图 10-115 所示的铸钢节

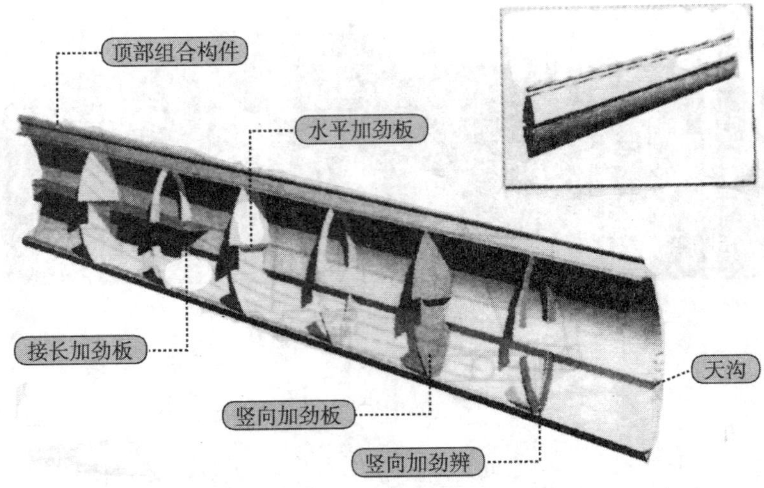

图 10-116 橄榄形断面的一段及其内部构造

点上的 ϕ200 钢轴上;第二个分叉搁在设有相拟装置的外柱上端。

(3) 中心内压环直径 26 m,由顶环和内压环组成。顶环是一个直径 4 m 的小圆环和 18 榀长度约为 10 多米的管板组合梁。内压环是一个由 3 根钢管和 3 块钢板组成的三角形管板圆环。大梁的内端同内压环的外侧相连接。

(4) 把 18 根大梁连接在同一个曲面屋顶上的构件,是 32 圈大小不同的组合檩条桁架。每圈又划分为若干榀。图 10-117 所示为其中一榀的形状,可见其上下弦杆为对接的钢管,竖杆为 H 型钢,斜杆为圆钢。

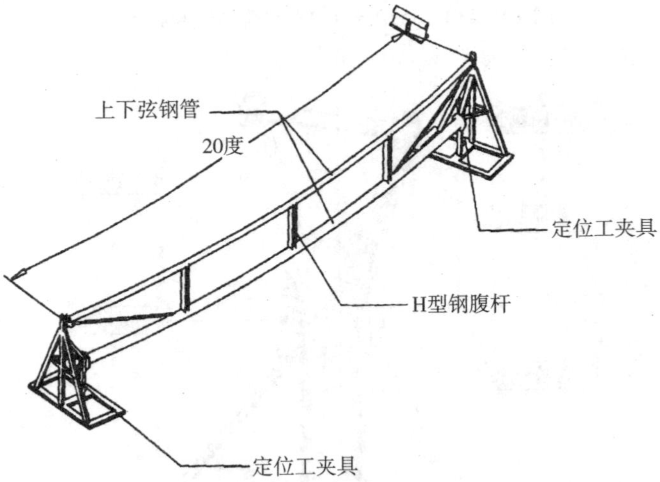

图 10-117 一榀组合檩条桁架的示意

上海铁路南站钢结构绝大部分是加衬垫的钢管全焊透对接以及钢管相贯线焊接,都是全位置施焊,其焊缝都必须经受超声波探伤。

(三) 国家大剧院

坐落在天安门广场西侧的国家大剧院(见图 10-118),呈扣在人工湖水面上的半个蛋壳状,其钢结构壳体的长轴为 212 m,短轴为 143 m,高 45 m,总量 6 950 t,建筑面积 10.55 万 m^2。

壳体由分头制作和焊接的 5 个部分连接而成:

(1) 顶部环梁(见图 10-119)由环形钢管、箱型梁和 H 型构件框架梁组成。

图 10－118　国家大剧院

图 10－119　正在预拼装的顶部环梁

（2）长轴梁架是断面为 H 型的构件组成的拆线形框架(图 10－120)。

（3）短轴梁架是用 60 mm 厚钢板拼焊而成的拆线形框架。

（4）长短轴环向联系杆。

图 10－120　制作中的长轴梁架

(5) 2.4 万多个球支座。

壳体钢结构焊缝总长度达 6.5 万 m。

(四) 国家体育场

2008 年举行第 29 届国际奥林匹克运动会开幕式、闭幕式和许多项目比赛的国家体育场(见图 10-121),建筑面积 25.8 万 m^2,有 9.1 万个座位,充满想象力,有一种令人迷醉的美。它的纠结盘错的钢结构,表达了对于人类的个体与群体、普通与伟大的关系。它彰显了中国人几千年来勇敢和智慧的传统。它以不对称结构和神秘的透明材料的组合挑战着一般体育场馆刚硬严谨的审美传统。它的支撑顶部的一系列悬臂与贯穿其中的不规则的箱型断面杆件的主桁架,让身处其中的观众产生"鸟巢"是被无数根橡皮圈组成的大网支撑起来的错觉。

图 10-121 国家体育场

"鸟巢"是一个总量 5.3 万 t、使用焊接材料 2 100 t 以上、空间、立体、大垮度、马鞍型、曲线的钢结构,其平面投影呈椭圆形,长轴 332.3 m,短轴 296.4 m,最高点 68.5 m,最低点42.8 m。屋顶中间开口也呈椭圆形,长轴 185.3 m,短轴 127.5 m。

整个钢结构划分为 3 个部分:

(1) 主结构(见图 10-122),含 48 榀每两榀互相交错的主桁架和 24 根桁架柱,它们围绕着屋顶中间的椭圆形口呈放射形、沿椭圆的切线均匀分布。桁架又划分为外柱(2 根 1 200×1 200 箱型断面杆件)和内柱(1 根 1 200×1 200 菱型断面杆件),中间通过 1 000×1 200 箱型断面杆件,按三角形格连接,组成立体桁架,其上端大、下端小。

(2) 屋顶次结构。

(3) 主面次结构。

图 10-122 主结构-主桁架和桁架柱

“鸟巢”是名符其实的焊接结构，无一副螺栓和一枚铆钉，焊缝总长31万m(其中6 000 m现场安装焊缝)，绝大部分为全熔透的一级焊缝，需经100%UT，而其一次探伤合格率已经达到了99.5%。

通过对“鸟巢”的焊接，取得了下列成果：

(1) 该工程的用料为国产Q460E－Z35钢板、GS20Mn5 V铸钢节点、Q345钢板、Q345GJD钢板。它们各自的焊接以及相互之间的交错焊接都有很高的难度。实践证明，“鸟巢”已经解决了这些难题。

(2) 练就了一支能熟练地在F、H、V和O 4个位置操作SMAW、GMAW和FCAW-G的焊工队伍。

(3) 掌握了厚钢板(最厚110 mm)焊接时预防和处理热裂纹、冷裂纹和层状撕裂，以及控制焊接应力和变形的施焊方法。

(4) 建造“鸟巢”的过程中，恰好经过一个冬季，从而掌握了以－15 ℃为最低温度的焊接工艺。

(5) “鸟巢”这样巨大的、空间的、立体的焊接结构，有约1.2万m的焊缝(占安装焊缝总长6.2万m的20%以上)无奈地要采用仰焊，这无凝是个极大的麻烦。实践证明，本工程的仰焊质量也已达到了相当高的水平。

(6) “鸟巢”先分别制作成230个单元，然后到现场安装、焊接成一个整体结构。本工程把在起始温度条件下，从分散的带临时约束的体系到封闭稳定结构的结构体系的转换过程，称为合拢；把使之成为封闭稳定结构的焊缝称之谓合拢焊缝。合拢是钢结构支撑搭架卸载的前提条件。合拢焊缝在一定程度上决定整个钢结构体系的初始应力状态。严格地说，合拢焊缝属于带载焊缝的范畴，具有很高的难度；同时，合拢焊缝具有极大的焊接残余应力，是形成焊缝残余应力集中的焊缝，有一定的质量风险。实践证明，“鸟巢”已经成功地保证了合拢焊缝的质量。

总之，国家体育场工程把我国建筑钢结构的焊接水平大大提高了一步。

(五) 中央电视台新址主楼

中央电视台新址总建筑面积约55万m^2，是北京市新的标志性建筑物。其中主楼(见图10－123)是一个钢结构工程，用钢量达13万t，分为塔楼1、塔楼2、裙楼、悬臂结构和屋盖5个部分。

图10－123　中央电视台新址主楼

两个主楼都设计成内筒外框的型式。核心筒由砼和钢柱构成，是竖直的。外边的框架则是全钢的，双向倾斜。搭楼1地下3层，地上52层，高234 m，整体向东南倾斜6度。塔楼2地下3层，地上49层，高194 m，整体向西北倾斜6度。两幢相互倾侧的主楼的顶部各有相当于14层楼的高度向外伸出75 m，呈L型，这就是所谓的悬臂结构，这两个悬臂结构在高空中焊接相连。

由于两幢主楼是倾斜的，它的顶部各自外伸悬臂，用料多半为 Q 390。由于钢板厚度很大，不少部位要用厚的 Q 390 同较薄的 Q 345 作角焊，节点十分复杂(见图 10－124)，工件的拘束度极大。工程在预防和消除热裂纹、冷裂纹和层状撕裂方面，在控制并消除焊接残余应力方面以及在防止和消除焊接变形方面采取了一系列措施，取得了很好的效果。

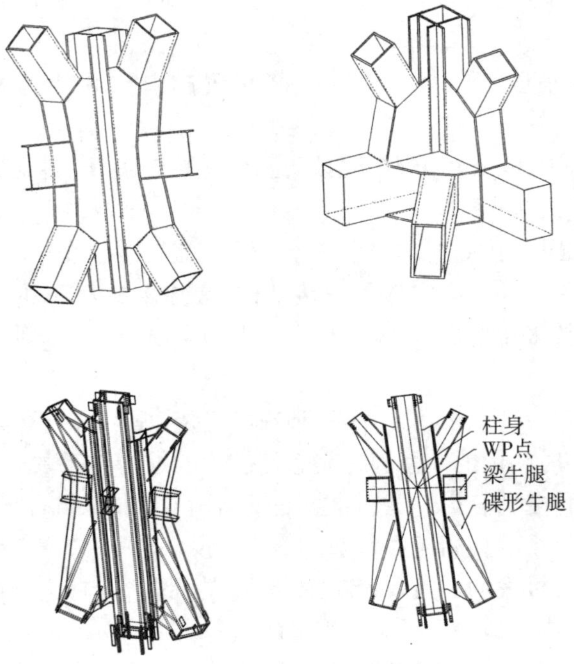

图 10－124　复杂节点的四例

（六）广州新电视塔

正在建造的广州新电视塔(见图 10－125)高 610 m，由高 454 m 的主塔体和高 156 m 的天线桅杆构成，总用钢量达 5 万 t，建成后将是广州市的标志性建筑。

主塔体由一个向上旋转的钢管焊起来的外壳变化生成，相对于塔顶和塔底，其腰部钎细，体态生动，好像一位亭亭玉立、扭腰回眸、含笑凝视的美女。

外壳由钢管斜柱、钢管环梁，钢管斜撑和 H 型楼面主梁构成。柱用钢管外径从底部的 ϕ2 m 起，向上逐步减小，到顶部为 ϕ1.2 m，壁厚 50 mm 逐步减小到 30 mm。柱管壁的锥度为 1/1 135。管柱内填充 C 80～C 60 砼。钢管环梁共 46 组，外径 ϕ800 mm，壁厚为 30 mm 和 25 mm。钢管斜撑的钢管外径 ϕ850～700 mm，壁厚为 40 mm 和 30 mm。楼面主梁的 H 型，跨度为 10～32 m，高 0.6～1.5 m。

由于外壳大部分采用钢管，所以钢管加衬垫的对接焊缝和相贯线焊缝特别多。

主塔体内的核心筒是砼的。

（七）海航海口基地 1＃机库

海南航空公司海口基地 1＃机库(见图 10－126)，采用澳大利亚斯塔公司的预应力钢结构专利技术。

1. 结构梗概

机库是一个空间的钢结构，宽 99.6 m，深 50 m，覆盖面积 4 980 m^2。整个结构由 7 榀跨度 99.6 m的桁架式屋架，14 榀高 15 m 的桁架式柱，支撑(上弦支撑、下弦支撑、斜支撑和柱间支撑)以及檩条和起重梁等组成。用料的材质为弹性高(以便于施加预应力)、塑性好(以利于施加预应力后定形)的英标 E43 A。品种多半为薄壁方管，用作屋架和柱的杆件(均为双管)；部分为薄壁圆管，用作支撑的杆件；部分为 Z 型钢，用作檩条；少量为 H 型钢，用作起重梁。

图 10－125　广州电视塔

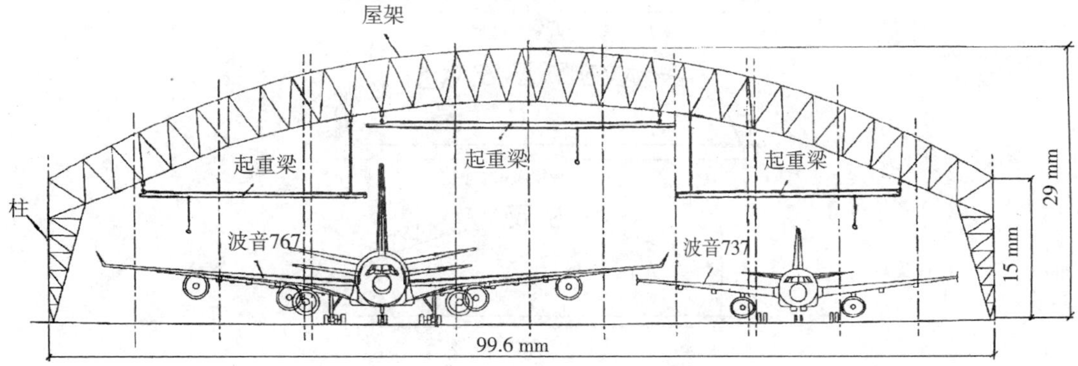

图 10－126　机库结构剖面图

2. 预应力钢结构的含义

所谓预应力钢结构是指在安装过程中对钢结构施加一个同载荷方向相反的内应力，在使用过程中此力部分地抵消载荷，从而体现其节省钢材和加快建造速度的优越性。

3. 施加预应力(张拉)技术

桁架式屋架在车间里分 10 段制作，经逐段预拼装后到工地。在工地，先把第 1 段＋第 2 段，以及第 9 段＋第 10 段分别同两榀桁架式柱通过高强度螺栓组装在一起，并各自吊装到位；然后再逐一通过高强度螺栓组装其余6段屋架，并逐一吊装到位。

此时，屋架的下弦和上弦大致上是“平”的，而两端的柱却大致上是“趴开”的[见图10-128的(a)]。经过随后的施加预应力(俗称“张拉”，见图10-127)以后，两端的桁架式屋架+桁架式柱被“拉拢”来了，即整个钢结构的跨度缩小了。在此同时，整个钢结构发生了变形：分段，但通过法兰和高强度螺栓连成一体的整个屋架的上弦的长度未变，但由大致上的直线变成了向上拱起的曲线；下弦则在向上拱起的同时，明显地缩短了，这缩短是通过沿下弦线若干个插入装置(见图10-129)中的一段下弦杆所带的插入端(即直径较小的钢管)向另一段下弦杆(即直径较大的钢管)的插入而实现的。

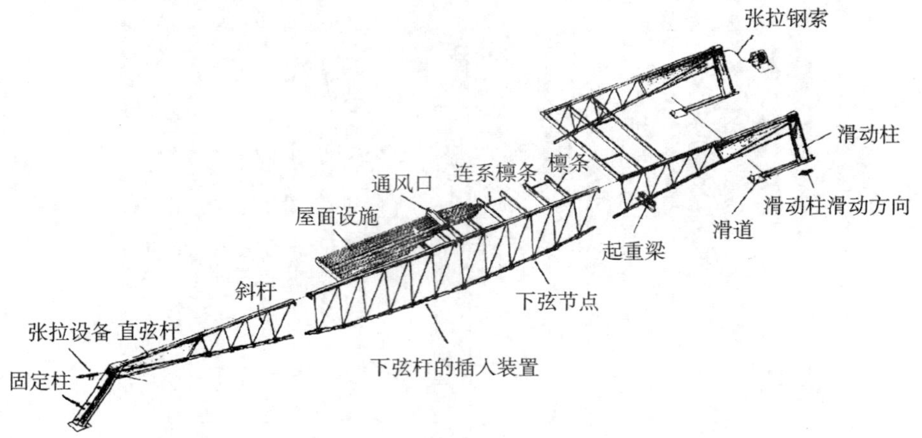

图10-127 张拉示意

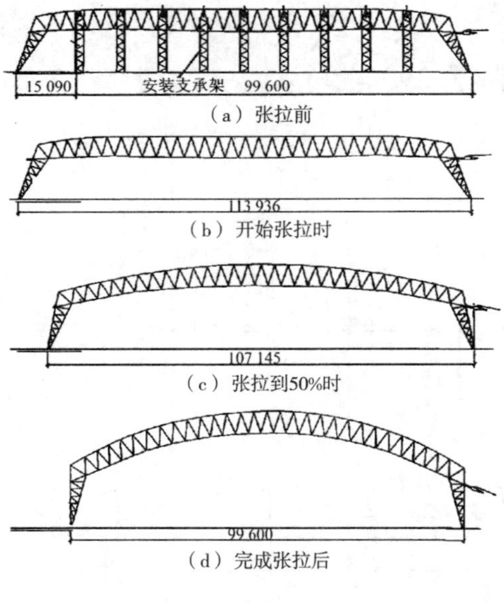

图10-128 张拉过程

4. 张拉过程(见图10-128)

(1) 最终拧紧两端桁架式柱与桁架式屋架之间的高强度螺栓。

(2) 稍稍松开整个钢结构上各部位斜杆一端的高强度螺栓。

(3) 从右端滑动柱的一端往下弦起点的圆孔中逐个穿入钢铰线。钢铰每股由7根$\phi 5$的钢丝绞成，名义直径为$\phi 15.24$ mm，其抗拉强度为1 860 MPa；穿入的钢铰线为每孔18根。为便于穿入，18根分成2索，每索9根，端部拼拢并焊接在一起，套焊上一个带吊钩的“帽子”。事先从左端固定柱一

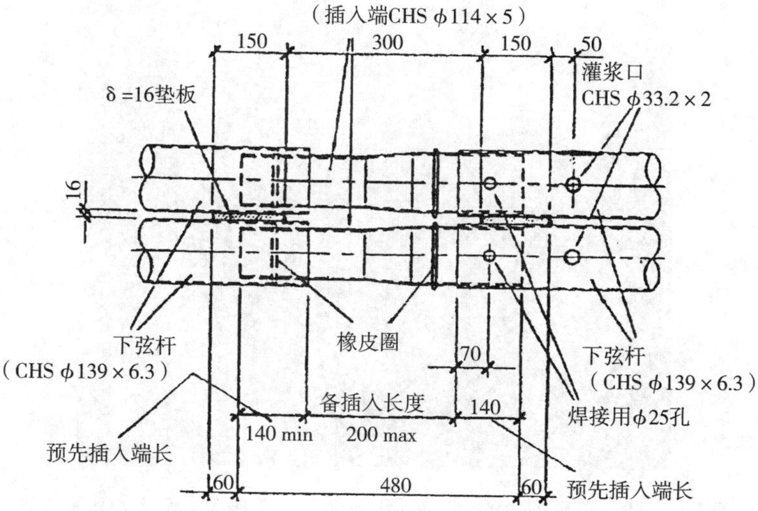

图 10-129 下弦的插入装置

端的一个个圆孔内倒穿一根根较细的圆钢，待该圆钢绑住吊钩后开动卷扬机牵拉圆钢，将两索先后穿过；钢铰线穿通下弦杆后，将其尾部锁紧，同时，检查每榀下弦的各个插入装置，使各插入端均对准。

(4) 逐个开动张拉设备，用 150 kN 的力绷紧钢铰线，并随即关闭。所谓张拉设备，实质上是一台台沿水平方向运动的油缸，其水平拉力的最大值为 400 kN，水平行程每次 185 mm，每个行程需要的时间为 15 min。

(5) 拆除每榀桁架式屋架下部安装的支承架，交叉插入下弦杆上部的杆件，使屋架同支承架脱离。

(6) 仔细检查各处是否还存在影响张拉的障碍，如有，即行排除。

(7) 在滑道上涂刷牛油。

(8) 7 榀屋架基本同步开动张拉设备，用最大值为 285 kN 的水平力"拉"下弦里的钢铰索。随着张拉的进行，滑动柱沿滑轨渐渐靠拢并最终到达规定的位置，固定柱则由倾斜而竖起成为垂直；上弦由大致的直线渐渐上拱变成曲线，但未改变其长度，下弦从滑动柱一端向固定柱一端，分若干个插入口逐一插入，从而长度缩短并向上拱起。张拉过程中的运动不完全是匀速的，有时插入端会突然插入，从而出现感觉上的，"跳跃式运动"。

(9) 7 榀屋架同步停止张拉。净张拉过程历时约 7 h。

(10) 拆除张拉设备，用手提电动砂轮割头。

(11) 向灌浆口(见图 10-129)加在压灌注稀释后的硅酸盐水泥，灌满后旋上盖子。

(12) 封焊 ϕ25 孔(见图 10-129)。

(13) 终拧张拉前旋松的所有斜杆一端的高强度螺栓。

(14) 补涂各处碰损的油漆。

预应力钢结构本来就是钢结构的一个分支，在建筑行业里也有所应用，但用于机库在国内尚不多见。

四、国内外建筑钢结构的新动态点滴

(一) 上海中心大厦

据媒体透露，上海市浦东新区陆家嘴金融贸易区内近期就会动工兴建上海中心大厦(见图 10-130)。该大厦的高度将为 580 m，高于早已使用的金茂大厦的 420.5 m、不久将要交付使用的上海环球金融中心的 492 m 以及台北 101 的 508 m，因而问鼎中国第一高楼。

图 10-130　三足鼎力的金茂大厦、上海环球金融中心和上海中心大厦

无疑，这幢大厦的外框将会是钢结构的。

（二）迪拜塔

阿拉伯联合酋长国迪拜市正在建造的以钢结构为外框的迪拜塔（见图 10-131～图 10-132），已经建到 700 m 以上，还在往上造。据媒体报道，它的最终高度会是 807 m，是当前世界上的第一高楼。

图 10-131　迪拜塔

（三）能“随风起舞”的摩天大楼

世界上第一幢完全新型的纯绿色的动态建筑，正在迪拜市建造（见图 10-133）。只要这幢楼的住户发出指令，任何一层都可以缓慢旋转。这种旋转以整幢楼的一个核心为中心，每个楼层的“块”都环绕这个中心转。旋转的动力来自每个“块”之间装置的风力涡轮所产生的电，不需旋转时这些电能存放在各个住户的太阳能电池中。

纽约“九·一一”事件造成的废墟上拟想过几个重建方案。据媒体报道，其中有一个方案也是要建造一幢能够旋转的梦露大厦，意思是让人们望着该楼时，仿佛看见的是那扭腰回眸、含笑挑逗的美人玛丽莲·梦露。当然，最终会不会采用这个方案还得试目以待。

图 10－132　建造中的迪拜塔

图 10－133　迪拜在建的能“随风起舞”的摩天大楼

(四) 终极塔楼

据媒体报道，美国旧金山市可能要建造一座名为终极塔楼(见图 10－134)的建筑。此建筑将高达3 200 m，为前述在建迪拜塔的 4 倍，共 500 层。

此楼的形状呈一个大的圆锥形，底座直径 ϕ1 892 m，全楼可容纳 100 万人居住。

据称，建造此类楼房是一个解决城市人口快速增长带来的巨大威胁的全新的绿色理念。

此楼的设计者是一位华人，他表示此楼的主体必定是钢结构。

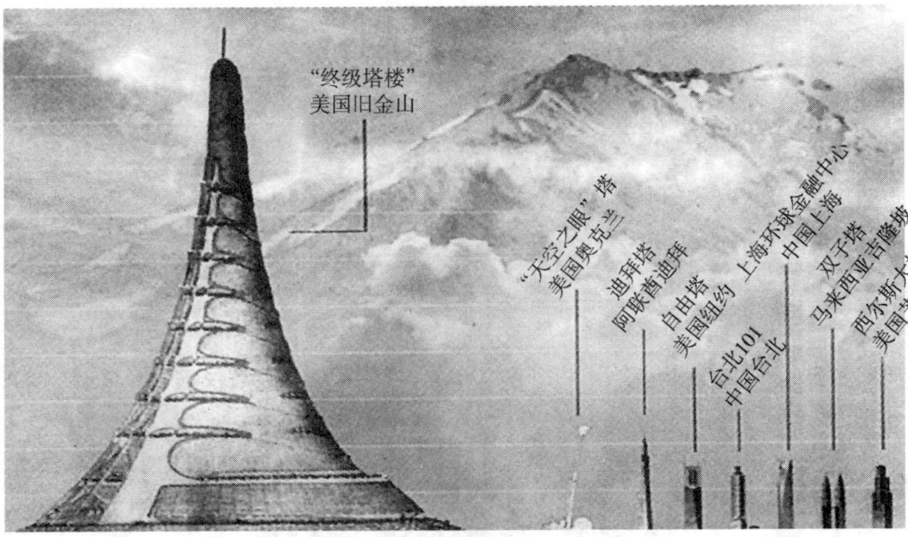

图 10－134　旧金山拟建的"终极塔楼"

（五）"X-Seed 4000"摩天巨塔

据媒体报道，日本东京有个设想，可能建造"X-Seed 4 000"摩天巨塔(见图 10－135)。它是一座高 4 000 m、拥有 800 层楼、可住 100 万人的超高层建筑。此楼模仿富士山的形状，但比富士山还要高 213 m，高度至少是纽约帝国大厦的 9 倍。此楼的主体是钢结构无疑。

图 10－135　东京拟建的"X-Seed 4 000"摩天巨塔

第四节　汽车行业焊接新技术与应用

一、概述

焊接加工是汽车制造中的一个重要生产环节，汽车制造的 6 大总成，即车身、车架、车桥、车厢、变速箱和发动机都离不开焊接技术的应用。"汽车焊接"是各种先进焊接与连接技术的综合体现，几乎所有的先进焊接技术和新一代制造工艺技术均在汽车制造中得以应用。在汽车车身和零部件制造中，点焊、凸焊、弧焊、MIG 焊、TIG 焊、钎焊、摩擦焊、电子束焊和激光焊等均已广泛地被应用。

二、汽车焊接特点

汽车焊接与造船、航天、锅炉制造要求不一样：一是由于汽车产量高、规模大，所以汽车焊接通常采用自动化程度高的机器人焊接；二是由于汽车材料相对较薄，且焊接量很大，为了减少焊接变形，在汽车车身和零部件制造中广泛应用能量集中的高效焊接工艺。

随着近些年焊接新技术、新工艺的不断涌现及完善，汽车行业已成为这些新技术、新工艺应用的典范。例如：车身制造中传统的电阻焊和弧焊等工艺逐步被机器人激光焊、激光－MIG 电弧复合热源焊接和激光钎焊等新工艺替代，并开始采用逆变电源、中频点焊电源和伺服电机加压新颖焊钳以及镀锌板 MIG 钎焊等焊接技术；汽车车身装焊生产方式也由手工装焊发展为车身焊装线柔性化和自动化程度较高的车身焊装生产线，同时专用、自动、系列、柔性、程控及质量监控等焊接设备也开始应用；轿车底盘零件大量应用弧焊机器人生产线和机器人等离子切割、螺栓焊和数字化焊接过程控制技术；液力变矩器和齿轮应用真空电子束焊和激光焊；等等。新的焊接技术的应用既降低了汽车制造成本又加速了焊接制造的进步，反映了传统的焊接生产正在向“精量化”的先进制造方式的转变。现代的汽车制造业正越来越表现出高新技术的集成和对基础制造技术提升的需求。

当前国内汽车生产以中、高档轿车为主导，经济型轿车为重点，形成变型车多品种、系列化产品格局，并致力于开发混合动力和燃料电池新能源汽车。随着汽车市场竞争的激烈和环境保护法规对汽车排放要求不断的提高，为了降低油耗和排放，一个重要的途径就是降低整车质量。汽车轻量化首先对汽车制造用材料提出了轻量化、高性能、安全、环保节能要求。铝合金、铝镁合金可明显降低汽车的自重，现已应用于汽车轮毂、散热器、发动机、缸体进气歧管、车桥，出现了全铝合金车身。新材料在汽车中的应用对汽车焊接工艺、设备和新技术的应用提出新的要求。先进的焊接技术和新一代制造工艺技术势必在汽车制造行业推广应用。

三、焊接新技术在汽车行业中的应用

（一）柔性化焊接机器人系统的应用

汽车底盘、座椅骨架、导轨、消声器以及液力变矩器等焊接件均使用了机器人焊接。尤其以 MIG 焊接工艺为主的汽车底盘件机器人 MIG 焊接工作量占 75%以上，在以点焊、凸焊为主车身焊接中机器人点焊工作量占 85%以上，并组成自动化柔性生产系统。随市场竞争发展，汽车行业中同样面临品种多、批量少的改型性的新车型需求，单靠机器人的柔性特点是不能满足要求的；要求焊接机器人系统必须高度柔性化，适应柔性生产的应变能力，以便能在较长时间内适应多变的市场需求。焊接机器人系统的柔性化，即适应于不同零件的焊接夹具能短时间内快速调换气、电信号，配管、配线快速改换，控制程序能预置和快速转换。利用机器人焊接系统平台，研究适合焊接生产的柔性生产系统，力求达到机器人设备合理配置、组合（硬件柔性组合），夹具系统非常规性使用（模块化开发，形成适合汽车零部件生产的行业标准件），电气控制系统的二次开发（形成适合焊接质量控制的软件系统，适合焊接工艺开发的仿真软件），最大程度地发挥机器人特点，以使一套机器人系统能根据需要焊接多种零件和适应产品多样化。

（二）计算机及信息技术的应用

用计算机及信息技术改造传统产业，提高档次。运用计算机模拟技术应用在机器人焊接中以实现焊接加工仿真生产，并通过虚拟数据的处理验证现实工艺，以得到最佳工艺和加工方案，对加快机器人焊接程序的编制、节约现场调试时间以及焊接过程位置信息的准确获取具有重要应用价值。在产品质量控制上，对最新的焊接控制技术进行探索，以求用最快、最佳的效果运用到实际生产中。作为世界最新发展趋势，焊接柔性生产模式是各国汽车制造企业车身和零部件制造研发重点。

（三）高能效焊接工艺的应用

(1) 激光及真空电子束焊接技术

激光焊接、激光钎焊及真空电子束焊接等高能量高密度的热源，具有焊接速度快、效率高、焊缝窄、热影响区小、焊接变形小和无辅助工作等优点，适合于轻质合金、铝合金、弹簧钢、齿轮钢等汽车车身、门板和特殊要求材料的零部件焊接，如车身冲压钢板焊接、齿轮、离合器及发动机等焊接。研制开发价格低，性能高的激光焊接、切割机器人系统和新工艺，提出新的要求。针对汽车车身及其零部件各种特殊新材料要求的激光焊接工艺研究，研制出一整套合适的激光焊接工艺方案，并在理论上对工艺参数作进一步的深入探讨，通过建立激光焊接工艺参数专家数据库和激光焊接工艺专家系统，实现对汽车车身激光焊接工艺的进一步优化。图 10－136 为上海大众 POLO 轿车激光焊和激光钎焊焊缝位置示意图。

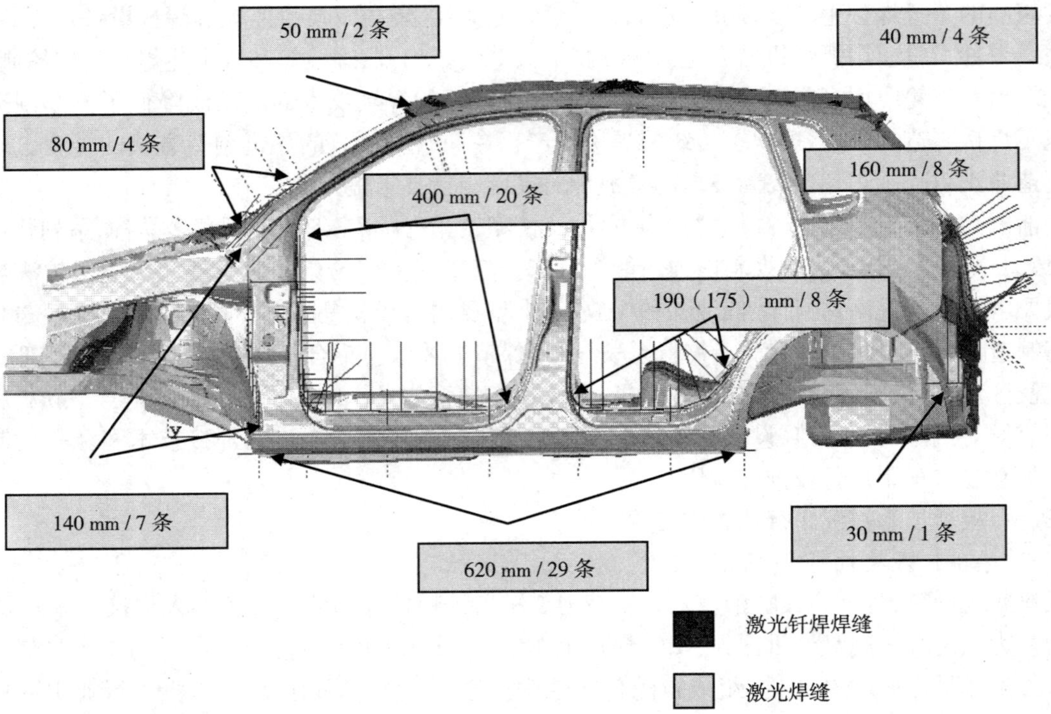

图 10－136　POLO 车身激光焊缝位置示意图

2. 镀锌材料的激光钎焊

现代汽车车身等结构件均采用电镀锌层的厚度在 3～20 μm 之间的镀锌钢板。锌可在钢表面形成致密的保护层，同时还具有阴极保护作用，能防止镀锌层破损处腐蚀，可以有效地保护板材的切口、冷加工造成的微裂纹以及近焊缝的锌烧损区。锌的熔点大约为 420 ℃，沸点约为 960 ℃，电弧一引燃锌就开始挥发，锌蒸汽和氧会对焊接产生不良影响，导致气孔、未熔合、裂纹缺陷和电弧不稳定；因而镀锌材料最好的方法是使用热输量低的焊接工艺。采用激光钎焊焊接镀锌板时，焊缝因采用铜基钎料，本身不会腐蚀；由于热输入能量低，焊缝的两侧只有约 0.1 mm 区域会产生锌的挥发，阴极保护作用可以保护此区域母材不受腐蚀。

基于以上特点和优势，激光钎焊比传统的焊接工艺更具有吸引力，尽管其填充的材料比普通焊丝贵很多，但这种新的钎焊方法可以满足高质量要求。图 10－137 是激光钎焊工艺的原理示意图。一般激光钎焊采用铜基材料作填充材料，如 CuSi 3（熔点 950～1 050 ℃），CuAl 8，CuSn 等。

激光钎焊过程中，如果焊丝先行预热（热丝激光钎焊）可以增加钎焊的填充量，从而提高钎焊速度。

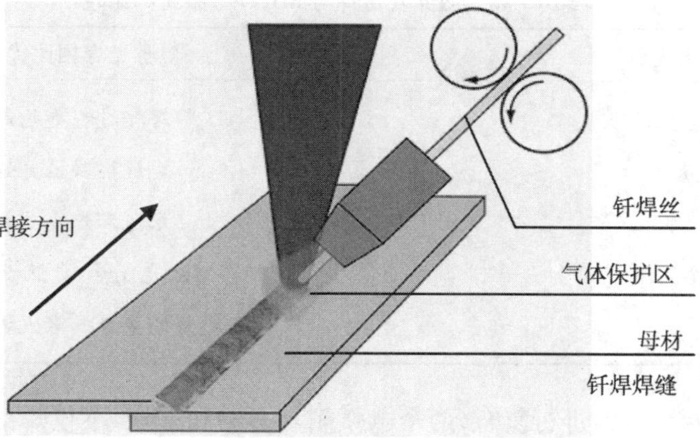

图 10－137　激光钎焊示意图

3. 激光－MIG 电弧复合热源焊接技术

激光－电弧复合热源焊接技术为汽车工业提供了一种全新的焊接技术，尤其是能满足激光束焊无法实现或在经济上不可行的装配间隙要求。以 VW Phaeton(德国大众高档新款车)的车门焊接为例(见图 10－138)：为了在保证强度的同时又减轻车门的质量，大众公司采用冲压、铸件和挤压成形的铝件，车门的焊缝总长 4 980 mm，现在的工艺是 7 条 MIG 焊缝(总长 380 mm)，11 条激光焊缝(总长1 030 mm)，48 条激光－MIG 复合焊缝(总长 3 570 mm)。

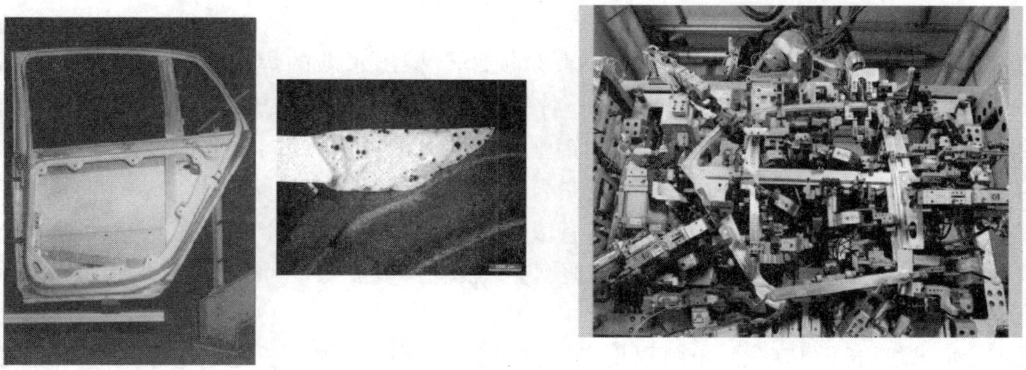

(a)Plaeton 车的车门　　(b)激光复合焊接头　　(c)车门的夹持工装

图 10－138　车门焊接

也就是说，由于接头型式各异，激光复合焊并不适用于车门上的所有焊缝。在接头装配间隙很大的位置，具有良好搭接能力的 MIG 焊比激光焊或复合焊更有优势；反之，对于接头间隙非常小的焊缝，热能集中、焊速快的纯激光焊是最好的方案。需要强调的是，laserHybrid 系统装置同时可实现上述 MIG 焊、激光焊、激光－MIG 复合焊 3 种工艺，关闭 MIG 焊时系统就成为激光焊，反之关闭激光则就成为 MIG 焊。如果没有激光复合焊系统，VW 大众集团就不得不更多采用厚而重的铝铸件。激光复合焊另一特点就是具有很宽的焊速调整范围。例如，复合焊在焊接 Phaeton 车门的对接接头时，焊接速度 1.2～4.8 m/min 都是可行的，焊丝送丝速度为 4～9 m/min，激光功率为 2～4 kw；最优化的焊速是 4.2 m/min，送丝速度 6.5 m/min，激光功率 2.9 kW。激光复合焊同样用于新型奥迪 A 8 汽车的生产。在 A 8 侧顶梁上各种规格和型式的接头就采用激光复合焊工艺，焊缝共计 4.5m 长。

与传统的激光焊和 MIG 焊比较，激光复合焊能结合两者的优点(见表 10－28)。

表 10－28　激光复合焊与 MIG 焊、激光焊比较

与 MIG 相比优点	与激光焊相比优点
焊接速度更高	焊接过程更稳定
熔深更大	焊缝桥联性更好
热输入低	熔深和熔宽更大
抗拉强度高	节省激光能量，更低投资成本
焊缝窄	更好的柔性或者说适应性

激光复合焊是将两个电弧进行复合，两个电弧相互影响和支持，不仅焊接过程更稳定，并且形成的熔池比单用激光束焊要大，因而搭桥能力更好，允许更大的焊接装配间隙；同时激光复合焊的熔池比 MIG 焊的要小，热输入低，热影响区小，工件变形小，大大减少了焊后校正焊接变形的工作。激光－MIG 复合焊接会产生两个独立的熔池，而后面的电弧输入的热量同时起到了焊后回火处理的作用，降低焊缝硬度（尤其是焊钢）。由于激光复合焊的焊速非常高，因此可以降低生产时间和生产成本。

激光复合焊是一项全新的技术，已在汽车制造业得以应用。激光复合焊可以很轻松地达到激光焊无法满足的焊接要求，因此，研究和开发激光－MIG 电弧机器人智能焊接系统对促进汽车工业的发展具有非常重要的作用。

4. CMT 工艺的应用

随着汽车用铝合金和铝与钢异种材料焊接的要求，推出了新的焊接方法 CMT——“cold metal transfer 冷金属过渡”。冷金属过渡技术是一种控制液滴过渡电弧的技术。应用该技术时金属液滴是在无电流状态下过渡的，铝基填充金属和铝基母材同时熔合，与此同时镀锌板被熔化物润湿，即靠近钢的一边是钎焊连接，而靠近铝的一边则是普通熔合焊缝连接。

CMT 焊同普通 MIG/MAG 焊相比，其有以下优点：

(1) CMT 几乎无电流状态下的熔滴过渡，焊接热输入量极低，不用背衬就可焊接薄板和超薄板（可达 0.3 mm），焊接变形小。

(2) CMT 焊弧长控制精确，电弧更稳定。普通 MIG/MAG 焊弧长控制是通过电压反馈方式，容易受到焊接速度改变和工件表面平整度的影响；而 CMT 方法则不然（见图 10－139），电弧长度控制是机械方式的，它采用闭环控制和监测焊丝回抽长度即电弧长度，在导电嘴离工件的距离或焊接速度的改变情况下电弧长度是一致的，其结果是 CMT 电弧更稳定，即使在焊接速度快的前提下同样不会出现断弧。

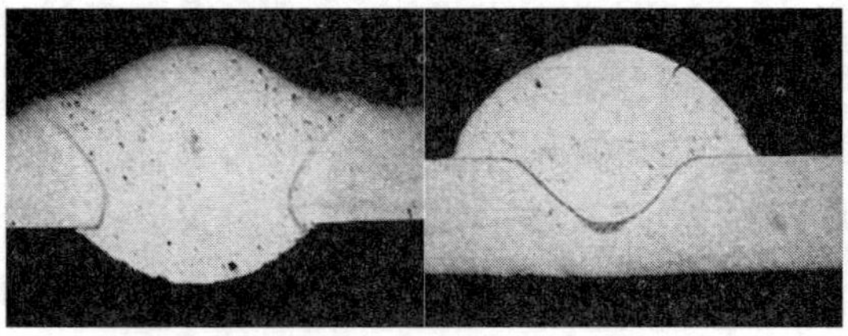

(a) 普通MIG焊　　(b) CMT焊

图 10－139　普通 MIG 焊与 CMT 焊
（母材：2 mm $ALMg_3$；焊丝：$ALSi_5$ 1.2 mm）

(3) 焊缝成形均匀一致，焊缝的熔深一致，焊缝质量重复性好。普通 MIG/MAG 焊在焊接过程中，焊丝干伸长改变时，焊接电流会增加或减少。而 CMT 焊焊丝干伸长改变时，仅仅改变送丝速度，

不会改变焊接电流，从而实现恒定的熔深，加上弧长非常恒定，焊缝成形非常均匀一致。

(4) 真正做到无飞溅焊接和钎焊，熔滴过渡过程中出现飞溅的因素被消除了，焊后清理工作量少。

(5) 良好的搭桥能力，间隙装配要求降低，1 mm 板的搭接接头间隙允许达到 1.5 mm。

(6) 更快的焊接速度，1 mm 铝板对接焊接速度可达到 250 cm/min，CMT 钎焊电镀锌板焊接其焊接速度可达到 150 cm/min。冷金属过渡同普通的气体保护焊最明显的区别在于非常小的热输入量。原因在于这种新的智能工艺是程序化控制焊丝的“摆动”，将焊丝运动同电弧过渡相结合，当在电弧短路时，焊丝往回抽同时电流几乎降为零，这有利于实现熔滴的精确过渡，然后再增加电流，焊丝往前送……这种往复送丝的频率可达 70 Hz，熔滴过渡的形式是一种冷热交替的过程。CMT 工艺在铝合金和铝与钢异种材料焊接的要求应用上都取得了更大的突破：更快的焊接速度，更高的产品质量，更好的搭桥能力(较传统弧焊)，具有更小的变形、均匀一致的焊缝，并且没有飞溅(见图 10-140)；薄板装配间隙超过 1 mm 亦可应用。在车体钎焊方面，CMT 钎焊的热量可比 MIG 钎焊降低 20%～30%，变形大大减少，也减少了焊后返工的概率。该项技术的应用潜力巨大。它非常适用于汽车车身 MIG 钎焊镀锌板、0.6～0.8 mm 铝板的焊接和镀有“DC0 4 + ZE 75/75 A”等级的板焊接到“AW 6 016”等级的铝板上，焊缝的静态强度非常好，平均拉伸强度为 145 N/mm^2。CMT 工艺焊接新技术为汽车制造发展提供了广阔的应用前景。

图 10-140 CMT 焊接电信行业用开关柜，没有变形和飞溅

5. 磁弧焊的应用

磁弧焊是电弧压力焊的一种。焊接时，磁场发生器在焊接区域产生与电弧电流方向垂直的一簇磁力线，电弧在磁场力的作用下运动并均匀加热焊接面，当焊接面被加热到熔融状态时，两个零件在外部压力的作用下实现顶锻，电弧熄灭形成焊缝。它具有焊接速度快、生产效率高、质量可控性好、工艺重复性好、焊接变形小、工件尺寸精度高、焊缝由被焊金属自身提供不需填充材料、能量消耗低和易于实现自动化等优点，适合汽车零部件，如汽车传动轴、汽车后桥等的焊接。

6. 脉冲 GMAW 高速焊、双丝 MIG/MAG 焊的应用

脉冲 GMAW 高速焊、双丝 MIG/MAG 焊电弧过程具有好的稳定性，能有效地保证焊缝质量的一致性，改善了由于短路过渡焊接过程较低的热输入而造成的熔深不足，其射流过渡方式适用于薄板材料的高速焊接、钢或铝合金的结构焊接，是汽车制造中应用的高效、高速焊接新工艺。这两种焊接方法与机器人相配合，能充分体现高效化焊接的特点，实现了机器人系统在空间可达到性和焊接速度之间的协调和完美组合。

（四）计算机模拟技术的发展与应用

当前传统的焊接技术正经历着由经验性工艺向材料加工科学的变革，汽车行业也是如此。现在世界上汽车制造领域正运用计算机模拟技术，通过虚拟现实建模和演示，寻找设计、加工中的薄弱环节，尽可能在投资前排除所有的风险（质量风险、生产能力风险等）以期用最小投资获取最大的效益。为确保汽车焊接自动化高效、高质量产品管理目标，基于过程参数和焊接质量得到实时监测和缺陷检察以及焊接生产过程、产品质量信息的在线反馈，运用计算机控制系统实施监控产品点焊、弧焊质量。对于焊接参数实时监控、记录、自动调整，对于弧焊轨迹影像跟踪、自动判别、自动调整（根据散件间隙自动调整焊接参数）等，都是汽车制造的质量管理体系需求的生产过程中每个部件产品质量的可记录和可追溯性。因此，以计算机和信息技术为平台的焊接生产过程信息系统可为汽车焊接生产过程的质量状况分析与优化以及企业的管理与决策提供准确的依据。

（五）焊接新型设备的开发与应用

在汽车行业中，正谋求着车体的轻型化，汽车材料向高强度钢、镀锌和铝合金板材方向发展，焊接设备要求高品质、高效率、控制精确、热量线性度好。新型的电阻焊设备需有监控功能的恒流控制及其网压波动的补偿，能实现多种点焊热循环，如新的合金电极材料，先进的点焊逆变电源、伺服焊枪。电弧焊设备需能焊接镀锌板的 MIG 钎焊、应用于薄板焊接的新型逆变焊机和数字控制 CO/MAG 焊机及数字控制焊机的机器人系统，以适应镀锌和铝合金板材的焊接。新一代逆变焊机体积小，质量轻，性能优异，暂载率高，并且逆变频率高，100 kHz 的工作频率意味着输出电流相当平稳，而输出电流平稳就会使电压在一个最佳的范围内波动。通过对焊机进行预设置，可以形成持续的圆柱等离子流，这样就可以利用 MIG 脉冲电弧焊实现 1.2 mm 直径的焊丝焊接两块 0.6 mm 的铝板，而焊接电流却仅仅只有 20 A，几乎无波动的电流非常好地实现了 0.6 mm 铝板的焊接。在大规模轻型汽车制造业中，通常使用脉冲电弧焊接 0.6～1 mm 厚的铝板，焊接如此薄的铝板对焊机的性能要求非常高，新型逆变技术很好地解决了这方面的问题。

全数字化电源不仅控制系统是数字化的，焊接的过程控制也是数字化的。全数字化电源的最大特点是通过一元化模式操作轻松就能获得优良的焊接结果，同时一元化操作可以帮助焊工自动地调取内置的专家规范。另外，通过数字化系统可以获得非常好的焊接特性，从而获得良好的焊接质量。由于该电源可以适配拓展设备，电源就变成整个协同工作系统中的一部分。送丝机、遥控器和焊接的数据监控功能都实现了数字化，通过数据，焊机系统就可以计算出所有能够保证最佳焊接质量的参数。整个焊接过程中，电弧特性总是随着条件的不同而变化。同时在焊机中还装入了一个专家系统——如同一个一元化数据库，其中包含了许多专家规范参数。这些参数是通过对大量母材、填充金属和保护气在实际焊接实验中的使用而总结得出的。通过内置的无级智能调节方式可以在已储存的参数中获得任何期望值，焊接电源和机器人之间实现智能式的数据交换，与机器人合成一体化，系统能够自动识别所发生的变化。串行数据总线不仅仅减少了焊机电源与外围设备导向连接线的数量，同时也实现了便利的、智能式的数据交换。同时采用完全无飞溅、低电流引弧的方式，起弧结束后焊丝回缩达到预设的电弧长度，电源电流也与此同时达到所预设的焊接电流数值，抑制电流峰值和无飞溅起弧的整个过程仅仅只需几分之一秒。这次技术在汽车零部件的机器人焊接系统得到广泛应用。

第五节　航天制造焊接新技术与应用

一、概述

焊接作为材料加工过程中的一种重要工艺手段，在航天制造业中得到了极其广泛的应用，尤其在航天发动机、箭弹星船体结构、容器、管路和一些精密器件的制造中，焊接技术始终处于至关重要的地位。随着科技水平的进步，根据航天型号产品发展的需求，航天制造焊接技术得到了高速的发展。由于航天产品的特殊性，航天制造中的焊接技术表现出以下的特点：

(1) 在航天产品的主结构中大量采用高的比强度、比模量和较好耐腐蚀性的轻合金等材料，如运载火箭推进剂贮箱采用了高强度铝合金，在航天发动机的关键结构中广泛采用了高熔点、高比强度和优良的高温综合性能的特种金属材料如钛、钨、铼、钼、铌等。

(2) 将产品焊接质量作为影响航天型号产品结构可靠性的重要考量，极力推进高质量、高可靠焊接技术的发展和应用。

(3) 航天产品的特殊性决定了其生产通常以单件或小批量方式进行。

鉴于以上原因，国内外航天制造焊接技术的发展主要注重于提高焊接自动化程度以期消除焊接过程人为因素的影响、大量应用各类高能束焊接工艺解决特种材料的焊接问题等。

二、铝合金结构的焊接

铝合金材料不但具有高的比强度、比模量、断裂韧度、疲劳强度和耐腐蚀稳定性，同时还具有良好的成形工艺性和良好的焊接性，因此成为航天工业中应用最广泛的轻合金材料。例如，铝合金是运载火箭及各类航天器的主要结构材料，美国的阿波罗飞船的指挥舱、登月舱，航天飞机氢氧推进剂贮箱、乘务员舱，我国研制的长征系列运载火箭箭体结构，均选用了铝合金作为结构主体材料。下面主要针对我国运载火箭推进剂贮箱的铝合金先进焊接技术做一些介绍。

(一) 自动化 TIG 焊接技术的应用

目前运载火箭推进剂贮箱主要采用了 2A 14 铝合金材料，为 Al-Cu-Mg 系高强度铝合金，其抗拉强度在 440 MPa 以上。但是该材料焊接性很差：一方面淬火时效条件下强度高、塑性差、裂纹敏感性强，特别是焊接后接头焊缝及近缝区易形成晶界液化裂纹；另一方面焊接对气孔尤其是氢气孔的敏感性强。随着科学技术的发展和航天产品对焊接质量稳定性的不断追求，我国航天行业针对贮箱的自动化焊接开展了大量的研究工作，先后建立了以弧焊机器人或焊接专机为平台的自动焊系统。

1. 贮箱箱底自动化焊接

贮箱箱底主要由型材框、圆环、顶盖等装焊而成，其内型面为旋转椭球面，母线方程为：$y = \sqrt{1\,669^2 - x^2}/1.6$，其中圆环由 6 块瓜瓣拼焊而成，瓜瓣不同位置上焊有多种不同结构形式的法兰（见图 10－141），箱底材料厚度为 4.0～6.0 mm，最大外径为 ϕ3 350 mm。

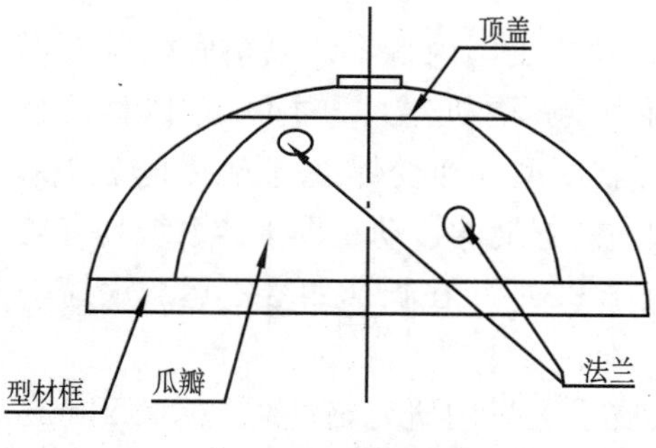

图 10－141　贮箱箱底结构示意图

国外大型铝合金弹体结构的焊接生产中普遍采用“专用自动焊机组”，工艺方法以 TIG 焊为主。用于欧洲“阿里亚娜”生产的自动焊机组见图 10－142。该机组由德国梅萨公司研制，自动焊机组配置了弧长控制器(AVC)系统、焊缝自动跟踪系统以及熔透适应控制器等先进设备，造价约 5 000 万马克。美国、日本及俄罗斯等国基本采取类似方法。

采用专用机组的优点是专业性强，焊接质量容易保证，生产率高；但有一个自身无法克服的缺点：柔性太差，产品结构变化就必须改变大批硬件。

图 10-142 “阿里亚娜”火箭箱底自动焊机组

国内，首都航天机械公司于20世纪80年代后期率先开展了贮箱箱底焊接自动化系统的开发研究，通过引进日本FANUC数控系统建立了三轴联动箱底焊接专机。1992年3月，在国内首次实现了CZ-3 A三子级低温贮箱底的自动化焊接，实现了1.7～3 mm薄壁、直径 ϕ3 m箱底的自动化焊接。其系统组成见图10-143。

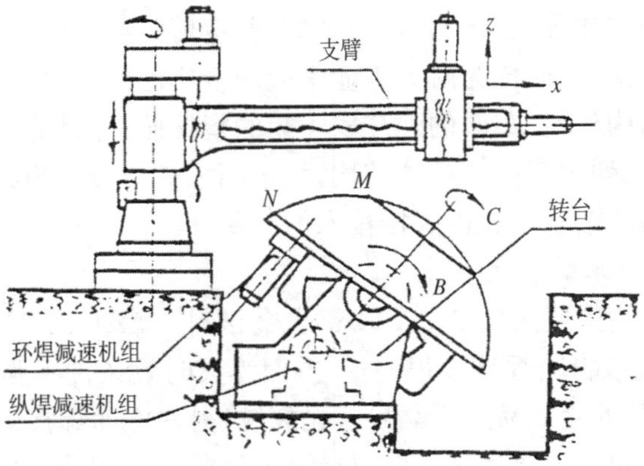

图 10-143 箱底自动焊专机示意图

20世纪末，上海航天精密机械研究所与上海交通大学合作，建立了国内首个贮箱箱底机器人焊接系统(见图10-144)。该系统以MOTOMAN K-10示教再现型弧焊机器人为主体，配以移动装置及伺服变位机等外围设备，采用了机器人-变位机的协调控制、新型双逆变焊接电源及上位PLC整体监控等新技术，实现贮箱箱底多种不同结构形式、不同空间曲线焊缝的自动化焊接。系统具有较高的技术先进性、可靠性及实用性，并具有一定的柔性。该系统于2001年在长征四号乙运载火箭一级箭体结构贮箱箱底上得到了首次应用，产品完成了相应的飞行任务。

同时，首都航天机械公司针对贮箱箱底的机器人焊接也开展了大量的研究，建立了 ϕ3 350 mm箱底的机器人焊接系统(见图10-145)。采用该系统完成了第一个正式用于飞行试验的箱底，通过了X射线无损检测、液压、气密试验等考核。产品配套于长征三号乙火箭，圆满完成了委内瑞拉卫星的发射任务。该技术的应用，使产品质量和生产效率大幅提高，一个箱底的生产周期由12 d减少到6 d，同时降低了劳动强度，取得了非常好的应用效果。

2. 贮箱纵-环缝自动化焊接

运载火箭推进剂贮箱主要由前后箱底、中间筒段、前后短壳装焊而成，而中间筒段有4块壁板拼

图 10－144　箱底机器人焊接系统

1. 机器人系统，2. 焊接系统，3. 控制室，4. 变位机，5. 移动装置，6. 焊接工装。

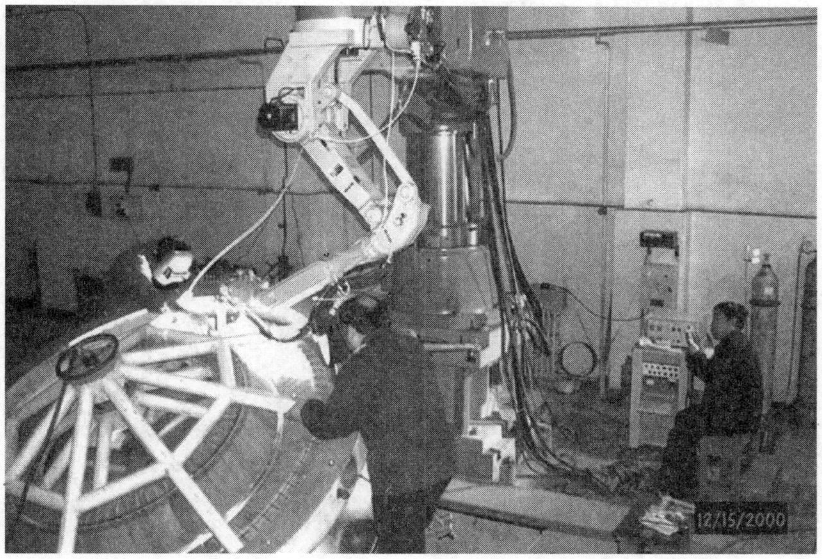

图 10－145　ϕ3 350 mm 箱底自动化焊接系统

接组成，产品直径为 ϕ3 350 mm，最大长度约 1 万 mm。针对贮箱箱体纵缝和环缝建立的组合自动焊接系统主要由 CBM－3X3Z 精密操作机、LSW－2 100 纵缝焊接装置、CWL－10 000 环缝焊接装置、XM 系统控制器、XVC－12 自动弧长控制器、X－SLIDE－SL 机械摆动系统以及相应的焊接电源系统构成(见图 10－146)。系统可以通过 3 个工位的切换实现贮箱筒段纵缝正面焊接、反面封底焊接和箱体对接环缝的正面焊接操作。

该系统中 XM 系统控制器采用了数据总线和 DSP 技术实现对系统各部分的实时、精密的焊接过程控制(见图 10－147～图 10－148)。其中 DSP 技术采用了世界最新开发的数据通信技术和焊接应用的高速、实时精密过程控制技术，其优点是能够显著提高焊接过程的检测和控制频率，提高系统稳定性，减少杂波干扰。同时，DSP 控制系统允许操作者以图形和数据界面进行编程，大大缩短了系统准备时间。

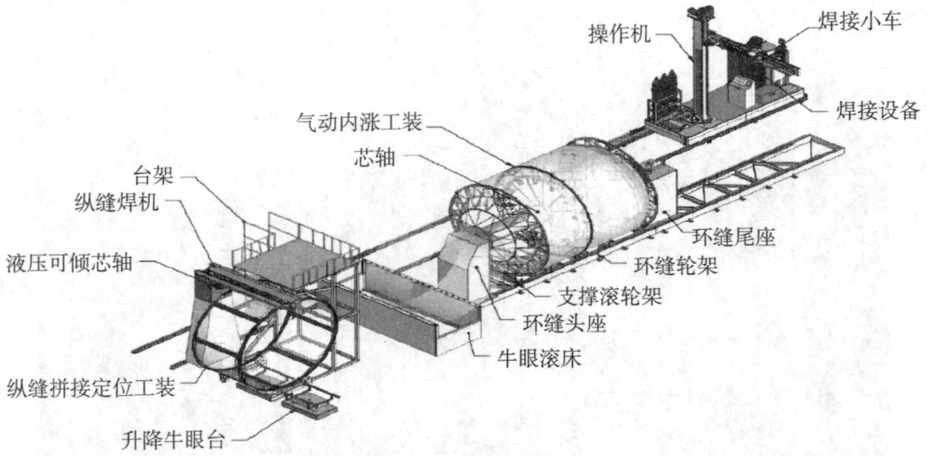

图 10-146 贮箱纵、环缝三工位自动焊系统

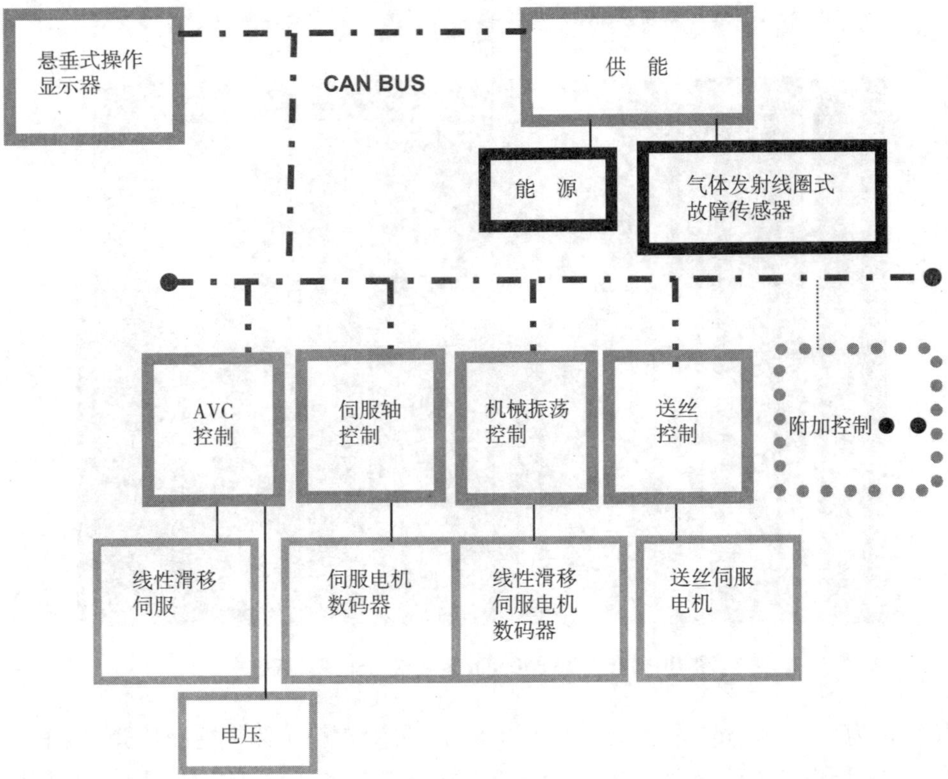

图 10-147 DSP 控制方式框图

（二）变极性等离子弧焊接技术的应用

变极性等离子弧焊接(VPPA)的特点在前面章节中已作了全面的介绍。1978 年起，美国宇航局马歇尔宇航中心决定采用该技术部分替代钨极氩弧焊工艺焊接航天飞机的 2219 铝合金外贮箱(见图 10-149)，焊接质量得到了明显的提高，被誉为“零缺陷”焊接工艺。VPPA 焊接技术因其明显的优点，受到国内航天行业的高度重视，21 世纪头以来多家企业、研究所针对铝合金结构开展了大量的应用研究工作。特别是新一代运载火箭研制立项以来，火箭贮箱选用了 2219 铝合金材料，该材料具有良好的焊接性能，但最大的问题是焊接气孔敏感性较强，因此更加提高了对该焊接技术的应用需求。

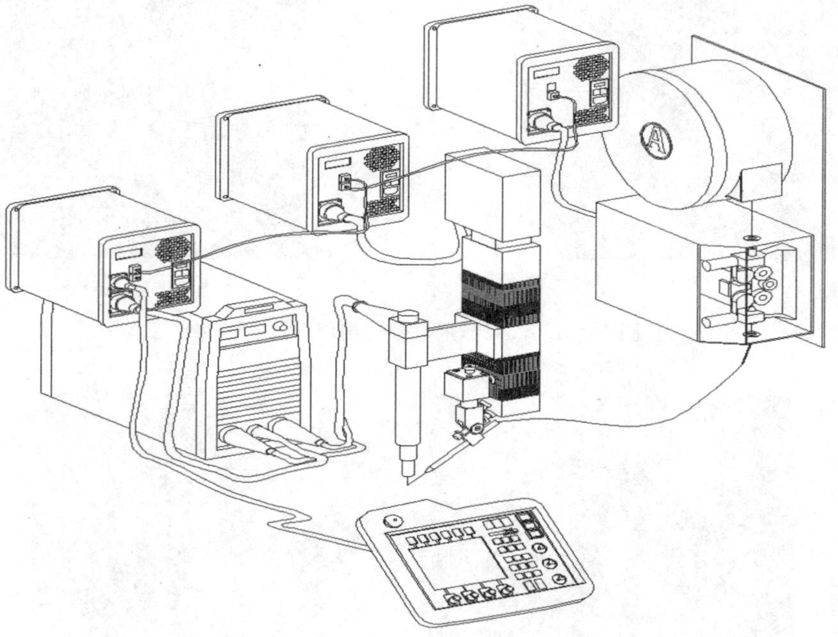

图 10-148 XM 控制结构示意图

上海航天精密机械研究所采用了 VPPA 焊接系统与机器人焊接技术相结合的手段，开展了贮箱箱底 VPPA 小孔立向上焊接工艺的系统研究，并在 2007 年 12 月完成了我国首个 VPPA 焊接的 2219 铝合金 ϕ3 350 mm 贮箱箱底的研制（见图 10-151），第一次在箱底圆环纵缝、顶盖与圆环环缝实现 VPPA 焊接，焊缝质量得到有效、稳定的保证，研制的箱底通过了相应的液压强度静力试验考核。图 10-150示出焊缝内部微观组织对比。

图 10-149 美国航天飞机外贮箱环缝焊接

（三）搅拌摩擦焊接技术的应用

搅拌摩擦焊接（FSW）技术正如前面章节所述的具备“低变形、无缺陷、高效”等优点，受到了国内外航天行业的高度关注。FSW 技术从发明到大面积地在铝合金结构上的工程应用，仅有 10 年时间，这在焊接技术发展史上是空前的，其技术经济优势已展示在运载火箭铝合金燃料贮箱的制造上。美国航天方面，在 DeltaII 运载火箭的推进剂贮箱中首次应用了该技术，火箭已于 1999 年 8 月升空；洛克希德·马丁航空航天公司也在航天飞机外贮箱的焊接中应用了 FSW 技术，充分体现了其固态、环

VPPA　　VP -TIG

图 10－150　焊缝内部微观组织对比(×200)

图 10－151　首个 VPPA 贮箱箱底的液压强度试验

保焊接的优越性。我国航空航天领域对 FSW 技术的研究始于 21 世纪初，中国搅拌摩擦焊中心针对国内外运载火箭燃料贮箱 FSW 焊接的研究现状，研究了几种燃料贮箱材料(如 5A06、2A14、2219)的 FSW 焊接，研制了专用 FSW 设备并进行了筒体试验件的 FSW 焊接(见图 10－152～图 10－153)。

图 10－152　筒体 FSW 专用设备

图 10－153　首个 FSW 筒体试验件

其后三江航天集团红阳机械厂、上海航天精密机械研究所、上海航天设备总厂、首都航天机械公司、南京晨光机械厂等多家航天单位先后开展了 FSW 技术的应用研究，取得了极大的进展。2008 年 1 月，上海航天设备总厂应用箱底搅拌摩擦焊设备首次成功研制了我国第一个 2219 铝合金 ϕ3350 推进剂贮箱箱底(见图 10－154)，实现箱底瓜瓣纵缝和 ϕ1380 环缝的数控搅拌摩擦焊，并顺利通过液压强度试验和气密试验。

图 10－154 我国首个 FSW 贮箱箱底

三、钛合金结构的焊接

钛合金材料因其固有的高比强度(密度约 4.5 g/cm^3，抗拉强度为 432～1 442 MPa)、良好的抗腐蚀性、较大的使用温度范围、良好的低温冲击韧性等优良特性，在航天产品星箭船的发动机壳体、推进剂贮箱、高压气瓶、管路等结构中得到了极其广泛的应用。钛合金焊接特性为：在高温下特别是熔融状态下非常活泼，易氧化、氮化，引起金属脆化，并容易产生气孔、裂纹等缺陷；在加热过程中，晶粒长大倾向强烈；在冷却过程中会发生复杂的组织转变，易于形成脆性相；导热系数低、热容小、线膨胀系数大。

目前氩弧焊接还是钛合金最广泛的焊接工艺方法，但是针对航天产品高精度、高质量、高可靠的需求，等离子弧焊接、真空电子束焊接、激光焊接、空心阴极焊接等高能束焊接工艺得到了越来越多的应用。下面介绍几种典型钛合金产品的先进焊接技术的应用。

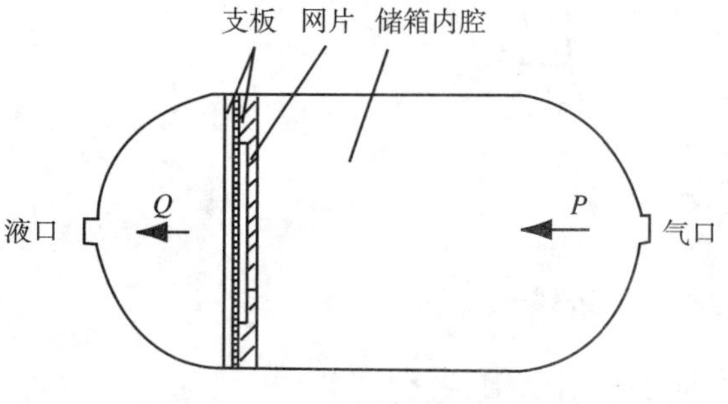

图 10－155 表面贮箱结构示意图

(一) 真空电子束焊接技术的应用

推进剂贮箱是空间飞行器的极为重要的组件，它担负着贮存和供给推进剂并在失重条件下向发动机正常提供不夹气的推进剂等功能。表面张力贮箱是空间飞行器推进剂贮箱的主要种类之一。为了满足减轻质量的设计要求，某型号表面张力贮箱主体材料采用了 TC 4 钛合金，主要结构形式见图 10－155。

该贮箱具有结构特殊、内部要求无多余物、焊缝质量要求高等诸多特殊性，所以针对这类容器需选择合适的焊接方法。电子束焊具有能量密度高、焊缝深宽比大、环境污染小、可调范围大等优点，而且在高真空环境下可防止氧氮等有害气体的污染，有利于焊缝金属的除气和净化，因而特别适用于焊接活泼金属；另外，电子束焊接后焊缝热影响区最小，焊接变形小，对精加工的工件可用作最后连接工序，焊后工件仍保持足够高的精度。由于具有以上优点，所以电子束焊接方法特别适用于星用大型薄壁钛合金容器的焊接。

该型号表面张力贮箱焊接采用了乌克兰巴顿焊接研究所研制的 KL 113 电子束焊机中压(60 kV 不可调)三级电子枪，属于全真空、动枪式电子束焊机。电子枪最大功率 15 kW；加速电压 60 kV；阴极发射方式采用加热螺旋灯丝轰击柱状 LaB_6 发射电子束，电子束焊接电流最大可达 250 mA。焊接室尺寸为 3 m×2.5 m×2.7 m；焊接室内工作真空度高于 5×10^{-2} Pa；电子枪室内的工作真空度高于 5×10^{-3} Pa(见图 10－156)。

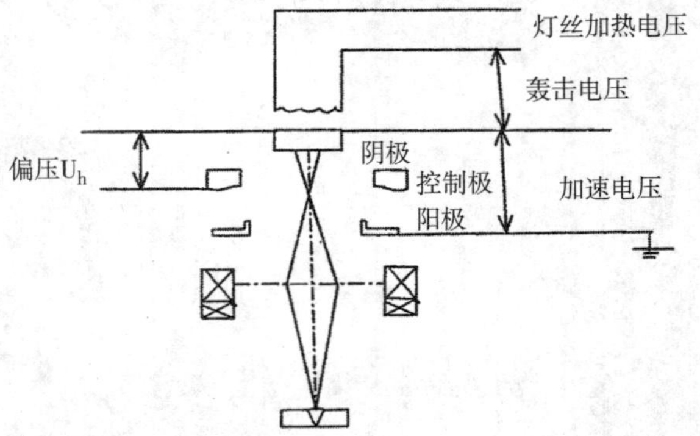

图 10－156　KL113 电子束焊机原理图

（二）空心阴极真空电弧焊接技术的应用

空心阴极真空电弧热源是一种具有良好柔性的焊接和钎焊热源，大电流时电弧收缩可用于焊接，小电流时电弧发散，可用于真空条件下的局部加热钎焊；将空心阴极作为焊炬的真空焊接设备，既利用了真空保护的优点，又能和常规电弧焊设备相通用。因此，空心阴极电弧焊接具有较高的工艺能力，在 1×10^{-2}～1 Pa 真空中相对容易施焊，适用于涡轮叶片的修复钎焊或钛合金压力容器的焊接（见图 10－157）。在俄罗斯，这种方法曾作为太空焊接候选方案之一（见图 10－157）。

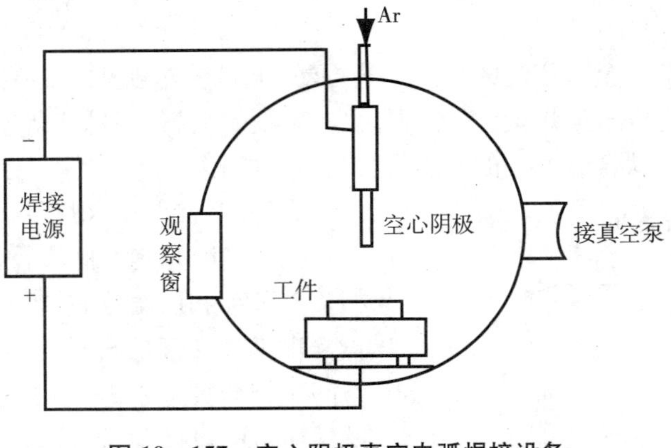

图 10－157　空心阴极真空电弧焊接设备

运载火箭增压输送系统中常用球形钛合金气瓶作为推进剂辅助增压气体的贮存和供气，一般采用了 TC 4、TA 7 等钛合金材料。典型的增压气瓶的结构形式见图 10－158，由两个半球通过焊接而成。目前，国内钛合金气瓶的焊接通常采用氩弧焊、等离子弧焊接和真空电子束焊接等工艺方法。由于钛合金在高温下极易氧化，采用氩弧焊和等离子弧焊均需解决焊接过程的气体保护问题，焊接质量控制难度增大；而采用真空电子束焊接则长期存在着焊缝背面飞溅的问题，直接影响到了航空航天产品的可靠性。利用空心阴极真空电弧在大电流情况下电弧能量集中、对弧长不敏感的特点，可以解决电子束焊接时焊缝背面飞溅的问题，同时焊接过程中的真空保护又有效地防止了钛合金的氧化。中国航天材料与工艺研究所在 20 世纪末自行研发了空心阴极真空电弧焊接设备，并成功实现了材料为 TC 4 的 20 L 钛合金气瓶焊接。

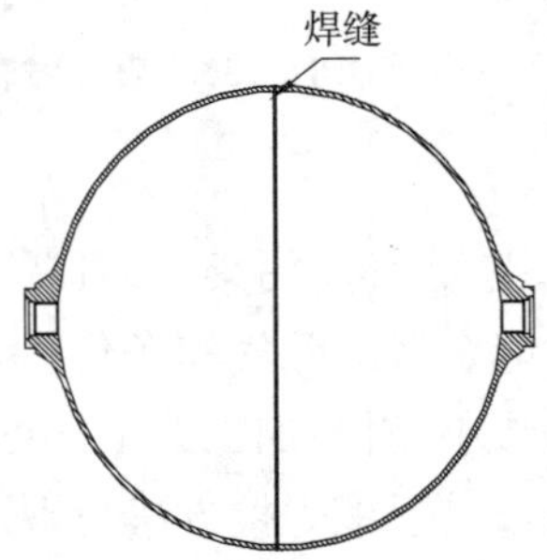

图 10－158　球形钛合金气瓶结构示意图

（三）激光焊接技术的应用

激光焊接作为一种高能束焊接工艺，因其具备的热输入低、热影响区小、焊接变形小、可实现深熔或高速焊接、焊后无须热处理等优点，适用于某些对热输入敏感材料的焊接；而且由于激光可通过光纤、棱镜等光学方法弯曲传输、偏转、聚焦，特别是用于微型零件和可达性很差部位的焊接：因此，在航天型号产品的钛合金结构中得到了极其广泛的应用。

航天产品大量采用了钛合金蒙皮－骨架型轻量化结构（见图 10－159）。该类结构与传统结构件相比，不仅仅可以有效地减轻质量，减少结构空间，还可大大提高吸能性与抗破坏性。

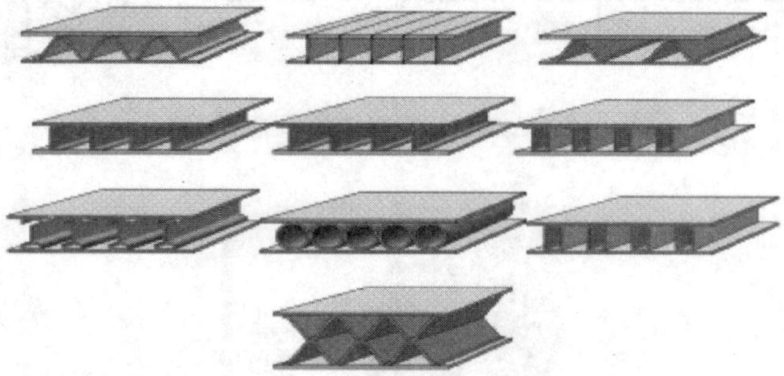

图 10－159　蒙皮一骨架型轻量化结构件

这种结构件的焊接要求焊缝直接穿透蒙皮在骨架上形成一定熔深，且一般对形面的焊接变形要求较高，结构件的尺寸形状也较多样化，激光焊接技术成为完成这一任务的首选工艺。

图 10－160 与图 10－161 所示分别为激光焊接的立筋骨架与波纹骨架结构件。由于焊接过程中焊接路径不可见，一般都是焊接路径提前规划示教，因此，对骨架成型的一致性要求较高。

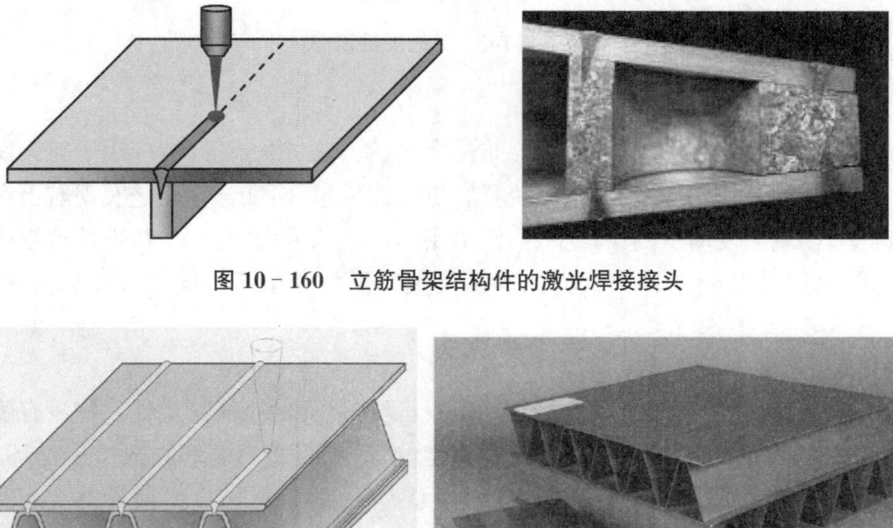

图 10－160　立筋骨架结构件的激光焊接接头

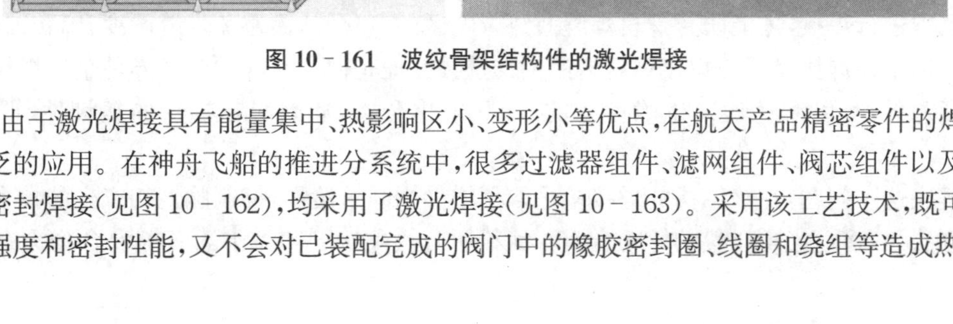

图 10－161　波纹骨架结构件的激光焊接

同样，由于激光焊接具有能量集中、热影响区小、变形小等优点，在航天产品精密零件的焊接中得到了极其广泛的应用。在神舟飞船的推进分系统中，很多过滤器组件、滤网组件、阀芯组件以及阀门装配调试后的密封焊接（见图 10－162），均采用了激光焊接（见图 10－163）。采用该工艺技术，既可以保证一定的焊接强度和密封性能，又不会对已装配完成的阀门中的橡胶密封圈、线圈和绕组等造成热损坏。

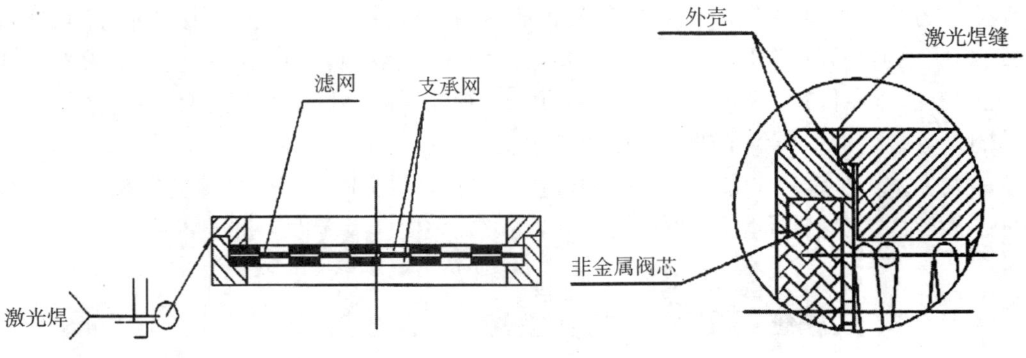

图 10-162　典型结构示意图

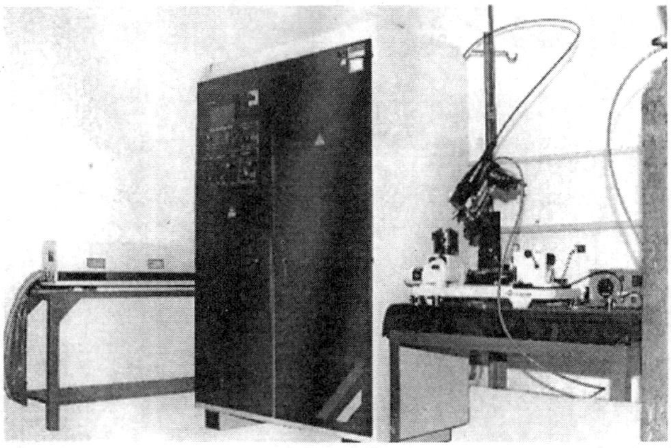

图 10-163　激光焊接设备

四、异种材料结构的焊接

随着航天工业的不断发展，大量的高熔点难熔金属(钨、铼、钼、铌等)被应用于航天发动机的关键耐高温元件中；但是航天产品的设计要求系统具有更小的质量，而钛合金又是实现航天产品有效减重的技术途径：因此，在航天发动机的设计中，广泛采用本体结构采用钛合金，特殊部位零件采用高熔点合金的结构形式，这就涉及到了异种材料的焊接问题。下面介绍两种航天发动机异种材料结构的焊接。

(一) 铼与钛合金接头的焊接

金属铼具有熔点高、强度高以及塑性好等优点，且具有优良的机械稳定性。铼没有脆性临界转变温度，在高温和急冷急热条件下均有很好的抗蠕变性能，适用于超高温和强热震工作环境。因此，在航天发动机的设计中采用了铼与钛合金的焊接结构形式(见图 10-164)。

铼虽然具有较好的焊接性能，但是由于铼熔点很高，必须采用高能量密度的焊接方法(如电子束焊、激光焊、爆炸焊等)才能保证具有足够的熔深和冶金结合；并且铼特别容易氧化，因此必须在严格的无氧气氛中进行焊接，才能防止铼材焊缝及热影响区的氧化，从而避免焊缝硬度升高及其脆化。高真空环境的电子束焊接是目前焊接铼材料的最佳选择。但是由于铼与钛合金异种金属焊接接头中存在元素梯度差异，不可避免地产生脆性相的 Ti_5Re_{24} 化合物，从而影响接头的塑韧性，严重时产生裂纹。

为了解决这一问题，在该结构的焊接中采取了增加中间过渡层，抑制脆性相产生的技术手段。具体的工艺方法为：将适当配比量的铼粉、钼粉、钛粉用有机黏接剂和无水乙醇等混合物涂在钛合金结

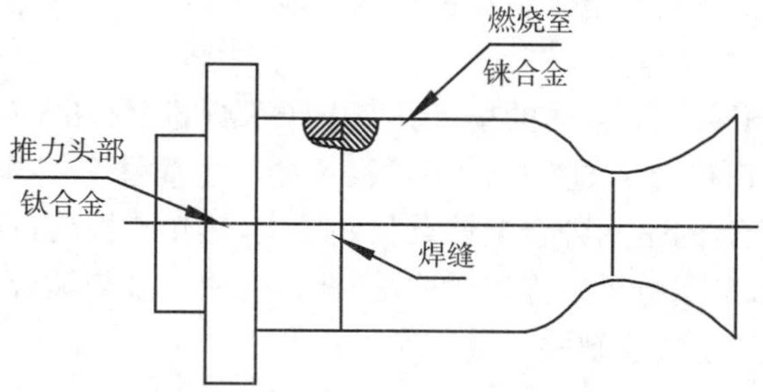

图 10－164　发动机焊接结构示意图

构待焊部位，经固化后进行真空电子束熔炼，使粉末材料与钛合金熔合作为中间层，然后根据需要进行机械加工，再采用真空电子束焊接工艺实现铼－钛合金接头的焊接。

（二）铌钨与钛合金接头的焊接

铌钨因其具有的高熔点特性，是航天发动机尾喷管的优选材料。某发动机系列推力室的头部与身部即采用了钛合金 TC 4 与铌钨合金 Nb 521 异种金属对接焊接结构（见图 10－165）。

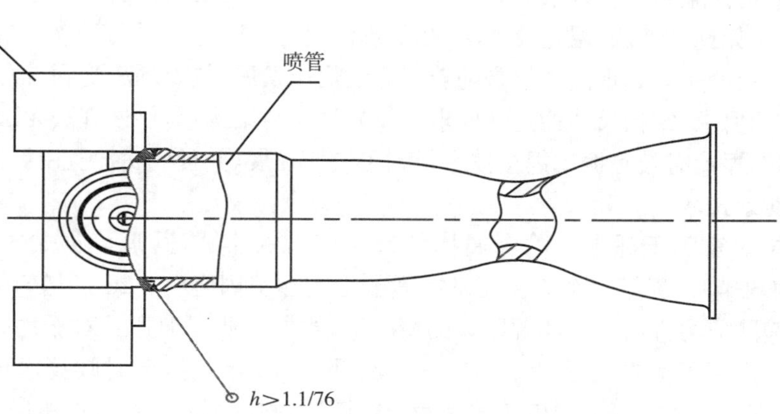

图 10－165　推力室结构图

图 10－166　MEDARD45 电子束

铌的熔点为 2 465 ℃，熔点高，属于难熔金属，热传导性能不好，可焊接性较好，但强度较低，合金化后铌钨合金相对纯铌可焊性相对变差。而钛合金熔点为 1 700 ℃，两者差异达 700 ℃以上，而且两者均为易氧化材料。因此，采用真空电子束焊接可很好地进行保护，焊接能量集中，输入热量少，焊缝较窄，获得很好的焊接质量。

该发动机采用了 TECHMEAT 公司的精密真空电子束焊机（见图 10－166），焊接后的接头焊缝成形良好。钛合金 TC 4 和铌钨合金的焊接冶炼过程不会产生脆性金属间相，可形成有限固溶体，理论上可焊性较好。但需要注意的是两种合金熔点相差较大，热传导性能也有差别；两种合金的化学性能均很活泼，容易产生气孔；采用电子束焊焊接速度较快，铌钨合金与钛合金在液态的流动性能不同，使焊接表面成型较差，容易产生咬边缺陷。

第六节　振动消应力技术及其应用

一、概述

金属构件经过热加工或压力加工后，表面和内部将会产生残余应力。残余应力不仅影响结构的承载能力、加工精度和尺寸稳定性，而且还影响结构的抗腐蚀性能和疲劳寿命。在机械使用过程中，意外破坏事故的发生，除材料本身的结构和强度之外，多数是由于残余应力造成的。因此，一直以来，国内外学者不断地探索对焊接残余应力的控制、调整和减小的工艺方法和措施，并已取得了许多控制方法和研究成果，如预拉伸法、温差拉伸法、热处理法、超声冲击法、振动时效和振动焊接等，其中工业生产中使用最广泛的是热处理法。但是随着工业的快速发展，热处理法受到自身条件的约束，如结构过大、节能减排的要求、结构尺寸稳定性要求以及异种材料结构等，热处理法无法使用，需要其他的方法来替代。因此，振动时效和振动焊接技术得到了快速发展，并且成功地应用到许多工业生产中。

二、振动时效技术

振动时效技术来源于锤击消除金属构件残余应力的实践，其理论创始人是美国的物理学家 J. W. Stratt。1906 年，世界第一个有关振动时效的专利在美国诞生。20 世纪 50 年代初，振动时效成为公认有效的消除应力方法。在能源紧缺的情况下，西方工业国加强了对振动时效工艺和机制的研究，这期间，德国出现了世界最早的振动设备。20 世纪 70 年代振动时效技术被引进到我国。1974 年，北京机床研究所正式将振动时效工艺列为研究课题，并在国内一些大型机床厂进行振动时效工艺的实用性研究和推广。随后，大连理工大学、哈尔滨工业大学、上海交通大学、西安理工大学等相继开展了对振动时效工艺和机制的研究，取得了一些可喜的研究成果，极大地推动了振动时效技术的发展和应用。振动时效对于消除、均化和减小金属构件的残余应力，提高构件抗动载变形能力，稳定构件尺寸精度具有非常好的效果；同时由于振动时效可在加工现场进行，处理时间短（一般 10～30min），能量消耗少，工艺简单，无环境污染，经济效益尤其显著，因此这一工艺技术在机械制造、造船、冶金、运输、化工、电力等行业得到广泛应用。

振动时效（vibrating stress relief）旨在通过专业的振动设备，对加工后（包括焊接、铸造、冷挤压等）的工件施加机械振动作用，使被处理的工件产生共振，并通过这种共振方式将一定的振动能量传递到工件的所有部位，工作应力和残余应力叠加达到并超过材料的屈服极限，使工件内部发生微观的塑性变形——被歪曲的晶格逐渐恢复平衡状态，位错重新滑移并钉扎，从而使工件内部的残余应力得以消除和均化，防止工件在加工和使用过程中变形和开裂，保证工件尺寸精度的稳定性。图 10－167 是振动时效工作原理图。

1. 振动时效的特点

和热处理比较，振动时效具有以下特点：

(1) 投资少，不受工件尺寸的约束，只需在现场使工件在共振频率下进行时效；

(2) 周期短，每个工件只需设 3～4 个激振点，每个振点振动 10～30 min；

(3) 热处理有软化材料、去氢和提高冷脆性的作用，而振动时效则能均化应力、强化材料；

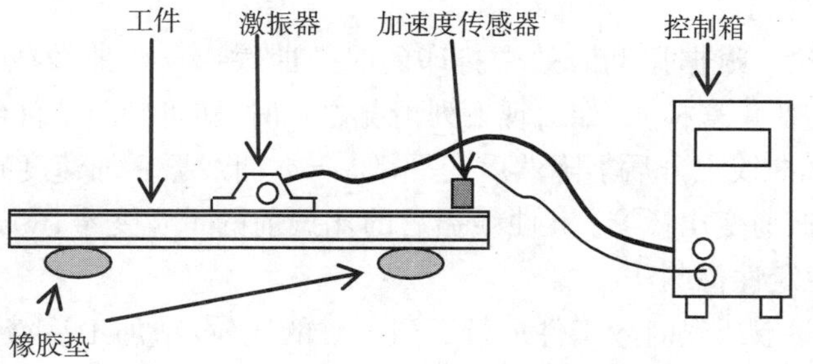

图 10－167　振动时效工作原理图

(4) 不仅节约能源，而且具有振动设备体积小、质量轻、操作简单；

(5) 无污染，是典型的节能环保技术。

2. 振动时效的技术参数

(1) 激振点　振动时效时给构件的施力点。支撑点是为了对构件进行振动时效而选择的支撑构件位置；动应力是激振力引起构件谐振响应时，在其内部产生的应力。

(2) 共振　当激振力提供的周期性频率与系统固有频率接近或相等时，构件的振幅急剧增大的现象。

(3) 振型　构件表面上所有质点振动的包络线(面)即为振型。常用的振型包括弯曲、扭转、扭曲、钟振型和鼓振型，以及两种振型结合而得到的混合振型。激振器位置和构件支撑方式确定了构件振动时效时的振型。构件振动时效时具体选择何种振型需要综合考虑结构尺寸、形状、焊缝位置等参数：当构件的体积较大时，可以在构件不同激振位置多次振动时效；当构件体积较小时，可以将多个构件组合在一起进行振动处理，又称为组合振动。

(4) 主振频率　在激振装置的频率范围内，引起构件谐振响应的频率中，频率低、位移幅大的频率。虽然从理论上讲，构件在任何频率下振动都能获得减少残余应力和稳定尺寸的效果，但是，最经济而简便的方法是共振处理，即振动频率等于构件固有频率；因为在共振状态下，可用最小的振动能量使被振动构件获得最大的振幅，产生最大的振动动应力，尽可能多地消除构件的残余应力。但因构件残余应力降低通常会导致固有频率的降低，实际振动时效时常选择比扫频确认峰值频率略低的亚共振频率上振动，以保证固有频率下降后仍能进行有效的振动。由于一个激振器的振动频率范围是固定的，所以只能要求构件的固有频率适应激振器的工作频率。目前，有些振动控制系统能在倍频、分频或谐波下进行振动处理，有更广泛的适应性。

(5) 振动动应力　振动时效过程中，激振器产生交变的动应力。该应力与构件的残余应力的叠加，将使构件产生局部塑性变形，而使残余应力下降和均匀分布，显然，动应力是振动时效重要的工艺参数。对于旋转偏心质量激振器，一般通过调节偏心距的大小改变动应力。在关于焊接构件振动时效的 JB/T10375—2002 标准中，规定动应力幅值应达到构件工作应力的 1/3～2/3。动应力可按下式估算：

$$(\sigma_b\text{-}\sigma_s)/3\leqslant\sigma_d\leqslant\sigma_b/3。$$

式中：σ_d为动应力幅值；σ_s为材料的屈服强度；σ_b为材料的抗拉强度。动应力幅值控制与构件的应力集中情况有关：当构件几何形状均匀、接头应力集中系数较小时，动应力可取上限值 $\sigma_b/3$；当构件几何形状不均匀、接头应力集中系数较大时，动应力可取下限值$(\sigma_b-\sigma_s)/3$。

(6) 扫描曲线　随着频率的变化，构件振动响应发生变化，反映振动响应与频率之间的关系曲线，如 $a-f$ 为振幅－频率曲线，$a-f$ 为加速度－频率曲线；

(7) 时效曲线　在确定的振动频率和激振力下，对构件进行振动处理所得到的加速度－时间曲线，其标记为 $a-t$。

3. 振动时效效果评定方法

（1）参数曲线观测法　根据振动时效中打印的时效曲线（$a-t$）曲线或振后扫频曲线（$a-n$ 曲线）相对振前扫频曲线的变化来检测，如出现下列情况之一时，即可判断工件已达到时效效果：①$a-t$ 曲线上升后变平；②$a-t$ 曲线上升后下降然后变平；③$a-n$ 曲线振后加速度峰值比振前升高；④$a-n$ 曲线振后的共振频率比振前变小；⑤$a-n$ 曲线振后的比振前的带宽变窄；⑥$a-n$ 曲线共振峰有裂变现象发生；⑦工件尺寸稳定性检测法。

可将振后工件与不时效或热时效工件进行下列项目的比较：精加工后精度、长期放置精度、加动载荷后精度、切割释放变形，结果达到工艺要求的，即可判断工件已达到时效效果。

（2）残余应力检测法　残余应力的测量推荐采用X射线衍射法、盲孔法、压痕法和磁测法，检测点应选在工件的重点部位或有效振型的重点部位，被振工件振前振后的残余应力检测点数均应大于5个点。用振前残余应力平均值、振后残余应力平均值来计算应力消除率，焊接件的应力消除率应大于30%，铸、锻件、模具、机加工件的应力消除率应大于20%，即可判断工件已达到时效效果。用振前各点残余应力对其平均值的差值的最大值去比较振后的该最大值来衡量应力均化程度，振后的应小于振前的。

（3）动应力判据　由振动时效机理可知，振动效果主要取决于动应力，因此，动应力与振动效果之间必然存在某种相关性。在振动时效过程中测量动应力，通过回归分析的方法，获得振动时效动应力判据DP-CH方程，可以定量判断消应力效果，较其他方法更快速、更方便、更经济且易于规范化，可实现现场的快速、定量评定，具有良好的发展前景和推广价值。

三、振动焊接技术

振动焊接是在振动时效基础上发展起来的一项新的焊接工艺。它是在正常的焊接过程中给焊件施加周期性外力（激振力），使焊件振动，从而达到降低焊接残余应力，提高焊接质量的目的。振动焊接应用振动外场对焊接熔池的搅拌作用促使气体与杂质排出，同时利用焊接热场及振动动应力在金属凝固-结晶过程中细化晶粒和降低凝固过程应力，在热状态下通过热塑性变形来调整应变而降低残余应力，可有效防止焊接裂纹的形成和工件的畸变，增强焊缝的力学性能，提高构件的疲劳寿命。振动焊接的振动源能耗为0.2～0.6 kW，工艺无污染，是典型的节能环保工艺。图10-168是振动焊接原理图，为了确保振动，在试验平台底部垫上橡胶垫1，振动通过激振器3的偏心转动实现。在焊接过程中，振动加速度采用加速度传感器2进行监测，将测量的值传到控制箱7，通过控制箱来控制振动加速度。

国内外许多学者对振动焊接技术进行了研究。Tseng研究了焊接电弧摆动对焊接质量的影响，指出由于摆动的作用使焊接速度得以提高，有利于焊接凝固，提高焊接区的力学性能。S. Kou和Y. LE研究了低频振动（频率1 Hz，振幅1.9 mm）对1024铝合金焊接的作用，在大量实验的基础上指出低频振动改善了结构的性能，减少了裂纹，细化了晶粒，减小了热影响区的宽度，焊件的强度和延伸性都得到了很大的提高。Tewari. S. P研究了轴向振动对焊接件拉伸特性的影响，考察了不同频率和不同振幅下材料的拉伸特性，结果表明：经过振动焊接的构件的屈服强度、抗拉强度和破坏强度有显著提高；晶粒尺寸大大减小，从38 μm减小到11.7 μm。日本的Shigeru Aoki等自从1997年开始一直研究振动焊接对焊接接头残余应力的影响。国内大连理工大学从1987年开始，在振动焊接方面做了十多年的研究，采用有限元计算和试验的方法分析了振动焊接对微观组织、残余应力、焊接变形和疲劳寿命的影响。抚顺石油学院也对振动焊接进行了系列的研究，从力学和能量的角度解释了机械振动对焊接熔池金属凝固过程影响的机制，讨论了振动振幅和频率对焊缝和热影响区金相组织的影响。近几年来，上海交通大学对振动焊接进行了一些研究，并成功地将振动焊接技术应用于西气东输工程大直径全焊接阀体球阀的研制、上海光源工程精密钢构支架的制造、上海宝钢4#高炉BB 503厚板振动电渣焊、建筑型钢振动埋弧焊试验、HT-7U超导托卡马克焊接试验和H型轻钢电渣焊试验中。

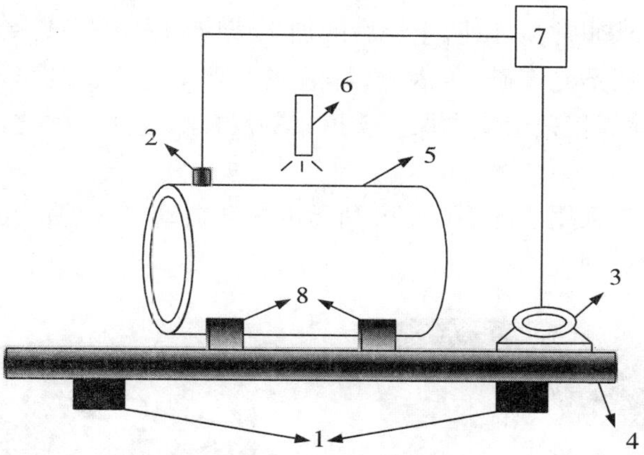

图 10-168　振动焊接系统方框图

1. 弹性垫块，2. 加速度传感器，3. 激振器，4. 工作试验台，
5. 焊接试样，6. 焊枪，7. 控制箱，8. 支撑架。

（一）振动焊接技术的特点

(1) 振动焊接可以降低残余应力。

(2) 振动焊接可以细化晶粒。

(3) 振动焊接可以优化侧弯性能，保证接头的断裂韧度。

(4) 振动焊接可以降低焊接变形。

(5) 合理地选择振动工艺及焊接工艺参数可以提高接头的冲击韧性。

（二）振动焊接效果评定方法

1. 参数曲线观测

可根据振动焊接过程按 1 次/分钟的时间间隔进行抽样记录或实时打印的 $a-t$ 曲线。如果统计数据以 85%的概率落在设定的振幅 ±15%的误差带内，可确认振动外场工艺在控。工艺在控不代表工艺有效，但工艺在控是形成有效工艺的必要条件。

2. 振动焊接有效性评定

对相同构件，在相同的焊接参数和拘束条件下，用采用振动焊接与不采用振动焊接的接头进行试验比较，在保证接头合格且品质相当的同时，若前者比后者达到下列判据中的一条或多条时，可判工艺有效：

(1) 探伤评定　缺陷率降低。

(2) 焊接变形评定　进行不少于 5 处的有代表性的焊接变形测量，焊接变形下降率≥15%。

(3) 接头力学性能评定　断面收缩率和延伸率有所提高，侧弯性能有所提高，焊缝区的冲击韧性有所提高。

(4) 金相组织评定　焊缝及热影响区粗晶区组织有明显的晶粒细化现象。

(5) 残余应力评定　推荐使用盲孔松弛法，也可使用 X 射线衍射法或磁性法进行残余应力测量。每个构件可选择 2～3 条主要焊缝，每条焊缝的测试点不得少于 3 个。测试点应布置在最后焊道的焊缝中心或熔合线上，测定最大主应力或纵向应力。残余应力下降率应≥20%。

(6) 用户规定　由用户规定的其他品质表征参数有所提高，如断裂韧度、疲劳性能和断口形貌等。

四、振动消应力技术在工业中的应用

世界上第一条投入商业运行的磁浮交通线——上海磁浮轨道交通线，在制造过程中也遇到焊接变形和残余应力控制问题。该交通线长 31 km，用长 3 m 的轨道梁螺栓连接而成，全线需要轨道梁 2

万多根,轨道梁为箱型,全焊接结构(见图 10-169),为防腐蚀,钢材表面喷铝保护。制造过程对焊接变形和残余应力的控制要求非常高,以防止焊后的加工或应用中由于残余应力的释放而产生超差变形。由于表面的喷铝保护层不允许破坏,因此,焊后热处理工艺降低变形和残余应力的方法不能应用,必须采用其他方法消除焊接残余应力保持轨道梁的尺寸稳定性。为此,在制造中研究了采用振动时效工艺降低焊后轨道梁的残余应力

磁浮轨道梁的振动时效采用了图 10-170 所示的扭转振动方式,激振器位于梁的一端,应用扭转产生的剪应力进行消应力处理。

图 10-169 磁浮交通用轨道梁

图 10-170 磁浮轨道梁的振动时效试验

振动时效处理前,轨道梁进行了一次扫频,得到了振动处理前的幅频响应曲线(加速度振幅-振动频率);振动时效后,再次扫频,得到处理后的幅频曲线。图 10-171 显示了振动时效前后轨道梁的两次扫频的幅-频曲线,横坐标是电机转速,代表振动频率,纵坐标表示振动加速度。从图 10-171 的振动时效前后幅频响应曲线可以看到,振动处理后,梁的主共振峰峰值增大,主共振峰频率降低(左移),振后幅频曲线变得光滑。振动时效前后的主要参数变化见表 10-29。

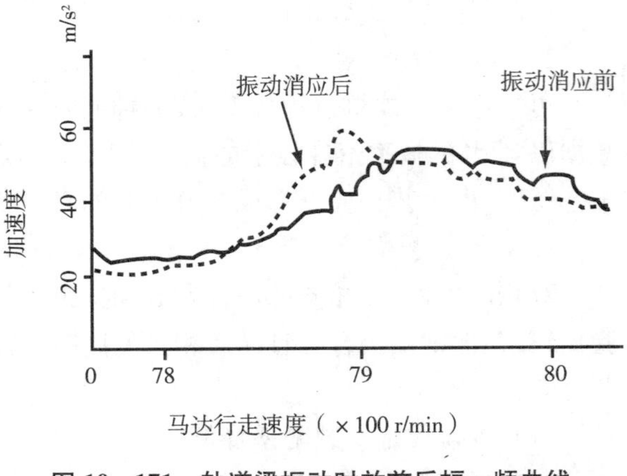

图 10-171 轨道梁振动时效前后幅一频曲线

表 10-29 振动时效前后轨道梁主要参数的变化

	马达速度 (r/min)	共振频率 (Hz)	加速度峰值 (m/s^2)
VSR 前	7 950	132.5	52
VSR 后	7 900	131.6	59

根据 JB/T10375—2002 标准中的有效评价准则,结合图 10-171 幅频曲线和表 10-29 的结果,可以定性地认为,轨道梁的振动时效工艺是有效的。

为了定量了解焊后矫形和振动时效对焊接残余应力的影响,采用盲孔法测量了残余应力。

在两条 3 m 长的焊缝各测量了 3 个点，一点位于焊缝中部，另两点距离两端 0.5 m 处，每个点贴有 3 片应变片，间距 50 mm，分别用于焊后、矫形后和振动时效后进行应力测量，由于应变片的距离很近，可以近似为同一测量点的应力。图 10 - 172 是其中一个测量点的两片应变片。残余应力的测量结果见表 10 - 30。

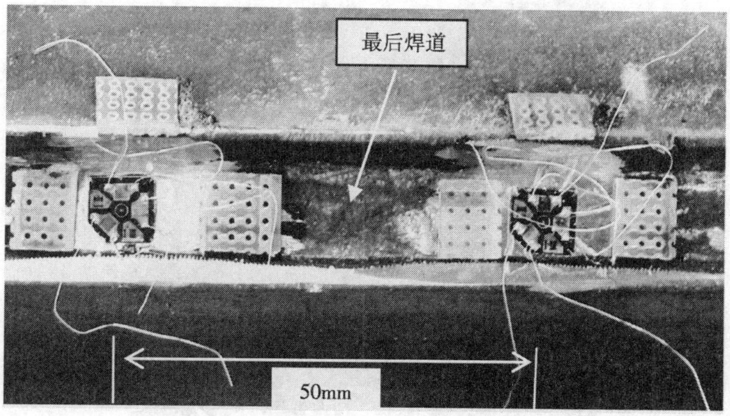

图 10 - 172　贴在一个测量点的两片应变片

表 10 - 30　两焊缝上的主残余应力测量结果

点 No.	焊后		矫正后		VSR 后	
	σ_{max}(MPa)	σ_{min}(MPa)	σ_{max}(MPa)	σ_{min}(MPa)	$\sigma_($ MPa)	σ_{min}(MPa)
1	274	-261	141	-84	75	36
2	227	-189	115	-114	90	-69
3	96	-188	71	-68	57	-78
4	110	-22	116	-17	93	-31
5	92	30	113	110	-13	-43
6	99	-54	78	-23	110	2

从表 10 - 30 看到，焊后最大主应力 σ_{max} 虽未达到材料的屈服强度 355 MPa，但大于 180 MPa，最大达到 274 MPa，残余应力比较高。软磁钢角焊缝的总体残余应力测量值大于 π 型钢角焊缝的测量值，这是由于测量前 π 型钢角焊缝进行过一次人工矫形(初矫形)，使应力得到释放。

测量数据表明，经过矫形和振动时效后，最大、最小主应力差逐步减小，残余应力的分布趋向均匀。

五、振动焊接在大直径全焊接阀体中的应用

大直径全焊接阀体球阀的制造存在 4 个技术难题：①焊接温度的控制——全焊接阀体球阀采用橡胶圈密封，为了避免橡胶圈的损坏，确保阀门的密封性，橡胶圈处的焊接温度不能超过 150 ℃。②焊接变形的控制——由于全焊接阀体球阀的最后一道工序是焊接，为了保证焊接变形不影响阀芯的转动和阀门的密封，焊前需采用有效而准确的计算方法预测阀体焊接变形，为焊前阀体加工提供参考；③残余应力控制——焊接残余应力将影响结构的承载能力以及抗腐蚀性能等。为防止密封圈等阀芯部件的失效，全焊接阀体球阀不能采用焊后热处理消除焊接残余应力，因此需了解阀体焊接残余应力的分布，探索其他消应力或低应力工艺。④根据 ASME 压力管道规范 B31 和我国钢制压力容器焊接规范的要求，当材料厚度>38 mm 时，焊后需对其进行热处理，而全焊接阀体球阀又不能进行热处理，因此，必须研究一种方法评定全焊接阀体球阀免焊后热处理的使用安全性。

为了解决上述难题，采用了振动焊接技术。图 10 - 173 是振动埋弧焊的现场图。通过对比常规埋弧焊和振动埋弧焊的残余应力、焊接变形、冲击韧性、断裂韧度，发现振动埋弧焊可以明显地降低焊接残余应力和变形，使焊接残余应力分布更加均匀，而且可以提高焊缝区的冲击韧性，但对热影响区的冲击韧性影响不大；同时，振动可以提高焊缝和热影响区的断裂韧度，实现了阀体免焊后热处理的突破。

图 10－173　振动埋弧焊

参考文献

[1] 杜乃成. 脉冲埋弧焊方法研究与应用探讨[D]. 天津：天津大学，2003.

[2] 郭海云，李桓，刘琼，等. 脉冲参数对脉冲埋弧焊过程动态仿真波形的影响[J]. 焊接学报，2005，26(9)：61-64.

[3] LI HUAN，ZHANG BAOHONG. Simulation of pulse submerged arc welding dynamic process[J]. Transactions of the China Welding Institution，2005，26(4)：9-12.

[4] 李桓，郭胜，刘琼，等. 脉冲埋弧焊在提高电站锅炉模式水冷壁生产效率中的应用[C]. 2005 能源工程焊接国际论坛焊接论坛论文集，2005，247-252.

[5] 安藤弘平，长谷川光雄. 焊接电弧现象[M]. 北京：机械工业出版社，1985.

[6] 周方明，王江超. 窄间隙焊接的应用现状及发展趋势[J]. 焊接技术，2007，36(4)：4－7.

[7] 上海市焊接学会. 现代焊接生产技术[M]. 上海：上海科学技术出版社，2007.

[8] 姜焕中. 电弧焊及电渣焊[M]. 北京：机械工业出版社，1995.

[9] 刘志华，赵兵，赵青. 21 世纪航天工业铝合金焊接工艺技术展望[J]. 导弹与航天运载技术，2002(5).

[10] 柴鹏，贺巧喜，孙成彬，等. 宇航燃料贮箱的搅拌摩擦焊制造[C]. 第九届北京－埃森焊接与切割展览会，2004.

[11] 姚君山. 推进剂贮箱先进焊接工艺研究进展[C]. 航天焊接新技术应用交流会论文集，2008.

[12] 王大年. 大型薄壁钛合金表面张力贮箱的电子束焊接工艺[C]. 航天焊接新技术应用交流会论文集，2008.

[13] 于澜. 国内外航天焊接技术发展趋势与展望[C]. 航天焊接新技术应用交流会论文集，2008.

[14] 郭和平. 空心阴极真空电弧焊接技术在航空航天工业中的应用，第十次全国焊接会议论文集[C]. 哈尔滨：黑龙江人民出版社，2001.

[15] 李仕民. 铼与钛合金电子束焊接头脆性相控制研究[J]. 宇航材料工艺，2007，37(3)：55－57.

[16] 张益坤. 钛合金 TC4 与铌钨合金 Nb521 的真空电子束焊接工艺[C]. 航天焊接新技术应用交流会论文集，2008.

[17] 陈立功，倪纯珍，姚舜，等. 振动时效效果动应力判据的数学建模方法[J]. 焊接学报，1999，20(增刊)：103－107.